"十四五"国家重点出版物出版规划项目

基础科学基本理论及其热点问题研究

基础科学
Basic Science

牛忠荣　李　聪　程长征　胡　斌◎著

常微分方程的插值矩阵法
及其力学应用

Interpolating Matrix Method of Ordinary Differential Equations

and Its Applications in Mechanics

中国科学技术大学出版社

内 容 简 介

本书由两部分内容组成。第 1 部分系统介绍作者建立的常微分方程组边值问题和特征值问题的通用数值算法——插值矩阵法，阐述了该方法的理论基础，给出大量算例，展示插值矩阵法求解各类常微分方程组的普适性和计算精度，包括非线性方程和刚性方程。第 2 部分是基于插值矩阵法通用求解器，采用半解析途径求解固体力学中偏微分方程组，如拓展插值矩阵法分析功能梯度材料层合结构力学场、V 形切口和裂纹结构的弹塑性应力场以及力电磁耦合场奇异性等问题，涉及非线性和奇异物理场微分方程的处理策略。

本书可供物理、力学、数学、土、机械、航空航天等学科领域的科研人员和高校相关专业的师生参考。

图书在版编目(CIP)数据

常微分方程的插值矩阵法及其力学应用/牛忠荣,李聪,程长征等著. —合肥:中国科学技术大学出版社,2023.9

(基础科学基本理论及其热点问题研究)

"十四五"国家重点出版物出版规划项目

ISBN 978-7-312-05680-2

Ⅰ. 常…　Ⅱ. ①牛…　②李…　③程…　Ⅲ. 常微分方程—插值法—矩阵法分析　Ⅳ. O175.1

中国国家版本馆 CIP 数据核字(2023)第 142497 号

常微分方程的插值矩阵法及其力学应用

CHANGWEIFEN FANGCHENG DE CHAZHI JUZHEN FA JI QI LIXUE YINGYONG

出版　中国科学技术大学出版社

安徽省合肥市金寨路 96 号,230026

http://press. ustc. edu. cn

https://zgkxjsdxcbs. tmall. com

印刷　安徽国文彩印有限公司

发行　中国科学技术大学出版社

开本　787 mm×1092 mm　1/16

印张　23

字数　451 千

版次　2023 年 9 月第 1 版

印次　2023 年 9 月第 1 次印刷

定价　120.00 元

前　言

　　科学和工程技术中许多场域问题经过数学表征，往往归结为微分方程定解问题，当方程求解域是单变量时，即为常微分方程。物理、力学、化学、航空航天、经济、天文、自动控制和经济等学科领域中的许多科学原理和规律可以用常微分方程来描述。这些问题按照常微分方程定解条件可分类为初值问题和边值问题，相对来说，边值问题求解比初值问题复杂。

　　大多数常微分方程定解问题无法通过解析方法求解，数值法是常规的求解手段。有限差分法、试射法和配点法是数值求解常微分方程边值问题和特征值问题的传统方法。有限差分法求解微分方程的历史悠久，它是将求解区域划分为有限个网格点，用一组差分方程代替原来的微分方程。试射法利用解常微分方程初值问题的逐步递推算法，在求解区间$[a, b]$的一端点a反复取试探的初值条件，按初值法逐步向前求解到另一端点b，如在端点b处的递推值与给定的边界值相差在许可范围内，则此结果就是待求的边值问题结果。配点法是适当选取一组基函数，将微分方程待求函数近似表示为基函数的线性组合，在求解域上挑选一系列点，使近似函数在这些点上满足微分方程，从而形成代数方程求出组合系数。特别选用分段低级多项式函数作为基函数的里兹-伽辽金法，即为著名的有限元法。通过大量数值试验和实践，综合比较差分法、试射法和配点法的适用性、收敛阶和计算量，它们在求解常微分方程中有各自的优点和不足。有限元法在多维空间偏微分方程求解中具有广泛的普适性和通用软件，但求解常微分方程不占优势。

　　由于常微分方程有多种形态，如病态的刚性方程、奇异性和非线性方程等,没有一种解法在处理各种类型方程上均占优势。目前常微分方程的数值解法可以相互补充和验证。因此,需要更多的高效算法处理一般性常微分方程边值问题和特征值问题。随着计算机功能及性能的持续发展,一些常微分方程算法的求解器(ODE Solver)应运而生,使用者无需理解算法,即可用 ODE Solver 直接获得常微分方程的解。

自然科学中更一般性的问题位于多维空间,许多是用偏微分方程描述的,而常微分方程描述的是相对简化的数学模型。绝大多数微分方程(尤其是偏微分方程)定解问题是无法获得解析解形式的。实际上,微分方程的数值解法是对场函数通过离散和插值函数替代转化为代数方程,然后交给代数方程求解器解出,如有限元法和差分法,但是遇到解函数梯度剧烈变化的难题,简单的网格细分不能奏效。目前常微分方程的算法和求解器已经成熟,如能利用偏微分方程定解问题的物理和数学特征,将其待求函数采用类似级数和分离变量形式的解析表征,然后代入偏微分方程中,就可转化为常微分方程组定解问题,交付常微分方程求解器获解,从而获得微分方程有效的准确解。这是一种半解析法路径,尤其适用于解函数梯度变化大的奇异场问题。

作者牛忠荣创立了常微分方程边值问题的一个数值解法,即插值矩阵法,陆续研究了插值矩阵法理论及其求解各类常微分方程边值和特征值问题的策略,并研制了插值矩阵法分析常微分方程边值问题和特征值的通用求解器 IMMS 和 IMMEI。插值矩阵法是将方程中各阶导函数用统一的分段低阶多项式插值函数表达,然后通过积分将分划点上各阶导数由方程中最高阶导数值表征,由此将常微分方程转化为代数方程求解。插值矩阵法适用于解各类常微分方程边值问题,具有计算精度高、方便通用,尤其是方程中各阶导数解与其函数解具有同等计算精度的优势。多年来,作者采用插值矩阵法求解器 IMMS 和 IMMEI,通过半解析路径分析了一系列多物理场耦合的偏微分方程定解问题。

本书由两部分内容组成。第 1 部分(第 1～3 章)系统阐述了插值矩阵法的基本列式和理论基础,包括该方法的误差估计和稳定性分析,给出了大量常微分方程典型案例的插值矩阵法求解,并与传统的差分法、试射法和配点法计算结果比较和分析,展现插值矩阵法求解各类常微分方程的普适性、计算精度和效能。第 2 部分(第 4~10 章)基于插值矩阵法求解器 IMMS 和 IMMEI,着重采用半解析途径求解固体力学中的偏微分方程,如拓展插值矩阵法分析功能梯度材料层合结构力学场、V 形切口和裂纹结构弹塑性应力场以及力电磁耦合场奇异性等难题,涉及非线性微分方程组和奇异物理场的处理策略。

　　全书共 10 章。第 1 章是绪论,介绍常微分方程基本问题和目前主要数值解法的现状和特点。第 2 章建立插值矩阵法解常微分方程组边值问题和特征值问题的基本列式和理论基础,包括误差估计和稳定性分析。第 3 章展示插值矩阵法解各类常微分方程组边值问题和特征值问题的大量应用算例,以及如何处理非线性和刚性方程的技巧。第 4、5 章是按照三维弹性理论,应用插值矩阵法半解析求解功能梯度材料矩形厚板静力问题和自由振动问题。第 6、7 章基于 V 形切口/裂纹结构尖端区域渐近应力场假设和线弹性理论,采用插值矩阵法分析了二维和三维 V 形切口/裂纹结构尖端区域应力奇异性特征解。第 8 章是采用插值矩阵法分析三维 V 形切口尖端区域力电磁耦合场奇异性问题。第 9 章是基于弹塑性理论和渐近应力场假设,拓展插值矩阵法分析幂硬化材料反平面和平面 V 形切口/裂纹结构尖端区域弹塑性应力奇异性特征解。第 10 章是将插值矩阵法获取的 V 形切口尖端区域应力奇异性特征解与外围结构的边界元法相结合,获得平面 V 形切口和裂纹结构准确的完整位移和应力场,并获取尖端区域的多重广义应力强度因子和奇异应力场。

　　本书内容是作者长期从事微分方程数值解法研究及其在固体力学应用研究中获得的成果,之前已经以论文形式发表在一些国内外著名期刊上。期望通过本书的阐述,有助于感兴趣的读者了解和习用常微分方程边值和特征值问题的这一通用算法——插值矩阵法,以及如何利用其求解器寻求工程科学中偏微分方程组的半解析解。对于本书的编撰,还有一些合作者做出了贡献,杨智勇博士参与撰写了第4、5章,葛大丽副教授参与撰写了第6章,葛仁余教授参与撰写了第7、8章。本书研究工作陆续获得了国家自然科学基金(No. 10272039、11272111、11372094)、教育部博士点基金和安徽省自然科学基金的资助,在此一并致谢!

牛忠荣

2023 年 6 月于斛兵塘畔

目 录

第 —— 1 —— 章

绪　论

1.1

常微分方程的背景和意义

科学和工程技术中许多问题经过数学表征,往往归结为微分方程定解问题,当方程中求解域是单变量时,即为常微分方程(ordinary differential equation,ODE)。对于单个函数的 m 阶常微分方程:

$$y^{(m)} = f(x, y, y', y'', \cdots, y^{(m-1)}) \tag{1.1.1}$$

如存在 m 次可微函数 $y = \varphi(x)$ 满足式(1.1.1),则称函数 $y = \varphi(x)$ 是该方程的解。式(1.1.1)可以转换为 m 个未知函数 $y_1(x), y_2(x), \cdots, y_m(x)$ 的 m 个一阶常微分方程组形式:

$$\begin{cases} y'_1(x) = y_2(x) \\ y'_2(x) = y_3(x) \\ \cdots\cdots \\ y'_{m-1}(x) = y_m(x) \\ y'_m(x) = f(x, y_1, y_2, \cdots, y_m) \end{cases} \tag{1.1.2}$$

当然也有含多个函数的高阶常微分方程组。如果 $f(x, y_1, y_2, \cdots, y_m)$ 是任一个 $y_i(x)(i = 1, 2, \cdots, m)$ 的非线性形式,则式(1.1.1)或式(1.1.2)是非线性方程;当 $f(x, y_1, y_2, \cdots, y_m)$ 是所有 $y_i(x)$ 的线性形式,则为线性方程。

按照常微分方程定解条件为初值条件和边值条件分类,分别称为常微分方程初值问题和边值问题(如两点边值问题)。微分方程的实际背景广,应用性强,体现了数学思想及应用数学表征科学问题的能力。

自然界中很多事物的运动规律可用常微分方程来刻画,常微分方程是研究自然科学和社会科学中的事物、现象运动演变规律的最为基本的数学理论和方法。物理、力学、化学、航空航天、天文、自动控制和经济等学科领域中的许多科学原理和规律都可以用常微分方程来描述,如万有引力计算[1]、弹性梁力学计算[2]、弹道计算、飞机和导弹飞行的稳定性研究、化学反应过程稳定性、人口发展规律、疾病传染、股票的涨跌趋势、市场均衡价格变化等,对这些规律的描述、认识都可归结为常微分方程表征的数学定量分析研究。因此,常微分方程的理论和方法不仅广泛应用于自然科学,而且越来越多地应用于社会科学的各领域。

常微分方程定解问题数值解法分为两类:初值问题和边值问题[3,4]。相对来说,ODE 边值问题比初值问题复杂,讨论 ODE 初值问题算法的文献较多,其算法也更为成熟[5]。例如,倪兴[6]讨论了 ODE 初值问题常用的数值解法,如欧拉法、梯形法、Wilson-θ 法、向后欧拉法、Runge-Kutta 方法、Adams 多步法等,并将 ODE 数值解应用到航天测控领域中轨道计算方面,取得了较好的效果;Dokuchaev[7]研究了常微分方程的积分估计,并将其结果用于非光滑最优控制问题中的正则化,得到了最优化的必要条件和最优控制存在的充分条件。

1.2
常微分方程边值问题

对于如下单个常微分方程的 m 阶线性方程:

$$L(y) = \sum_{i=0}^{m} g_i(x) y^{(i)}(x) = f(x), \quad x \in [a, b] \tag{1.2.1}$$

式中,$g_i(x), f(x) \in C[a, b]$,并且 $g_m(x) \neq 0$。选取常数 $\alpha_j^{(i)}, \beta_j^{(i)}$,使得矩阵

$$\begin{bmatrix} \alpha_1^{(0)} & \cdots & \alpha_1^{(m-1)} & \beta_1^{(0)} & \cdots & \beta_1^{(m-1)} \\ \alpha_2^{(0)} & \cdots & \alpha_2^{(m-1)} & \beta_2^{(0)} & \cdots & \beta_2^{(m-1)} \\ \vdots & & \vdots & \vdots & & \vdots \\ \alpha_l^{(0)} & \cdots & \alpha_l^{(m-1)} & \beta_l^{(0)} & \cdots & \beta_l^{(m-1)} \end{bmatrix} \tag{1.2.2}$$

的秩为 l。当 $y(x)$ 具有 $m-1$ 次连续可微函数,构成边界条件(边值条件):

$$B_j(y) = \sum_{i=0}^{m-1} [\alpha_j^{(i)} y^{(i)}(a) + \beta_j^{(i)} y^{(i)}(b)] = \gamma_j, \quad j = 1, 2, \cdots, l \tag{1.2.3}$$

式中,γ_j 是给定的数。如果所有 $\gamma_j = 0$,则式(1.2.3)称为齐次边界条件。方程式(1.2.1)和边界条件式(1.2.3)一起构成常微分方程边值问题[8]。因为式(1.2.3)中出现了 $y^{(i)}(a)$ 和 $y^{(i)}(b)$,通常称为两点边值问题;如果式(1.2.3)中还出现了 $y^{(i)}(c)$ $(a < c < b)$,则称为多点边值问题。实际上微分方程定解问题要求式(1.2.1)和式(1.2.3)的 $m = l$。

物理学中经常遇到边值问题,例如波动方程。许多重要的边值问题属于 Sturm-Liouville 问题,这类问题的分析与微分算子的本征函数有关。在实际应用中,边值问题应当是适定的(即存在解,解唯一且解会随着初始值连续变化)。边值条件可分为以下三类:

(1) 第一类边值条件,也称为 Dirichlet 边值条件,直接描述物理系统边界上的物理量。例如振动的弦两端与平衡位置的位移。

(2) 第二类边值条件,也称为 Neumann 边值条件,描述物理系统边界上物理量

垂直边界导数的情况。例如泊松方程中浮动边界条件，电势可以浮动，电场（负的电势梯度）为 0。

(3) 第三类边值条件，物理系统边界上物理量与其垂直边界导数的线性组合。例如，细杆端点的自由冷却，其温度、热流均不确定，但是二者的关系确定，即可列出二者线性组合的边值条件。

1.3
常微分方程特征值问题

对于如下含有待定参数 λ 的一般线性方程边值问题：

$$\sum_{i=0}^{m} g_i(x) y^{(i)}(x) + \lambda h(x) y(x) = f(x), \quad x \in [a, b] \qquad (1.3.1)$$

$$\sum_{i=0}^{m-1} [\alpha_j^{(i)} y^{(i)}(a) + \beta_j^{(i)} y^{(i)}(b)] = \gamma_j, \quad j = 1, 2, \cdots, m \qquad (1.3.2)$$

式中，$h(x) \in C[a, b]$，余见上节。其对应的齐次边值问题为

$$\sum_{i=0}^{m} g_i(x) y^{(i)}(x) + \lambda h(x) y(x) = 0, \quad x \in [a, b] \qquad (1.3.3a)$$

$$\sum_{i=0}^{m-1} [\alpha_j^{(i)} y^{(i)}(a) + \beta_j^{(i)} y^{(i)}(b)] = 0, \quad j = 1, 2, \cdots, m \qquad (1.3.3b)$$

微分方程式(1.3.3)需要求解参数 λ 的值，通常称为特征值。式(1.3.3)对应于特征值 λ 的非平凡函数解 $y(x)$ 称为特征函数。式(1.3.3)称为微分方程特征值问题。通常特征值问题具有若干组特征解（对）$\langle \lambda_k, y_k(x) \rangle$ $(k = 1, 2, \cdots)$。一般情形下，边界条件式(1.3.3b)也包含特征值，并且式(1.3.3)可能有含参数 λ 的导函数项。

物理、力学和工程技术中很多问题在数学上都可归结为求解微分方程边值问题和特征值问题，例如桥梁或建筑物的振动、机械振动、电磁振荡等，其中大多数是自共轭的，并且可以归结为二阶方程或四阶方程[1]。弹性杆的扭转振动和纵向振动的控制方程为二阶方程，弹性杆的横向振动控制方程是四阶方程。工程中的特征值问题大都以微分方程形式出现，只是在人为地离散化后，才变为矩阵代数特征值问题，然而数值离散必然会产生离散误差。目前国内外学者研究常微分方程边值问题和特征值问题的成果颇多。

1.4

常微分方程边值问题常用的数值解法

大多数常微分方程定解问题无法通过解析方法求解,数值求解是常规的求解手段。有限差分法、试射法和配点法是数值求解常微分方程边值问题和特征值问题的传统方法。

1.4.1 有限差分法

有限差分法用于求解常微分方程的历史悠久。有限差分法是将求解区域划分为有限个网格点,用一组差分方程代替原来的微分方程。差分法的求解精度取决于区域内的网格划分和差分格式,网格尺寸划分越小,计算精确度越高。

构造差分格式有多种,主要采用的是泰勒级数展开方法。其基本的差分表达式主要有一阶向前差分、一阶向后差分、一阶中心差分和二阶中心差分等形式,其中前两种格式为一阶计算精度,后两种格式为二阶计算精度。一些文献提出了高阶差分格式[9],收敛阶是 $O(h^4)$ 或 $O(h^6)$,虽然收敛阶较高,但涉及域外节点较多,系数矩阵带宽增大,故高阶差分格式未必比二阶中心差分格式经济实用。文献[10]、[4]讨论了解二阶方程两点边值问题的中心差分法收敛阶和先验估计。

有限差分法是一种直接将微分问题变为代数问题的数值解法,数学概念直观,表达简单,是发展较早且成熟的数值方法。差分法可求解常规的和数值敏感的两点边值问题,但难以编制通用程序。

1.4.2 试射法

试射法利用解常微分方程初值问题的逐步递推算法,在求解区间$[a,b]$的一端点 a 反复取试探的初值条件,按初值法(如 Runge-Kutta 法、Adams 多步法等)逐步向前求解到另一端点 b,如在末端点 b 处的递推值与给定的边界值相差在许可范围内,则认为此结果就是待求的边值问题结果。因此,试射法避免了解大型联立方程组。

试射法有广泛通用性,适用于解非线性 ODE,目前在 MATLAB 应用软件中已有其通用求解器 bvp4c[11,12] 和 bvp5c[13]。试射法的缺陷是时常遇到数值不稳定现象,对此一些学者提出了多点试射法[14,15]、正交化方法[16,17]和连续性方法[16],以应对这种不稳定现象。

目前,国内外广泛采用试射法求解常微分方程问题。Li 和 Zhou[18]首先利用 Kantorovich 时间平均法[19]消除时间变量,将动态控制方程化为一个非线性特征值问题,然后采用试射法得到了板的非线性振动和热屈曲的动力响应。Lee 和 Kim[20]提出了一种改进的试射法,该方法保留了传统试射法的优点,同时提高了鲁棒性和计算效率。Li 和 Shen[21]采用传输矩阵法导出了垂直腔面发射激光器(VCSEL)内部光场的本征方程,并用试射法求解,解决了 VCSEL 内部光场计算问题。

1.4.3　配点法和有限元法

配点法的原理是将常微分方程待求函数 $y(x) \in [a,b]$ 视为无穷维空间 A 中的向量,近似地构造一个有限维子空间 B,在子空间 B 适当取一组基函数 $\varphi_1, \varphi_2, \cdots, \varphi_n$,将 $y(x)$ 近似表示为基函数的线性组合:

$$y(x) \approx \sum_{i=1}^{n} a_i \varphi_i(x) \qquad (1.4.1)$$

式中,a_i 为待定系数。在求解域 $[a,b]$ 上挑选一系列点,使式(1.4.1)在这些点上满足微分方程,从而获得代数方程求出系数 a_i,这称为配点法。Ascher 等[22]采用样条高斯配点法求解微分方程,并给出了配点法求解常微分方程边值问题的求解器 COLSYS。后来,Ascher 等[23,24]扩充了配点法求解 ODE 边值问题和微分代数方程复合形式,研制了相应的求解器 COLNEW[23]和 COLDAE[24]。

由于配点区域大于原微分方程所定义的区域,通常要对函数进行延拓。常见的方法有补零延拓、周期延拓和对称延拓等,但这些方法各有其弊端。例如,当边值非零时,补零延拓会使待求函数在边界点的函数值间断,破坏了它的连续性,这在边界层位置探测和数值精度方面会带来不利影响。在仅知微分方程和边值条件的情况下,很难对待求函数进行光滑延拓,这是配点法的不足之处。Roul 和 Thula[25]对一类二阶非线性两点边值问题给出了 4 次样条等距插值的配点法高阶格式,对于具体的边界条件处理了域外插值的延拓问题。

如果将式(1.4.1)代入常微分方程的变分形式,求其极值得到关于待定系数 a_i 的代数方程,这称为里兹-伽辽金法。Baccouch[26]采用局部非连续 Galerkin 法求解了二阶非线性两点边值问题。基函数 $\varphi_i(x)$ 可以充满全域 $[a,b]$,如切比雪夫多项式和拉格朗日多项式。$\varphi_i(x)$ 也可以取局部非零函数,选分段低级多项式函数作为基函数的里兹-伽辽金法即为著名的有限元法。在二维和三维偏微分方程求解中,有限元法具有广泛的适用性和成熟的通用软件,深受工程界推崇。

1.4.4　常微分方程边值问题数值解法的比较

相关文献[27～30]通过大量数值试验,对差分法、试射法和配点法的适用性、收敛阶和计算量做了综合性比较,它们在求解常微分方程中有各自的优点和不足。从适用范围和计算量考虑,差分法和试射法优于配点法。在解特征值问题时,差分法和配点法比试射法易于处理。试射法在解非线性方程时比差分法和配点法的计算量小,因为试射法避免了解大型非线性代数方程,但试射法可能出现数值不稳定困难。相对来说,有限元法在解常微分方程时应转换为泛函变分形式,并且计算量较大,一般没有试射法和配点法效率高。差分法、试射法、配点法和有限元法求解方程的函数导数值时,其计算精度相比其函数值计算精度有数量级的损失,因为这些方法对导数的拟合是通过对函数的差分来替代的。

关于 ODE 边值问题和特征值问题解法的多数文献是处理具体形式的两点边值问题。Dehghan 等[31]提出了 Sinc 配点法(sinc-collocation method)和三次 B 样条尺度函数法(cubic B-spline scaling function method)数值求解了非线性二阶方程边值问题。Saadatmandi 等[32]利用 CHFD 法(chebushev finite differential method)数值求解了二阶边值问题。对于非线性边值问题,Geng 和 Cui[33,34]应用 HP-RKM法,即将同伦摄动法(HPM)和再生核法(the reproducing kernel method)结合,得到了非线性二阶方程边值问题的解析法和数值法,且解析解为再生核空间中的无穷级数形式。Reddy 等[35]采用 3 次 B 样条插值的配点法有效求解了二阶 ODE 奇异摄动边值问题。

基于 Ascher 等[22]研制的配点法求解两点边值问题的求解器 COLSYS,袁驷等[36,37]采用直接求解(非线性)和逆幂迭代(线性)两套 ODE 体系间的内部联系,建立了从非线性 ODE 体系获取线性 ODE 体系的具体途径,给出了常微分方程特征值问题求解程序 COLEGN,拓宽了 COLSYS 求解器的适用范围。费祥历等[38]使用锥上的不动点理论,讨论了一类非线性四阶特征值问题正解的存在性和多解性。周又明[39]利用锥压缩与拉伸不动点定理,获得了四阶非线性特征值问题正解的存在性结果。Wong 和 Agarwal[40]讨论了一类 n 阶差分方程的特征值问题正解的存在性。Chugunova 和 Pelinovsky[41]研究了由两个具有正本质谱和有限个孤立特征值的自伴算子定义的广义特征值问题中的孤立特征值和嵌入特征值,并扩展了非线性薛定谔方程定域解的应用。Betsch 和 Steinmann[42]通过大应变弹塑性的拉格朗日方程描述了一个广义特征值问题,并导出了各向同性弹塑性对应的四阶切线算子的连续形式和算法。Rajakumar 和 Rogers[43]提出了双边 Lanczos 递归在非对称广义特征值问题中的应用,并详细讨论了非对称广义特征值问题的双正交变换。

　　由于常微分方程有多种形式,如病态的刚性方程、奇异性方程和非线性方程等,没有一种解法在处理各种类型方程方面均占优势。目前的常微分方程的数值解法是相互补充和验证。因此,需要更多的有效算法处理一般性的常微分方程边值问题和特征值问题。随着计算机功能及性能的持续发展,通用的常微分方程求解器(ODE Solver)应运而生,使用者无需理解算法,就可以用 Solver 直接获得 ODE 方程的计算结果。目前试射法和配点法的通用求解器较为成熟。MATLAB 数学应用软件中 ODE 求解器 BVP4c 和 BVP5c 是由 Kierzenka 和 Shampine[11~13]采用试射法研制的,求解器 BVPTWP.m 是由 Cash 等[44,45]采用 deferred correction 技术的试射法研制的,它们可以求解两点边值问题。

　　本书第一部分内容介绍作者建立的求解一般性常微分方程边值问题和特征值问题的插值矩阵法[46~48]。插值矩阵法是对常微分方程中待解函数及其导数均采用分段低阶多项式插值,以方程中最高阶导数作为基本未知量,通过一系列积分推导将常微分方程边值问题转化为一组代数方程组获解。我们还研制了通用的 ODE Solver。插值矩阵法及其 Solver 可求解一般性的常微分方程多点边值问题和特征值问题,并且计算稳定。插值矩阵法的优点之一是求出的各阶导数值具有同阶精度,通过细分求解区间和自适应划分可以使方程解达到事先给定的计算精度。

1.5

力学中微分方程的数值解和半解析算法

　　19 世纪以来,力学家把不连续的物质系统运用连续性数学模型表征为微分方程,如弹性力学理论基本微分方程,流体力学中描述黏性不可压缩流体流动的 Navier-Stokes 方程,描述电磁场理论的 Maxwell 方程等。自然科学和技术工程中更一般性的问题是多维空间中的问题,许多是需要用偏微分方程描述的,而常微分方程描述的通常是相对简化的数学模型。但绝大多数微分方程(尤其是偏微分方程)定解问题是无法获得解析解形式的,其求解的艰难阻碍了已有理论在工程中的应用。自 20 世纪 50 年代以来,随着计算机的出现和持续发展,数值求解微分方程获得了迅速发展,有力促进了科学技术的进步和应用。求解常微分方程数值解比偏微分方程简单,计算量小,相对来说易于获得结果。偏微分方程数值求解更为复杂,计算量大,常用方法为有限差分法和有限元法[4]。差分法在计算流体力学方面应用较多,但其差分格式本身的特点,令其难以被编制成通用计算软件。1956 年,Turner 和 Clough 等[49]力学家在结构力学矩阵位移法的直观离散基础上,将平面连续体剖分为有限个三角形单元,用结构力学的位移法成功求解了弹性力学平面问题。对此 Clough(1960)启用了"有限元法"的名称。有限元法的思想是把连续区域用几何离散成有限个子域,施用分片插值函数将微分方程定解问题或者其泛函极值问题转化为庞大的代数方程组,交付代数方程求解器由计算机获得数值解。有限元法解决了相当范围的力学计算难题,其奠定的计算力学使力学学科再展辉煌,促进了工程技术、兵器、航空等领域的大发展。20 世纪 70 年代,力学家和数学家证明了有限元法离散插值的收敛性,完善了有限元法的数学基础。由此将有限元法扩展为微分方程数值解的一般性方法,突破了一批场域问题难解的僵局,如热传导、扩散、对流、电磁场、化学反应等问题[50,51]。

有限元法通常要求微分方程定解问题的变分原理存在,基于其积分方程形式在全区域内完全离散,对求解问题的特征不加以利用,挟持着庞大的代数方程组而获得普适性和通用性。有限元法在解常微分方程方面相比配点法和试射法等不占优势,但凭借其所具有的普适性和易于编制通用软件而成为求解偏微分方程定解问题的主流方法。

工程结构和机械设备破坏通常发生在结构的薄弱部位,如裂纹、异质材料 V 形切口、结合材料界面、焊接或内含物缺陷等处。对于偏微分方程待解函数在控制域具有局部激烈变化或者奇异问题,如固体力学中裂纹尖端区域奇异应力场,有限元法和差分法一般采用局部细分网格进行数值逼近,但即使布置很密的网格单元并耗费巨大的计算资源,也无力获得可信的解。利用偏微分方程定解问题描述具体问题的物理或数学特征,从数学上采用数值方法和解析方法联合进行分析以获得偏微分方程的可信解,这称为半解析方法。对于描述均匀介质位势理论和弹性理论的微分方程定解问题,可利用虚功原理和 Gauss 散度定理将其转换为边界积分方程,仅在区域的边界上布置单元进行离散变量求解,这称为边界元法。开创性的贡献应归功于 Jaswon[52] 和 Symm[53],他们分别求解了位势问题。Rizzo[54] 求解了二维线弹性问题,Cruse[55] 推广到三维弹性力学问题。边界元法利用了对应的微分方程基本解函数,使得求解域降维,具有计算精度高的优点,因而具有半解析解特点。

实际上,微分方程的数值解法是将场函数通过离散和插值函数替代转化为代数方程,然后交给代数方程求解器解出。目前常微分方程的算法和求解器已经成熟,如果利用偏微分方程定解问题的物理或数学特征,将其待求函数通过类似如级数和分离变量形式的解析表征,代入偏微分方程中,可转化为常微分方程组定解问题,然后交付常微分方程求解器获解,这是一种半解析法路径[56],能够以较小的计算量获得微分方程更加准确的有效解。

本书第二部分内容是将建立的求解常微分方程的插值矩阵法及其通用求解器拓展于固体力学中某些偏微分方程的半解析求解,包括按照三维弹性理论求解功能梯度厚板结构、V 形切口结构尖端附近多物理场以及耦合场的奇异性问题等,从而通过半解析途径解决一些固体力学中高度应力集中和突变的场问题。

1.6
本书内容概述

本书内容是作者长期从事计算力学和计算数学研究积累的成果,旨在推介数值求解常微分方程组的插值矩阵法,系统阐述插值矩阵法的计算列式和数学基础理论;介绍插值矩阵法的通用求解器,展开利用插值矩阵法求解各类常微分方程边值问题和特征值问题,包括小参数摄动问题、正则奇异多点边值问题、非线性常微分方程问题等;针对固体力学中功能梯度和叠层板结构、V 形切口和裂纹结构应力奇异性问题等,因数值方法难以胜任,作者以插值矩阵法求解器为基础,开展这些问题的偏微分控制方程组半解析求解。各章节主要内容如下:

第 1 章,介绍常微分方程基本问题,综述常微分边值问题和特征值问题的常用数值解法——有限差分法、试射法和配点法的现状,引出常微分方程边值问题数值求解的插值矩阵法及其在力学中的应用前景。

第 2 章,建立插值矩阵法解常微分方程组边值问题和特征值问题的基本列式。推导几种插值函数形成的插值矩阵,然后给出插值矩阵法求解常微分方程边值问题和特征值问题的典型算例,展现插值矩阵法的有效性和准确性,并证明插值矩阵法的收敛性和数值稳定性,显示插值矩阵法数值求解常微分方程边值问题的各阶导数值具有相同收敛阶。

第 3 章,基于网格自适应划分功能研制插值矩阵法的自适应程序(求解器),然后利用该程序求解常微分方程的小参数摄动问题、正则奇异多点边值问题和非线性常微分方程多点边值问题,表明插值矩阵法及其求解器适用于各类常微分方程边值和特征值问题的求解。

第 4 章,基于三维线弹性理论分析,针对四边简支功能梯度材料(FGM)矩形厚板提出双三角级数展开的状态空间方程和插值矩阵法相结合的求解途径,获得四边简支 FGM 和正交各向异性矩形厚板静力问题位移和应力场的半解析解。

第 5 章,沿用第 4 章理论,对于四边简支 FGM 矩形厚板以及叠层板问题,将自由振动问题转化为以三个位移分量为基本变量的变系数常微分方程组特征值问题,采用插值矩阵法求解,获得 FGM 矩形厚板及叠层板自由振动的频率和振型的半解析解。

第6章,基于切口尖端区域的渐近位移场假设和线弹性理论,将结合材料平面V形切口应力奇异性问题变换成一类常微分方程组(ODEs)特征值问题,采用插值矩阵法求解,同时得到黏结材料平面V形切口尖端的前若干阶应力奇异性指数、位移场和应力场角函数。

第7章,对于复合材料Reissner板和三维切口结构的应力奇异性问题,基于切口尖端位移场的幂级数渐近展开假设和弹性力学基本方程,将三维和Reissner板切口的应力奇异性转化为在相应边界条件下求解常微分方程组的特征值问题,采用插值矩阵法求出复合材料Reissner板和三维切口尖端的多阶应力奇异性指数和相应特征函数。

第8章,基于三维切口尖端附近区域位移场和电场的渐近展开,给出插值矩阵法分析压电材料三维柱状V形切口尖端力电耦合场奇异性问题的一个新途径,获得压电材料V形切口尖端区域力电磁耦合场奇异性变化规律。

第9章,基于切口尖端区域应力场和位移场的渐近展开和弹塑性理论,建立幂硬化材料平面和反平面V形切口/裂纹尖端附近区域应力奇异性的非线性控制方程,采用插值矩阵法计算获得幂硬化材料平面和反平面V形切口/裂纹结构尖端附近弹塑性应力奇异性特征解。

第10章,划分平面V形切口结构为尖端区域和外围区域,将尖端区域应力奇异性的插值矩阵法解式与外围结构边界元法方程联合,从而获得平面V形切口/裂纹尖端区域奇异应力场和外围结构位移、应力场的完全解。

参考文献

▲

[1] 哈尔滨工业大学理论力学教研室. 理论力学[M]. 7版. 北京:高等教育出版社,2009.

[2] 刘鸿文. 材料力学[M]. 2版. 北京:高等教育出版社,1982.

[3] 李荣华,冯国忱. 微分方程数值解[M]. 3版. 北京:高等教育出版社,1996.

[4] 胡健伟,汤怀民. 微分方程数值方法[M]. 2版. 北京:科学出版社,2007.

[5] Gear C W. 常微分方程初值问题的数值解法[M]. 费景高,刘德贵,高永春,译. 北京:科学出版社,1978.

[6] 倪兴. 常微分方程数值解法及其应用[D]. 合肥:中国科学技术大学,2010.

[7] Dokuchaev N. The integral estimations for ordinary differential equations and its application to the non-smooth optimal control problems[J]. Differential Equations,2010,27(10):1181-1191.

[8] Kamke E. 常微分方程手册[M]. 张鸿林,译. 北京:科学出版社,1977.

[9] Shoosmith J N. A high-order finite-difference method for the solution of two-point boundary value problems on a uniform mesh[M] //Numerical solutions of BVP for ODE. New York:

Academic Press Inc.，1975：355-399.

［10］萨马尔斯基·А А，安德烈耶夫·В Б. 椭圆型方程差分方法［M］. 武汉大学计算数学教研室，译. 北京：科学出版社，1984.

［11］Kierzenka J，Shampine L F. A BVP solver based on residual control and the MATLAB PSE［J］. ACM Trans. Math. Software，2001，27：299-316.

［12］Shampine L F，Reichelt M W，Kierzenka J. Solving boundary value problems for ordinary differential equations in MATLAB with bvp4c［J］. MATLAB File Exchange，2004.

［13］Shampine L F. Design of software for ODEs［J］. Journal of Computational and Applied Mathematics，2007，205：901-911.

［14］Deuflhard P. Recent advances in multiple shooting techniques［C］//The proc. of the conference on computational techniques for ordinary differential equations. New York：Academic Press Inc.，1980：217-272.

［15］Keller H R. Numerical methods for two-point boundary value problems［M］. New York：Blaisdell Publishing Company，1968.

［16］Roberts S M，Shipman J S. Two-point boundary valve problems：shooting method［M］. New York：American Elsevier Pub. Co.，1972.

［17］Scott M R，Watts H A. Superposition, orthonormalization, quasilinearization and two-point boundary value problems［J］. Lecture Notes in Computer Science，1978，76：109-121.

［18］Li S R，Zhou Y H. Shooting method for non-linear vibration and thermal buckling of heated orthotropic circular plates［J］. Journal of Sound and Vibration，2001，248（2）：379-386.

［19］Huang C L D，Wolker H S. Non-linear vibration of hinged circular plate with a concentric rigid mass［J］. Journal of Sound and Vibration，1988，126(1)：9-17.

［20］Lee J，Kim D H. An improved shooting method for computation of effectiveness factors in porous catalysts［J］. Chemical Engineering Science，2005，60(1)：5569-5573.

［21］Li J J，Shen G D. Shooting method for numerical solution of the optical field within VCSELS［J］. Journal of Optoelectronics Laser，2006，17(12)：1457-1460.

［22］Ascher U，Christiansen J，Russell R D. Algorithm 569，COLSYS：collocation software for boundary value ODEs［J］. ACM Trans. Math. Software，1981，7(2)：223-229.

［23］Ascher U，Mattheij R，Russell R D. Numerical solution of boundary value ODEs for ordinary differential equations［M］. New Jersey：Prentice-Hall Inc.，1988.

［24］Ascher U，Spiteri R. Collocation software for boundary value differential-algebraic equationns［J］. SIAM J. Scient. Comput.，1994，15：938-952.

［25］Roul P，Thula K. A new high-order numerical method for solving singular two-point boundary value problems［J］. Journal of Computational and Applied Math.，2018，343：556-574.

［26］Mahboub B. Analysis of optimal superconvergence of a local discontinuous Galerkin method for nonlinear second-order two-point boundary-value problems［J］. Applied Numerical Mathematics，2019，145：361-383.

［27］ Gladwell I. A survey of subroutines for solving boundary value problems in ordinary differential equations［C］//The proc. of the conference on computational techniques for ordinary differential equations. New York：Academic Press Inc.，1980：273-303.

［28］ Fox L. Numerical methods for boundary value problems［C］//The proc. of the conference on computational techniques for ordinary differential Equations. New York：Academic Press Inc.，1980：175-216.

［29］ Keller H R. Numerical solution of boundary value problems for ordinary differential equations：survey and some recent results on difference methods［M］//Numerical solutions of BVP for ODE. New York：Academic Press Inc.，1975：27-88.

［30］ Russell R D. Comparison of collocation and finite differences for two-point boundary value problems［J］. SIAM J. Numer. Anal.，1977，14：19-39.

［31］ Dehghan M，Lakestani A. Numerical solution of nonlinear system of second-order boundary value problems using cubic B-spline scaling function［J］. Inter. Journal of Computer Mathamatics，2008，85（9）：1455-1461.

［32］ Saadatmandi A，Farsangi J A. Chebushev finite differential method for a nonlinear system of second-order boundary value problems［J］. Applied Mathematics and Computation，2007，192（1）：586-591.

［33］ Geng F Z，Cui M G. Solving a nonlinear system of second order boundary value problems［J］. Journal of Mathematical Analysis and Applications，2007，327（2）：1167-1181.

［34］ Geng F Z，Cui M G. Homotopy perturbation-reproducing kernel method for nonlinear system of second order boundary value problem［J］. Journal of Computational and Applied Mathematics，2011，235（6）：2405-2411.

［35］ Reddy Y N，Chakravarthy P P. Numerical patching method for singularly perturbed two-point boundary value problems using cubic splines［J］. Applied Mathematics and Computation，2004，149：441-468.

［36］ 袁驷，张亿果. 常微分方程特征值问题的求解器法［J］. 地震工程与工程震动，1993，13（2）：94-102.

［37］ 叶康生，袁驷. 常微分方程特征值问题求解器解法的改进［J］. 工程力学，2004，21（3）：31-35.

［38］ 费祥历，白占兵. 一类非线性四阶特征值问题的正解［J］. 数学物理学报，2001，21（s1）：610-615.

［39］ 周友明. 四阶非线性特征值问题的正解［J］. 系统科学与数学，2004，24（4）：433-442.

［40］ Wong P J Y，Agarwal R P. Eigenvalue theorems for discrete multipoint conjugate boundary value problems［J］. Journal of Computational and Applied Mathematics，2000，113（1）：227-240.

［41］ Chugunova M，Pelinovsky D. Count of eigenvalues in the generalized eigenvalue problem ［J］. Journal of Mathematical Physics，2006，51(5)：111-153.

［42］ Betsch P，Steinmann P. Derivation of the fourth-order tangent operator based on a generalized eigenvalue problem［J］. Inter. Journal of Solids and Structures，2000，37(11)：1615-1628.

［43］ Rajakumar C，Rogers C R. The Lanczos algorithm applied to unsymmetric generalized eigenvalue problem［J］. Inter. Journal for Numerical Methods in Engineering，2010，32(5)：1009-1026.

［44］ Cash J R，Mazzia F. Efficient global methods for the numerical solution of nonlinear systems of two point boundary value problems［M］//Recent advances in computational and applied mathematics. Dordrecht：Springer，2011.

［45］ Cash J R，Hollevoet D，Mazzia F，Nagy A M. Algorithm 927：The MATLAB code bvptwp. m for the numerical solution of two point boundary value problems［J］. ACM Transactions on Mathematical Software，2013，39(2)：1-12.

［46］ 牛忠荣. 两点边值问题的一个新数值法及其在建筑力学中的应用［D］. 南京：东南大学，1984.

［47］ 牛忠荣. 多点边值问题的插值矩阵法及其误差分析［J］. 计算物理，1993，10(3)：336-344.

［48］ Niu Z R，Ge D L，Cheng C Z，Ye J Q，Recho N. Evaluation of the stress singularities of plane V-notches in bonded dissimilar materials［J］. Applied Mathematical Modelling，2009，33：1776-1792.

［49］ Turner M J，Clough R W，Martin H C，Topp L C. Stiffness and deflection analysis of complex structures［J］. Journal Aeronaut Sci. ，1956，23(9)：805-823.

［50］ Bathe K J，Wilson E L. Numerical methods in finite element analysis［M］. New Jersey：Prentice-Hall Inc. ，1976.

［51］ Zienliewicz O C. The finite element method［M］. 3rd ed. New York：McGraw-Hill Inc. ，1977.

［52］ Jaswon M A. Integral equation methods in potential theory：I［J］. Proc. Roy. Soc. ，London，1963，275(A)：23-32.

［53］ Symm G T. Integral equation methods in potential theory：II［J］. Proc. Roy. Soc. ，London，1963，275(A)：33-46.

［54］ Rizzo F J. An integral equation approach to boundary value problem of classical elastostatics ［J］. Quarterly Appl. Math. ，1967，25：83-95.

［55］ Cruse T A. Numerical solution in three-dimensional elastostatics［J］. Inter. Journal of Solids and Structures，1969，5：1259-1274.

［56］ 杨智勇. 功能梯度叠层板与弹塑性切口应力奇异性的半解析法研究［D］. 合肥：合肥工业大学，2015.

第 —— 2 —— 章

常微分方程边值问题和
特征值问题的插值矩阵法

对于常微分方程边值问题和特征值问题,目前应用较为广泛的是有限差分法、试射法和配点法等,这些解法在处理各种类型方程时均有各自的优点和不足。因此建立求解常微分方程边值问题和特征值问题的高效方法是永恒追求。

本章基于作者牛忠荣的研究结果[1~3],系统介绍求解常微分方程边值问题和特征值问题的插值矩阵法。首先给出插值矩阵法解常微分方程组的基本列式和几种函数的插值矩阵基本列式,采用插值矩阵法求解常微分方程边值问题和特征值问题的典型算例,然后证明插值矩阵法的收敛性和数值稳定性,以及插值矩阵法求解常微分方程边值问题的各阶导数值具有同等计算精度。

2.1

常微分方程多点边值问题的插值矩阵法

对于如下单个的 m 阶线性常微分方程:

$$\sum_{i=0}^{m} g_i(x) y^{(i)}(x) = f(x), \quad x \in [a, b] \tag{2.1.1}$$

相应的多点边值条件为

$$\sum_{i=0}^{m-1} \alpha_{ji}(x) y^{(i)}(x_j) = \gamma_j, \quad a \leqslant x_j \leqslant b, \quad j = 1, 2, \cdots, m \tag{2.1.2}$$

式中,$g_i(x), f(x) \in C[a, b]$,α_{ji} 和 γ_j 是实数,并且 $g_m(x)$ 是非零的。假定方程式(2.1.1)和式(2.1.2)是非奇异的,且存在唯一解。

为便于理解插值矩阵法求解常微分方程组算式,先介绍插值矩阵法求解单个方程边值问题式(2.1.1)和式(2.1.2)的过程。将区间$[a, b]$剖分为 n 段,$a = x_0 < x_1 < \cdots < x_n = b$。令 $h_j = x_j - x_{j-1}$,$y_j^{(i)}$ 为 $y^{(i)}(x_j)$ 的近似值,使式(2.1.1)在所有分划点$\{x_j | j = 0, 1, \cdots, n\}$成立,其向量形式为

$$\sum_{k=0}^{m} \boldsymbol{G}_k(x) \boldsymbol{Y}^{(k)}(x) = \boldsymbol{F} \tag{2.1.3}$$

$$\boldsymbol{Y}^{(k)}(x) = (y^{(k)}(x_0), y^{(k)}(x_1), \cdots, y^{(k)}(x_n))^{\mathrm{T}}, \quad \boldsymbol{F} = (f(x_0), f(x_1), \cdots, f(x_n))^{\mathrm{T}} \tag{2.1.4}$$

$$\boldsymbol{G}_k(x) = \mathrm{diag}[g_k(x_0), g_k(x_1), \cdots, g_k(x_n)], \quad k = 0, 1, \cdots, m \tag{2.1.5}$$

式中,$\mathrm{diag}(\cdots)$表示对角矩阵。

众所周知,差分法是把微分方程中各阶导数值用区间分划点上的函数值 $y_j(j = 0, 1, \cdots, n)$表示,这里 y_j 是 $y(x_j)$ 的近似解。插值矩阵法把最后的总体代数方程组未知量选取为 $y_0, y_0', \cdots, y_0^{(m-1)}, y_0^{(m)}, y_1^{(m)}, \cdots, y_n^{(m)}$,将 $\boldsymbol{Y}^{(k)}(x)$ 用这些未知量表

示，从而得到 $m+n+1$ 个代数方程组。

A. Ф. 斯米尔诺夫[4]从下式出发用 k 阶导数值表示 $k-1$ 阶导数值：

$$y^{(k-1)}(x_j) - y^{(k-1)}(x_0) = \int_{x_0}^{x_j} y^{(k)}(x)\mathrm{d}x, \quad j = 0,1,\cdots,n, \quad k = 1,2,\cdots,m$$

$$(2.1.6)$$

上式中的 $y^{(k)}(x)$ 用插值函数逼近：

$$y^{(k)}(x) = \sum_{i=0}^{n} y^{(k)}(x_i)L_i(x) + \delta_n^{(k)}(x) \tag{2.1.7}$$

式中，$L_i(x)$ 为插值基函数，$\delta_n^{(k)}(x)$ 为余项。将式(2.1.7)代入式(2.1.6)，得

$$y^{(k-1)}(x_j) - y^{(k-1)}(x_0) = \sum_{i=0}^{n} y^{(k)}(x_i)\omega_{ji} + R_j^{(k)}, \quad i,j = 0,1,\cdots,n$$

$$(2.1.8)$$

式中

$$\omega_{ji} = \int_{x_0}^{x_j} L_i(x)\mathrm{d}x, \quad R_j^{(k)} = \int_{x_0}^{x_j} \delta_n^{(k)}(x)\mathrm{d}x \tag{2.1.9}$$

引入插值矩阵

$$\boldsymbol{D} = \begin{bmatrix} 0 & 0 & \cdots & 0 \\ \omega_{10} & \omega_{11} & \cdots & \omega_{1n} \\ \omega_{20} & \omega_{21} & \cdots & \omega_{2n} \\ \vdots & \vdots & & \vdots \\ \omega_{n0} & \omega_{n1} & \cdots & \omega_{nn} \end{bmatrix}_{(n+1)\times(n+1)} \tag{2.1.10}$$

及符号

$$\boldsymbol{Y}^*(x_0) = (y(x_0), y'(x_0), \cdots, y^{(m-1)}(x_0))^{\mathrm{T}}, \quad \boldsymbol{Y}_0^* = (y_0, y_0', \cdots, y_0^{(m-1)})^{\mathrm{T}}$$

$$(2.1.11)$$

$$\boldsymbol{Y}^{(k)} = (y_0^{(k)}, y_1^{(k)}, \cdots, y_n^{(k)})^{\mathrm{T}}, \quad \boldsymbol{R}^{(k)} = (R_0^{(k)}, R_1^{(k)}, \cdots, R_n^{(k)})^{\mathrm{T}} \tag{2.1.12}$$

$$\boldsymbol{\sigma} = (1,1,\cdots,1)_{n+1}^{\mathrm{T}} \tag{2.1.13}$$

则式(2.1.8)可写成

$$\boldsymbol{Y}^{(k-1)}(x) = y^{(k-1)}(x_0)\boldsymbol{\sigma} + \boldsymbol{D}\boldsymbol{Y}^{(k)}(x) + \boldsymbol{R}^{(k)} \tag{2.1.14}$$

舍去余项 $R_i^{(k)}$，式(2.1.14)变为

$$\boldsymbol{Y}^{(k-1)} = y_0^{(k-1)}\boldsymbol{\sigma} + \boldsymbol{D}\boldsymbol{Y}^{(k)} \tag{2.1.15}$$

插值矩阵法解的绝对误差记为

$$\Delta_j^{(i)} = y^{(i)}(x_j) - y_j^{(i)}, \quad \boldsymbol{\Delta}^{(i)} = \boldsymbol{Y}^{(k)}(x) - \boldsymbol{Y}^{(k)}, \quad \boldsymbol{\Delta}_0^* = \boldsymbol{Y}^*(x_0) - \boldsymbol{Y}_0^*$$

$$(2.1.16)$$

由式(2.1.14)、式(2.1.15)得

$$\boldsymbol{\Delta}^{(k-1)} = \Delta_0^{(k-1)}\boldsymbol{\sigma} + \boldsymbol{D}\boldsymbol{\Delta}^{(k)} + \boldsymbol{R}^{(k)} \tag{2.1.17}$$

将式(2.1.15)中取 $k = m$ 所得的 $\boldsymbol{Y}^{(k-1)}$ 代入在该式取 $k = m - 1$ 所得的式子,得

$$\boldsymbol{Y}^{(m-2)} = y_0^{(m-1)}\boldsymbol{\sigma} + y_0^{(m-1)}\boldsymbol{D}\boldsymbol{\sigma} + \boldsymbol{D}^2\boldsymbol{Y}^{(m)} \tag{2.1.18}$$

逐步递推,得

$$\boldsymbol{Y}^{(i)} = \boldsymbol{P}_i\boldsymbol{Y}_0^* + \boldsymbol{D}^{m-i}\boldsymbol{Y}^{(m)}, \quad i = 0, 1, \cdots, m-1 \tag{2.1.19}$$

对式(2.1.14)做类似递推,得

$$\boldsymbol{Y}^{(i)}(x) = \boldsymbol{P}_i\boldsymbol{Y}^*(x_0) + \boldsymbol{D}^{m-i}\boldsymbol{Y}^{(m)}(x) + \boldsymbol{r}^{(i)} \tag{2.1.20}$$

$$\boldsymbol{\Delta}^{(i)} = \boldsymbol{P}_i\boldsymbol{\Delta}_0^* + \boldsymbol{D}^{m-i}\boldsymbol{\Delta}^{(m)} + \boldsymbol{r}^{(i)} \tag{2.1.21}$$

式中,$\boldsymbol{r}^{(i)}$ 为局部截断误差,并有

$$\boldsymbol{P}_i = \begin{bmatrix} 0, \cdots, 0, \boldsymbol{\sigma}, \boldsymbol{D}\boldsymbol{\sigma}, \cdots, \boldsymbol{D}^{m-i-1}\boldsymbol{\sigma} \end{bmatrix}_{(n+1)\times m} \tag{2.1.22}$$

$$\boldsymbol{r}^{(i)} = \sum_{k=0}^{m-1-i} \begin{bmatrix} \boldsymbol{D}^k\boldsymbol{R}^{(k+1+i)} \end{bmatrix} \tag{2.1.23}$$

至此,式(2.1.20)已将 $\boldsymbol{Y}^{(i)}$ 用 $\boldsymbol{Y}^{(m)}$ 和 $\boldsymbol{Y}_0^*$ 表征。

将式(2.1.20)代入式(2.1.3),得

$$\boldsymbol{A}\boldsymbol{Y}^*(x_0) + \boldsymbol{B}\boldsymbol{Y}^{(m)}(x) = \boldsymbol{F} - \boldsymbol{r} \tag{2.1.24}$$

式中,$\boldsymbol{r}$ 是将式(2.1.1)转换为代数方程的截断误差,并有

$$\boldsymbol{A} = \sum_{i=0}^{m-1}\boldsymbol{G}_i\boldsymbol{P}_i, \quad \boldsymbol{B} = \sum_{i=0}^{m}\boldsymbol{G}_i\boldsymbol{D}^{m-i}, \quad \boldsymbol{r} = \sum_{i=0}^{m-1}\boldsymbol{G}_i\boldsymbol{r}^{(i)} \tag{2.1.25}$$

不妨设式(2.1.2)中 x_j 在剖分点上,则将式(2.1.19)在 x_j 点的方程代入式(2.1.2)中,可得如下 m 个线性代数方程:

$$\boldsymbol{V}\boldsymbol{Y}^*(x_0) + \boldsymbol{W}\boldsymbol{Y}^{(m)}(x) = \boldsymbol{\gamma} - \sum_{i=0}^{m-1}\alpha_{ji}\boldsymbol{r}^{(i)} \tag{2.1.26}$$

式中,$\boldsymbol{\gamma} = (\gamma_1, \gamma_2, \cdots, \gamma_m)^T$,矩阵 $\boldsymbol{V}$ 和 $\boldsymbol{W}$ 依据 α_{ji} 和 $\boldsymbol{P}_i$、$\boldsymbol{D}^i$ 中元素计算。合并式(2.1.24)和式(2.1.26),且舍去截断误差,得线性代数方程组如下:

$$\begin{bmatrix} \boldsymbol{V} & \boldsymbol{W} \\ \boldsymbol{A} & \boldsymbol{B} \end{bmatrix} \begin{Bmatrix} \boldsymbol{Y}_0^* \\ \boldsymbol{Y}^{(m)} \end{Bmatrix} = \begin{Bmatrix} \boldsymbol{\gamma} \\ \boldsymbol{F} \end{Bmatrix} \tag{2.1.27}$$

求解上面的代数方程得到近似解 $\boldsymbol{Y}_0^*$,$\boldsymbol{Y}^{(m)}$,再代入式(2.1.19)就可得到方程的各阶导数解 $\boldsymbol{Y}$,$\boldsymbol{Y}'$,$\cdots$,$\boldsymbol{Y}^{(m-1)}$。我们将这种方法称为插值矩阵法[2]。

式(2.1.27)中系数矩阵的形成依赖于 $\boldsymbol{D}$ 矩阵,斯米尔诺夫的积分矩阵法[4]在式(2.1.5)中采用全区间的拉格朗日多项式插值,区间划分节点数有限而不具有一般性,并且数值不稳定。插值矩阵法在区间 $[a, b]$ 上采用分段多项式插值,$\boldsymbol{D}$ 矩阵易于形成,$[a, b]$ 可任意划分,从而满足计算精度要求。

2.2

插值矩阵法解常微分方程组的基本列式

2.2.1 线性常微分方程组边值问题和特征值问题的一般形式

一般的混合阶线性常微分方程组如下：

$$\sum_{k=1}^{r} \sum_{j=0}^{m_k} g_{ikj}(x) y_k^{(j)}(x) - \lambda \sum_{k=1}^{r} \sum_{j=0}^{m_k} q_{ikj}(x) y_k^{(j)}(x)$$

$$= f_i(x), \quad i = 1, 2, \cdots, r, \quad x \in [a, b] \tag{2.2.1}$$

相应多点边值条件为

$$\sum_{k=1}^{t} \sum_{j=0}^{m_k-1} \alpha_{lkj} y_k^{(j)}(\xi_{lkj}) - \lambda \sum_{k=1}^{t} \sum_{j=0}^{m_k-1} \beta_{lkj} y_k^{(j)}(\xi_{lkj}) = \gamma_l,$$

$$l = 1, 2, \cdots, t, \quad a \leqslant \xi_{lkj} \leqslant b \tag{2.2.2}$$

式中，$y_k(x)(k = 1, 2, \cdots, r)$ 为方程中待解函数，$y_k^{(j)}(x)$ 是其第 j 阶导函数；$f_i(x), g_{ikj}(x)$ 和 $q_{ikj}(x)$ 是 $[a, b]$ 上的连续解析函数；λ 为特征值；r 为微分方程数目；m_k 为待解函数 $y_k(x)$ 在方程中的最高阶导数；$\gamma_l, \alpha_{lkj}, \beta_{lkj}, \xi_{lkj}$ 为实常数；$t = \sum_{k=1}^{r} m_k$ 为边界条件数目。在方程式 (2.2.1) 和边界条件式 (2.2.2) 中：

(1) 如果 λ 等于 0，式 (2.2.1) 和式 (2.2.2) 构成了常微分方程组边值问题。一般情形是对于给定 $f_i(x)$ 和 γ_l，求解未知函数及其各阶导数 $y_k^{(j)}(x)$。

(2) 如果 $f_i(x)$ 和 γ_l 等于 0，即为齐次方程，式 (2.2.1) 和式 (2.2.2) 构成了常微分方程组特征值问题。

2.2.2 插值矩阵法基本列式

下面给出插值矩阵法数值求解常微分方程组式 (2.2.1) 和相应边界条件式 (2.2.2) 的基本列式。将求解区间 $[a, b]$ 通过 $n+1$ 个分划点剖分为 n 段，$a = x_0 < x_1 < \cdots < x_n = b$。令 $h_i = x_i - x_{i-1}$，如果是等区间划分，则 $h_i = (b-a)/n$。用 $y_{ki}^{(j)}$ 表示 $y_k^{(j)}(x)$ 在 x_i ($i = 0, 1, \cdots, n$) 的近似值，$y_k^{(j)}(x_i)$ 代表精确值。

差分法把微分方程中各阶导数值用区间分划点上的函数值 $y_{ki}(i=0,1,\cdots,n)$ 表示。而插值矩阵法将最后的总体代数方程组的未知量选取为 $y_{k0}, y'_{k0}, \cdots$, $y_{k0}^{(m_k-1)}$, $y_{k0}^{(m_k)}$, $y_{k1}^{(m_k)}$, $\cdots$, $y_{kn}^{(m_k)}$,将 $y_k^{(j)}(x_i)(i=0,1,\cdots,n;\ j=0,1,\cdots,m_{k-1}$; $k=1,2,\cdots,r)$用前述未知量表示,由此得到 $t+r(n+1)$ 个线性代数方程组。

对 $y_k(x)$,用其第 j 阶导数表示第 $j-1$ 阶导数:

$$y_k^{(j-1)}(x_l) - y_k^{(j-1)}(x_0)$$

$$= \int_{x_0}^{x_l} y_k^{(j)}(x)\mathrm{d}x, \quad j=1,\cdots,m_k, \quad k=1,\cdots,r, \quad l=1,\cdots,n \quad (2.2.3)$$

在区间 $[a,b]$ 上对 $y_k^{(j)}(x)$ 用拉格朗日多项式插值逼近,有

$$y_k^{(j)}(x) = \sum_{i=0}^n y_k^{(j)}(x_i)L_i(x) + \delta_{kn}^{(j)}(x), \quad x \in [a,b] \quad (2.2.4)$$

式中,$L_i(x)$ 为拉格朗日插值基函数,$\delta_{kn}^{(j)}(x)$ 为插值余项。

将式(2.2.4)代入式(2.2.3),得

$$y_k^{(j-1)}(x_l) - y_k^{(j-1)}(x_0) = \sum_{i=0}^n y_k^{(j)}(x_i) \int_{x_0}^{x_l} L_i(x)\mathrm{d}x + R_{kl}^{(j)} \quad (2.2.5)$$

式中,$R_{kl}^{(j)} = \int_{x_0}^{x_l} \delta_{kn}^{(j)}(x)\mathrm{d}x$ 为积分余项。

如果舍去 $R_{kl}^{(j)}$,参见式(2.1.9),则式(2.2.5)可近似为

$$y_{kl}^{(j-1)} - y_{k0}^{(j-1)} = \sum_{i=0}^n y_{ki}^{(j)}\omega_{li} \quad (2.2.6)$$

引入符号和向量如下:

$$\boldsymbol{Y}_k(x_0) = (y_k(x_0), y'_k(x_0), \cdots, y_k^{(m_k-1)}(x_0))^{\mathrm{T}}, \quad \boldsymbol{Y}_{k0} = (y_{k0}, y'_{k0}, \cdots, y_{k0}^{(m_k-1)})^{\mathrm{T}}$$
$$(2.2.7)$$

$$\boldsymbol{Y}_k^{(j)}(x) = (y_k^{(j)}(x_0), y_k^{(j)}(x_1), \cdots, y_k^{(j)}(x_n))^{\mathrm{T}}, \quad \boldsymbol{Y}_k^{(j)} = (y_{k0}^{(j)}, y_{k1}^{(j)}, \cdots, y_{kn}^{(j)})^{\mathrm{T}}$$
$$(2.2.8)$$

$$\boldsymbol{R}_k^{(j)} = (R_{k0}^{(j)}, R_{k1}^{(j)}, \cdots, R_{kn}^{(j)})^{\mathrm{T}}, \quad k=1,2,\cdots,r, \quad j=0,1,\cdots,m_k \quad (2.2.9)$$

在式(2.2.5)中,令 $l=0,1,\cdots,n$,则有

$$\boldsymbol{Y}_k^{(j-1)}(x) = y_k^{(j-1)}(x_0)\boldsymbol{\sigma} + \boldsymbol{D}\boldsymbol{Y}_k^{(j)}(x) + \boldsymbol{R}_k^{(j)}, \quad x \in [a,b] \quad (2.2.10)$$

插值矩阵 $\boldsymbol{D}$ 是 $(n+1)\times(n+1)$ 维矩阵,其元素由式(2.1.9)积分求得,仅依赖于插值基函数 $L_i(x)$,见式(2.1.10)。

因此,在式(2.2.10)中,对于每个 j,使 $y_k^{(j)}(x)$ 的低阶导数顺次地采用其高阶导数替换,逐步递推可以得到

$$\boldsymbol{Y}_k^{(j)}(x) = \boldsymbol{P}_{kj}\boldsymbol{Y}_k(x_0) + \boldsymbol{D}^{m_k-j}\boldsymbol{Y}_k^{(m_k)}(x) + \boldsymbol{r}_k^{(j)},$$
$$j=1,2,\cdots,m_k-1, \quad k=1,2,\cdots,r \quad (2.2.11)$$

式中

$$r_k^{(j)} = \sum_{l=0}^{m_k-1-j} [D^l R_k^{(j+1+l)}] \qquad (2.2.12)$$

$r_k^{(j)}$ 称为对 $Y_k^{(j)}(x)$ 插值逼近的局部截断误差；另有

$$P_{kj} = [\overbrace{0,\cdots,0}^{j}, \boldsymbol{\sigma}, D\boldsymbol{\sigma}, \cdots, D^{m_k-1-j}\boldsymbol{\sigma}]_{(n+1)\times m_k}, \quad 0 = (0,0,\cdots,0)_{(n+1)}^T \qquad (2.2.13)$$

P_{kj} 是 $(n+1)\times m_k$ 阶矩阵，例如 $P_{k0} = [\boldsymbol{\sigma}, D\boldsymbol{\sigma}, \cdots, D^{m_k-1}\boldsymbol{\sigma}]_{(n+1)\times m_k}$。

舍去式(2.2.11)中的误差项 $r_k^{(j)}$，则形成近似解关系式：

$$Y_k^{(j)} = P_{kj} Y_{k0} + D^{m_k-j} Y_k^{(m_k)} \qquad (2.2.14)$$

可见上式已将 $Y_k^{(j)}$ 用 Y_{k0} 和 $Y_k^{(m_k)}$ 表征。

由于式(2.2.1)在 $x_i(i=0,1,\cdots, n)$ 处成立，写成向量形式为

$$\sum_{k=1}^{r} \sum_{j=0}^{m_k} G_{ikj} Y_k^{(j)}(x) - \lambda \sum_{k=1}^{r} \sum_{j=0}^{m_k} Q_{ikj} Y_k^{(j)}(x) = F, \quad i = 1, 2, \cdots, r$$

$$(2.2.15)$$

式中

$$G_{ikj} = \mathrm{diag}(g_{ikj}(x_0), g_{ikj}(x_1), \cdots, g_{ikj}(x_n)) \qquad (2.2.16)$$

$$Q_{ikj} = \mathrm{diag}(q_{ikj}(x_0), q_{ikj}(x_1), \cdots, q_{ikj}(x_n)) \qquad (2.2.17)$$

$$F = (f(x_0), f(x_1), \cdots, f(x_n))^T \qquad (2.2.18)$$

在式(2.2.15)中，$y_{ki}^{(j)}(x_i)$ 用其近似值 $y_{ki}^{(j)}$ 代替。则将式(2.2.14)代入式(2.2.15)，可得到代数方程：

$$\sum_{k=1}^{r} [A_{ik} Y_{k0} + B_{ik} Y_k^{(m_k)}] - \lambda \sum_{k=1}^{r} [A_{\lambda ik} Y_{k0} + B_{\lambda ik} Y_k^{(m_k)}] = F \quad (2.2.19)$$

式中，A_{ik} 和 $A_{\lambda ik}$ 是 $(n+1)\times m_k$ 维矩阵；B_{ik} 和 $B_{\lambda ik}$ 是 $(n+1)\times(n+1)$ 维矩阵。

$$A_{ik} = \sum_{j=0}^{m_k-1} G_{ikj} P_{kj}, \quad B_{ik} = \sum_{j=0}^{m_k} G_{ikj} D^{m_k-j} \qquad (2.2.20)$$

$$A_{\lambda ik} = \sum_{j=0}^{m_k-1} Q_{ikj} P_{kj}, \quad B_{\lambda ik} = \sum_{j=0}^{m_k} Q_{ikj} D^{m_k-j} \qquad (2.2.21)$$

设式(2.2.2)中 ξ_{lkj} 在 $[a,b]$ 内的划分点 $x_{I_l}(0 \leqslant I_l \leqslant n)$ 上，若是两点边值问题，则 I_l 是 0 或 n，ξ_{lkj} 的值是 a 或 b。将式(2.2.15)代入边界条件式(2.2.2)，则形成如下线性代数方程组：

$$\sum_{k=1}^{r} \sum_{j=0}^{m_k-1} \alpha_{lkj} [(P_{kj})_{I_l} Y_{k0} + (D^{m_k-j})_{I_l} Y_k^{(m_k)}]$$

$$- \lambda \sum_{k=1}^{r} \sum_{j=0}^{m_k-1} \beta_{lkj} [(P_{kj})_{I_l} Y_{k0} + (D^{m_k-j})_{I_l} Y_k^{(m_k)}] = \gamma \qquad (2.2.22)$$

式中，$(P_{kj})_{I_l}$ 和 D_{I_l} 分别为矩阵 P_{kj} 和 D 的第 I_l 行元素，$\gamma = (\gamma_1, \gamma_2, \cdots, \gamma_t)^T$。引入下面的行向量符号：

$$V_{\alpha lk} = \sum_{j=0}^{m_k-1} \alpha_{lkj} (P_{kj})_{I_l}, \qquad W_{\alpha lk} = \sum_{j=0}^{m_k-1} \alpha_{lkj} (D^{m_k-j})_{I_l}, \qquad l = 1,2,\cdots,t \tag{2.2.23}$$

$$V_{\beta lk} = \sum_{j=0}^{m_k-1} \beta_{lkj} (P_{kj})_{I_l}, \qquad W_{\beta lk} = \sum_{j=0}^{m_k-1} \beta_{lkj} (D^{m_k-j})_{I_l}, \qquad l = 1,2,\cdots,t \tag{2.2.24}$$

式(2.2.22)可写为

$$\sum_{k=1}^{r} (V_{\alpha lk} Y_{k0} + W_{\alpha lk} Y_k^{(m_k)}) - \lambda \sum_{k=1}^{r} (V_{\beta lk} Y_{k0} + W_{\beta lk} Y_k^{(m_k)}) = \gamma \tag{2.2.25}$$

引入下列向量和矩阵:

$$Y_0 = \begin{Bmatrix} Y_{10} \\ Y_{20} \\ \vdots \\ Y_{r0} \end{Bmatrix}_t, \qquad Y = \begin{Bmatrix} Y_1^{(m_1)} \\ Y_2^{(m_2)} \\ \vdots \\ Y_r^{(m_r)} \end{Bmatrix}_{r(n+1)}, \qquad t = \sum_{k=1}^{r} m_k \tag{2.2.26}$$

$$V_\alpha = [V_{\alpha lk}]_{t \times t}, \qquad W_\alpha = [W_{\alpha lk}]_{t \times r(n+1)}, \qquad V_\beta = [V_{\beta lk}]_{t \times t}, \qquad W_\beta = [W_{\beta lk}]_{t \times r(n+1)} \tag{2.2.27}$$

$$A = [A_{ik}]_{r(n+1) \times t}, \qquad B - [B_{ik}]_{r(n+1) \times r(n+1)}, \qquad A_\lambda = [A_{\lambda ik}]_{r(n+1) \times t},$$

$$B_\lambda = [B_{\lambda ik}]_{r(n+1) \times r(n+1)}, \qquad i,k = 1,2,\cdots,r, \qquad l = 1,2,\cdots,t \tag{2.2.28}$$

将式(2.2.19)和式(2.2.25)合并成矩阵形式,最终得到

$$\left(\begin{bmatrix} V_\alpha & W_\alpha \\ A & B \end{bmatrix} - \lambda \begin{bmatrix} V_\beta & W_\beta \\ A_\lambda & B_\lambda \end{bmatrix} \right) \begin{Bmatrix} Y_0 \\ Y \end{Bmatrix} = \begin{Bmatrix} \gamma \\ F \end{Bmatrix} \tag{2.2.29}$$

上式是 $t + r(n+1)$ 个未知向量 $(Y_0^T, Y^T)^T$ 的一般线性代数方程组,写为

$$(C_1 - \lambda C_2) \begin{Bmatrix} Y_0 \\ Y \end{Bmatrix} = \begin{Bmatrix} \gamma \\ F \end{Bmatrix} \tag{2.2.30}$$

式中

$$C_1 = \begin{bmatrix} V_\alpha & W_\alpha \\ A & B \end{bmatrix}, \qquad C_2 = \begin{bmatrix} V_\beta & W_\beta \\ A_\lambda & B_\lambda \end{bmatrix} \tag{2.2.31}$$

下面对式(2.2.30)进行分类:

(1) 当式(2.2.30)中 λ 等于 0,则为常微分方程多点边值问题的插值矩阵法离散的线性代数方程组:

$$C_1 \begin{Bmatrix} Y_0 \\ Y \end{Bmatrix} = \begin{Bmatrix} \gamma \\ F \end{Bmatrix} \tag{2.2.32}$$

根据已知的 C_1, F 和 γ,如采用 Gauss 消去法,由上面代数方程可解得区间 $[a,b]$ 上 $n+1$ 个分划点的 Y 和 Y_0 值,然后将 Y 和 Y_0 代入式(2.2.14)可得各阶导

数值 $Y_k^{(j)}$，由此获得 $y_k^{(j)}(x)$ 在所有分划点的近似值。

（2）当式（2.2.30）中 F 和 γ 均等于 0，则为常微分方程特征值问题的插值矩阵法离散的广义特征方程组。现将其转换成标准型特征值表达式。

若 C_1 存在逆矩阵，将式（2.2.30）变换为

$$\frac{1}{\lambda}\begin{Bmatrix} Y_0 \\ Y \end{Bmatrix} - C_1^{-1}C_2\begin{Bmatrix} Y_0 \\ Y \end{Bmatrix} = 0 \tag{2.2.33}$$

若 C_1 和 C_2 逆矩阵均不存在，但对于给定移动值 s，如 $(C_1 + sC_2)^{-1}$ 存在，则可变换为

$$\frac{1}{\lambda + s}\begin{Bmatrix} Y_0 \\ Y \end{Bmatrix} - (C_1 + sC_2)^{-1}C_2\begin{Bmatrix} Y_0 \\ Y \end{Bmatrix} = 0 \tag{2.2.34}$$

诸如式（2.2.34）的代数特征值问题，可用数值方法求解。如采用 QR 法求解式（2.2.34），可得到诸多特征值 λ 和相应的特征向量 $(Y_0^{\mathrm{T}}, Y^{\mathrm{T}})^{\mathrm{T}}$，再由式（2.2.14）可得到各阶导数所对应的特征向量 $Y_k, Y'_k, \cdots, Y_k^{(m_k-1)}$。

20 世纪 50 年代 A.Φ.斯米尔诺夫提出的积分矩阵法[4]仅能处理单个的常微分方程，选用的总体未知量是 $Y_k^{(m_k)}$，但未将 Y_{k0} 作为基本未知量，仅从式（2.2.19）中求解 $Y_k^{(m_k)}$，所以要求方程中矩阵 B_{ik} 可逆，然而 B_{ik} 是奇异的，该积分矩阵法对矩阵 B_{ik} 无理地删去第 1 行和第 1 列，故未能构成一般性方法。而插值矩阵法将 Y_{k0} 和 $Y_k^{(m_k)}$ 均作为未知量，对于常微分方程定解问题，由上述推导形成了代数方程式（2.2.32），其系数矩阵 C_1 必然是非奇异的，因此插值矩阵法通用性地求出了常微分方程组所有的解。

插值矩阵法的又一个关键在于对 $y_k^{(j)}(x)$ 做了分段多项式函数插值逼近，从而可一次性地计算出式（2.1.10）的插值矩阵 D，并且数值稳定。

2.3

插值矩阵的性质

2.3.1 数值积分公式[5]

对给定的权函数 $\rho(x) \geqslant 0 (x \in [a, b])$，计算积分

$$I(f) = \int_a^b \rho(x)f(x)\mathrm{d}x \tag{2.3.1}$$

用 $f(x)$ 在分划点 $a=x_0<x_1<\cdots<x_n=b$ 上的函数值 $f(x_i)(i=0,1,\cdots,n)$ 的线性组合

$$I_n(f) = w_0f(x_0) + w_1f(x_1) + \cdots + w_nf(x_n) = \sum_{i=0}^{n} w_if(x_i) \quad (2.3.2)$$

作为 $I(f)$ 的近似值,有数值积分公式:

$$I(f) = \int_a^b \rho(x)f(x)\mathrm{d}x = \sum_{i=0}^{n} w_if(x_i) + R_n(f) \approx \sum_{i=0}^{n} w_if(x_i) \quad (2.3.3)$$

$$R_n(f) = I(f) - I_n(f) \quad (2.3.4)$$

式中,$R_n(f)$ 称为数值积分余项或积分误差(error);x_i 和 $w_i(i=0,1,\cdots,n)$ 分别称为求积节点和求积系数,这里 w_i 只与权函数 $\rho(x)$ 和积分区间 $[a,b]$ 有关,而与被积函数 $f(x)$ 无关。

定义 2.3.1 如果对于 m 次多项式 $f(x) = a_0 + a_1x + a_2x^2 + \cdots + a_mx^m$,数值积分式(2.3.3)精确成立,即余项 $R_n(f)=0$,但对 $m+1$ 次多项式 $f(x)=a_0+a_1x+a_2x^2+\cdots+a_{m+1}x^{m+1}$,式(2.3.3)不能精确成立,则称数值积分式(2.3.3)具有 m 次代数精度(degree of precision)。

较好的数值积分公式应该是计算简便、代数精度高及误差较小。因此,代数精度阶次 m 可以衡量求积公式式(2.3.3)的准确性,即 m 越大,则数值积分公式计算精度越高。

2.3.2 插值型积分公式

定义 2.3.2 设 $f(x)\in C[a,b]$,权函数 $\rho(x)\geqslant 0(x\in[a,b])$,对区间 $[a,b]$ 上任意 $n+1$ 个点 $a=x_0<x_1<\cdots<x_n=b$,如果取积分系数 $w_i = \int_a^b \rho(x)L_i(x)\mathrm{d}x(i=0,1,\cdots,n)$,则称

$$I(f) = \int_a^b \rho(x)f(x)\mathrm{d}x \approx \sum_{i=0}^{n} w_if(x_i) \quad (2.3.5)$$

为插值型求积公式,其中 $L_i(x)(i=0,1,\cdots,n)$ 为 Lagrange 插值基函数,有

$$f(x) = \sum_{i=0}^{n} L_i(x)f(x_i) + r_n(x) \quad (2.3.6)$$

式中,$r_n(x)$ 为插值余项。

如果区间 $[a,b]$ 为等区间划分 $x_i=x_0+ih$,并且 $\rho(x)=1$,则式(2.3.5)称为 Newton-Cotes 求积公式:

$$I(f) = \int_a^b f(x)\mathrm{d}x \approx \sum_{i=0}^{n} f(x_i)\int_a^b L_i(x)\mathrm{d}x$$

$$= (b - a) \sum_{i=0}^{n} C_i^{(n)} f(x_i) = \sum_{i=0}^{n} w_i f(x_i) \qquad (2.3.7)$$

式中

$$C_i^{(n)} = \frac{1}{b-a} \int_a^b \prod_{\substack{j=0 \\ j \neq i}}^{n} \frac{x - x_j}{x_i - x_j} \mathrm{d}x = \frac{(-1)^{n-1}}{i!(n-i)!n} \int_a^b \prod_{\substack{j=0 \\ j \neq i}}^{n} (t - j) \mathrm{d}t, \quad i = 0, 1, \cdots, n$$

$$(2.3.8)$$

称为 Cotes 系数。

定理 2.3.1 形如式(2.3.5)的求积公式至少有 n 次代数精度的充分必要条件：它是插值型求积公式。

定理 2.3.2 当 n 为奇数时，Newton-Cotes 求积公式式(2.3.7)的代数精度 $p \geqslant n$；当 n 为偶数时，Newton-Cotes 求积公式式(2.3.7)的代数精度 $p \geqslant n+1$。（证明参见文献[5]）

推论 1 在式(2.3.7)中，当 $n = 1$ 时，Newton-Cotes 求积公式即为梯形积分公式，其代数精度 $p \geqslant 1$。

推论 2 在式(2.3.7)中，当 $n = 2$ 时，Newton-Cotes 求积公式即为 Simpson 积分公式，其代数精度 $p \geqslant 3$。

2.3.3 插值矩阵的性质

插值矩阵法解常微分方程的主要近似是对函数 $y_k^{(j)}(x)$ 在区间 $[x_0, x_j]$ 上积分：

$$y_k^{(j-1)}(x_l) - y_k^{(j-1)}(x_0) = \int_{x_0}^{x_l} y_k^{(j)}(x)\mathrm{d}x, \quad j = 1, 2, \cdots, m_k,$$

$$k = 1, 2, \cdots, r, \quad l = 1, 2, \cdots, n \qquad (2.3.9)$$

考虑用插值函数逼近 $y_k^{(j)}(x)$，获得式(2.3.9)积分近似值和插值矩阵 $\boldsymbol{D}$。如果对函数 $y_k^{(j)}(x)(j = 1, 2, \cdots, m_k)$ 做多项式插值逼近，由式(2.2.5)式(2.2.10)，得

$$\boldsymbol{Y}_k^{(j-1)}(x) \approx y_k^{(j-1)}(x_0)\boldsymbol{\sigma} + \boldsymbol{D}\boldsymbol{Y}_k^{(j)}, \quad x \in [a, b] \qquad (2.3.10)$$

式中符号同式(2.2.8)。例如对于 $j = 1$，有

$$\boldsymbol{Y}_k(x) \approx y_k(x_0)\boldsymbol{\sigma} + \boldsymbol{D}\boldsymbol{Y}'_k, \quad x \in [a, b] \qquad (2.3.11)$$

定理 2.3.3 当 $x \in [a, b]$ 按 n 个等区间划分 $x_i = x_0 + ih$，子区间长度 $h = (b-a)/n$，在式(2.2.3)中采用形如 Newton-Cotes 求积公式式(2.3.7)，如果 $\int_{x_0}^{x_l} y_k^{(j)}(x)\mathrm{d}x$ 积分有 p 阶代数精度，则有：

（1）插值矩阵 $\boldsymbol{D}$ 满足

$$D^q\boldsymbol{\sigma} = \frac{h^q}{q!}\begin{Bmatrix} 0 \\ 1 \\ 2^q \\ \vdots \\ n^q \end{Bmatrix}, \quad q = 1, 2, \cdots, p+1 \tag{2.3.12}$$

(2) 插值型积分公式式(2.3.10)对 $y_k^{(j)}(x)$（$j=0, 1, \cdots, m_k$；$k=1, 2, \cdots, r$）均至少 $p+1$ 阶多项式是精确的，插值矩阵法解出的 $y_k^{(j)}(x)$ 具有同阶精度，即对于 $y_k^{(j)}(x)$ 是 $p+1$ 阶多项式时，插值矩阵法求出的节点上 $y_{kl}^{(j)}$ 值均是精确的。

证明 （1）在式(2.2.5)中，采用插值型求积公式，舍去积分误差 $R_{kl}^{(j)}$ 后，得

$$y_{kl}^{(j-1)} - y_{k0}^{(j-1)} = \int_{x_0}^{x_l} y_k^{(j)}(x)\mathrm{d}x = \sum_{i=0}^{n} y_{ki}^{(j)}\int_{x_0}^{x_l} L_i(x)\mathrm{d}x = \sum_{i=0}^{n} y_{ki}^{(j)}\omega_{li} \tag{2.3.13}$$

取 $j=1$ 为例，有

$$y_{kl} - y_{k0} = \sum_{i=0}^{n} y'_{ki}\omega_{li} \tag{2.3.14}$$

积分式(2.3.13)对 $y'_k(x)=1$ 总是精确成立，则上式为

$$x_l - x_0 = \sum_{i=0}^{n} y'_{ki}\omega_{li} = \sum_{i=0}^{n} \omega_{li} \tag{2.3.15}$$

即有

$$lh = \sum_{i=0}^{n} \omega_{li}, \quad l = 0, 1, \cdots, n \tag{2.3.16}$$

可见式(2.3.12)当 $q=1$ 时成立。

对于 $p=1$，根据已知条件，式(2.3.13)对 $y'_k(x)=x-x_0$ 精确成立，有

$$\int_{x_0}^{x_l} y'_k(x)\mathrm{d}x = \int_{x_0}^{x_l} (x-x_0)\mathrm{d}x = \frac{1}{2}(x_l - x_0)^2 = \sum_{i=0}^{n}(x_i - x_0)\omega_{li} \tag{2.3.17}$$

因为 $x_i - x_0 = ih$，上式为

$$\frac{1}{2}(lh)^2 = \sum_{i=0}^{n} ih\omega_{li} = h\sum_{i=0}^{n} i\omega_{li} \tag{2.3.18}$$

基于式(2.3.18)，考察

$$D^2\sigma = D\cdot h\begin{Bmatrix} 0 \\ 1 \\ 2 \\ \vdots \\ n \end{Bmatrix} = h\begin{Bmatrix} 0 \\ \sum\limits_{i=0}^{n} i\omega_{1i} \\ \sum\limits_{i=0}^{n} i\omega_{2i} \\ \vdots \\ \sum\limits_{i=0}^{n} i\omega_{ni} \end{Bmatrix} = \frac{h^2}{2}\begin{Bmatrix} 0 \\ 1 \\ 2^2 \\ \vdots \\ n^2 \end{Bmatrix} \tag{2.3.19}$$

可见式(2.3.12)成立。

采用数学归纳法,设式(2.3.12)对于 p 成立,对于 $p+1$,根据已知条件,式 (2.3.13)对 $y'_k(x) = (x - x_0)^p$ 精确成立,则

$$\int_{x_0}^{x_l} y'_k(x)\mathrm{d}x = \int_{x_0}^{x_l} (x - x_0)^p \mathrm{d}x = \frac{1}{p+1}(x_l - x_0)^{p+1} = \sum_{i=0}^{n} (x_i - x_0)^p \omega_{li} \tag{2.3.20}$$

从而有

$$\frac{1}{p+1}(lh)^{p+1} = \sum_{i=0}^{n} (ih)^p \omega_{li} = h^p \sum_{i=0}^{n} i^p \omega_{li} \tag{2.3.21}$$

基于式(2.3.21),注意

$$\boldsymbol{D}^{p+1}\boldsymbol{\sigma} = \boldsymbol{D} \cdot \boldsymbol{D}^p \boldsymbol{\sigma} = \boldsymbol{D} \cdot \frac{h^p}{p!} \begin{Bmatrix} 0 \\ 1^p \\ 2^p \\ \vdots \\ n^p \end{Bmatrix} = \frac{h^p}{p!} \begin{Bmatrix} 0 \\ \sum\limits_{i=0}^{n} i^p \omega_{1i} \\ \sum\limits_{i=0}^{n} i^p \omega_{2i} \\ \vdots \\ \sum\limits_{i=0}^{n} i^p \omega_{ni} \end{Bmatrix} = \frac{h^{p+1}}{p!(p+1)} \begin{Bmatrix} 0 \\ 1^{p+1} \\ 2^{p+1} \\ \vdots \\ n^{p+1} \end{Bmatrix} \tag{2.3.22}$$

可见式(2.3.12)对 $p+1$ 亦成立,定理得证。

(2) 若 $\int_{x_0}^{x_l} y_k^{(j)}(x)\mathrm{d}x$ 积分有 p 阶代数精度,即当 $y_k^{(j)}(x)$ 是 p 阶多项式时,式 (2.3.9) 的右端积分式是精确的,积分误差 $R_{li}^{(p)} = 0$,故式(2.3.13) 左端在节点上的 $y_{kl}^{(j-1)} - y_{k0}^{(j-1)}$ 亦为精确的,即 $y_k^{(j-1)}(x)$ 是 $p+1$ 阶多项式时是精确表达。插值矩阵法 求解常微分方程的近似处理是在式(2.3.10) 中舍去积分余项,注意到 $j = 0, 1, \cdots, m_k; k = 1, 2, \cdots, r$,故插值矩阵法求解 $y_k^{(j)}(x)$ 均有 $p+1$ 阶精度,即 $y_k^{(j)}(x)$ 为 $p+1$ 阶多项式时,插值矩阵法求得节点上各阶导数解是精确的。证毕!

定理 2.3.3 的结论(2)表明:当插值矩阵 $\boldsymbol{D}$ 采用 p 阶代数精度的插值型求积公式计算,一般对于被解函数是 $p+1$ 阶多项式,其插值矩阵法获得节点上各阶导数解 $y_k^{(j)}(x)$ 应是精确解。众所周知,梯形积分(线性插值)公式具有 1 次代数精度,Simpson 积分(二次函数插值)公式具有 3 次代数精度。

2.4

几种函数的插值矩阵

2.4.1　Lagrange 多项式插值矩阵

插值矩阵 $\boldsymbol{D}$ 的确定实际上依据基函数的选择。在 20 世纪 50 年代，A. Ф. 斯米尔诺夫[4]对区间[a,b]采用分划点 $a=x_0<x_1<\cdots<x_n=b$，使用 Lagrange 多项式插值函数，即

$$L_i(x) = \frac{(x-x_0)\cdots(x-x_{i-1})(x-x_{i+1})\cdots(x-x_n)}{(x_i-x_0)\cdots(x_i-x_{i-1})(x_i-x_{i+1})\cdots(x_i-x_n)} \qquad (2.4.1)$$

代入式(2.2.5)中求解式(2.2.6)的积分 ω_{ji}，形成 Lagrange 插值的矩阵 $\boldsymbol{D}=[\omega_{ji}]$（简称拉氏 $\boldsymbol{D}$ 矩阵）。该矩阵中 ω_{ji} 的积分值相当于 Newton-Cotes 数值积分公式中的系数。对于等区间划分，当 $n=3$ 时，有

$$\boldsymbol{D}_3 = \frac{h}{24}\begin{bmatrix} 0 & 0 & 0 & 0 \\ 9 & 19 & -5 & 1 \\ 8 & 32 & 8 & 0 \\ 9 & 27 & 27 & 9 \end{bmatrix}_{4\times4} \qquad (2.4.2)$$

当 $n=4$ 时，有

$$\boldsymbol{D}_4 = \frac{h}{720}\begin{bmatrix} 0 & 0 & 0 & 0 & 0 \\ 251 & 646 & -264 & 106 & -19 \\ 232 & 992 & 192 & 32 & -8 \\ 243 & 918 & 648 & 378 & -27 \\ 224 & 1024 & 384 & 1024 & 224 \end{bmatrix}_{5\times5} \qquad (2.4.3)$$

当 $n\geqslant8$ 时，高阶插值函数的收敛性和稳定性不理想，遇到 Runge 现象[5]。而且 ω_{ji} 计算无规律可循，计算量庞大。随着区间分点数增多，难以计算拉氏插值矩阵 $\boldsymbol{D}$。

采用有限元法分块插值的思想，牛忠荣[1,3]在式(2.2.4)中对 $y_k^{(j)}(x)$ 采用分段的低阶多项式函数插值，插值基函数 $L_i(x)$ 为局部非零，计算其 $\boldsymbol{D}$ 矩阵中元素 ω_{ji} 将变得非常容易。这也是插值矩阵法与积分矩阵法的另一主要区别。对于插值矩阵法，用不同的插值基函数解常微分方程边值问题区别仅仅是插值矩阵 $\boldsymbol{D}$ 不同，而前文中基本公式不变。下面对分段线性插值函数、抛物线和 3 次样条插值函数，建立相应的插值矩阵 $\boldsymbol{D}$。

2.4.2 分段线性插值矩阵

将区间$[a,b]$不等距划分为 n 个子区间,用分段线性插值函数逼近 $y_k^{(j)}(x)$,式 (2.2.5)的基函数为

$$L_i(x) = \lambda_i(x) = \begin{cases} \dfrac{x - x_{i-1}}{h_i}, & x \in [x_{i-1}, x_i](i = 0 \text{ 略去}) \\[2mm] \dfrac{x - x_{i+1}}{-h_{i+1}}, & x \in [x_i, x_{i+1}](i = n \text{ 略去}) \\[2mm] 0, & x \in \text{ 其他} \end{cases} \tag{2.4.4}$$

式中,$h_i = x_i - x_{i-1}$,$\lambda_i(x)$如图 2.4.1 中实线所示。

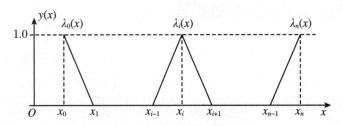

图 2.4.1　线性插值基函数

将式(2.4.4)代入式(2.1.8)进行积分,ω_{li}的几何意义是第 i 个基函数$\lambda_i(x)$在区间$[x_0, x_l]$上与横坐标构成的面积,参照图 2.4.1,得到分段线性插值矩阵 $\boldsymbol{D}$ 如下:

$$\boldsymbol{D}_n = 0.5 \begin{bmatrix} 0 & 0 & 0 & 0 & 0 & 0 \\ h_1 & h_1 & 0 & 0 & 0 & 0 \\ h_1 & h_1 + h_2 & h_2 & 0 & 0 & 0 \\ h_1 & h_1 + h_2 & h_2 + h_3 & h_3 & \vdots & 0 \\ \vdots & \vdots & \vdots & & \vdots & 0 \\ h_1 & h_1 + h_2 & h_2 + h_3 & \cdots & h_{n-1} + h_n & h_n \end{bmatrix}_{(n+1) \times (n+1)} \tag{2.4.5}$$

特别对于等区间划分的线性插值,有

$$\boldsymbol{D}_n = h \begin{bmatrix} 0 & 0 & 0 & \cdots & 0 & 0 \\ 0.5 & 0.5 & 0 & \cdots & 0 & 0 \\ 0.5 & 1 & 0.5 & \cdots & \vdots & \vdots \\ \vdots & \vdots & \vdots & & 0 & 0 \\ 0.5 & 1 & 1 & \cdots & 0.5 & 0 \\ 0.5 & 1 & 1 & \cdots & 1 & 0.5 \end{bmatrix}_{(n+1) \times (n+1)} \tag{2.4.6}$$

如果 $y_k^{(j)}(x) \in C^2[a, b]$,参见文献[5],则式(2.2.5)和式(2.2.12)的局部截断误

差为

$$R_{kl}^{(j)} = y_k^{(j-1)}(x_l) - y_{kl}^{(j-1)} = \int_{x_0}^{x_l} \delta_{kn}^{(j)}(x)\mathrm{d}x$$

$$= -\frac{x_l - x_0}{12}h^2 y_k^{(j+2)}(\eta_{klj}), \quad \eta_{klj} \in (a, x_l) \tag{2.4.7}$$

$$r_k^{(j)} = \sum_{l=0}^{m_k-1-j} \left[D^l R_k^{(j+1+l)} \right] = -\frac{x_l - x_0}{12}h^2 \sum_{l=0}^{m_k-1-j} \left[D^l Y_k^{(j+3+l)}(\eta_{klj}) \right]$$

$$\tag{2.4.8}$$

将式(2.4.6)代入式(2.3.11),经验算式(2.3.12)对 $q=1,2$ 是成立的。可见,线性插值矩阵 D_n 有 1 次代数精度,即局部截断误差是 $O(h^2)$,$h = \max\limits_{1 \leqslant i \leqslant n}(h_i)$。

2.4.3 分段二次函数插值矩阵

本小节给出分段二次函数(也称抛物线)插值的 D 矩阵。但注意,只有当被逼近的函数具有三阶光滑的条件下,分段二次插值才能真正达到提高精度的目的。

分段抛物线插值函数的构造方法有多种,这里采取任意子区间划分。首先在两相邻的子区间 $[x_{i-1}, x_{i+1}]$ 上对 $y_k(x)$ 引出 3 点二次函数插值,即过 3 个样点 $(x_{i-1}, y_{k(i-1)})$, (x_i, y_{ki}), $(x_{i+1}, y_{k(i+1)})$ 做抛物线插值,有

$$y_k(x) \approx L_2(x) = \lambda_{-1}(x)y_{k(i-1)} + \lambda_0(x)y_{ki} + \lambda_1(x)y_{k(i+1)}$$

$$= \frac{(x-x_i)(x-x_{i+1})}{h_i(h_i+h_{i+1})}y_{k(i-1)} + \frac{(x-x_{i-1})(x-x_{i+1})}{-h_i h_i}y_{ki}$$

$$+ \frac{(x-x_{i-1})(x-x_i)}{(h_{i+1}+h_i)h_{i+1}}y_{k(i+1)}, \quad x \in [x_{i-1}, x_{i+1}] \tag{2.4.9}$$

式中 $h_i = x_i - x_{i-1}$,插值基函数见图 2.4.2。为书写方便,y_{ki} 简写为 y_i。

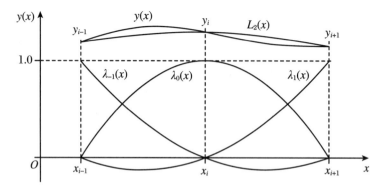

图 2.4.2　分段二次函数插值基函数

在 $[x_{i-1}, x_{i+1}]$ 上对插值函数计算积分：

$$I = \int_{x_{i-1}}^{x_{i+1}} L_2(x) \mathrm{d}x = \int_{x_{i-1}}^{x_i} L_2(x) \mathrm{d}x + \int_{x_i}^{x_{i+1}} L_2(x) \mathrm{d}x \tag{2.4.10}$$

$$\int_{x_{i-1}}^{x_i} L_2(x) \mathrm{d}x = \frac{1}{h_i + h_{i+1}} \left(\frac{1}{3} h_i^2 + \frac{1}{2} h_i h_{i+1} \right) y_{i-1} + \frac{1}{h_{i+1}} \left(\frac{1}{6} h_i^2 + \frac{1}{2} h_i h_{i+1} \right) y_i$$

$$+ \frac{-h_i^3}{6 h_{i+1} (h_i + h_{i+1})} y_{i+1} \tag{2.4.11}$$

$$\int_{x_i}^{x_{i+1}} L_2(x) \mathrm{d}x = \frac{-h_{i+1}^3}{6 h_i (h_i + h_{i+1})} y_{i-1} + \frac{1}{h_i} \left(\frac{1}{6} h_{i+1}^2 + \frac{1}{2} h_i h_{i+1} \right) y_i$$

$$+ \frac{1}{h_i + h_{i+1}} \left(\frac{1}{3} h_{i+1}^2 + \frac{1}{2} h_i h_{i+1} \right) y_{i+1} \tag{2.4.12}$$

同样在两相邻区间 $[x_i, x_{i+2}]$ 上对 $y(x)$ 引出 3 点二次函数插值，并计算积分，则有

$$I = \int_{x_i}^{x_{i+2}} L_2(x) \mathrm{d}x = \int_{x_i}^{x_{i+1}} L_2(x) \mathrm{d}x + \int_{x_{i+1}}^{x_{i+2}} L_2(x) \mathrm{d}x \tag{2.4.13}$$

$$\int_{x_i}^{x_{i+1}} L_2(x) \mathrm{d}x = \frac{1}{h_{i+2} + h_{i+1}} \left(\frac{1}{3} h_{i+1}^2 + \frac{1}{2} h_{i+2} h_{i+1} \right) y_i$$

$$+ \frac{1}{h_{i+2}} \left(\frac{1}{6} h_{i+1}^2 + \frac{1}{2} h_{i+2} h_{i+1} \right) y_{i+1} + \frac{-h_{i+1}^3}{6 h_{i+2} (h_{i+2} + h_{i+1})} y_{i+2} \tag{2.4.14}$$

$$\int_{x_{i+1}}^{x_{i+2}} L_2(x) \mathrm{d}x = \frac{-h_{i+2}^3}{6 h_{i+1} (h_{i+2} + h_{i+1})} y_i + \frac{1}{h_{i+1}} \left(\frac{1}{6} h_{i+2}^2 + \frac{1}{2} h_{i+2} h_{i+1} \right) y_{i+1}$$

$$+ \frac{1}{h_{i+2} + h_{i+1}} \left(\frac{1}{3} h_{i+2}^2 + \frac{1}{2} h_{i+2} h_{i+1} \right) y_{i+2} \tag{2.4.15}$$

为了适用于任意划分，对于 $y(x)$ 在 $[x_i, x_{i+1}]$ 中不等间距的二次函数插值后的积分表达式由式(2.4.12)和式(2.4.14)相加，为

$$2 \int_{x_i}^{x_{i+1}} L_2(x) \mathrm{d}x = \frac{-h_{i+1}^3}{6 h_i (h_i + h_{i+1})} y_{i-1} + \frac{1}{h_i} \left(\frac{1}{6} h_{i+1}^2 + \frac{1}{2} h_i h_{i+1} \right) y_i$$

$$+ \frac{1}{h_{i+2} + h_{i+1}} \left(\frac{1}{3} h_{i+1}^2 + \frac{1}{2} h_{i+2} h_{i+1} \right) y_i$$

$$+ \frac{1}{h_i + h_{i+1}} \left(\frac{1}{3} h_{i+1}^2 + \frac{1}{2} h_i h_{i+1} \right) y_{i+1}$$

$$+ \frac{1}{h_{i+2}} \left(\frac{1}{6} h_{i+1}^2 + \frac{1}{2} h_{i+2} h_{i+1} \right) y_{i+1}$$

$$+ \frac{-h_{i+1}^3}{6 h_{i+2} (h_{i+2} + h_{i+1})} y_{i+2}, \quad i = 1, 2, \cdots, n - 2 \tag{2.4.16}$$

即

$$\int_{x_i}^{x_{i+1}} L_2(x)\mathrm{d}x = \frac{1}{12}\Big[\frac{-h_{i+1}^3}{h_i(h_i+h_{i+1})} y_{i-1} + \frac{h_{i+1}}{h_i}(h_{i+1}+3h_i) y_i$$

$$+ \frac{h_{i+1}}{h_{i+2}+h_{i+1}}(2h_{i+1}+3h_{i+2}) y_i + \frac{h_{i+1}}{h_i+h_{i+1}}(2h_{i+1}+3h_i) y_{i+1}$$

$$+ \frac{h_{i+1}}{h_{i+2}}(h_{i+1}+3h_{i+2}) y_{i+1} + \frac{-h_{i+1}^3}{h_{i+2}(h_{i+2}+h_{i+1})} y_{i+2}\Big] \qquad (2.4.17)$$

引入下列符号表示上式中的系数：

$$h_{-1,i} = \frac{-h_{i+1}^3}{h_i(h_i+h_{i+1})}, \quad h_{0,i} = \frac{h_{i+1}}{h_i}(h_{i+1}+3h_i) + \frac{h_{i+1}}{h_{i+2}+h_{i+1}}(2h_{i+1}+3h_{i+2}),$$

$$i = 1, 2, \cdots, n-2 \qquad (2.4.18)$$

$$h_{1,i} = \frac{h_{i+1}}{h_i+h_{i+1}}(2h_{i+1}+3h_i) + \frac{h_{i+1}}{h_{i+2}}(h_{i+1}+3h_{i+2}), \quad h_{2,i} = \frac{-h_{i+1}^3}{h_{i+2}(h_{i+2}+h_{i+1})}$$

$$(2.4.19)$$

$$d_{10} = \frac{h_1}{h_2+h_1}(4h_1+6h_2), \quad d_{11} = \frac{h_1}{h_2}(2h_1+6h_2), \quad d_{12} = \frac{-2h_1^3}{h_2(h_2+h_1)}$$

$$(2.4.20)$$

$$d_{n,n-2} = \frac{-2h_n^3}{h_{n-1}(h_{n-1}+h_n)}, \quad d_{n,n-1} = \frac{h_n}{h_{n-1}}(2h_n+6h_{n-1}),$$

$$d_{n,n} = \frac{h_n}{h_{n-1}+h_n}(4h_n+6h_{n-1}) \qquad (2.4.21)$$

则在 $[x_0, x_1]$ 中，二次函数插值的积分由式(2.4.12)表达为

$$\int_{x_0}^{x_1} L_2(x)\mathrm{d}x = \frac{1}{12}[d_{10}y_0 + d_{11}y_1 + d_{12}y_2] \qquad (2.4.22)$$

在 $[x_i, x_{i+1}]$ 中，二次函数插值的积分表达式为

$$\int_{x_i}^{x_{i+1}} L_2(x)\mathrm{d}x = \frac{1}{12}[h_{-1,i}y_{i-1} + h_{0,i}y_i + h_{1,i}y_{i+1} + h_{2,i}y_{i+2}], \quad i = 1, 2, \cdots, n-2$$

$$(2.4.23)$$

在 $[x_{n-1}, x_n]$ 中，二次函数插值的积分由式(2.4.15)表达为

$$\int_{x_{n-1}}^{x_n} L_2(x)\mathrm{d}x = \frac{1}{12}[d_{n,n-2}y_{n-2} + d_{n,n-1}y_{n-1} + d_{n,n}y_n] \qquad (2.4.24)$$

然后，按照区间 $[x_0, x_0], [x_0, x_1], \cdots, [x_0, x_i], \cdots, [x_0, x_n]$，根据式(2.2.5)依次由式(2.4.22)至式(2.4.24)逐项累加计算 $y_k(x_i) \int_{x_0}^{x_l} L_2(x)\mathrm{d}x$，从而获得不等距划分的分段二次函数插值的矩阵 $\boldsymbol{D}_n$：

$$
\boldsymbol{D}_n=\frac{1}{12}
\left[
\begin{array}{ccccccccc}
d_{10} & d_{11} & d_{12}+h_{1,1} & h_{2,1} & h_{2,2} & 0 & 0 & 0 & 0\\[4pt]
d_{10}+h_{-1,1} & d_{11}+h_{0,1} & \substack{d_{12}+h_{1,1}\\+h_{0,2}} & h_{2,1}+h_{1,2} & \substack{h_{2,2}\\+h_{1,3}} & h_{2,3} & 0 & 0 & 0\\[8pt]
d_{10}+h_{-1,1} & \substack{d_{11}+h_{0,1}\\+h_{-1,2}} & \substack{d_{12}+h_{1,1}\\+h_{0,2}+h_{-1,3}} & \substack{h_{2,1}+h_{1,2}\\+h_{0,3}} & \substack{h_{2,2}+h_{1,3}\\+h_{0,4}} & h_{2,3} & 0 & 0 & 0\\[8pt]
d_{10}+h_{-1,1} & \substack{d_{11}+h_{0,1}\\+h_{-1,2}} & \substack{d_{12}+h_{1,1}\\+h_{0,2}+h_{-1,3}} & \substack{h_{2,1}+h_{1,2}\\+h_{0,3}+h_{-1,4}} & \substack{h_{2,2}+h_{1,3}\\+h_{0,4}+h_{-1,5}} & \ddots & \ddots & \vdots & \vdots\\[8pt]
d_{10}+h_{-1,1} & \substack{d_{11}+h_{0,1}\\+h_{-1,2}} & \substack{d_{12}+h_{1,1}\\+h_{0,2}+h_{-1,3}} & \substack{h_{2,1}+h_{1,2}\\+h_{0,3}+h_{-1,4}} & \substack{h_{2,2}+h_{1,3}\\+h_{0,4}+h_{-1,5}} & \ddots & \ddots & 0 & 0\\[4pt]
\vdots & \vdots & & & & & \ddots & & \vdots\\[4pt]
d_{10}+h_{-1,1} & \substack{d_{11}+h_{0,1}\\+h_{-1,2}} & \substack{d_{12}+h_{1,1}\\+h_{0,2}+h_{-1,3}} & \substack{h_{2,1}+h_{1,2}\\+h_{0,3}+h_{-1,4}} & \substack{h_{2,2}+h_{1,3}\\+h_{0,4}+h_{-1,5}} & \substack{h_{2,n-5}+h_{1,n-4}\\+h_{0,n-3}} & \substack{h_{2,n-4}+h_{1,n-3}\\+h_{0,n-2}} & h_{2,n-3} & 0\\[8pt]
d_{10}+h_{-1,1} & \substack{d_{11}+h_{0,1}\\+h_{-1,2}} & \substack{d_{12}+h_{1,1}\\+h_{0,2}+h_{-1,3}} & \substack{h_{2,1}+h_{1,2}\\+h_{0,3}+h_{-1,4}} & \substack{h_{2,2}+h_{1,3}\\+h_{0,4}+h_{-1,5}} & \substack{h_{2,n-5}+h_{1,n-4}\\+h_{0,n-3}} & \substack{h_{2,n-4}+h_{1,n-3}\\+h_{0,n-2}} & \substack{h_{2,n-3}+h_{1,n-2}\\+d_{n,n-1}} & h_{2,n-2}\\[8pt]
d_{10}+h_{-1,1} & \substack{d_{11}+h_{0,1}\\+h_{-1,2}} & \substack{d_{12}+h_{1,1}\\+h_{0,2}+h_{-1,3}} & \substack{h_{2,1}+h_{1,2}\\+h_{0,3}+h_{-1,4}} & \substack{h_{2,2}+h_{1,3}\\+h_{0,4}+h_{-1,5}} & \substack{h_{2,n-5}+h_{1,n-4}\\+h_{0,n-3}+d_{n,n-2}} & \substack{h_{2,n-4}+h_{1,n-3}\\+h_{0,n-2}+d_{n,n-1}} & \substack{h_{2,n-3}+h_{1,n-2}\\+d_{n,n-1}} & h_{2,n-2}+d_{n,n}
\end{array}
\right]_{(n+1)\times(n+1)}
\tag{2.4.25}
$$

$$(n\geqslant 5)$$

$n=4$ 时,不等距的分段二次函数的插值矩阵 $\boldsymbol{D}_n$ 为

$$
\boldsymbol{D}_4=\frac{1}{12}
\left[
\begin{array}{ccccc}
d_{10}+h_{-1,1} & d_{11}+h_{0,1} & d_{12}+h_{1,1}+h_{0,2} & h_{2,1}+h_{1,2} & h_{2,2}\\[4pt]
d_{10}+h_{-1,1} & d_{11}+h_{0,1}+h_{-1,2} & d_{12}+h_{1,1}+h_{0,2} & h_{2,1}+h_{1,2} & h_{2,2}\\[4pt]
0 & d_{11} & d_{12}+h_{1,1} & h_{2,1} & 0\\[4pt]
0 & 0 & d_{12} & 0 & 0\\[4pt]
d_{10}+h_{-1,1} & d_{11}+h_{0,1}+h_{-1,2} & d_{12}+h_{1,1}+h_{0,2}+d_{n,n-2} & h_{2,1}+h_{1,2}+d_{n,n-1} & h_{2,2}+d_{n,n}
\end{array}
\right]_{5\times 5}
\tag{2.4.26}
$$

特别对于等区间划分的二次函数插值矩阵 $\boldsymbol{D}_n$，由式(2.4.25)得

$$\boldsymbol{D}_n = \frac{h}{24}\begin{bmatrix} 0 & 0 & 0 & 0 & 0 & \cdots & & 0 & 0 \\ 10 & 16 & -2 & 0 & 0 & \cdots & & 0 & 0 \\ 9 & 29 & 11 & -1 & 0 & & & & \\ 9 & 28 & 24 & 12 & -1 & \ddots & & \vdots & \vdots \\ 9 & 28 & 23 & 25 & 12 & \ddots & \ddots & & \\ 9 & 28 & 23 & 24 & 25 & \ddots & \ddots & \ddots & \vdots & \vdots \\ 9 & 28 & 23 & 24 & 24 & \ddots & \ddots & \ddots & \ddots & \vdots & \vdots \\ \vdots & \vdots & \vdots & \cdots & \vdots & \ddots & \ddots & \ddots & \ddots & 0 & 0 \\ 9 & 28 & 23 & 24 & 24 & \cdots & 24 & 25 & 12 & -1 & 0 \\ 9 & 28 & 23 & 24 & 24 & \cdots & 24 & 24 & 25 & 12 & -1 \\ 9 & 28 & 23 & 24 & 24 & \cdots & 24 & 24 & 23 & 28 & 9 \end{bmatrix}_{(n+1)\times(n+1)}, \quad n \geqslant 5$$

$$(2.4.27)$$

上式中三连点上的元素与其两端元素相同，矩阵 $\boldsymbol{D}_n$ 的取用要兼顾到最后一行的特殊性。当 $n \geqslant 5$ 时，$\boldsymbol{D}_n$ 的最后一行的最后三列元素顺次取 $\frac{h}{24}[\cdots 23\ 28\ 9]$，其余元素由左上角自上而下地取用。当 $n = 4$ 时，则

$$\boldsymbol{D}_4 = \frac{h}{24}\begin{bmatrix} 0 & 0 & 0 & 0 & 0 \\ 10 & 16 & -2 & 0 & 0 \\ 9 & 29 & 11 & -1 & 0 \\ 9 & 28 & 24 & 12 & -1 \\ 9 & 28 & 22 & 28 & 9 \end{bmatrix}_{5\times5} \tag{2.4.28}$$

如果 $y_k^{(j)}(x) \in C^4[a,b]$，对于分段二次多项式插值，式(2.2.5)的局部截断误差为[5]

$$R_{kl}^{(j)} = y_k^{(j-1)}(x_l) - y_{kl}^{(j-1)} = \int_{x_0}^{x_l} \delta_{kn}^{(j)}(x)\mathrm{d}x = -\frac{x_l - x_0}{2880}h^4 y_k^{(j+4)}(\eta_{klj}),$$

$$\eta_{klj} \in (a, x_l), \quad h = \max_{1\leqslant i\leqslant n}(h_i) \tag{2.4.29}$$

可见分段二次多项式插值的矩阵 $\boldsymbol{D}_n$ 有 $p = 3$ 次代数精度。

根据定理2.3.3，分段二次多项式插值的矩阵式(2.4.27)代入式(2.3.12)，应当对于 $q = 4$ 是成立的。但是将式(2.4.28)代入式(2.3.12)，验算为

$$\boldsymbol{D}_4^4\boldsymbol{\sigma} = \frac{h^4}{4!}\begin{Bmatrix} 0 \\ 1^4 - 1 \\ 2^4 - 1 \\ 3^4 - 1 \\ 4^4 \end{Bmatrix} \tag{2.4.30}$$

可见式(2.4.27)对于 $q=4$ 不成立,仅对 $q=1,2,3$ 成立,为此修正式(2.4.27)中的 $\boldsymbol{D}_n$。

(1) 对等区间划分的式(2.4.27)中 $\boldsymbol{D}_n$ 补充修正系数,形成如下修正的分段二次函数插值矩阵:

$$\boldsymbol{D}_n=\frac{h}{24}\begin{bmatrix} 0 & 0 & 0 & 0 & 0 & \cdots & & & & 0 & 0 \\ 10+b_0 & 16+b_1 & -2+b_2 & b_3 & 0 & \cdots & & & & 0 & 0 \\ 9+b_0 & 29+b_1 & 11+b_2 & -1+b_3 & 0 & & & & & & \\ 9+b_0 & 28+b_1 & 24+e_2 & 12+e_3 & -1 & \ddots & & & & \vdots & \vdots \\ 9+b_0 & 28+b_1 & 23+b_2 & 25+b_3 & 12 & \ddots & \ddots & & & & \\ 9+b_0 & 28+b_1 & 23+b_2 & 24+b_3 & 25 & \ddots & \ddots & \ddots & & \vdots & \vdots \\ 9+b_0 & 28+b_1 & 23+b_2 & 24+b_3 & 24 & \ddots & \ddots & \ddots & \ddots & \vdots & \vdots \\ \vdots & \vdots & \vdots & \vdots & \vdots & \vdots & \vdots & \vdots & \vdots & \vdots & \vdots \\ 9+b_0 & 28+b_1 & 23+b_2 & 24+b_3 & 24 & \cdots & 24 & 25 & 12 & -1 & 0 \\ 9+b_0 & 28+b_1 & 23+b_2 & 24+b_3 & 24 & \cdots & 24 & 24 & 25 & 12 & -1 \\ 9+b_0 & 28+b_1 & 23+b_2 & 24+b_3 & 24 & \cdots & 24 & 24+b_{n-3} & 23+b_{n-2} & 28+b_{n-1} & 9+b_n \end{bmatrix}_{(n+1)\times(n+1)},$$

$$n\geqslant 5 \tag{2.4.31}$$

将式(2.4.31)代入式(2.3.12),使其在 $q=1,2,3,4$ 时成立,可得修正系数

$$(b_0,b_1,b_2,b_3)=(-1,3,-3,1),\quad (b_{n-3},b_{n-2},b_{n-1},b_n)=(1,-3,3,-1) \tag{2.4.32}$$

当 $n=4$ 时,则有

$$\boldsymbol{D}_4=\frac{h}{24}\begin{bmatrix} 0 & 0 & 0 & 0 & 0 \\ 9 & 19 & -5 & 1 & 0 \\ 8 & 32 & 8 & 0 & 0 \\ 8 & 31 & 21 & 13 & -1 \\ 8 & 32 & 16 & 32 & 8 \end{bmatrix}_{5\times5} \tag{2.4.33}$$

在等区间划分情形下,修正的分段二次多项式插值矩阵式(2.4.31)和式(2.4.33)在 $q=1,2,3,4$ 情形下,满足式(2.3.12),具有 3 次代数精度。

(2) 对不等区间划分的式(2.4.25)中的 $\boldsymbol{D}_n$ 补充修正系数,以式(2.4.26)为例,形成如下修正的分段二次函数插值矩阵:

$$\boldsymbol{D}_4=\frac{1}{12}\begin{bmatrix} 0 & 0 & 0 & 0 & 0 \\ d_{10}+c_0 & d_{11}+c_1 & d_{12}+c_2 & c_3 & 0 \\ d_{10}+h_{-1,1}+c_0 & d_{11}+h_{0,1}+c_1 & d_{12}+h_{1,1}+c_2 & h_{2,1}+c_3 & 0 \\ d_{10}+h_{-1,1}+c_0 & d_{11}+h_{0,1}+h_{-1,2}+c_1 & d_{12}+h_{1,1}+h_{0,2}+c_2 & h_{2,1}+h_{1,2}+c_3 & h_{2,2} \\ d_{10}+h_{-1,1}+c_0 & d_{11}+h_{0,1}+h_{-1,2}+d_{n,n-3}+c_1+c_{n-3} & d_{12}+h_{1,1}+h_{0,2}+d_{n,n-2}+c_2+c_{n-2} & h_{2,1}+h_{1,2}+d_{n,n-1}+c_3+c_{n-1} & h_{2,2}+d_{n,n}+c_n \end{bmatrix}_{5\times5} \tag{2.4.34}$$

如修正的分段二次函数插值矩阵式(2.4.34)具有 3 次代数精度,式(2.3.13)应该对于被逼近函数(以 $j=1$ 为例)$y'_k(x) = 1, (x-x_0), (x-x_0)^2, (x-x_0)^3$ 精确成立。对于区间$[a,b]$上的非等距划分 $a = x_0 < x_1 < \cdots < x_n = b$,根据式(2.3.13)和式(2.3.14),应有

$$(x_l - x_0) = \sum_{i=0}^{n} y'_{ki}(\omega_{li} + c_i/12) = \sum_{i=0}^{n}(\omega_{li} + c_i/12), \quad l = 1,2,\cdots$$

(2.4.35)

$$\frac{1}{2}(x_l - x_0)^2 = \sum_{i=0}^{n} y'_{ki}(\omega_{li} + c_i/12) = \sum_{i=0}^{n}(x_i - x_0)(\omega_{li} + c_i/12) \quad (2.4.36)$$

$$\frac{1}{3}(x_l - x_0)^3 = \sum_{i=0}^{n} y'_{ki}(\omega_{li} + c_i/12) = \sum_{i=0}^{n}(x_i - x_0)^2(\omega_{li} + c_i/12)$$

(2.4.37)

$$\frac{1}{4}(x_l - x_0)^4 = \sum_{i=0}^{n} y'_{ki}(\omega_{li} + c_i/12) = \sum_{i=0}^{n}(x_i - x_0)^3(\omega_{li} + c_i/12)$$

(2.4.38)

由于式(2.4.26)对于每个子区间采用二次函数插值,故不考虑修正系数 c_i 时,式(2.4.26)的矩阵 $\boldsymbol{D}_n = [\omega_{li}]_{n \times n}$ 对于式(2.4.35)~式(2.4.37)是精确成立的,故有

$$(x_l - x_0) = \sum_{i=0}^{n} \omega_{li}, \quad l = 1,2,\cdots \quad (2.4.39)$$

$$\frac{1}{2}(x_l - x_0)^2 = \sum_{i=0}^{n}(x_i - x_0)\omega_{li} \quad (2.4.40)$$

$$\frac{1}{3}(x_l - x_0)^3 = \sum_{i=0}^{n}(x_i - x_0)^2 \omega_{li} \quad (2.4.41)$$

将式(2.4.39)~式(2.4.41)依次代入式(2.4.35)~式(2.4.37),不妨取 $l=1$,可得

$$c_0 + c_1 + c_2 + c_3 = 0 \quad (2.4.42)$$

$$h_1 c_1 + (h_1 + h_2)c_2 + (h_1 + h_2 + h_3)c_3 = 0 \quad (2.4.43)$$

$$h_1^2 c_1 + (h_1 + h_2)^2 c_2 + (h_1 + h_2 + h_3)^2 c_3 = 0 \quad (2.4.44)$$

再由式(2.4.38),取 $l=1$,得

$$h_1^3 c_1 + (h_1 + h_2)^3 c_2 + (h_1 + h_2 + h_3)^3 c_3 = 12\alpha \quad (2.4.45)$$

式中

$$\alpha = \frac{1}{4}h_1^4 - \sum_{i=1}^{3}(x_i - x_0)^3 \omega_{1i} \quad (2.4.46)$$

注意到式(2.4.25)中 $\omega_{11} = d_{11}/12, \omega_{12} = d_{12}/12$,代入上式,有

$$\alpha = \frac{1}{4}h_1^4 - \frac{1}{12}\big[h_1^3 d_{11} + (h_1 + h_2)^3 d_{12}\big] = \frac{1}{4}h_1^4 - \frac{1}{6}h_1^3(h_1 - h_2)$$

$$= \frac{1}{12}h_1^3(h_1 + 2h_2) \tag{2.4.47}$$

式(2.4.43)代入式(2.4.44)和式(2.4.45),有

$$-h_1\big[(h_1 + h_2)c_2 + (h_1 + h_2 + h_3)c_3\big] + (h_1 + h_2)^2 c_2 + (h_1 + h_2 + h_3)^2 c_3 = 0 \tag{2.4.48}$$

$$-h_1^2\big[(h_1 + h_2)c_2 + (h_1 + h_2 + h_3)c_3\big] + (h_1 + h_2)^3 c_2$$

$$+ (h_1 + h_2 + h_3)^3 c_3 = 12\alpha \tag{2.4.49}$$

改写式(2.4.48)和式(2.4.49),有

$$h_2(h_1 + h_2)c_2 + (h_1 + h_2 + h_3)(h_2 + h_3)c_3 = 0 \tag{2.4.50}$$

$$(h_2^2 + 2h_1 h_2)(h_1 + h_2)c_2 + (h_1 + h_2 + h_3)\big[(h_1 + h_2 + h_3)^2 - h_1^2\big]c_3 = 12\alpha \tag{2.4.51}$$

式(2.4.50)代入式(2.4.51),有

$$-(h_1 + h_2 + h_3)(h_2 + h_3)(2h_1 + h_2)c_3$$

$$+ (h_1 + h_2 + h_3)(h_2 + h_3)(2h_1 + h_2 + h_3)c_3 = 12\alpha \tag{2.4.52}$$

解得

$$c_3 = 12\alpha / \big[(h_1 + h_2 + h_3)(h_2 + h_3)h_3\big] \tag{2.4.53}$$

回代到式(2.4.50)、式(2.4.42)、式(2.4.43),依次得

$$c_2 = -12\alpha / \big[(h_1 + h_2)h_3 h_2\big] \tag{2.4.54}$$

$$c_1 = 12\alpha / (h_1 h_3 h_2) - 12\alpha / \big[h_1 h_3(h_2 + h_3)\big] = 12\alpha / \big[h_1 h_2(h_2 + h_3)\big] \tag{2.4.55}$$

$$c_0 = 12\alpha \big\{ -1 / \big[h_1 h_2(h_2 + h_3)\big] + 1 / \big[(h_1 + h_2)h_3 h_2\big]$$

$$- 1 / \big[(h_1 + h_2 + h_3)(h_2 + h_3)h_3\big] \big\}$$

$$= 12\alpha \left[\frac{-1}{h_1(h_1 + h_2)(h_1 + h_2 + h_3)} \right] \tag{2.4.56}$$

同理,对式(2.4.34)中修正系数$(c_{n-3}, c_{n-2}, c_{n-1}, c_n)$,推得

$$c_{n-3} = 12\beta / \big[(h_n + h_{n-1} + h_{n-2})(h_{n-1} + h_{n-2})h_{n-2}\big] \tag{2.4.57}$$

$$c_{n-2} = -12\beta / \big[(h_n + h_{n-1})h_{n-1}h_{n-2}\big] \tag{2.4.58}$$

$$c_{n-1} = 12\beta / \big[h_n h_{n-1}(h_{n-1} + h_{n-2})\big] \tag{2.4.59}$$

$$c_n = 12\beta \left[\frac{-1}{h_n(h_n + h_{n-1})(h_n + h_{n-1} + h_{n-2})} \right] \tag{2.4.60}$$

式中

$$\alpha = \frac{1}{12} h_1^3 (h_1 + 2h_2), \quad \beta = \frac{1}{12} h_n^4 (h_n + 2h_{n-1}) \tag{2.4.61}$$

将 2 组系数 d_{1i} 和 c_i 叠加,有

$$c_3 = \frac{h_1^3 (h_1 + 2h_2)}{(h_1 + h_2 + h_3)(h_2 + h_3) h_3} \tag{2.4.62}$$

$$d_{12} + c_2 = -\frac{h_1^4 + 2h_1^3 h_2}{(h_1 + h_2) h_3 h_2} - \frac{2h_1^3}{h_2 (h_2 + h_1)} = -\frac{h_1^3 (h_1 + 2h_2 + 2h_3)}{h_2 h_3 (h_2 + h_1)} \tag{2.4.63}$$

$$
\begin{aligned}
d_{11} + c_1 &= \frac{h_1}{h_2} (2h_1 + 6h_2) + \frac{h_1^4 + 2h_1^3 h_2}{(h_2 + h_3) h_1 h_2} \\
&= \frac{2h_1 (2h_1 h_2 + h_1 h_3 + 3h_2 h_3 + 3h_2^2) + h_1^3}{h_2 (h_2 + h_3)}
\end{aligned} \tag{2.4.64}
$$

$$d_{10} + c_0 = \frac{3h_1^3 + 2h_1 (4h_1 h_2 + 2h_1 h_3 + 3h_2^2 + 3h_2 h_3)}{(h_1 + h_2)(h_1 + h_2 + h_3)} \tag{2.4.65}$$

特别当等区间划分时,修正系数为

$$
\begin{aligned}
(c_0, c_1, c_2, c_3) &= \frac{h}{2} (-1, 3, -3, 1), \\
(c_{n-3}, c_{n-2}, c_{n-1}, c_n) &= \frac{h}{2} (1, -3, 3, -1)
\end{aligned} \tag{2.4.66}
$$

同理可得

$$c_{n-3} = \frac{h_n^3 (h_n + 2h_{n-1})}{(h_n + h_{n-1} + h_{n-2})(h_{n-1} + h_{n-2}) h_{n-2}} \tag{2.4.67}$$

$$
\begin{aligned}
d_{n,n-2} + c_{n-2} &= -\frac{2h_n^3}{h_{n-1}(h_n + h_{n-1})} - \frac{h_n^3 (h_n + 2h_{n-1})}{(h_n + h_{n-1}) h_{n-2} h_{n-1}} \\
&= -\frac{h_n^3 (h_n + 2h_{n-1} + 2h_{n-2})}{(h_n + h_{n-1}) h_{n-2} h_{n-1}}
\end{aligned} \tag{2.4.68}
$$

$$d_{n,n-1} + c_{n-1} = \frac{2h_n (2h_n h_{n-1} + h_n h_{n-2} + 3h_{n-1} h_{n-2} + 3h_{n-1}^2) + h_n^3}{(h_{n-1} + h_{n-2}) h_{n-1}} \tag{2.4.69}$$

$$d_{n,n} + c_n = \frac{3h_n^3 + 2h_n (4h_n h_{n-1} + 2h_n h_{n-2} + 3h_{n-1}^2 + 3h_{n-1} h_{n-2})}{(h_n + h_{n-1})(h_n + h_{n-1} + h_{n-2})} \tag{2.4.70}$$

推演到任意分段数 n,不等距分段二次函数插值的矩阵 $\boldsymbol{D}_n$ 的修正系数与式 (2.4.53)~式(2.4.61)相同。修正的不等距分段二次函数的插值矩阵为

$$D_n = \frac{1}{12}
\begin{bmatrix}
0 & 0 & 0 & 0 & 0 & 0 & \cdots & \cdots & 0 & 0 \\[4pt]
c_0+d_{10} & c_1+d_{11} & c_2+d_{12} & c_3 & 0 & 0 & \cdots & \cdots & 0 & 0 \\[4pt]
\begin{array}{l}c_0+d_{10}\\+h_{-1,1}\end{array} & \begin{array}{l}c_1+d_{11}\\+h_{0,1}\end{array} & \begin{array}{l}c_2+d_{12}\\+h_{1,1}+h_{0,2}\end{array} & c_3+h_{2,1} & h_{2,2} & 0 & \cdots & \cdots & 0 & 0 \\[6pt]
\begin{array}{l}c_0+d_{10}\\+h_{-1,1}\end{array} & \begin{array}{l}c_1+d_{11}\\+h_{0,1}+h_{-1,2}\end{array} & \begin{array}{l}c_2+d_{12}\\+h_{1,1}+h_{0,2}\\+h_{-1,3}\end{array} & \begin{array}{l}c_3+h_{2,1}\\+h_{0,3}\end{array} & \begin{array}{l}h_{2,2}+h_{1,3}\end{array} & h_{2,3} & 0 & \cdots & 0 & 0 \\[6pt]
\begin{array}{l}c_0+d_{10}\\+h_{-1,1}\end{array} & \begin{array}{l}c_1+d_{11}\\+h_{0,1}+h_{-1,2}\end{array} & \begin{array}{l}c_2+d_{12}\\+h_{1,1}+h_{0,2}\\+h_{-1,3}\end{array} & \begin{array}{l}c_3+h_{2,1}\\+h_{0,3}+h_{-1,4}\end{array} & \begin{array}{l}h_{2,2}+h_{1,3}\\+h_{0,4}\end{array} & h_{2,3} & \ddots & \ddots & 0 & 0 \\[6pt]
\begin{array}{l}c_0+d_{10}\\+h_{-1,1}\end{array} & \begin{array}{l}c_1+d_{11}\\+h_{0,1}+h_{-1,2}\end{array} & \begin{array}{l}c_2+d_{12}\\+h_{1,1}+h_{0,2}\\+h_{-1,3}\end{array} & \begin{array}{l}c_3+h_{2,1}\\+h_{0,3}+h_{-1,4}\end{array} & \begin{array}{l}h_{2,2}+h_{1,3}\\+h_{0,4}+h_{-1,5}\end{array} & \ddots & \ddots & \ddots & 0 & 0 \\[6pt]
\vdots & \vdots & \vdots & \cdots & \cdots & \cdots & \cdots & \cdots & \vdots & \vdots \\[4pt]
\begin{array}{l}c_0+d_{10}\\+h_{-1,1}\end{array} & \begin{array}{l}c_1+d_{11}\\+h_{0,1}+h_{-1,2}\end{array} & \begin{array}{l}c_2+d_{12}\\+h_{1,1}+h_{0,2}\\+h_{-1,3}\end{array} & \begin{array}{l}c_3+h_{2,1}\\+h_{0,3}+h_{-1,4}\end{array} & \begin{array}{l}h_{2,2}+h_{1,3}\\+h_{0,4}+h_{-1,5}\end{array} & \cdots & \ddots & \cdots & 0 & 0 \\[6pt]
\begin{array}{l}c_0+d_{10}\\+h_{-1,1}\end{array} & \begin{array}{l}c_1+d_{11}\\+h_{0,1}+h_{-1,2}\end{array} & \begin{array}{l}c_2+d_{12}\\+h_{1,1}+h_{0,2}\\+h_{-1,3}\end{array} & \begin{array}{l}c_3+h_{2,1}\\+h_{0,3}+h_{-1,4}\end{array} & \begin{array}{l}h_{2,2}+h_{1,3}\\+h_{0,4}+h_{-1,5}\end{array} & \cdots & \begin{array}{l}h_{2,n-5}+\\h_{1,n-4}+\\h_{0,n-3}\end{array} & \begin{array}{l}h_{2,n-4}+h_{1,n-3}\\+h_{0,n-2}\end{array} & h_{2,n-3} & h_{2,n-2} \\[8pt]
\begin{array}{l}c_0+d_{10}\\+h_{-1,1}\end{array} & \begin{array}{l}c_1+d_{11}\\+h_{0,1}+h_{-1,2}\end{array} & \begin{array}{l}c_2+d_{12}\\+h_{1,1}+h_{0,2}\\+h_{-1,3}\end{array} & \begin{array}{l}c_3+h_{2,1}\\+h_{0,3}+h_{-1,4}\end{array} & \begin{array}{l}h_{2,2}+h_{1,3}\\+h_{0,4}+h_{-1,5}\end{array} & \cdots & \begin{array}{l}h_{2,n-5}\\+h_{1,n-4}+\\h_{0,n-3}+h_{-1,n-2}\end{array} & \begin{array}{l}h_{2,n-4}+h_{1,n-3}\\+h_{0,n-2}\end{array} & \begin{array}{l}h_{2,n-3}+\\h_{1,n-2}\end{array} & h_{2,n-2} \\[8pt]
\begin{array}{l}c_0+d_{10}\\+h_{-1,1}\end{array} & \begin{array}{l}c_1+d_{11}\\+h_{0,1}+h_{-1,2}\end{array} & \begin{array}{l}c_2+d_{12}\\+h_{1,1}+h_{0,2}\\+h_{-1,3}\end{array} & \begin{array}{l}c_3+h_{2,1}\\+h_{0,3}+h_{-1,4}\end{array} & \begin{array}{l}h_{2,2}+h_{1,3}\\+h_{0,4}+h_{-1,5}\end{array} & \cdots & c_{n-3} & \begin{array}{l}h_{2,n-4}+h_{1,n-3}\\+h_{0,n-2}+d_{n,n-2}\\+c_{n-2}\end{array} & \begin{array}{l}h_{2,n-3}+h_{1,n-2}\\+d_{n,n-1}+c_{n-1}\end{array} & d_{n,n}+c_n
\end{bmatrix}_{(n+1)\times(n+1)}$$

$$n \geqslant 5 \tag{2.4.71}$$

修正后二次函数插值矩阵 $\boldsymbol{D}_n$ 比线性插值矩阵 $\boldsymbol{D}_n$ 的计算精度高,特别对等区间划分,其计算精度提高 2 个阶次。

2.4.4　分段 3 次 B 样条函数插值矩阵

采用 3 次 B 样条函数插值的优点是可以保持被逼近函数在分划点处一阶和二阶导数连续。对于等间距划分,图 2.4.3 所示 3 次 B 样条函数为[5,6]

$$\Omega_3(\xi) = \begin{cases} 0, & |\xi| \geqslant 2 \\ \dfrac{1}{6}(2-|\xi|)^3 - \dfrac{2}{3}(1-|\xi|)^3, & |\xi| \leqslant 1 \\ \dfrac{1}{6}(2-|\xi|)^3, & 1 < |\xi| < 2 \end{cases} \tag{2.4.72}$$

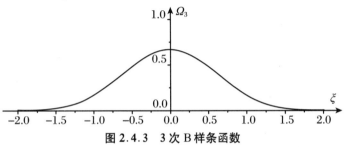

图 2.4.3　3 次 B 样条函数

在式(2.2.3)中对 $y_k^{(j)}(x)$ 采用分段 3 次 B 样条函数插值逼近。将区间 $[a,b]$ 等分为 n 段,经过推导(过程略),可得等间距 3 次 B 样条函数的插值矩阵为

$$\boldsymbol{D}_n = \frac{h}{288}\begin{bmatrix} 0 & 0 & 0 & 0 & 0 & \cdots & & \cdots & 0 & 0 & 0 & 0 & 0 \\ 108 & 228 & -60 & 12 & 0 & & & & 0 & 0 & 0 & 0 & 0 \\ 97 & 380 & 102 & -4 & 1 & 0 & & & & & & \vdots & \vdots \\ 98 & 365 & 260 & 154 & -14 & 1 & 0 & & & & & & \\ 98 & 366 & 245 & 312 & 144 & -14 & 1 & 0 & & & & & \\ 98 & 366 & 246 & 297 & 302 & 144 & -14 & 1 & 0 & & & & \\ 98 & 366 & 246 & 298 & 287 & 302 & 144 & -14 & \ddots & 0 & & & \\ 98 & 366 & 246 & 298 & 288 & 287 & 302 & 144 & \ddots & & 0 & & \\ \vdots & \vdots & \vdots & \vdots & \vdots & \ddots & \ddots & \ddots & \ddots & & & 0 & \vdots \\ & & & & & & \ddots & \ddots & \ddots & \ddots & \ddots & & \vdots \\ & & & & & & & \ddots & & \ddots & 302 & 144 & -14 & 1 & 0 \\ \vdots & \vdots & \vdots & \vdots & \vdots & & & & \ddots & 287 & 302 & 144 & -14 & 1 \\ 98 & 366 & 246 & 298 & 288 & \cdots & & \cdots & 288 & 286 & 306 & 138 & -10 \\ 98 & 366 & 246 & 298 & 288 & \cdots & & \cdots & 288 & 298 & 246 & 366 & 98 \end{bmatrix}_{(n+1)\times(n+1)},$$

$$n \geqslant 5 \tag{2.4.73}$$

上式中三连点上的元素与其两端元素相同,矩阵 D_n 的取用要兼顾到最后 2 行的特殊性。当 $n=4$ 时,分段 3 次 B 样条插值矩阵为

$$D_4 = \frac{h}{288} \begin{bmatrix} 0 & 0 & 0 & 0 & 0 \\ 108 & 228 & -60 & 12 & 0 \\ 97 & 380 & 102 & -4 & 1 \\ 98 & 364 & 264 & 148 & -10 \\ 98 & 376 & 204 & 376 & 98 \end{bmatrix}_{5 \times 5} \qquad (2.4.74)$$

只有当 $y_k^{(j)}(x) \in C^3[a,b]$ 时,分段 3 次 B 样条插值矩阵的高精度才有效。分段 3 次 B 样条插值矩阵式(2.4.73)和式(2.4.74)有 $p=3$ 次代数精度。

2.5

插值矩阵法解常微分方程组通用程序

2.2 节建立了插值矩阵法求解常微分方程式(2.2.1)和边界条件式(2.2.2)的计算列式。将式(2.2.1)和式(2.2.2)分类为常微分方程边值问题和特征值问题,牛忠荣采用 FORTRAN 语言研制出插值矩阵法解这两类问题的通用程序[3,8,9]。

2.5.1 线性常微分方程边值问题

由式(2.2.1)和式(2.2.2),线性常微分方程组边值问题为

$$\sum_{k=1}^{r} \sum_{j=0}^{m_k} g_{ikj}(x) y_k^{(j)}(x) = f_i(x), \quad i = 1,2,\cdots,r, \quad x \in [x_a, x_b] \qquad (2.5.1)$$

相应边值条件为

$$\sum_{k=1}^{t} \sum_{j=0}^{m_k-1} \alpha_{lkj} y_k^{(j)}(\xi_{lkj}) = \gamma_l, \quad l = 1,2,\cdots,t, \quad x_a \leqslant \xi_{lkj} \leqslant x_b \qquad (2.5.2)$$

式中,$y_j^{(k)}(x)(j=1,2,\cdots,r)$ 为方程中待解函数和直到第 k 阶导函数;$f_i(x)$,$g_{ikj}(x)$ 是 $[x_a, x_b]$ 上的连续解析函数;r 是微分方程数目;$m_k(k=1,2,\cdots,r)$ 是待解函数 $y_k(x)$ 在方程中的最高阶导数;$\gamma_l, \alpha_{lki}, \xi_{lki}$ 是实常数;$t = \sum_{k=1}^{r} m_k$ 是边界条件数目。

2.5.2　边值问题程序 IMMS 的使用说明

(1) 输入参数。

A，B：区间 $[x_a, x_b]$ 的两端点值，见式(2.5.1)中的 $[x_a, x_b]$，A $= x_a$，B $= x_b$。

n：区间 $[x_a, x_b]$ 的分段数（节点为 $x_i(i=0,1,\cdots,n)$，其中 $x_0 = x_a$，$x_n = x_b$）。

IR：ODE 方程组的个数，即式(2.5.1)中的 r。

IT：边界条件的数目，即式(2.5.2)中的 t。

Model(MDL)：插值矩阵 $\boldsymbol{D}$ 的选择。

① MDL $=1$，等距离分段线性插值矩阵；

② MDL $=2$，等距离分段抛物线插值矩阵；

③ MDL $=3$，等距离分段三次 B 样条插值矩阵；

④ MDL $=9$，等距离拉格朗日多项式插值矩阵，此时取 $n=3$ 或 4；

⑤ MDL $=111$，不等距分段线性插值矩阵；

⑥ MDL $=240$，不等距分段抛物线插值矩阵；

⑦ MDL $=243$，修正的不等距分段抛物线插值矩阵。

IRE(I)：记录第 i 个方程各项中函数变量 y_j 的最高阶次，$i=1,2,\cdots,r$。

IDE(k)：记录第 k 个函数变量 y_k 的最高阶次，即式(2.5.1)中的 m_k，$k=1,2,\cdots,r$。

Mpart(MPT)：打印 $y_j(x)$，$y_j'(x)$，$\cdots$，$y_j^{(\mathrm{MPT})}(x)$ 在点 x_i 上的值，如果 MPT $=-1$ 则不打印，MPT $\leqslant m_k$。

(2) 输入方程系数和右端项。

IKG(I, J, K)：当第 i 个方程中第 j 个函数变量 y_j 的第 k 阶导数项系数不为 0 时，IKG(I, J, K) $=1$，否则 IKG(I, J, K) $=0$，$i,j=1,2,\cdots,r$；$k=0,1,\cdots,m_k$。

GMN(I, J, K, L)：记录第 i 个方程中第 j 个函数 y_j 的第 k 阶导数项对应的系数在第 l 节点上的值，GMN(I,J,K,L) $= g_{ijk}(x_l)$，$l=0,1,\cdots,n$。

FIN(I, L)：第 i 个方程右端项在 l 节点处的值，见式(2.5.1)中的 $f_i(x_l)$。

(3) 输入边界条件。

EM(L, J)：记录第 l 个边界条件中第 j 个函数 y_j 的阶次信息，EM(L,J)中的元素为 0.XXXXXXXX，小数点后第 1~4 位记录该边界条件每项 $y_j^{(k)}(\xi_{ljk})$ 的阶次 k，项数不足 8 位时，以数字 8 充之(截止)，$l=1,2,\cdots,t$。

MX(L, J)：记录 $y_j^{(k)}(\xi_{ljk})$ 中第 l 个边界条件第 j 个函数变量所在 ξ_{ljk} 的节点号 c，如果 $\xi_{ljk} = x_a$（左端点），则 MX(L, J) $=0$；如果 $\xi_{ljk} = x_b$（右端点），则 MX(L, J) $=-1$ 或 n。

EMX(L,J,K)：记录第 l 个边界条件中每项 $y_j^{(k)}(\xi_{ljk})$ 前的系数 α_{ljk}。L, J, K 表示第 l 个边界条件中第 j 个函数的第 k 阶导数。

（注：EM(L, J)，MX(L, J)，EMX(L, J, K)中的 l 和 j 的顺序相同。）

BM(I)：第 i 个边界条件的右端项值，见式(2.5.2)中的 γ_i，$i = 1, 2, \cdots, r$。

（4）输出解函数。

YKMN(J, K, L)：第 j 个函数变量 $y_j^{(k)}(x_l)$ 的 k 阶导数在节点 x_l 处的值。

2.5.3 线性常微分方程特征值问题

一般的线性常微分方程特征值问题为

$$\sum_{k=1}^{r}\sum_{j=0}^{m_k} g_{ikj}(x) y_k^{(j)}(x) - \lambda \sum_{k=1}^{r}\sum_{j=0}^{m_k} q_{ikj}(x) y_k^{(j)}(x) = 0,$$
$$i = 1, 2, \cdots, r, \quad x \in [x_a, x_b] \tag{2.5.3}$$

相应边值条件为

$$\sum_{k=1}^{t}\sum_{j=0}^{m_k-1} \alpha_{lkj} y_k^{(j)}(\xi_{lkj}) - \lambda \sum_{k=1}^{t}\sum_{j=0}^{m_k-1} \beta_{lkj} y_k^{(j)}(\xi_{lkj}) = 0,$$
$$l = 1, 2, \cdots, t, \quad x_a \leqslant \xi_{lkj} \leqslant x_b \tag{2.5.4}$$

式中，$y_j(x)$ $(j = 1, 2, \cdots, r)$ 为方程中待解特征函数，$y_j^{(k)}(x)$ 是其第 k 阶导函数；$g_{ikj}(x)$ 和 $q_{ikj}(x)$ 是 $[x_a, x_b]$ 上的连续解析函数；λ 是特征值；α_{lki}，β_{lki}，ξ_{lki} 是实常数；其余变量与式(2.5.1)及式(2.5.2)相同。

2.5.4 特征值问题程序 IMMEI 的使用说明

（1）输入参数。

A，B：区间 $[x_a, x_b]$ 的两端点值，见式(2.5.3)中的 $[x_a, x_b]$，A = x_a，B = x_b。

n：区间 $[x_a, x_b]$ 的分段数（节点为 x_i $(i = 0, 1, \cdots, n)$，其中 $x_0 = x_a, x_n = x_b$）。

IR：ODE 方程组的个数，即式(2.5.3)中的 r。

IT：边界条件的数目，即式(2.5.4)中的 t。

Model(MDL)：插值矩阵 $\boldsymbol{D}$ 的选择，同 2.5.2 小节。

IRE(I)：记录第 i 个方程不含特征值 λ 的各项中函数变量 y_j 的最高阶次。

ILQ(I)：记录第 i 个方程含特征值 λ 的各项中变量 y_j 的最高阶次。

IDE(k)：记录第 k 个函数变量 y_k 的最高阶次，即式(2.5.3)中的 m_k。

Mpart(MPT)：打印 $y_j(x)$，$y_j'(x)$，$\cdots$，$y_j^{(\text{MPT})}(x)$ 在点 x_i 上的值，如果 MPT = -1 则不打印。

NUM：特征值按实部从小到大排列，要求取前面 NUM 个实部较小的特征值。

（2）输入方程系数。

IKG(I, J, K)：第 i 个方程的不含特征值各项中第 j 个函数变量 y_j 的第 k 阶导数项系数不为 0 时，IKG(I, J, K) = 1，否则 IKG(I, J, K) = 0，$i, j = 1, 2, \cdots, r$；$k = 0, 1, \cdots, m_k$。

IKQ(I, J, K)：第 i 个方程的含特征值各项中第 j 个变量 y_j 的第 k 阶导数项系数不为 0 时，IKQ(I, J, K) = 1，否则 IKQ(I, J, K) = 0。

GMN(I, J, K, L)：记录第 i 个方程的不含特征值各项中第 j 个函数 y_j 的第 k 阶导数项对应的系数在第 l 节点上的值，GMN(I,J,K,L) = $g_{ijk}(x_l)$，$l = 0, 1, \cdots, n$。

QLN(I, J, K, L)：记录第 i 个方程的含特征值各项中第 j 个变量 y_j 的第 k 阶导数项对应的系数在第 l 节点上的值，QLN(I, J, K, N) = $q_{ijk}(x_l)$。

（3）输入边界条件。

EM(L, J)：记录第 l 个边界条件中第 j 个函数 y_j 的阶次信息，EM(L, J) 中的元素为 0.XXXXXXXX，小数点后第 1～4 位记录该边界条件中不含特征值的每项 $y_j^{(k)}(\xi_{ljk})$ 的阶次 k，项数不足 4 位时，以数字 8 充之；小数点后第 5～8 位记录该边界条件中含特征值的每项 $y_j^{(k)}(\xi_{ljk})$ 的阶次 k，项数不足 8 位时，以数字 8 充之（截止），$l = 1, 2, \cdots, t$。

MX(L, J)：记录 $y_j^{(k)}(\xi_{ljk})$ 中第 l 个边界条件第 j 个函数变量所在 ξ_{ljk} 的节点号 c，如果 $\xi_{ljk} = x_a$（左端点），则 MX(L, J) = 0；如果 $\xi_{ljk} = x_b$（右端点），则 MX(L, J) = −1 或 n。

EMX(L,J,K)：记录第 l 个边界条件中不含特征值的每项 $y_j^{(k)}(\xi_{ljk})$ 前的系数 α_{ljk}。L，J，K 表示第 l 个边界条件中第 j 个函数的第 k 阶导数。

BMX(L, J, K)：记录第 l 个边界条件中含特征值的每项 $y_j^{(k)}(\xi_{ljk})$ 前的系数 β_{ljk}。

（注：EM(L, J)，MX(L, J)，EMX(L, J, K) 中的 l 和 j 的顺序相同。）

（4）输出特征值和特征向量解。

EVR(I)：存放按特征值实部从小到大排列的第 i 个特征值的实部，$i = 1, 2, \cdots,$ NUM。

EVI(I)：存放按特征值实部从小到大排列的第 i 个特征值的虚部。

YKNB(I,J,K,L)：第 i 个特征值对应特征向量 $y_j^{(k)}$ 在节点 x_l 处的实部。

YKMN(I,J,K,L)：第 i 个特征值对应特征向量 $y_j^{(k)}$ 在节点 x_l 处的虚部。

（注：J，K，L 表示第 j 个变量的第 k 阶导数 $y_j^{(k)}$ 在节点 x_l 处的值。）

2.5.5　通用程序的特点

我们编制的插值矩阵法求解式(2.5.1)、式(2.5.2)的通用程序 IMMS 以及求解式(2.5.3)、式(2.5.4)的通用程序 IMMEI 具有以下特点：

（1）IMMS 和 IMMEI 均采用 FORTRAN 语言编制，以子程序形式表达。

（2）IMMS 和 IMMEI 通用性强，操作简单，对于任何常微分方程组边值和特征值问题均可解,并且收敛快、计算稳定,使用者无需掌握程序内容和插值矩阵方法。

(3) IMMS 和 IMMEI 采用分段线性插值矩阵求出的方程解有 2 次代数精度,采用分段二次函数插值矩阵求出的方程解有 4 次代数精度。

插值矩阵法的一个优点是求出的函数 $y_j^{(k)}(x)$ 和其各阶导函数解具有同阶精度,IMMS 和 IMMEI 证实了这一优点。

有兴趣的读者可习用 IMMS 和 IMMEI 基本功能的执行程序,包括数个算例的执行文件,见 http://em.hfut.edu.cn/zyxz/list.htm。

2.6

插值矩阵法算例

本节给出插值矩阵法求解常微分方程边值问题和特征值问题的几个简单例题,以展示插值矩阵法的计算过程和收敛阶。

例 2.6.1 两点边值问题:

$$y''(x) - y(x) = x, \quad x \in [0,1] \tag{2.6.1}$$

$$y(0) = 0, \quad y(1) = 1 \tag{2.6.2}$$

该方程的精确解为

$$y(x) = 2\frac{\mathrm{e}^x - \mathrm{e}^{-x}}{\mathrm{e} - \mathrm{e}^{-1}} - x \tag{2.6.3}$$

首先将区间 $[0,1]$ 等分 4 段,$n = 4$,$h = 1/4$,则区间 $[0,1]$ 上的分划点为 5 个。选用线性插值的 D 矩阵式(2.4.6),得

$$\boldsymbol{D} = \frac{1}{4}\begin{bmatrix} 0 & 0 & 0 & 0 & 0 \\ 0.5 & 0.5 & 0 & 0 & 0 \\ 0.5 & 1 & 1.5 & 0 & 0 \\ 0.5 & 1 & 1.5 & 0 & 0 \\ 0.5 & 1 & 1 & 1 & 0.5 \end{bmatrix} \tag{2.6.4}$$

边界条件为

$$y_0 = y(0) = 0, \quad y_4 = y(1) = 1 \tag{2.6.5}$$

由式(2.1.20),舍去截断误差,得

$$\begin{cases} \boldsymbol{Y} = \boldsymbol{\sigma}y_0 + \boldsymbol{D}\boldsymbol{\sigma}y_0' + \boldsymbol{D}^2\boldsymbol{Y}'' \\ \boldsymbol{Y}' = \boldsymbol{\sigma}y_0' + \boldsymbol{D}\boldsymbol{Y}'' \end{cases} \tag{2.6.6}$$

式中,$\boldsymbol{Y} = (y_0, y_1, y_2, y_3, y_4)^{\mathrm{T}}$,$\boldsymbol{Y}' = (y_0', y_1', y_2', y_3', y_4')^{\mathrm{T}}$,其余类同。注意到式

(2.6.1)中导数最高阶 $m = 2$,将式(2.6.6)代入式(2.6.5),得

$$VY_0^* + WY'' = \gamma \qquad (2.6.7)$$

式中

$$\gamma = \begin{Bmatrix} 0 \\ 1 \end{Bmatrix}, \quad V = \begin{bmatrix} 1 & 0 \\ 1 & 1 \end{bmatrix}, \quad W = h^2 \begin{bmatrix} 0 & 0 & 0 & 0 & 0 \\ 1.75 & 3 & 2 & 1 & 0.25 \end{bmatrix}, \quad Y_0^* = \begin{Bmatrix} y_0 \\ y_0' \end{Bmatrix}$$

$$(2.6.8)$$

将式(2.6.1)写成式(2.1.3)形式,有

$$IY'' - IY = F \qquad (2.6.9)$$

式中,I 是 5×5 阶单位阵,$F = (0 \quad 0.25 \quad 0.5 \quad 0.75 \quad 1.0)^{\mathrm{T}}$。将式(2.6.6)代入式(2.6.9),并舍去截断误差,得

$$AY_0^* + BY'' = F \qquad (2.6.10)$$

式中

$$A = -\begin{bmatrix} \sigma & D\sigma \end{bmatrix}, \quad B = I - D^2 \qquad (2.6.11)$$

然后将式(2.6.7)和式(2.6.10)合成式(2.1.27),形成最后的线性代数方程组为

$$\begin{bmatrix} 1 & 0 & 0 & 0 & 0 & 0 & 0 \\ 1 & 1 & 7/64 & 3/16 & 1/8 & 1/16 & 1/64 \\ -1 & 0 & 1 & 0 & 0 & 0 & 0 \\ -1 & -0.25 & -1/64 & 63/64 & 0 & 0 & 0 \\ -1 & -0.5 & -3/64 & -1/16 & 63/64 & 0 & 0 \\ -1 & -0.75 & -5/64 & -1/8 & -1/16 & 63/64 & 0 \\ -1 & 1 & -7/64 & -3/16 & -1/8 & -1/16 & 63/64 \end{bmatrix} \begin{Bmatrix} y_0 \\ y_0' \\ y_0'' \\ y_1'' \\ y_2'' \\ y_3'' \\ y_4'' \end{Bmatrix} = \begin{Bmatrix} 0 \\ 1 \\ 0 \\ 0.25 \\ 0.5 \\ 0.75 \\ 1 \end{Bmatrix}$$

$$(2.6.12)$$

从上式解出 Y_0^* 和 Y'',再回代入式(2.6.6)求得 Y 和 Y'。至此,获得了所有分划点上的函数 $y(x)$ 值及其各阶导数值,部分结果见表2.6.1中"线性 D,$h = 0.25$"对应的行。

表2.6.1给出了插值矩阵法取不同分段数和多种插值模式的计算结果,其中拉氏 D 是采用拉格朗日插值的式(2.4.3),线性 D 是采用分段线性插值的式(2.4.6),抛物线 D 是采用分段二次函数插值的式(2.4.31),3次样条 D 是采用3次样条插值的式(2.4.73),同时列出了试射法和中心差分法的计算值。在同样的步长下,插值矩阵法采用线性插值 D 矩阵的各阶导数计算值与中心差分法计算的 $y(x)$ 函数值精度相近,抛物线 D 矩阵和3次样条插值 D 矩阵的计算精度是相当好的。从表中可见,插值矩阵法的一个优点是 $y(x)$,$y'(x)$,$y''(x)$ 的计算值具有同样精度的有效位数,而差法获得的 $y'(x)$,$y''(x)$ 计算精度比其 $y(x)$ 精度逐次低一阶。

表 2.6.1　例 2.6.1 方程的解

方法（h 为步长）		$x = 0.5$			$x = 0.8$
		$y(x)$	$y'(x)$	$y''(x)$	$y(x)$
精确解		0.386818884	0.919034751	0.886818884	0.71141096
中心差分法	$h = 0.25$	0.38734835			—
	$h = 0.10$	0.38690415			0.71147906
试射法	$h = 0.25$	0.38684909			—
	$h = 0.10$	0.38681967			0.71141217
	$h = 0.05$	0.38681893			0.71141103
	$h = 0.02$	0.38681888			0.71141096
插值矩阵法	拉氏 D，$h = 0.25$	0.38681680	0.91903553	0.88681680	—
	线性 D，$h = 0.25$	0.385740	0.908173	0.885740	—
	线性 D，$h = 0.10$	0.38664783	0.91730326	0.88664783	0.71127433
	抛物线 D，$h = 0.10$	0.38681552	0.91903014	0.88681552	0.71140499
	抛物线 D，$h = 0.05$	0.38681867	0.91903446	0.88681867	0.71141058
	3 次样条 D，$h = 0.10$	0.38681895	0.91903523	0.88681895	0.71141061
	3 次样条 D，$h = 0.05$	0.38681889	0.91903482	0.88681889	0.71141095

例 2.6.2　常微分方程边值问题：

$$y^{(4)}(x) + xy'''(x) - 2y''(x) = 20 - 18x, \quad x \in [0,1] \tag{2.6.13}$$

边值条件：

$$y(0) = 0, \quad y'(0) = 4, \quad y''(1) = 32, \quad y'''(1) = 42 \tag{2.6.14}$$

方程精确解为 $y(x) = x^4 + 3x^3 + x^2 + 4x$。插值矩阵法（IMMS）将区间 $[0,1]$ 按变步长分为 20 段，$n = 20$，采用分段抛物线插值矩阵。用 IMMS 程序计算得到的各阶导数值见表 2.6.2，保留 5 位有效数字，几乎是准确解，仅个别节点上的解在第 5 位有效数字上与精确解有差异，可见不等距划分的抛物线插值矩阵几乎具有 4 次代数精度。注意定理 2.3.3 结论是对等区间分段而言的。

表 2.6.2　例 2.6.2 中方程的解

i	x	$y(x)$ 精确解	IMMS	$y'(x)$ 精确解	IMMS	$y''(x)$ 精确解	IMMS	$y'''(x)$ 精确解	IMMS	$y^{(4)}(x)$ 精确解	IMMS
0	0.0000	0.0000	0.0000	4.0000	4.0000	2.0000	2.0000	18.0000	18.0000	24.0000	24.0000
2	0.0400	0.1618	0.1618	4.0947	4.0947	2.7392	2.7392	18.9600	18.9600	24.0000	24.0000
4	0.0560	0.2277	0.2277	4.1409	4.1409	3.0456	3.0456	19.3440	19.3440	24.0000	24.0000
6	0.0720	0.2943	0.2943	4.1921	4.1921	3.3582	3.3582	19.7280	19.7280	24.0000	24.0000
8	0.0880	0.3618	0.3618	4.2484	4.2484	3.6769	3.6769	20.1120	20.1120	24.0000	24.0000
10	0.1380	0.5793	0.5793	4.4579	4.4579	4.7125	4.7125	21.3120	21.3120	24.0000	24.0000
12	0.2560	1.1442	1.1441	5.1689	5.1689	7.3944	7.3944	24.1440	24.1440	24.0000	24.0000
13	0.3490	1.6602	1.6601	5.9642	5.9642	9.7436	9.7436	26.3760	26.3760	24.0000	24.0000
14	0.4420	2.2606	2.2606	6.9877	6.9877	12.3004	12.3004	28.6080	28.6080	24.0000	24.0000
16	0.6280	3.8049	3.8049	9.7961	9.7961	18.0366	18.0366	33.0720	33.0720	24.0000	24.0000
18	0.8140	5.9757	5.9757	13.7488	13.7488	24.6032	24.6032	37.5360	37.5360	24.0000	24.0000
20	1.0000	9.0000	9.0000	19.0000	19.0000	32.0000	32.0000	42.0000	42.0000	24.0000	24.0000

　　如将区间$[0,1]$按等步长分为 20 段，$n=20$，采用分段抛物线插值矩阵，则插值矩阵法（IMMS）对式（2.6.13）的各阶导数在分划点上的计算值与精确解完全相同。

　　该例验证了定理 2.3.3 结论的正确性，求积公式式（2.3.10）采用等间距分段抛物线插值矩阵（式（2.4.31））具有 $p=3$ 次代数精度，只要分段数大于 4，故对于 $y_k^{(j)}(x)$ 为低于或等于 $p+1=4$ 阶多项式时，插值矩阵法求出的分划点上的解 $y_k^{(j)}(x_i)$ 是精确的。

2.7

插值矩阵法误差分析

　　本节论证插值矩阵法求解常微分方程边值问题时，求出的各阶导数值有同阶精度，并对单个的二阶方程讨论插值矩阵法解的数值稳定性和收敛速度。

2.7.1　插值矩阵法精度分析

　　插值矩阵法求得式（2.1.1）和式（2.1.2）的解 $\boldsymbol{Y}, \boldsymbol{Y}', \cdots, \boldsymbol{Y}^{(m)}$，下面论证它们关于真解的误差是 h^p 的同阶微量，h 为区间 $[a,b]$ 分划的最大子区间长度。

引入式(2.1.10)插值矩阵 $\boldsymbol{D}$ 的行范数,注意到式(2.1.6)、式(2.1.7)和式(2.1.9),则

$$\|\boldsymbol{D}\|_{\infty} = \max_{0 \leqslant j \leqslant n} \sum_{i=0}^{n} |\omega_{ji}| = \max_{0 \leqslant j \leqslant n} \sum_{i=0}^{n} \left| \int_{x_0}^{x_j} l_i(x)\mathrm{d}x \right| = \int_{x_0}^{x_n} \sum_{i=0}^{n} l_i(x)\mathrm{d}x = b - a$$

$$(2.7.1)$$

定理 2.7.1 若式(2.1.27)的插值矩阵法解 $\boldsymbol{Y}^{(m)}$, $\boldsymbol{Y}_0^*$ 存在,最大误差绝对值 $\Delta_{\max} = O(h^p)$,又式(2.1.8)中插值函数的积分余项 $R_j^{(k)} = O(h^q)(p, q > 0, h \to 0)$,则由式(2.1.14)求得各阶导数 $\boldsymbol{Y}^{(i)}$ 的绝对误差为

$$\|\boldsymbol{\Delta}^{(i)}\|_{\infty} = O(h^p) + O(h^q), \quad i = 0, 1, \cdots, m-1 \qquad (2.7.2)$$

证明 由式(2.1.21)得

$$\|\boldsymbol{\Delta}^{(i)}\|_{\infty} = \max_{0 \leqslant j \leqslant n} |\boldsymbol{\Delta}_j^{(i)}| \leqslant \|\boldsymbol{P}^{(i)}\|_{\infty} \cdot \Delta_{\max} + \|\boldsymbol{D}^{m-i}\|_{\infty} \cdot \Delta_{\max} + \|\boldsymbol{r}^{(i)}\|_{\infty}$$

$$(2.7.3)$$

注意到式(2.1.22)和式(2.7.1),则

$$\|\boldsymbol{P}_i\|_{\infty} \leqslant \sum_{k=0}^{m-i-1} (b-a)^k, \quad \|\boldsymbol{D}^{m-i}\|_{\infty} \leqslant (b-a)^{m-i} \qquad (2.7.4)$$

因为 m 值有限,当 $y(x)$ 足够光滑时,由式(2.1.23)得 $\|\boldsymbol{r}^{(i)}\|_{\infty} = O(h^q)$,故有

$$\|\boldsymbol{\Delta}^{(i)}\|_{\infty} = O(h^p) + O(h^q), \quad i = 0, 1, \cdots, m-1 \qquad (2.7.5)$$

实际上 $\boldsymbol{r}^{(i)}$ 是局部截断误差,舍去 $\boldsymbol{r}^{(i)}$ 形成了式(2.1.27)的解,并产生解的最大绝对误差 $\Delta_{\max}$,因而通常有 $q \geqslant p$。式(2.7.5)表明插值矩阵法获得的各阶导数解 $\boldsymbol{Y}^{(i)}$ ($i = 0, 1, \cdots, m$)的绝对误差是 h^p 的同阶微量。

2.7.2 插值矩阵法的稳定性和收敛性

定理 2.7.1 的成立假定了式(2.1.27)可解,且误差阶为 $O(h^p)$,本节给出插值矩阵法解的稳定性证明和收敛阶。从一般性方程式(2.1.1)做出论证很困难,现讨论二阶常微分方程:

$$p(x)y''(x) - y(x) = f(x), \quad x \in [a, b] \qquad (2.7.6)$$

第一边值条件为

$$y(a) = \alpha, \quad y(b) = \beta \qquad (2.7.7)$$

式中,$p(x) \geqslant C_0' > 0$;$p(x), f(x) \in C^0[a, b]$。一般的二阶常微分方程

$$z''(x) + g_1(x)z'(x) + g_0(x)z(x) = f(x)$$

可化为式(2.7.6)形式,取 $u(x) = \exp(-0.5\int g_1(x)\mathrm{d}x)$,做变换 $z(x) = u(x)y(x)$,代入上式即转换为方程式(2.7.6)。

1. 预备知识[7]

区间 $[a,b]$ 上的划分 $a = x_0, x_1, \cdots, x_n = b$，$h_i = x_i - x_{i-1}$，当为均匀划分时，则 $h = (b-a)/n$。

(1) 引进记号：

$$\bar{I}_h = \{x_i \mid i = 0,1,\cdots,n\}, \quad I_h = \{x_i \mid i = 1,2,\cdots,n-1\},$$
$$I_h^+ = \{x_i \mid i = 1,2,\cdots,n\} \tag{2.7.8}$$

对于给定在 $\bar{I}_h$ 中的网格函数 u_i, V_i，定义内积：

$$(u_h, V_h)_{\bar{I}_h} = \sum_{i=0}^{n} V_i u_i \bar{h}_i \tag{2.7.9}$$

式中

$$\bar{h}_i = (h_i + h_{i+1})/2, \quad \bar{h}_0 = h_1/2, \quad \bar{h}_n = h_n/2 \tag{2.7.10}$$

式 (2.7.9) 可视为连续函数 $V(x)$ 和 $u(x)$ 在连续变量 $x \in [a,b]$ 上积分 $\int_a^b u(x)V(x)\mathrm{d}x$ 的离散梯形积分公式。对于给定在 I_h 和 I_h^+ 上的网格函数 u_i, V_i，定义内积：

$$(u_h, V_h)_{I_h^+} = \sum_{i=1}^{n} V_i u_i h_i, \quad (u_h, V_h)_{I_h} = \sum_{i=1}^{n-1} V_i u_i \bar{h}_i \tag{2.7.11}$$

(2) 对网格函数引进差商和范数：

$$(V_i)_{\bar{x}} = V_{i,\bar{x}} = (V_i - V_{i-1})/h_i, \quad (V_i)_{\hat{x}} = V_{i,\hat{x}} = (V_{i+1} - V_i)/\bar{h}_i,$$
$$(V_i)_x = V_{i,x} = (V_{i+1} - V_i)/h_{i+1},$$
$$(V_i)_{\bar{x}x} = V_{i,\bar{x}x} = \frac{1}{\bar{h}_i}(V_{i,x} - V_{i,\bar{x}}) = \frac{1}{\bar{h}_i}\left[\frac{V_{i+1} - V_i}{h_{i+1}} - \frac{V_i - V_{i-1}}{h_i}\right]$$

$$\tag{2.7.12}$$

$$\|V_h\|_\infty = \max_{i \in \bar{I}_h} |V_i|, \quad \|V_h\|_0 = (V_h, V_h)_{\bar{I}_h}^{1/2},$$
$$\|(V_h)_{\bar{x}}\|_0 = ((V_h)_{\bar{x}}, (V_h)_{\bar{x}})_{I_h^+}^{1/2} \tag{2.7.13}$$

对于等间距网格，则

$$(V_i)_{\bar{x}x} = V_{i,\bar{x}x} = \frac{1}{h}(V_{i,x} - V_{i,\bar{x}}) = \frac{1}{h^2}(V_{i+1} - 2V_i + V_{i-1}) \tag{2.7.14}$$

(3) 若干公式[7]。

第一差分 Green 公式：

$$((u_h)_{\bar{x}x}, V_h)_{I_h} = -((u_h)_{\bar{x}}, (V_h)_{\bar{x}})_{I_h^+} + u_{n,\bar{x}} V_n - u_{0,x} V_0 \tag{2.7.15}$$

Cauchy 不等式：

$$|(u_h, V_h)_{\bar{I}_h}| \leqslant \|u_h\|_0 \cdot \|V_h\|_0 \tag{2.7.16}$$

引理 1　$\forall\,V_h\in\bar{I}_h$，有

$$\|V_h\|_\infty\leqslant\sqrt{b-a}\,\|(V_h)_{\bar{x}}\|_0+(|V_0|+|V_h|)/2 \qquad (2.7.17)$$

引理 2　$\forall\,V_h\in\bar{I}_h,\,V_0=V_n=0$，有

$$\|V_h\|_0\leqslant\frac{b-a}{2}\,\|(V_h)_{\bar{x}}\|_0 \qquad (2.7.18)$$

2. 插值矩阵法求解二阶方程列式

式(2.7.6)的最高导数阶 $m=2$，由式(2.1.20)的插值函数逼近导出

$$\begin{cases} \boldsymbol{Y}(x)=y(x_0)\boldsymbol{\sigma}+y'(x_0)\boldsymbol{D\sigma}+\boldsymbol{D}^2\boldsymbol{Y}''(x)+\boldsymbol{DR}^{(2)}+\boldsymbol{R}^{(1)} \\ \boldsymbol{Y}'(x)=y'(x_0)\boldsymbol{\sigma}+\boldsymbol{D}^2\boldsymbol{Y}''(x)+\boldsymbol{R}^{(2)} \end{cases} \qquad (2.7.19)$$

将区间 $[a,b]$ 剖分为 n 段，$a=x_0<x_1<\cdots<x_n=b$。式(2.7.6)在网格点 x_j 处成立为

$$p(x_j)y''(x_j)-y(x_j)=f(x_j),\quad j=0,1,\cdots,n \qquad (2.7.20)$$

将式(2.7.19)代入式(2.7.20)和边值条件式(2.7.7)，得

$$\begin{cases} y(x_0)=\alpha \\ y(x_0)+(b-a)y'(x_0)+\boldsymbol{D}_n^2\boldsymbol{Y}''(x)+r_n^{(0)}=\beta \end{cases} \qquad (2.7.21)$$

$$p(x_j)y''(x_j)-[y(x_0)+\boldsymbol{D}_j\boldsymbol{\sigma}y'(x_0)+\boldsymbol{D}_j^2\boldsymbol{Y}''(x)]-r_j^{(0)}=f(x_j) \qquad (2.7.22)$$

式中 $\boldsymbol{D}_j^k$ 表示矩阵 $\boldsymbol{D}^k$ 的第 j 行元素，局部截断误差为

$$r_j^{(0)}=\boldsymbol{D}_j\boldsymbol{R}^{(2)}+\boldsymbol{R}_j^{(1)} \qquad (2.7.23)$$

舍去 $r_j^{(0)}$，得插值矩阵法求解两点边值问题的代数方程组：

$$\begin{cases} y_0=\alpha \\ y_0+(b-a)y_0'+\boldsymbol{D}_n^2\boldsymbol{Y}''=\beta \end{cases} \qquad (2.7.24)$$

$$\boldsymbol{L}_h y_j''=p_j y''-y_0-\boldsymbol{D}_j\boldsymbol{\sigma}y_0'-\boldsymbol{D}_j^2\boldsymbol{Y}''=f_j,\quad j=0,1,\cdots,n \qquad (2.7.25)$$

其中 $p_j=p(x_j),f_j=f(x_j)$，记 $\boldsymbol{L}_h$ 为差分算子。在式(2.7.24)和式(2.7.25)中，$\boldsymbol{Y}'',y_0$ 和 y_0' 是未知量，其意义见式(2.1.11)和式(2.1.12)。

3. 先验估计

插值矩阵法解方程式(2.7.6)的稳定性研究归结为寻找式(2.7.25)和式(2.7.24)的先验估计。在式(2.7.25)中记 $u_j=y_j'',\boldsymbol{u}=\boldsymbol{Y}''$，则有

$$\boldsymbol{L}_h u_j=p_j u_j-y_0-\boldsymbol{D}_j\boldsymbol{\sigma}y_0'-\boldsymbol{D}_j^2\boldsymbol{u}=f_j,\quad j=0,1,\cdots,n \qquad (2.7.26)$$

这里讨论均匀剖分的线性插值模型，其插值矩阵 $\boldsymbol{D}$ 为式(2.4.6)。参见式(2.4.7)，式(2.1.9)中

$$R_j^{(k)}=-\frac{x_j-x_0}{12}h^2 y^{(k+2)}(\eta_j),\quad \eta_j\in[x_0,x_j] \qquad (2.7.27)$$

对式(2.7.26)，做

$$L_h(u_{j+1} - 2u_j + u_{j-1})/h^2 = (f_j)_{\bar{x}x} \qquad (2.7.28)$$

有

$$(p_j u_j)_{\bar{x}x} - (D_j^2)_{\bar{x}x} u = (f_j)_{\bar{x}x}, \qquad j = 1, 2, \cdots, n-1 \qquad (2.7.29)$$

根据式(2.4.6)中的 D 矩阵,注意到

$$D_{j+1}^2 - D_j^2 = (D_{j-1} - D_j)D = h(0, \cdots, 0, 0.5, 0.5, 0, \cdots, 0)_{1 \times (n+1)} D$$

$$= h^2\left(\frac{1}{2}, 1, \cdots, 1, \frac{3}{4}, \frac{1}{4}, 0, \cdots, 0\right)_{1 \times (n+1)} \qquad (2.7.30)$$

式中,数字 $\frac{3}{4}$ 和 $\frac{1}{4}$ 分别处在第 j 和 $j+1$ 列。那么式(2.7.29)中

$$(D_j^2)_{\bar{x}x} u = \frac{1}{h^2}(D_{j+1}^2 - 2D_j^2 + D_{j-1}^2) u$$

$$= u_j + \frac{u_{j+1} - 2u_j + u_{j-1}}{4} \qquad (2.7.31)$$

代入式(2.7.29),得

$$(L_h u_j)_{\bar{x}x} = (q_j u_j)_{\bar{x}x} - u_j = (f_j)_{\bar{x}x} \qquad (2.7.32)$$

式中, $q_j = p(x_j) - h^2/4$ 。由于 $p(x) \geqslant C_0' > 0$,当 $h \to 0$ 时,总有

$$q_j \geqslant C_0' - h^2/4 \geqslant C_0 > 0 \qquad (2.7.33)$$

分两步寻求差分方程式(2.7.32)的先验估计。

(1) 设 $u_0 = u_n = 0$,以 $q_j u_j h$ 乘式(2.7.32),且对 $j \in I_h$ 求和,得

$$\sum_{j=1}^{n-1} q_j u_j h \, (q_j u_j)_{\bar{x}x} - \sum_{j=1}^{n-1} q_j u_j h u_j = \sum_{j=1}^{n-1} q_j u_j h \, (f_j)_{\bar{x}x} \qquad (2.7.34)$$

由式(2.7.11),上式可写成

$$((q_h u_h)_{\bar{x}x}, q_h u_h)_{I_h} - (q_h u_h, u_h)_{I_h} = ((f_h)_{\bar{x}x}, q_h u_h)_{I_h} \qquad (2.7.35)$$

由式(2.7.13)和式(2.7.15)及 $u_0 = u_n = 0$,式(2.7.35)可写为

$$\|(q_h u_h)_{\bar{x}}\|_0^2 + (q_h u_h, u_h)_{I_h} = ((f_h)_{\bar{x}}, (q_h u_h)_{\bar{x}})_{I_h^+} \qquad (2.7.36)$$

显然

$$\|(q_h u_h)_{\bar{x}}\|_0^2 \leqslant \|(q_h u_h)_{\bar{x}}\|_0^2 + (q_h u_h, u_h)_{I_h}$$

$$= ((f_h)_{\bar{x}}, (q_h u_h)_{\bar{x}})_{I_h^+} \qquad (2.7.37)$$

运用式(2.7.16),上式右端

$$((f_h)_{\bar{x}}, (q_h u_h)_{\bar{x}})_{I_h^+} \leqslant \|(f_h)_{\bar{x}}\|_0 \cdot \|(q_h u_h)_{\bar{x}}\|_0 \qquad (2.7.38)$$

代入式(2.7.37),并注意到式(2.7.33),则得

$$\|(u_h)_{\bar{x}}\|_0 \leqslant \frac{1}{C_0} \|(f_h)_{\bar{x}}\|_0 \qquad (2.7.39)$$

(2) $\forall u_0 \neq 0, u_n \neq 0$,方程式(2.7.32)的解可表示成

$$u_j = \tilde{u}_j + \bar{u}_j, \qquad j \in \bar{I}_h \qquad (2.7.40)$$

其中

$$(\bar{u}_j)_{\bar{x}x} = 0, \quad j \in I_h, \quad \bar{u}_0 = u_0, \quad \bar{u}_n = u_n \tag{2.7.41}$$

则 $\tilde{u}_0 = 0, \tilde{u}_n = 0$,将式(2.7.40)代入式(2.7.32),得

$$(L_h\tilde{u}_j)_{\bar{x}x} = (q_j\tilde{u}_j)_{\bar{x}x} - \tilde{u}_j = (f_j)_{\bar{x}x} - (q_j\bar{u}_j)_{\bar{x}x} + \bar{u}_j, \quad j \in I_h \tag{2.7.42}$$

用 $\tilde{u}_j h$ 乘以式(2.7.42),且对 $j \in I_h$ 求和,得

$$((q_h\tilde{u}_h)_{\bar{x}x}, \tilde{u}_h)_{I_h} - (\tilde{u}_h, \tilde{u}_h)_{I_h}$$
$$= ((f_h)_{\bar{x}x} - (q_j\bar{u}_j)_{\bar{x}x} + \bar{u}_j, \tilde{u}_h)_{I_h}$$
$$= ((f_h)_{\bar{x}x}, \tilde{u}_h)_{I_h} - ((q_j\bar{u}_j)_{\bar{x}x}\tilde{u}_h)_{I_h} + (\bar{u}_h, \tilde{u}_h)_{I_h} \tag{2.7.43}$$

应用第一差分 Green 公式式(2.7.15),上式为

$$((q_h\tilde{u}_h)_{\bar{x}}, (\tilde{u}_h)_{\bar{x}})_{I_h^+} + (\tilde{u}_h, \tilde{u}_h)_{I_h}$$
$$= ((f_h)_{\bar{x}}, (\tilde{u}_h)_{\bar{x}})_{I_h^+} - ((q_j\bar{u}_j)_{\bar{x}}, (\tilde{u}_h)_{\bar{x}})_{I_h} - (\bar{u}_h, \tilde{u}_h)_{I_h} \tag{2.7.44}$$

由于 $q_j = p(x_j) - h^2/4$ 在 $x \in [a, b]$ 上是有限值,取其在网格点最大值 $C_1 = \max_{0 \leqslant j \leqslant n}(q_j)$。利用 Cauchy 不等式式(2.7.16)和式(2.7.18),则式(2.7.44)中

$$|-((q_h\bar{u}_h)_{\bar{x}}, (\tilde{u}_h)_{\bar{x}})_{I_h^+} - (\bar{u}_h, \tilde{u}_h)_{I_h}|$$
$$\leqslant C_1\|(\bar{u}_h)_{\bar{x}}\|_0 \cdot \|(\tilde{u}_h)_{\bar{x}}\|_0 + \|(\bar{u}_h)\|_0 \cdot \|(\tilde{u}_h)\|_0$$
$$\leqslant \|(\tilde{u}_h)_{\bar{x}}\|_0 \cdot \left[C_1\|(\bar{u}_h)_{\bar{x}}\|_0 + \frac{b-a}{2}\|(\bar{u}_h)\|_0 \right] \tag{2.7.45}$$

再应用式(2.7.16)、式(2.7.18)和式(2.7.33),当 $h \to 0$ 时,式(2.7.44)有

$$C_0\|(\tilde{u}_h)_{\bar{x}}\|_0^2 \leqslant ((q_h\tilde{u}_h)_{\bar{x}}, (\tilde{u}_h)_{\bar{x}})_{I_h^+} \leqslant ((q_h\tilde{u}_h)_{\bar{x}}, (\tilde{u}_h)_{\bar{x}})_{I_h^+} + (\tilde{u}_h, \tilde{u}_h)_{I_h}$$
$$\leqslant \|(f_h)_{\bar{x}}\|_0\|(\tilde{u}_h)_{\bar{x}}\|_0 + \|(\tilde{u}_h)_{\bar{x}}\|_0 \cdot \left[C_1\|(\bar{u}_h)_{\bar{x}}\|_0 \right.$$
$$\left. + \frac{b-a}{2}\|(\bar{u}_h)\|_0 \right] \tag{2.7.46}$$

故有

$$\|(\tilde{u}_h)_{\bar{x}}\|_0 \leqslant \frac{1}{C_0}\|(f_h)_{\bar{x}}\|_0 + \frac{C_1}{C_0}\|(\bar{u}_h)_{\bar{x}}\|_0 + \frac{b-a}{2C_0}\|\bar{u}_h\|_0 \tag{2.7.47}$$

另一方面,从差分方程式(2.7.41)解出

$$\bar{u}_j = \frac{u_n - u_0}{b-a}(x_j - a) + u_0 \tag{2.7.48}$$

易得

$$\|(\bar{u}_h)_{\bar{x}}\|_0 = \frac{1}{\sqrt{b-a}}|u_n - u_0| \tag{2.7.49}$$

由引理 1 式(2.7.17),得

$$\|\bar{u}_h\|_\infty \leqslant \sqrt{b-a}\|(\bar{u}_h)_{\bar{x}}\|_0 + (|u_0| + |u_n|)/2$$
$$= |u_n - u_0| + (|u_0| + |u_n|)/2 \tag{2.7.50}$$

由式(2.7.48)可见 $\bar{u}_j$ 是 x 的线性函数,故有

$$\| \bar{u}_h \|_0 \leqslant \sqrt{b-a} \max_{j \in \bar{I}_n} | \bar{u}_j | = \sqrt{b-a} (| u_n | + | u_0 |) \qquad (2.7.51)$$

综合式(2.7.47)、式(2.7.49)和式(2.7.50),得

$$\| (u_h)_{\bar{x}} \|_0 \leqslant \| (\tilde{u}_h)_{\bar{x}} \|_0 + \| (\bar{u}_h)_{\bar{x}} \|_0$$

$$\leqslant \frac{1}{C_0} \| (f_h)_{\bar{x}} \|_0 + \Big[\Big(1 + \frac{C_1}{C_0}\Big) \sqrt{(b-a)^{-1}} + \frac{b-a}{2C_0} \sqrt{b-a} \Big] (| u_n | + | u_0 |)$$

$$\qquad (2.7.52)$$

再由式(2.7.17),有

$$\| u_h \|_\infty \leqslant \sqrt{(b-a)} \, \| (u_h)_{\bar{x}} \|_0 + (| u_n | + | u_0 |)/2$$

$$\leqslant M_1 \| (f_h)_{\bar{x}} \|_0 + M_2 (| u_n | + | u_0 |) \qquad (2.7.53)$$

式中,$M_1 = \sqrt{(b-a)}/C_0$,$M_2 = \Big[\Big(1 + \dfrac{C_1}{C_0}\Big) \sqrt{(b-a)^{-1}} + \dfrac{b-a}{2C_0} \sqrt{b-a} \Big] + \dfrac{1}{2}$。

由式(2.7.6)或式(2.7.25)与式(2.7.24),可得

$$y''(x_0) = y_0'' = (f_0 + \alpha)/p_0, \quad y''(x_n) = y_n'' = (f_n + \beta)/p_n \qquad (2.7.54)$$

还原 $u_j = y_j''$,对于式(2.7.25),参照式(2.7.53)和式(2.7.54),得

$$\| y_h'' \|_\infty \leqslant M_1 \| (f_h)_{\bar{x}} \|_0 + M_2 (| f_0 + \alpha |/p_0 + | f_n + \beta |/p_n) \qquad (2.7.55)$$

代入式(2.7.24),可知

$$| y_0' | \leqslant | \beta - \alpha |/(b-a) + \| y_h'' \|_\infty (b-a) \qquad (2.7.56)$$

式(2.7.55)和式(2.7.56)称为插值矩阵法解 y_h'',y_0',y_0 的先验估计,表明其解连续依赖于式(2.7.6)的右端和边值条件式(2.7.7)的右端,即方程右端值变化小时,其插值矩阵法解的变化也小。因此插值矩阵法解式(2.7.24)和式(2.7.25)计算稳定。

4. 插值矩阵法解的唯一性和收敛阶

从式(2.7.55)和式(2.7.56)易见式(2.7.24)、式(2.7.25)的解是唯一的,因为当 $f_h = 0$,$\alpha = 0$,$\beta = 0$ 时,从式(2.7.55)和式(2.7.56)知 $y_h'' = 0$,$y_0' = 0$,$y_0 = 0$。

插值矩阵法解式(2.7.24)和式(2.7.25)逼近式(2.7.5)的收敛速度估计可仿照先验估计式(2.7.55)和式(2.7.56)。应用式(2.7.21)~式(2.7.24),得

$$P_j \Delta_j'' - \Delta_0 - D_j \boldsymbol{\sigma} \Delta_0' - D_j^2 \boldsymbol{\Delta}'' = r_j^{(0)}, \quad j = 0, 1, \cdots, n \qquad (2.7.57)$$

$$\begin{cases} \Delta_0 = 0 \\ \Delta_0 + (b-a) \Delta_0' + D_n^2 \boldsymbol{\Delta}'' + r_n^{(0)} = 0 \end{cases} \qquad (2.7.58)$$

将式(2.7.58)代入式(2.7.57),由式(2.7.54)可得

$$\Delta_0'' = \Delta_n'' = 0 \qquad (2.7.59)$$

将式(2.7.57)对照式(2.7.26),类似于式(2.7.59),有

$$\| \Delta_h'' \|_\infty \leqslant M_1 \| (r_h)_{\bar{x}} \|_0 \qquad (2.7.60)$$

注意到式(2.4.6)、式(2.7.54)和式(2.1.6),那么对线性插值 $\boldsymbol{D}$ 矩阵,有

$$r_{j,\bar{x}}^{(0)} = (r_j^{(0)} - r_{j-1}^{(0)})/h = [(\boldsymbol{D}_j - \boldsymbol{D}_{j-1})\boldsymbol{R}^{(2)} + \boldsymbol{R}_j^{(1)} - \boldsymbol{R}_{j-1}^{(1)}]/h$$

$$= [\boldsymbol{R}_j^{(2)} + \boldsymbol{R}_{j-1}^{(2)}]/2 - \frac{h^2}{12}y'''(\zeta_j), \quad \zeta_j \in [a,b] \quad (2.7.61)$$

当 $y(x) \in C^4[a,b]$,则 $r_{j,\bar{x}}^{(0)} = O(h^2)$,代入式(2.7.57),即得

$$\|\Delta_h''\|_\infty = O(h^2) \quad (2.7.62)$$

由式(2.7.58),可知

$$|\Delta_0'| = O(h^2) \quad (2.7.63)$$

式(2.4.6)、式(2.7.58)、式(2.7.62)和式(2.7.63)也保证了式(2.7.2)成立,从而证明了当边值问题式(2.7.6)和式(2.7.7)的解 $y(x) \in C^4[a,b]$ 时,分段线性模式插值矩阵法式(2.7.24)、式(2.7.25)和式(2.7.2)的解以 $O(h^2)$ 的速度一致收敛于真解 $y^{(i)}(x)(i = 0,1,\cdots,m)$。此结果使得可以对插值矩阵法采用外推法来加速收敛。

2.7.3　插值矩阵法收敛性数值实验

为了验证上面的插值矩阵法误差理论分析结果,下面演示 2 个算例。

例 2.7.1　解例 2.6.1 两点边值问题,考察插值矩阵法的计算误差和收敛速度。

将区间 $[0,1]$ 等分为 n 段,分别取 $n = 4, 8, 16, 32, 64, 128$。采用分段线性插值和抛物线插值的插值矩阵法计算结果分别见表 2.7.1 和表 2.7.2,其中 $\Delta, \Delta', \Delta''$ 分别为插值矩阵解与精确解的绝对误差:

$$\Delta = \max_{0 \leqslant i \leqslant n} |y(x_i) - y_i|, \quad \Delta' = \max_{0 \leqslant i \leqslant n} |y'(x_i) - y_i'|,$$

$$\Delta'' = \max_{0 \leqslant i \leqslant n} |y''(x_i) - y_i''|, \quad i = 0,1,\cdots,n$$

表 2.7.1　二阶方程插值矩阵法解(线性插值)的计算误差

h	Δ	Δ/h^2	Δ'	Δ'/h^2	Δ''	Δ''/h^2
1/4	$0.10791\mathrm{e}-2$	0.017265	$0.11691\mathrm{e}-1$	0.18706	$0.10791\mathrm{e}-2$	0.017265
1/8	$0.27561\mathrm{e}-3$	0.017639	$0.29129\mathrm{e}-2$	0.18643	$0.27561\mathrm{e}-3$	0.017639
1/16	$0.68903\mathrm{e}-4$	0.017639	$0.72761\mathrm{e}-3$	0.18627	$0.68903\mathrm{e}-4$	0.017639
1/32	$0.17276\mathrm{e}-4$	0.017690	$0.18186\mathrm{e}-3$	0.18623	$0.17276\mathrm{e}-4$	0.017690
1/64	$0.43183\mathrm{e}-5$	0.017688	$0.45463\mathrm{e}-4$	0.18622	$0.43183\mathrm{e}-5$	0.017688
1/128	$0.10795\mathrm{e}-5$	0.017687	$0.11365\mathrm{e}-4$	0.18622	$0.10795\mathrm{e}-5$	0.017687

表 2.7.2 二阶方程插值矩阵法解(抛物线插值)的计算误差

h	Δ	Δ/h^4	Δ'	Δ'/h^4	Δ''	Δ''/h^4
1/4	$0.414250e-4$	0.0106048	$0.584265e-4$	0.014957	$0.414250e-4$	0.0106048
1/8	$0.199382e-5$	0.0081666	$0.304089e-5$	0.012456	$0.199382e-5$	0.0081666
1/16	$0.742787e-7$	0.0048679	$0.350952e-6$	0.023000	$0.742787e-7$	0.0048679
1/32	$0.269087e-8$	0.0028215	$0.271506e-7$	0.028469	$0.269087e-8$	0.0028215
1/64	$0.171143e-9$	0.0028713	$0.186386e-8$	0.031270	$0.171144e-9$	0.0028713
1/128	$0.112537e-10$	0.0030209	$0.121799e-9$	0.032695	$0.112538e-10$	0.0030209

从表 2.7.1 和表 2.7.2 可见,采用线性插值的插值矩阵法求解各阶导数的绝对误差的 Δ/h^2、Δ'/h^2 和 Δ''/h^2 比值随 $h\rightarrow0$ 分别趋近常值,其收敛阶均为 h^2,验证了 2.7.2 小节中插值矩阵法的误差分析结论。采用抛物线插值的插值矩阵法求解各阶导数的绝对误差的 Δ/h^4、Δ'/h^4 和 Δ''/h^4 比值随 $h\rightarrow0$ 分别趋近于常值,其收敛阶均为 h^4。

根据表 2.7.1 和表 2.7.2 的插值矩阵法计算结果和收敛阶,可以在同样的等区间划分情况下,使用 Richardson 外推法进一步提高插值矩阵法解的计算精度。

例 2.7.2 等截面简支 Euler 梁的自由振动问题,见图 2.7.1。

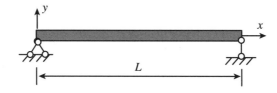

图 2.7.1 简支 Euler 梁的自由振动

Euler 梁的自由振动控制方程为

$$\frac{\mathrm{d}^4 Y(x)}{\mathrm{d}x^4} - \beta^4 Y(x) = 0, \quad \beta^4 = \frac{\omega^2 m}{EI}, \quad x \in [0,L] \tag{a}$$

式中,$Y(x)$ 是梁横向位移的振型函数,ω 是固有频率,L 是梁的长度,I 是梁截面惯性矩,E 是弹性模量,m 是单位长度质量。这里 EI 和 m 是常量。简支梁两端的边界条件是

$$Y(0) = 0, \quad Y''(0) = 0, \quad Y(L) = 0, \quad Y''(L) = 0 \tag{b}$$

$Y(x)$ 和 ω 可由特征值问题式(a)和式(b)求解,其精确解为

$$\omega_i = (i\pi)^2 \sqrt{\frac{EI}{mL^4}}, \quad i = 1,2,\cdots \tag{c}$$

$$Y_i(x) = A_i \sin\frac{i\pi x}{L} \tag{d}$$

式中 A_i 是梁自由振动的振幅。对式(a)做无量纲坐标变换 $x = L\xi$,则有

$$\frac{\mathrm{d}^4 Y(\xi)}{\mathrm{d}\xi^4} - \beta^4 L^4 Y(\xi) = 0, \quad \beta^4 = \frac{\omega^2 m}{EI}, \quad \xi \in [0,1] \tag{e}$$

用插值矩阵法求解其自振频率和振型[3],为评估插值矩阵法(IMMEI)的计算精度,分别采用分段线性插值、抛物线插值和 3 次样条函数插值矩阵计算方程式(a)和边值条件式(b)的特征对。将区间[0,1]等分为 3 种段数($n = 20, 40, 80$),子区间长度 $h = 1/n$。为表现插值矩阵法的收敛速度随区分段数成倍增加的变化,给出了 3 种分段数的 IMMEI 程序求解。表 2.7.3、表 2.7.4、表 2.7.5 显示了用程序 IMMEI 计算特征值 ω_i 与精确解比较的相对误差。对于采用 $n = 80$ 抛物线插值的 IMMEI 求解简支梁自由振动问题,图 2.7.2 至图 2.7.5 依次给出了前 4 阶振型函数 $Y_i(x)$,$Y_i'(x)$ 和 $Y_i''(x)$ 解的相对误差。表 2.7.3 至表 2.7.5,图 2.7.2 至图 2.7.5 中,相对误差 err 定义为

$$err = \frac{\text{数值解} - \text{精确解}}{\text{精确解}} \times 100 \tag{f}$$

表 2.7.3、表 2.7.4 显示,分段抛物线插值比线性插值的计算精度高,低阶固有振型和频率的计算结果比高阶振型结果的精度高是合理的。取 $n = 20$ 的线性插值 IMMEI 解对于第 5 阶之后的固有频率计算值已失真。要取得高精度的高阶固有频率,需增加区间分点数。由图 2.7.2 至图 2.7.5 可见,对于同一阶振型,插值矩阵法计算振型函数各阶导数的计算精度是同阶的,较大的误差出现在特征函数为零的位置。由表 2.7.3 可见,采用线性插值矩阵的 IMMEI 计算各阶频率相对误差比值 err/h^2 随 $h \to 0$ 趋近常值,显示其收敛阶为 h^2。由表 2.7.4、表 2.7.5 可见,采用抛物线插值矩阵和 3 次样条插值矩阵的 IMMEI 计算各阶频率相对误差比值 err/h^4 随 $h \to 0$ 趋近常值,显示其收敛阶均为 h^4。

表 2.7.3　简支梁固有频率 $\omega_i (/ \sqrt{EI/mL^4})$ 的 IMMEI 解(线性插值)收敛阶

振型	精确解 ω_i	IMMEI 解 err			IMMEI 解 err/h^2		
		$n = 20$ $h = 0.05$	$n = 40$ $h = 0.025$	$n = 80$ $h = 0.0125$	$n = 20$ $h = 0.05$	$n = 40$ $h = 0.025$	$n = 80$ $h = 0.0125$
1st	π^2	0.4127	0.1029	0.02571	1.6507	1.6464	1.6452
2nd	$4\pi^2$	1.6682	0.4127	0.1029	6.6728	6.6028	6.5855
3rd	$9\pi^2$	3.8210	0.9326	0.2318	15.284	14.922	14.834
4th	$16\pi^2$	6.9676	1.6682	0.4127	27.870	26.691	26.411
5th	$25\pi^2$	11.257	2.6275	0.6461	45.028	42.040	41.350
6th	$36\pi^2$	—	3.8210	0.9326	—	61.136	59.687
7th	$49\pi^2$	—	5.2621	1.2730	—	84.194	81.473

表 2.7.4　简支梁固有频率 $\omega_i\,(/\sqrt{EI/mL^4}\,)$ 的 IMMEI 解(抛物线插值)收敛阶

振型	精确解 ω_i	IMMEI 解 err			IMMEI 解 err/h^4		
		$n=20$ $h=0.05$	$n=40$ $h=0.025$	$n=80$ $h=0.0125$	$n=20$ $h=0.05$	$n=40$ $h=0.025$	$n=80$ $h=0.0125$
1st	π^2	0.001356	0.0001004	0.00000674	2.1692	2.5750	2.7627
2nd	$4\pi^2$	0.02183	0.0016070	0.0001083	34.925	41.139	44.360
3rd	$9\pi^2$	0.1116	0.0081386	0.0005483	178.57	208.35	224.58
4th	$16\pi^2$	0.3575	0.025735	0.0017326	571.94	658.94	709.68
5th	$25\pi^2$	0.8873	0.062875	0.0042291	1419.6	1609.7	1732.2
6th	$36\pi^2$	1.8773	0.13050	0.0087670	3003.7	3340.8	3590.9
7th	$49\pi^2$	3.5648	0.24205	0.016236	5703.7	6196.5	6650.6

表 2.7.5　简支梁固有频率 $\omega_i\,(/\sqrt{EI/mL^4}\,)$ 的 IMMEI 解(3 次样条插值)收敛阶

振型	精确解 ω_i	IMMEI 解 err			IMMEI 解 err/h^4		
		$n=20$ $h=0.05$	$n=40$ $h=0.025$	$n=80$ $h=0.0125$	$n=20$ $h=0.05$	$n=40$ $h=0.025$	$n=80$ $h=0.0125$
1st	π^2	0.000642	0.0000516	0.00000357	1.0264	1.3205	1.4610
2nd	$4\pi^2$	0.010615	0.0008297	0.0000575	16.983	21.240	23.557
3rd	$9\pi^2$	0.056594	0.0042339	0.0002917	90.550	108.38	119.47
4th	$16\pi^2$	0.190952	0.013527	0.0009238	305.52	346.30	378.38
5th	$25\pi^2$	0.502186	0.033479	0.0022612	803.49	857.06	926.20
6th	$36\pi^2$	1.12763	0.070552	0.0047036	1804.2	1806.1	1926.6
7th	$49\pi^2$	2.26850	0.133140	0.0087463	3629.6	3408.3	3582.5

　　注意:因为 3 次样条插值函数在式(2.2.3)中积分也为 3 次代数精度,由定理 2.3.3推论使用 3 次样条插值矩阵的插值矩阵法收敛阶为 h^4,由于 3 次样条插值函数比 2 次分段抛物线插值函数光滑性好,故表 2.7.4 和表 2.7.5 结果显示,3 次样条插值 IMMEI 解比抛物线插值 IMMEI 解的计算精度稍高,但收敛阶皆为 h^4。

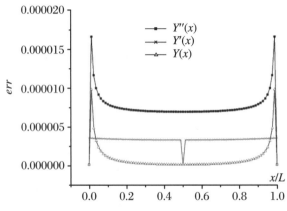

图 2.7.2　第 1 阶振型相对误差($n=80$)

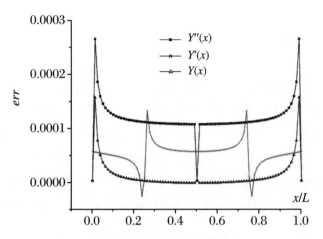

图 2.7.3　第 2 阶振型相对误差 ($n=80$)

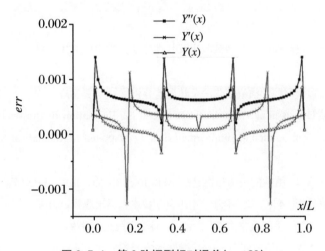

图 2.7.4　第 3 阶振型相对误差 ($n=80$)

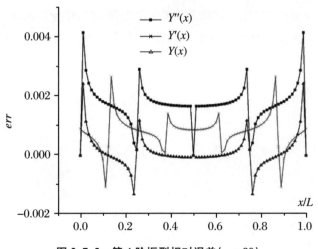

图 2.7.5　第 4 阶振型相对误差 ($n=80$)

本章小结

本章建立了求解常微分方程边值问题和特征值问题的插值矩阵法的基本理论，并给出了收敛性证明和误差分析。数值实验表明插值矩阵法采用抛物线插值和线性插值的收敛速度分别为 $O(h^4)$ 和 $O(h^2)$。插值矩阵法可同时求出所有的特征值和各阶导数 Y_k，Y'_k，$\cdots$，$Y_k^{(m_k)}$，其第 1 阶特征解的计算精确度最高，并且特征值和相应各阶导数的计算值具有同等精度。使用不同模式的插值矩阵法仅仅是插值矩阵的选择不同，基本公式不变，已编制插值矩阵法通用程序，这对工程应用极为方便。

参考文献

▲

[1] 牛忠荣. 两点边值问题的一个新数值法及其在建筑力学中的应用[D]. 南京：东南大学（原南京工学院），1984.

[2] 牛忠荣. 多点边值问题的插值矩阵法及其误差分析[J]. 计算物理，1993，10(3)：336-344.

[3] Niu Z R, Ge D L, Cheng C Z, Ye J Q, Recho N. Evaluation of the stress singularities of plane V-notches in bonded dissimilar materials[J]. Applied Mathematical Modelling, 2009, 33：1776-1792.

[4] 斯米尔诺夫·А Ф. 结构的振动和稳定性[M]. 楼志文，译. 北京：科学出版社，1963.

[5] 朱晓林. 数值分析[M]. 2 版. 合肥：中国科学技术大学出版社，2014.

[6] 李岳生，齐东旭. 样条函数方法[M]. 北京：科学出版社，1979.

[7] 萨马尔斯基·А А，安德烈耶夫·В Б. 椭圆型方程差分方法[M]. 武汉大学计算数学教研室，译. 北京：科学出版社，1984.

[8] 牛忠荣. 常微分方程边值问题插值矩阵法程序：2021SR103134[CP]. 2021.

[9] 牛忠荣. 常微分方程特征值问题插值矩阵法程序：2021SR0418933[CP]. 2021.

第 — 3 — 章

插值矩阵法分析
各类常微分方程问题

针对一般线性常微分方程组（ODE）边值问题和特征值问题，第 2 章建立了插值矩阵法求解的基本列式和理论基础。实际上，在各种应用学科中时常出现大量具有奇异性或刚性（病态）的常微分方程，更一般的是非线性方程，例如核物理、固体力学、流体力学、边界层理论、非线性场论和非线性光学等中的问题。由于奇异性、病态条件以及非线性产生的困难，常微分方程边值问题数值解的研究一直受到国内外专家学者的广泛关注。因此，一个好的方法应该适用于解各类常微分方程，并有其算法的通用求解器。根据方程具体形式，对于用户给定的计算误差限，常微分方程求解器应具有网格自适应功能而获得用户满意的解，并方便用户易于使用和移植。本章拓展插值矩阵法网格自适应功能，并研究该法求解奇异性方程、小参数摄动刚性方程和非线性方程等的策略。

3.1

插值矩阵法解的误差判据和网格自适应划分

插值矩阵法求解一般的常微分方程式（2.1.1）和式（2.1.2）的截断误差来自式（2.1.8）中插值函数的局部误差。2.7 节对一类二阶边值问题论证了采用等间距分段线性插值模式，插值矩阵法解以 $O(h^2)$ 一致收敛于真解[1]。并且定理 2.7.1 从普遍性出发，证明了插值矩阵法同时求出的各阶导数值有同阶精度，在分划点上最大绝对误差

$$e^{(j)} = \| y^{(j)}(x_i) - y_i^{(j)} \|_\infty = \max_{0 \leqslant i \leqslant n} | y^{(j)}(x_i) - y_i^{(j)} | = O(h^p) \quad (3.1.1)$$

式中，$y^{(j)}(x_i)$ 为精确解，$y_i^{(j)}$ 为近似解，h 为子区间长度。为了使插值矩阵法具有广泛的适用性，对于给定的误差限值，插值矩阵法的 ODE 求解器应具备网格划分自适应功能。

设方程解函数 $u(x) = (y(x), y'(x), \cdots, y^{(m)}(x))$。对求解区间做一网格分划 Π_1，在分划 Π_1 上插值矩阵法解 $u_{i,1}$ 的误差符合式（3.1.1），有

$$e_1 = \| u(x_i) - u_{i,1} \|_\infty = c \cdot h_{i,1}^p \quad (3.1.2)$$

式中 c 为常数。再将 Π_1 二分加密为分划 Π_2，$h_{i,2} = h_{i,1}/2$，则在 Π_2 上插值矩阵法解 $u_{i,2}$ 的误差为

$$e_2 = \| u(x_i) - u_{i,2} \|_\infty = c \cdot h_{i,2}^p = 2^{-p} \cdot c \cdot h_{i,1}^p = 2^{-p} \cdot e_1 \quad (3.1.3)$$

综合式（3.1.1）和式（3.1.2），有

$$e_1 = \| u(x_i) - u_{i,1} \|_\infty \leqslant \| u(x_i) - u_{i,2} \|_\infty + \| u_{i,2} - u_{i,1} \|_\infty = e_2 + \| u_{i,2} - u_{i,1} \|_\infty$$

则

$$e_1 - e_2 \leqslant \| \boldsymbol{u}_{i,2} - \boldsymbol{u}_{i,1} \|_\infty$$

将式(3.1.3)代入上式,有

$$e_2(2^p - 1) \leqslant \| \boldsymbol{u}_{i,2} - \boldsymbol{u}_{i,1} \|_\infty \tag{3.1.4}$$

若 $p > 1$,对于给定的误差限 ε,若在分划 Π_1 和 Π_2 的网格点上满足

$$\| \boldsymbol{u}_{i,2} - \boldsymbol{u}_{i,1} \|_\infty < \varepsilon \tag{3.1.5}$$

则必有

$$e_2 = \| \boldsymbol{u}(x_i) - \boldsymbol{u}_{i,2} \|_\infty \leqslant \| \boldsymbol{u}_{i,2} - \boldsymbol{u}_{i,1} \|_\infty / (2^p - 1) < \varepsilon / (2^p - 1) \tag{3.1.6}$$

式(3.1.6)表明,插值矩阵法通过不断细分,其解的误差总能满足给定的误差限值 ε。仅在不满足式(3.1.5)的分划点 x_i 邻近网格上局部加密节点,应为合理经济的分划。式(3.1.5)给出了插值矩阵法解的误差判据。

插值矩阵法采用自适应变步长划分的抛物线插值矩阵求解方程式(2.1.1)和式(2.1.2),迭代收敛判据采用相对误差:

$$err1 = \max_i \left(\frac{| y_i(h_{k+1}) - y_i(h_k) |}{\max(| y_i(h_{k+1}) |, 10^{-4})} \right), \quad i = 0, 1, \cdots, N_k \tag{3.1.7}$$

$$err2 = \max_{i,j} \left(\frac{| y_i^{(j)}(h_{k+1}) - y_i^{(j)}(h_k) |}{\max(| y_i^{(j)}(h_{k+1}) |, 10^{-4})} \right), \quad i = 0, 1, \cdots, N_k, \quad j = 0, 1, \cdots, m$$

$$\tag{3.1.8}$$

式中,$y_i^{(j)}(h_k)$ 为第 k 次划分时 $y^{(j)}(x_i)$ 的插值矩阵法近似解,j 是导数阶,N_k 为第 k 次划分点数。对于给定的相对误差容许值 δ 和初始网格点数,当网格加密中相连 2 次划分计算值的最大相对误差 $err1$ 或者 $err2$ 小于 δ,插值矩阵法解即为收敛。根据式(3.1.5)和式(3.1.6)的结论推得,当 $p \geqslant 2$,如满足

$$err1 \leqslant \delta \tag{3.1.9a}$$

则插值矩阵法在第 $k+1$ 次网格上的计算值与精确解的最大相对误差为

$$e_{r1} = \max_i \left(\frac{| y_i(h_{k+1}) - y_i(x_i) |}{\max(| y_i(x_i) |, 10^{-4})} \right) \leqslant \delta / (2^p - 1), \quad i = 0, 1, \cdots, N_{k+1}$$

$$\tag{3.1.9b}$$

同样,如有

$$err2 \leqslant \delta \tag{3.1.10a}$$

则有

$$e_{r2} = \max_{i,j} \left(\frac{| y_i^{(j)}(h_{k+1}) - y_i^{(j)}(x_i) |}{\max(| y_i^{(j)}(x_i) |, 10^{-4})} \right) \leqslant \delta / (2^p - 1),$$

$$i = 0, 1, \cdots, N_k, \quad j = 0, 1, \cdots, m \tag{3.1.10b}$$

根据 2.7 节的收敛阶证明,采用 2.4 节给出的分段低阶多项式插值函数的插值矩阵法近似解均满足式(3.1.9)和式(3.1.10)判据。注意到 $err2$ 是所有阶导数计算值的最大相对误差,$err1$ 仅计及函数解计算值的最大相对误差,因此判据式

(3.1.10)比式(3.1.9)的要求更加严格,但计算量会相应增大。

当采用分段线性和二次函数插值矩阵时,式(3.1.2)中 p 分别等于 2 和 4,因此一般有

$$e_{r1} \leqslant \delta, \quad e_{r2} \leqslant \delta \tag{3.1.11}$$

此式表明,如果采用分段二次函数插值,相邻两次细分网格的插值矩阵法解满足了判据式(3.1.9a)和式(3.1.10a)的给定误差 δ,那么该数值解与精确解的误差必小于等于 δ。

从式(3.1.7)和式(3.1.8)可见,插值矩阵法的这种网格自适应过程是在不满足判据的局部网格点两侧增加网格点,通过调整插值矩阵 D 中的子区间长度 h_i 实现的。我们按上述网格自适应划分方法,研制了插值矩阵法解 ODE 的自适应求解器 IMMS。

3.2

用插值矩阵法解刚性方程

插值矩阵法及其求解器 IMMS 适用于求解常微分方程的小参数摄动问题。小参数摄动问题通常被称为刚性(病态)方程,一般的数值解法难以适解。

例 3.2.1 小参数摄动问题 1:

$$y''(x) + \frac{4x}{\varepsilon + x^2} y'(x) + \frac{2}{\varepsilon + x^2} y(x) = 0, \quad x \in [-1, 1] \tag{3.2.1a}$$

$$y(-1) = y(1) = 1/(1 + \varepsilon) \tag{3.2.1b}$$

方程精确解为

$$y(x) = \frac{1}{(\varepsilon + x^2)}, \quad y'(x) = \frac{-2x}{(\varepsilon + x^2)^2}, \quad y''(x) = \frac{-2\varepsilon + 6x^2}{(\varepsilon + x^2)^3}$$

随着参数 ε 变小,其解函数及其导数在 $x = 0$ 处发生急剧变化,尤其导函数变化更加剧烈。以下采用 3 种方法进行求解。

解法一 使用插值矩阵法采用自适应变步长划分的抛物线插值矩阵求解方程式(3.2.1),对于给定的相对误差容许值 δ,插值矩阵法解 1 和解 2 的收敛判据分别采用式(3.1.9a)和式(3.1.10a),计算结果见表 3.2.1,n 为解收敛后的区间网格点数。表 3.2.1 中前 4 行结果取自文献[2],ODE 求解器 COLSYS 采用的是配点法[10],PASVA3 采用的是差分法[3,4],HAGRON2 采用的是试射法[2],它们给出的是由式(3.1.9b)计算的误差 e_{r1} 和相应分划点数 n,表中显示配点法的计算结果较差分法和试射法计算精度高。

计算结果比较：

（1）配点法、差分法和试射法是常微分方程边值问题目前常用的 3 种解法，相应求解器是将每个高阶方程转化为一阶常微分方程组进行离散求解，代数方程数目是区间节点数 n 的几倍。而插值矩阵法直接解高阶方程原型，单个高阶方程的离散代数方程数略多于节点数 n（多出的即是边值条件数目）。文献[2]的配点法、差分法和试射法的计算误差不是事先给定的，是计算后函数解与精确值比较的相对误差 e_{r1}。

（2）插值矩阵法对于各阶导数解与函数解的计算精度相当（参见 2.7 节的证明），这里插值矩阵法解 2 收敛所采用的控制精度 δ 是对所有的导函数均满足，在式（3.1.10a）中取 $j = 0, 1, 2$。插值矩阵法解 1 采用的控制精度是取 $j = 0$，故使用的节点数在给定同样误差限值下少于插值矩阵法解 2 的节点数，插值矩阵法解 2 收敛的控制精度更严格。按照式（3.1.9b）和式（3.1.10b），实际计算值与精确解的误差 e_{r1} 和 e_{r2} 一般小于表中的给定误差 δ。而配点法和差分法的导数解比函数解的精度依次降低，所采用的控制精度仅是对函数解，即式（3.1.9b）中取 $j = 0$，如果取 $j = 0, 1, 2$，则配点法和差分法需要大大增加节点数，文献[2]中 COLSYS、PASVA3 和 HAGRON 没有给出更小参数 $\varepsilon = 1/625$ 的解。可见插值矩阵法计算小参数摄动的刚性方程具有良好的收敛性和计算精度。

表 3.2.1　小参数摄动问题 1 单域法解的计算结果

ε	1/5		1/25		1/125		1/625	
	n	δ	n	δ	n	δ	n	δ
COLSYS[2]	35	0.20e − 4	57	0.10e − 3	27	0.10e − 3		
PASVA 3[2]	86	0.76e + 0	87	0.16 + 0				
HAGRON 1[2]	18	0.40e + 0	33	0.18e − 1	88	0.34e + 0		
HAGRON 2[2]	24	0.39e − 2	50	0.21e − 2				
插值矩阵法解 1	104	0.10e − 4	124	0.10e − 3	208	0.10e − 3	266	0.10e − 3
插值矩阵法解 2	190	0.10e − 4	174	0.10e − 3	258	0.10e − 3	374	0.10e − 3

注：对相同的 n，各算法的代数方程数目不同。

解法二　式（3.2.1）在 $x = 0$ 附近发生奇异摄动，属于内层问题，按照多尺度法将区域[−1, 1]划分为 3 个子区域[−1, −x_p]、[−x_p, x_p]和[x_p, 1]进行求解。对 3 个子域分别做变量替换：

（1）在子域[−1, −x_p]做变换，令

$$\xi = \frac{x + 1}{1 - x_p} \tag{3.2.2}$$

代入式（3.2.1a），有

$$y''_{1,\varepsilon}(\xi) + \frac{4(1-x_p)(\xi - x_p\xi - 1)}{\varepsilon + (\xi - x_p\xi - 1)^2}y'_{1,\varepsilon}(\xi) + \frac{2(1-x_p)^2}{\varepsilon + (\xi - x_p\xi - 1)^2}y_{1,\varepsilon}(\xi) = 0$$

$$(3.2.3)$$

(2) 在含内层的子域$[-x_p, x_p]$做变换,令

$$\xi = \frac{x + x_p}{2x_p} \tag{3.2.4}$$

代入式(3.2.1a),有

$$y''_{2,\varepsilon}(\xi) + \frac{8x_p(2x_p\xi - x_p)}{\varepsilon + (2x_p\xi - x_p)^2}y'_{2,\varepsilon}(\xi) + \frac{8x_p^2}{\varepsilon + (2x_p\xi - x_p)^2}y_{2,\varepsilon}(\xi) = 0, \quad \xi \in [0,1]$$

$$(3.2.5)$$

(3) 在子域$[x_p, 1]$做变换,令

$$\xi = \frac{x - x_p}{1 - x_p} \tag{3.2.6}$$

代入式(3.2.1a),有

$$y''_{3,\varepsilon}(\xi) + \frac{4(1-x_p)(\xi - x_p\xi + x_p)}{\varepsilon + (\xi - x_p\xi + x_p)^2}y'_{3,\varepsilon}(\xi)$$

$$+ \frac{2(1-x_p)^2}{\varepsilon + (\xi - x_p\xi + x_p)^2}y_{3,\varepsilon}(\xi) = 0, \quad \xi \in [0,1] \tag{3.2.7}$$

相应边值条件来自式(3.2.1b)和$x = \pm x_p$处的连续性条件:

$$y_1(1) = y_2(0), \quad y'_1(1) = \frac{1 - x_p}{2x_p}y'_2(0) \tag{3.2.8a}$$

$$y_2(1) = y_3(0), \quad y'_2(1) = \frac{2x_p}{1 - x_p}y'_3(0) \tag{3.2.8b}$$

插值矩阵法按照上述3个子域求解方程式(3.2.3)、式(3.2.5)、式(3.2.7)和边值条件,这里分域界点x_p可取多个值进行试算和比较确定。对于给定的误差限δ,自适应划分的节点数n见表3.2.2,表中插值矩阵法解1和解2意义同上。

表 3.2.2 小参数摄动问题 1 三域法解的计算结果

ε	$5^{-1}(x_p = 0.18)$		$5^{-2}(x_p = 0.18)$		$5^{-3}(x_p = 0.15)$		$5^{-4}(x_p = 0.15)$		$5^{-5}(x_p = 0.13)$	
	n	δ	n	δ	n	δ	n	δ	n	δ
插值矩阵法解 1	62	0.10e−4	144	0.10e−4	160	0.10e−3	352	0.10e−3	352	0.10e−3
插值矩阵法解 2	104	0.10e−4	176	0.10e−4	160	0.10e−3	352	0.10e−3	404	0.10e−3

解法三　式(3.2.1)关于$x = 0$具有对称性质,取半区域$x \in [0,1]$进行分析。边值条件为

$$y'(0) = 0, \quad y(1) = 1/(1 + \varepsilon) \tag{3.2.9}$$

对式(3.2.1)采用多尺度技巧,将求解域$[0,1]$分成两个子域$[0, x_p]$和$[x_p, 1]$,分别做变量替换。

(1) 在含边界层的子域 $[0, x_p]$，令

$$\xi = \frac{x}{x_p} \tag{3.2.10}$$

代入式(3.2.1a)，有

$$y''_{1,\xi}(\xi) + \frac{4\xi x_p^2}{\varepsilon + x_p^2 \xi^2} y'_{1,\xi}(\xi) + \frac{2x_p^2}{\varepsilon + x_p^2 \xi^2} y_{1,\xi}(\xi) = 0, \quad \xi \in [0,1] \tag{3.2.11}$$

(2) 在子域 $[x_p, 1]$，令

$$\xi = \frac{x - x_p}{1 - x_p} \tag{3.2.12}$$

代入式(3.2.1a)，有

$$y''_{2,\xi}(\xi) + \frac{4(1 - x_p)[\xi(1 - x_p) + x_p]}{\varepsilon + [\xi(1 - x_p) + x_p]^2} y'_{2,\xi}(\xi)$$

$$+ \frac{2(1 - x_p)^2}{\varepsilon + [\xi(1 - x_p) + x_p]^2} y_{2,\xi}(\xi) = 0, \quad \xi \in [0,1] \tag{3.2.13}$$

相应边值条件来自式(3.2.9)和 $x = x_p$ 处的连续性条件：

$$y_1(1) = y_2(0), \quad y'_1(1) = \frac{x_p}{1 - x_p} y'_2(0) \tag{3.2.14}$$

因此，该问题转换为求解方程式(3.2.11)、式(3.2.13)与相应边值条件式(3.2.9)、式(3.2.14)。式(3.2.11)在 $x = 0$ 附近发生奇异摄动，属于边界层问题。采用插值矩阵法按照双域法进行求解，对于给定的误差限 δ，自适应划分的节点数 n 见表3.2.3。

比较表3.2.1、表3.2.2和表3.2.3计算结果，可见当 $\varepsilon = 5^{-1}, 5^{-2}, 5^{-3}, 5^{-4}$ 和 5^{-5} 时，采用解法二(3个子域)和解法三(2个子域)的插值矩阵法解1和解2对于给定很小的容许误差 δ，均能收敛，优于解法一(单域)，其中解法三比解法二计算效率更高。

表 3.2.3　小参数摄动问题 1 双域法解的计算结果

ε	$5^{-1}(x_p = 0.18)$		$5^{-2}(x_p = 0.18)$		$5^{-3}(x_p = 0.15)$		$5^{-4}(x_p = 0.15)$		$5^{-5}(x_p = 0.13)$	
	n	δ	n	δ	n	δ	n	δ	n	δ
插值矩阵法解 1	48	0.10e−4	141	0.10e−4	160	0.10e−3	256	0.10e−3	480	0.10e−3
插值矩阵法解 2	91	0.10e−4	162	0.10e−4	160	0.10e−3	258	0.10e−3	480	0.10e−3

例 3.2.2　小参数摄动问题 2：

$$\varepsilon y''(x) + y'(x) = 1 + 2x, \quad x \in [0,1] \tag{3.2.15a}$$

$$y(0) = 0, \quad y(1) = 1 \tag{3.2.15b}$$

在 $x = 0$ 附近为边界层问题，其精确解为

$$y(x) = \frac{2\varepsilon - 1}{1 - e^{-1/\varepsilon}}(1 - e^{-x/\varepsilon}) + x^2 + (1 - 2\varepsilon)x$$

解法一　使用插值矩阵法按照单域 $[0,1]$ 求解方程式(3.2.15),对于给定的相对误差限值 δ,采用自适应变步长划分和分段抛物线插值,计算结果列在表3.2.4中,其中 n 为网格点数。表中插值矩阵法解1收敛所采用的判据是式(3.1.9a),仅取 $j=0$;插值矩阵法解2收敛所采用的判据是式(3.1.10a),即对所有的导函数,取 $j=0,1,2$。

表 3.2.4　小参数摄动问题 2 单域法解的计算结果

ε	1/5		1/25		1/125		1/625		1/3125	
	n	δ	n	δ	n	δ	n	δ	n	δ
插值矩阵法解1	62	$0.10\mathrm{e}-4$	142	$0.10\mathrm{e}-4$	152	$0.10\mathrm{e}-3$	338	$0.10\mathrm{e}-3$	670	$0.10\mathrm{e}-3$
插值矩阵法解2	83	$0.10\mathrm{e}-4$	243	$0.10\mathrm{e}-4$	402	$0.10\mathrm{e}-3$	582	$0.10\mathrm{e}-2$	—	—

解法二　由于 ε 非常小,式(3.2.15)在 $x=0$ 附近边界层发生奇异挠动。采用多尺度技巧,将求解域 $[0,1]$ 分成两个子域 $[0,x_p]$ 和 $[x_p,1]$,类似于例3.2.1的解法三,分别进行变量替换。

(1) 在含边界层的子域 $[0,x_p]$,做扩展变换 $\xi=x/x_p$,代入式(3.2.15),则有

$$\varepsilon y''_{1,\xi}(\xi)+x_py'_{1,\xi}(\xi)=x_p^2(1+2x_p\xi),\quad \xi\in[0,1] \tag{3.2.16}$$

(2) 在子域 $[x_p,1]$,令 $\xi-(x-x_p)/(1-x_p)$,则有

$$\varepsilon y''_{2,\xi}(\xi)+(1-x_p)y'_{2,\xi}(\xi)=(1-x_p)^2[1+2x_p+2(1-x_p)\xi],\quad \xi\in[0,1] \tag{3.2.17}$$

$x=x_p$ 处连续性条件为

$$y_1(1)=y_2(0),\quad y'_1(1)=\frac{x_p}{1-x_p}y'_2(0) \tag{3.2.18}$$

因此,该奇异摄动问题转换为在2个子域求解式(3.2.16)、式(3.2.17)与相应边值条件式(3.2.18)、式(3.2.15b),取小参数 $\varepsilon=10^{-1},10^{-2},10^{-3},10^{-4},10^{-5}$ 和 10^{-6} 时,插值矩阵法计算结果见表3.2.5。由表可见当小参数 ε 非常小,采用2个子域的插值矩阵法解1和解2对于给定的误差 δ,均很快收敛,计算效率远高于解法一(单域法有效性仅计算到 $\varepsilon=5^{-5}$)。

表 3.2.5　小参数摄动问题 2 双域法解的计算结果

ε	$10^{-1}(x_p=0.2)$		$10^{-2}(x_p=0.1)$		$10^{-3}(x_p=20\varepsilon)$		$10^{-4}(x_p=30\varepsilon)$		$10^{-5}(x_p=40\varepsilon)$		$10^{-6}(x_p=50\varepsilon)$	
	n	δ	n	δ	n	δ	n	δ	n	δ	n	δ
插值矩阵法解1	50	$0.10\mathrm{e}-4$	80	$0.10\mathrm{e}-4$	120	$0.10\mathrm{e}-4$	134	$0.10\mathrm{e}-4$	162	$0.10\mathrm{e}-4$	184	$0.10\mathrm{e}-4$
插值矩阵法解2	96	$0.10\mathrm{e}-4$	260	$0.10\mathrm{e}-4$	466	$0.10\mathrm{e}-4$	306	$0.10\mathrm{e}-3$	366	$0.10\mathrm{e}-3$	374	$0.10\mathrm{e}-3$

文献[5]用双域途径求解了例 3.2.2,对边界层区域$[0, x_p]$,其采用变换

$$t = x/\varepsilon, \quad x_p = \varepsilon t_p \tag{a}$$

由式(3.2.15),得内问题:

$$Y''(t) + Y'(t) = \varepsilon(1 + 2\varepsilon t), \quad t \in [0, t_p] \tag{b}$$

$$Y(0) = 0, \quad Y(t_p) = \varepsilon^2 t_p^2 + \varepsilon t_p - 1 \tag{c}$$

对外问题区域$[x_p,1]$,有

$$\varepsilon y''(x) + y'(x) = 1 + 2x, \quad x \in [x_p,1] \tag{d}$$

$$y(x_p) = x_p^2 + x_p - 1, \quad y(1) = 1 \tag{e}$$

文献[5]采用 3 次 B 样条函数的差分法求解方程式(b)~式(e),给出了$\varepsilon = 10^{-3}$和10^{-4}时函数 $y(x)$ 的数值解,见表 3.2.6,因使用了近似的连续性边值条件(c)和(e),其边界层处 $y(x)$ 的计算精度只有 1 位有效数字,用差分格式,其导数值计算精度应更低。

而对于$\varepsilon = 10^{-3}$和10^{-4},插值矩阵法采用双域法求解的边界层处 $y(x)$,$y'(x)$,$y''(x)$ 值精确到第 6 位有效数字,见表 3.2.6,可见插值矩阵法解更加准确。对于$\varepsilon = 10^{-5}$,插值矩阵法求解的边界层处 $y(x)$,$y'(x)$,$y''(x)$ 值可精确到第 5 位有效数字,见表 3.2.7,即使对于刚性方程奇异摄动问题,插值矩阵法的各阶导数解与函数解的计算精度也相当。

表 3.2.6 小参数摄动问题 2 双域法的解($\varepsilon = 10^{-3}, 10^{-4}$)

方法	$x=0.0005$, $\varepsilon=10^{-3}$			$x=0.00005$, $\varepsilon=10^{-4}$		
	$y(x)$	$y'(x)$	$y''(x)$	$y(x)$	$y'(x)$	$y''(x)$
文献[5]	-0.3994845	—	—	-0.3999496	—	—
插值矩阵法解 1	-0.39218311	-604.31864	605319.64	-0.39334060	-6063.0941	60640942
精确解	-0.39218315	-604.31860	605319.60	-0.39334065	-6063.0936	60640937

表 3.2.7 小参数摄动问题 2 双域法的解($\varepsilon = 10^{-5}$)

方法	$x=0.0000019230769$			$x=0.0000050480769$		
	$y(x)$	$y'(x)$	$y''(x)$	$y(x)$	$y'(x)$	$y''(x)$
插值矩阵法解 1	-0.17494321	82502.489	8250349124	-0.39636528	-60359.970	6036097156
精确解	-0.17494161	82502.649	8250365078	-0.39636538	-60359.959	6036096036

例 3.2.3 小参数摄动问题 3:

$$\varepsilon^2 y''(x) + \frac{\pi^2}{4} y(x) = 0, \quad x \in [0,1] \tag{3.2.19a}$$

$$y(0) = 0, \quad y(1) = \sin\left(\frac{\pi}{2\varepsilon}\right) \tag{3.2.19b}$$

方程精确解为

$$y(x) = \sin\left(\frac{\pi x}{2\epsilon}\right), \quad y'(x) = \frac{\pi}{2\epsilon}\cos\left(\frac{\pi x}{2\epsilon}\right), \quad y''(x) = -\left(\frac{\pi}{2\epsilon}\right)^2\sin\left(\frac{\pi x}{2\epsilon}\right)$$

当 ϵ 很小时,这是一个振荡(oscillation)问题,由精确解可见,在区间$[0,1]$, $y(x)$ 及其导数值有许多过 0 的转向点。文献[2]给出了 $\epsilon = 3^{-1}, 3^{-2}, 3^{-3}$ 时,配点法 COLSYS、差分法 PASVA 3 和试射法 HAGRON 的计算结果。插值矩阵法求解式 (3.2.19),取 $\epsilon = 3^{-1}, 3^{-2}, 3^{-3}, 3^{-4}$,采用自适应变步长划分和分段抛物线插值,计算结果见表 3.2.8。针对严重振荡问题,给定较小误差限 δ,插值矩阵法解 1 和解 2 均有好的收敛性。对严重振荡问题,如果分划点过少,则计算值误差过大失去意义。

表 3.2.8 小参数摄动问题 3 的计算结果

ϵ	1/3		1/9		1/27		1/81	
	n	δ	n	δ	n	δ	n	δ
COLSYS[2]	18	0.31e−3	38	0.74e−3	47	0.48e−1	—	
PASVA 3[2]	15	0.63e+0	55	0.33e+0	—		—	
HAGRON 1[2]	20	0.30e−3	43	0.38e+0	66	0.53e−1	—	
HAGRON 2[2]	26	0.21e−1	39	0.51e−1	—		—	
插值矩阵法解 1	40	0.10e−3	154	0.10e−3	386	0.10e−2	860	0.10e−1
插值矩阵法解 2	64	0.10e−3	272	0.10e−3	650	0.10e−2	952	0.50e−1

注:对相同的 n,各算法的代数方程数目不同。

例 3.2.4 小参数摄动问题 4:

$$y''(x) + \frac{3\epsilon}{(\epsilon + x^2)^2}y(x) = 0, \quad x \in [-0.1, 0.1] \tag{3.2.20a}$$

$$-y(-0.1) = y(0.1) = \frac{0.1}{\sqrt{0.01 + \epsilon}} \tag{3.2.20b}$$

方程精确解为

$$y(x) = \frac{x}{\sqrt{\epsilon + x^2}}, \quad y'(x) = \frac{\epsilon}{\left(\sqrt{\epsilon + x^2}\right)^3}, \quad y''(x) = -\frac{3\epsilon x}{\left(\sqrt{\epsilon + x^2}\right)^5}$$

式(3.2.20)在 $x = 0$ 附近发生奇异摄动,属于内层问题。文献[2]给出了 $\epsilon = 10^{-3}, 10^{-5}, 10^{-7}, 10^{-9}$ 时,COLSYS、PASVA 3 和 HAGRON 三种方法的计算结果,见表 3.2.9。

解法一 使用插值矩阵法直接求解式(3.2.20),计算结果见表 3.2.9,有效性为 $\epsilon = 10^{-3}, 10^{-5}$。

解法二 观察式(3.2.20),可见其关于 $x = 0$ 具有反对称性质,可取半区域 $x \in [0, 0.1]$ 进行分析。边值条件为

$$y(0) = 0, \quad y(0.1) = \frac{0.1}{\sqrt{0.01 + \varepsilon}} \tag{3.2.21}$$

将求解域 $[0, 0.1]$ 分成两个子域 $[0, x_p]$ 和 $[x_p, 0.1]$,类似于例 3.2.1 的解法三,分别进行变量替换。

(1) 在含边界层的子域 $[0, x_p]$ 做扩展变换,令 $\xi = x/x_p$,有

$$y''_\xi(\xi) + \frac{3\varepsilon x_p^2}{(\varepsilon + x_p^2\xi^2)^2} y(\xi) = 0, \quad \xi \in [0,1] \tag{3.2.22}$$

(2) 在子域 $[x_p, 0.1]$,令 $\xi = (x - x_p)/(0.1 - x_p)$,则有

$$y''_\xi(\xi) + \frac{3\varepsilon (0.1 - x_p)^2}{[\varepsilon + (0.1\xi - x_p\xi + x_p)^2]^2} y(\xi) = 0, \quad \xi \in [0,1] \tag{3.2.23}$$

相应边界条件来自式(3.2.21)和 $x = x_p$ 处的连续性条件:

$$y_1(1) = y_2(0), \quad y'_1(1) = \frac{x_p}{0.1 - x_p} y'_2(0) \tag{3.2.24}$$

插值矩阵法按照双域法求解式(3.2.22)和式(3.2.23),取 $\varepsilon = 10^{-3}, 10^{-5}, 10^{-7}, 10^{-9}$ 时,计算结果见表 3.2.10,可见对给定的较小误差限值 δ,插值矩阵法解 1 和解 2(其含义与例 3.2.1 相同)均可收敛,收敛判据见式(3.1.9a)和式(3.1.10a),但对 $\varepsilon = 10^{-9}$,插值矩阵法解 2 的收敛误差 $\delta = 0.2$。当 $\varepsilon = 10^{-7}, 10^{-9}$ 时,文献[2]中 COLSYS、PASVA 3 和 HAGRON 几乎失效了,其计算误差非事先给定,是事后依据分划点数 n 的计算结果与精确值比较的误差 e_{r1},见式(3.1.9b)。

表 3.2.9　小参数摄动问题 4 单域法解的计算结果

ε	10^{-3}		10^{-5}		10^{-7}		10^{-9}	
	n	δ	n	δ	n	δ	n	δ
COLSYS[2]	30	0.93e−1	61	0.11e−0	64	0.79e+2	100	0.80e+4
PASVA 3[2]	127	0.57e+0	195	0.50e+0	—		—	
HAGRON 1[2]	18	0.28e−1	51	0.72e−2	72	0.13e−0	91	0.79e+0
HAGRON 2[2]	20	0.46e−2	56	0.55e−2	—		—	
插值矩阵法解 1	82	0.10e−3	412	0.10e−1	—		—	
插值矩阵法解 2	150	0.10e−3	629	0.10e−1	—		—	

注:对相同的 n,各算法的代数方程数目不同。

表 3.2.10　小参数摄动问题 4 双域法解的计算结果

ε	$10^{-3}(x_p = 0.04)$		$10^{-5}(x_p = 0.016)$		$10^{-7}(x_p = 0.003)$		$10^{-9}(x_p = 0.0007)$	
	n	δ	n	δ	n	δ	n	δ
插值矩阵法解 1	38	0.10e−4	128	0.10e−3	256	0.10e−1	512	0.50e−1
插值矩阵法解 2	59	0.10e−4	313	0.10e−3	256	0.50e−1	739	0.20e+0

3.3

正则奇异多点边值问题的前处理

3.3.1　正则奇异两点边值问题

　　差分法、试射法和配点法的研究较为充分,并相继推出了常微分方程边值问题求解器,如 PASVA、COLSYS、SUPORT、NAG Library[6,10],以及 MATLAB 数学应用软件中的 ODE 求解器 BVP4c[7,8] 和 BVP5c[9]。对一般规则(regular)的边值问题求解,上述程序均可胜任。而对较复杂的奇点问题研究开展得相对较少,因为各种方法对奇点问题要做具体的处理,通用求解器的研制和使用受到一定局限。

　　对于存在光滑解的正则奇异常微分方程组边值问题,本节使用 Taylor 级数展开,给出替换方程在奇点处表达式的一般方法,从而方便数值法求解。ODE 奇点问题常见于工程力学中,下面通过力学中的简单实例来说明插值矩阵法的运用。

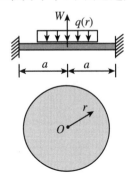
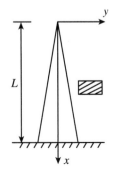

图 3.3.1　圆形轴对称薄板弯曲问题　　　　图 3.3.2　楔形杆自由振动问题

　　问题 1　等厚度轴对称圆板 Kirchhoff 理论的挠曲方程[11]:

$$\frac{\mathrm{d}^4 w}{\mathrm{d} r^4} + \frac{2}{r} \frac{\mathrm{d}^3 w}{\mathrm{d} r^3} - \frac{1}{r^2} \frac{\mathrm{d}^2 w}{\mathrm{d} r^2} + \frac{1}{r^3} \frac{\mathrm{d} w}{\mathrm{d} r} = q(r)/D, \quad r \in [0, a] \quad (3.3.1)$$

式中,w 为板的横向位移,a 为圆板半径,$D = \dfrac{Et^3}{12(1-\nu^2)}$ 为抗弯刚度,t 为板厚度,E 为弹性模量,ν 为泊松比,$q(r)$ 为载荷分布。式(3.3.1)是利用物理的对称性由偏微分方程简化得来的,在板中心 $r=0$ 处发生奇异。对受均布载荷 q_0 的周边固支板,见图 3.3.1,式(3.3.1)的精确解

$$w(r) = \frac{q_0 (a^2 - r^2)^2}{64D} \quad (3.3.2)$$

没有奇异性。

问题 2 见图 3.3.2,有楔形杆剪切自由振动方程[12]:

$$x \frac{\mathrm{d}^2 y}{\mathrm{d}x^2} + \frac{\mathrm{d}y}{\mathrm{d}x} + \frac{\rho \omega^2}{kG} xy = 0, \quad x \in [0, L] \tag{3.3.3a}$$

$$y'(0) = 0, \quad y(L) = 0 \tag{3.3.3b}$$

式中,y 是杆的横向位移振型,ω 为梁的固有频率,ρ 是质量密度,G 是剪切模量,L 是梁长,k 是杆截面系数。杆的尖端来自实际结构的简化,这是零阶 Bessel 方程的特征值问题,式(3.3.3a)在 $x = 0$ 处发生奇异。

用分析法求解上述奇异方程一般不增加显著障碍,而数值法无力表达式 (3.3.1)中的系数 $1/r(r=0)$,某些常规的 ODEs 程序难以适用,尽管问题 1 和 2 的解是光滑的。对一般的正则奇点问题,一些数值法[16~18]对奇点附近的方程用一组函数逼近,将奇点从区间挖去,以奇点邻近点的近似值作为边值条件,该组函数需针对具体问题推导[19]。

下面从一般性正则奇异常微分方程出发,涉及的方程是在数值表达上的奇异性,而解并不奇异,给出消去方程此类奇点的处理技巧。

3.3.2 多点边值问题正则奇异点的消除技术

考虑 r 个 m 阶的含正则奇点[20]线性边值问题:

$$Y^{(m)}(x) + \sum_{i=0}^{m-1} \frac{A_i(x)}{(x-x_0)^{m-i}} Y^{(i)}(x) = f(x), \quad x \in [a, b] \tag{3.3.4a}$$

多点边值条件:

$$\sum_{k=1}^{r} \sum_{j=0}^{m-1} \alpha_{lkj} y_k^{(j)}(\xi_{lkj}) = \beta_l, \quad l = 1, 2, \cdots, t, \quad a \leqslant \xi_{lkj} \leqslant b \tag{3.3.4b}$$

式中,解向量 $Y(x) = (y_1(x), y_2(x), \cdots, y_r(x))^{\mathrm{T}}$,右端项 $f(x) = (f_1(x), f_2(x), \cdots, f_r(x))^{\mathrm{T}}$,$t = r \times m$,$\alpha_{lkj}, \beta_l, \xi_{lkj}$ 是实数,$A_i(x)$ 是 $r \times r$ 函数矩阵。$f(x) \in C[a, b]$。假定式(3.3.4)有唯一解,$Y(x) \in C^m[a, b]$,且 $A_i(x)$,$f(x)$,$Y^{(i)}(x)$ 在奇点 x_0 邻近能展开 Taylor 级数。

数值法解式(3.3.4),取用方程在 x_0 处的数值等式必然是 $0 = 0$ 或 $\infty = \infty$,这"淹没"了方程在 x_0 点的真实关系。处理思想源于方程的级数解法,充分利用方程在奇点附近的解析信息,通过 $x - x_0$ 的各同阶量比较,确定方程在 x_0 点的等量关系。$A_i(x)$,$f(x)$,$Y^{(i)}(x)$ 在 x_0 附近可写为

$$Y^{(i)}(x) = \sum_{j=i}^{m-1} \frac{1}{(j-i)!} (x - x_0)^{j-i} Y^{(i)}(x_0) + O((x - x_0)^{m-i}) \tag{3.3.5}$$

$$A_i(x) = A_i(x_0) + (x - x_0) A_i'(x_0) + \frac{1}{2!} (x - x_0)^2 A_i''(x_0) + \cdots \tag{3.3.6}$$

$$f(x) = f(x_0) + (x - x_0)f'(x_0) + \frac{1}{2!}(x - x_0)^2 f''(x_0) + \cdots \quad (3.3.7)$$

将式(3.3.5)、式(3.3.6)、式(3.3.7)代入式(3.3.4a),其在 x_0 邻近表现为 Laurent 级数形式,$(x - x_0)^{\pm i}$ 的各同阶项系数之和应为零,得到一系列解函数及其导数和方程系数在 x_0 处的本质联系,以此替换式(3.3.4a)在 x_0 处的奇异表达式。

对于一般的非线性常微分方程组:

$$f_i(x, Z(Y)) = 0, \quad x \in [a, b], \quad i = 1, 2, \cdots, r \quad (3.3.8)$$

式中,$Z(Y) = (y_1, y_1', \cdots, y_1^{(m_1)}, y_2, \cdots, y_2^{(m_2)}, \cdots, y_r, \cdots, y_r^{(m_r)})$,$m_i$ 是方程中 $y_i(x)$ 的最高阶导数。

如式(3.3.8)含有奇点,假定方程解存在,且 $y_i(x) \in C^{m_i}[a, b]$,则同样将式(3.3.5)引入式(3.3.8)中消除其奇异性。

上述奇异边值问题的奇异性消除处理是准确的,也易于实施。插值矩阵法 ODE 求解器可直接解之。该技术处理正则奇异 ODE 策略是从一般性线性方程式(3.3.4)和非线性方程式(3.3.8)出发的,不仅可用于力学中的奇异方程,也可用于其他领域的同类型奇异边值问题求解。下面举例说明 ODE 正则奇异点转换技术的应用。

3.3.3　正则奇异点转换技术的应用

例 3.3.1　等厚度轴对称圆板 Kirchhoff 理论的挠曲方程式(3.3.1)中的奇异性转换。

将式(3.3.6)代入式(3.3.1)在板圆心 $r = 0$ 处的等式,设 $q(r)$ 为均布载荷 q_0,则有

$$w^{(4)}(0) + \frac{2}{r}\left[w'''(0) + rw^{(4)}(0) + O(r^2)\right] - \frac{1}{r^2}\left[w''(0) + rw'''(0) + \frac{1}{2}r^2 w^{(4)}(0) + O(r^3)\right]$$

$$+ \frac{1}{r^3}\left[w'(0) + rw''(0) + \frac{1}{2}r^2 w'''(0) + \frac{1}{6}r^3 w^{(4)}(0) + O(r^4)\right] = q_0/D \quad (3.3.9)$$

式中关于 r 各级数项的系数和应为 0,得

$$r^{-3}: w'(0) = 0 \quad\quad\quad\quad\quad\quad\quad (3.3.10a)$$

$$r^{-2}: -w''(0) + w''(0) = 0 \quad\quad\quad (3.3.10b)$$

$$r^{-1}: w'''(0) = 0 \quad\quad\quad\quad\quad\quad\quad (3.3.10c)$$

$$r^0: 8w^{(4)}(0)/3 = q_0/D \quad\quad\quad\quad (3.3.10d)$$

高阶微量的比较略去。式(3.3.10b)为恒等式,式(3.3.10d)代替式(3.3.1)在 $r = 0$ 处的关系式,式(3.3.10a)和式(3.3.10c)为式(3.3.1)在 $r = 0$ 处的两个边界条件。至此,式(3.3.1)转换为常规的 ODE 方程。对受均布载荷 q_0 的周边夹支板,见图

3.3.1，$r = a$ 处边值条件为

$$w(a) = 0, \quad w'(a) = 0 \tag{3.3.11}$$

插值矩阵法可以直接求解式(3.3.1)，其中在 $r = 0$ 处等式换用非奇异的式(3.3.10d)即可。因为精确解 $w(r)$ 是 r 的 4 次方，插值矩阵法采用 2 次函数插值矩阵求出的解 $w(r)$ 是精确的。

例 3.3.2 楔形杆剪切自由振动方程式(3.3.3)中的奇异性转换。

将式(3.3.5)代入式(3.3.3a)，且令 $x \to 0$，有

$$xy''(0) + \left[y'(0) + xy''(0) + O(x^2)\right] + \frac{\rho\omega^2}{kG}x\left[y(0) + xy'(0) + O(x^2)\right] = 0$$
$$\tag{3.3.12}$$

上式各项系数比较，得

$$x^0 : y'(0) = 0 \tag{3.3.13a}$$

$$x : 2y''(0) + \frac{\rho\omega^2}{kG}y(0) = 0 \tag{3.3.13b}$$

式(3.3.13b)刻画出式(3.3.3a)在 $x = 0$ 处的定量关系，式(3.3.13a)为 $x = 0$ 处的边值条件，奇异性已消除。插值矩阵法可以直接求解式(3.3.3)，其中在 $x = 0$ 处方程等式换用非奇异的式(3.3.13b)。

用插值矩阵法求解器 IMMEI 分别采用分段线性插值和二次函数插值矩阵，将区间 $[0,L]$ 等分为三种段数，分别为 $n = 10, 20, 40$。用 IMMEI 求解式(3.3.3)和式(3.3.13)，获得楔形杆剪切振动的固有频率和振型，其中前 4 阶固有频率计算值见表3.3.1。

表 3.3.1　楔形杆剪切振动固有频率 $\omega_i (/\sqrt{kG/\rho L^2})$ 的 IMMEI 解

振型	精确解[12]	线性 D 矩阵 IMMEI 解			二次插值 D 矩阵 IMMEI 解		
		$n = 10$	$n = 20$	$n = 40$	$n = 10$	$n = 20$	$n = 40$
1st	2.405	2.41031	2.40619	2.40516	2.40485	2.40483	2.40483
2nd		5.61509	5.54327	5.52584	5.52224	5.52028	5.52009
3rd		9.09797	8.75845	8.67955	8.68147	8.65608	8.65390
4th		13.0878	12.0808	11.8620	11.9575	11.8040	11.7924

例 3.3.3 线性奇异 ODE 特征值问题：

$$y''(x) + \frac{1}{x}y' + 4\lambda(1 - x^2)y = 0, \quad x \in [0,1] \tag{a}$$

$$y'(0) = 0, \quad y'(1) = 0 \tag{b}$$

对式(a)，$x = 0$ 处为奇异点，由 $y'(0) = 0$，可用 $\lim\limits_{x\to 0}\frac{1}{x}y'(0) = y''(0)$ 替代，故为正

则奇点。用插值矩阵法 IMMEI(取 $n = 40,80,160$)计算式(a)和式(b),前 4 阶特征值 λ_i 见表 3.3.2。Shampine 等[13]基于 MATLAB 软件中试射法 ODE 求解器 BVP4c,开发了求解一类奇异二阶两点边值问题程序 SBVP4c,用于求解该例。Dranoff[14]采用试射法求解了该例。

表 3.3.2 奇异 ODE 特征值问题例 3.3.3 前 4 阶特征值

方法	λ_1	λ_2	λ_3	λ_4
Dranoff[14]	6.420	20.965	43.542	
SBVP4c[13]	6.420	20.963	43.543	
IMMEI, $n = 40$	6.41991	20.9659	43.5468	74.1634
IMMEI, $n = 80$	6.41990	20.9654	43.5420	74.1359
IMMEI, $n = 160$	6.41990	20.9654	43.5417	74.1342

3.4

非线性微分方程边值问题的拟线性化

3.4.1 单个非线性两点边值问题拟线性化

对于非线性常微分方程边值问题,文献[21]、[22]用 Newton 法先将其线性化,然后用插值矩阵法求解线性边值问题。设单个非线性两点边值问题为

$$f(x, y(x), y'(x), \cdots, y^{(m)}(x)) = 0, \quad x \in [0,1] \tag{3.4.1a}$$

边值条件:

$$B_l(\boldsymbol{u}(0), \boldsymbol{u}(1)) = 0, \quad l = 1, 2, \cdots, m \tag{3.4.1b}$$

这里 $\boldsymbol{u}(x) = (y(x), y'(x), \cdots, y^{(m)}(x))$。用 Newton 法将其非线性微分算子线性化,得到相对应的拟线性方程:

$$f(x, \boldsymbol{u}_k(x)) + \frac{\partial f}{\partial \boldsymbol{u}}(x, \boldsymbol{u}_k(x))(\boldsymbol{u}_{k+1}(x) - \boldsymbol{u}_k(x)) = 0 \tag{3.4.2a}$$

和边值条件:

$$B_l(\boldsymbol{u}_k(0), \boldsymbol{u}_k(1)) + \frac{\partial B_l}{\partial \boldsymbol{u}(0)}(\boldsymbol{u}_{k+1}(0) - \boldsymbol{u}_k(0)) + \frac{\partial B_l}{\partial \boldsymbol{u}(1)}(\boldsymbol{u}_{k+1}(1) - \boldsymbol{u}_k(1)) = 0$$

$$\tag{3.4.2b}$$

式中，$u(x)$，$\partial f / \partial u$ 为 $m+1$ 阶向量函数，$\partial B_l / \partial u(0)$，$\partial B_l / \partial u(1)$ 为 $m+1$ 阶向量。于是非线性边值问题式(3.4.1)转化为求解线性问题式(3.4.2)。首先假定一组初值 $u_0(x)$，序列求解 $u_1(x)$，$u_2(x)$，$\cdots$，逐步逼近真解 $u(x)$。使用插值矩阵法迭代求解式(3.4.2)时，计算第 k 次迭代的最大相对误差为

$$\Delta_k = \max_{i,j} \frac{\left| \left[y^{(j)}(x_i) \right]_k - \left[y^{(j)}(x_i) \right]_{k-1} \right|}{\max\left(\varepsilon, \left| \left[y^{(j)}(x_i) \right]_k \right| \right)}, \quad i = 0,1,\cdots,n, \quad j = 0,1,\cdots,m$$

(3.4.3)

式中 ε 为正的小量，$0 < \varepsilon \leqslant 1$（如取 $\varepsilon = 10^{-4}$）。设置允许误差 τ，当 $\Delta_k \leqslant \tau$ 时，则停止迭代，输出最终结果 $u_k(x)$，作为 $u(x)$ 的逼近解。

3.4.2　非线性方程组多点边值问题拟线性化

对于多点非线性常微分方程组边值问题：

$$f_i(x, \mathbf{Z}(\mathbf{Y})) = 0, \quad x \in [a,b], \quad i = 1,2,\cdots,r \tag{3.4.4a}$$

$$B_l(\xi_{lj}, \mathbf{Z}(\mathbf{Y})) = 0, \quad a \leqslant \xi_{lj} \leqslant b, \quad l = 1,2,\cdots,t, \quad j = 1,2,\cdots \tag{3.4.4b}$$

这里解向量 $\mathbf{Y}(x) = (y_1(x), y_2(x), \cdots, y_r(x))$，$\mathbf{Z}(\mathbf{Y}) = (y_1, y_1', \cdots, y_1^{(m_1)}, y_2, \cdots, y_r, y_r', \cdots, y_r^{(m_r)})$，$t$ 为边界条件数目，$t = \sum\limits_{i=1}^{r} m_i$。采用 Newton 法将其非线性微分算子线性化，得到相对应的拟线性方程：

$$f_i(x, \mathbf{Z}_k(\mathbf{Y})) + \frac{\partial f_i}{\partial \mathbf{Z}}(x, \mathbf{Z}_k(\mathbf{Y}))(\mathbf{Z}_{k+1}(\mathbf{Y}) - \mathbf{Z}_k(\mathbf{Y})) = 0 \tag{3.4.5a}$$

$$B_l(\xi_{lj}, \mathbf{Z}_k(\mathbf{Y})) + \sum_j \frac{\partial B_l}{\partial \mathbf{Z}}(\xi_{lj}, \mathbf{Z}_k(\mathbf{Y}))(\mathbf{Z}_{k+1}(\mathbf{Y}(\xi_{lj})) - \mathbf{Z}_k(\mathbf{Y}(\xi_{lj}))) = 0$$

(3.4.5b)

然后对 $\mathbf{Y}(x)$ 中各函数 $y_i(x)$，假定一组初值 $[\mathbf{Y}_0(x)]$。计算出初值 $\mathbf{Z}_0(\mathbf{Y}_0)$，并代入式(3.4.5)采用迭代方法求解。序列求解 $\mathbf{Z}_1(\mathbf{Y}_1)$，$\mathbf{Z}_2(\mathbf{Y}_2)$，$\cdots$，逐步逼近真解 $\mathbf{Z}(\mathbf{Y})$。由于插值矩阵法是先求出 $y_i^{(m_i)}(x_l)$ 和 $y_i^{(j)}(x_0)$，再据此求出 $y_i(x_l)$（$i = 1, 2, \cdots, r$；$j = 1, 2, \cdots, m_i$；$l = 0, 1, \cdots, n$），使用插值矩阵法迭代求解式(3.4.5)时，计算第 k 次迭代的最大相对误差为

$$\Delta_{k1} = \max_{i,l} \frac{\left| \left[y_i(x_l) \right]_k - \left[y_i(x_l) \right]_{k-1} \right|}{\max\left(\varepsilon, \left| \left[y_i(x_l) \right]_k \right| \right)}, \quad l = 0,1,\cdots,n, \quad i = 1,2,\cdots,r$$

(3.4.6a)

$$\Delta_{k2} = \max_{i,l,j} \frac{\left| \left[y_i^{(j)}(x_l) \right]_k - \left[y_i^{(j)}(x_l) \right]_{k-1} \right|}{\max\left(\varepsilon, \left| \left[y_i^{(j)}(x_l) \right]_k \right| \right)}, \quad l = 0,1,\cdots,n, \quad i = 1,2,\cdots,r,$$

$$j = 1,2,\cdots,m_i$$

(3.4.6b)

式中 ε 为正的小量,$0<\varepsilon\leqslant1$,如取 $\varepsilon=10^{-4}$。这里可选用 $y_i(x_l)$ 的近似解最大相对误差 Δ_{k1} 作为迭代计算的收敛判据,也可选择 Δ_{k2}。设置允许误差 τ,当 $\Delta_{k1}\leqslant\tau$ 或 $\Delta_{k2}\leqslant\tau$ 时,则停止迭代,其中 $\Delta_{k2}\leqslant\tau$ 最为严格。输出最终结果 $Z_{k+1}(Y_{k+1})$,作为 $Z(Y)$ 的逼近解。

插值矩阵法采用拟线性方程式(3.4.5)迭代求解方程式(3.4.4)的途径[22],易于设计通用程序。作者按上述思路研制了插值矩阵法通用求解器 IMMS-NL,适用于求解式(3.4.4)的拟线性形式式(3.4.5)。

3.4.3 插值矩阵法解非线性常微分方程算例

本小节采用求解器 IMMS-NL 解非线性常微分方程边值问题。

例 3.4.1 非线性两点边值问题 1:

$$y''(x) - y^3(x) = -\sin x(1 + \sin^2 x), \quad x \in [0,\pi] \tag{3.4.7a}$$

$$y(0) = 0, \quad y(\pi) = 0 \tag{3.4.7b}$$

方程精确解 $y(x) = \sin x$。根据式(3.4.2a),式(3.4.7a)拟线性化方程为

$$y''_{k+1}(x) - 3y_k^2(x)y_{k+1}(x) = -\sin x(1 + \sin^2 x) - 2y_k^3(x) \tag{3.4.8}$$

应用 IMMS-NL 解式(3.4.8)和式(3.4.7b),采用等区间分段线性和抛物线 $\boldsymbol{D}$ 矩阵,$n = 12, 24, 48, 96, 192$,初值取 $y_0(x) = 0$,对于给定的误差限值 $\tau = 10^{-7}$,迭代 5~6 次即收敛,结果见表 3.4.1,表中

$$\Delta^{(j)} = \max_i |y^{(j)}(x_i) - y_i^{(j)}|, \quad i = 0,1,\cdots,n, \quad j = 0,1,2 \tag{3.4.9}$$

为最大绝对误差,$y^{(j)}(x_i)$ 为精确解,$h = \pi/n$。

从表 3.4.1 结果可见,对于非线性方程,插值矩阵法采用分段线性插值的各阶导数解收敛速度均为 $O(h^2)$,采用分段抛物线插值的解收敛速度均为 $O(h^4)$,验证了 2.3 节论证的插值矩阵法解的代数精度。

表 3.4.1 插值矩阵法解非线性问题 1 的误差和收敛阶

h	分段线性 IMMS-NL			分段抛物线 IMMS-NL		
	Δ/h^2	Δ'/h^2	Δ''/h^2	Δ/h^4	Δ'/h^4	Δ''/h^4
$\pi/12$	0.049166	0.029922	0.14700	0.006484	0.004186	0.019453
$\pi/24$	0.048676	0.030236	0.14591	0.007672	0.002909	0.023016
$\pi/48$	0.048557	0.030312	0.14564	0.008282	0.004150	0.024846
$\pi/96$	0.048525	0.030310	0.14557	0.008588	0.004836	0.025765
$\pi/192$	0.048518	0.030336	0.14555	0.008742	0.005194	0.026224

例 3.4.2 非线性两点边值问题 2:

$$x^5 y'' - x^2 (y')^2 + 9y^2 = 4x^6, \quad x \in [1,2] \tag{a}$$

$$y(1) = 0, \quad y'(2) = 4 + 12\ln 2 \tag{b}$$

精确解 $y(x) = x^3 \ln x$。与例 3.4.1 采用同样方式求解，取 $n = 10, 20, 40, 80,$ $160, 320$，插值矩阵法计算结果见表 3.4.2。由表可见采用分段线性插值的各阶导数解收敛速度均为 $O(h^2)$，采用分段抛物线插值的解收敛速度均为 $O(h^4)$，说明插值矩阵法求解的各阶导数值具有同等精度。

表 3.4.2　插值矩阵法解非线性问题 2 的误差和收敛阶

h	分段线性 IMMS-NL			分段抛物线 IMMS-NL		
	Δ/h^2	Δ'/h^2	Δ''/h^2	Δ/h^4	Δ'/h^4	Δ''/h^4
1/10	1.8446	1.0121	5.7632	0.05917	0.048198	0.17210
1/20	1.8415	1.0074	5.7465	0.08774	0.068570	0.26787
1/40	1.8408	1.0055	5.7423	0.10308	0.079586	0.31859
1/80	1.8406	1.0053	5.7413	0.11103	0.085293	0.34481
1/160	1.8406	1.0052	5.7410	0.11494	0.088116	0.35803
1/320	1.8405	1.0052	5.7410	0.11741	0.089901	0.36247

例 3.4.3 非线性摄动问题 3：

$$\varepsilon^2 y''(x) - y^2(x) - y(x) = -\exp\left(\frac{-2x}{\varepsilon}\right), \quad x \in [0,1] \tag{3.4.10a}$$

$$y(0) = 1, \quad y(1) = \exp\left(\frac{-1}{\varepsilon}\right) \tag{3.4.10b}$$

式 (3.4.10) 在 $x = 0$ 处有一个边界层，其精确解 $y = \exp(-x/\varepsilon)$。

对式 (3.4.10) 采用多尺度技巧，将求解域 $[0,1]$ 分成两个子域 $[0, x_p]$ 和 $[x_p, 1]$，引用式 (3.2.10) 和式 (3.2.12) 分别进行变量替换。

(1) 在含边界层的子域 $[0, x_p]$ 做扩展变换，令 $\xi = x/x_p$，则式 (3.4.10a) 变为

$$\frac{\varepsilon^2}{x_p^2} y_1''(\xi) - y_1^2(\xi) - y_1(\xi) = -\exp\left(\frac{-2x_p\xi}{\varepsilon}\right), \quad \xi \in [0, x_p] \tag{3.4.11}$$

(2) 在子域 $[x_p, 1]$，令 $x = \xi(1 - x_p) + x_p$，则式 (3.4.10a) 变为

$$\frac{\varepsilon^2}{(1 - x_p)^2} y_2''(\xi) - y_2^2(\xi) - y_2(\xi) = -\exp\left\{\frac{-2[x_p + \xi(1 - x_p)]}{\varepsilon}\right\}, \quad \xi \in [x_p, 1] \tag{3.4.12}$$

按照双域法解式 (3.3.11)、式 (3.3.12)、式 (3.3.10b) 和式 (3.2.14)。对参数 ε $= 10^{-2}, 10^{-3}, 10^{-4}, 10^{-5}, 10^{-6}$，插值矩阵法取非线性迭代相邻两次解的允许误差 τ $= 10^{-5}$，见式 (3.4.6)。插值矩阵法解 1 对网格自适应相邻两次分划的允许误差 δ_1 $= 0.001$，见式 (3.1.9a)；插值矩阵法解 2 的允许误差 $\delta_2 = 0.01$，见式 (3.1.10a)。迭

代初网格数 $n_1 = 20$，采用二次函数插值矩阵（以下算例均用，除非专门指出）。插值矩阵法收敛后的计算结果见表 3.4.3，表中 n 为满足允许误差 δ 后自适应划分的节点数。

因为该例有精确解，为了验证插值矩阵法解非线性摄动问题的计算精度，对于多个参数 ε，将插值矩阵法在给定的允许误差 δ_1,δ_2 和 τ 下计算的收敛解与精确解的误差 e_{r1} 或 e_{r2} 录入表 3.4.3 显示比较（e_{r1} 和 e_{r2} 的意义见式(3.1.9b)和式(3.1.10b)）。由表可见，插值矩阵法解与精确解的计算误差 e_{r1} 和 e_{r2} 分别远小于 δ_1 和 δ_2，从而验证了式(3.1.11)成立，因此插值矩阵法解的控制误差限 δ 是可靠的。

一般情形下，如方程没有精确解，对相对误差满足 δ_1 或 δ_2 收敛后网格 Π_k，再加倍细分网格 Π_{k+1} 执行程序 IMMS-NL 计算，将其解 $[y_l^{(j)}(x_i)]_{\text{exact}}$ 作为替代的"精确解"，引入替代误差：

$$e_{r1}^* = \max_i \frac{|[y_l(x_i)]_{\text{exact}} - [y_l(x_i)]_k|}{\max(10^{-4},|[y_l(x_i)]_{\text{exact}}|)},$$
$$i = 0,1,\cdots,n, \quad l = 1,2 \tag{3.4.13a}$$

$$e_{r2}^* = \max_{i,j} \frac{|[y_l^{(j)}(x_i)]_{\text{exact}} - [y_l^{(j)}(x_i)]_k|}{\max(10^{-4},|[y_l^{(j)}(x_i)]_{\text{exact}}|)},$$
$$i = 0,1,\cdots,n, \quad j = 0,1,2, \quad l = 1,2 \tag{3.4.13b}$$

式中，$[y_l^{(j)}(x_i)]_k$ 是网格 Π_k 上收敛的近似解，j 是导数阶，n 为网格 Π_k 划分点数。插值矩阵法解 1 和解 2 的 e_{r1}^* 和 e_{r2}^* 见表 3.4.3 括弧中的值，可见真实误差 e_{r1}, e_{r2} 与替代误差 e_{r1}^*, e_{r2}^* 是相当的。Cash 等[15] 采用试射法 HARGON、配点法 COLSYS 和 COLNEW（COLSYS 的改进版）求解了该例，将式(3.4.13a)中 10^{-4} 用 1 替代，给出了计算误差 e_{r1}^*，见表 3.4.3，其中 COLSYS 和 COLNEW 对于 $\varepsilon = 10^{-3}, 10^{-4}, 10^{-5}$，$10^{-6}$ 情形计算未成功。

表 3.4.3　非线性摄动问题例 3.4.3 解的计算误差

ε	$10^{-2}(x_p=0.10)$		$10^{-3}(x_p=0.017)$		$10^{-4}(x_p=0.0025)$		$10^{-5}(x_p=0.0003)$		$10^{-6}(x_p=0.00003)$	
	n	$e_r(e_r^*)$	n	$e_r(e_r^*)$	n	$e_r(e_r^*)$	n	$e_r(e_r^*)$	n	$e_r(e_r^*)$
插值矩阵法解 1 $\delta_1=0.001$	88	0.288e−4 (0.296e−4)	109	0.110e−3 (0.174e−3)	104	0.132e−3 (0.123e−3)	128	0.850e−4 (0.795e−4)	128	0.850e−4 (0.795e−4)
插值矩阵法解 2 $\delta_2=0.01$	118	0.761e−3 (0.716e−3)	320	0.108e−2 (0.101e−2)	831	0.705e−3		—		—
HAGRON[15]		0.51e−3		0.20		0.87e−1		0.20e−1		0.43
COLSYS COLNEW[15]		2.2e−2		—		—		—		—

注：括号里的数值为 e_r^*。

这里求解器 IMMS-NL 限定了网格数 $n \leqslant 1000$，在此范围内，对 $\varepsilon = 10^{-5}, 10^{-6}$ 取值，插值矩阵法解 2 没有收敛，插值矩阵法解 1 对表 3.4.3 中所有 ε 取值，迭代收敛后的自适应网格数为 $n = 128$。插值矩阵法解 2 收敛判据采用 $err2 < \delta_2$，更为严厉，故需要的网格点比插值矩阵法解 1 要多。

注意到当 ε 取值非常小情形下，函数 $y(x)$ 值仅在 $x = 0$ 的附近变化非常大，而在其他处几乎为 0，故在划分双域求解时，对分界点 x_p 的选择随着 ε 的减小要适当地变小。

例 3.4.4 非线性奇异摄动问题 4：

$$y^{(4)} - R(y'y'' - yy''') = 0, \quad x \in [0, 1] \tag{3.4.14a}$$

$$y(0) = y'(0) = 0, \quad y(1) = 1, \quad y'(1) = 0 \tag{3.4.14b}$$

式中 R 是 Reynolds 数。当 R 较大时，该方程很难求解。这个方程来自流体从一端注入长距垂直通道的问题，根据 Navier-Stokes 和热传导方程推得。

$x = 0$ 附近是边界层。对式(3.4.14)采用多尺度技巧，将求解域 $[0,1]$ 分成两个子域 $[0, x_p]$ 和 $[x_p, 1]$，引用式(3.2.10)和式(3.2.12)分别进行变量替换，与例 3.4.3 同样处理。该方程没有解析解，对 $R = 10^2, 10^3, 10^4, 10^5, 10^6$，插值矩阵法解 1 和解 2 取非线性迭代相邻两次解的允许误差 $\tau = 0.00001$，初始网格数 $n_1 = 20$，细分网格截止的允许误差 $\delta_1 = 0.001$，收敛后的计算误差 e_{r1}^*, e_{r2}^* 和所需节点数目见表 3.4.4，其中文献[15]采用 COLSYS 和 COLNEW 对于 $R = 10^6$ 情形计算不成功。

表 3.4.4 非线性摄动问题例 3.4.4 解的计算误差

R	$10^2 (x_p = 0.25)$		$10^3 (x_p = 0.20)$		$10^4 (x_p = 0.16)$		$10^5 (x_p = 0.075)$		$10^6 (x_p = 0.012)$	
	n	e_r^*	n	e_r^*	n	e_r^*	n	e_r^*	n	e_r^*
插值矩阵法解 1	32	0.465e−4	37	0.151e−3	75	0.131e−3	97	0.175e−3	57	0.824e−4
插值矩阵法解 2	79	0.309e−4	112	0.511e−3	187	0.730e−3	243	0.747e−3	156	0.248e−3
HAGRON[15]		0.59e−1		0.13		0.11		0.12e−1		—
COLSYS[15]		0.37e−2		1.1		0.32		0.17		—
COLNEW[15]		0.37e−2		1.1		0.32		0.13e−2		

例 3.4.5 非线性奇异 ODE 边值问题 5：

$$y'' + \frac{2}{x}y' - \varphi^2 y \exp\left(\frac{\gamma\beta(1-y)}{1+\beta(1-y)}\right) = 0, \quad x \in [0, 1] \tag{3.4.15a}$$

$$y'(0) = 0, \quad y(1) = 1 \tag{3.4.15b}$$

式中参数值 $\varphi = 0.6$，$\beta = 0.2$，$\gamma = 40$。Shampine[13] 采用试射法 ODE 求解器 SBVP4c 求解了该例，给出了 $y(0)$ 计算值，见表 3.4.5。

式(3.4.15a) $x = 0$ 处为奇异点，由 $y'(0) = 0$，可以用 $\lim\limits_{x \to 0} \frac{1}{x} y'(0) = y''(0)$ 替代。

该例没有解析解,插值矩阵法求解器 IMMS-NL 采用自适应网格划分,取非线性迭代误差 $\tau = 10^{-6}$,对于给定误差 δ,初始网格数 $n_1 = 10$,IMMS-NL 收敛后的计算误差 e_r^* 和所需节点数见表 3.4.6,部分计算值见表 3.4.5。由表可见 IMMS-NL 的计算误差 e_{r1}^* 和 e_{r2}^* 明显小于对应的给定误差 δ,并且函数和导数的计算精度是同阶的。

表 3.4.5 非线性奇异问题例 3.4.5 的计算值

δ	10^{-3}			10^{-4}			10^{-5}		
	n	$y(0)$	$y''(0)$	n	$y(0)$	$y''(0)$	n	$y(0)$	$y''(0)$
插值矩阵法解 1	60	$0.84691e-4$	0.0079820	120	$0.84688e-4$	0.0079817	204	$0.84688e-4$	0.0079817
插值矩阵法解 2	76	$0.84695e-4$	0.0079824	131	$0.84689e-4$	0.0079818	235	$0.84688e-4$	0.0079817
SBVP4c[13]	0.0001								

表 3.4.6 非线性奇异问题例 3.4.5 的计算误差

δ	10^{-2}		10^{-3}		10^{-4}		10^{-5}	
	n	e_r^*	n	e_r^*	n	e_r^*	n	e_r^*
插值矩阵法解 1	40	$0.234e-2$	60	$0.188e-3$	120	$0.142e-4$	204	$0.303e-5$
插值矩阵法解 2	51	$0.715e-3$	76	$0.720e-3$	131	$0.206e-4$	235	$0.235e-5$

例 3.4.6 非线性奇异 ODE 边值问题 6:

$$xy'' + 2y' + xy^5 = 0, \quad x \in [0,1] \tag{3.4.16a}$$

$$y'(0) = 0, \quad y(1) = \sqrt{3/4} \tag{3.4.16b}$$

该方程来自等温气体球的平衡问题,其精确解 $y(x) = \sqrt{3/(3+x^2)}$。$x = 0$ 为式 (3.4.16a) 的奇点,因 $y'(0) = 0$,用 $\lim\limits_{x \to 0} \dfrac{1}{x} y'(0) = y''(0)$ 替代。那么式 (3.4.16a) 在 $x = 0$ 处,有

$$3y''(0) + y^5(0) = 0 \tag{3.4.16c}$$

定义最大绝对误差

$$e^{(j)} = \max_{0 \leqslant i \leqslant n} | y^{(j)}(x_i) - y_i^{(j)} | = O(h^p), \quad j = 0,1,2 \tag{3.4.16d}$$

式中,$y^{(j)}(x_i)$ 是精确解,$y_i^{(j)}$ 是近似解。取几种等区间长度 $h = 1/n$,非线性迭代误差 $\tau = 10^{-12}$ 和初值 $y = 0$,插值矩阵法求解器 IMMS-NL 解式 (3.4.16a) 和式 (3.4.16b) 迭代 6 次即收敛,其计算误差 $e^{(j)}$ 见表 3.4.7。Roul 和 Thula[24] 采用 4 次样条等距插值的配点法,其函数解有 $O(h^6)$ 计算精度,Khuri 和 Sayfy[25] 给出的函数解有 $O(h^4)$ 精度。文献[24]、[25]方法是处理具体类型的二阶方程,非通用解

法,其导数值的计算精度是逐次降阶的。表 3.4.7 显示,IMMS-NL 计算的 $e^{(j)}/h^4$ 随着网格细分均趋近常值,可见各阶导数计算值均具有 $O(h^4)$ 的同阶精度,这是插值矩阵法的重要优点。

表 3.4.7　非线性奇异问题例 3.4.6 的计算误差和收敛阶

方法	Roul[24]		Khuri[25]		插值矩阵法(二次函数插值矩阵)					
n	$e^{(0)}$	收敛阶	$e^{(0)}$	收敛阶	$e^{(0)}$	$e^{(0)}/h^4$	$e^{(1)}$	$e^{(1)}/h^4$	$e^{(2)}$	$e^{(2)}/h^4$
8	$5.3361e-8$				$4.6923e-6$	0.0192	$3.7146e-6$	0.0152	$3.8296e-5$	0.1569
16	$1.5948e-9$	5.0643	$2.4394e-7$	3.2308	$3.9281e-7$	0.0257	$2.7659e-7$	0.0181	$2.9348e-6$	0.1923
32	$2.6738e-11$	5.8983	$2.5985e-8$	3.8489	$2.6520e-8$	0.0278	$1.8313e-8$	0.0192	$1.9315e-7$	0.2025
64	$4.3201e-13$	5.9517	$1.8033e-9$	3.9648	$1.7011e-9$	0.0285	$1.1638e-9$	0.0195	$1.2248e-8$	0.2055
128	$6.8040e-15$	5.9885	$1.1549e-10$	3.9914	$1.0740e-10$	0.0288	$7.3252e-11$	0.0197	$7.6890e-10$	0.2064

3.5

变厚度轴对称扁球壳的大挠度问题

扁球壳在土建、化工容器和仪表工业中有着广泛的应用。扁球壳的大挠度问题由于其控制方程是非线性的,求解较为复杂。钱伟长提出的摄动法成功地分析了这个问题;叶开源和刘人怀等提出修正迭代法[26]分析了等厚度轴对称扁球壳的非线性屈曲问题,获得了良好的解析解。但当扁球壳的厚度变化时,解析求解是难以实现的。

本节从轴对称变厚度扁球壳大挠度的控制方程出发,将非线性常微分方程拟线性化,然后采用插值矩阵法迭代求解[21]。

3.5.1　扁球壳问题基本物理量

轴对称变厚度圆形扁薄球壳受法向和径向荷载 $q_n(r),q_1(r)$ 的作用,其径向剖面见图 3.5.1,由于是空间轴对称问题,(r,θ) 表示径向和环向几何坐标,坐标原点在球心。$t(r)$ 为壳的厚度,a 为壳圆形底部半径。壳中的内力方向如图 3.5.2 所示,用 w,u 表示壳体的法向(挠度)和径向位移,N_1,N_2 为径向和环向薄膜力,M_1,M_2 为径向和环向弯矩,Q,ψ 为径向横截面剪力和转角。它们都是径向坐标 r 的函数。

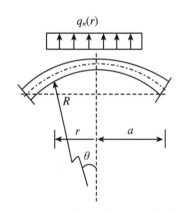

图 3.5.1　轴对称变厚度扁球壳

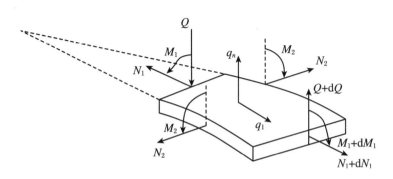

图 3.5.2　轴对称扁球壳基本物理量

3.5.2　轴对称扁球壳大挠度问题控制方程

建立轴对称扁球壳大挠度弯曲问题的控制方程。

(1) 平衡方程[11]：

$$r \frac{\mathrm{d}\widetilde{N}_1}{\mathrm{d}r} = \widetilde{N}_2 - r^2 q_1 \tag{3.5.1a}$$

$$R \frac{\mathrm{d}\widetilde{Q}}{\mathrm{d}r} = \widetilde{N}_1 + \widetilde{N}_2 - R \frac{\mathrm{d}}{\mathrm{d}r}\left(\widetilde{N}_1 \frac{\mathrm{d}w}{\mathrm{d}r}\right) - rRq_n \tag{3.5.1b}$$

$$r \frac{\mathrm{d}\widetilde{M}_1}{\mathrm{d}r} = r\widetilde{Q} + \widetilde{M}_2 \tag{3.5.1c}$$

(2) 几何方程(von Karman 理论)：

$$\varepsilon_1 = \frac{\mathrm{d}u}{\mathrm{d}r} + \frac{w}{R} + \frac{1}{2}\left(\frac{\mathrm{d}w}{\mathrm{d}r}\right)^2, \quad \varepsilon_2 = \frac{u}{r} + \frac{w}{R} \tag{3.5.2a}$$

$$\psi = -\frac{\mathrm{d}w}{\mathrm{d}r}, \quad \chi_1 = -\frac{\mathrm{d}^2 w}{\mathrm{d}r^2}, \quad \chi_2 = -\frac{1}{r}\frac{\mathrm{d}w}{\mathrm{d}r} \tag{3.5.2b}$$

(3) 物理方程：

$$N_1 = \frac{Et}{1-\nu^2}(\varepsilon_1 + \nu\varepsilon_2), \quad N_2 = \frac{Et}{1-\nu^2}(\varepsilon_2 + \nu\varepsilon_1) \quad (3.5.3a)$$

$$M_1 = D(\chi_1 + \nu\chi_2), \quad M_2 = D(\chi_2 + \nu\chi_1) \quad (3.5.3b)$$

式中,χ_1, χ_2 表征中面径向和环向曲率的改变,E 为弹性模量,ν 为泊松比,D 为抗弯刚度,$D = Et^3/[12(1-\nu^2)]$。令

$$\tilde{N}_i = rN_i, \quad \tilde{M}_i = rM_i, \quad \tilde{Q} = rQ, \quad i = 1,2 \quad (3.5.4)$$

将式(3.5.2b)代入式(3.5.3b),再代入式(3.5.1c),可得壳中内力参数:

$$M_1 = -D\left(\frac{\mathrm{d}^2 w}{\mathrm{d}r^2} + \frac{\nu}{r}\frac{\mathrm{d}w}{\mathrm{d}r}\right), \quad M_2 = -D\left(\nu\frac{\mathrm{d}^2 w}{\mathrm{d}r^2} + \frac{1}{r}\frac{\mathrm{d}w}{\mathrm{d}r}\right) \quad (3.5.5a)$$

$$\tilde{Q} = -Drw''' - (D + rD')w'' - \left(\nu D' - \frac{D}{r}\right)w' \quad (3.5.5b)$$

式中$(\cdots)' = \mathrm{d}(\cdots)/\mathrm{d}r$。

这里选择法向位移 w 和 rN_1 作为壳体弯曲问题控制方程的基本未知量。根据壳体的几何、平衡和物理方程,推导得轴对称变厚度扁球壳非线性弯曲的控制方程:

$$r\tilde{N}_1'' + \left(1 - \frac{t'}{t}r\right)\tilde{N}_1' - \left(\frac{1}{r} - \frac{t'}{t}\nu\right)\tilde{N}_1 + (2+\nu)rq_1 + r^2 q_1'$$

$$- \frac{t'}{t}r^2 q_1 - Et\left[\frac{r}{R}w' - \frac{1}{2}(w')^2\right] = 0, \quad r \in [0, a] \quad (3.5.6)$$

$$D\left\{rw^{(4)} + \left(2 + r\frac{6t'}{t}\right)w''' + \left[3r\frac{t''}{t} + 6r\left(\frac{t'}{t}\right)^2 - \frac{1}{r} + (6+3\nu)\frac{t'}{t}\right]w''\right.$$

$$\left. + \left[3\nu\frac{t''}{t} + \frac{1}{r^2} - \frac{3t'}{rt} + 6\nu\frac{t'^2}{t^2}\right]w'\right\} + \frac{\tilde{N}_1}{R} + \frac{r}{R}\tilde{N}_1' - \frac{\mathrm{d}}{\mathrm{d}r}\left(\tilde{N}_1\frac{\mathrm{d}w}{\mathrm{d}r}\right) + \frac{r^2}{R}q_1 - rq_n = 0$$

$$(3.5.7)$$

由式(3.5.6)和式(3.5.7)求出 $w, \tilde{N}_1$ 后,可得壳中径向位移和转角:

$$\begin{cases} u = \frac{1}{Et}(r\tilde{N}_1' + r^2 q_1 - \nu\tilde{N}_1) - \frac{r}{R}w \\ \psi = -\mathrm{d}w/\mathrm{d}r \end{cases} \quad (3.5.8)$$

由式(3.5.5)得到内力参数。常微分方程式(3.5.6)和式(3.5.7)需要 6 个边值条件,根据扁球壳力学性质,常见的边界条件类型有:

(1) 固支边:

$$w = 0, \quad \psi = 0, \quad u = 0 \quad (3.5.9a)$$

(2) 简支边:

$$w = 0, \quad M_1 = 0, \quad u = 0 \quad (3.5.9b)$$

(3) 自由边:

$$N_1 = 0, \quad Q = 0, \quad M_1 = 0 \quad (3.5.9c)$$

(4) 壳顶封闭(无孔):

$$\psi = 0, \quad Q = 0, \quad u = 0 \tag{3.5.9d}$$

3.5.3 轴对称扁球壳大挠度问题算例

受均布法向荷载 q_0 作用的圆底扁球壳,边缘固支,见图 3.5.1, $\nu = 0.3$,壳厚度 $t(r) = t_0\exp\left(-\dfrac{\beta r^2}{6a^2}\right)$, t_0 为壳顶厚度。壳体几何和物理参量的无因次变换及引入符号如下:

$$r = a\xi, \quad \delta = w/t_0, \quad S = a\widetilde{N}_1/D_0, \quad f(\xi) = \exp\left(-\frac{\beta}{6}\xi^2\right) \tag{3.5.10}$$

$$k = \frac{a^2}{Rt_0}\sqrt{12(1-\nu^2)}, \quad D_0 = \frac{Et_0^3}{12(1-\nu^2)}, \quad G = \frac{a^4 q_0}{Et_0^4} \tag{3.5.11}$$

将它们代入控制方程式(3.5.6)和式(3.5.7),得

$$\xi S'' + \left(1 + \frac{\beta}{3}\xi^2\right)S' - \left(\frac{1}{\xi} + \frac{\beta}{3}\nu\xi\right)S - 12(1-\nu^2)\frac{a^2}{Rt_0}\xi f\delta' + 6(1-\nu^2)f(\delta')^2 = 0$$
$$\tag{3.5.12a}$$

$$\xi f^3\delta^{(4)} + 2f^3(1-\beta\xi^2)\delta''' + f^3\left[\beta^2\xi^3 - \frac{1}{\xi} - (3+\nu)\beta\xi\right]\delta''$$

$$+ f^3\left[\nu\beta^2\xi^2 + \frac{1}{\xi^2} + (1-\nu)\beta\right]\delta' + \frac{a^2}{Rt_0}(S + \xi S') - S'\delta' - S\delta''$$

$$= 12(1-\nu^2)G\xi, \quad \xi \in [0,1] \tag{3.5.12b}$$

式中$(\cdots)' = \mathrm{d}(\cdots)/\mathrm{d}\xi$。边值条件取用式(3.5.9a)和式(3.5.9d),有:

(1) $\xi = 1$ 为固支边:

$$\delta = 0, \quad \delta' = 0, \quad S' - \nu S = 0 \tag{3.5.13a}$$

(2) $\xi = 0$ 为闭顶条件:

$$\delta' = 0, \quad \delta''' = 0, \quad S = 0 \tag{3.5.13b}$$

$\xi = 0$ 是式(3.5.12)的奇点,需要消除该奇点。方程中 δ 和 S 分别表示壳的挠度和径向薄膜力无量纲参量。据物理性质知,解函数 δ 和 S 为有限值并充分光滑,根据式(3.3.6)~式(3.3.8),在奇点 $\xi = 0$ 邻近,有 Taylor 级数展开:

$$\begin{cases} \delta(\xi) = c_0 + c_1\xi + \dfrac{1}{2}c_2\xi^2 + \dfrac{1}{6}c_3\xi^3 + \dfrac{1}{24}c_4\xi^4 + O(\xi^5) \\[2mm] S(\xi) = d_0 + d_1\xi + \dfrac{1}{2}d_2\xi^2 + O(\xi^3) \\[2mm] f(\xi) = 1 - \dfrac{1}{3}\beta\xi^2 + O(\xi^4) \end{cases} \tag{3.5.14}$$

式中, $c_i = \delta^{(i)}(0)$, $d_i = S^{(i)}(0)$。将式(3.5.14)代入式(3.5.12),并舍去 ξ 的高阶项,有

$$\xi[d_2 + O(\xi)] + \left(1 + \frac{\beta}{3}\xi^2\right)[d_1 + d_2\xi + O(\xi^2)] - \left(\frac{1}{\xi} + \frac{\beta}{3}\nu\xi\right)$$

$$\times \left[d_0 + d_1\xi + \frac{1}{2}d_2\xi^2 + O(\xi^3)\right] - 12(1-\nu^2)\frac{a^2}{Rt_0^2}f\xi[c_1 + c_2\xi + O(\xi^2)]$$

$$+ 6(1-\nu^2)f[c_1 + c_2\xi + O(\xi^2)]^2 = 0 \tag{3.5.15}$$

$$f^3\left\{c_4\xi + O(\xi^2) + 2(1-\beta\xi^2)[c_3 + c_4\xi + O(\xi^2)] + \left[\beta^2\xi^2 - \frac{1}{\xi} - (3+\nu)\beta\xi\right]\right.$$

$$\times \left[c_2 + c_3\xi + \frac{1}{2}c_4\xi^2 + O(\xi^3)\right] + \left[\nu\beta^2\xi^2 + \frac{1}{\xi^2} + (1-\nu)\beta\right]$$

$$\left.\times \left[c_1 + c_2\xi + \frac{1}{2}c_3\xi^2 + \frac{1}{6}c_4\xi^3 + O(\xi^4)\right]\right\} + \frac{a^2}{Rt_0}[d_0 + 2d_1\xi + O(\xi^2)]$$

$$- [d_0 + d_1\xi + O(\xi^2)][c_2 + c_3\xi + O(\xi^2)]$$

$$- [d_1 + d_2\xi + O(\xi^2)][c_1 + c_2\xi + O(\xi^2)]$$

$$= 12(1-\nu^2)G\xi \tag{3.5.16}$$

上两式中各项 ξ^i 的系数和应为 0,由式(3.5.15)得

$$\xi^{-1}: d_0 = 0 \qquad \rightarrow \quad S(0) = 0 \tag{3.5.17a}$$

$$\xi^0: d_1 - d_1 + 6(1-\nu^2)c_1 = 0 \quad \rightarrow \quad \delta'(0) = 0 \tag{3.5.17b}$$

$$\xi: d_2 = 0 \qquad \rightarrow \quad S''(0) = 0 \tag{3.5.17c}$$

由式(3.5.16)得

$$\xi^{-2}: c_1 = 0 \qquad \rightarrow \quad \delta'(0) = 0 \tag{3.5.18a}$$

$$\xi^{-1}: -c_2 + c_2 = 0 \tag{3.5.18b}$$

$$\xi^0: c_3 = 0 \qquad \rightarrow \delta'''(0) = 0 \tag{3.5.18c}$$

$$\xi: \frac{8}{3}\delta^{(4)}(0) - 2(1+\nu)\beta\delta''(0) + 2\frac{a^2}{Rt_0}S'(0) - 2S'\delta''(0) = 12(1-\nu^2)G$$

$$\tag{3.5.18d}$$

式(3.5.17c)和式(3.5.18d)分别为式(3.5.12a)和式(3.5.12b)在奇点 $\xi=0$ 处的替换式。式(3.5.17a)、式(3.5.17b)和式(3.5.18a)、式(3.5.18c)为 $\xi=0$ 的边值条件,有趣的是根据力学性质确定的边值条件式(3.5.13b)与此相同。

式(3.5.12)和式(3.5.13)是非线性两点边值问题,方程的解可能不唯一。这里辅用连续法,把壳顶处($\xi=0$)的位移 $w(0)/t_0$ 值作为连续求解的给定参数,求出此状态下壳体中各点的位移、内力和载荷参数 G。

现采用插值矩阵法求解式(3.5.12)和式(3.5.13)。先按照式(3.3.5)采用 Newton 法将其线性化为线性边值问题,迭代初值取为零。这里对参数 $k=26$ 情形给出计算结果分析:

(1) 目前方法给出了壳厚度变化参数 $\beta = -2, 0, 2$ 三种情形的计算结果,跟踪了三种情形下壳体的后屈曲路径,见表 3.5.1、表 3.5.2、表 3.5.3,表中 n 为区间

$[0,1]$ 等分段数,这里使用分段抛物线插值矩阵,N_1,M_1,Q 为壳边缘内力值。图 3.5.3 给出了壳体荷载 q_0 的中心点挠度 $w(0)$ 的变化曲线,其中 $\beta=0$ 是等厚度 t_0 情形。比较该三种情况壳体屈曲路径,壳中心厚度均为 t_0,$\beta=-2$ 情形(壳边缘比中间厚)屈曲的临界载荷 $q_0=-49.04Et_0^4/a^4$ 比等厚度 $\beta=0$ 情形屈曲的临界载荷 $q_0=-47.25Et_0^4/a^4$ 大。$\beta=2$ 情形是厚度最薄的扁球壳(壳边缘比中间薄),可它的上临界荷载却最大,为 $q_0=-54.98Et_0^4/a^4$,见表 3.5.4。$\beta=2$ 情形一旦屈曲后,负荷 q_0 下降最快。图 3.5.4 显示了三种情形临界载荷状态下整个壳体的挠曲线,由 $\beta=2$ 的临界状态挠曲线可以看出,壳顶处的挠度并非最大,随着载荷 q_0 的增加,最大挠度的位置逐渐偏离壳顶,因为壳边缘较薄。

(2)对非线性算子的迭代,取式(3.4.6)的 $\Delta_k<10^{-7}$,一般 4～5 次迭代即可。将 $n=20$ 和 $n=40$ 的结果与文献[27]、[28]的结果做比较,可见插值矩阵法收敛快,取 $n=20$ 获得的荷载和内力值有效数字已达到 3～4 位。诸内力的计算值精度相当。

(3)比较 3 种形状下壳体的内力(应力),$\beta=2$ 形状的内力变化梯度最大,$\beta=-2$ 形状的内力变化较为平缓。

表 3.5.1　轴对称等厚度扁球壳的边缘内力($\beta=0$,$k=26$)

$\dfrac{w(0)}{t_0}$	$-\dfrac{q_0 a^4}{Et_0^4}$				$N_1\dfrac{100a^2}{Et_0^3}$	$M_1\dfrac{100a^2}{Et_0^4}$	$Q\dfrac{100a^3}{Et_0^4}$
	文献[27]	文献[28]	$n=20$	$n=40$	$n=40$	$n=40$	$n=40$
0.2	18.97	18.97	18.958	18.958	-95.493	30.822	196.57
0.4	33.62	33.62	33.588	33.587	-177.735	52.040	280.96
0.6	43.25	43.25	43.196	43.196	-239.157	61.743	278.10
0.8	47.19	47.15	47.099	47.099	-269.508	59.524	234.46
1.0	46.47	46.40	46.379	46.380	-270.744	49.706	188.81
1.2	43.73	43.65	43.645	43.648	-259.287	37.857	142.33
1.4	40.65	40.57	40.585	40.589	-246.496	26.492	90.02
1.6	37.84	37.77	37.786	37.789	-236.046	16.217	32.26
1.8	35.43	35.35	35.377	35.380	-228.577	7.066	-29.46
2.0	33.39	33.32	33.345	33.347	-223.880	-1.049	-94.14

注:文献[28]结果是球壳理论。

表 3.5.2 插值矩阵法计算轴对称变厚度扁球壳的载荷和边缘内力值($\beta = -2$, $k = 26$)

$-\dfrac{w(0)}{t_0}$	$-\dfrac{q_0 a^4}{E t_0^4}$		$N_1 \dfrac{100a^2}{E t_0^3}$	$M_1 \dfrac{100a^2}{E t_0^4}$		$Q \dfrac{100a^3}{E t_0^4}$
	$n=20$	$n=40$	$n=40$	$n=20$	$n=40$	$n=40$
0.2	19.363	19.363	-90.803	45.960	45.960	227.67
0.4	33.750	33.750	-165.24	76.939	76.939	343.78
0.6	43.125	43.126	-219.25	92.577	92.579	374.01
0.8	47.862	47.864	-252.93	94.543	94.552	349.59
1.0	49.031	49.036	-267.47	87.051	87.072	298.00
1.2	48.108	48.115	-270.51	75.068	75.103	234.80
1.4	46.308	46.318	-268.75	62.106	62.151	166.14
1.6	44.326	44.335	-266.16	49.892	49.943	94.344
1.8	42.467	42.476	-264.51	39.097	39.153	20.465
2.0	40.838	40.846	-264.40	29.939	29.997	-55.007

表 3.5.3 插值矩阵法计算轴对称变厚度扁球壳的载荷和边缘内力值($\beta = 2$, $k = 26$)

$-\dfrac{w(0)}{t_0}$	$-\dfrac{q_0 a^4}{E t_0^4}$	$N_1 \dfrac{100a^2}{E t_0^3}$		$M_1 \dfrac{100a^2}{E t_0^4}$	$Q \dfrac{100a^3}{E t_0^4}$	
	$n=40$	$n=20$	$n=40$	$n=40$	$n=20$	$n=40$
0.2	19.086	-102.08	-102.08	21.339	134.26	134.26
0.4	36.455	-210.17	-210.14	39.170	138.32	138.37
0.6	54.866	-416.23	-416.93	48.228	-568.91	-575.22
0.8	54.046	-415.86	-416.52	21.609	-585.48	-592.00
1.0	47.266	-299.65	-299.65	27.694	-16.254	-16.232
1.2	39.892	-245.99	-245.97	17.965	45.042	45.079
1.4	35.237	-218.46	-218.45	9.4714	35.599	35.637
1.6	31.721	-200.44	-200.43	2.0630	7.4391	7.4877
1.8	28.943	-188.15	-188.13	-4.5375	-29.489	-29.428
2.0	26.700	-179.84	-179.83	-10.506	-71.602	-71.528

表 3.5.4 插值矩阵法($n = 40$)计算轴对称变厚度扁球壳的临界载荷和边缘内力值($k = 26$)

β	$-\dfrac{q_0 a^4}{E t_0^4}$	$-\dfrac{w(0)}{t_0}$	$N_1 \dfrac{100a^2}{E t_0^3}$	$M_1 \dfrac{100a^2}{E t_0^4}$	$Q \dfrac{100a^3}{E t_0^4}$
-2	49.0391	0.989	-267.038	87.6412	301.227
0	47.2548	0.854	-272.112	57.3500	221.777
2	54.9751	0.571	-407.020	51.7111	-494.586

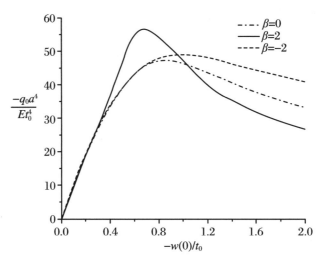

图 3.5.3　$w(0)$-G 曲线

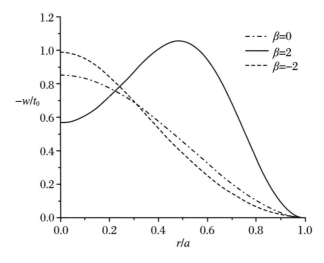

图 3.5.4　临界状态挠曲线

　　插值矩阵法成功求解了变厚度扁薄球壳的非线性弯曲问题,并跟踪了扁球壳后屈曲路径,其求解范围可拓宽到任意变厚度轴对称球壳以及旋转壳的非线性分析。这里获得的结构内力与位移一般有同阶的计算精度,为板壳结构的优化设计提供了便利。

3.6

变厚度轴对称圆形贮液池结构分析

钢筋混凝土贮液池用来贮存油、水等液体,是石油、化工、水处理等工程中常见的构筑物。对于大、中型池,一般采用圆形池,其由圆柱壳筒壁、扁球壳盖和圆地板结构组成。根据板壳的控制微分方程,工程师用解析法辅以力法或变位法来求贮液池的内力,其过程繁琐。本节采用插值矩阵法求解器解壳体的控制微分方程,为圆形池的力学分析提供了一条简便途径。

3.6.1 贮液池结构控制方程

考虑圆柱形池壁和圆底板的贮液池,顶盖是平板或扁球壳。

1. 池壁圆筒弹性方程

池壁为圆柱形薄壳钢筋混凝土结构,由于池壁沿竖向和环向配筋,可看作均质弹性体。图 3.6.1 所示任意变厚度轴对称圆柱壳,厚度为 $h(x)$,承受轴对称的法向荷载 $q(x)$,轴向分布力 $p(x)$ 和温度场变化。设温度改变沿壳体壁厚的分布是线性的。t_1、t_2 为圆柱壳体内、外壁的温度改变,$u(x)$、$w(x)$ 为柱壳中面内的轴向和径向位移,$\theta = \mathrm{d}w/\mathrm{d}x$ 为转角,N_x、N_θ 为轴向和环向膜力,M_x、M_θ 为轴向和环向弯矩,Q_x 为横向剪力,见图 3.6.2。柱壳的静力平衡方程为[11]

$$\frac{\mathrm{d}^2 M_x}{\mathrm{d}x^2} - \frac{N_\theta}{R} + q(x) = 0, \quad \frac{\mathrm{d}N_x}{\mathrm{d}x} + p(x) = 0, \quad Q_x - \frac{\mathrm{d}M_x}{\mathrm{d}x} = 0$$

$$(3.6.1)$$

内力与位移关系为

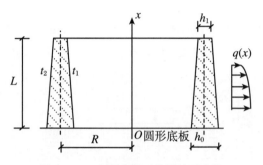

图 3.6.1 变厚度轴对称圆柱形水池

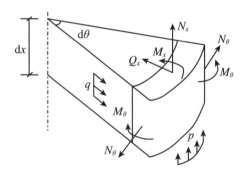

图 3.6.2　轴对称圆柱壳内力

$$N_\theta = \frac{Eh}{1-\nu^2}\left[\frac{w}{R} + \nu\,\frac{\mathrm{d}u}{\mathrm{d}x} - (1+\nu)\,\alpha_t\,t_R\right] \tag{3.6.2}$$

$$N_x = \frac{Eh}{1-\nu^2}\left[\frac{\mathrm{d}u}{\mathrm{d}x} + \nu\,\frac{W}{R} - (1+\nu)\,\alpha_t\,t_R\right] \tag{3.6.3}$$

$$M_x = -D\left[\frac{\mathrm{d}^2 w}{\mathrm{d}x^2} + (1+\nu)\,\alpha_t\,\frac{\Delta t}{h}\right] \tag{3.6.4}$$

$$M_\theta = -D\left[\frac{\mathrm{d}^2 w}{\mathrm{d}x^2} + (1+\nu)\,\alpha_t\,\frac{\Delta t}{h}\right] \tag{3.6.5}$$

式中,$\Delta t = t_2 - t_1$,$t_R = (t_1 + t_2)/2$,E 为弹性模量,ν 为泊松比,α_t 为混凝土线膨胀系数,$D(x)$ 为壳的抗弯刚度,$D = \dfrac{Eh^3}{12(1-\nu^2)}$,$h$ 为筒壁厚度。将式(3.6.2)～式(3.6.4)代入式(3.6.1),得

$$N_x(x) = \int_0^x p(x)\mathrm{d}x \tag{3.6.6}$$

$$\frac{\mathrm{d}^2}{\mathrm{d}x}\left(D\,\frac{\mathrm{d}^2 w}{\mathrm{d}x^2}\right) + \frac{Eh}{R^2}w = q(x) + \frac{Eh\alpha_t}{R}t_R - \frac{\nu N_x}{R} \tag{3.6.7}$$

上式即是圆柱壳轴对称弯曲的基本方程,在定解条件下,由式(3.6.7)得 $w(x)$,壳中各内力从式(3.6.2)～式(3.6.6)求得。

2. 池底圆板弹性方程

贮液池底平板属基础板,地基模型通常有三种假定:(1)地基反力直线分布假定;(2) Winkler 假定;(3) 半无限弹性体假定。圆板承受横向载荷 $q_p(r)$,见图 3.6.3。地基板的内力根据此 3 种不同假定的分析结果,差别较大,应做慎重选择。

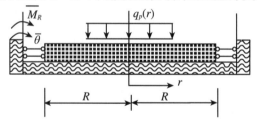

图 3.6.3　圆形地基板

(1)、(2)两种假定下的基础圆板内力分析可归结为常微分方程边值问题求解：

$$D_P \nabla^4 \overline{w} + k \overline{w} = q_p(r) + q_e, \quad r \in [0, R] \qquad (3.6.8)$$

式中，$\overline{w}$ 为地基板挠度，k 为基床系数，q_e 为地基反力，q_p 为板横向载荷，h_p 为板厚，并有

$$\nabla^2 = \frac{\mathrm{d}^2}{\mathrm{d} r^2} + \frac{1}{r} \frac{\mathrm{d}}{\mathrm{d} r}, \quad D_P = \frac{E_p h_p^3}{12(1 - \nu^2)}$$

其中：

(1) 当 $k = 0$ 时，为地基反力成直线分布的基础板。

(2) 当 $q_e = 0$ 时，为 Winkler 基础板。

根据式(3.6.8)和相应边界条件可得板的挠度 $\overline{w}$，然后求内力，见图 3.6.4。当地基采用假定(3)的半无限弹性体，那么根据图 3.6.3，通过设计手册查表[29]可得到圆板边缘的力矩 $\overline{M}_R$ 和转角 $\overline{\theta} = -\mathrm{d}\,\overline{w}/\mathrm{d}r$ 间的关系：

$$\overline{M}_R = c_1 \overline{\theta} + c_2 \qquad (3.6.9)$$

式中，系数 c_1，c_2 值依赖于地基与板的固有参数和外荷载。

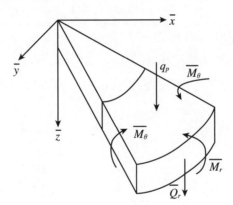

图 3.6.4　圆形地基板内力

3. 顶盖扁球壳弹性方程

贮液池顶盖为等厚度扁球壳时，其轴对称弯曲问题的控制方程为

$$D_s \nabla^4 w_s + \frac{E_s h_s}{R^2} w_s = q_n - \frac{r}{R} q_1 \qquad (3.6.10)$$

式中，$w_s(r)$ 为扁球壳中面的法向位移，q_n，q_1 分别为法向、径向荷载集度，D_s 为抗弯刚度，h_s 为扁壳厚度，R 为球壳底面的半径。令 $R \to \infty$，则式(3.6.10)为圆板方程。

4. 池壁与池底连结

贮液池的池壁柱壳与池底圆板一般是整体浇筑的，此时工程计算把两者作为刚性固结，见图 3.6.3，那么柱壳与池底圆板连结处条件为：

(1) 转角相等：

$$\theta\big|_{x=0} = \overline{\theta}\big|_{r=R} \quad 即 \quad \frac{\mathrm{d}w}{\mathrm{d}x}\Big|_{x=0} = -\frac{\mathrm{d}\overline{w}}{\mathrm{d}r}\Big|_{r=R} \tag{3.6.11a}$$

(2) 力矩相等：

$$M_x\big|_{x=0} = \overline{M}_R \tag{3.6.11b}$$

当顶盖与池壁刚性固结时，同样存在类似的式(3.6.11)。

3.6.2　圆形贮液池结构分析

通常，贮液池设计规范[29]分别将基本形状和支承的壳、板在简单线荷载下的内力值制成表格，供设计者查用。上小节给出了贮液池各部分内力求解的控制方程。当顶盖与池壁不固结时，顶盖内力可单独计算，池壁柱壳的上端可视为无约束的自由端，那么池壁和池底的连体归结为求解联立方程式(3.6.7)和式(3.6.8)或式(3.6.9)。插值矩阵法求解器 IMMS 可以胜任解该 ODE 方程[23]。

例 3.6.1　（摘自文献[30]）某地下钢筋混凝土圆形水池，采用装配式顶盖，计算模型见图 3.6.5，池壁为等厚度柱壳，$h = 15\ \mathrm{cm}$，$r = 1\ \mathrm{m}$，$L = 4\ \mathrm{m}$，$R = 5.025\ \mathrm{m}$。池底圆板的地基反力按均布载计算，板厚 $h_p = 20\ \mathrm{cm}$。$E_c = 2.91 \times 10^6\ \mathrm{N/cm^2}$，$\nu = 1/6$。荷载组合情况为池内无水，池外有土，$q_1 = -45.5\ \mathrm{kN/m^2}$，$p_1 = 28.56\ \mathrm{kN/m^2}$，$p_2 = 197.80\ \mathrm{kN/m^2}$。

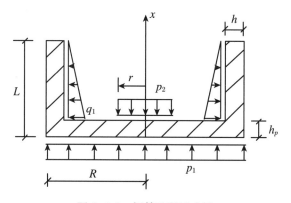

图 3.6.5　钢筋砼圆形水池

由于顶盖简支在池壁顶部，池壁顶端近似按自由边考虑，顶盖内力易于单独计算出，下面仅计算池壁和底板结构内力。联立方程式(3.6.7)和式(3.6.8)：

$$\begin{cases} \dfrac{\mathrm{d}^2}{\mathrm{d}x^2}\left(D\,\dfrac{\mathrm{d}^2 w}{\mathrm{d}x^2} \right) + \dfrac{Eh}{R^2}w = q_1(L-x), & x \in [0, L] \\[3mm] D_p\,\nabla^4\,\overline{w} = p_1 - p_2, & x \in [0, R] \end{cases} \tag{3.6.12a}$$

相应 8 个边值条件为

$$\begin{cases} w(0) = 0, \quad w''(L) = 0, \quad w'''(L) = 0 \\ \overline{w}'(0) = 0, \quad \overline{w}'''(0) = 0 \end{cases} \tag{3.6.12b}$$

消除板的刚体位移,令

$$\overline{w}(R) = 0 \tag{3.6.12c}$$

筒壁与底板连接条件,由式(3.6.11)得

$$w'(0) = -\overline{w}'(R), \quad (Dw'')\big|_{x=0} = D_P\left(\nu\overline{w}'' + \frac{1}{r}\overline{w}'\right)\bigg|_{r=R} \tag{3.6.12d}$$

用插值矩阵法 IMMS 计算式 3.6.12(a)~(d),采用等分 10 段和 20 段,计算值见表 3.6.1 和表 3.6.2,文献[30]是用查表计算得到的结果。表中可见插值矩阵法取 $n=20$ 段的计算值已非常准确,文献[30]结果有一定的计算误差。

表 3.6.1　贮液池圆柱壳的内力

x/L	$N_\theta(\text{kN/m})$			$M_x(\text{kN}\cdot\text{m/m})$		
	IMMS, $n=10$	IMMS, $n=20$	文献[30]	IMMS, $n=10$	IMMS, $n=20$	文献[30]
0.0	0	0	0	12.10	12.43	12.28
0.1	175.24	178.00	177.09	8.25	8.35	8.32
0.2	216.81	218.45	217.76	3.77	3.81	3.81
0.3	192.47	193.60	193.17	0.92	0.932	1.00
0.4	150.30	151.04	151.27	-0.293	-0.300	-0.276
0.5	111.69	112.09	112.20	-0.536	-0.549	-0.518
0.6	81.56	81.69	82.06	-0.393	-0.406	-0.409
0.8	37.73	37.65	37.60	-0.063	-0.068	-0.084
1.0	-0.20	-0.22	-0.37	0	0	0

表 3.6.2　贮液池圆底板的内力

r/L	$N_\theta(\text{kN/m})$			$M_x(\text{kN}\cdot\text{m/m})$		
	IMMS, $n=10$	IMMS, $n=20$	文献[30]	IMMS, $n=10$	IMMS, $n=20$	文献[30]
0.0	12.85	12.44	12.66	12.85	12.44	12.66
0.2	6.31	6.17	6.36	-0.08	-0.60	-0.64
0.4	-2.81	-3.17	-3.18	-12.40	-12.57	-12.68
0.6	-6.29	-6.50	-6.55	-11.24	-11.21	-11.33
0.8	-5.35	-5.45	-5.52	-2.59	-2.39	-2.52
1.0	-0.948	-0.943	-0.93	12.10	12.43	12.29

本节采用插值矩阵法分析了由圆柱壳、球壳和圆板构成的轴对称圆形贮液池的结构内力,该方法也可运用到筒仓、水柜等特种结构的力学分析,易于实施且计算量小,有利于贮液池等的结构优化分析。

本章小结

本章研究了插值矩阵法自适应网格划分技术和其求解器解常微分方程边值问题的计算误差控制。应用插值矩阵法及其求解器分析各类常微分方程边值问题和特征值问题,包括奇异性、小参数摄动和非线性方程等,给出了相关的应用算例,并和差分法、试射法及配点法等计算结果进行了比较。我们不声称插值矩阵法及其求解器 IMMS 和 IMMEI 在解各类 ODE 边值问题上都是最佳的,而是表现插值矩阵法为解各类 ODE 边值问题提供了一个有效方法和便利。

应用插值矩阵法求解一类固体力学板壳问题的位移和内力(应力)分布,应力函数解通常由方程中各阶导函数组成,显现了插值矩阵法所计算的结构位移和应力具有同等精度的重要优点,而有限元法和差分法求出的结构应力比位移计算值精度低。

参考文献

[1] 牛忠荣. 多点边值问题的插值矩阵法及其误差分析[J]. 计算物理,1993,10(3):336-344.

[2] Cash J R. A comparison of some global methods for solving two-point boundary value problems[J]. Applied Mathematics and Computation,1989,31:449-462.

[3] Lentini M, Pereyra V. A variable order finite difference method for nonlinear multipoint boundary value problems[J]. Mathematics of Computation,1974,28:981-1004.

[4] Pereyra V. Pasva3: An adaptive finite difference Fortran program for first order nonlinear, ordinary boundary problems[C]//Childs B, et al. Codes for boundary-value problems in ordinary differential equations, Lecture Notes in Computer Science. Berlin: Springer,1978, 76:67-88.

[5] Reddy Y N, Chakravarthy P P. Numerical patching method for singularly perturbed two-point boundary value problems using cubic splines [J]. Applied Mathematics and Computation,2004,149:441-446.

[6] Gladwell I. A survey of subroutines for solving boundary value problems in ordinary differential equations[M]//The Proc. of the Conference on Computational Techniques for Ordinary Differential Equations. New York: Academic Press Inc.,1980:273-303.

［7］ Kierzenka J，Shampine L F. A BVP solver based on residual control and the MATLAB PSE ［J］. ACM Trans. Math. Software，2001，27：299-316.

［8］ Shampine L F，Reichelt M W，Kierzenka J. Solving boundary value problems for ordinary differential equations in MATLAB with bvp4c［J］. MATLAB File Exchange，2004.

［9］ Shampine L F. Design of software for ODEs［J］. Journal of Computational and Applied Mathematics，2007，205：901-911.

［10］ Ascher U，Christiansen J，Russell R D. Algorithm 569，COLSYS：collocation software for boundary value ODEs［J］. ACM Trans. Math. Software，1981，7(2)：223-229.

［11］ 徐芝伦. 弹性力学(下册)［M］. 5 版.北京：高等教育出版社，2016.

［12］ 王光远. 建筑结构的振动［M］. 北京：科学出版社，1978.

［13］ Shampine L F. Singular boundary value problems for ODEs［J］. Applied Mathematics and Computation，2003，138：99-112.

［14］ Dranoff J S. An eigenvalue problem arising in mass and heat transfer studies［J］. Math. Comp.，1961，15：403-409.

［15］ Cash J R，Wright M H. A deferred correction method for nonlinear two-point boundary value problems：implementation and numerical evaluation［J］. SIAM Journal Sci. Stat. Comput.，1991，12(4)：971-989.

［16］ Mohan K K，Roman K S. Cubic spline and invariant imbedding for solving singular two-point boundary value problems［J］. Journal of Math. & Appl.，1985，112：22-35.

［17］ Brabston D C，Heller H B. A numerical method for singular two point boundary value Problems［J］. SIAM J. Numer. Anal.，1977，14：779-791.

［18］ 何启兵，牟宗泽. 奇异微分方程边值问题的数值解法［J］. 计算物理，1994，11(1)：17-26.

［19］ Coddington E，Levinson N. Theory of ordinary differential equations［M］. New York：McGraw-Hill，1955.

［20］ Kamke E. 常微分方程手册［M］. 张鸿林，译. 北京：科学出版社，1977.

［21］ Niu Z R. Nonlinear bending of the shallow spherical shells with variable thickness under axisymmetrical loads［J］. Applied Mathematics and Mechanics，1993，14(11)：1023-1031.

［22］ 牛忠荣，王秀喜. 非线性多点边值问题的插值矩阵法［J］. 计算物理，1997，14(4)：708-711.

［23］ 牛忠荣. 圆柱贮液池结构分析的一个新方法［J］. 工程力学，1992，9(1)：60-64.

［24］ Roul P，Thula K. A new high-order numerical method for solving singular two-point boundary value problems［J］. Journal of Computational and Applied Math.，2018，343：556-574.

［25］ Khuri S A，Sayfy A. Numerical solution for the nonlinear Emden-Fowler type equations by a fourth-order adaptive method［J］. Inter. Journal Comput. Methods，2014，11(1)：1-21.

［26］ 叶开沅,刘人怀,平庆元,等. 圆底扁薄球壳的非线性稳定问题：Ⅰ.左对称线布载荷作用下的圆底扁薄球壳的非线性稳定问题［J］. 科学通报，1965(02)：142-145.

[27] 严圣平. 扁球壳在均布压力作用下的非线性弯曲问题[J]. 应用力学学报，1988，5(3)：
21-29.

[28] 高建岭. 结构分析的有限元线法[D]. 北京：清华大学，1990.

[29] 上海市市政工程设计院，北京市市政设计院，中国给水排水设计院，等. 给水排水工程结构设
计手册[M]. 北京：中国建筑工业出版社，1984.

[30] 曹祖同，王玲勇，陈云霞. 钢筋混凝土特种结构[M]. 北京：中国建筑工业出版社，1987.

第 —— 4 —— 章

功能梯度材料矩形厚板和
叠层板静力问题半解析解

功能梯度材料(functionally graded materials,FGM)是一种新型复合材料[1, 2]。功能梯度的概念最早由日本学者平井敏雄等于20世纪80年代针对航空航天技术中出现的高温落差现象而提出[3],功能梯度材料一般由两种或多种性能不同的材料组成(如陶瓷-金属功能梯度材料),通过对各材料组分的设计使其物理性能参数在宏观尺度上呈连续变化,可避免或降低因材性突变导致的应力集中[4,5]。

随着科学技术的发展,航空、航天等领域开始涉及功能梯度材料及复合材料的厚壁及强厚度叠层结构。对于厚壁结构,尤其是功能梯度材料厚壁及叠层结构,其薄板的 Kirchhoff 理论不能适用了。各种中厚板结构理论,如 Reissner 理论、Mindlin 理论等,是引入一些简化假设,致使弹性力学基本方程只能部分被满足[6],对于功能梯度叠层板结构的力学性能分析,这些简化会产生较大误差[7~10]。

近年来,功能梯度材料的力学性能分析一直是学者所关注的问题。由于功能梯度材料结构控制方程为变系数的偏微分方程组,一般很难取得解析解。Zhong 等[11]采用状态空间法分析了正交各向异性 FGM 压电矩形板。Vaghefi 等[12]采用无网格法求解了 FGM 叠层厚板的弯曲。Mohammad 等[13]采用高阶剪切应变理论分析了 FGM 叠层板的静态响应及自由振动。李华东等[14]基于 Reissner 假设和双三角级数展开,分析了 FGM 夹层板的弯曲。由于 FGM 板壳结构的复杂性,因此当前的研究大多局限于利用各种简化二维板理论进行分析,且得到的大多是数值解,其解的准确性难以评估,尚缺乏令人信服的准确解作为参照,已有的三维弹性理论分析解也仅限于材料参数沿厚度方向呈特定梯度形式变化的情形。

本章针对均质材料四边简支矩形厚板和 FGM 矩形厚板、叠层板的静力问题,建立一个半解析的分析方法[15]。基于三维线弹性理论,引入状态空间思想,利用双三角级数展开将偏微分方程组的求解转化为常微分方程组边值问题,采用插值矩阵法直接求解该常微分方程组边值问题。

4.1

正交各向异性材料矩形厚板控制方程

考虑正交各向异性均质材料弹性矩形厚板,见图4.1.1,其上表面作用分布荷载 $q_0(x,y)$,厚板长、宽、高分别为 a,b,h,建立图示直角坐标系 $Oxyz$,弹性主轴与坐标轴重合。范家让[6]采用状态空间法分析了强厚度四边简支矩形板问题,本节给出正交各向异性矩形厚板三维弹性分析的状态方程。

不计体力,三维线弹性力学问题平衡微分方程为

$$\begin{cases} \dfrac{\partial \sigma_{xx}}{\partial x} + \dfrac{\partial \sigma_{xy}}{\partial y} + \dfrac{\partial \sigma_{zx}}{\partial z} = 0 \\[2mm] \dfrac{\partial \sigma_{xy}}{\partial x} + \dfrac{\partial \sigma_{yy}}{\partial y} + \dfrac{\partial \sigma_{yz}}{\partial z} = 0 \\[2mm] \dfrac{\partial \sigma_{zx}}{\partial x} + \dfrac{\partial \sigma_{yz}}{\partial y} + \dfrac{\partial \sigma_{zz}}{\partial z} = 0 \end{cases} \qquad (4.1.1)$$

式中，$\sigma_{ij}(i,j=x,y,z)$ 为应力分量。

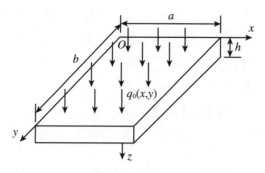

图 4.1.1　分布载荷作用的三维弹性矩形厚板

当 x,y 和 z 为正交各向异性板的弹性主轴时，其应力-应变关系为

$$\boldsymbol{\varepsilon} = \boldsymbol{S\sigma} \qquad (4.1.2a)$$

或

$$\boldsymbol{\sigma} = \boldsymbol{C\varepsilon} \qquad (4.1.2b)$$

式中，$\boldsymbol{\sigma}$ 为应力列向量，$\boldsymbol{\varepsilon}$ 为应变列向量：

$$\boldsymbol{\sigma} = \{\, \sigma_{xx} \quad \sigma_{yy} \quad \sigma_{zz} \quad \sigma_{yz} \quad \sigma_{xz} \quad \sigma_{xy} \,\}^{\mathrm{T}} \qquad (4.1.3)$$

$$\boldsymbol{\varepsilon} = \{\, \varepsilon_{xx} \quad \varepsilon_{yy} \quad \varepsilon_{zz} \quad \varepsilon_{yz} \quad \varepsilon_{xz} \quad \varepsilon_{xy} \,\}^{\mathrm{T}} \qquad (4.1.4)$$

$\boldsymbol{S}$ 和 $\boldsymbol{C}$ 分别为正交各向异性材料三维体柔度和弹性系数矩阵：

$$\boldsymbol{S} = \begin{bmatrix} \dfrac{1}{E_x} & -\dfrac{v_{yx}}{E_y} & -\dfrac{v_{zx}}{E_z} & 0 & 0 & 0 \\[3mm] -\dfrac{v_{xy}}{E_x} & \dfrac{1}{E_y} & -\dfrac{v_{zy}}{E_z} & 0 & 0 & 0 \\[3mm] -\dfrac{v_{xz}}{E_x} & -\dfrac{v_{yz}}{E_y} & \dfrac{1}{E_z} & 0 & 0 & 0 \\[3mm] 0 & 0 & 0 & \dfrac{1}{G_{yz}} & 0 & 0 \\[3mm] 0 & 0 & 0 & 0 & \dfrac{1}{G_{zx}} & 0 \\[3mm] 0 & 0 & 0 & 0 & 0 & \dfrac{1}{G_{xy}} \end{bmatrix} \qquad (4.1.5)$$

$$C = \begin{bmatrix} C_{11} & C_{12} & C_{13} & 0 & 0 & 0 \\ C_{12} & C_{22} & C_{23} & 0 & 0 & 0 \\ C_{13} & C_{23} & C_{33} & 0 & 0 & 0 \\ 0 & 0 & 0 & C_{44} & 0 & 0 \\ 0 & 0 & 0 & 0 & C_{55} & 0 \\ 0 & 0 & 0 & 0 & 0 & C_{66} \end{bmatrix} \tag{4.1.6}$$

式中，E_x，E_y 和 E_z 分别为沿三个弹性主轴方向相应的弹性模量；ν_{xy} 为 x 方向拉伸（压缩）引起 y 方向缩短（伸长）的泊松比，其余类推；G_{xy}，G_{yz} 和 G_{zx} 为剪切模量；C_{ij}（$i,j = 1,2,\cdots,6$）为材料主轴坐标系下弹性系数，其与弹性模量、剪切模量以及泊松比之间的关系见附录式（Ⅲ.11）。

线弹性力学的位移和应变几何关系为

$$\varepsilon_{xx} = \frac{\partial U}{\partial x}, \quad \varepsilon_{yy} = \frac{\partial V}{\partial y}, \quad \varepsilon_{zz} = \frac{\partial W}{\partial z} \tag{4.1.7a}$$

$$\varepsilon_{yz} = \frac{\partial V}{\partial z} + \frac{\partial W}{\partial y}, \quad \varepsilon_{xz} = \frac{\partial U}{\partial z} + \frac{\partial W}{\partial x}, \quad \varepsilon_{xy} = \frac{\partial U}{\partial y} + \frac{\partial V}{\partial x} \tag{4.1.7b}$$

式中，U,V,W 分别为三维板体沿坐标 x,y,z 方向的三个位移分量。

由三维弹性体的应力-应变关系式（4.1.2b）可先析出：

$$\begin{cases} \sigma_{xx} = C_{11}\dfrac{\partial U}{\partial x} + C_{12}\dfrac{\partial V}{\partial y} + C_{13}\dfrac{\partial W}{\partial z} \\[2mm] \sigma_{yy} = C_{12}\dfrac{\partial U}{\partial x} + C_{22}\dfrac{\partial V}{\partial y} + C_{23}\dfrac{\partial W}{\partial z} \\[2mm] \sigma_{xy} = C_{66}\left(\dfrac{\partial U}{\partial y} + \dfrac{\partial V}{\partial x}\right) \end{cases} \tag{4.1.8}$$

引入符号：

$$X(x,y,z) = \sigma_{xz}(x,y,z), \quad Y(x,y,z) = \sigma_{yz}(x,y,z),$$
$$Z(x,y,z) = \sigma_{zz}(x,y,z) \tag{4.1.9}$$

对正交各向异性均质材料矩形厚板，将式（4.1.8）代入式（4.1.1），连同三维弹性体的应力-应变关系式（4.1.2），经过化简后可得到如下方程[6]：

$$\begin{cases} \dfrac{\partial U}{\partial z} = \dfrac{X}{C_{55}} - \dfrac{\partial W}{\partial x} \\[3mm] \dfrac{\partial V}{\partial z} = \dfrac{Y}{C_{44}} - \dfrac{\partial W}{\partial y} \\[3mm] \dfrac{\partial Z}{\partial z} = -\dfrac{\partial X}{\partial x} - \dfrac{\partial Y}{\partial y} \\[3mm] \dfrac{\partial X}{\partial z} = \left(\dfrac{C_{13}^2}{C_{33}} - C_{11} \right) \dfrac{\partial^2 U}{\partial x^2} - C_{66} \dfrac{\partial^2 U}{\partial y^2} + \left(\dfrac{C_{13} C_{23}}{C_{33}} - C_{12} - C_{66} \right) \dfrac{\partial^2 V}{\partial x \partial y} - \dfrac{C_{13}}{C_{33}} \dfrac{\partial Z}{\partial x} \\[3mm] \dfrac{\partial Y}{\partial z} = \left(\dfrac{C_{13} C_{23}}{C_{33}} - C_{12} - C_{66} \right) \dfrac{\partial^2 U}{\partial x \partial y} - C_{66} \dfrac{\partial^2 V}{\partial x^2} + \left(\dfrac{C_{23}^2}{C_{33}} - C_{22} \right) \dfrac{\partial^2 V}{\partial y^2} - \dfrac{C_{23}}{C_{33}} \dfrac{\partial Z}{\partial y} \\[3mm] \dfrac{\partial W}{\partial z} = \dfrac{Z}{C_{33}} - \dfrac{C_{13}}{C_{33}} \dfrac{\partial U}{\partial x} - \dfrac{C_{23}}{C_{33}} \dfrac{\partial V}{\partial y} \end{cases} \tag{4.1.10}$$

如图 4.1.1 所示,在四边简支条件下矩形板的应力和位移边界条件可表示为

$$x = 0, a : \quad \sigma_{xx} = W = V = 0 \tag{4.1.11a}$$

$$y = 0, b : \quad \sigma_{yy} = W = U = 0 \tag{4.1.11b}$$

$$z = 0 : \quad \sigma_{xz} = \sigma_{xz} = 0, \sigma_{zz} = -q(x,y) \tag{4.1.11c}$$

$$z = h : \quad \sigma_{xz} = \sigma_{yz} = \sigma_{zz} = 0 \tag{4.1.11d}$$

对于四边简支矩形厚板,将其位移分量 U, V, W 和应力分量 X, Y, Z 作为基本未知函数,将其在 x 和 y 方向展开为双三角级数表示如下:

$$\begin{Bmatrix} U \\ V \\ Z \\ X \\ Y \\ W \end{Bmatrix} = \sum_{m=1}^{\infty} \sum_{n=1}^{\infty} \begin{Bmatrix} U_{mn}(z)\cos\dfrac{m\pi x}{a}\sin\dfrac{n\pi y}{b} \\[2mm] V_{mn}(z)\sin\dfrac{m\pi x}{a}\cos\dfrac{n\pi y}{b} \\[2mm] Z_{mn}(z)\sin\dfrac{m\pi x}{a}\sin\dfrac{n\pi y}{b} \\[2mm] X_{mn}(z)\cos\dfrac{m\pi x}{a}\sin\dfrac{n\pi y}{b} \\[2mm] Y_{mn}(z)\sin\dfrac{m\pi x}{a}\cos\dfrac{n\pi y}{b} \\[2mm] W_{mn}(z)\sin\dfrac{m\pi x}{a}\sin\dfrac{n\pi y}{b} \end{Bmatrix} \tag{4.1.12}$$

式中 $U_{mn}, V_{mn}, Z_{mn}, X_{mn}, Y_{mn}, W_{mn}$ 为所取级数项的幅值,仅为变量 z 的函数。显然上式满足四边简支边界条件式(4.1.11a)、式(4.1.11b)。

对每一级数对 $m-n$,将式(4.1.12)代入式(4.1.10),可转化得到如下一阶常微分方程组:

$$\begin{cases} \dfrac{\mathrm{d}U_{mn}}{\mathrm{d}z} = \dfrac{X_{mn}}{C_{55}} - \dfrac{m\pi}{a}W_{mn} \\[2mm] \dfrac{\mathrm{d}V_{mn}}{\mathrm{d}z} = \dfrac{Y_{mn}}{C_{44}} - \dfrac{n\pi}{b}W_{mn} \\[2mm] \dfrac{\mathrm{d}Z_{mn}}{\mathrm{d}z} = -\dfrac{m\pi}{a}X_{mn} - \dfrac{n\pi}{b}Y_{mn} \\[2mm] \dfrac{\mathrm{d}X_{mn}}{\mathrm{d}z} = \left[\left(C_{11} - \dfrac{C_{13}^2}{C_{33}}\right)\dfrac{m^2}{a^2} + C_{66}\dfrac{n^2}{b^2}\right]\pi^2 U_{mn} \\[2mm] \qquad\qquad + \left(C_{12} + C_{66} - \dfrac{C_{13}C_{23}}{C_{33}}\right)\dfrac{mn\pi^2}{ab}V_{mn} - \dfrac{C_{13}}{C_{33}}\dfrac{m\pi}{a}Z_{mn} \\[2mm] \dfrac{\mathrm{d}Y_{mn}}{\mathrm{d}z} = \left(C_{12} + C_{66} - \dfrac{C_{13}C_{23}}{C_{33}}\right)\dfrac{mn\pi^2}{ab}U_{mn} \\[2mm] \qquad\qquad + \left[C_{66}\dfrac{m^2}{a^2} + \left(C_{22} - \dfrac{C_{23}^2}{C_{33}}\right)\dfrac{n^2}{b^2}\right]\pi^2 V_{mn} - \dfrac{C_{23}}{C_{33}}\dfrac{n\pi}{b}Z_{mn} \\[2mm] \dfrac{\mathrm{d}W_{mn}}{\mathrm{d}z} = \dfrac{Z_{mn}}{C_{33}} + \dfrac{C_{13}}{C_{33}}\dfrac{m\pi}{a}U_{mn} + \dfrac{C_{23}}{C_{33}}\dfrac{n\pi}{b}V_{mn} \end{cases}$$

$$(4.1.13)$$

式中，$U_{mn}(z)$，$V_{mn}(z)$，$Z_{mn}(z)$，$X_{mn}(z)$，$Y_{mn}(z)$，$W_{mn}(z)$ 为待求的未知函数；$m = 1,2,\cdots,\infty$；$n = 1,2,\cdots,\infty$；$z \in [0,h]$。

当板的上表面受到分布载荷 $q_0(x,y)$ 时，如图 4.1.1 所示，分布载荷 $q_0(x,y)$ 可按下式展开成双三角级数：

$$q_0(x,y) = \sum_{m=1}^{\infty}\sum_{n=1}^{\infty} q_{mn}\sin\frac{m\pi x}{a}\sin\frac{n\pi y}{b} \qquad (4.1.14)$$

由三角函数的正交性，可求出 q_{mn} 的表达式，对均布载荷 q_0，其表达式为

$$q_{mn} = \frac{4q_0(\cos m\pi - 1)(\cos n\pi - 1)}{mn\pi^2} \qquad (4.1.15)$$

将式(4.1.12)、式(4.1.14)代入边界条件式(4.1.11c)和式(4.1.11d)，其中式(4.1.12)的展开级数中每一对级数 m 和 n 对应的幅值函数满足

$$\begin{Bmatrix} X_{mn}(0) \\ Y_{mn}(0) \\ Z_{mn}(0) \end{Bmatrix} = \begin{Bmatrix} 0 \\ 0 \\ q_{mn} \end{Bmatrix} \qquad (4.1.16a)$$

$$\begin{Bmatrix} X_{mn}(h) \\ Y_{mn}(h) \\ Z_{mn}(h) \end{Bmatrix} = \begin{Bmatrix} 0 \\ 0 \\ 0 \end{Bmatrix} \qquad (4.1.16b)$$

至此，已将正交各向异性材料矩形简支厚板三维线弹性理论的基本方程转化为以诸函数 $(U_{mn},V_{mn},Z_{mn},X_{mn},Y_{mn},W_{mn})$ 表示的常微分方程组式(4.1.13)在式

(4.1.16)下的两点边值问题。解之获得结果$(U_{mn}, V_{mn}, Z_{mn}, X_{mn}, Y_{mn}, W_{mn})$，代入式(4.1.12)得到基本变量$(U, V, Z, X, Y, W)$，再代入式(4.1.8)即可获得其他应力分量$(\sigma_{xx}, \sigma_{yy}, \sigma_{xy})$。

4.2

功能梯度材料矩形厚板控制方程

生物界中骨骼、牙齿、毛竹沿其表面法向就是天然的 FGM 结构。FGM 适合制造电子芯片和飞行器防护结构，通过设计材料的力学和热学参数合适的变化形式，可达到结构隔热和降缓应力集中破坏的目的，又可减轻结构重量。通常这些工程结构都是基于宏观尺度设计和制造的，一些 FGM 的宏观力学行为及其复合结构性能是符合使用弹性理论表征的，由此可获得定量分析结果[5]。

考虑正交各向异性非均质的三维弹性矩形厚板，见图 4.1.1，其上表面作用分布荷载$q_0(x, y)$，厚板长、宽、高分别为a, b, h，建立图示直角坐标系$Oxyz$。对于 FGM 三维弹性体，其弹性系数矩阵为

$$C = \begin{bmatrix} C_{11}(z) & C_{12}(z) & C_{13}(z) & 0 & 0 & 0 \\ C_{12}(z) & C_{22}(z) & C_{23}(z) & 0 & 0 & 0 \\ C_{13}(z) & C_{23}(z) & C_{33}(z) & 0 & 0 & 0 \\ 0 & 0 & 0 & C_{44}(z) & 0 & 0 \\ 0 & 0 & 0 & 0 & C_{55}(z) & 0 \\ 0 & 0 & 0 & 0 & 0 & C_{66}(z) \end{bmatrix} \quad (4.2.1)$$

其中$C_{ij}(z)$为材料主轴坐标系下的弹性系数，为坐标z的函数。

将式(4.2.1)代入三维弹性体应力-应变关系式(4.1.2b)，可得

$$\begin{cases} \sigma_{xx} = C_{11}(z)\dfrac{\partial U}{\partial x} + C_{12}(z)\dfrac{\partial V}{\partial y} + C_{13}(z)\dfrac{\partial W}{\partial z} \\ \sigma_{yy} = C_{12}(z)\dfrac{\partial U}{\partial x} + C_{22}(z)\dfrac{\partial V}{\partial y} + C_{23}(z)\dfrac{\partial W}{\partial z} \\ \sigma_{xy} = C_{66}(z)\left(\dfrac{\partial U}{\partial y} + \dfrac{\partial V}{\partial x}\right) \end{cases} \quad (4.2.2)$$

由前面引入的符号$X = \sigma_{xz}, Y = \sigma_{yz}, Z = \sigma_{zz}$，将式(4.2.1)代入平衡方程式(4.1.1)，并将式(4.2.1)代入应力-应变关系式(4.1.2)中，可将沿z方向功能梯度三维问题理论的基本方程转换为如下变系数微分方程组：

$$
\begin{cases}
\dfrac{\partial U}{\partial z} = \dfrac{X}{C_{55}(z)} - \dfrac{\partial W}{\partial x} \\[2mm]
\dfrac{\partial V}{\partial z} = \dfrac{Y}{C_{44}(z)} - \dfrac{\partial W}{\partial y} \\[2mm]
\dfrac{\partial Z}{\partial z} = -\dfrac{\partial X}{\partial x} - \dfrac{\partial Y}{\partial y} \\[2mm]
\dfrac{\partial X}{\partial z} = \left[\dfrac{C_{13}^2(z)}{C_{33}(z)} - C_{11}(z) \right] \dfrac{\partial^2 U}{\partial x^2} - C_{66}(z) \dfrac{\partial^2 U}{\partial y^2} \\[3mm]
\qquad\quad + \left[\dfrac{C_{13}(z) C_{23}(z)}{C_{33}(z)} - C_{12}(z) - C_{66}(z) \right] \dfrac{\partial^2 V}{\partial x \partial y} - \dfrac{C_{13}(z)}{C_{33}(z)} \dfrac{\partial Z}{\partial x} \\[3mm]
\dfrac{\partial Y}{\partial z} = \left[\dfrac{C_{13}(z) C_{23}(z)}{C_{33}(z)} - C_{12}(z) - C_{66}(z) \right] \dfrac{\partial^2 U}{\partial x \partial y} - C_{66}(z) \dfrac{\partial^2 V}{\partial x^2} \\[3mm]
\qquad\quad + \left[\dfrac{C_{23}^2(z)}{C_{33}(z)} - C_{22}(z) \right] \dfrac{\partial^2 V}{\partial y^2} - \dfrac{C_{23 \cdot}(z)}{C_{33}(z)} \dfrac{\partial Z}{\partial y} \\[3mm]
\dfrac{\partial W}{\partial z} = \dfrac{Z}{C_{33}(z)} - \dfrac{C_{13}(z)}{C_{33}(z)} \dfrac{\partial U}{\partial x} - \dfrac{C_{23}(z)}{C_{33}(z)} \dfrac{\partial V}{\partial y}
\end{cases}
$$

$$(4.2.3)$$

对上面微分方程中的基本变量(U, V, Z, X, Y, W)，沿板面 x 和 y 方向用双三角级数展开，见式(4.1.12)。显然式(4.1.12)满足矩形板四边简支边界条件式(4.1.11a)、式(4.1.11b)。对每对指标 m-n，将式(4.1.12)代入式(4.2.3)，可转化得到关于变量 z 的一系列变系数常微分方程组如下：

$$
\begin{cases}
\dfrac{\mathrm{d}U_{mn}(z)}{\mathrm{d}z} = \dfrac{X_{mn}(z)}{C_{55}(z)} - \dfrac{m\pi}{a} W_{mn}(z) \\[3mm]
\dfrac{\mathrm{d}V_{mn}(z)}{\mathrm{d}z} = \dfrac{Y_{mn}(z)}{C_{44}(z)} - \dfrac{n\pi}{b} W_{mn}(z) \\[3mm]
\dfrac{\mathrm{d}Z_{mn}(z)}{\mathrm{d}z} = -\dfrac{m\pi}{a} X_{mn}(z) - \dfrac{n\pi}{b} Y_{mn}(z) \\[3mm]
\dfrac{\mathrm{d}X_{mn}(z)}{\mathrm{d}z} = \left[\left(C_{11}(z) - \dfrac{C_{13}^2(z)}{C_{33}(z)} \right) \dfrac{m^2}{a^2} + C_{66}(z) \dfrac{n^2}{b^2} \right] \pi^2 U_{mn}(z) \\[3mm]
\qquad\quad + \left(C_{12}(z) + C_{66}(z) - \dfrac{C_{13}(z) C_{23}(z)}{C_{33}(z)} \right) \dfrac{mn\pi^2}{ab} V_{mn}(z) - \dfrac{C_{13}(z)}{C_{33}(z)} \dfrac{m\pi}{a} Z_{mn}(z) \\[3mm]
\dfrac{\mathrm{d}Y_{mn}(z)}{\mathrm{d}z} = \left(C_{12}(z) + C_{66}(z) - \dfrac{C_{13}(z) C_{23}(z)}{C_{33}(z)} \right) \dfrac{mn\pi^2}{ab} U_{mn}(z) \\[3mm]
\qquad\quad + \left[C_{66}(z) \dfrac{m^2}{a^2} + \left(C_{22}(z) - \dfrac{C_{23}^2(z)}{C_{33}(z)} \right) \dfrac{n^2}{b^2} \right] \pi^2 V_{mn}(z) - \dfrac{C_{23}(z)}{C_{33}(z)} \dfrac{n\pi}{b} Z_{mn}(z) \\[3mm]
\dfrac{\mathrm{d}W_{mn}(z)}{\mathrm{d}z} = \dfrac{Z_{mn}(z)}{C_{33}(z)} + \dfrac{C_{13}(z)}{C_{33}(z)} \dfrac{m\pi}{a} U_{mn}(z) + \dfrac{C_{23}(z)}{C_{33}(z)} \dfrac{n\pi}{b} V_{mn}(z)
\end{cases}
$$

$$(4.2.4)$$

式中，$m = 1, 2, \cdots, \infty$；$n = 1, 2, \cdots, \infty$；$z \in [0, h]$。再将式(4.1.12)代入式(4.2.2)，

可得其余的三个应力分量：

$$
\begin{cases}
\sigma_{xx} = \sum_{m=1}^{\infty} \sum_{n=1}^{\infty} \left[-C_{11}\frac{m\pi}{a}U_{mn}(z) - C_{12}\frac{n\pi}{b}V_{mn}(z) + C_{13}\frac{\mathrm{d}W_{mn}(z)}{\mathrm{d}z} \right] \sin\frac{m\pi x}{a}\sin\frac{n\pi y}{b} \\[2mm]
\sigma_{yy} = \sum_{m=1}^{\infty} \sum_{n=1}^{\infty} \left[-C_{21}\frac{m\pi}{a}U_{mn}(z) - C_{22}\frac{n\pi}{b}V_{mn}(z) + C_{23}\frac{\mathrm{d}W_{mn}(z)}{\mathrm{d}z} \right] \sin\frac{m\pi x}{a}\sin\frac{n\pi y}{b} \\[2mm]
\sigma_{xy} = \sum_{m=1}^{\infty} \sum_{n=1}^{\infty} C_{66}\pi \left[\frac{n}{b}U_{mn}(z) + \frac{m}{a}V_{mn}(z) \right] \cos\frac{m\pi x}{a}\cos\frac{n\pi y}{b}
\end{cases}
$$

$$(4.2.5)$$

式中 $z \in [0, h]$。

至此已将三维功能梯度材料矩形板在四边简支情况下的静力问题转化为以诸函数 $U_{mn}(z), V_{mn}(z), Z_{mn}(z), X_{mn}(z), Y_{mn}(z), W_{mn}(z)$ 表示的变系数常微分方程组式(4.2.4)在边值条件式(4.1.16)下的求解问题。解此方程组获得 $U_{mn}(z)$, $V_{mn}(z), Z_{mn}(z), X_{mn}(z), Y_{mn}(z), W_{mn}(z)$ 及它们的各阶导数,代入式(4.1.12)得到基本变量 U, V, Z, X, Y, W,再由式(4.2.5)即可获得其余应力分量 $\sigma_{xx}, \sigma_{yy}, \sigma_{xy}$ 的半解析解。

4.3

功能梯度材料叠层板问题控制方程

考虑正交各向异性功能梯度材料四边简支矩形叠层厚板,见图 4.3.1,板的长、宽、高分别为 a, b, h,共有 L 层,第 j 层厚度为 h_j,建立图示总体直角坐标系 $Oxyz$,对于每层板用局部坐标系 $O_j x_j y_j z_j$ 描述。

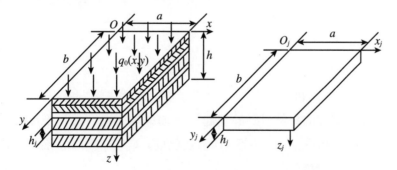

图 4.3.1 分布载荷作用下的三维弹性矩形叠层厚板

对第 j 层功能梯度板进行弹性力学分析,不计体力,其三维线弹性理论平衡微分方程为

$$
\begin{cases}
\dfrac{\partial \sigma_{xx}^{j}}{\partial x_j} + \dfrac{\partial \sigma_{xy}^{j}}{\partial y_j} + \dfrac{\partial \sigma_{xz}^{j}}{\partial z_j} = 0 \\[2mm]
\dfrac{\partial \sigma_{xy}^{j}}{\partial x_j} + \dfrac{\partial \sigma_{yy}^{j}}{\partial y_j} + \dfrac{\partial \sigma_{yz}^{j}}{\partial z_j} = 0 \\[2mm]
\dfrac{\partial \sigma_{xz}^{j}}{\partial x_j} + \dfrac{\partial \sigma_{yz}^{j}}{\partial y_j} + \dfrac{\partial \sigma_{zz}^{j}}{\partial z_j} = 0
\end{cases}
\tag{4.3.1}
$$

式中，$\sigma_{kl}^{j}(k,l=x,y,z)$ 为第 j 层的应力分量；$j=1,2,\cdots,L$。

当 x_j，y_j 和 z_j 为第 j 层板材料弹性主轴，正交各向异性三维线弹性体的应力-应变关系为

$$
\boldsymbol{\varepsilon}_j = \boldsymbol{S}_j(z_j)\boldsymbol{\sigma}_j
\tag{4.3.2a}
$$

或

$$
\boldsymbol{\sigma}_j = \boldsymbol{C}_j(z_j)\boldsymbol{\varepsilon}_j
\tag{4.3.2b}
$$

其中，$\boldsymbol{\sigma}_j$ 为第 j 层的应力列向量：

$$
\boldsymbol{\sigma}_j = \{\sigma_{xx}^{j} \quad \sigma_{yy}^{j} \quad \sigma_{zz}^{j} \quad \sigma_{yz}^{j} \quad \sigma_{xz}^{j} \quad \sigma_{xy}^{j}\}^{\mathrm{T}}
\tag{4.3.3}
$$

$\boldsymbol{\varepsilon}_j$ 为第 j 层的应变列向量：

$$
\boldsymbol{\varepsilon}_j = \{\varepsilon_{xx}^{j} \quad \varepsilon_{yy}^{j} \quad \varepsilon_{zz}^{j} \quad \varepsilon_{yz}^{j} \quad \varepsilon_{xz}^{j} \quad \varepsilon_{xy}^{j}\}^{\mathrm{T}}
\tag{4.3.4}
$$

$\boldsymbol{S}_j(z_j)$ 为第 j 层正交各向异性功能梯度材料柔度系数矩阵：

$$
\boldsymbol{S}_j(z_j) = \begin{bmatrix}
\dfrac{1}{E_{jx}(z_j)} & -\dfrac{v_{jyx}(z_j)}{E_{jy}(z_j)} & -\dfrac{v_{jzx}(z_j)}{E_{jz}(z_j)} & 0 & 0 & 0 \\[4mm]
-\dfrac{v_{jxy}(z_j)}{E_{jx}(z_j)} & \dfrac{1}{E_{jy}(z_j)} & -\dfrac{v_{jzy}(z_j)}{E_{jz}(z_j)} & 0 & 0 & 0 \\[4mm]
-\dfrac{v_{jxz}(z_j)}{E_{jx}(z_j)} & -\dfrac{v_{jyz}(z_j)}{E_{jy}(z_j)} & \dfrac{1}{E_{jz}(z_j)} & 0 & 0 & 0 \\[4mm]
0 & 0 & 0 & \dfrac{1}{G_{jyz}(z_j)} & 0 & 0 \\[4mm]
0 & 0 & 0 & 0 & \dfrac{1}{G_{jzx}(z_j)} & 0 \\[4mm]
0 & 0 & 0 & 0 & 0 & \dfrac{1}{G_{jxy}(z_j)}
\end{bmatrix}
$$

$$
\tag{4.3.5}
$$

式中，$E_{jx}(z_j)$，$E_{jy}(z_j)$ 和 $E_{jz}(z_j)$ 分别为第 j 层沿弹性主轴方向相应的弹性模量；$v_{jxy}(z_j)$ 为第 j 层 x 方向拉伸（压缩）引起 y 方向缩短（伸长）的泊松比，其余类推；$G_{jxy}(z_j)$，$G_{jyz}(z_j)$ 和 $G_{jzx}(z_j)$ 为第 j 层剪切模量。$\boldsymbol{C}_j(z_j)$ 为第 j 层正交各向异性功能梯度材料弹性系数矩阵：

$$
C_j(z_j) = \begin{bmatrix} C_{11}^j(z_j) & C_{12}^j(z_j) & C_{13}^j(z_j) & 0 & 0 & 0 \\ C_{12}^j(z_j) & C_{22}^j(z_j) & C_{23}^j(z_j) & 0 & 0 & 0 \\ C_{13}^j(z_j) & C_{23}^j(z_j) & C_{33}^j(z_j) & 0 & 0 & 0 \\ 0 & 0 & 0 & C_{44}^j(z_j) & 0 & 0 \\ 0 & 0 & 0 & 0 & C_{55}^j(z_j) & 0 \\ 0 & 0 & 0 & 0 & 0 & C_{66}^j(z_j) \end{bmatrix}
$$

$$(4.3.6)$$

式中，$C_{kl}^j(z_j)$ $(k,l=1,2,\cdots,6)$ 为第 j 层弹性系数，并假定所有材料参数仅为坐标 z_j 的函数。弹性系数与弹性模量、剪切模量和泊松比之间的关系为

$$
C_{11}^j = \frac{E_{jx}(1-\nu_{jyz}\nu_{jzy})}{Q_j}, \quad C_{12}^j = \frac{E_{jx}(\nu_{jyx}+\nu_{jzx}\nu_{jyz})}{Q_j} \tag{4.3.7a}
$$

$$
C_{22}^j = \frac{E_{jy}(1-\nu_{jxz}\nu_{jzx})}{Q_j}, \quad C_{13}^j = \frac{E_{jx}(\nu_{jzx}+\nu_{jyx}\nu_{jzy})}{Q_j} \tag{4.3.7b}
$$

$$
C_{33}^j = \frac{E_{jz}(1-\nu_{jxy}\nu_{jyx})}{Q_j}, \quad C_{23}^j = \frac{E_{jy}(\nu_{jzy}+\nu_{jxy}\nu_{jzx})}{Q_j} \tag{4.3.7c}
$$

$$
C_{44}^j = G_{jyz}, \quad C_{55}^j = G_{jzx}, \quad C_{66}^j = G_{jxy} \tag{4.3.7d}
$$

式中

$$
Q_j = 1 - \nu_{jxy}\nu_{jyx} - \nu_{jyz}\nu_{jzy} - \nu_{jxz}\nu_{jzx} - 2\nu_{jxy}\nu_{jyz}\nu_{jzx} \tag{4.3.8}
$$

第 j 层板的位移-应变关系为

$$
\varepsilon_{xx}^j = \frac{\partial U_j}{\partial x_j}, \quad \varepsilon_{yy}^j = \frac{\partial V_j}{\partial y_j}, \quad \varepsilon_{zz}^j = \frac{\partial W_j}{\partial z_j} \tag{4.3.9a}
$$

$$
\varepsilon_{yz}^j = \frac{\partial V_j}{\partial z_j} + \frac{\partial W_j}{\partial y_j}, \quad \varepsilon_{xz}^j = \frac{\partial U_j}{\partial z_j} + \frac{\partial W_j}{\partial x_j}, \quad \varepsilon_{xy}^j = \frac{\partial U_j}{\partial y_j} + \frac{\partial V_j}{\partial x_j} \tag{4.3.9b}
$$

式中，U_j,V_j,W_j 分别为沿坐标轴 x_j,y_j,z_j 方向的三个位移分量。

由应力-应变关系式(4.3.2b)中第 1、2、6 小式可先析出 $O_j x_j y_j$ 平面的三个应力分量：

$$
\begin{cases} \sigma_{xx}^j = C_{11}^j(z_j)\dfrac{\partial U_j}{\partial x_j} + C_{12}^j(z_j)\dfrac{\partial V_j}{\partial y_j} + C_{13}^j(z_j)\dfrac{\partial W_j}{\partial z_j} \\[2mm] \sigma_{yy}^j = C_{12}^j(z_j)\dfrac{\partial U_j}{\partial x_j} + C_{22}^j(z_j)\dfrac{\partial V_j}{\partial y_j} + C_{23}^j(z_j)\dfrac{\partial W_j}{\partial z_j} \\[2mm] \sigma_{xy}^j = C_{66}^j(z_j)\left(\dfrac{\partial U_j}{\partial y_j} + \dfrac{\partial V_j}{\partial x_j}\right) \end{cases} \tag{4.3.10}
$$

在式(4.3.1)中令

$$
X_j = \sigma_{xz}^j, \quad Y_j = \sigma_{yz}^j, \quad Z_j = \sigma_{zz}^j \tag{4.3.11}
$$

将式(4.3.10)代入式(4.3.1)，连同式(4.3.2b)中的第 3、4、5 小式，经过合并整理后可得

$$
\begin{cases}
\dfrac{\partial U_j}{\partial z_j} = \dfrac{X_j}{C_{55}^j(z_j)} - \dfrac{\partial W_j}{\partial x_j} \\[3mm]
\dfrac{\partial V_j}{\partial z_j} = \dfrac{Y_j}{C_{44}^j(z_j)} - \dfrac{\partial W_j}{\partial y_j} \\[3mm]
\dfrac{\partial Z_j}{\partial z_j} = -\dfrac{\partial X_j}{\partial x_j} - \dfrac{\partial Y_j}{\partial y_j} \\[3mm]
\dfrac{\partial X_j}{\partial z_j} = \left[\dfrac{(C_{13}^j)^2(z_j)}{C_{33}^j(z_j)} - C_{11}^j(z_j)\right]\dfrac{\partial^2 U_j}{\partial x_j^2} - C_{66}^j(z_j)\dfrac{\partial^2 U_j}{\partial y_j^2} \\[3mm]
\qquad + \left[\dfrac{C_{13}^j(z_j)C_{23}^j(z_j)}{C_{33}^j(z_j)} - C_{12}^j(z_j) - C_{66}^j(z_j)\right]\dfrac{\partial^2 V_j}{\partial x_j \partial y_j} - \dfrac{C_{13}^j(z_j)}{C_{33}^j(z_j)}\dfrac{\partial Z_j}{\partial x_j} \\[3mm]
\dfrac{\partial Y_j}{\partial z_j} = \left[\dfrac{C_{13}^j(z_j)C_{23}^j(z_j)}{C_{33}^j(z_j)} - C_{12}^j(z_j) - C_{66}^j(z_j)\right]\dfrac{\partial^2 U_j}{\partial x_j \partial y_j} - C_{66}^j(z_j)\dfrac{\partial^2 V_j}{\partial x_j^2} \\[3mm]
\qquad + \left[\dfrac{(C_{23}^j)^2(z_j)}{C_{33}^j(z_j)} - C_{22}^j(z_j)\right]\dfrac{\partial^2 V_j}{\partial y_j^2} - \dfrac{C_{23}^j(z_j)}{C_{33}^j(z_j)}\dfrac{\partial Z_j}{\partial y_j} \\[3mm]
\dfrac{\partial W_j}{\partial z_j} = \dfrac{Z_j}{C_{33}^j(z_j)} - \dfrac{C_{13}^j(z_j)}{C_{33}^j(z_j)}\dfrac{\partial U_j}{\partial x_j} - \dfrac{C_{23}^j(z_j)}{C_{33}^j(z_j)}\dfrac{\partial V_j}{\partial y_j}
\end{cases}
\tag{4.3.12}
$$

对于四侧面简支的叠层矩形厚板，将其位移分量 U_j，V_j，W_j 和式(4.3.11)中的三个应力分量作为基本未知函数，分别在 x_j 和 y_j 方向采用双三角级数表示如下：

$$
\begin{Bmatrix} U_j \\ V_j \\ Z_j \\ X_j \\ Y_j \\ W_j \end{Bmatrix} = \sum_{m=1}^{\infty}\sum_{n=1}^{\infty}
\begin{Bmatrix}
U_{jmn}(z_j)\cos\dfrac{m\pi x_j}{a}\sin\dfrac{n\pi y_j}{b} \\[3mm]
V_{jmn}(z_j)\sin\dfrac{m\pi x_j}{a}\cos\dfrac{n\pi y_j}{b} \\[3mm]
Z_{jmn}(z_j)\sin\dfrac{m\pi x_j}{a}\sin\dfrac{n\pi y_j}{b} \\[3mm]
X_{jmn}(z_j)\cos\dfrac{m\pi x_j}{a}\sin\dfrac{n\pi y_j}{b} \\[3mm]
Y_{jmn}(z_j)\sin\dfrac{m\pi x_j}{a}\cos\dfrac{n\pi y_j}{b} \\[3mm]
W_{jmn}(z_j)\sin\dfrac{m\pi x_j}{a}\sin\dfrac{n\pi y_j}{b}
\end{Bmatrix}
\tag{4.3.13}
$$

式中，U_{jmn}，V_{jmn}，Z_{jmn}，X_{jmn}，Y_{jmn}，W_{jmn} 为所取级数项的幅值，为变量 z_j 的函数。上式满足叠层板四侧面简支边界条件：

$$
\begin{cases}
x_j = 0, a：\quad \sigma_{xx}^j = W_j = V_j = 0 \\
y_j = 0, b：\quad \sigma_{yy}^j = W_j = U_j = 0
\end{cases}
\tag{4.3.14}
$$

令 $\xi = m\pi/a$，$\eta = n\pi/b$，对每一级数对 $m - n$，将式(4.3.13)代入式(4.3.12)，并对第 j 层的变量 z_j 做如下无量纲变量替换：

$$
z_j = h_j r, \quad r \in [0,1], \quad z_j \in [0, h_j]
\tag{4.3.15}
$$

式(4.3.12)经无量纲化后,可转化为如下关于变量 r 的常微分方程组:

$$
\begin{cases}
\dfrac{1}{h_j}\dfrac{\mathrm{d}U_{jmn}}{\mathrm{d}r} + \xi W_{jmn} - \dfrac{X_{jmn}}{C_{55}^i(r)} = 0 \\[2mm]
\dfrac{1}{h_j}\dfrac{\mathrm{d}V_{jmn}}{\mathrm{d}r} + \eta W_{jmn} - \dfrac{Y_{jmn}}{C_{44}^i(r)} = 0 \\[2mm]
\dfrac{1}{h_j}\dfrac{\mathrm{d}Z_{jmn}}{\mathrm{d}r} - \xi X_{jmn} - \eta Y_{jmn} = 0 \\[2mm]
\dfrac{1}{h_j}\dfrac{\mathrm{d}X_{jmn}}{\mathrm{d}r} - \left\{ \xi^2\left[C_{11}^i(r) - \dfrac{C_{13}^i(r)C_{13}^i(r)}{C_{33}^i(r)} \right] + \eta^2\, C_{66}^i(r) \right\} U_{jmn} \\[4mm]
\qquad - \xi\eta\left[C_{12}^i(r) + C_{66}^i(r) - \dfrac{C_{13}^i(r)C_{23}^i(r)}{C_{33}^i(r)} \right] V_{jmn} + \xi\dfrac{C_{13}^i(r)}{C_{33}^i(r)} Z_{jmn} = 0 \\[4mm]
\dfrac{1}{h_j}\dfrac{\mathrm{d}Y_{jmn}}{\mathrm{d}r} - \xi\eta\left[C_{12}^i(r) + C_{66}^i(r) - \dfrac{C_{13}^i(r)C_{23}^i(r)}{C_{33}^i(r)} \right] U_{jmn} \\[4mm]
\qquad - \left\{ \xi^2\, C_{66}^i(r) + \eta^2\left[C_{22}^i(r) - \dfrac{C_{23}^i(r)C_{23}^i(r)}{C_{33}^i(r)} \right] \right\} V_{jmn} + \eta\dfrac{C_{23}^i(r)}{C_{33}^i(r)} Z_{jmn} = 0 \\[4mm]
\dfrac{1}{h_j}\dfrac{\mathrm{d}W_{jmn}}{\mathrm{d}r} - \xi\dfrac{C_{13}^i(r)}{C_{33}^i(r)} U_{jmn} - \eta\dfrac{C_{23}^i(r)}{C_{33}^i(r)} V_{jmn} - \dfrac{Z_{jmn}}{C_{33}^i(r)} = 0
\end{cases}
$$

$$(4.3.16)$$

式中, $j = 1,2,\cdots,L$; $m = 1,2,\cdots,\infty$; $n = 1,2,\cdots,\infty$; $r\in[0,1]$ 。

当板的上表面($z=0$)受到分布载荷 q_0 ,下底表面的面力为 0 时,则叠层厚板上、下表面的边界条件分别为

$$
\begin{Bmatrix} X_{1mn}(0) \\ Y_{1mn}(0) \\ Z_{1mn}(0) \end{Bmatrix} = \begin{Bmatrix} 0 \\ 0 \\ q_{mn} \end{Bmatrix}
\tag{4.3.17a}
$$

$$
\begin{Bmatrix} X_{Lmn}(1) \\ Y_{Lmn}(1) \\ Z_{Lmn}(1) \end{Bmatrix} = \begin{Bmatrix} 0 \\ 0 \\ 0 \end{Bmatrix}
\tag{4.3.17b}
$$

这里 q_{mn} 为分布载荷 q_0 双三角级数展开式每项前的系数,见式(4.1.15)。

叠层板各层视为完全黏结,其接触面上位移和面力各分量是连续的,有

$$
\begin{Bmatrix} X_{jmn}(0) \\ Y_{jmn}(0) \\ Z_{jmn}(0) \end{Bmatrix} = \begin{Bmatrix} X_{j-1,mn}(1) \\ Y_{j-1,mn}(1) \\ Z_{j-1,mn}(1) \end{Bmatrix}, \quad j = 2,3,\cdots,L
\tag{4.3.18a}
$$

$$
\begin{Bmatrix} U_{jmn}(0) \\ V_{jmn}(0) \\ W_{jmn}(0) \end{Bmatrix} = \begin{Bmatrix} U_{j-1,mn}(1) \\ V_{j-1,mn}(1) \\ W_{j-1,mn}(1) \end{Bmatrix}, \quad j = 2,3,\cdots,L
\tag{4.3.18b}
$$

至此,已将 FGM 矩形简支叠层厚板三维线弹性理论的基本方程转化为以诸函

数 $U_{jmn}(r),V_{jmn}(r),Z_{jmn}(r),X_{jmn}(r),Y_{jmn}(r),W_{jmn}(r)$ 表示的常微分方程组式(4.3.16)在两点边值条件式(4.3.17)、式(4.3.18)下的求解问题,解此即可获得每层板的 $U_{jmn},V_{jmn},Z_{jmn},X_{jmn},Y_{jmn},W_{jmn}$。由式(4.3.13)得到基本变量 U_j,V_j,Z_j,X_j,Y_j,W_j,再代入式(4.3.10),即可获得每层板的其余应力分量 $\sigma_{xx}^j,\sigma_{yy}^j,\sigma_{xy}^j$。

4.4

矩形板弯曲问题算例与分析

本章采用插值矩阵法及其求解器 IMMS 直接求解 4.2 节和 4.3 节建立的常微分方程组边值问题,获得四边简支功能梯度材料强厚度矩形板和叠层板三维理论的半解析解[15,19]。

例 4.4.1 如图 4.1.1 所示,各向同性均质材料四边简支矩形厚板受横向均布载荷 q_0 作用。板的长、宽、高分别为 $a,b,h,a=b=1$ m,$h=0.2$ m,弹性模量 $E=200$ GPa,泊松比 $\nu=0.25$。

按照 4.1 节建立的四边简支正交各向异性均质材料矩形厚板三维线弹性解的双级数展开式,对每一组级数项 $m\text{-}n$ 的贡献,采用插值矩阵法求解器 IMMS 解其控制方程式(4.1.13)、式(4.1.16),获得 $U_{mn}(z),V_{mn}(z),Z_{mn}(z),X_{mn}(z),Y_{mn}(z),W_{mn}(z)$,然后累计叠加为式(4.1.12)的解。再由式(4.1.8)获得应力分量 $\sigma_{xx},\sigma_{yy},\sigma_{xy}$。取项数 m,n 越多,计算值越准确,计算量也随之增大。这里,插值矩阵法在求解区间 $z\in[0,h]$ 上分别取 $N=20,40,80$ 个子区间,采用分段抛物线插值矩阵(以下均使用抛物线插值矩阵,除非特别说明)。本章获得的四边简支矩形厚板部分位移和应力解见表 4.4.1,取 $m=n=19$。

表 4.4.1 各向同性材料矩形板位移和应力($h/a=0.2$,级数项截取到 $m=n=19$)

	$\dfrac{z}{h}$	$WE/(q_0h)$ $x=0.5$ m $y=0.5$ m	$UE/(q_0h)$ $x=0$ $y=0.5$ m	σ_{xx}/q_0 $x=0.5$ m $y=0.5$ m	σ_{xy}/q_0 $x=0$ $y=0$	σ_{xz}/q_0 $x=0$ $y=0.5$ m
	0.0	33.0409	9.43784	-7.10979	5.53630	0.00000
	0.2	33.4220	5.11811	-4.21357	2.52382	1.75360
插值矩阵法	0.4	33.5488	1.45014	-1.42806	0.59541	2.31811
($N=20$)	0.6	33.4553	-2.01886	1.30223	-1.17386	2.22189
	0.8	33.1428	-5.62187	4.08601	-3.05175	1.48335
	1.0	32.5815	-9.69059	7.03170	-5.28790	0.00000

续表

	$\dfrac{z}{h}$	$WE/(q_0 h)$ $x = 0.5\text{ m}$ $y = 0.5\text{ m}$	$UE/(q_0 h)$ $x = 0$ $y = 0.5\text{ m}$	σ_{xx}/q_0 $x = 0.5\text{ m}$ $y = 0.5\text{ m}$	σ_{xy}/q_0 $x = 0$ $y = 0$	σ_{xz}/q_0 $x = 0$ $y = 0.5\text{ m}$
	0.0	33.0409	9.43786	-7.10980	5.53631	0.00000
	0.2	33.4220	5.11814	-4.21359	2.52381	1.75357
插值矩阵法	0.4	33.5488	1.45014	-1.42807	0.59539	2.31813
($N = 40$)	0.6	33.4553	-2.01889	1.30223	-1.17387	2.22189
	0.8	33.1428	-5.62188	4.08602	-3.05177	1.48334
	1.0	32.5816	-9.69061	7.03171	-5.28791	0.00000
	0.0	33.0410	9.43786	-7.10980	5.53631	0.00000
	0.2	33.4221	5.11814	-4.21359	2.52381	1.75357
插值矩阵法	0.4	33.5488	1.45014	-1.42807	0.59538	2.31813
($N = 80$)	0.6	33.4553	-2.01887	1.30223	-1.17387	2.22189
	0.8	33.1428	-5.62189	4.08602	-3.05177	1.48334
	1.0	32.5816	-9.69061	7.03171	-5.28791	0.00000

从表 4.4.1 可见本章半解析法取 $N = 20, 40, 80$ 的计算结果是非常接近的，取 $N = 20$ 的计算精度达到了 5 位以上有效数字，因此本章其余算例，如无特别说明，均取 $N = 20$。

本例计算是在 PC 机上完成的，处理器型号为 Intel(R) Xeon(R) CPU x5650@2.67 GHz 2.67 GHz(双处理器)，内存为 12 GB，64 位操作系统，所用时间见表 4.4.2。

表 4.4.2 半解析法计算所用时间(单位:s)

	级数截取的项数(m，n)		
	(19，19)	(99，99)	(199,199)
$N = 20$	4	50	430
$N = 40$	15	180	1050

在求解区间 $z \in [0, h]$ 上取 $N = 20$ 时，本章方法获得四边简支矩形厚板的部分位移和应力解随级数项 m-n 收敛的情况见图 4.4.1～图 4.4.4。图 4.4.2 和图 4.4.3 中给出了位移分量 U，W 计算结果随所取项数 m，n 的收敛情况，图 4.4.3 和图 4.4.4 给出了应力分量 σ_{xx}，σ_{xy} 结果随所取项数 m，n 的收敛情况。文献[6]在求解正交各向异性板弯曲时，切应力分量 σ_{xy} 计算结果较为不稳定，出现这种现象主要是因为切应力 σ_{xy} 的本身数值较小，其状态变量法在求解时可能受计算机精度限制。由图 4.4.4 可见，本章方法计算的无量纲切应力 σ_{xy}/q_0 与其余各求解量相比收敛速度较慢，究其原因不是插值矩阵法，而是因为级数自身收敛慢，随着级数项的增加，其结果是收敛的。

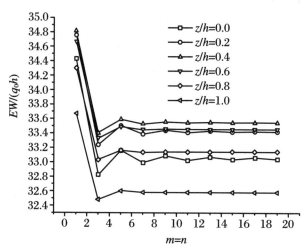

图 4.4.1　$x = y = 0.5$ m 处沿厚度方向挠度 W 收敛情况

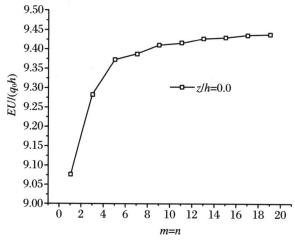

图 4.4.2　$x = 0$，$y = 0.5$ m 处位移 U 收敛情况

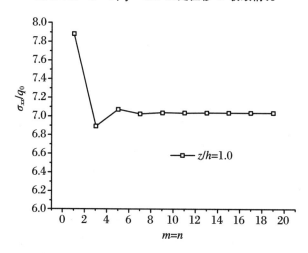

图 4.4.3　$x = y = 0.5$ m 处应力 σ_{xx} 收敛情况

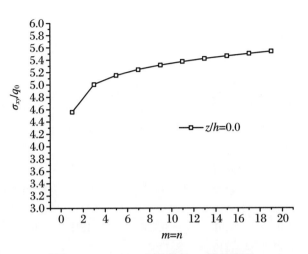

图 4.4.4　$x = y = 0$ 处应力 σ_{xy} 收敛情况

由于状态空间法解和本章半解析解的精度都是依赖于级数项的收敛速度,这里我们采用三维有限元法实体模型,计算该例的位移和应力场作为对照解。因对称性取 1/4 部分模拟,用六面体 8 节点等参元,单元总数 50000 个,以此精细的有限元网格计算值作为本例的参考解,考查双三角函数展开式式(4.1.12)的收敛速度。表 4.4.3 中给出了无量纲化位移和应力分量的有限元法解和本章插值矩阵法解。从表中可以看出,当级数截取到 $m = n = 19$ 时,本章半解析计算的挠度结果和有限元结果已经非常接近了,两者之间的相对差值达到了 10^{-4} 量级,而对应力分量 σ_{xy}/q_0,其有限元结果和本文解的相对差仅为 10^{-2} 量级,由此可见有限元法应力解相对位移解精度降低了。从表中各分量的综合比较也可以看出,半解析法取 $m = n = 99$ 的计算结果要比(1/4 部分结构)50000 个单元的有限元结果准确,从而也说明了本章半解析法的有效性和准确性。

表 4.4.3　插值矩阵法(IMMS)和有限元法(FEM)计算结果对比($h/a = 0.2$)

方法	$\dfrac{z}{h}$	$WE/(q_0 h)$ $x = 0.5$ m $y = 0.5$ m	$UE/(q_0 h)$ $x = 0$ $y = 0.5$ m	σ_{xx}/q_0 $x = 0.5$ m $y = 0.5$ m	σ_{xy}/q_0 $x = 0$ $y = 0$	σ_{xz}/q_0 $x = 0$ $y = 0.5$ m
插值矩阵法 级数项取 $m = n = 19$	0.0	33.0409	9.43784	−7.10979	5.53630	0.00000
	0.2	33.4220	5.11811	−4.21357	2.52382	1.75360
	0.4	33.5488	1.45014	−1.42806	0.59541	2.31811
	0.6	33.4553	−2.01886	1.30223	−1.17386	2.22189
	0.8	33.1428	−5.62187	4.08601	−3.05175	1.48335
	1.0	32.5815	−9.69059	7.03170	−5.28790	0.00000

续表

方法	$\dfrac{z}{h}$	$WE/(q_0 h)$ $x = 0.5$ m $y = 0.5$ m	$UE/(q_0 h)$ $x = 0$ $y = 0.5$ m	σ_{xx}/q_0 $x = 0.5$ m $y = 0.5$ m	σ_{xy}/q_0 $x = 0$ $y = 0$	σ_{xz}/q_0 $x = 0$ $y = 0.5$ m
插值矩阵法 级数项取 $m = n = 99$	0.0	33.0498	9.46389	-7.14714	6.04839	0.00000
	0.2	33.4240	5.11480	-4.21065	2.50105	1.80230
	0.4	33.5490	1.44979	-1.42734	0.59341	2.32252
	0.6	33.4553	-2.01889	1.30232	-1.17401	2.22225
	0.8	33.1428	-5.62188	4.08603	-3.05176	1.48339
	1.0	32.5815	-9.69059	7.03170	-5.28790	0.00000
插值矩阵法 级数项取 $m = n = 199$	0.0	33.0501	9.46708	-7.15189	6.26903	0.00000
	0.2	33.4240	5.11550	-4.21010	2.56514	1.75787
	0.4	33.5490	1.44989	-1.42715	0.60614	2.31535
	0.6	33.4553	-2.01888	1.30236	-1.17154	2.22120
	0.8	33.1428	-5.62187	4.08603	-3.05119	1.48325
	1.0	32.5815	-9.69059	7.03171	-5.28742	0.00000
FEM (50000 单元)	0.0	33.0502	9.46675	-7.15472	5.64930	0.33318
	0.2	33.4240	5.11498	-4.20949	2.47479	1.84400
	0.4	33.5490	1.44980	-1.42685	0.58715	2.34266
	0.6	33.4553	-2.01890	1.30182	-1.17443	2.23988
	0.8	33.1428	-5.62189	4.08452	-3.04795	1.50133
	1.0	32.5815	-9.69061	7.02976	-5.28161	0.01870

表 4.4.4 板位移 $WE/(q_0 h)$ 的三维半解析解与薄板理论解比较(级数项取 $m = n = 19$)

厚宽比	h/a					
	0.01	0.02	0.05	0.1	0.2	0.5
薄板理论解	4567501	285469	7308.00	456.750	28.5469	0.7308
半解析解	4572150	286135	7392.29	477.000	33.5287	1.49031

表 4.4.5 位移和应力沿板的厚度方向的变化(级数项取 $m = n = 19, h/a = 0.5$)

$\dfrac{z}{h}$	$WE/(q_0 h)$ $x = 0.5$ m $y = 0.5$ m	$UE/(q_0 h)$ $x = 0$ $y = 0.5$ m	σ_{xx}/q_0 $x = 0.5$ m $y = 0.5$ m	σ_{xy}/q_0 $x = 0$ $y = 0$	σ_{xz}/q_0 $x = 0$ $y = 0.5$ m
0.0	1.74426	0.71146	-1.32870	1.50134	0.00000
0.2	1.65802	0.14299	-0.73900	0.02243	0.83856
0.4	1.54457	-0.06572	-0.25438	-0.16512	0.86665
0.6	1.44088	-0.18539	0.15410	-0.27029	0.76072
0.8	1.35444	-0.33381	0.59634	-0.43701	0.50629
1.0	1.25777	-0.62770	1.20977	-0.81514	0.00000

表 4.4.4 给出了不同厚宽比 h/a 下板中点挠度的本章半解析法计算结果与经典薄板理论解的对比,当 $h/a<0.05$ 时,两者间的相对差值不超过 2%。但是当 h/a 增加到 0.1 时,薄板理论解与本章三维理论计算结果的相对差值达到 4%,而当 h/a 取 0.2 时,其差值达到了 17%,由此可见,二维薄板理论不能适用于厚板分析。

表 4.4.5 给出了本章半解析法计算 $h/a=0.5$ 的强厚度矩形板部分位移和应力分量沿厚度变化情况,从表中可以看出各应力分量和位移 U 沿厚度方向变化较大,挠度 W 沿厚度也有可观的变化。表 4.4.6 给出了随着板的厚宽比不同,板中点 $(x/a=y/b=0.5)$ 处挠度 W 沿板厚 z 方向的变化情况。

表 4.4.6　板中点处不同宽厚比下的位移 $WE_z/(q_0h)$(取 $m=n=19$)

| z/h | h/a | | | | |
	0.1	0.2	0.3	0.4	0.5
0.0	473.915	33.0409	7.82082	3.16341	1.74426
0.2	475.955	33.4220	7.89328	3.12718	1.65802
0.4	476.915	33.5488	7.86520	3.04297	1.54457
0.6	476.823	33.4553	7.77131	2.94579	1.44088
0.8	475.683	33.1428	7.61218	2.83836	1.35444
1.0	473.464	32.5815	7.35776	2.69133	1.25777

例 4.4.2　正交各向异性材料四边简支矩形厚板受横向均布载荷 q_0 作用,板的长、宽、高分别为 a,b,h,弹性模量 $E_x=10E_y=10E_z$,$G_{xy}=G_{xz}=0.6E_z$,$G_{yz}=0.5E_z$,泊松比 $\nu_{xy}=\nu_{xz}=\nu_{yz}=0.25$。

求解途径与前例相同,由式(4.3.7)计算出弹性系数 C_{ij},对每一组级数项 $m-n$ 的贡献,采用插值矩阵法解方程式(4.1.13)和式(4.1.16),获得 $U_{mn}(z)$,$V_{mn}(z)$,$Z_{mn}(z)$,$X_{mn}(z)$,$Y_{mn}(z)$,$W_{mn}(z)$。这里的级数项截取 $m=n=19$,插值矩阵法在区间 $z\in[0,h]$ 上取 N 个子区间,按不同的厚宽比,半解析法获得正交各向异性材料四边简支矩形厚板的部分位移和应力解随划分子区间数 N 增加时的收敛情况分别见图4.4.5和图4.4.6,可见半解析法计算值随着 N 的增加收敛很快。

在求解区间 $z\in[0,h]$ 上取 $N=20$,表 4.4.7 和表 4.4.8 中给出了级数项截取 $m=n=19,99$,宽厚比 $h/a=0.2$ 时沿板厚方向部分无量纲位移分量和应力分量的变化情况及与文献[6]、[16]、[17]计算结果的对比。文献[6]对控制方程式(4.1.13)采用状态空间法求解,级数项截取 $m=n=19$;文献[16]为 Reissner 板理论;文献[17]为中厚板理论。表 4.4.9 给出了级数项截取 $m=n=19$ 时,不同宽厚比及不同模量比情况下板中心 $(x/a=y/b=0.5)$ 处无量纲挠度结果对比。比较文

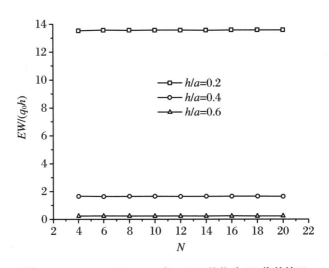

图 4.4.5 $x = y = 0.5\,\mathrm{m}, z/h = 0.5$ 处位移 W 收敛情况

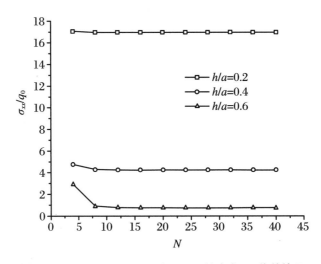

图 4.4.6 $x = y = 0.5\,\mathrm{m}, z/h = 1.0$ 处应力 σ_{xx} 收敛情况

献[6]状态空间法和本章半解析法的计算精度,因为两者计算的位移和应力都是级数项越多越准确,采用 $m = n = 19$ 情况的两者计算结果来比较,以 $m = n = 99$ 的本法结果为参考解,见表 4.4.7 和表 4.4.8,在大多数情况下的位移和应力分量计算值,半解析法比状态空间法结果更靠近 $m = n = 99$ 的计算结果(即更准确)。因此,本章半解析法结合了状态空间方程和插值矩阵法的优点,能有效地计算薄板和强厚板等的静力弯曲问题。

表 4.4.7 沿板厚度方向位移变化情况($h/a = 0.2$)

	z/h	$\dfrac{UE_z}{q_0 h}\left(\begin{array}{l}x=0\\y=b/2\end{array}\right)$	$\dfrac{VE_z}{q_0 h}\left(\begin{array}{l}x=a/2\\y=0\end{array}\right)$	$\dfrac{WE_z}{q_0 h}\left(\begin{array}{l}x=a/2\\y=b/2\end{array}\right)$
文献[17] 中厚板理论	0.0	2.93512	4.45923	13.8720
	0.2	1.38440	2.48948	13.8720
	0.4	0.39869	0.79882	13.8720
	0.6	−0.39869	−0.79882	13.8720
	0.8	−1.38440	−2.48948	13.8720
	1.0	−2.93512	−4.45923	13.8720
文献[16] Reissner 板理论	0.0	2.48284	4.11641	13.5778
	0.2	1.48971	2.46984	13.5778
	0.4	0.49657	0.82428	13.5778
	0.6	−0.49657	−0.82428	13.5778
	0.8	−1.48971	−2.46984	13.5778
	1.0	−2.48284	−4.11641	13.5778
文献[6] 状态空间法 $m = n = 19$	0.0	2.87790	4.13451	13.7121
	0.2	1.34309	2.18846	13.6870
	0.4	0.36548	0.52498	13.6099
	0.6	−0.45304	−1.02748	13.5116
	0.8	−1.39774	−2.62127	13.3933
	1.0	−2.80052	−4.40796	13.2275
本章半解析法 $m = n = 19$	0.0	2.89165	4.22890	13.7081
	0.2	1.34155	2.16503	13.6859
	0.4	0.36582	0.50060	13.6096
	0.6	−0.45267	−1.04210	13.5116
	0.8	−1.39748	−2.63048	13.3932
	1.0	−2.80011	−4.42030	13.2274
本章半解析法 $m = n = 99$	0.0	2.90342	4.25939	13.7159
	0.2	1.34204	2.16183	13.6873
	0.4	0.36595	0.50035	13.6098
	0.6	−0.45263	−1.04211	13.5116
	0.8	−1.39747	−2.63048	13.3932
	1.0	−2.80009	−4.42030	13.2274

表 4.4.8　沿板厚度方向应力变化情况($h/a = 0.2$)

	$\dfrac{z}{h}$	$\dfrac{\sigma_{xx}}{q_0}\left(\begin{matrix}x = a/2 \\ y = b/2\end{matrix}\right)$	$\dfrac{\sigma_{yy}}{q_0}\left(\begin{matrix}x = a/2 \\ y = b/2\end{matrix}\right)$	$\dfrac{\sigma_{xy}}{q_0}\left(\begin{matrix}x = 0 \\ y = 0\end{matrix}\right)$	$\dfrac{\sigma_{xz}}{q_0}\left(\begin{matrix}x = 0 \\ y = b/2\end{matrix}\right)$
	0.0	-17.18955	-2.35704	3.53957	0.00000
	0.2	-8.85563	-1.36533	1.57267	2.26008
文献[17]	0.4	-2.70886	-0.44696	0.43243	3.39001
中厚板理论	0.6	2.70886	0.44696	-0.43243	3.39001
	0.8	8.85563	1.36533	-1.57267	2.26008
	1.0	17.18955	2.35704	-3.53957	0.00000
	0.0	-15.58077	-2.43819	2.68476	0.00000
	0.2	-9.34846	-1.46292	1.61088	2.24965
文献[16]	0.4	-3.11615	-0.48764	0.53696	3.37447
Reissner 板理论	0.6	3.11615	0.48764	-0.53696	3.37447
	0.8	9.34846	1.46292	-1.61088	2.24965
	1.0	15.58077	2.43819	-2.68476	0.00000
	0.0	-17.77663	-2.48808	2.91614	0.00000
	0.2	-8.88950	-1.50235	1.40435	2.40087
文献[6]	0.4	-2.74241	-0.52639	0.31459	3.14020
状态空间法	0.6	2.68289	0.43333	-0.63120	3.03617
$m = n = 19$	0.8	8.77418	1.40554	-1.64806	2.12069
	1.0	16.96448	2.41748	-2.96761	0.00000
	0.0	-17.0106	-2.46821	3.56926	0.00000
	0.2	-8.89402	-1.50094	1.26743	2.53212
本章半解析法	0.4	-2.74322	-0.52620	0.19448	3.17440
$m = n = 19$	0.6	2.68271	0.43335	-0.70954	3.04428
	0.8	8.77409	1.40554	-1.71134	2.12294
	1.0	16.9642	2.41746	-3.07432	0.00000
	0.0	-17.0990	-2.50130	4.20966	0.00000
	0.2	-8.88676	-1.49771	1.26394	2.49097
本章半解析法	0.4	-2.74075	-0.52559	0.19671	3.15910
$m = n = 99$	0.6	2.68356	0.43339	-0.70863	3.03959
	0.8	8.77444	1.40553	-1.71102	2.12169
	1.0	16.9647	2.41747	-3.07390	0.00000

表 4.4.9 不同厚宽比和弹性模量情况下板中心处的位移 $WE_z/(q_0 h)$

E_x/E_y	h/a	中厚板理论[17]	Reissner 板理论[16]	状态空间法[6]	本章半解析法
1	0.1	294.808	293.311	293.643	293.642
	0.2	21.5556	21.1785	21.2307	21.2307
	0.4	2.12152	2.02516	2.00714	2.00713
3	0.1	158.517	157.816	157.924	157.924
	0.2	13.8720	13.5778	13.5627	13.5625
	0.4	1.74659	1.68662	1.64461	1.64459
10	0.1	67.6947	67.4863	67.3363	67.3366
	0.2	8.89614	8.81041	8.66625	8.66601
	0.4	1.54755	1.50586	1.41842	1.41850

由表 4.4.9 可见,随着厚宽比 h/a 的增加,文献[17]、[16]所述的中厚板和 Reissner 板理论结果与三维理论半解析结果的差值不断增加。文献[6]方法和本章的半解析法胜任分析强厚板结构,而中厚板和 Reissner 板理论对于强厚板的分析误差不可忽略。

例 4.4.3 图 4.1.1 所示四边简支各向同性 FGM 矩形板受横向均布载荷 q_0 作用。板的长、宽、高分别为 a,b,h,取 $a=b=1$ m, $h=0.15$ m。材料弹性模量按指数变化, $E(z)=E(0)\mathrm{e}^{\lambda z/a}$, λ 为常数,当 $z=0$ 时有 $E(0)=100$ GPa,泊松比 $\nu=0.3$。

本例 $E(z)$ 呈指数变化,文献[18]采用状态空间法的指数展开与此 $\mathrm{e}^{\lambda z/a}$ 相并,给出了本例应力和位移场的解析解,图 4.4.7 中文献[18]的解均为量取的值。这里取精细的有限元法(FEM)求解结果作为参照解,采用有限元软件中 8 节点六面体三维等参元,由于对称性,取 1/4 板计算,长、宽方向各划分为 50 层,厚度方向划分为 20 层,总计 5 万个单元。

本例中插值矩阵法(IMMS)在求解区间 $z\in[0,h]$ 上取 $N=20$ 个子区间,级数项数截取到 $m=n=19$。插值矩阵法取 $\lambda=-10$ 时的部分计算结果见图 4.4.7,显示了位移分量 U,W 和应力分量 σ_{xx},σ_{xy},并与文献[18]和有限元法解进行对照。有限元法存在分层定义各层材料是常数而导致的误差,此处有限元解用的单元数很多。本章半解析法不需要分层定义材料属性。由图 4.4.7 可见,本法结果与文献[18]的解及精细的有限元解非常吻合。本法解是三维理论的半解析解,如果继续增加级数中的 m 和 n 项数,可收敛于准确解,实际上取 $m=n=19$ 的结果已经很好了。

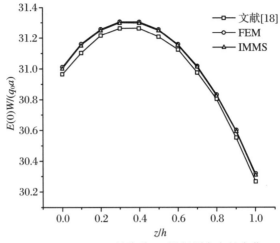

（a）$x = y = 0.5$ m 处位移 W 沿板厚方向的变化

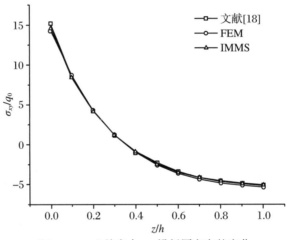

（b）$x = y = 0$ 处应力 σ_{xy} 沿板厚方向的变化

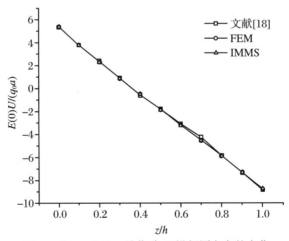

（c）$x = 0, y = 0.5$ m 处位移 U 沿板厚方向的变化

图 4.4.7　FGM 板的三种方法结果对比

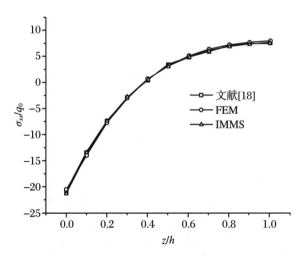

(d) $x = y = 0.5 \, \text{m}$ 处应力 σ_{xx} 沿板厚方向的变化

续图 4.4.7

例 4.4.4 四边简支正交各向异性 FGM 矩形板,受横向均布载荷 q_0 作用。板的长、宽、高分别为 a, b, h, $a = b = 10 \, \text{mm}$, $h = 1 \, \text{mm}$。材料的泊松比为 $\nu_{xy} = \nu_{xz} = \nu_{yz} = 0.25$,材料各弹性模量之间的关系为

$$E_x(z) = 10 \, E_y(z) = 10 \, E_z(z)$$

$$G_{xy}(z) = G_{xz}(z) = 0.6 \, E_z(z)$$

$$G_{yz}(z) = 0.5 \, E_z(z)$$

其中材料弹性模量 $E_z(z)$ 按幂函数形式变化,$E_z(z) = E_z(0)(1 + \alpha z/h)^\lambda$, α 和 λ 为实常数。

本例中弹性模量沿 z 方向呈幂函数形式,使用插值矩阵法(IMMS)求解方程式 (4.2.4),在区间 $z \in [0, h]$ 上取 $N = 20$,图 4.4.8 给出了当取 $\alpha = 0.5$, $\lambda = 3$ 时,获得的无量纲位移 $E_z W/(q_0 h)$ 和应力 σ_{xy}/q_0 随截取级数项 m, n 增加的收敛情况。由图 4.4.8 可见,当 m, n 超过 19 时,本章半解析法计算的位移和应力数值结果已基本趋于平稳,显示出本法计算结果随截取级数项的收敛状态。

为了展现半解析法分析结果的准确性,表 4.4.10 给出了当 $\alpha = 0.5$, $\lambda = 3$,截取级数项为 $m = n = 19, 99, 199$ 时沿厚度方向的部分位移和应力分量值,并与有限元法(FEM)精细分析结果进行比较。FEM 结果采用 8 节点六面体等参元,因对称性取 1/4 板计算,长、宽方向网格各划分为 50,厚度方向划分为 20,总计 5 万个单元。由表 4.4.10 可见,半解析法取 $m = n = 19, 99, 199$ 三者的计算值非常接近,$m = n = 199$ 的计算值可以作为标准解。半解析法取 $m = n = 99$ 的各物理量计算值比有限元精细结果更为准确,其中 $x = y = z = 0$ 处切应力 σ_{xy} 计算值相对来说收敛较慢,说明式(4.2.5)中 σ_{xy} 的展开级数收敛较慢。

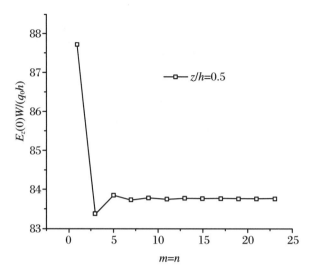

（a）在 $x = y = 5$ mm 处挠度 W 收敛情况

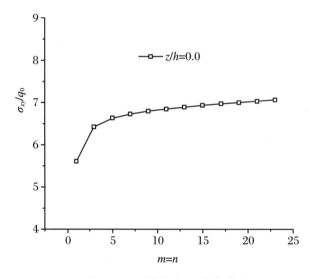

（b）在 $x = y = 0$ 处应力 σ_{xy} 收敛情况

图4.4.8　正交各向异性 FGM 板半解析法计算结果的收敛情况

　　注意到式（4.2.5）计算应力分量 σ_{xx} 和 σ_{yy} 用到位移导数 $\mathrm{d}W_{mn}/\mathrm{d}z$，表 4.4.10 显示半解析法计算的应力分量 σ_{xx} 和各位移分量结果精度相当，而有限元法计算应力值时损失精度。由此可见本章半解析法在计算功能梯度板问题时非常有效，可以作为一个参考解。注意到表 4.4.10 中精细的有限元法给出应力分量计算结果的误差较例 4.4.1 中计算误差要大，这是因为有限元法划分的每个单元中取材料参数为常数，尽管沿厚度方向划分了 50 层。

表 4.4.10　正交各向异性 FGM 矩形厚板位移及应力分量($\alpha = 0.5, \lambda = 3$)

方法	z/h	$E_z(0)W/(q_0 h)$ $x = y = 5$ mm	$E_z(0)V/(q_0 h)$ $x = 5$ mm, $y = 0$	σ_{xx}/q_0 $x = y = 5$ mm	σ_{xy}/q_0 $x = y = 0$
半解析解 $m = n = 19$	0.0	83.4028	17.5330	-42.7178	6.99763
	0.5	83.7623	2.60250	-13.6778	1.85483
	1.0	83.4261	-12.2520	99.0385	-16.0685
半解析解 $m = n = 99$	0.0	83.4155	17.5051	-42.7896	7.58115
	0.5	83.7631	2.60041	-13.6762	1.83859
	1.0	83.4262	-12.2253	99.0423	-16.0703
半解析解 $m = n = 199$	0.0	83.4160	17.5126	-42.8001	7.86995
	0.5	83.7631	2.60041	-13.6754	1.84131
	1.0	83.4262	-12.2253	99.0427	-16.0696
FEM	0.0	83.3924	17.4855	-44.3884	7.56171
	0.5	83.7394	2.59326	-13.2572	1.78430
	1.0	83.4020	-12.2272	96.6131	-15.6508

图 4.4.9 给出了 $\alpha = 0.5$ 时沿厚度方向各应力、位移分量的半解析解随梯度指数 λ 变化的情况。由图可见,当 λ 不为 0 时,即为正交各向异性功能梯度材料,各位移及应力分量沿厚度方向则呈非线性变化。图 4.4.9(b)和图 4.4.9(d)显示,应力分量分布不再关于中间层对称,表明功能梯度材料板按照二维薄板理论假设分析已经不适用了,随着指数 λ 增大,应力分量沿厚度方向非线性变化明显,中厚板理论解也

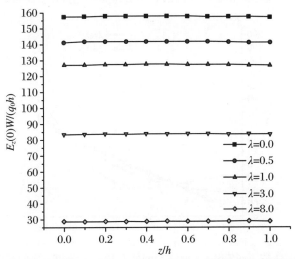

（a）λ 取不同值时 $x = y = 5$ mm 处挠度 W 沿厚度方向的变化

图 4.4.9　正交各向异性 FGM 板半解析法结果

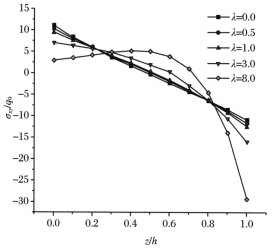

（b）λ 取不同值时 $x = y = 0$ 处应力 σ_{xy} 沿厚度方向的变化

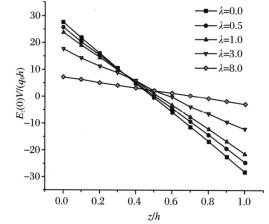

（c）λ 取不同值时 $x = 5\ \text{mm}, y = 0$ 处位移 V 沿厚度方向的变化

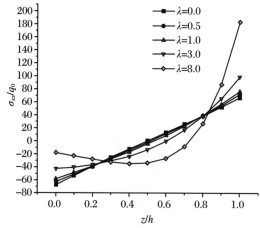

（d）λ 取不同值时 $x = y = 5\ \text{mm}$ 处应力 σ_{xx} 沿厚度方向的变化

续图 4.4.9

难以模拟,因此功能梯度板应采用三维弹性理论分析。对于材料沿厚度方向任意变化的功能梯度材料板,状态空间法求解方程式(4.2.4)与有限元法类似,采用层合板的方式,即对各层赋予材料为常数,若要达到较高精度,则需增加分层数。插值矩阵法不用分层,一般取 20 段抛物线插值即可达到较高精度,且求解的函数及其各阶导数的精度是同阶的,这使得半解析法具有应力和位移分量解有同阶精度的优点。

例 4.4.5 三层黏结的四边简支矩形板受横向均布载荷 q_0 作用,见图 4.3.1。每层材料均为均质材料,工程弹性系数为如下关系式:

$$E_{jx} = 10\,E_{jy} = 10\,E_{jz}, \quad G_{jxy} = G_{jxz} = 0.6\,E_{jz}, \quad G_{jyz} = 0.5\,E_{jz}$$

式中 $j=1,2,3$,j 为每一层的编号,E_{jx} 即为第 j 层 x 方向的弹性模量,其余类推。材料泊松比 $\nu_{jxy} = \nu_{jxz} = \nu_{jyz} = 0.25$。上、下两层材料相同,与中间层不同,各层之间的工程弹性系数比为 $E_{1z} = E_{3z} = 5\,E_{2z}$。板的长和宽 $a = b$,黏结板每层厚度和总厚度之间关系为 $h_1 = h_3 = 0.2h$,$h_2 = 0.6h$。

对方程式(4.3.16)和式(4.3.17)、式(4.3.18),插值矩阵法在求解区间 $z \in [0,h]$ 上每一层板均取 $N=20$,N 为所划子区间数目。图 4.4.10 给出了本章半解析法计算的板中心($x=y=0.5$ m,$z/h=0.5$)处挠度 $WE_{2z}/(q_0 h)$(无量纲表示)随着截取级数项增加时的收敛性,从图中可以看出其计算值随着截取级数项的增加收敛很快。

考虑三种厚宽比 $h/a = 0.2, 0.4, 0.8$ 的强厚度叠层板,表 4.4.11 和表 4.4.12 给出了当截取到 $m=n=19$ 时,部分无量纲位移和应力分量插值矩阵法解和状态空间法解[6]的对比,可见两者计算结果吻合。

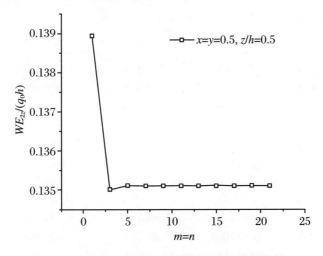

图 4.4.10 板中心挠度 W 随级数项增加的收敛情况

表 4.4.11　三层黏结厚板的部分位移沿厚度方向的变化

h/a	z/h	$WE_{2z}/(q_0h)$ $x=a/2, y=b/2$		$VE_{2z}/(q_0h)$ $x=a/2, y=0$	
		半解析法	文献[6]	半解析法	文献[6]
0.2	0.0	6.04395	6.04512	1.54169	1.54053
	0.2	6.05090	6.05099	0.52785	0.52805
	0.5	5.87188	5.87189	-0.16330	-0.16330
	0.8	5.76339	5.76340	-0.76502	-0.76502
	1.0	5.71615	5.71616	-1.56878	-1.56878
0.4	0.0	1.14037	1.14095	0.35760	0.35702
	0.2	1.11576	1.11577	-0.04077	-0.04078
	0.5	0.90517	0.90517	-0.11408	-0.11408
	0.8	0.79446	0.79446	-0.10320	-0.10320
	1.0	0.77797	0.77797	-0.28615	-0.28615
0.8	0.0	0.33569	0.33598	0.11564	0.11535
	0.2	0.30495	0.30495	-0.07105	-0.07105
	0.5	0.13510	0.13510	-0.05755	-0.05756
	0.8	0.05631	0.05631	-0.00885	-0.00885
	1.0	0.05186	0.05186	-0.02719	-0.02719

表 4.4.12　三层厚板的部分应力沿厚度方向的变化

h/a	采样点	σ_{xx}/q $x=a/2, y=b/2$		σ_{xy}/q $x=y=0$	
		半解析法	文献[6]	半解析法	文献[6]
0.2	上层上表面	-22.9378	-22.9421	6.30848	6.30938
	上层下表面	-4.31381	-4.31388	0.10742	0.10751
	中层上表面	-1.08402	-1.08405	0.02147	0.02150
	中层下表面	0.83245	0.83245	-0.33742	-0.33742
	下层上表面	4.32315	4.32315	-1.68709	-1.68709
	下层下表面	22.9821	22.9821	-4.96699	-4.96699
0.4	上层上表面	-9.45825	-9.45853	3.39069	3.39107
	上层下表面	2.96524	2.96527	-1.17567	-1.17570
	中层上表面	0.36470	0.36471	-0.23513	-0.23514
	中层下表面	-0.49145	-0.49145	-0.04913	-0.04913
	下层上表面	-2.22934	-2.22934	-0.24563	-0.24563
	下层下表面	7.56711	7.56711	-1.58819	-1.58819

h/a	采样点	σ_{xx}/q $x=a/2,y=b/2$		σ_{xy}/q $x=y=0$	
		半解析法	文献[6]	半解析法	文献[6]
0.8	上层上表面	-7.59076	-7.59107	2.43908	2.43938
	上层下表面	4.68319	4.68323	-1.19536	-1.19541
	中层上表面	0.74650	0.74652	-0.23907	-0.23908
	中层下表面	-0.19065	-0.19065	-0.00440	-0.00440
	下层上表面	-0.77966	-0.77966	-0.02199	-0.02199
	下层下表面	1.30325	1.30325	-0.27885	-0.27885

例 4.4.6 三层黏结的 FGM 四边简支矩形板受横向均布载荷 q_0 作用,见图 4.3.1。板中第二层材料为各向同性功能梯度材料,泊松比 $\nu_2 = 0.45$,其弹性模量沿厚度方向按线性变化:

$$E_2(z_2) = E_2(0)[1 + \alpha(z_2/h_2)] \tag{a}$$

式中,$E_2(0) = 2.0 \times 10^8$ Pa,$\alpha = -0.9$。第一、三层材料为相同的各向同性均质材料,弹性模量 $E_1 = E_3 = 2.0 \times 10^{10}$ Pa,泊松比 $\nu_1 = \nu_3 = 0.2$。板的长和宽为 $a = b = 1000$ mm,第一、三层板厚度相同,$h_1 = h_3 = 5$ mm,第二层板厚度 $h_2 = 40$ mm,三层黏结板总厚度 $h = 50$ mm。已知上表面受均布载荷 $q_0 = 1.0 \times 10^5$ Pa。

对方程式(4.3.16)和式(4.3.17)、式(4.3.18),使用插值矩阵法分别取 $N = 10$,20 进行计算。表 4.4.13 给出了半解析法计算的 FGM 叠层板的位移 W,级数项取 $m = n = 19$,从不同分段数结果对比可以看出,插值矩阵法收敛很快。半解析法结果和文献[14]计算结果吻合,其位移 W 沿厚度方向的变化是合理的。文献[14]为基于 Reissner 假设下的双三角级数展开求解,而半解析法是根据三维理论进行求解,计及了功能梯度材料参数沿界面是连续变化的因素,没有形成异形材料界面端,可以说本章半解析法计算结果较为准确。

表 4.4.13 功能梯度材料叠层板的位移 W(mm)

z/h	半解析法		文献[14]
	$N=10$	$N=20$	
0.0	9.15396	9.13698	9.25
0.1	9.15587	9.13889	9.25
0.5	9.15665	9.13972	9.25
0.9	9.13350	9.11669	9.25
1.0	9.13156	9.11476	9.25

对于例 4.4.5 和例 4.4.6 不同材料的叠层板静力问题,这里未给出有限元法精细单元的结果,因为三维有限元模拟异质材料层合结构应力场的误差较大乃至失真,这是因为遇到了双相材料三维界面端的应力奇异性问题(参见 7.5 节例 7.5.4 结果解释),尽管该界面端是平滑的(180°),但界面端局部存在弱应力奇异性[21],有限元法采用细密网格也无济于事。

本章小结

基于三维线弹性理论分析,针对四边简支矩形厚板的弯曲问题提出了双三角级数展开的状态空间方程和插值矩阵法相结合的求解途径,避开了状态空间法在有重根情况下求解特征向量的困难,获得四边简支各向同性及正交各向异性强厚板静力问题位移和应力场的半解析解,算例表明半解析法能有效地计算强厚度矩形板的三维弹性力学问题,求解精度高。

针对材料参数沿厚度方向呈任意梯度形式变化的 FGM 叠层厚板静力问题,采用状态空间方程结合插值矩阵法的求解途径,有效求解了四边简支叠层厚板及 FGM 叠层厚板三维弹性问题的位移和应力场,得到位移和应力场半解析解,并且应力与位移解有同阶精度。

参考文献

[1] 王保林,杜善义,韩杰才. 功能梯度复合材料的热/机械耦合分析进展[J]. 力学进展,1999,29(4):528-548.

[2] Tanigawa Y. Some basic thermoelastic problems for nonhomogeneous structural materials [J]. Applied Mechanics Review,1995,48(4):287-300.

[3] Koizumi M. FGM activities in Japan[J]. Composites Part B,1997,28(1,2):1-4.

[4] 沈惠申. 功能梯度复合材料板壳结构的弯曲、屈曲和振动[J]. 力学进展,2004,34(1):53-60.

[5] 李永,宋健. 非均质材料电磁力学与功能设计[M]. 北京:国防工业出版社,2010.

[6] 范家让. 强厚度叠层板壳的精确理论[M]. 北京:科学出版社,1998.

[7] Wang J,Liew K M,Tan M J,Rajendran S. Analysis of rectangular laminated composite plates via FSDT meshless method[J]. International Journal of Mechanical Sciences,2002,44:1275-1293.

[8] Aghdam M M,Falahatgar S R. Bending analysis of thick laminated plates using extended Kantorovich method[J]. Composite Structures,2003,62:279-283.

[9] Demasi L. Three-dimensional closed form solutions and exact thin plate theories for isotropic

plates[J]. Composite Structures，2007，80：183-195.

[10] Jia B H，Wang Y L. Symplectic integration method for stress analysis of composite laminated plates[J]. Journal of Ship Mechanics，2012，16(6)：693-704.

[11] Zhong Z，Shang E T. Three-dimensional exact analysis of a simply supported functionally gradient piezoelectric plate[J]. International Journal of Solids and Structures，2003，40：5335-5352.

[12] Vaghefi R，Baradaran G H，Koohkan H. Three-dimensional static analysis of thick functionally graded plates by using meshless local Petrov-Galerkin（MLPG）method[J]. Engineering Analysis with Boundary Elements，2010，34：564-573.

[13] Mohammad T，Singh B N. Static response and free vibration analysis of FGM plates using higher order shear deformation theory[J]. Applied Mathematical Modelling，2010，34：3991-4011.

[14] 李华东，朱锡，梅志远，等. 分布载荷作用下简支功能梯度夹层板的弯曲分析[J]. 复合材料学报，2012，29(2)：213-217.

[15] 杨智勇. 功能梯度叠层板与弹塑性切口应力奇异性的半解析法研究[D]. 合肥：合肥工业大学，2015.

[16] Reissner E. The effect of transverse shear deformation on the bending of elastic plates[J]. Appl. Mech.，1945，12：69-77.

[17] Ambartsumyan S A. Theory of anisotropic plates［M］. Stanford：Technomic Publications，1969.

[18] 杨光正，仲政，戴瑛. 功能梯度板的三维弹性分析[J]. 力学季刊，2004，25(1)：15-20.

[19] 杨智勇，牛忠荣，程长征，伍章健. 功能梯度矩形板问题三维理论的半解析解[J]. 应用力学学报，2013，30(4)：581-586.

[20] Niu Z R，Ge D L，Cheng C Z，Ye J Q，Recho N. Evaluation of the stress singularities of plane V-notches in bonded dissimilar materials[J]. Applied Mathematical Modelling，2009，33：1776-1792.

[21] Cheng C Z，Zhou W，Niu Z R，Recho N. Stress singularity analysis for orthotropic V-notches in the generalized plane strain state［J］. Fatigue & Fracture of Engineering Materials & Structures，2015，38(8)：881-896.

第 —— 5 —— 章

功能梯度材料矩形厚板和
叠层板自由振动问题半解析解

5.1

引言

功能梯度材料(FGM)作为一种多相材料,通过使材料的宏观特性呈梯度变化来满足元件不同部位对材料性能的不同要求。范家让[1]基于三维弹性理论解,采用状态空间法分析矩形厚板自由振动问题。陈伟球等[2]利用状态空间结合分层的方法分析了横观各向同性 FGM 矩形板的自由振动。周凤玺等[3]采用状态空间结合打靶法进行 FGM 矩形板的三维静动态响应分析。基于二维理论和 Ritz 法,Uymaz 等[4]分析了 FGM 板振动问题,Lorenzo[5]分析了 FGM 芯三明治板的固有频率。Kim 等[6]基于三阶的剪切理论研究了 FGM 板的弯曲和自由振动问题。Foroughi 等[7]采用高阶 B 样条有限单元分析了 FGM 厚板的弯曲及自由振动。Alijani 等[8]采用多自由度拉格朗日方法及高阶剪切变形板理论研究了热环境下 FGM 叠层板的非线性动态稳定性问题。Dozio[9]采用不同的剪切变形理论推导了包含一组对边简支情形下 FGM 矩形中厚板的自由振动的解法,并通过算例和其他三维理论精确解法及二维理论求解方法的结果进行了对比分析,提出了高阶剪切理论适用的范围。虽然各种剪切变形板理论在功能梯度结构二维力学场分析中得到了广泛应用,但正如文献[10]指出,低阶剪切变形板理论形式简单,但精度较低,只适用于较薄的板壳,而高阶剪切变形板理论推导较复杂,计算量较大,由于引入了近似,对功能梯度材料厚板的力学分析会有较大误差。状态空间法在板壳的力学行为分析当中计算精度和效率较高。Sheng 和 Ye[11,12]结合状态空间方程和变分方法分析了任意厚度叠层板的自由振动。Bian 等[13]基于状态空间方程分析了上、下表层为功能梯度涂层、中间为均匀压电层的夹芯板的弯曲和自由振动,并讨论了层间黏结缺陷对板弯曲及自由振动的影响。

近 20 年来,FGM 结构的力学性能分析研究文献很多,但一般都是针对材料梯度沿厚度方向呈特定形式变化薄板和中厚板的情形。本章针对 FGM 矩形厚板及叠层板的自由振动问题,从三维弹性理论出发,对于四边简支板问题,采用双三角级数展开,将其自由振动问题转化为求变系数常微分方程组的特征值问题,然后采用插值矩阵法求解,获得 FGM 强厚板及叠层板自由振动的频率和振型。

5.2

功能梯度材料矩形厚板自由振动控制方程

考虑正交各向异性 FGM 矩形厚板,如图 5.2.1 所示,建立图示直角坐标系 $Oxyz$,板的长、宽分别为 a,b,板厚为 h。坐标轴 x,y,z 分别沿弹性主轴方向,考虑材料参数仅沿厚度 z 方向变化。采用三维线弹性理论求解该板的自由振动问题,不计体力及阻尼的影响,三维弹性体动力学方程为

$$\begin{cases} \dfrac{\partial \sigma_{xx}(x,y,z,t)}{\partial x} + \dfrac{\partial \sigma_{xy}(x,y,z,t)}{\partial y} + \dfrac{\partial \sigma_{xz}(x,y,z,t)}{\partial z} = \rho(z)\dfrac{\partial^2 U(x,y,z,t)}{\partial t^2} \\[3mm] \dfrac{\partial \sigma_{xy}(x,y,z,t)}{\partial x} + \dfrac{\partial \sigma_{yy}(x,y,z,t)}{\partial y} + \dfrac{\partial \sigma_{yz}(x,y,z,t)}{\partial z} = \rho(z)\dfrac{\partial^2 V(x,y,z,t)}{\partial t^2} \\[3mm] \dfrac{\partial \sigma_{xz}(x,y,z,t)}{\partial x} + \dfrac{\partial \sigma_{yz}(x,y,z,t)}{\partial y} + \dfrac{\partial \sigma_{zz}(x,y,z,t)}{\partial z} = \rho(z)\dfrac{\partial^2 W(x,y,z,t)}{\partial t^2} \end{cases}$$

$$(5.2.1)$$

式中,$\sigma_{ij}(x,y,z,t)$ $(i,j=x,y,z)$ 为弹性体的应力分量,$U(x,y,z,t)$,$V(x,y,z,t)$,$W(x,y,z,t)$ 为弹性体沿 x,y,z 三个方向的位移,t 为时间变量,功能梯度材料板的质量密度为 $\rho(z)$。

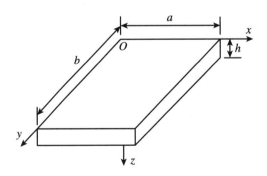

图 5.2.1　三维弹性矩形厚板

引入位移-应变关系后,正交各向异性功能梯度材料三维弹性体的本构关系为

$$
\begin{Bmatrix} \sigma_{xx} \\ \sigma_{yy} \\ \sigma_{zz} \\ \sigma_{yz} \\ \sigma_{xz} \\ \sigma_{xy} \end{Bmatrix} = \begin{bmatrix} C_{11}(z) & C_{12}(z) & C_{13}(z) & 0 & 0 & 0 \\ C_{12}(z) & C_{22}(z) & C_{23}(z) & 0 & 0 & 0 \\ C_{13}(z) & C_{23}(z) & C_{33}(z) & 0 & 0 & 0 \\ 0 & 0 & 0 & C_{44}(z) & 0 & 0 \\ 0 & 0 & 0 & 0 & C_{55}(z) & 0 \\ 0 & 0 & 0 & 0 & 0 & C_{66}(z) \end{bmatrix} \begin{Bmatrix} \dfrac{\partial U}{\partial x} \\[2mm] \dfrac{\partial V}{\partial y} \\[2mm] \dfrac{\partial W}{\partial z} \\[2mm] \dfrac{\partial V}{\partial z} + \dfrac{\partial W}{\partial y} \\[2mm] \dfrac{\partial U}{\partial z} + \dfrac{\partial W}{\partial x} \\[2mm] \dfrac{\partial U}{\partial y} + \dfrac{\partial V}{\partial x} \end{Bmatrix}
$$

$$(5.2.2)$$

式中，$C_{ij}(z)$ $(i,j=1,2,\cdots,6)$ 为材料弹性系数。

将本构关系式 (5.2.2) 代入式 (5.2.1)，得到由三个位移变量 $U(x,y,z,t)$，$V(x,y,z,t)$，$W(x,y,z,t)$ 表示的功能梯度材料矩形厚板的三维弹性体动力学方程：

$$
\begin{cases}
C_{11}(z)\dfrac{\partial^2 U}{\partial x^2} + C_{12}(z)\dfrac{\partial^2 V}{\partial x \partial y} + C_{13}(z)\dfrac{\partial^2 W}{\partial x \partial z} + C_{66}(z)\left(\dfrac{\partial^2 U}{\partial y^2} + \dfrac{\partial^2 V}{\partial x \partial y}\right) \\[3mm]
\quad + C_{55}(z)\left(\dfrac{\partial^2 U}{\partial z^2} + \dfrac{\partial^2 W}{\partial x \partial z}\right) + \dfrac{\mathrm{d}C_{55}(z)}{\mathrm{d}z}\left(\dfrac{\partial U}{\partial z} + \dfrac{\partial W}{\partial x}\right) = \rho(z)\dfrac{\partial^2 U}{\partial t^2} \\[3mm]
C_{66}(z)\left(\dfrac{\partial^2 U}{\partial x \partial y} + \dfrac{\partial^2 V}{\partial x^2}\right) + C_{12}(z)\dfrac{\partial^2 U}{\partial x \partial y} + C_{22}(z)\dfrac{\partial^2 V}{\partial y^2} + C_{23}(z)\dfrac{\partial^2 W}{\partial y \partial z} \\[3mm]
\quad + C_{44}(z)\left(\dfrac{\partial^2 V}{\partial z^2} + \dfrac{\partial^2 W}{\partial y \partial z}\right) + \dfrac{\mathrm{d}C_{44}(z)}{\mathrm{d}z}\left(\dfrac{\partial V}{\partial z} + \dfrac{\partial W}{\partial y}\right) = \rho(z)\dfrac{\partial^2 V}{\partial t^2} \\[3mm]
C_{55}(z)\left(\dfrac{\partial^2 U}{\partial x \partial z} + \dfrac{\partial^2 W}{\partial x^2}\right) + C_{44}(z)\left(\dfrac{\partial^2 V}{\partial y \partial z} + \dfrac{\partial^2 W}{\partial y^2}\right) + C_{13}(z)\dfrac{\partial^2 U}{\partial x \partial z} + C_{23}(z)\dfrac{\partial^2 V}{\partial y \partial z} \\[3mm]
\quad + C_{33}(z)\dfrac{\partial^2 W}{\partial z^2} + \dfrac{\mathrm{d}C_{13}(z)}{\mathrm{d}z}\dfrac{\partial U}{\partial x} + \dfrac{\mathrm{d}C_{23}(z)}{\mathrm{d}z}\dfrac{\partial V}{\partial y} + \dfrac{\mathrm{d}C_{33}(z)}{\mathrm{d}z}\dfrac{\partial W}{\partial z} = \rho(z)\dfrac{\partial^2 W}{\partial t^2}
\end{cases}
$$

$$(5.2.3)$$

对图 5.2.1 所示的 FGM 三维弹性矩形厚板结构，其位移函数沿板平面内可采用双三角级数展开表示如下：

$$
\begin{cases}
U(x,y,z,t) = \displaystyle\sum_{m=1}^{\infty}\sum_{n=1}^{\infty} U_{mn}(z)\cos(\xi x)\sin(\eta y)\mathrm{e}^{\mathrm{i}\omega_{mn}t} \\[3mm]
V(x,y,z,t) = \displaystyle\sum_{m=1}^{\infty}\sum_{n=1}^{\infty} V_{mn}(z)\sin(\xi x)\cos(\eta y)\mathrm{e}^{\mathrm{i}\omega_{mn}t} \\[3mm]
W(x,y,z,t) = \displaystyle\sum_{m=1}^{\infty}\sum_{n=1}^{\infty} W_{mn}(z)\sin(\xi x)\sin(\eta y)\mathrm{e}^{\mathrm{i}\omega_{mn}t}
\end{cases}
$$

$$(5.2.4)$$

其中，$\xi = m\pi/a$，$\eta = n\pi/b$，ω_{mn} 为第 m，n 项所对应板的固有频率，

$U_{mn}(z)\cos(\xi x)\sin(\eta y)$，$V_{mn}(z)\sin(\xi x)\cos(\eta y)$ 和 $W_{mn}(z)\sin(\xi x)\sin(\eta y)$ 为相应的三个位移分量振型函数。这里的 $U_{mn}(z)$，$V_{mn}(z)$，$W_{mn}(z)$ 称为位移分量振型子函数。

将式(5.2.4)代入式(5.2.3)，对每一对 m,n，有

$$
\begin{cases}
\begin{aligned}
&-C_{11}(z)\xi^2 U_{mn} - C_{12}(z)\xi\eta V_{mn} + C_{13}(z)\xi\frac{\mathrm{d}W_{mn}}{\mathrm{d}z} - C_{66}(z)(\eta^2 U_{mn} + \xi\eta V_{mn}) \\
&\quad + C_{55}(z)\left(\frac{\mathrm{d}^2 U_{mn}}{\mathrm{d}z^2} + \xi\frac{\mathrm{d}W_{mn}}{\mathrm{d}z}\right) + \frac{\mathrm{d}C_{55}(z)}{\mathrm{d}z}\left(\frac{\mathrm{d}U_{mn}}{\mathrm{d}z} + \xi W_{mn}\right) = -\rho(z)\omega_{mn}^2 U_{mn} \\
&-C_{66}(z)(\xi\eta U_{mn} + \xi^2 V_{mn}) - C_{12}(z)\xi\eta U_{mn} - C_{22}(z)\eta^2 V_{mn} + C_{23}(z)\eta\frac{\mathrm{d}W_{mn}}{\mathrm{d}z} \\
&\quad + C_{44}(z)\left(\frac{\mathrm{d}^2 V_{mn}}{\mathrm{d}z^2} + \eta\frac{\mathrm{d}W_{mn}}{\mathrm{d}z}\right) + \frac{\mathrm{d}C_{44}(z)}{\mathrm{d}z}\left(\frac{\mathrm{d}V_{mn}}{\mathrm{d}z} + \eta W_{mn}\right) = -\rho(z)\omega_{mn}^2 V_{mn} \\
&-C_{55}(z)\xi\left(\frac{\mathrm{d}U_{mn}}{\mathrm{d}z} + \xi W_{mn}\right) - C_{44}(z)\eta\left(\frac{\mathrm{d}V_{mn}}{\mathrm{d}z} + \eta W_{mn}\right) - C_{13}(z)\xi\frac{\mathrm{d}U_{mn}}{\mathrm{d}z} - C_{23}(z)\eta\frac{\mathrm{d}V_{mn}}{\mathrm{d}z} \\
&\quad + C_{33}(z)\frac{\mathrm{d}^2 W_{mn}}{\mathrm{d}z^2} - \frac{\mathrm{d}C_{13}(z)}{\mathrm{d}z}\xi U_{mn} - \frac{\mathrm{d}C_{23}(z)}{\mathrm{d}z}\eta V_{mn} + \frac{\mathrm{d}C_{33}(z)}{\mathrm{d}z}\frac{\mathrm{d}W_{mn}}{\mathrm{d}z} = -\rho(z)\omega_{mn}^2 W_{mn}
\end{aligned}
\end{cases}
\tag{5.2.5}
$$

式中，$m=1,2,\cdots,\infty$；$n=1,2,\cdots,\infty$；$z\in[0,h]$。

取如下的无量纲参数变换：
$$
z = hr, \quad z\in[0,h], \quad r\in[0,1] \tag{5.2.6}
$$

代入式(5.2.5)。然后式(5.2.5)中每一小式两端同乘以 h^2，并令

$$
\lambda_{mn} = \omega_{mn}h\sqrt{\frac{\rho(0)}{C_{44}(0)}}
$$

即固有频率

$$
\omega_{mn} = \frac{\lambda_{mn}}{h}\sqrt{\frac{C_{44}(0)}{\rho(0)}} \tag{5.2.7}
$$

于是式(5.2.5)变为

$$
\frac{\mathrm{d}^2 U_{mn}}{\mathrm{d}r^2} - \frac{C_{11}(r)\xi^2 + C_{66}(r)\eta^2}{C_{55}(r)}h^2 U_{mn} - \frac{C_{12}(r) + C_{66}(r)}{C_{55}(r)}\xi\eta h^2 V_{mn}
$$
$$
+ \frac{C_{13}(r) + C_{55}(r)}{C_{55}(r)}\xi h\frac{\mathrm{d}W_{mn}}{\mathrm{d}r} + \frac{1}{C_{55}(r)}\frac{\mathrm{d}C_{55}(r)}{\mathrm{d}r}\left(\frac{\mathrm{d}U_{mn}}{\mathrm{d}r} + \xi h W_{mn}\right)
$$
$$
+ \frac{\rho(r)C_{44}(0)}{C_{55}(r)\rho(0)}\lambda_{mn}^2 U_{mn} = 0 \tag{5.2.8a}
$$

$$
\frac{\mathrm{d}^2 V_{mn}}{\mathrm{d}r^2} - \frac{C_{66}(r)\xi^2 + C_{22}(r)\eta^2}{C_{44}(r)}h^2 V_{mn} - \frac{C_{12}(r) + C_{66}(r)}{C_{44}(r)}\xi\eta h^2 U_{mn}
$$
$$
+ \frac{C_{23}(r) + C_{44}(r)}{C_{44}(r)}\eta h\frac{\mathrm{d}W_{mn}}{\mathrm{d}r} + \frac{1}{C_{44}(r)}\frac{\mathrm{d}C_{44}(r)}{\mathrm{d}r}\left(\frac{\mathrm{d}V_{mn}}{\mathrm{d}r} + \eta h W_{mn}\right)
$$
$$
+ \frac{\rho(r)C_{44}(0)}{C_{44}(r)\rho(0)}\lambda_{mn}^2 V_{mn} = 0 \tag{5.2.8b}
$$

$$
\frac{\mathrm{d}^2 W_{mn}}{\mathrm{d}r^2} - \frac{C_{55}(r)\xi^2 + C_{44}(r)\eta^2}{C_{33}(r)}h^2 W_{mn} - \frac{C_{13}(r) + C_{55}(r)}{C_{33}(r)}\xi h\frac{\mathrm{d}U_{mn}}{\mathrm{d}r}
$$

$$- \frac{C_{23}(r) + C_{44}(r)}{C_{33}(r)} \eta h \frac{dV_{mn}}{dr} - \frac{dC_{13}(r)}{dr} \frac{\xi h U_{mn}}{C_{33}(r)} - \frac{dC_{23}(r)}{dr} \frac{\eta h V_{mn}}{C_{33}(r)}$$

$$+ \frac{1}{C_{33}(r)} \frac{dC_{33}(r)}{dr} \frac{dW_{mn}}{dr} + \frac{\rho(r)C_{44}(0)}{C_{33}(r)\rho(0)} \lambda_{mn}^2 W_{mn} = 0 \qquad (5.2.8c)$$

式中,$m = 1, 2, \cdots, \infty$;$n = 1, 2, \cdots, \infty$;$r \in [0, 1]$。

如图 5.2.1 所示四边简支功能梯度材料矩形厚板,板四周侧边的边界条件为

$$\begin{cases} x = 0, & a: \quad \sigma_{xx} = W = V = 0 \\ y = 0, & b: \quad \sigma_{yy} = W = U = 0 \end{cases} \qquad (5.2.9)$$

对于三维弹性理论矩形厚板的自由振动问题,板的上、下表面均为自由表面,则上、下板面的边界条件表达式为

$$\begin{cases} z = 0: & \sigma_{zz} = \sigma_{xz} = \sigma_{yz} = 0 \\ z = h: & \sigma_{zz} = \sigma_{xz} = \sigma_{yz} = 0 \end{cases} \qquad (5.2.10)$$

由式(5.2.2)可得到由位移 U, V, W 表示的应力分量表达式:

$$\begin{cases} \sigma_{xx} = C_{11}(z) \dfrac{\partial U}{\partial x} + C_{12}(z) \dfrac{\partial V}{\partial y} + C_{13}(z) \dfrac{\partial W}{\partial z} \\[2mm] \sigma_{yy} = C_{12}(z) \dfrac{\partial U}{\partial x} + C_{22}(z) \dfrac{\partial V}{\partial y} + C_{23}(z) \dfrac{\partial W}{\partial z} \\[2mm] \sigma_{zz} = C_{13}(z) \dfrac{\partial U}{\partial x} + C_{23}(z) \dfrac{\partial V}{\partial y} + C_{33}(z) \dfrac{\partial W}{\partial z} \\[2mm] \sigma_{yz} = C_{44}(z) \left(\dfrac{\partial V}{\partial z} + \dfrac{\partial W}{\partial y} \right) \\[2mm] \sigma_{xz} = C_{55}(z) \left(\dfrac{\partial U}{\partial z} + \dfrac{\partial W}{\partial x} \right) \\[2mm] \sigma_{xy} = C_{66}(z) \left(\dfrac{\partial U}{\partial y} + \dfrac{\partial V}{\partial x} \right) \end{cases} \qquad (5.2.11)$$

将式(5.2.4)代入式(5.2.11)并整理,可得应力分量表达式为

$$\begin{cases} \sigma_{xx} = \displaystyle\sum_{m=1}^{\infty} \sum_{n=1}^{\infty} \widetilde{\sigma}_{xxmn}(z) e^{i\omega_{mn}t} \sin\xi x \sin\eta y \\[2mm] \sigma_{yy} = \displaystyle\sum_{m=1}^{\infty} \sum_{n=1}^{\infty} \widetilde{\sigma}_{yymn}(z) e^{i\omega_{mn}t} \sin\xi x \sin\eta y \\[2mm] \sigma_{zz} = \displaystyle\sum_{m=1}^{\infty} \sum_{n=1}^{\infty} \widetilde{\sigma}_{zzmn}(z) e^{i\omega_{mn}t} \sin\xi x \sin\eta y \\[2mm] \sigma_{yz} = \displaystyle\sum_{m=1}^{\infty} \sum_{n=1}^{\infty} \widetilde{\sigma}_{yzmn}(z) e^{i\omega_{mn}t} \sin\xi x \cos\eta y \\[2mm] \sigma_{xz} = \displaystyle\sum_{m=1}^{\infty} \sum_{n=1}^{\infty} \widetilde{\sigma}_{xzmn}(z) e^{i\omega_{mn}t} \cos\xi x \sin\eta y \\[2mm] \sigma_{xy} = \displaystyle\sum_{m=1}^{\infty} \sum_{n=1}^{\infty} \widetilde{\sigma}_{xymn}(z) e^{i\omega_{mn}t} \cos\xi x \cos\eta y \end{cases} \qquad (5.2.12)$$

式中

$$\tilde{\sigma}_{xxmn}(z) = -C_{11}(z)\xi U_{mn} - C_{12}(z)\eta V_{mn} + C_{13}(z)\frac{\mathrm{d}W_{mn}}{\mathrm{d}z}$$

$$\tilde{\sigma}_{yymn}(z) = -C_{12}(z)\xi U_{mn} - C_{22}(z)\eta V_{mn} + C_{23}(z)\frac{\mathrm{d}W_{mn}}{\mathrm{d}z}$$

$$\tilde{\sigma}_{zzmn}(z) = -C_{13}(z)\xi U_{mn} - C_{23}(z)\eta V_{mn} + C_{33}(z)\frac{\mathrm{d}W_{mn}}{\mathrm{d}z}$$

$$\tilde{\sigma}_{yzmn}(z) = C_{44}(z)\left(\frac{\mathrm{d}V_{mn}}{\mathrm{d}z} + \eta W_{mn}\right)$$

$$\tilde{\sigma}_{xzmn}(z) = C_{55}(z)\left(\frac{\mathrm{d}U_{mn}}{\mathrm{d}z} + \xi W_{mn}\right)$$

$$\tilde{\sigma}_{xymn}(z) = C_{66}(z)\left(\eta U_{mn} + \xi V_{mn}\right)$$

当取 $m = n = 1$ 时，式(5.2.12)中的 $\tilde{\sigma}_{xx11}(z)\sin\xi x\sin\eta y$ 为应力分量 σ_{xx} 的第 1 阶振型，这里的 $\tilde{\sigma}_{xx11}(z)$ 称为应力分量 σ_{xx} 的第 1 阶振型子函数，其余类同。

将式(5.2.4)和式(5.2.12)代入板的四周侧面边界条件式(5.2.9)，显然式(5.2.9)为自然满足。将式(5.2.12)代入上、下板面边界条件式(5.2.10)，由于 x,y 的任意性，则对每一对 m,n 均应满足

$$\begin{cases} -C_{13}(z)\xi U_{mn} - C_{23}(z)\eta V_{mn} + C_{33}(z)\dfrac{\mathrm{d}W_{mn}}{\mathrm{d}z} = 0 \\[2mm] \dfrac{\mathrm{d}V_{mn}}{\mathrm{d}z} + \eta W_{mn} = 0 \\[2mm] \dfrac{\mathrm{d}U_{mn}}{\mathrm{d}z} + \xi W_{mn} = 0 \end{cases} \tag{5.2.13}$$

式中，$m = 1, 2, \cdots, \infty$；$n = 1, 2, \cdots, \infty$；$z = 0$ 和 $z = h$。利用式(5.2.6)，无量纲化式(5.2.13)，即得

$$\begin{cases} -C_{13}(r)\xi U_{mn} - C_{23}(r)\eta V_{mn} + C_{33}(r)\dfrac{1}{h}\dfrac{\mathrm{d}W_{mn}}{\mathrm{d}r} = 0 \\[2mm] \dfrac{1}{h}\dfrac{\mathrm{d}V_{mn}}{\mathrm{d}r} + \eta W_{mn} = 0 \\[2mm] \dfrac{1}{h}\dfrac{\mathrm{d}U_{mn}}{\mathrm{d}r} + \xi W_{mn} = 0 \end{cases} \tag{5.2.14}$$

式中，$r = 0$ 和 $r = 1$。

至此，已将四边简支 FGM 矩形厚板的自由振动问题转化为以 U_{mn}，V_{mn}，W_{mn} 为基本变量的二阶常微分方程组特征值问题式(5.2.8)和相应的边界条件式(5.2.14)。该组方程是依据三维线弹性理论建立的，未引入其他近似。

5.3
功能梯度材料叠层板自由振动控制方程

考虑三维线弹性矩形叠层板,见图 5.3.1,共有 L 层,设每层均为不同的正交各向异性 FGM,坐标轴沿弹性主轴方向。板的长、宽分别为 a, b,总厚度为 h,不计体力及阻尼影响。图 5.3.1 右图是其中任一层板,先分析第 j 层板。

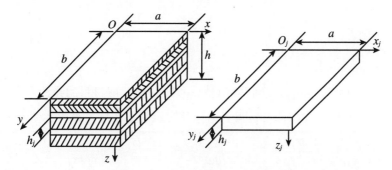

图 5.3.1 三维线弹性矩形叠层板

建立如图 5.3.1 所示局部直角坐标系 $O_j x_j y_j z_j$,假定材料参数仅沿厚度 z 方向变化。设第 j 层板的厚度为 h_j,质量密度为 $\rho_j(z)$,采用三维线弹性理论,其动力学方程为

$$
\begin{cases}
\dfrac{\partial \sigma_{xx}^j(x_j,y_j,z_j,t)}{\partial x_j} + \dfrac{\partial \sigma_{xy}^j(x_j,y_j,z_j,t)}{\partial y_j} + \dfrac{\partial \sigma_{xz}^j(x_j,y_j,z_j,t)}{\partial z_j} \\[2mm]
\quad = \rho_j(z_j)\dfrac{\partial^2 U_j(x_j,y_j,z_j,t)}{\partial t^2} \\[4mm]
\dfrac{\partial \sigma_{xy}^j(x_j,y_j,z_j,t)}{\partial x_j} + \dfrac{\partial \sigma_{yy}^j(x_j,y_j,z_j,t)}{\partial y_j} + \dfrac{\partial \sigma_{yz}^j(x_j,y_j,z_j,t)}{\partial z_j} \\[2mm]
\quad = \rho_j(z_j)\dfrac{\partial^2 V_j(x_j,y_j,z_j,t)}{\partial t^2} \\[4mm]
\dfrac{\partial \sigma_{xz}^j(x_j,y_j,z_j,t)}{\partial x_j} + \dfrac{\partial \sigma_{yz}^j(x_j,y_j,z_j,t)}{\partial y_j} + \dfrac{\partial \sigma_{zz}^j(x_j,y_j,z_j,t)}{\partial z_j} \\[2mm]
\quad = \rho_j(z_j)\dfrac{\partial^2 W_j(x_j,y_j,z_j,t)}{\partial t^2}
\end{cases}
$$

$$(5.3.1)$$

式中,$U_j(x_j,y_j,z_j,t)$,$V_j(x_j,y_j,z_j,t)$,$W_j(x_j,y_j,z_j,t)$ 为第 j 层板三个位移分量,$\sigma_{kl}^j(x_j,y_j,z_j,t)$ ($k,l=x,y,z$) 为第 j 层应力分量,t 为时间变量。

引入位移-应变关系,正交各向异性材料三维弹性体本构关系为

$$
\begin{Bmatrix} \sigma_{xx}^j \\ \sigma_{yy}^j \\ \sigma_{zz}^j \\ \sigma_{yz}^j \\ \sigma_{xz}^j \\ \sigma_{xy}^j \end{Bmatrix} = \begin{bmatrix} C_{11}^j(z_j) & C_{12}^j(z_j) & C_{13}^j(z_j) & 0 & 0 & 0 \\ C_{12}^j(z_j) & C_{22}^j(z_j) & C_{23}^j(z_j) & 0 & 0 & 0 \\ C_{13}^j(z_j) & C_{23}^j(z_j) & C_{33}^j(z_j) & 0 & 0 & 0 \\ 0 & 0 & 0 & C_{44}^j(z_j) & 0 & 0 \\ 0 & 0 & 0 & 0 & C_{55}^j(z_j) & 0 \\ 0 & 0 & 0 & 0 & 0 & C_{66}^j(z_j) \end{bmatrix} \begin{Bmatrix} \dfrac{\partial U_j}{\partial x_j} \\[2mm] \dfrac{\partial V_j}{\partial y_j} \\[2mm] \dfrac{\partial W_j}{\partial z_j} \\[2mm] \dfrac{\partial V_j}{\partial z_j} + \dfrac{\partial W_j}{\partial y_j} \\[2mm] \dfrac{\partial U_j}{\partial z_j} + \dfrac{\partial W_j}{\partial x_j} \\[2mm] \dfrac{\partial U_j}{\partial y_j} + \dfrac{\partial V_j}{\partial x_j} \end{Bmatrix}
$$

$$(5.3.2)$$

式中,$C_{kl}^j(z_j)$ $(j=1,2,\cdots,L;k,l,=1,2,\cdots,6)$ 为第 j 层材料的弹性系数。

将式(5.3.2)代入式(5.3.1),得到由位移表示的第 j 层三维弹性体动力学方程:

$$
\begin{cases}
C_{11}^j \dfrac{\partial^2 U_j}{\partial x_j^2} + C_{12}^j \dfrac{\partial^2 V_j}{\partial x_j \partial y_j} + C_{13}^j \dfrac{\partial^2 W_j}{\partial x_j \partial z_j} + C_{66}^j \left(\dfrac{\partial^2 U_j}{\partial y_j^2} + \dfrac{\partial^2 V_j}{\partial x_j \partial y_j} \right) \\[3mm]
\quad + C_{55}^j \left(\dfrac{\partial^2 U_j}{\partial z_j^2} + \dfrac{\partial^2 W_j}{\partial x_j \partial z_j} \right) + \dfrac{\mathrm{d} C_{55}^j}{\mathrm{d} z_j} \left(\dfrac{\partial U_j}{\partial z_j} + \dfrac{\partial W_j}{\partial x_j} \right) = \rho_j \dfrac{\partial^2 U_j}{\partial t^2} \\[4mm]
C_{12}^j \dfrac{\partial^2 U_j}{\partial x_j \partial y_j} + C_{22}^j \dfrac{\partial^2 V_j}{\partial y_j^2} + C_{23}^j \dfrac{\partial^2 W_j}{\partial y_j \partial z_j} + C_{66}^j \left(\dfrac{\partial^2 U_j}{\partial x_j \partial y_j} + \dfrac{\partial^2 V_j}{\partial x_j^2} \right) \\[3mm]
\quad + C_{44}^j \left(\dfrac{\partial^2 V_j}{\partial z_j^2} + \dfrac{\partial^2 W_j}{\partial y_j \partial z_j} \right) + \dfrac{\mathrm{d} C_{44}^j}{\mathrm{d} z_j} \left(\dfrac{\partial V_j}{\partial z_j} + \dfrac{\partial W_j}{\partial y_j} \right) = \rho_j \dfrac{\partial^2 V_j}{\partial t^2} \\[4mm]
C_{13}^j \dfrac{\partial^2 U_j}{\partial x_j \partial z_j} + C_{23}^j \dfrac{\partial^2 V_j}{\partial y_j \partial z_j} + C_{33}^j \dfrac{\partial^2 W_j}{\partial z_j^2} + C_{55}^j \left(\dfrac{\partial^2 U_j}{\partial x_j \partial z_j} + \dfrac{\partial^2 W_j}{\partial x_j^2} \right) \\[3mm]
\quad + C_{44}^j \left(\dfrac{\partial^2 V_j}{\partial y_j \partial z_j} + \dfrac{\partial^2 W_j}{\partial y_j^2} \right) + \dfrac{\mathrm{d} C_{13}^j}{\mathrm{d} z_j} \dfrac{\partial U_j}{\partial x_j} + \dfrac{\mathrm{d} C_{23}^j}{\mathrm{d} z_j} \dfrac{\partial V_j}{\partial y_j} + \dfrac{\mathrm{d} C_{33}^j}{\mathrm{d} z_j} \dfrac{\partial W_j}{\partial z_j} = \rho_j \dfrac{\partial^2 W_j}{\partial t^2}
\end{cases}
$$

$$(5.3.3)$$

将式中位移函数沿板平面采用双三角级数展开如下:

$$
\begin{cases}
U_j(x_j, y_j, z_j, t) = \displaystyle\sum_{m=1}^{\infty} \sum_{n=1}^{\infty} U_{jmn}(z_j) \mathrm{e}^{\mathrm{i}\omega_{mn} t} \cos \xi x_j \sin \eta y_j \\[4mm]
V_j(x_j, y_j, z_j, t) = \displaystyle\sum_{m=1}^{\infty} \sum_{n=1}^{\infty} V_{jmn}(z_j) \mathrm{e}^{\mathrm{i}\omega_{mn} t} \sin \xi x_j \cos \eta y_j \\[4mm]
W_j(x_j, y_j, z_j, t) = \displaystyle\sum_{m=1}^{\infty} \sum_{n=1}^{\infty} W_{jmn}(z_j) \mathrm{e}^{\mathrm{i}\omega_{mn} t} \sin \xi x_j \sin \eta y_j
\end{cases}
$$

$$(5.3.4)$$

式中,$\xi = m\pi/a$,$\eta = n\pi/b$,ω_{mn} 为第 m,n 项所对应的固有频率。将式(5.3.4)代入

式(5.3.3),对每一对 m,n,可得由三个位移分量的振型子函数 U_{jmn},V_{jmn},W_{jmn} 表示的常微分方程组:

$$
\left\{
\begin{aligned}
&- C_{11}^j \xi^2 U_{jmn} - C_{12}^j \xi\eta V_{jmn} + C_{13}^j \xi \frac{\mathrm{d}W_{jmn}}{\mathrm{d}z_j} - C_{66}^j (\eta^2 U_{jmn} + \xi\eta V_{jmn}) \\
&\quad + C_{55}^j \left(\frac{\mathrm{d}^2 U_{jmn}}{\mathrm{d}z_j^2} + \xi \frac{\mathrm{d}W_{jmn}}{\mathrm{d}z_j} \right) + \frac{\mathrm{d}C_{55}^j}{\mathrm{d}z_j} \left(\frac{\mathrm{d}U_{jmn}}{\mathrm{d}z_j} + \xi W_{jmn} \right) = -\rho_j \omega_{mn}^2 U_{jmn} \\[4pt]
&- C_{12}^j \xi\eta U_{jmn} - C_{22}^j \eta^2 V_{jmn} + C_{23}^j \eta \frac{\mathrm{d}W_{jmn}}{\mathrm{d}z_j} - C_{66}^j (\xi\eta U_{jmn} + \xi^2 V_{jmn}) \\
&\quad + C_{44}^j \left(\frac{\mathrm{d}^2 V_{jmn}}{\mathrm{d}z_j^2} + \eta \frac{\mathrm{d}W_{jmn}}{\mathrm{d}z_j} \right) + \frac{\mathrm{d}C_{44}^j}{\mathrm{d}z_j} \left(\frac{\mathrm{d}V_{jmn}}{\mathrm{d}z_j} + \eta W_{jmn} \right) = -\rho_j \omega_{mn}^2 V_{jmn} \\[4pt]
&- C_{13}^j \xi \frac{\mathrm{d}U_{jmn}}{\mathrm{d}z_j} - C_{23}^j \eta \frac{\mathrm{d}V_{jmn}}{\mathrm{d}z_j} + C_{33}^j \frac{\mathrm{d}^2 W_{jmn}}{\mathrm{d}z_j^2} - C_{55}^j \left(\xi \frac{\mathrm{d}U_{jmn}}{\mathrm{d}z_j} + \xi^2 W_{jmn} \right) \\
&\quad - C_{44}^j \left(\eta \frac{\mathrm{d}V_{jmn}}{\mathrm{d}z_j} + \eta^2 W_{jmn} \right) - \xi \frac{\mathrm{d}C_{13}^j}{\mathrm{d}z_j} U_{jmn} - \eta \frac{\mathrm{d}C_{23}^j}{\mathrm{d}z_j} V_{jmn} + \frac{\mathrm{d}C_{33}^j}{\mathrm{d}z_j} \frac{\mathrm{d}W_{jmn}}{\mathrm{d}z_j} = -\rho_j \omega_{mn}^2 W_{jmn}
\end{aligned}
\right.
$$

$$(5.3.5)$$

式中,$m=1,2,\cdots,\infty$;$n=1,2,\cdots,\infty$;$z_j \in [0,h_j]$;$j=1,2,\cdots,L$。将式(5.3.5)中各小式的右端项移到左端,合并同类项,再相应地分别除以 $C_{55}^j,C_{44}^j,C_{33}^j$,化简整理后可得

$$
\left\{
\begin{aligned}
&\frac{\mathrm{d}^2 U_{jmn}}{\mathrm{d}z_j^2} - \frac{C_{11}^j \xi^2 + C_{66}^j \eta^2}{C_{55}^j} U_{jmn} - \frac{C_{12}^j + C_{66}^j}{C_{55}^j} \xi\eta V_{jmn} \\
&\quad + \frac{C_{13}^j + C_{55}^j}{C_{55}^j} \xi \frac{\mathrm{d}W_{jmn}}{\mathrm{d}z_j} + \frac{1}{C_{55}^j} \frac{\mathrm{d}C_{55}^j}{\mathrm{d}z_j} \left(\frac{\mathrm{d}U_{jmn}}{\mathrm{d}z_j} + \xi W_{jmn} \right) + \frac{\rho_j \omega_{mn}^2}{C_{55}^j} U_{jmn} = 0 \\[4pt]
&\frac{\mathrm{d}^2 V_{jmn}}{\mathrm{d}z_j^2} - \frac{C_{66}^j \xi^2 + C_{22}^j \eta^2}{C_{44}^j} V_{jmn} - \frac{C_{12}^j + C_{66}^j}{C_{44}^j} \xi\eta U_{jmn} \\
&\quad + \frac{C_{23}^j + C_{44}^j}{C_{44}^j} \eta \frac{\mathrm{d}W_{jmn}}{\mathrm{d}z_j} + \frac{1}{C_{44}^j} \frac{\mathrm{d}C_{44}^j}{\mathrm{d}z_j} \left(\frac{\mathrm{d}V_{jmn}}{\mathrm{d}z_j} + \eta W_{jmn} \right) + \frac{\rho_j \omega_{mn}^2}{C_{44}^j} V_{jmn} = 0 \\[4pt]
&\frac{\mathrm{d}^2 W_{jmn}}{\mathrm{d}z_j^2} - \frac{C_{55}^j \xi^2 + C_{44}^j \eta^2}{C_{33}^j} W_{jmn} - \frac{C_{13}^j + C_{55}^j}{C_{33}^j} \xi \frac{\mathrm{d}U_{jmn}}{\mathrm{d}z_j} - \frac{C_{23}^j + C_{44}^j}{C_{33}^j} \eta \frac{\mathrm{d}V_{jmn}}{\mathrm{d}z_j} \\
&\quad - \frac{\xi}{C_{33}^j} \frac{\mathrm{d}C_{13}^j}{\mathrm{d}z_j} U_{jmn} - \frac{\eta}{C_{33}^j} \frac{\mathrm{d}C_{23}^j}{\mathrm{d}z_j} V_{jmn} + \frac{1}{C_{33}^j} \frac{\mathrm{d}C_{33}^j}{\mathrm{d}z_j} \frac{\mathrm{d}W_{jmn}}{\mathrm{d}z_j} + \frac{\rho_j \omega_{mn}^2}{C_{33}^j} W_{jmn} = 0
\end{aligned}
\right.
$$

$$(5.3.6)$$

做变量变换,令

$$z_j = h_j r, \quad r \in [0,1], \quad z_j \in [0,h_j], \quad j=1,2,\cdots,L \qquad (5.3.7)$$

代入式(5.3.6)进行无量纲参数变换。然后对式(5.3.6)中每一小式两端同时乘以 h_j^2,并令

$$\lambda_{mn}^2 = \frac{\omega_{mn}^2 h^2 \rho_2(0)}{C_{44}^2(0)} \qquad (5.3.8)$$

这里 λ_{mn} 为自然频率参数,于是对整体结构的固有频率,有

$$\omega_{mn}^2 = \frac{\lambda_{mn}^2\, C_{44}^2(0)}{h^2\, \rho_2(0)} \tag{5.3.9}$$

式(5.3.6)变为

$$
\begin{cases}
\dfrac{\mathrm{d}^2 U_{jmn}}{\mathrm{d}r^2} - \dfrac{C_{11}^j \xi^2 + C_{66}^j \eta^2}{C_{55}^j} h_j^2 U_{jmn} - \dfrac{C_{12}^j + C_{66}^j}{C_{55}^j} \xi\eta\, h_j^2 V_{jmn} \\[2mm]
\quad + \dfrac{C_{13}^j + C_{55}^j}{C_{55}^j} \xi\, h_j \dfrac{\mathrm{d}W_{jmn}}{\mathrm{d}r} + \dfrac{1}{C_{55}^j}\dfrac{\mathrm{d}C_{55}^j}{\mathrm{d}r}\left(\dfrac{\mathrm{d}U_{jmn}}{\mathrm{d}r} + \xi\, h_j W_{jmn}\right) \\[2mm]
\quad + \dfrac{\rho_j\, h_j^2\, \lambda_{mn}^2\, C_{44}^2(0)}{C_{55}^j\, h^2\, \rho_2(0)} U_{jmn} = 0 \\[3mm]
\dfrac{\mathrm{d}^2 V_{jmn}}{\mathrm{d}r^2} - \dfrac{C_{66}^j \xi^2 + C_{22}^j \eta^2}{C_{44}^j} h_j^2 V_{jmn} - \dfrac{C_{12}^j + C_{66}^j}{C_{44}^j} \xi\eta\, h_j^2 U_{jmn} \\[2mm]
\quad + \dfrac{C_{23}^j + C_{44}^j}{C_{44}^j} \eta\, h_j \dfrac{\mathrm{d}W_{jmn}}{\mathrm{d}r} + \dfrac{1}{C_{44}^j}\dfrac{\mathrm{d}C_{44}^j}{\mathrm{d}r}\left(\dfrac{\mathrm{d}V_{jmn}}{\mathrm{d}r} + \eta\, h_j W_{jmn}\right) \\[2mm]
\quad + \dfrac{\rho_j\, h_j^2\, \lambda_{mn}^2\, C_{44}^2(0)}{C_{44}^j\, h^2\, \rho_2(0)} V_{jmn} = 0 \\[3mm]
\dfrac{\mathrm{d}^2 W_{jmn}}{\mathrm{d}r^2} - \dfrac{C_{55}^j \xi^2 + C_{44}^j \eta^2}{C_{33}^j} h_j^2 W_{jmn} - \dfrac{C_{13}^j + C_{55}^j}{C_{33}^j} \xi\, h_j \dfrac{\mathrm{d}U_{jmn}}{\mathrm{d}r} \\[2mm]
\quad - \dfrac{C_{23}^j + C_{44}^j}{C_{33}^j} \eta\, h_j \dfrac{\mathrm{d}V_{jmn}}{\mathrm{d}r} - \dfrac{\xi\, h_j}{C_{33}^j}\dfrac{\mathrm{d}C_{13}^j}{\mathrm{d}r}U_{jmn} - \dfrac{\eta\, h_j}{C_{33}^j}\dfrac{\mathrm{d}C_{23}^j}{\mathrm{d}r}V_{jmn} + \dfrac{1}{C_{33}^j}\dfrac{\mathrm{d}C_{33}^j}{\mathrm{d}r}\dfrac{\mathrm{d}W_{jmn}}{\mathrm{d}r} \\[2mm]
\quad + \dfrac{\rho_j h_j^2 \lambda_{mn}^2 C_{44}^2(0)}{C_{33}^j h^2 \rho_2(0)} W_{jmn} = 0
\end{cases}
\tag{5.3.10}
$$

式中，$m=1,2,\cdots,\infty$；$n=1,2,\cdots,\infty$；$r\in[0,1]$；$j=1,2,\cdots,L$。

由式(5.3.2)可得到由位移 U_j,V_j,W_j 表示的应力分量表达式：

$$
\begin{cases}
\sigma_{xx}^j = C_{11}^j(z_j)\dfrac{\partial U_j}{\partial x_j} + C_{12}^j(z_j)\dfrac{\partial V_j}{\partial y_j} + C_{13}^j(z_j)\dfrac{\partial W_j}{\partial z_j} \\[2mm]
\sigma_{yy}^j = C_{12}^j(z_j)\dfrac{\partial U_j}{\partial x_j} + C_{22}^j(z_j)\dfrac{\partial V_j}{\partial y_j} + C_{23}^j(z_j)\dfrac{\partial W_j}{\partial z_j} \\[2mm]
\sigma_{zz}^j = C_{13}^j(z_j)\dfrac{\partial U_j}{\partial x_j} + C_{23}^j(z_j)\dfrac{\partial V_j}{\partial y_j} + C_{33}^j(z_j)\dfrac{\partial W_j}{\partial z_j} \\[2mm]
\sigma_{yz}^j = C_{44}^j(z_j)\left(\dfrac{\partial V_j}{\partial z_j} + \dfrac{\partial W_j}{\partial y_j}\right) \\[2mm]
\sigma_{xz}^j = C_{55}^j(z_j)\left(\dfrac{\partial U_j}{\partial z_j} + \dfrac{\partial W_j}{\partial x_j}\right) \\[2mm]
\sigma_{xy}^j = C_{66}^j(z_j)\left(\dfrac{\partial U_j}{\partial y_j} + \dfrac{\partial V_j}{\partial x_j}\right)
\end{cases}
\tag{5.3.11}
$$

将式(5.3.4)代入上式,经整理,可得第 j 层板的应力分量表达式为

$$
\left\{
\begin{aligned}
\sigma_{xx}^j &= \sum_{m=1}^{\infty} \sum_{n=1}^{\infty} \widetilde{\sigma}_{xxmn}^j(z_j) \mathrm{e}^{\mathrm{i}\omega_{mn}t} \sin\xi x_j \sin\eta y_j \\[6pt]
\sigma_{yy}^j &= \sum_{m=1}^{\infty} \sum_{n=1}^{\infty} \widetilde{\sigma}_{yymn}^j(z_j) \mathrm{e}^{\mathrm{i}\omega_{mn}t} \sin\xi x_j \sin\eta y_j \\[6pt]
\sigma_{zz}^j &= \sum_{m=1}^{\infty} \sum_{n=1}^{\infty} \widetilde{\sigma}_{zzmn}^j(z_j) \mathrm{e}^{\mathrm{i}\omega_{mn}t} \sin\xi x_j \sin\eta y_j \\[6pt]
\sigma_{yz}^j &= \sum_{m=1}^{\infty} \sum_{n=1}^{\infty} \widetilde{\sigma}_{yzmn}^j(z_j) \mathrm{e}^{\mathrm{i}\omega_{mn}t} \sin\xi x_j \cos\eta y_j \\[6pt]
\sigma_{xz}^j &= \sum_{m=1}^{\infty} \sum_{n=1}^{\infty} \widetilde{\sigma}_{xzmn}^j(z_j) \mathrm{e}^{\mathrm{i}\omega_{mn}t} \cos\xi x_j \sin\eta y_j \\[6pt]
\sigma_{xy}^j &= \sum_{m=1}^{\infty} \sum_{n=1}^{\infty} \widetilde{\sigma}_{xymn}^j(z_j) \mathrm{e}^{\mathrm{i}\omega_{mn}t} \cos\xi x_j \cos\eta y_j
\end{aligned}
\right.
\tag{5.3.12}
$$

式中

$$
\widetilde{\sigma}_{xxmn}^j(z_j) = -C_{11}^j(z_j)\xi U_{jmn} - C_{12}^j(z_j)\eta V_{jmn} + C_{13}^j(z_j)\frac{\mathrm{d}W_{jmn}}{\mathrm{d}z_j} \tag{5.3.13a}
$$

$$
\widetilde{\sigma}_{yymn}^j(z_j) = -C_{12}^j(z_j)\xi U_{jmn} - C_{22}^j(z_j)\eta V_{jmn} + C_{23}^j(z_j)\frac{\mathrm{d}W_{jmn}}{\mathrm{d}z_j} \tag{5.3.13b}
$$

$$
\widetilde{\sigma}_{zzmn}^j(z_j) = -C_{13}^j(z_j)\xi U_{jmn} - C_{23}^j(z_j)\eta V_{jmn} + C_{33}^j(z_j)\frac{\mathrm{d}W_{jmn}}{\mathrm{d}z_j} \tag{5.3.13c}
$$

$$
\widetilde{\sigma}_{yzmn}^j(z_j) = C_{44}^j(z_j)\left(\frac{\mathrm{d}V_{jmn}}{\mathrm{d}z_j} + \eta W_{jmn}\right) \tag{5.3.13d}
$$

$$
\widetilde{\sigma}_{xzmn}^j(z) = C_{55}^j(z_j)\left(\frac{\mathrm{d}U_{jmn}}{\mathrm{d}z_j} + \xi W_{jmn}\right) \tag{5.3.13e}
$$

$$
\widetilde{\sigma}_{xymn}^j(z) = C_{66}^j(z_j)\left(\eta U_{jmn} + \xi V_{jmn}\right) \tag{5.3.13f}
$$

当取 $m=1$，$n=1$ 时，式(5.3.12)中的 $\widetilde{\sigma}_{xx11}^j(z_j)\sin\xi x_j \sin\eta y_j$ 为第 j 层板应力分量 σ_{xx}^j 的第 1 阶振型，这里的 $\widetilde{\sigma}_{xx11}^j(z_j)$ 称为应力分量 σ_{xx}^j 的第 1 阶振型子函数，其余类同。

对于四边简支正交各向异性材料叠层矩形厚板，位移函数按照式(5.3.4)的双三角级数展开式满足图 5.3.1 叠层矩形板的四边简支条件。以下按照三维弹性理论求四边简支叠层矩形厚板的自由振动问题。

设板无外荷载，第 1 层板的上板面和第 L 层板(最下层)的下表面均为自由面，则有

$$
\left\{
\begin{aligned}
&r=0: & \sigma_{zz}^1 &= \sigma_{yz}^1 = \sigma_{xz}^1 = 0 \\
&r=1: & \sigma_{zz}^L &= \sigma_{yz}^L = \sigma_{xz}^L = 0
\end{aligned}
\right.
\tag{5.3.14}
$$

这里，σ_{zz}^1，σ_{zz}^L 分别表示第 1 层和第 L 层的应力 σ_{zz}，其余类推。

将式(5.3.13)代入边界条件式(5.3.14)并化简，注意到式(5.3.7)，得到以位移

表示的应力边界条件如下：

$$
\begin{cases}
- C_{13}^1 \xi U_{1mn} - C_{23}^1 \eta V_{1mn} + C_{33}^1 \dfrac{1}{h_1} \dfrac{\mathrm{d} W_{1mn}}{\mathrm{d} r} = 0 \\[3mm]
\dfrac{1}{h_1} \dfrac{\mathrm{d} V_{1mn}}{\mathrm{d} r} + \eta W_{1mn} = 0 \qquad , \quad r = 0 \quad (5.3.15\mathrm{a}) \\[3mm]
\dfrac{1}{h_1} \dfrac{\mathrm{d} U_{1mn}}{\mathrm{d} r} + \xi W_{1mn} = 0
\end{cases}
$$

$$
\begin{cases}
- C_{13}^L \xi U_{Lmn} - C_{23}^L \eta V_{Lmn} + C_{33}^L \dfrac{1}{h_L} \dfrac{\mathrm{d} W_{Lmn}}{\mathrm{d} r} = 0 \\[3mm]
\dfrac{1}{h_L} \dfrac{\mathrm{d} V_{Lmn}}{\mathrm{d} r} + \eta W_{Lmn} = 0 \qquad , \quad r = 1 \quad (5.3.15\mathrm{b}) \\[3mm]
\dfrac{1}{h_L} \dfrac{\mathrm{d} U_{Lmn}}{\mathrm{d} r} + \xi W_{Lmn} = 0
\end{cases}
$$

而在第 j 层与第 $j+1$ 层交界面处，认为是完全黏结的，则交界面处上、下层各位移分量 U, V, W 是连续的，由式(5.3.4)，可得

$$
\begin{cases}
U_{jmn}(1) = U_{j+1,mn}(0) \\
V_{jmn}(1) = V_{j+1,mn}(0) \ , \quad j = 1,2,\cdots,L-1 \qquad (5.3.16) \\
W_{jmn}(1) = W_{j+1,mn}(0)
\end{cases}
$$

同时在第 j 层与第 $j+1$ 层界面处，应力分量 $\sigma_{zz}, \sigma_{yz}, \sigma_{xz}$ 也是连续的，根据式(5.3.12)，有

$$
\begin{cases}
\widetilde{\sigma}_{zzmn}^{\,j}(1) = \widetilde{\sigma}_{zzmn}^{\,j+1}(0) \\
\widetilde{\sigma}_{yzmn}^{\,j}(1) = \widetilde{\sigma}_{yzmn}^{\,j+1}(0), \quad j = 1,2,\cdots,L-1 \qquad (5.3.17) \\
\widetilde{\sigma}_{xzmn}^{\,j}(1) = \widetilde{\sigma}_{xzmn}^{\,j+1}(0)
\end{cases}
$$

这里 $\widetilde{\sigma}_{zzmn}^{\,j}(r)$ 表示每一对 $m\text{-}n$ 振型所对应第 j 层应力分量 σ_{zz}^j 的振型子函数，$r = 0$ 即为第 j 层上表面值，$r = 1$ 即为下表面值，其余类推。

将式(5.3.13)代入式(5.3.17)，得到以位移分量振型子函数表示的界面应力连续条件：

$$
\begin{cases}
- C_{13}^j \xi U_{jmn}(1) - C_{23}^j \eta V_{jmn}(1) + C_{33}^j \dfrac{1}{h_j} \dfrac{\mathrm{d} W_{jmn}(1)}{\mathrm{d} r} = \\[2mm]
\quad - C_{13}^{j+1} \xi U_{j+1,mn}(0) - C_{23}^{j+1} \eta V_{j+1,mn}(0) + C_{33}^j \dfrac{1}{h_{j+1}} \dfrac{\mathrm{d} W_{j+1,mn}(0)}{\mathrm{d} r} \\[3mm]
C_{44}^j \left[\dfrac{1}{h_j} \dfrac{\mathrm{d} V_{jmn}(1)}{\mathrm{d} r} + \eta W_{jmn}(1) \right] = C_{44}^{j+1} \left[\dfrac{1}{h_{j+1}} \dfrac{\mathrm{d} V_{j+1,mn}(0)}{\mathrm{d} r} + \eta W_{j+1,mn}(0) \right] \\[3mm]
C_{55}^j \left[\dfrac{1}{h_j} \dfrac{\mathrm{d} U_{jmn}(1)}{\mathrm{d} r} + \eta W_{jmn}(1) \right] = C_{55}^{j+1} \left[\dfrac{1}{h_{j+1}} \dfrac{\mathrm{d} U_{j+1,mn}(0)}{\mathrm{d} r} + \eta W_{j+1,mn}(0) \right]
\end{cases}
$$

$$(5.3.18)$$

式中，$m = 1,2,\cdots,\infty$；$n = 1,2,\cdots,\infty$；$j = 1,2,\cdots,L-1$。

至此,已将正交各向异性 FGM 叠层板的自由振动问题转化为求解二阶的常微分方程组特征值问题式(5.3.10)和相应边值条件式(5.3.15)、式(5.3.16)与式(5.3.18)。该组方程是依据三维线弹性理论建立的,未引入其他近似。依据上述控制方程可求解四边简支 FGM 矩形厚板和叠层板自由振动问题。

5.4

功能梯度板自由振动半解析法算例

本节采用插值矩阵法的常微分方程特征值问题求解器 IMMEI[15]求解控制微分方程式(5.2.8)和相应边值条件式(5.2.14),方程(5.3.10)和相应边值条件式(5.3.15)、式(5.3.16)与式(5.3.18),即为半解析法求解四边简支 FGM 矩形厚板和叠层板的自由振动频率和相应的振型函数。本节算例插值矩阵法均采用分段抛物线插值。

例 5.4.1 四边简支各向同性功能梯度板自由振动问题,板的长、宽、高分别为 a,b,h,见图 5.2.1。考虑材料为非均质各向同性,泊松比 $\nu=0.3$,其余材料参数仅沿厚度方向呈如下梯度形式变化:

$$M(z) = (M_{\mathrm{II}} - M_{\mathrm{I}})\left(\frac{z}{h}\right)^{\alpha} + M_{\mathrm{I}} \qquad (5.4.1)$$

其中 α 为梯度指数,$M(z)$ 代表梯度材料的任一材料常数沿 z 方向的变化规律。特别当 $\alpha=0$ 时,为均质各向同性板,即取材料 II;当 $\alpha=\infty$ 时,为均质各向同性板,即取材料 I;当 $\alpha=1$ 时,为各向同性线性变化 FGM 板。其中材料 I 指板上表面的材料,材料的弹性模量为 $E_{\mathrm{I}}=70$ GPa,$\rho_{\mathrm{I}}=2702$ kg/m^3,对应的弹性矩阵式(5.2.2)的弹性系数为

$$C_{\mathrm{I},11} = C_{\mathrm{I},22} = C_{\mathrm{I},33} = 94.2308 \text{ GPa}$$

$$C_{\mathrm{I},12} = C_{\mathrm{I},13} = C_{\mathrm{I},23} = 40.3846 \text{ GPa}$$

$$C_{\mathrm{I},44} = C_{\mathrm{I},55} = C_{\mathrm{I},66} = 26.9231 \text{ GPa}$$

材料 II 指板下表面的材料,材料常数为 $E_{\mathrm{II}}=380$ GPa,$\rho_{\mathrm{II}}=3800$ kg/m^3,弹性矩阵的系数为

$$C_{\mathrm{II},11} = C_{\mathrm{II},22} = C_{\mathrm{II},33} = 511.539 \text{ GPa}$$

$$C_{\mathrm{II},12} = C_{\mathrm{II},13} = C_{\mathrm{II},23} = 219.231 \text{ GPa}$$

$$C_{\mathrm{II},44} = C_{\mathrm{II},55} = C_{\mathrm{II},66} = 146.154 \text{ GPa}$$

利用式(5.2.6),有

$$\frac{\mathrm{d}M(r)}{\mathrm{d}r} = (M_{\mathrm{II}} - M_{\mathrm{I}})\alpha r^{\alpha-1}, \quad r \in [0,1] \qquad (5.4.2)$$

计算矩形板的固有频率参数 $\lambda_{mn} = \omega_{mn}h\sqrt{\rho_{\mathrm{I}}C_{\mathrm{I},44}}$ 和振型。

采用插值矩阵法求解器 IMMEI 直接求解式(5.2.8)和式(5.2.14)，在求解区间 $r \in [0,1]$ 上分别划分 $N = 20,40,80$ 个子区间。表 5.4.1 给出了厚宽比 $h/a = 0.15$ 时功能梯度板的频率参数的 IMMEI 计算结果，并与文献[14]的结果进行了对比。由表 5.4.1 可知，当长宽比 a/b 和梯度指数 α 取不同值时，IMMEI 计算的功能梯度板第 1 阶自由振动频率参数 λ_{11} 结果收敛性很好。理论上来说，划分的子区间越多，IMMEI 计算结果越精确。从表 5.4.1 中划分不同数目子区间的计算结果对比可以看出，IMMEI 计算结果稳定。当 $\alpha = 0.25$ 时，因为材料参数变化梯度较大，取 $N = 20$ 的插值矩阵法结果具有 2 位有效数字；而 α 在其他值的情形，相对于 $N = 80$ 的 IMMEI 计算结果，$N = 20$ 的结果已具有 4～5 位有效数字，表明了本章半解析法在计算精度上的优势。

表 5.4.1　不同梯度下四边简支 FGM 矩形板的固有频率参数 λ_{11} ($m = n = 1, h/a = 0.15$)

a/b	α	λ_{11}			
		IMMEI ($N = 20$)	IMMEI ($N = 40$)	IMMEI ($N = 80$)	文献[14]
0.5	0	0.25409	0.25409	0.25409	0.25363
	0.25	0.23084	0.23180	0.23221	0.23189
	1	0.19494	0.19493	0.19493	0.20069
	5	0.16542	0.16542	0.16542	0.17040
	∞	0.12933	0.12933	0.12933	0.12989
1	0	0.39643	0.39643	0.39643	0.39536
	0.25	0.36059	0.36213	0.36278	0.35969
	1	0.30494	0.30493	0.30493	0.30552
	5	0.25672	0.25672	0.25672	0.25429
	∞	0.20178	0.20178	0.20178	0.20123
2	0	0.90852	0.90851	0.90851	0.90328
	0.25	0.82958	0.83359	0.83495	0.80957
	1	0.70480	0.70480	0.70480	0.65235
	5	0.57957	0.57957	0.57957	0.51685
	∞	0.46242	0.46242	0.46242	0.47234

文献[14]采用的是基于中厚板理论的一阶剪切近似理论，对于功能梯度板来说，当宽厚比不大时，其计算结果误差较小。表 5.4.1 显示当 $a/b = 0.5$ 和 $a/b = 1$ 时，

两种情形下不同梯度四边简支功能梯度板的第 1 阶自由振动频率参数 λ_{11} 的文献[14] 计算结果和半解析法计算结果基本吻合。而当 $a/b = 2$ 时,文献[14]方法所计算的 四边简支功能梯度板的第 1 阶自由振动频率参数 λ_{11} 只在梯度指数为 $\alpha = 0$ 和 $\alpha = \infty$ 的(即均质材料板)情况下和半解析法计算结果是吻合的,而其他情况下(功能梯度 板),文献[14]基于中厚板理论的近似解误差较大。

取 $h/a = 0.4$(厚板),插值矩阵法(IMMEI)在求解区间 $r \in [0,1]$ 上分别划分 $N = 20,40$ 个子区间。表 5.4.2 给出了不同长宽比及不同梯度下四边简支功能梯度板 的无量纲固有频率半解析法计算结果。从表 5.4.2 可以看出,$N = 20,40$ 的计算结 果已经很接近了,随着分段数的增加,插值矩阵法对功能梯度板固有频率的计算结 果收敛很快,当 $\alpha = 0.25$ 时,取 $N = 20$ 的 IMMEI 计算结果收敛相对较慢,α 在其他 值的情形,取 $N = 20$ 的计算结果已具有 4~5 位有效数字。由表 5.4.2 可见,对 $a/b = 1$ 的方板情形,因结构对称性,固有频率有重根。

表 5.4.2　不同梯度下四边简支 FGM 矩形板的固有频率参数 λ_{mn} ($h/a = 0.4$)

a/b	α	λ_{11}		λ_{12}		λ_{21}		λ_{22}	
		IMMEI ($N=20$)	IMMEI ($N=40$)	IMMEI ($N=20$)	IMMEI ($N=40$)	IMMEI ($N=20$)	IMMEI ($N=40$)	IMMEI ($N=20$)	IMMEI ($N=40$)
	0	1.4757	1.4757	2.1393	2.1393	3.6952	3.6952	4.1258	4.1258
	0.25	1.3522	1.3586	1.9668	1.9765	3.4164	3.4345	3.8188	3.8394
0.5	1	1.1541	1.1541	1.6866	1.6866	2.9565	2.9565	3.3114	3.3114
	5	0.9305	0.9305	1.3364	1.3364	2.2808	2.2808	2.5414	2.5414
	∞	0.7511	0.7511	1.0889	1.0889	1.8808	1.8808	2.1000	2.1000
	0	2.1393	2.1393	4.1258	4.1258	4.1258	4.1258	5.5971	5.5971
	0.25	1.9668	1.9765	3.8188	3.8394	3.8188	3.8394	5.1924	5.2246
1	1	1.6866	1.6866	3.3114	3.3114	3.3114	3.3114	4.5272	4.5272
	5	1.3364	1.3364	2.5414	2.5414	2.5414	2.5414	3.4247	3.4247
	∞	1.0889	1.0889	2.1000	2.1000	2.1000	2.1000	2.8488	2.8488
	0	4.1258	4.1258	8.7994	8.7994	5.5971	5.5971	9.6541	9.6541
	0.25	3.8188	3.8394	8.1590	8.2243	5.1942	5.2246	8.9325	9.0137
2	1	3.3114	3.3114	7.0791	7.0791	4.5272	4.5272	7.6982	7.6982
	5	2.5414	2.5414	5.1849	5.1849	3.4247	3.4247	5.5931	5.5931
	∞	2.1000	2.1000	4.4788	4.4788	2.8488	2.8488	4.9138	4.9138

取 $a/b = 0.5$,梯度指数 $\alpha = 0.25$,IMMEI 取 $N = 40$,计算板的自由振动问题。 表 5.4.3 给出了不同厚宽比下四边简支功能梯度矩形板的各阶无量纲固有频率参数 $\lambda_{mn,l}$ 的计算值,表中 $\lambda_{mn,l}$ 代表根据 m,n 所求解的第 l 个无量纲固有频率(从小到大

排列),如 $\lambda_{11,1}$ 为 $m=n=1$ 时计算所得最小的无量纲固有频率, $\lambda_{11,2}$ 为其次小的,相应的位移和应力振型子函数记为 $(\cdots)_{mn,l}$,如 $\tilde\sigma_{xx11,1}(z)$ 是对应 $\lambda_{11,1}$ 的应力分量 σ_{xx} 的振型子函数,以下类推。将计算的 $\lambda_{mn,l}$ 按照从小到大排序,其最小值为第 1 阶固有频率,次小为第 2 阶频率,其余类推,半解析法计算的固有频率排序见表 5.4.3。

表 5.4.3 不同厚宽比四边简支 FGM 矩形板的固有频率参数 $\lambda_{mn,l}(a/b=0.5, \alpha=0.25, N=40)$

$\lambda_{mn,l}$	$\lambda_{11,1}$	$\lambda_{11,2}$	$\lambda_{11,3}$	$\lambda_{12,1}$	$\lambda_{12,2}$	$\lambda_{21,1}$	$\lambda_{22,1}$
$h/a=0.1$	0.10548	0.64802	1.09433	0.16684	0.81964	0.34319	0.39965
固有频率排序	第 1 阶			第 2 阶		第 3 阶	
$h/a=0.2$	0.39965	1.29572	2.18182	0.61536	1.63864	1.18721	1.35864
固有频率排序	第 1 阶			第 2 阶		第 3 阶	
$h/a=0.4$	1.35864	2.58885	4.30141	1.97653	3.27201	3.43449	3.83941
固有频率排序	第 1 阶	第 3 阶		第 2 阶			

在图 5.4.1 和图 5.4.2 中,本章半解析法(取 $N=40$)给出了 $h/a=0.4, a/b=0.5, \alpha=0.25$ 时四边简支功能梯度矩形板的第 1 阶($\lambda_{11,1}=1.35864$)应力和位移振型子函数曲线,可见第 1 阶位移分量振型子函数 $W_{11,1}(z)$(板的挠度)是占优的。图 5.4.3 和图 5.4.4 给出了第 2 阶($\lambda_{12,1}=1.97653$)振型子函数曲线,可见第 2 阶位移分量振型子函数 $W_{12,1}(z)$(板的挠度)也是占优的,$U_{12,1}(z)$ 与 $V_{12,1}(z)$ 相同,$\tilde\sigma_{xx12,1}(z)$ 与 $\tilde\sigma_{yy12,1}(z)$ 相同。前 2 阶振型中,应力振型子函数 $\tilde\sigma_{zz11,1}(z)$ 和 $\tilde\sigma_{zz12,1}(z)$(板的法向应力)相对较弱。

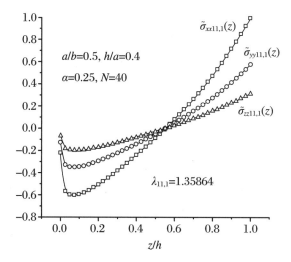

图 5.4.1 矩形板第 1 阶应力振型子函数

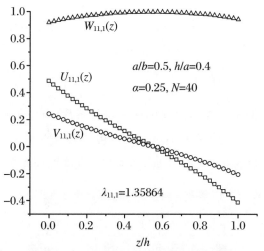

图 5.4.2 矩形板第 1 阶位移振型子函数

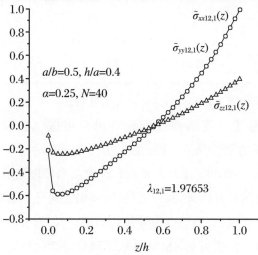

图 5.4.3 矩形板第 2 阶应力振型子函数

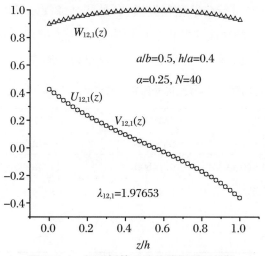

图 5.4.4 矩形板第 2 阶位移振型子函数

例 5.4.2 四边简支横观各向同性 FGM 矩形厚板自由振动,长、宽、高分别为 a,b,h,见图 5.2.1。材料常数沿厚度方向变化为

$$M = M_{\mathrm{I}}\left(\frac{h-z}{h}\right)^{\alpha} + M_{\mathrm{II}}\left[1 - \left(\frac{h-z}{h}\right)^{\alpha}\right] \tag{5.4.3}$$

其中 α 为梯度指数,M 代表梯度材料的任一材料系数,对应 I 和 II 的材料常数见表 5.4.4。特别当 $\alpha=0$ 时,为均质横观各向同性板,即取材料 I;当 $\alpha=\infty$ 时,为均质横观各向同性板,即取材料 II;当 $\alpha=1$ 时,为横观各向同性线性变化功能梯度板。

表 5.4.4　两种材料常数(弹性系数单位:10^{10} N/m^2)

	$C_{11}=C_{22}$	C_{12}	$C_{13}=C_{23}$	C_{33}	$C_{44}=C_{55}$	C_{66}	ρ(kg/m^3)
材料 I	13.90	7.80	1.40	33.64	16.25	3.05	7500
材料 II	20.97	12.11	10.51	21.09	4.25	4.43	5676

利用式(5.2.6),有

$$\frac{\mathrm{d}M(r)}{\mathrm{d}r} = (M_{\mathrm{II}} - M_{\mathrm{I}})\alpha(1-r)^{\alpha-1}, \quad r \in [0,1] \tag{5.4.4}$$

计算该板的固有频率参数 $\lambda_{mn} = \omega_{mn}h\sqrt{\rho_{\mathrm{I}}C_{\mathrm{I},44}}$ 和振型。

本章半解析法基于三维线弹性理论导出自由振动方程,采用插值矩阵法(IMMEI)直接求解该方程特征值问题。取长方形板,$h/a=0.1$,$h/b=0.2$,IMMEI 划分子区间分别取 $N=20,40,80$,表 5.4.5 给出了当梯度指数取 $\alpha=10$ 时功能梯度板无量纲固有频率的计算结果,并与文献[2]解做了对比。文献[2]方法采用的是状态空间法结合分层技术,每层假设为等效的均质材料,划分的层数足够多时,计算结果可达到较高精度。由表可见,IMMEI 取不同分段数的计算结果很接近,取 $N=40$ 的固有频率结果具有 4 位有效数字。本章半解析法是基于精确的三维线弹性理论,在每一层(子区间)进行分段抛物线插值,见式(5.2.8),可以说在相同的分层数下,本章半解析法计算的功能梯度板各阶固有频率更为准确,本法取 $N=80$ 的第 1 阶固有频率计算结果应具有 5 位有效数字,可以作为其他方法的参照解。

表 5.4.5　横观各向同性 FGM 矩形板固有频率参数 λ_{mn} ($h/a=0.1,h/b=0.2,\alpha=10$)

(m,n)	IMMEI ($N=20$)	IMMEI ($N=40$)	IMMEI ($N=80$)	文献[2]
(1,1)	0.14502	0.14500	0.14499	0.14511
(1,2)	0.41933	0.41942	0.41941	0.41975
(2,1)	0.22141	0.22139	0.22138	0.22157
(2,2)	0.47769	0.47779	0.47778	0.47817

取 $a/b=2$,梯度变化指数 $\alpha=10$,表 5.4.6 给出了半解析法计算不同厚宽比下四边简支横观各向同性 FGM 矩形板的各阶固有频率参数 $\lambda_{mn,l}$。表中 $\lambda_{mn,l}$ 代表根据 m,n 所求解的第 l 个固有频率参数(从小到大排列),如 $\lambda_{11,1}$ 为 $m=n=1$ 时计算所得的最小的固有频率参数,其余类推。图 5.4.5~图 5.4.8 分别给出了 $h/a=0.4$ 时横观各向同性 FGM 矩形板的第 1 阶($\lambda_{11,1}=1.29589$)和第 2 阶($\lambda_{11,2}=1.63436$)振型子函数的半解析解,可见第 1 阶位移分量振型子函数 $W_{11,1}(z)$(板的挠度)是占优的,第 2 阶位移分量振型子函数 $U_{11,2}$(板面内位移)也是占优的,$W_{11,2}(z)$ 几乎为 0。

表 5.4.6 不同厚宽比横观各向同性 FGM 矩形板固有频率参数 $\lambda_{mn,l}$ ($a/b=2,\alpha=10,N=40$)

	$\lambda_{11,1}$	$\lambda_{11,2}$	$\lambda_{11,3}$	$\lambda_{12,1}$	$\lambda_{21,1}$	$\lambda_{21,2}$	$\lambda_{22,1}$
$h/a=0.1$	0.14500	0.40960	0.78154	0.41941	0.22139	0.51805	0.47778
固有频率排序	第 1 阶	第 3 阶		第 4 阶	第 2 阶		
$h/a=0.2$	0.47778	0.81881	1.53727	1.16437	0.68539	1.03532	1.29589
固有频率排序	第 1 阶	第 3 阶			第 2 阶	第 4 阶	
$h/a=0.4$	1.29589	1.63436	2.44883	2.72552	1.74428	2.06385	2.99001
固有频率排序	第 1 阶	第 2 阶			第 3 阶	第 4 阶	

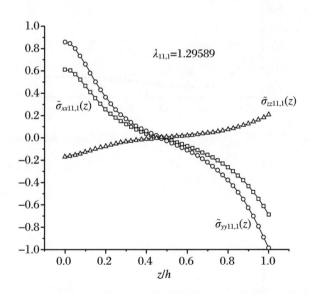

图 5.4.5 横观各向同性 FGM 矩形板第 1 阶应力振型子函数

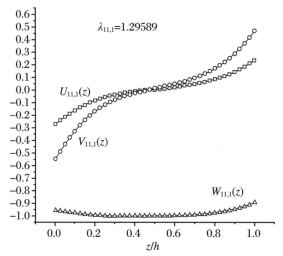

图 5.4.6　横观各向同性 FGM 矩形板第 1 阶位移振型子函数

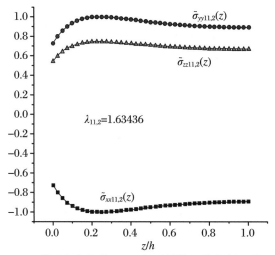

图 5.4.7　横观各向同性 FGM 矩形板第 2 阶应力振型子函数

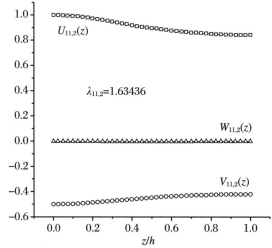

图 5.4.8　横观各向同性 FGM 矩形板第 2 阶位移振型子函数

例 5.4.3 四边简支三层矩形板自由振动问题,见图 5.3.1,$L = 3$。每一单层均为正交各向异性均质材料,坐标轴沿材料弹性主轴方向,且第一层和第三层材料完全相同。已知矩形板的长和宽为 $a = b$,板的总厚度为 h,三层板的厚度与板总厚度的关系为 $h_1/h = h_3/h = 0.1$,$h_2/h = 0.8$,设第 j 层($j = 1,2,3$)材料弹性系数关系均满足下式:

$$
\begin{cases}
\dfrac{C^j_{22}}{C^j_{11}} = 0.543103, & \dfrac{C^j_{12}}{C^j_{11}} = 0.246269 \\[2mm]
\dfrac{C^j_{23}}{C^j_{11}} = 0.115017, & \dfrac{C^j_{13}}{C^j_{11}} = 0.0831715 \\[2mm]
\dfrac{C^j_{33}}{C^j_{11}} = 0.530172, & \dfrac{C^j_{44}}{C^j_{11}} = 0.26681 \\[2mm]
\dfrac{C^j_{55}}{C^j_{11}} = 0.159914, & \dfrac{C^j_{66}}{C^j_{11}} = 0.262931
\end{cases}
\tag{5.4.5}
$$

令第一层和第二层的材料弹性系数比为 $\delta = C^1_{11}/C^2_{11}$,质量密度比为 $\gamma = \rho_1/\rho_2$,C^1_{11},C^2_{11} 分别表示第一和第二层的 C_{11} 值,ρ_1,ρ_2 分别表示第一层和第二层材料的质量密度。

取 $\delta = 5$,$\gamma = 3$,该板为三层正交各向异性材料板。当 $m = n = 1$ 时,插值矩阵法(IMMEI)分别取子区间数 $N = 5,10,20$,不同厚宽比时无量纲固有频率参数 $\lambda_{mn} = \omega_{mn} h \sqrt{\rho_2/C^2_{44}}$ 的计算结果见表 5.4.7。表中 $\lambda_{mn,l}$ 代表根据 m,n 所求解的第 l 个无量纲固有频率参数(从小到大排列),如 $\lambda_{11,1}$ 为 $m = n = 1$ 时计算所得的最小的无量纲固有频率参数,其余类推;文献[16]采用的是变分解,文献[1]为状态空间法解;有限元结果由软件 ABAQUS 计算,采用实体单元(8 节点六面体等参元),厚度方向划分 30 层,单元总数为 75000。由表 5.4.7 可见,IMMEI 分别取 $N = 5,10,20$ 时本章半解析计算结果是一致的,应该是准确解,文献[1]、[16]结果也与之吻合。

相对本章半解析法和文献[1]、[16]解,本例有限元解的误差较大,当 $h/a = 0.4$ 时误差为 4%,$h/a = 0.1$ 时误差为 20%。我们认为,这种误差是由于三层板的正交各向异性材料不同,上下层间在板四周形成了双相材料界面端(参见 7.5 节例 7.5.4 结果解释),而界面端局部存在弱应力奇异性导致的[18]。离散单元难以模拟界面端奇异场,因而导致有限元法计算的误差较大,即使划分了 75000 个细致单元。而文献[1]、[16]和本章方法采用的是级数函数分析,相当于解析或半解析法,故三者的计算精度均较高。

本例中令 $\delta = 1$,$\gamma = 1$,此时第一、三层材料与第二层相同,即是单层的正交各向异性。$h/a = 0.1$ 情况下有限元计算结果得到的第 1 阶固有频率参数 $\lambda_{11} = 0.0911$,半解析计算结果 $\lambda_{11} = 0.0915$,有限元计算值误差仅为 0.4%。此时不存在双相材料界面端,故有限元法计算结果尚好。这说明有限元法难以准确模拟该类结合材料问题,而半解析法是有效的途径。

表 5.4.7　三层正交各向异性材料板的固有频率参数 λ_{11} ($\delta = 5, \gamma = 3$)

h/a	λ_{11}	FEM	文献[16] 变分解	文献[1] 状态空间法	IMMEI $N=5$	IMMEI $N=10$	IMMEI $N=20$
0.1	$\lambda_{11,1}$	0.10327	0.12574	0.12555	0.12556	0.12556	0.12556
	$\lambda_{11,2}$		0.47371	0.47327	0.47328	0.47328	0.47328
	$\lambda_{11,3}$		0.86060	0.85990	0.85988	0.85988	0.85988
0.2	$\lambda_{11,1}$	0.36952	0.40725	0.40725	0.40723	0.40723	0.40723
	$\lambda_{11,2}$		0.94677	0.94570	0.94568	0.94568	0.94568
	$\lambda_{11,3}$		1.71477	1.70971	1.70967	1.70967	1.70967
0.4	$\lambda_{11,1}$	1.12130	1.08118	1.08378	1.08376	1.08376	1.08376
	$\lambda_{11,2}$		1.88776	1.88317	1.88316	1.88316	1.88316
	$\lambda_{11,3}$		2.99481	2.99291	2.99291	2.99291	2.99291

取弹性系数比 $\delta = 5$,质量密度比 $\gamma = 3$,表 5.4.8 给出了当 m, n 取不同值时,不同厚宽比下三层板的无量纲固有频率参数 $\lambda_{mn,l}$ 的半解析法计算结果,这里插值矩阵法程序取 $N = 20$。

表 5.4.8　不同厚宽比下三层板的固有频率参数 $\lambda_{mn,l}$ ($\delta = 5, \gamma = 3, N = 20$)

h/a	$\lambda_{11,1}$	$\lambda_{11,2}$	$\lambda_{11,3}$	$\lambda_{12,1}$	$\lambda_{12,2}$	$\lambda_{21,1}$	$\lambda_{22,1}$
0.1	0.12556	0.47328	0.85988	0.26523	0.75279	0.29005	0.40723
固有频率排序	第1阶			第2阶		第3阶	
0.2	0.40723	0.94568	1.70967	0.79664	1.50124	0.78900	1.08376
固有频率排序	第1阶			第3阶		第2阶	
0.4	1.08376	1.88316	2.99291	1.97383	2.92454	1.81753	2.47891
固有频率排序	第1阶	第3阶				第2阶	

例 5.4.4　四边简支三层黏结的正交各向异性功能梯度矩形板自由振动问题,见图 5.3.1。已知板的长和宽相等,即 $a = b$,板厚度满足关系 $h_1 = h_3 = 0.2h$,$h_2 = 0.6h$。设材料泊松比为常数,$v_{xy} = v_{xz} = v_{yz} = 0.25$。第一层材料 I 和第三层材料 II 都为均质材料,材料常数见表 5.4.9。第二层材料为功能梯度材料,其材料参数仅沿

厚度方向变化,为

$$M(z) = (M_{\mathrm{II}} - M_{\mathrm{I}})\left(\frac{z}{h}\right)^{\alpha} + M_{\mathrm{I}} \tag{5.4.6}$$

其中 α 为梯度指数,$M(z)$ 代表梯度材料的各材料参数沿 z 方向的变化规律,M_{I} 为材料 Ⅰ 的材料常数,M_{II} 为材料 Ⅱ 的材料常数。计算叠层板的固有频率参数 $\lambda_{mn} = \omega_{mn}h\sqrt{\rho_{\mathrm{I}}C_{\mathrm{I},44}}$ 和振型。

表 5.4.9　两种材料常数(弹性系数单位:$10^9 \mathrm{N/m^2}$)

	C_{11}	C_{12}	C_{13}	C_{22}	C_{23}	C_{33}	C_{44}	C_{55}	C_{66}	$\rho(\mathrm{kg/m^3})$
材料 Ⅰ	71.85	3.08	3.08	7.82	2.44	7.82	3.50	4.20	4.20	2700
材料 Ⅱ	390.0	16.72	16.72	42.47	13.24	42.47	19.0	22.8	22.8	3800

插值矩阵法(IMMEI)分别取 $N = 10$,20,求解式(5.3.10)和式(5.3.15)、式(5.3.16)与式(5.3.18)。取 $\alpha = 5$,不同厚宽比时固有频率参数计算结果见表 5.4.10。功能梯度叠层板尚缺乏其他文献的解,这里采用精细网格的有限元法模拟结果作为参照,表中 FEM 结果为有限元软件 ABAQUS 计算,采用三维实体 8 节点六面体等参元,中间的功能梯度层共划分 20 个子层,单元总数为 75000,计算机处理器为 Xeon X5650,12G 内存,FEM 计算时间约为 180 s。本章半解析法中 IMMEI 取 $N = 20$,即每层划分 20 个子区间,计算时间为 1 s。

表 5.4.10　不同厚宽比三层正交各向异性 FGM 矩形板的固有频率参数 $\lambda_{mn,l}(\alpha = 5)$

h/a	方法	$\lambda_{11,1}$	$\lambda_{11,2}$	$\lambda_{11,3}$	$\lambda_{12,1}$	$\lambda_{12,2}$	$\lambda_{21,1}$	$\lambda_{22,1}$
0.1	$N = 10$	0.18086	0.78383	2.01616	0.29256	1.29583	0.52404	0.59384
	$N = 20$	0.18088	0.78403	2.01660	0.29258	1.29615	0.52410	0.59390
	FEM	0.18749			0.30501		0.51677	0.55205
	排序	第 1 阶			第 2 阶		第 3 阶	第 4 阶
0.2	$N = 10$	0.59384	1.53884	3.64226	0.95089	2.46267	1.42458	1.63606
	$N = 20$	0.59390	1.53920	3.64256	0.95096	2.46316	1.42473	1.63624
	FEM	0.62504	1.50166		1.00302		1.47618	
	排序	第 1 阶	第 4 阶		第 2 阶		第 3 阶	
0.4	$N = 10$	1.63606	2.86823	4.61545	2.61564	4.12775	3.29985	3.86121
	$N = 20$	1.63624	2.86869	4.61304	2.61592	4.12744	3.30036	3.86176
	FEM	1.72700	2.94370		2.75822		3.46691	
	排序	第 1 阶	第 3 阶		第 2 阶		第 4 阶	

由表 5.4.10 可见,IMMEI 取 $N = 10$,20 的固有频率计算结果非常接近,有限

元法结果与之相比，相对误差达到 5% 以上。这里每层的有限元采用阶梯形的材料
参数模拟功能梯度的变化，故形成更多的双材料界面端，产生与例 5.4.3 类似的界面
端奇异性[18]，即使有限元法使用精细网格，其计算误差也较大。而本章半解析法考
虑了功能梯度材料参数的连续变化，没有形成异形材料界面端，故计算结果是准
确的。

本章小结

　　本章基于三维弹性理论，对于四边简支 FGM 矩形厚板以及叠层板问题，采用双
三角级数展开将其自由振动问题转化为以三个位移分量为基本变量的变系数常微
分方程组特征值问题，采用插值矩阵法求解，获得 FGM 矩形厚板及叠层板自由振动
的频率和振型的半解析解。结论如下：

　　（1）建立的四边简支 FGM 矩形厚板及叠层板的三维理论自由振动控制方程是
二阶变系数常微分方程组，不需要像状态空间法一样转换为一阶的状态微分方程。
本章半解析法采用插值矩阵法常微分方程特征值问题求解器 IMMEI，便于使用，前
处理方便，计算量少，对同一阶振型，求解的频率、位移和应力振型函数的精度是同
阶的。

　　（2）半解析法适用于材料参数沿厚度方向呈任意梯度形式变化的正交各向异性
FGM 矩形厚板及叠层板的自由振动问题，能有效求解四边简支 FGM 矩形厚板及叠
层板的自由振动频率和振型。有限元法求解不同材料结合的强厚度板自由振动问
题有较大误差，本章半解析计算结果是准确的，可作为其他方法的参考解。

参考文献

[1] 范家让. 强厚度叠层板壳的精确理论[M]. 北京：科学出版社，1998.

[2] 陈伟球，叶贵如，蔡金标，丁皓江. 球面各向同性功能梯度球壳的自由振动[J]. 力学学报，
2001，33(6)：768-775.

[3] 周凤玺，李世荣. 功能梯度材料矩形板的三维静动态响应分析[J]. 力学学报，2010，42(2)：
325-331.

[4] Uymaz B，Aydogdu M，Filiz S. Vibration analyses of FGM plates with in-plane material
inhomogeneity by Ritz method[J]. Composite Structures，2012，94：1398-1405.

[5] Lorenzo D. Natural frequencies of sandwich plates with FGM core via variable-kinematic 2-D
Ritz models[J]. Composite Structures，2013，96：561-568.

[6] Kim J，Reddy J N. Analytical solutions for bending，vibration，and buckling of FGM plates

using a couple stress-based third-order theory[J]. Composite Structures，2013，103：86-98.

[7] Foroughi H，Azhari M. Mechanical buckling and free vibration of thick functionally graded plates resting on elastic foundation using the higher order B-spline finite strip method[J]. Meccanica，2014，49：981-993.

[8] Alijani F，Amabili M. Non-linear dynamic instability of functionally graded plates in thermal enviroments[J]. International Journal of Non-Linear Mechanics，2013，50：109-126.

[9] Dozio L. Exact free vibration analysis of Levy FGM plates with higher-order shear and normal deformation theories[J]. Composite Structures，2014，111：415-425.

[10] 李华东，朱锡，梅志远，等. 功能梯度板壳的力学研究进展[J]. 材料导报 A（综述篇），2012，26(1)：110-118.

[11] Sheng H Y，Ye J Q. A semi-analytical finite element for composite plates[J]. Composite Structures，2002，57：117-123.

[12] Sheng H Y，Ye J Q. A state space finite element for laminated composite plates[J]. Comput. Methods Appl. Mech. Engrg.，2002，191：4259-4276.

[13] Bian Z G，Ying J，Chen W Q，Ding H J. Bending and free vibration analysis of a smart functionally graded plate[J]. Structural Engineering and Mechanics，2006，23(1)：97-113.

[14] Hosseini H S H，Rokni D T H，Akhavan H，Omidi M. Free vibration of functionally graded rectangular plates using first-order shear deformation plate theory[J]. Applied Mathematical Modelling，2010，34：1276-1291.

[15] Niu Z R，Ge D L，Cheng C Z，Ye J Q，Recho N. Evaluation of the stress singularities of plane V-notches in bonded dissimilar materials[J]. Applied Mathematical Modelling，2009，33：1776-1792.

[16] 盛宏玉，范家让，刘宏欣. 任意厚度叠层板自振频率的变分解[J]. 合肥工业大学学报（自然科学版），1997，20(6)：22-28.

[17] 杨智勇. 功能梯度叠层板与弹塑性切口应力奇异性的半解析法研究[D]. 合肥：合肥工业大学，2015.

[18] Cheng C Z，Zhou W，Niu Z R，Recho N. Stress singularity analysis for orthotropic V-notches in the generalized plane strain state[J]. Fatigue & Fracture of Engineering Materials & Structures，2015，38(8)：881-896.

第 — 6 — 章

线弹性平面V形切口/裂纹
应力奇异性分析

6.1

引言

工程结构和机械设备破坏通常发生在结构的薄弱部位,如 V 形切口、裂纹、结合材料界面等处。结构在这些部位产生强应力集中,以致弹性力学意义上切口尖端处应力趋于无穷大,这种弹性力学范围内应力趋于无穷大的特性称为应力奇异性[1]。

6.1.1 V 形切口和裂纹结构研究意义

裂纹构件的断裂过程可分为三个阶段[2]:裂纹在切口根部形成,已形成裂纹以一定的速度稳态扩展,裂纹扩展到临界尺寸时发生失稳扩展而导致断裂。切口构件最终断裂仍是裂纹体的断裂问题,可用线弹性断裂力学或弹塑性断裂力学理论和方法处理。然而这一途径难以处理切口构件中裂纹在切口根部的形成问题。大量实验数据和理论分析表明,各种材料破坏一般出现在严重的应力集中部位。例如,第二次世界大战期间,美国 4694 艘货船共发生一千多次脆断事故,其中 238 艘完全报废;1938～1942 年,欧洲 40 座桥梁倒塌;1954 年,英国有两架"彗星"号喷气式飞机在地中海上空失事。而且,很多国家多次发生高压锅炉和石油化工压力容器等的爆炸事故。直到 20 世纪 50 年代美国"北极星"导弹固体燃料发动机壳在实验时发生爆炸事故,结构断裂研究才普遍地引起人们重视。

断裂起源于构件缺陷处,实际上构件中存在着多种形式的缺陷。1983 年,美国商务部和国家标准局完成的研究报告表明[3],每年由于材料失效而造成的经济损失,按 1982 年比美元值计算,达到 1190 亿美元,约占当年美国国内生产总值(GDP)的4%。在其他工业发达国家,由于材料失效而造成的经济损失,也占国内生产总值的4%[4]。若更好地应用现有技术或通过研究获得新知识提出改进措施,可以降低材料失效造成的经济损失。

断裂力学就是研究有裂纹(缺陷)构件断裂强度的一门学科,它以控制和防止结构物的断裂破坏为目的,研究工程结构中裂纹尖端的应力场和应变场,并由此分析裂纹扩展的条件和规律,在航空、土木、机械等工程领域中已得到广泛应用。

6.1.2 切口构件研究概况

在断裂力学中,裂纹尖端的应力场、应变场以及表示裂纹尖端应力场强弱程度的应力强度因子的求解是重要研究内容。但是,只有极少数简单、特殊的断裂力学问题存在解析解,绝大多数工程实际中所遇到的断裂力学问题需要用数值方法解决。事实上,数值计算已经和理论分析、实验一起成为科学研究的三大支柱。由于裂纹尖端附近的应力场存在奇异性,以致直接应用常规数值方法分析断裂力学问题的效果往往较差,因此需要结合断裂力学的特点发展更有效的数值计算方法。随着断裂力学研究的深入,需要求解的问题日趋复杂化和多样化,如何建立高效、高精度的计算方法成为学者们的研究热点。

Williams[6]是最早研究具有开口裂纹平板的学者之一,他对裂纹尖端区域应力场假设了渐近级数形式表达,利用应力函数法建立了 V 形切口奇异性问题的特征方程,指出了切口尖端处应力奇异性强弱与切口张角有关。Gross[5]和 Carpenter[9]采用边界配置法得到了平面 V 形切口问题的应力强度因子。20 世纪 70 年代以后,有关切口强度的研究文献相对较多。国内外对各种金属结构材料的切口强度进行了持续研究[10~12],尤其是对新型和高强度金属结构材料切口强度的研究[13,14],以及结合实际对构件中的裂纹形成和断裂所做的分析[15]。V 形切口和裂纹类似,可以分成三种变形情况:(1) 张开型(I型),(2) 滑开型(II型),(3) 撕开型(III型)。由于在 V 形切口尖端通常具有多重应力奇异性,可以通过切口的应力奇异性阶次[23]和裂纹的应力强度因子[24~26]来确定 V 形切口的应力强度因子。一般情况下,V 形切口应力奇异阶可能是复数。许金泉[1]采用外插值法,通过沿双相介质界面的应力合成计算出 V 形切口的两个应力奇异指数。许永君和袁驷[18]利用超逆幂迭代法和常微分方程(ODE)边值问题的求解器,求出了反平面 V 形切口问题的应力奇异指数,但是这种方法可能漏掉了复数奇异指数。简政[19]利用应力函数法和牛顿迭代法,计算出双材料 V 形切口的应力奇异指数。傅向荣和龙驭球[20]以特征方程为出发点,采用分区加速 Müller 法求解出 V 形切口尖端附近应力场特征值。Yao 等[21]采用梯度敏感干涉实验测得 I 型 V 形切口尖端的应力奇异指数和特性。依据 V 形切口尖端附近区域应力场,Atzori[22]分析了铝合金材料焊接接头在给定的一组循环荷载情况下的疲劳强度。

对于 V 形切口和线裂纹,Seweryn[23]抓住应力场渐近展开的两三个主项,将其作为切口尖端区域应力场的解析逼近,然后用解析约束函数模拟奇异尖端周围核心区域的应力场,结构的剩余区域用传统有限元模拟。这种方法需要知道解析约束条件,但是3项解析约束函数仅在各向同性均质材料的裂纹中可获得[24]。因此人们提出用近似约束函数替代,根据这一概念,Carpinteri 等[25]用有限元法计算了带对称裂纹或缺口的双材料层合梁的第 1 阶奇异指数和 I 型应力强度因子。Chen 和 Sze[26]结合非协调有限元法和渐近展开假设提出了一种特征分析法,用于计算双材料 V 形切口的应力奇异指数和应力强度因子。随后,平学成等[27]用同样的方法分析了三维各向异性复合材料 V 形切口问题。牛忠荣等[28]基于切口尖端附近位移场渐近展开式,采用插值矩阵法求解获得奇异场各阶应力奇异指数及对应的特征函数,并在文献[30]中结合边界元法,获得了平面 V 形切口的奇异应力场。

传统有限元法和边界元法通过增加切口尖端区域的网格密度来模拟奇异应力场,但是计算时间大量增加,其准确度提高却非常有限。针对线弹性平面 V 形切口和裂纹尖端附近奇异应力场,本章基于 Williams 渐近位移场表达式[6],将线弹性理论控制方程组转换成切口尖端附近关于环向变量的常微分方程组(ODEs)特征值问题,然后用插值矩阵法求解导出的常微分方程组,从而建立了一种分析 V 形切口和裂纹应力奇异性的新途径,切口和裂纹附近应力奇异性指数和相应的位移场和应力场特征函数均可同时求得。

6.2
各向同性单相材料平面 V 形切口应力奇异性

6.2.1　平面 V 形切口应力奇异性控制方程

工程中常常遇到 V 形切口的结构,如图 6.2.1 所示,根据线弹性理论,在切口尖端 O 点处应力值是奇异的。围绕尖端,从切口结构中取出一个局部区域,见图 6.2.2。

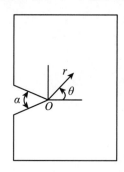
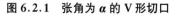

图 6.2.1　张角为 α 的 V 形切口

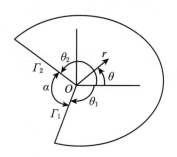

图 6.2.2　V 形切口尖端区域

首先考虑一个各向同性均质弹性体的 V 形切口,其张角为 $\alpha = 2\pi - (\theta_2 - \theta_1)$,内角 $\beta = 2\pi - \alpha$,定义一个极坐标系 $Or\theta$,切口尖端 O 为极点。在线弹性分析过程中,根据 Williams 假设[6],切口尖端区域位移场可表达成极坐标 r 的渐近级数:

$$u_r(r,\theta) = \sum_{k=1}^{M} A_k r^{\lambda_k+1} \widetilde{u}_{rk}(\theta) \tag{6.2.1a}$$

$$u_\theta(r,\theta) = \sum_{k=1}^{M} A_k r^{\lambda_k+1} \widetilde{u}_{\theta k}(\theta) \tag{6.2.1b}$$

式中，$\lambda_k + 1$ 为第 k 阶位移指数，$\tilde{u}_{rk}(\theta)$ 和 $\tilde{u}_{\theta k}(\theta)$ 分别是 r 和 θ 方向的位移特征角函数，A_k 称为位移幅值系数，M 是截断项数。将式(6.2.1)引入到线弹性理论的位移应变关系，应变分量为

$$\varepsilon_{rr}(r,\theta) = \frac{\partial u_r}{\partial r} = \sum_{k=1}^{M} A_k (1 + \lambda_k) r^{\lambda_k} \tilde{u}_{rk}(\theta) \tag{6.2.2a}$$

$$\varepsilon_{\theta\theta}(r,\theta) = \frac{u_r}{r} + \frac{1}{r} \frac{\partial u_\theta}{\partial \theta} = \sum_{k=1}^{M} A_k r^{\lambda_k} \left[\tilde{u}_{rk}(\theta) + \tilde{u}'_{\theta k}(\theta) \right] \tag{6.2.2b}$$

$$\gamma_{r\theta}(r,\theta) = \frac{\partial u_\theta}{\partial r} + \frac{1}{r} \frac{\partial u_r}{\partial \theta} - \frac{u_\theta}{r} = \sum_{k=1}^{M} A_k r^{\lambda_k} (\lambda_k \tilde{u}_{\theta k} + \tilde{u}'_{rk}) \tag{6.2.2c}$$

式中 $(\cdots)' = \mathrm{d}(\cdots)/\mathrm{d}\theta$。上式代入平面应力情况下的 Hooke 定律，见附录式(Ⅴ.6)，应力分量可表达成

$$\sigma_{rr}(r,\theta) = \sum_{k=1}^{M} \frac{E}{1-v^2} A_k r^{\lambda_k} \left[(1 + \lambda_k) \tilde{u}_{rk} + v\tilde{u}_{rk} + v\tilde{u}'_{\theta k} \right] \tag{6.2.3a}$$

$$\sigma_{\theta\theta}(r,\theta) = \sum_{k=1}^{M} \frac{E}{1-v^2} A_k r^{\lambda_k} \left[(1 + \lambda_k) v\tilde{u}_{rk} + \tilde{u}_{rk} + \tilde{u}'_{\theta k} \right] \tag{6.2.3b}$$

$$\sigma_{r\theta}(r,\theta) = \sum_{k=1}^{M} \frac{E}{2(1+v)} A_k r^{\lambda_k} (\lambda_k \tilde{u}_{\theta k} + \tilde{u}'_{rk}) \tag{6.2.3c}$$

其中 E 是弹性模量，v 是泊松比。对于平面应变问题，则在式(6.2.3)中令 $E \rightarrow \dfrac{E}{1-v^2}$，$v \rightarrow \dfrac{v}{1-v}$ 即可。令

$$\tilde{\sigma}_{rrk}(\theta) = \frac{E}{1-v^2} \left[(1 + \lambda_k) \tilde{u}_{rk} + v\tilde{u}_{rk} + v\tilde{u}'_{\theta k} \right] \tag{6.2.4a}$$

$$\tilde{\sigma}_{\theta\theta k}(\theta) = \frac{E}{1-v^2} \left[(1 + \lambda_k) v\tilde{u}_{rk} + \tilde{u}_{rk} + \tilde{u}'_{\theta k} \right] \tag{6.2.4b}$$

$$\tilde{\sigma}_{r\theta k}(\theta) = \frac{E}{2(1+v)} (\lambda_k \tilde{u}_{\theta k} + \tilde{u}'_{rk}) \tag{6.2.4c}$$

则式(6.2.3)可写成

$$\sigma_{rr}(r,\theta) = \sum_{k=1}^{M} A_k r^{\lambda_k} \tilde{\sigma}_{rrk}(\theta) \tag{6.2.5a}$$

$$\sigma_{\theta\theta}(r,\theta) = \sum_{k=1}^{M} A_k r^{\lambda_k} \tilde{\sigma}_{\theta\theta k}(\theta) \tag{6.2.5b}$$

$$\sigma_{r\theta}(r,\theta) = \sum_{k=1}^{M} A_k r^{\lambda_k} \tilde{\sigma}_{r\theta k}(\theta) \tag{6.2.5c}$$

这里 $\tilde{\sigma}_{rrk}(\theta)$，$\tilde{\sigma}_{\theta\theta k}(\theta)$ 和 $\tilde{\sigma}_{r\theta k}(\theta)$ 称为应力特征函数。从式(6.2.3)可见，当 $\lambda_k < 0$ 时，则在切口尖端附近，诸应力分量随着 $r \rightarrow 0$ 趋于无穷大，可谓之应力奇异性，λ_k 称之为应力奇异指数，通常 V 形切口最小的 λ_1 总是小于 0。

由于研究切口尖端附近应力奇异性问题即应力奇异指数、位移和应力特征函数

与外载荷无关,故这里使用无体积力的弹性力学平衡方程:

$$\frac{\partial \sigma_{rr}}{\partial r} + \frac{1}{r}\frac{\partial \sigma_{r\theta}}{\partial \theta} + \frac{\sigma_{rr} - \sigma_{\theta\theta}}{r} = 0 \qquad (6.2.6a)$$

$$\frac{1}{r}\frac{\partial \sigma_{\theta\theta}}{\partial \theta} + \frac{\partial \sigma_{r\theta}}{\partial r} + \frac{2\sigma_{r\theta}}{r} = 0 \qquad (6.2.6b)$$

将式(6.2.3)代入式(6.2.6),可推导得

$$\sum_{k=1}^{M} A_k \frac{E}{1+\nu} r^{\lambda_k-1} \left[\tilde{u}''_{rk} + \left(\frac{1+\nu}{1-\nu}\lambda_k - 2\right)\tilde{u}'_{\theta k} \right.$$

$$\left. + \frac{2}{1-\nu}\lambda_k(\lambda_k + 2)\tilde{u}_{rk} \right] = 0, \quad \theta \in [\theta_1, \theta_2] \qquad (6.2.7a)$$

$$\sum_{k=1}^{M} A_k \frac{E}{1+\nu} r^{\lambda_k-1} \left\{ \tilde{u}''_{\theta k} + \left[2 + \frac{1}{2}(1+\nu)\lambda_k\right]\tilde{u}'_{rk} \right.$$

$$\left. + \frac{1-\nu}{2}\lambda_k(\lambda_k + 2)\tilde{u}_{\theta k} \right\} = 0, \quad \theta \in [\theta_1, \theta_2] \qquad (6.2.7b)$$

式中各阶 r^{λ_k-1} 的系数之和均应为 0,故有

$$\tilde{u}''_{rk} + \left(\frac{1+\nu}{1-\nu}\lambda_k - 2\right)\tilde{u}'_{\theta k} + \frac{2}{1-\nu}\lambda_k(\lambda_k + 2)\tilde{u}_{rk} = 0 \qquad (6.2.8a)$$

$$\tilde{u}''_{\theta k} + \left[2 + \frac{1}{2}(1+\nu)\lambda_k\right]\tilde{u}'_{rk} + \frac{1-\nu}{2}\lambda_k(\lambda_k + 2)\tilde{u}_{\theta k} = 0 \qquad (6.2.8b)$$

考虑到式(6.2.8)中有 λ_k^2 项,为避免在式(6.2.8)中形成非线性特征分析,这里采用一种替换法将式(6.2.8)变成线性特征值问题。引入如下两个新变量:

$$g_{rk}(\theta) = \lambda_k \tilde{u}_{rk}(\theta), \quad \theta \in [\theta_1, \theta_2] \qquad (6.2.9a)$$

$$g_{\theta k}(\theta) = \lambda_k \tilde{u}_{\theta k}(\theta), \quad \theta \in [\theta_1, \theta_2] \qquad (6.2.9b)$$

则式(6.2.8)可重写成

$$\tilde{u}''_{rk} + \left(\frac{1+\nu}{1-\nu}\lambda_k - 2\right)\tilde{u}'_{\theta k} + \frac{2}{1-\nu}(\lambda_k + 2)g_{rk} = 0, \quad \theta \in [\theta_1, \theta_2]$$

$$(6.2.10a)$$

$$\tilde{u}''_{\theta k} + \left[2 + \frac{1}{2}(1+\nu)\lambda_k\right]\tilde{u}'_{rk} + \frac{1-\nu}{2}(\lambda_k + 2)g_{\theta k} = 0, \quad \theta \in [\theta_1, \theta_2]$$

$$(6.2.10b)$$

6.2.2 平面 V 形切口边界条件和定解问题

1. 自由边界条件

假设切口两个边界 Γ_1 和 Γ_2 上的面力在切口尖端附近等于 0,见图 6.2.2,有

$$\left\{ \begin{matrix} \sigma_{\theta\theta} \\ \sigma_{r\theta} \end{matrix} \right\}_{\theta = \theta_1} = \left\{ \begin{matrix} \sigma_{\theta\theta} \\ \sigma_{r\theta} \end{matrix} \right\}_{\theta = \theta_2} = \left\{ \begin{matrix} 0 \\ 0 \end{matrix} \right\} \qquad (6.2.11)$$

因此，将式(6.2.3)代入式(6.2.11)可形成边值条件：

$$\begin{cases} \tilde{u}'_{\theta k} + (1 + \nu + \nu\lambda_k)\tilde{u}_{rk} = 0 \\ \tilde{u}'_{rk} + \lambda_k\tilde{u}_{\theta k} = 0 \end{cases}, \quad \theta = \theta_1, \theta_2 \qquad (6.2.12)$$

2. 位移边界条件

假设切口边界 Γ_1 上的位移在切口尖端附近等于 0，由式(6.2.1)可得

$$\tilde{u}_{rk} = 0, \quad \theta = \theta_1 \qquad (6.2.13a)$$

$$\tilde{u}_{\theta k} = 0, \quad \theta = \theta_1 \qquad (6.2.13b)$$

至此，平面 V 形切口（见图 6.2.2）的应力奇异指数 λ_k 和特征函数 $\tilde{u}_{ik}(\theta)$ $(i = r, \theta)$ 归结为常微分方程组式(6.2.9)、式(6.2.10)和相应边值条件式(6.2.12)或式(6.2.13)的特征值定解问题。解之可得平面 V 形切口各阶 λ_k，$\tilde{u}_{rk}(\theta)$ 和 $\tilde{u}_{\theta k}(\theta)$，然后切口尖端附近的应力特征函数 $\tilde{\sigma}_{ijk}(\theta)$ $(ij = rr, \theta\theta, r\theta)$ 可由式(6.2.4)得到。

6.3

正交各向异性单相材料平面 V 形切口奇异性分析

图 6.3.1 所示正交各向异性材料 V 形切口问题，材料主轴标识为轴 1 和 2。θ_0 为正交各向异性材料主轴系(1,2)与总体坐标系(x, y)的夹角，θ 为极坐标系(r, θ) 与整体坐标系(x, y)的夹角，E_1，E_2 分别为材料主轴 1 和 2 的弹性模量，ν_{12} 为泊松比，G_{12} 为剪切模量。

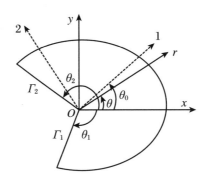

图 6.3.1 正交各向异性材料 V 形切口

对于正交各向异性材料，平面问题的物理方程为

$$\left\{ \begin{array}{c} \sigma_{rr} \\ \sigma_{\theta\theta} \\ \sigma_{r\theta} \end{array} \right\} = \left[\begin{array}{ccc} D_{11} & D_{12} & D_{16} \\ D_{12} & D_{22} & D_{26} \\ D_{16} & D_{26} & D_{66} \end{array} \right] \left\{ \begin{array}{c} \varepsilon_{rr} \\ \varepsilon_{\theta\theta} \\ \varepsilon_{r\theta} \end{array} \right\} \tag{6.3.1}$$

极坐标系(r,θ)情况下正交各向异性材料弹性矩阵 $\boldsymbol{D}$ 各元素参见文献[33]，有

$$D_{11} = \frac{p_1 \cos^4(\bar{\theta}) + p_2 \sin^4(\bar{\theta}) + 2\cos^2(\bar{\theta})\sin^2(\bar{\theta})(2G_{12}p_3 + p_4)}{p_3} \tag{6.3.2a}$$

$$D_{12} = \frac{p_4(\cos^4(\bar{\theta}) + \sin^4(\bar{\theta})) + \cos^2(\bar{\theta})\sin^2(\bar{\theta})(p_1 + p_2 - 4G_{12}p_3)}{p_3} \tag{6.3.2b}$$

$$D_{16} = -\cos(\bar{\theta})\sin(\bar{\theta}) \frac{p_1 \cos^2(\bar{\theta}) - p_2 \sin^4(\bar{\theta}) + (\sin^2(\bar{\theta}) - \cos^2(\bar{\theta}))(2G_{12}p_3 + p_4)}{p_3}$$
$$\tag{6.3.2c}$$

$$D_{22} = \frac{p_2 \cos^4(\bar{\theta}) + p_1 \sin^4(\bar{\theta}) + 2\cos^2(\bar{\theta})\sin^2(\bar{\theta})(2G_{12}p_3 + p_4)}{p_3} \tag{6.3.2d}$$

$$D_{26} = -\cos(\bar{\theta})\sin(\bar{\theta}) \frac{p_1 \sin^2(\bar{\theta}) - p_2 \cos^2(\bar{\theta}) - (\sin^2(\bar{\theta}) - \cos^2(\bar{\theta}))(2G_{12}p_3 + p_4)}{p_3}$$
$$\tag{6.3.2e}$$

$$D_{66} = \frac{G_{12}p_3(1 - 4\cos^2(\bar{\theta})\sin^2(\bar{\theta})) + \sin^2(\bar{\theta})\cos^2(\bar{\theta})(p_1 + p_2 - 2p_4)}{p_3} \tag{6.3.2f}$$

式中

$$\bar{\theta} = \theta - \theta_0 \tag{6.3.3}$$

对于平面应力问题：

$$p_1 = -E_1^2, \quad p_2 = -E_1 E_2, \quad p_3 = \nu_{12}^2 E_2 - E_1, \quad p_4 = -\nu_{12}E_1 E_2 \tag{6.3.4}$$

对于平面应变问题：

$$p_1 = -E_1^2(E_3 \nu_{23}^2 - E_2), \quad p_2 = -E_2^2(E_3 \nu_{13}^2 - E_1),$$
$$p_3 = \nu_{13}^2 E_2 E_3 + 2\nu_{23}\nu_{12}\nu_{13}E_2 E_3 + \nu_{12}^2 E_2^2 + \nu_{23}^2 E_1 E_3 - E_1 E_2,$$
$$p_4 = -E_1 E_2(\nu_{12}E_2 + \nu_{23}\nu_{13}E_3) \tag{6.3.5}$$

将式(6.2.2)代入式(6.3.1)，得

$$\sigma_{rr}(r,\theta) = \sum_{k=1}^{M} A_k r^{\lambda_k} \big[D_{16}\tilde{u}'_{rk}(\theta) + D_{12}\tilde{u}'_{\theta k}(\theta) + (D_{11} + D_{12})\tilde{u}_{rk}(\theta)$$
$$+ \lambda_k(D_{11}\tilde{u}_{rk}(\theta) + D_{16}\tilde{u}_{\theta k}(\theta)) \big] \tag{6.3.6a}$$

$$\sigma_{\theta\theta}(r,\theta) = \sum_{k=1}^{M} A_k r^{\lambda_k} \big[D_{26}\tilde{u}'_{rk}(\theta) + D_{22}\tilde{u}'_{\theta k}(\theta) + (D_{12} + D_{22})\tilde{u}_{rk}(\theta)$$
$$+ \lambda_k(D_{12}\tilde{u}_{rk}(\theta) + D_{26}\tilde{u}_{\theta k}(\theta)) \big] \tag{6.3.6b}$$

$$\sigma_{r\theta}(r,\theta) = \sum_{k=1}^{M} A_k r^{\lambda_k} \big[D_{66} \tilde{u}'_{rk}(\theta) + D_{26} \tilde{u}'_{\theta k}(\theta) + (D_{16} + D_{26}) \tilde{u}_{rk}(\theta)$$

$$+ \lambda_k (D_{16} \tilde{u}_{rk}(\theta) + D_{66} \tilde{u}_{\theta k}(\theta)) \big] \tag{6.3.6c}$$

式中$(\cdots)' = \mathrm{d}(\cdots)/\mathrm{d}\theta$。其中令应力角函数$\tilde{\sigma}_{ijk}(\theta)(ij = rr, \theta\theta, r\theta)$为

$$\begin{cases} \tilde{\sigma}_{rrk}(\theta) = D_{16} \tilde{u}'_{rk}(\theta) + D_{12} \tilde{u}'_{\theta k}(\theta) + (D_{11} + D_{12}) \tilde{u}_{rk}(\theta) \\ \qquad\quad + \lambda_k (D_{11} \tilde{u}_{rk}(\theta) + D_{16} \tilde{u}_{\theta k}(\theta)) \\ \tilde{\sigma}_{\theta\theta k}(\theta) = D_{26} \tilde{u}'_{rk}(\theta) + D_{22} \tilde{u}'_{\theta k}(\theta) + (D_{12} + D_{22}) \tilde{u}_{rk}(\theta) \\ \qquad\quad + \lambda_k (D_{12} \tilde{u}_{rk}(\theta) + D_{26} \tilde{u}_{\theta k}(\theta)) \\ \tilde{\sigma}_{r\theta k}(\theta) = D_{66} \tilde{u}'_{rk}(\theta) + D_{26} \tilde{u}'_{\theta k}(\theta) + (D_{16} + D_{26}) \tilde{u}_{rk}(\theta) \\ \qquad\quad + \lambda_k (D_{16} \tilde{u}_{rk}(\theta) + D_{66} \tilde{u}_{\theta k}(\theta)) \end{cases} \tag{6.3.7}$$

则式(6.3.6)可表示为

$$\sigma_{rr}(r,\theta) = \sum_{k=1}^{M} A_k r^{\lambda_k} \tilde{\sigma}_{rrk}(\theta) \tag{6.3.8a}$$

$$\sigma_{\theta\theta}(r,\theta) = \sum_{k=1}^{M} A_k r^{\lambda_k} \tilde{\sigma}_{\theta\theta k}(\theta) \tag{6.3.8b}$$

$$\sigma_{r\theta}(r,\theta) = \sum_{k=1}^{M} A_k r^{\lambda_k} \tilde{\sigma}_{r\theta k}(\theta) \tag{6.3.8c}$$

将式(6.3.6)代入式(6.2.6),经过一系列推导,可得常微分方程组:

$$D_{66} \tilde{u}''_{rk} + D_{26} \tilde{u}''_{\theta k} + 2D_{16} \tilde{u}'_{rk} + (D_{12} - D_{22}) \tilde{u}'_{\theta k} + (D_{11} - D_{22}) \tilde{u}_{rk}$$

$$+ \lambda_k \big[2D_{16} \tilde{u}'_{rk} + (D_{12} + D_{66}) \tilde{u}'_{\theta k} + 2D_{11} \tilde{u}_{rk} + (D_{16} - D_{26}) \tilde{u}_{\theta k} \big]$$

$$+ \lambda_k^2 (D_{11} \tilde{u}_{rk} + D_{16} \tilde{u}_{\theta k}) + D'_{66} \tilde{u}'_{rk} + D'_{26} \tilde{u}'_{\theta k} + (D'_{16} + D'_{26}) \tilde{u}_{rk}$$

$$+ \lambda_k (D'_{16} \tilde{u}_{rk} + D'_{66} \tilde{u}_{\theta k}) = 0, \quad \theta \in [\theta_1, \theta_2] \tag{6.3.9a}$$

$$D_{26} \tilde{u}''_{rk} + D_{22} \tilde{u}''_{\theta k} + (D_{12} + D_{22} + 2D_{66}) \tilde{u}'_{rk} + 2D_{26} \tilde{u}'_{\theta k} + 2(D_{16} + D_{26}) \tilde{u}_{rk}$$

$$+ \lambda_k \big[(D_{12} + D_{66}) \tilde{u}'_{rk} + 2D_{26} \tilde{u}'_{\theta k} + (3D_{16} + D_{26}) \tilde{u}_{rk} + 2D_{66} \tilde{u}_{\theta k} \big]$$

$$+ \lambda_k^2 (D_{16} \tilde{u}_{rk} + D_{66} \tilde{u}_{\theta k}) + D'_{26} \tilde{u}'_{rk} + D'_{22} \tilde{u}'_{\theta k} + (D'_{12} + D'_{22}) \tilde{u}_{rk}$$

$$+ \lambda_k (D'_{12} \tilde{u}_{rk} + D'_{26} \tilde{u}_{\theta k}) = 0, \quad \theta \in [\theta_1, \theta_2] \tag{6.3.9b}$$

引入中间变量$g_{rk}(\theta)$和$g_{\theta k}(\theta)$,消去式(6.3.9)中λ_k^2的非线性项,组成新的方程组如下:

$$g_{rk}(\theta) = \lambda_k \tilde{u}_{rk}(\theta), \quad \theta \in [\theta_1, \theta_2] \tag{6.3.10a}$$

$$g_{\theta k}(\theta) = \lambda_k \tilde{u}_{\theta k}(\theta), \quad \theta \in [\theta_1, \theta_2] \tag{6.3.10b}$$

$$D_{66} \tilde{u}''_{rk} + D_{26} \tilde{u}''_{\theta k} + 2D_{16} \tilde{u}'_{rk} + (D_{12} - D_{22}) \tilde{u}'_{\theta k} + (D_{11} - D_{22}) \tilde{u}_{rk}$$

$$+ \lambda_k \big[2D_{16} \tilde{u}'_{rk} + (D_{12} + D_{66}) \tilde{u}'_{\theta k} + 2D_{11} \tilde{u}_{rk} + (D_{16} - D_{26}) \tilde{u}_{\theta k} \big]$$

$$+ \lambda_k (D_{11} g_{rk} + D_{16} g_{\theta k}) + D'_{66} \tilde{u}'_{rk} + D'_{26} \tilde{u}'_{\theta k} + (D'_{16} + D'_{26}) \tilde{u}_{rk}$$

$$+ \lambda_k (D'_{16} \tilde{u}_{rk} + D'_{66} \tilde{u}_{\theta k}) = 0, \quad \theta \in [\theta_1, \theta_2] \tag{6.3.11a}$$

$$D_{26} \tilde{u}''_{rk} + D_{22} \tilde{u}''_{\theta k} + (D_{12} + D_{22} + 2D_{66}) \tilde{u}'_{rk} + 2D_{26} \tilde{u}'_{\theta k} + 2(D_{16} + D_{26}) \tilde{u}_{rk}$$

$$+ \lambda_k [(D_{12} + D_{66}) \tilde{u}'_{rk} + 2D_{26} \tilde{u}'_{\theta k} + (3D_{16} + D_{26}) \tilde{u}_{rk} + 2D_{66} \tilde{u}_{\theta k}]$$

$$+ \lambda_k (D_{16} g_{rk} + D_{66} g_{\theta k}) + D'_{26} \tilde{u}'_{rk} + D'_{22} \tilde{u}'_{\theta k} + (D'_{12} + D'_{22}) \tilde{u}_{rk}$$

$$+ \lambda_k (D'_{12} \tilde{u}_{rk} + D'_{26} \tilde{u}_{\theta k}) = 0, \quad \theta \in [\theta_1, \theta_2] \tag{6.3.11b}$$

考虑图 6.3.1 中切口两楔边为自由,则其上面力为 0,将式(6.3.6b)、式(6.3.6c)代入式(6.2.11),有

$$D_{26} \tilde{u}'_{rk} + D_{22} \tilde{u}'_{\theta k} + (D_{12} + D_{22}) \tilde{u}_{rk} + \lambda_k (D_{12} \tilde{u}_{rk} + D_{26} \tilde{u}_{\theta k}) = 0, \quad \theta = \theta_1, \theta_2 \tag{6.3.12a}$$

$$D_{66} \tilde{u}'_{rk} + D_{26} \tilde{u}'_{\theta k} + (D_{16} + D_{26}) \tilde{u}_{rk} + \lambda_k (D_{16} \tilde{u}_{rk} + D_{66} \tilde{u}_{\theta k}) = 0, \quad \theta = \theta_1, \theta_2 \tag{6.3.12b}$$

因此,正交各向异性材料 V 形切口(图 6.3.1)的应力奇异指数 λ_k 和特征向量 $\tilde{u}_{rk}(\theta)$、$\tilde{u}_{\theta k}(\theta)$ 归结为求解常微分方程特征值问题式(6.3.10)、式(6.3.11)和相应边值条件式(6.3.12)。然后,切口尖端附近的应力特征向量 $\tilde{\sigma}_{ijk}(\theta)$ 可由式(6.3.7)得到。下面应用第 2 章建立的插值矩阵法求解上面推导出的常微分方程组特征值问题。

6.4

单相材料平面 V 形切口应力奇异性算例

对图 6.2.2 所示的各向同性材料平面 V 形切口,本节用插值矩阵法程序IMMEI求解方程(6.2.9)、式(6.2.10)和边值条件式(6.2.12)或式(6.2.13)。对于图 6.3.1 所示的正交各向异性材料平面 V 形切口,用插值矩阵法求解方程(6.3.10)、式(6.3.11)和边值条件式(6.3.12)或式(6.2.13)。从而获得切口区域的应力特征指数与相应的位移和应力特征函数。

例 6.4.1 各向同性材料平面 V 形切口。

图 6.2.2 所示的 V 形切口,两切口边自由,泊松比 $\nu = 0.3$,切口张角 α 从 170° 到 0°变化。傅向荣和龙驭球[20]用分区加速 Müller 法,计算了 V 形切口应力奇异指数。事实上如 Williams[6]指出,在切口尖端处奇异性的强弱与切口张开角有关,两自由边的均质各向同性材料 V 形切口特征值 λ_k 与弹性模量无关。

对给定的切口张角 α,在插值矩阵法程序 IMMEI 执行中(见文献[28]),区间

$[\theta_1,\theta_2]$被划分为 n 个子段,可用非等距划分,均采用分段抛物线插值。插值矩阵法计算的应力奇异指数从小到大进行排序,其结果见表 6.4.1 和表 6.4.2。特征值 λ_k 通常是复数,且可表达成 $\lambda_k = \xi_k \pm i\eta_k$,其中 $i = \sqrt{-1}$。显然,如果 $\eta_k = 0$,λ_k 是实数。表 6.4.1 列出了对称位移(Ⅰ型)特征函数 $\tilde{u}_r(\theta)$ 所对应的特征值 λ_k^I,表 6.4.2 列出了反对称位移(Ⅱ型)特征函数 $\tilde{u}_r(\theta)$ 所对应的特征值 λ_k^{II}。

由表 6.4.1 和表 6.4.2 可见,$170° \geq \alpha \geq 0°$ 的各向同性材料 V 形切口存在一个或两个实部在 -0.5 到 0 之间的特征指数,$Re(\lambda_k) \in (-1,0)$ 的特征指数是导致 V 形切口应力场奇异的主要参数。各向同性单相材料张角为 $170° \geq \alpha \geq 0°$ 范围的 V 形切口,计算的 Ⅰ 型第 1 阶特征指数在 $-0.5 \leq \lambda_1^I < 0$ 范围内,λ_1^I 随着切口张角增大而增大,即应力奇异性逐渐减弱。当 $\alpha \geq 180°$,λ_1^I 为 0,即 Ⅰ 型应力奇异性消失。对于 V 形切口 Ⅱ 型情形,张角为 $100° \geq \alpha \geq 0°$ 范围的第 1 阶特征指数在 $-0.5 \leq \lambda_1^{II} < 0$ 范围内,λ_1^{II} 随着切口张角增大应力奇异性衰减很快。张角为 $150° \geq \alpha \geq 50°$ 范围 V 形切口 Ⅰ 型下第 2 和 3 阶应力指数值 λ_2^I 和 λ_3^I 为复数,张角为 $160° \geq \alpha \geq 40°$ 范围 V 形切口 Ⅱ 型下 λ_2^{II} 和 λ_3^{II} 为复数。V 形切口 Ⅰ 和 Ⅱ 型情形下高阶应力指数 $Re(\lambda_k^I)$ 和 $Re(\lambda_k^{II})$($k \geq 2$)均大于 0,表明切口尖端位移和应力渐近展开式中高阶项是非奇异的,事实上排序靠前的应力高阶项对尖端附近应力场的贡献也应计入。

相对于精确解或插值矩阵法取 $n = 80$ 计算值,插值矩阵法取 $n = 40$ 时 λ_1^I 和 λ_1^{II} 的计算精度有 4 位有效数字,可见插值矩阵法收敛很快。对于 $\alpha = 60°$ 情形,文献[23]考虑应力渐近级数中前 3 项,用有限元法 152 个三角形单元求解得到。

注意,两切口边自由的 V 形切口的应力奇异性求解中,有 3 个特别的刚体位移项,其应力特征指数分别为 2 个"-1"值(表 6.4.1 和表 6.4.2 中未列出)和一个"0"值(见表 6.4.2 中 λ_2^{II}),它们在以后求解渐近位移场式(6.2.1)中幅值系数 A_k 时需要用到。

表 6.4.1　V 形切口 Ⅰ 型(关于 $\tilde{u}_r(\theta)$ 对称)应力特征指数 λ_k^I

α	方法	ξ_1	η_1	ξ_2	η_2	ξ_3	η_3	ξ_4	η_4
	文献[20]	-0.099956	0	1.001795	0	1.695232	0	3.022680	0
170°	IMMEI,$n=20$	-0.0997671	0	1.000629	0	1.706359	0	2.972986	0
	IMMEI,$n=40$	-0.099949	0	1.001733	0	1.695693	0	3.020562	0
	IMMEI,$n=80$	-0.099955	0	1.001789	0	1.695286	0	3.022390	0

α	方法	ξ_1	η_1	ξ_2	η_2	ξ_3	η_3	ξ_4	η_4
150°	文献[20]	− 0.248025	0	1.106286	0.096100	2.828294	0.347177	4.547288	0.459268
	IMMEI，$n = 20$	− 0.247871	0	1.109776	0.087307	2.859206	0.321400	4.705928	0.308320
	IMMEI，$n = 40$	− 0.248019	0	1.106531	0.095588	2.830449	0.345590	4.556639	0.452879
	IMMEI，$n = 80$	− 0.248025	0	1.106303	0.0960594	2.828434	0.347070	4.547904	0.458893
120°	文献[20]	− 0.384269	0	0.833549	0.252251	2.343717	0.414037	3.849458	0.506015
	IMMEI，$n = 20$	− 0.384138	0	0.836062	0.252153	2.365450	0.414282	3.957761	0.498516
	IMMEI，$n = 40$	− 0.384259	0	0.833734	0.252249	2.345190	0.414126	3.856164	0.506382
	IMMEI，$n = 80$	− 0.384268	0	0.833561	0.252251	2.343817	0.414042	3.849910	0.506043
90°	文献[20]	− 0.455516	0	0.629257	0.231251	1.971844	0.373931	3.310377	0.455494
	IMMEI，$n = 20$	− 0.455395	0	0.631172	0.232519	1.988336	0.383516	3.394304	0.488602
	IMMEI，$n = 40$	− 0.455511	0	0.629323	0.231332	1.972392	0.374414	3.313047	0.457263
	IMMEI，$n = 80$	− 0.455516	0	0.629267	0.231257	1.971920	0.373979	3.310732	0.455687
60°	文献[20]	− 0.487779	0	0.471028	0.141853	1.677615	0.284901	2.881487	0.360496
	文献[23]	− 0.4878	0	0.4710	0.1418	1.6776	0.2849		
	IMMEI，$n = 20$	− 0.487717	0	0.471813	0.143640	1.684805	0.296623	2.924016	0.408020
	IMMEI，$n = 40$	− 0.487775	0	0.471073	0.141991	1.678017	0.285650	2.883292	0.363632
	IMMEI，$n = 80$	− 0.487778	0	0.471035	0.141869	1.677673	0.284994	2.881766	0.360853
50°	文献[20]	− 0.493067	0	0.426227	0.083159	1.592958	0.243187	2.757543	0.318470
	IMMEI，$n = 20$	− 0.4929370	0	0.427587	0.089190	1.604390	0.266486	2.819995	0.395637
	IMMEI，$n = 40$	− 0.493058	0	0.426325	0.083610	1.593732	0.244935	2.761354	0.324920
	IMMEI，$n = 80$	− 0.493067	0	0.426234	0.083190	1.593010	0.243305	2.757796	0.318911
30°	文献[20]	− 0.498547	0	0.202957	0	0.490378	0	1.440492	0.114207
	IMMEI，$n = 20$	− 0.498472	0	0.205806	0	0.488633	0	1.445210	0.147248
	IMMEI，$n = 40$	− 0.498540	0	0.205806	0	0.490268	0	1.440740	0.116222
	IMMEI，$n = 80$	− 0.498546	0	0.202983	0	0.490363	0	1.440530	0.114502
10°	文献[20]	− 0.499947	0	0.058843	0	0.499728	0	1.118823	0
	IMMEI，$n = 20$	− 0.499856	0	0.060933	0	0.498345	0	1.151176	0
	IMMEI，$n = 40$	− 0.499934	0	0.059126	0	0.499521	0	1.122380	0
	IMMEI，$n = 80$	− 0.499946	0	0.058862	0	0.499716	0	1.119061	0
0°	精确解	− 0.500000	0	0	0	0.500000	0	1.000000	0
	IMMEI，$n = 20$	− 0.499794	0	0.003578	0	0.497325	0	1.043821	0
	IMMEI，$n = 40$	− 0.499985	0	0.000257	0	0.499804	0	1.002930	0
	IMMEI，$n = 80$	− 0.499999	0	0.000017	0	0.499987	0	1.000197	0

表 6.4.2　V 形切口 Ⅱ 型(关于 $\tilde{u}_r(\theta)$ 反对称)应力特征指数 λ_i^{II}

α	方法	ξ_1	η_1	ξ_2	η_2	ξ_3	η_3	ξ_4	η_4	ξ_5	η_5
170°	文献[20]	0.798933	0	0	0	2.007826	0	2.586721	0	4.060480	0
	IMMEI, $n=20$	0.800916	0	0	0	1.997193	0	2.631530	0	3.902388	0
	IMMEI, $n=40$	0.799004	0	0	0	2.007389	0	2.588412	0	4.048878	0
	IMMEI, $n=80$	0.798942	0	0	0	2.007772	0	2.586934	0	4.058970	0
150°	文献[20]	0.485814	0	0	0	1.967836	0.261186	3.688038	0.409575	5.406179	0.500793
	IMMEI, $n=20$	0.487279	0	0	0	1.979418	0.249763	3.760510	0.349527	5.467941	0
	IMMEI, $n=40$	0.485919	0	0	0	1.968624	0.260421	3.692685	0.406489	5.422865	0.490318
	IMMEI, $n=80$	0.485819	0	0	0	1.967891	0.261135	3.688348	0.409368	5.407307	0.500164
120°	文献[20]	0.148913	0	0	0	1.589479	0.348375	3.090928	0.464641	4.601514	0.541087
	IMMEI, $n=20$	0.150009	0	0	0	1.597549	0.348528	3.147310	0.463943	4.820487	0.503578
	IMMEI, $n=40$	0.148992	0	0	0	1.590100	0.348397	3.100330	0.464789	4.614583	0.541504
	IMMEI, $n=80$	0.148918	0	0	0	1.589517	0.348376	3.097151	0.464653	4.602357	0.541143
100°	文献[20]	-0.019525	0	0	0	1.389451	0.333471	2.781212	0.440044	4.170200	0.510396
	IMMEI, $n=20$	-0.018574	0	0	0	1.396163	0.336299	2.823462	0.453637	4.353250	0.535152
	IMMEI, $n=40$	-0.019456	0	0	0	1.389926	0.333676	2.784017	0.441147	4.181059	0.514124
	IMMEI, $n=80$	-0.019520	0	0	0	1.389483	0.333485	2.781399	0.440119	4.170922	0.510655
60°	文献[20]	-0.269099	0	0	0	1.074826	0.229426	2.279767	0.326690	3.482900	0.388984
	文献[23]	-0.2691	0	0	0	1.0749	0.2294				
	IMMEI, $n=20$	-0.268710	0	0	0	1.077382	0.234207	2.297998	0.351998	3.574251	0.469510
	IMMEI, $n=40$	-0.269070	0	0	0	1.075014	0.229741	2.280884	0.328306	3.487289	0.394444
	IMMEI, $n=80$	-0.269095	0	0	0	1.074848	0.229466	2.279900	0.326881	3.483436	0.389603
40°	文献[20]	-0.361818	0	0	0	0.949728	0.126554	2.078012	0.234365	3.205206	0.296236
	IMMEI, $n=20$	-0.361105	0	0	0	0.953449	0.143133	2.103332	0.291176	3.326122	0.438922
	IMMEI, $n=40$	-0.361765	0	0	0	0.949988	0.127818	2.079606	0.238978	3.211946	0.310101
	IMMEI, $n=80$	-0.361814	0	0	0	0.949746	0.126640	2.078117	0.234679	3.205648	0.297199
30°	文献[20]	-0.401808	0	0	0	0.838934	0	0.948560	0	1.987005	0.166741
	IMMEI, $n=20$	-0.401460	0	0	0	0.881197	0	0.909578	0	1.999550	0.222443
	IMMEI, $n=40$	-0.401781	0	0	0	0.840591	0	0.947180	0	1.987897	0.170364
	IMMEI, $n=80$	-0.401805	0	0	0	0.839163	0	0.948357	0	1.987095	0.167222
0°	精确解	-0.500000	0	0	0	0.500000	0	1.000000	0	1.50000	0
	IMMEI, $n=20$	-0.499373	0	0	0	0.513993	0	0.987129	0	1.62522	0
	IMMEI, $n=40$	-0.499954	0	0	0	0.500983	0	0.999039	0	1.50741	0
	IMMEI, $n=80$	-0.499997	0	0	0	0.500066	0	0.999935	0	1.50049	0

当切口张角 $\alpha = 0°$，即裂纹情形，其 Ⅰ 型和 Ⅱ 型的应力奇异性最强，均为 $\lambda_1^{\mathrm{I}} = \lambda_1^{\mathrm{II}} = -0.5$。裂纹情形所有的应力特征指数精确解是 $-1 + 0.5k\,(k = 0, 1, 2, \cdots)$。有限元法模拟裂纹尖端应力场时采用著名的"1/4"奇异单元[16]，事实上，是在裂尖该单元假设应力分量表达式为

$$\sigma_{ij} = \frac{a_{ij}}{\sqrt{r}} + b_{ij} + c_{ij}\sqrt{r} \tag{6.4.1}$$

式中 a_{ij}，b_{ij} 和 c_{ij} 是常数。式(6.4.1)表达出裂尖的前 3 个应力特征指数 -0.5，0 和 0.5。见表 6.4.1 和表 6.4.2 中 $\alpha = 0°$ 的解。但是当 $\alpha > 0°$ 时，"1/4"奇异单元不再适用模拟切口尖端的应力场，因为 λ_1^{I} 和 λ_1^{II} 不等于 -0.5。

插值矩阵法可同时求解出相应于各阶应力特征指数 λ_k^{I} 和 λ_k^{II} 的渐近位移场和应力场特征角函数，其重要优点是位移和应力特征函数（含位移的导数）的计算精度是同阶的，这在 2.7 节已经证明。下面以 V 形切口张角 $\alpha = 60°$ 为例，对应于 λ_1 的位移和应力特征向量的插值矩阵法计算结果分别见图 6.4.1 和图 6.4.2。图中切口尖端近似位移场和应力场角函数分布分别是用各自相应最大值进行无量纲归一化处理后的结果（下同），Ⅰ 型和 Ⅱ 型分别表示张开型切口和滑开型切口。

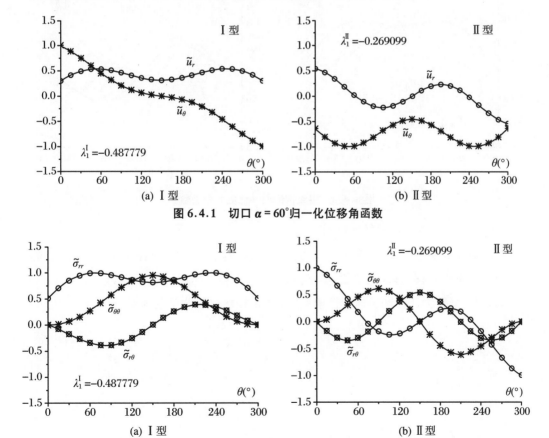

图 6.4.1 切口 $\alpha = 60°$ 归一化位移角函数

图 6.4.2 切口 $\alpha = 60°$ 归一化应力角函数

切口张角 $\alpha = 0°$，即裂纹情形，对应于 λ_1 的切口尖端 I 型和 II 型位移和应力特征角函数曲线如图 6.4.3 和图 6.4.4 所示。比较切口张角为 60° 和裂纹尖端附近的位移和应力特征角函数曲线图，显然，两种情况下的位移和应力特征函数都发生了变化。

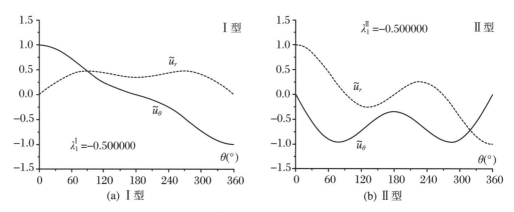

图 6.4.3　裂纹情形归一化位移角函数

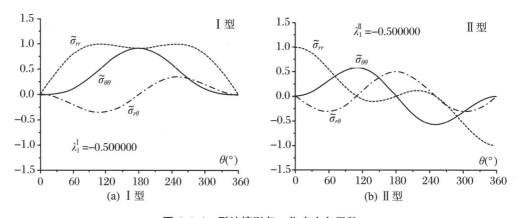

图 6.4.4　裂纹情形归一化应力角函数

例 6.4.2　正交各向异性材料平面 V 形切口。

图 6.4.5 所示的切口，为平面应力问题，切口内角为 β，正交各向异性材料，建立在极坐标系中，材料属性是常数，即 $E_\theta/E_r = 0.0375$，$G_{r\theta}/E_r = 0.10$，$\nu_{r\theta} = 0.187$，其中 E_θ，E_r 分别为环向和径向弹性模量，$\nu_{r\theta}$ 为泊松比，$G_{r\theta}$ 为剪切模量。

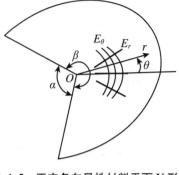

图 6.4.5　正交各向异性材料平面 V 形切口

随着内角 β 的变化,应力奇异指数和奇异应力场也发生变化。这里仅给出 V 形切口 I 型(张开型)在不同 β 角情形下的应力奇异指数,插值矩阵法(IMMEI)计算结果如表 6.4.3 所示,其中 n 是等分子区间数。表中可见,不同于各向同性材料,正交各向异性材料的应力奇异指数随着 β 角变大,在 $[-1,0]$ 之间实数应力奇异指数的数目也随之增多,甚至当 $\beta \leqslant 180°$ 已不是凹形切口,如 $\beta = 180°$ 和 $120°$,即为光滑和凸形情况,然而也存在 $\lambda_1^{\mathrm{I}} < 0$ 的应力奇异性。图 6.4.6 和图 6.4.7 分别是 $\beta = 180°$ 时应力奇异指数所对应的第 1 阶位移和应力特征角函数分布。IMMEI 取 $n = 80$。当 $\beta = 360°$ 时(裂纹),小于 0 的应力奇异指数最多,I 型应力奇异指数 λ_k^{I} 在表 6.4.4 中列出,$\lambda_1^{\mathrm{I}} = -0.8556$,强于各向同性材料裂纹的 $\lambda_1^{\mathrm{I}} = -0.5$。在表 6.4.3、表 6.4.4 中,文献[32]、[33]采用的是有限元法,文献[34]是解析解。将程序 IMMEI 取 $n = 160$ 的计算值作为参照解,IMMEI 取 $n = 80$ 时,λ_1 计算值有 6 位准确数字,λ_2 计算值有 5 位准确数字,λ_3 和 λ_4 计算值有 4 位准确数字,λ_5 计算值有 3 位准确数字,可见插值矩阵法计算精度高。

表 6.4.3　正交各向异性材料切口 I 型情形对应不同 β 角的第 1 阶应力奇异指数 λ_1^{I}

β	IMMEI $n = 20$	IMMEI $n = 40$	IMMEI $n = 80$	文献[32] 有限元解	文献[33] 有限元解	文献[34] 解析解
$120°$	-0.28489766	-0.28501097	-0.28501938	-0.285020	-0.284846	-0.285032
$180°$	-0.68976935	-0.68981061	-0.68981368	-0.689816	-0.689715	-0.689816
$240°$	-0.81296474	-0.81299318	-0.81299528	-0.812995	-0.812902	-0.812996
$300°$	-0.84921858	-0.84924322	-0.84924504	-0.849245	-0.849159	-0.849246
$360°$	-0.85557455	-0.85560590	-0.85560821	-0.855608	-0.855492	-0.855608

图 6.4.8、图 6.4.9 中给出了裂纹 I 型情况下与应力奇异指数相对应的第 1 阶和第 2 阶位移和应力特征角函数分布,IMMEI 取 $n = 80$。这里位移和应力特征角函数的插值矩阵法计算值与相应 λ_k 的计算精度相同。

表 6.4.4 正交各向异性材料裂纹 I 型情形应力奇异指数 λ_k^{I}

λ_k	IMMEI $n=20$	IMMEI $n=40$	IMMEI $n=80$	IMMEI $n=160$	文献[33] 有限元解	文献[34] 解析解
λ_1	-0.85557455	-0.85560590	-0.85560821	-0.85560837	-0.855607	-0.855608
λ_2	-0.83480925	-0.83499011	-0.83500339	-0.83500429	-0.834996	-0.835006
λ_3	-0.66462186	-0.66556666	-0.66563528	-0.66563992	-0.665614	-0.665643
λ_4	-0.45459490	-0.45816103	-0.45841592	-0.45843312	-0.458360	-0.458441
λ_5	-0.21419879	-0.22515112	-0.22591548	-0.22596696	-0.225788	-0.225985

注:表中 $\lambda_k(k=1\sim5)$ 均为实根。

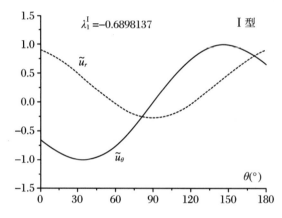

图 6.4.6 切口角 $\beta=180°$ 时第 1 阶位移角函数

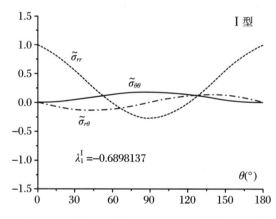

图 6.4.7 切口角 $\beta=180°$ 时第 1 阶应力角函数

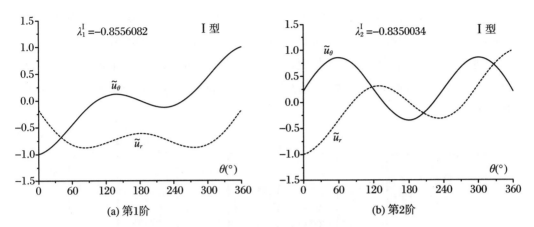

图 6.4.8 裂纹 $\beta = 360°$ 时 I 型位移角函数

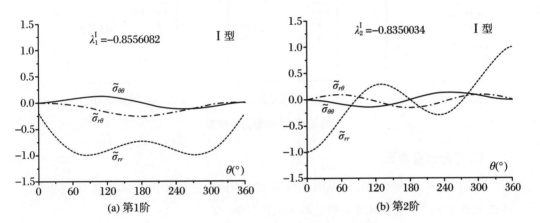

图 6.4.9 裂纹 $\beta = 360°$ 时 I 型应力角函数

6.5

黏结材料界面力学模型

　　对于多数黏结材料的结合部来说,其材料特性较为复杂。由于母材表面粗糙度、黏结剂厚度等的影响,严格地讲,黏结材料的结合部不是一个理想的面,实际上是一个空间的区域,其材料特性在结合部内呈分布型,并具有随机性。

　　将复杂的材料结合部模拟简化为一个面,这个面称为界面。通常在界面的两侧,材料属性是不同的。如果通过实验方法获得界面强度值,便包含了复杂结合部的影响,然而实验结果没有一般性和全局性。界面力学理论对结合部做简化力学模型处理,界面力学问题通常有结合材料的强度、可靠性分析和评价,虽然与实际情况非完全吻合,但具有全局性和通用性。因此,可以利用对于界面模型的界面强度概念,来考虑结合部的影响,在力学分析时将结合部作为简化的界面模型[1]。

通常根据实际结合部的具体情况区分曲界面和平面界面,是单个界面还是多个界面。从力学分析角度,可根据界面结合形式不同划分出如图 6.5.1 所示 3 种界面类型[1]。

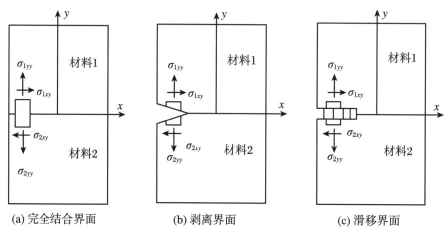

(a) 完全结合界面　　　　(b) 剥离界面　　　　(c) 滑移界面

图 6.5.1　界面力学模型

1. 完全结合界面

所谓完全结合界面,即在界面上没有宏观缺陷,位移和面力满足连续性条件。在图 6.5.1(a)中,对于材料 1 和材料 2 结构界面,有

$$\begin{Bmatrix} u_1 \\ v_1 \end{Bmatrix} = \begin{Bmatrix} u_2 \\ v_2 \end{Bmatrix}, \quad \begin{Bmatrix} \sigma_{1yy} \\ \sigma_{1xy} \end{Bmatrix} = \begin{Bmatrix} \sigma_{2yy} \\ \sigma_{2xy} \end{Bmatrix} \tag{6.5.1}$$

一般 $\sigma_{1xx} \neq \sigma_{2xx}$,这称为界面上的应力不连续。但 σ_{1xx},σ_{2xx} 不是独立的,在界面上,有

$$\varepsilon_{1xx} = \varepsilon_{2xx} \tag{6.5.2}$$

对于均质各向同性材料,将 Hooke 定律代入式(6.5.2),得

$$\sigma_{2xx} = \frac{E_2}{E_1}\sigma_{1xx} + \left(\nu_2 - \frac{E_2}{E_1}\nu_1\right)\sigma_{2yy} \quad (\text{平面应力}) \tag{6.5.3}$$

$$\sigma_{2xx} = \frac{E_2}{E_1}\frac{1-\nu_1^2}{1-\nu_2^2}\sigma_{1xx} + \left[\frac{\nu_2}{1-\nu_2} - \frac{E_2\nu_1(1+\nu_1)}{E_1(1-\nu_2^2)}\nu_1\right]\sigma_{2yy} \quad (\text{平面应变}) \tag{6.5.4}$$

在界面上的应变,除了式(6.5.2)中的连续性条件外,一般还有

$$\varepsilon_{1yy} \neq \varepsilon_{2yy}, \quad \varepsilon_{1xy} \neq \varepsilon_{2xy} \tag{6.5.5}$$

这称为界面上的应变不连续性。

2. 剥离界面

剥离界面表面有两种材料相互脱开的部位,在此部位两材料没有相互约束,一般认为在脱开部位表面力自由。如图 6.5.1(b)所示的界面,在此界面上有

$$\sigma_{1yy} = \sigma_{1xy} = 0, \quad \sigma_{2yy} = \sigma_{2xy} = 0 \tag{6.5.6}$$

剥离界面可能由黏结材料制造工艺的缺陷造成,或因完全结合界面发生剥离破坏形成,它被认为是界面裂纹。

3. 滑移界面

滑移界面是指两材料界面保持接触和滑动剥离,见图 6.5.1(c),即滑移界面上有

$$\sigma_{yy} = \sigma_{1yy} = \sigma_{2yy} \leqslant 0, \quad \sigma_{1xy} = \sigma_{2xy} \leqslant f\sigma_{yy} \tag{6.5.7}$$

$$u_1 \neq u_2, \quad v_1 = v_2 \tag{6.5.8}$$

式中,f 为滑动摩擦系数。理论上界面切应力处于 $0 \sim f\sigma_{yy}$ 之间,是不定值,但在实际分析时,为了简化计算,一般取切应力为 $f\sigma_{yy}$。这种界面也称为摩擦界面。当不计摩擦时,一般称为光滑接触界面。

剥离界面和滑移界面,通常称为非完全结合界面。对于理想结合的黏结材料 V 形结构,见图 6.5.2,在极坐标系下,材料界面上的连续性条件为

$$u_{1r} = u_{2r}, \quad u_{1\theta} = u_{2\theta}, \quad \sigma_{1\theta\theta} = \sigma_{2\theta\theta}, \quad \sigma_{1r\theta} = \sigma_{2r\theta}, \quad \theta = \theta_2 \tag{6.5.9}$$

双材料切口两楔形边上面力为 0 条件:

$$\sigma_{1\theta\theta} = 0, \quad \sigma_{1r\theta} = 0, \quad \theta = \theta_1 \tag{6.5.10}$$

$$\sigma_{2\theta\theta} = 0, \quad \sigma_{2r\theta} = 0, \quad \theta = \theta_3 \tag{6.5.11}$$

6.6

各向同性黏结材料平面 V 形切口应力奇异性

对于各向同性双材料完全结合 V 形切口,如图 6.5.2 和图 6.6.1 所示,该模型由两种不同材料组成,E_1,ν_1 和 E_2,ν_2 分别是材料域 Ω_1 和 Ω_2 的弹性模量、泊松比,Γ_2 是两材料结合界面。

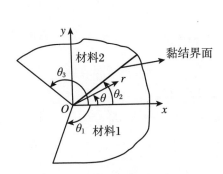

图 6.5.2 双材料理想黏结模型

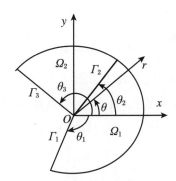

图 6.6.1 两相各向同性材料 V 形切口

对不同材料构成的 V 形切口界面尖端附近进行应力奇异性分析,显然式
(6.2.9)和式(6.2.10)在两个材料域内均成立,各自的控制方程可写为

$$\widetilde{u}_{1rk}'' + \left(\frac{1+\nu_1}{1-\nu_1}\lambda_k - 2\right)\widetilde{u}_{1\theta k}' + \frac{2}{1-\nu_1}(\lambda_k+2)g_{1rk} = 0, \quad \theta \in [\theta_1,\theta_2] \quad (6.6.1a)$$

$$\widetilde{u}_{1\theta k}'' + \left[2 + \frac{1}{2}(1+\nu_1)\lambda_k\right]\widetilde{u}_{1rk}' + \frac{1}{2}(1-\nu_1)(\lambda_k+2)g_{1\theta k} = 0, \quad \theta \in [\theta_1,\theta_2]$$
$$(6.6.1b)$$

$$g_{1rk}(\theta) = \lambda_k \widetilde{u}_{1rk}(\theta), \quad \theta \in [\theta_1,\theta_2] \quad (6.6.1c)$$

$$g_{1\theta k}(\theta) = \lambda_k \widetilde{u}_{1\theta k}(\theta), \quad \theta \in [\theta_1,\theta_2] \quad (6.6.1d)$$

和

$$\widetilde{u}_{2rk}'' + \left(\frac{1+\nu_2}{1-\nu_2}\lambda_k - 2\right)\widetilde{u}_{2\theta k}' + \frac{2}{1-\nu_2}(\lambda_k+2)g_{2rk} = 0, \quad \theta \in [\theta_2,\theta_3] \quad (6.6.2a)$$

$$\widetilde{u}_{2\theta k}'' + \left[2 + \frac{1}{2}(1+\nu_2)\lambda_k\right]\widetilde{u}_{2rk}' + \frac{1}{2}(1-\nu_2)(\lambda_k+2)g_{2\theta k} = 0, \quad \theta \in [\theta_2,\theta_3]$$
$$(6.6.2b)$$

$$g_{2rk}(\theta) = \lambda_k \widetilde{u}_{2rk}(\theta), \quad \theta \in [\theta_2,\theta_3] \quad (6.6.2c)$$

$$g_{2\theta k}(\theta) = \lambda_k \widetilde{u}_{2\theta k}(\theta), \quad \theta \in [\theta_2,\theta_3] \quad (6.6.2d)$$

式中,λ_k 为应力奇异阶/指数,$\widetilde{u}_{1rk}(\theta)$ 和 $\widetilde{u}_{1\theta k}(\theta)$ 是域 Ω_1 内切口尖端附近的位移特征角函数,$\widetilde{u}_{2rk}(\theta)$ 和 $\widetilde{u}_{2\theta k}(\theta)$ 是域 Ω_2 内相对应的特征角函数。

图 6.6.1 中黏结材料 V 形切口的边界条件有:

(1) 界面 Γ_2 完全结合,满足位移和面力连续性条件式(6.5.9),即

$$\widetilde{u}_{1rk}(\theta_2) = \widetilde{u}_{2rk}(\theta_2) \quad (6.6.3a)$$

$$\widetilde{u}_{1\theta k}(\theta_2) = \widetilde{u}_{2\theta k}(\theta_2) \quad (6.6.3b)$$

和

$$\frac{E_1}{1-\nu_1^2}\left[\widetilde{u}_{1\theta k}' + (1+\nu_1+\nu_1\lambda_k)\widetilde{u}_{1rk}\right] - \frac{E_2}{1-\nu_2^2}\left[\widetilde{u}_{2\theta k}' + (1+\nu_2+\nu_2\lambda_k)\widetilde{u}_{2rk}\right] = 0,$$
$$\theta = \theta_2 \quad (6.6.3c)$$

$$\frac{E_1}{2(1+\nu_1)}(\widetilde{u}_{1rk}' + \lambda_k\widetilde{u}_{1\theta k}) - \frac{E_2}{2(1+\nu_2)}(\widetilde{u}_{2rk}' + \lambda_k\widetilde{u}_{2\theta k}) = 0, \quad \theta = \theta_2 \quad (6.6.3d)$$

上式中引用了式(6.2.3)。

(2) 在 Γ_1 和 Γ_3 上面力自由,类似式(6.2.12),有

$$\widetilde{u}_{1\theta k}' + (1+\nu_1+\nu_1\lambda_k)\widetilde{u}_{1rk} = 0, \quad \theta = \theta_1 \quad (6.6.4a)$$

$$\widetilde{u}_{1rk}' + \lambda_k\widetilde{u}_{1\theta k} = 0, \quad \theta = \theta_1 \quad (6.6.4b)$$

和

$$\widetilde{u}_{2\theta k}' + (1+\nu_2+\nu_2\lambda_k)\widetilde{u}_{2rk} = 0, \quad \theta = \theta_3 \quad (6.6.4c)$$

$$\tilde{u}'_{2rk} + \lambda_k \tilde{u}_{2\theta k} = 0, \quad \theta = \theta_3 \tag{6.6.4d}$$

因此,各向同性黏结材料 V 形切口(图 6.6.1)尖端应力奇异性分析变成求解常微分方程式(6.6.1)、式(6.6.2)和相应的边界条件式(6.6.3)、式(6.6.4),解之可得应力奇异指数 λ_k 和相应的位移特征函数 $\tilde{u}_{1rk}(\theta)$,$\tilde{u}_{1\theta k}(\theta)$,$\tilde{u}_{2rk}(\theta)$ 和 $\tilde{u}_{2\theta k}(\theta)$,再代入式(6.2.4),可得材料域 Ω_1 和 Ω_2 的应力特征角函数 $\tilde{\sigma}_{1ijk}(\theta)$ 和 $\tilde{\sigma}_{2ijk}(\theta)$($ij = rr$, $\theta\theta$, $r\theta$)。

6.7

正交各向异性黏结材料平面 V 形切口应力奇异性

考虑正交各向异性双材料 V 形切口,见图 6.7.1。图中 θ_{10} 和 θ_{20} 分别为两正交各向异性材料主轴系(Ⅰ$_1$,Ⅰ$_2$)和(Ⅱ$_1$,Ⅱ$_2$)与整体坐标系(x,y)的夹角;$E_1^{(1)}$,$E_2^{(1)}$,$G_{12}^{(1)}$ 是在第一个域内材料主轴方向上的弹性模量和剪切模量;$\nu_{12}^{(1)}$ 是材料 1 的泊松比;$E_1^{(2)}$,$E_2^{(2)}$,$G_{12}^{(2)}$,$\nu_{12}^{(2)}$ 是在材料 2 主轴方向上的材料常数。

$\boldsymbol{D}^{(1)}$ 和 $\boldsymbol{D}^{(2)}$ 分别为两种正交各向异性材料的弹性矩阵,表达形式如同式(6.3.1),其中各元素与导出结果见式(6.3.2)~式(6.3.5)。在双材料 V 形切口尖端附近的位移渐近展开级数类同式(6.2.1),代入弹性力学基本方程,应力分量表达式如同式(6.3.6),应力特征函数如同式(6.3.7)。

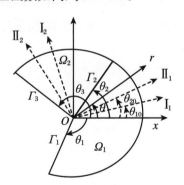

图 6.7.1　两材料正交各向异性主轴和切口几何坐标

由式(6.3.10)和式(6.3.11)可写出正交各向异性黏结材料 V 形切口在两个域内各自的控制方程,在 Ω_1 域内有方程组:

$$g_{1rk} = \lambda_k \tilde{u}_{1rk}, \quad \theta \in [\theta_1, \theta_2] \tag{6.7.1a}$$

$$g_{1\theta k} = \lambda_k \tilde{u}_{1\theta}k, \quad \theta \in [\theta_1, \theta_2] \tag{6.7.1b}$$

$$D_{66}^{(1)} \tilde{u}''_{1rk} + D_{26}^{(1)} \tilde{u}''_{1\theta k} + 2D_{16}^{(1)} \tilde{u}'_{1rk} + (D_{12}^{(1)} - D_{22}^{(1)}) \tilde{u}'_{1\theta k} + (D_{11}^{(1)} - D_{22}^{(1)}) \tilde{u}_{1rk}$$

$$+ \lambda_k \big[2D_{16}^{(1)} \tilde{u}'_{1rk} + (D_{12}^{(1)} + D_{66}^{(1)}) \tilde{u}'_{1\theta k} + 2D_{11}^{(1)} \tilde{u}_{1rk} + (D_{16}^{(1)} - D_{26}^{(1)}) \tilde{u}_{1\theta k} \big]$$

$$+ \lambda_k (D_{11}^{(1)} g_{1rk} + D_{16}^{(1)} g_{1\theta k}) + D_{66}'^{(1)} \tilde{u}'_{1rk} + D_{26}'^{(1)} \tilde{u}'_{1\theta k} + (D_{16}'^{(1)} + D_{26}'^{(1)}) \tilde{u}_{1rk}$$

$$+ \lambda_k (D_{16}'^{(1)} \tilde{u}_{1rk} + D_{66}'^{(1)} \tilde{u}_{1\theta k}) = 0, \quad \theta \in [\theta_1, \theta_2] \tag{6.7.1c}$$

$$D_{26}^{(1)} \tilde{u}''_{1r} + D_{22}^{(1)} \tilde{u}''_{1\theta k} + (D_{12}^{(1)} + D_{22}^{(1)} + 2D_{66}^{(1)}) \tilde{u}'_{1rk} + 2D_{26}^{(1)} \tilde{u}'_{1\theta k} + 2(D_{16}^{(1)} + D_{26}^{(1)}) \tilde{u}_{1r}$$

$$+ \lambda_k \big[(D_{12}^{(1)} + D_{66}^{(1)}) \tilde{u}'_{1rk} + 2D_{26}^{(1)} \tilde{u}'_{1\theta k} + (3D_{16}^{(1)} + D_{26}^{(1)}) \tilde{u}_{1rk} + 2D_{66}^{(1)} \tilde{u}_{1\theta k} \big]$$

$$+ \lambda_k (D_{16}^{(1)} g_{1rk} + D_{66}^{(1)} g_{1\theta k}) + D_{26}'^{(1)} \tilde{u}'_{1rk} + D_{22}'^{(1)} \tilde{u}'_{1\theta k} + (D_{12}'^{(1)} + D_{22}'^{(1)}) \tilde{u}_{1rk}$$

$$+ \lambda_k (D_{12}'^{(1)} \tilde{u}_{1rk} + D_{26}'^{(1)} \tilde{u}_{1\theta k}) = 0, \quad \theta \in [\theta_1, \theta_2] \tag{6.7.1d}$$

在 Ω_2 域内有方程组:

$$g_{2rk} = \lambda_k \tilde{u}_{2rk}, \quad \theta \in [\theta_2, \theta_3] \tag{6.7.2a}$$

$$g_{2\theta k} = \lambda_k \tilde{u}_{2\theta k}, \quad \theta \in [\theta_2, \theta_3] \tag{6.7.2b}$$

$$D_{66}^{(2)} \tilde{u}''_{2rk} + D_{26}^{(2)} \tilde{u}''_{2\theta k} + 2D_{16}^{(2)} \tilde{u}'_{2rk} + (D_{12}^{(2)} - D_{22}^{(2)}) \tilde{u}'_{2\theta k} + (D_{11}^{(2)} - D_{22}^{(2)}) \tilde{u}_{2rk}$$

$$+ \lambda_k \big[2D_{16}^{(2)} \tilde{u}'_{2rk} + (D_{12}^{(2)} + D_{66}^{(2)}) \tilde{u}'_{2\theta k} + 2D_{11}^{(2)} \tilde{u}_{2rk} + (D_{16}^{(2)} - D_{26}^{(2)}) \tilde{u}_{2\theta k} \big]$$

$$+ \lambda_k (D_{11}^{(2)} g_{2rk} + D_{16}^{(2)} g_{2\theta k}) + D_{66}'^{(2)} \tilde{u}'_{2rk} + D_{26}'^{(2)} \tilde{u}'_{2\theta k} + (D_{16}'^{(2)} + D_{26}'^{(2)}) \tilde{u}_{2rk}$$

$$+ \lambda_k (D_{16}'^{(2)} \tilde{u}_{2rk} + D_{66}'^{(2)} \tilde{u}_{2\theta k}) = 0, \quad \theta \in [\theta_2, \theta_3] \tag{6.7.2c}$$

$$D_{26}^{(2)} \tilde{u}''_{2rk} + D_{22}^{(2)} \tilde{u}''_{2\theta k} + (D_{12}^{(2)} + D_{22}^{(2)} + 2D_{66}^{(2)}) \tilde{u}'_{2rk} + 2D_{26}^{(2)} \tilde{u}'_{2\theta k} + 2(D_{16}^{(2)} + D_{26}^{(2)}) \tilde{u}_{2rk}$$

$$+ \lambda_k \big[(D_{12}^{(2)} + D_{66}^{(2)}) \tilde{u}'_{2rk} + 2D_{26}^{(2)} \tilde{u}'_{2\theta k} + (3D_{16}^{(2)} + D_{26}^{(2)}) \tilde{u}_{2rk} + 2D_{66}^{(2)} \tilde{u}_{2\theta k} \big]$$

$$+ \lambda_k (D_{16}^{(2)} g_{2rk} + D_{66}^{(2)} g_{2\theta k}) + D_{26}'^{(2)} \tilde{u}'_{2rk} + D_{22}'^{(2)} \tilde{u}'_{2\theta k} + (D_{12}'^{(2)} + D_{22}'^{(2)}) \tilde{u}_{2rk}$$

$$+ \lambda_k (D_{12}'^{(2)} \tilde{u}_{2rk} + D_{26}'^{(2)} \tilde{u}_{2\theta k}) = 0, \quad \theta \in [\theta_2, \theta_3] \tag{6.7.2d}$$

对于两相正交各向异性黏结材料 V 形切口的边界条件,有:

(1) 界面 Γ_2 完全结合,满足位移和面力连续性条件式(6.5.9),由式(6.3.6)可得

$$\tilde{u}_{1rk}(\theta_2) = \tilde{u}_{2rk}(\theta_2) \tag{6.7.3a}$$

$$\tilde{u}_{1\theta k}(\theta_2) = \tilde{u}_{2\theta k}(\theta_2) \tag{6.7.3b}$$

$$D_{26}^{(1)} \tilde{u}'_{1rk} + D_{22}^{(1)} \tilde{u}'_{1\theta k} + (D_{12}^{(1)} + D_{22}^{(1)}) \tilde{u}_{1rk} + \lambda_k (D_{12}^{(1)} \tilde{u}_{1rk} + D_{26}^{(1)} \tilde{u}_{1\theta k})$$

$$- D_{26}^{(2)} \tilde{u}'_{2rk} - D_{22}^{(2)} \tilde{u}'_{2\theta k} - (D_{12}^{(2)} + D_{22}^{(2)}) \tilde{u}_{2rk} - \lambda_k (D_{12}^{(2)} \tilde{u}_{2rk} + D_{26}^{(2)} \tilde{u}_{2\theta k}) = 0,$$

$$\theta = \theta_2 \tag{6.7.3c}$$

$$D_{66}^{(1)} \tilde{u}'_{1rk} + D_{26}^{(1)} \tilde{u}'_{1\theta k} + (D_{16}^{(1)} + D_{26}^{(1)}) \tilde{u}_{1rk} + \lambda_k (D_{16}^{(1)} \tilde{u}_{1rk} + D_{66}^{(1)} \tilde{u}_{1\theta k})$$

$$- D_{66}^{(2)} \tilde{u}'_{2rk} - D_{26}^{(2)} \tilde{u}'_{2\theta k} - (D_{16}^{(2)} + D_{26}^{(2)}) \tilde{u}_{2rk} - \lambda_k (D_{16}^{(2)} \tilde{u}_{2rk} + D_{66}^{(2)} \tilde{u}_{2\theta k}) = 0,$$

$$\theta = \theta_2 \tag{6.7.3d}$$

(2) 在 Γ_1 和 Γ_2 上面力自由,由式(6.3.6)可得

$$D_{26}^{(1)} \tilde{u}'_{1rk} + D_{22}^{(1)} \tilde{u}'_{1\theta} + (D_{12}^{(1)} + D_{22}^{(1)}) \tilde{u}_{1rk} + \lambda_k (D_{12}^{(1)} \tilde{u}_{1rk} + D_{26}^{(1)} \tilde{u}_{1\theta k}) = 0,$$

$$\theta = \theta_1 \tag{6.7.4a}$$

$$D_{66}^{(1)} \tilde{u}'_{1rk} + D_{26}^{(1)} \tilde{u}'_{1\theta k} + (D_{16}^{(1)} + D_{26}^{(1)}) \tilde{u}_{1rk} + \lambda_k (D_{16}^{(1)} \tilde{u}_{1rk} + D_{66}^{(1)} \tilde{u}_{1\theta k}) = 0,$$
$$\theta = \theta_1 \tag{6.7.4b}$$

$$D_{26}^{(2)} \tilde{u}'_{2rk} + D_{22}^{(2)} \tilde{u}'_{2\theta k} + (D_{12}^{(2)} + D_{22}^{(2)}) \tilde{u}_{2rk} + \lambda_k (D_{12}^{(2)} \tilde{u}_{2rk} + D_{26}^{(2)} \tilde{u}_{2\theta k}) = 0,$$
$$\theta = \theta_3 \tag{6.7.4c}$$

$$D_{66}^{(2)} \tilde{u}'_{2rk} + D_{26}^{(2)} \tilde{u}'_{2\theta k} + (D_{16}^{(2)} + D_{26}^{(2)}) \tilde{u}_{2rk} + \lambda_k (D_{16}^{(2)} \tilde{u}_{2rk} + D_{66}^{(2)} \tilde{u}_{2\theta k}) = 0,$$
$$\theta = \theta_3 \tag{6.7.4d}$$

因此，正交各向异性黏结材料平面 V 形切口问题转变成求解常微分方程组式 (6.7.1) 和式 (6.7.2) 与相应边值条件式 (6.7.3) 和式 (6.7.4) 的特征值问题。该方程的求解包含了应力奇异指数 λ_k 和特征向量 $\tilde{u}_{1rk}$，$\tilde{u}_{1\theta k}$，$\tilde{u}_{2rk}$，$\tilde{u}_{2\theta k}$。再代入式 (6.3.7)，可分别得到域 Ω_1 和 Ω_2 内应力特征角函数 $\tilde{\sigma}_{1ijk}(\theta)$ 和 $\tilde{\sigma}_{2ijk}(\theta)$（$ij = rr, \theta\theta, r\theta$）。

对于多种不同材料黏结的 V 形切口问题，同样推导可得相对应的常微分方程组特征值问题，从而可以计算 V 形切口附近的应力奇异指数、位移和应力特征函数。

6.8

黏结材料平面 V 形切口应力奇异性算例

本节应用插值矩阵法求解 6.6 节和 6.7 节推导出的常微分方程组特征值问题，分析多材料黏结的平面 V 形切口应力奇异性问题[28,7,29]。

例 6.8.1 重力坝的双材料 V 形切口。

在岩基上修建的混凝土重力坝见图 6.8.1，坝踵区凹角处可视为双材料平面应变 V 形切口问题，张角为 90°，坝基占 180°，坝体占 90°。E_1，ν_1 为坝体弹性模量和泊松比，E_2，ν_2 是坝基弹性模量和泊松比，$\nu_1 = 0.167$，$\nu_2 = 0.210$。采用插值矩阵法程序 IMMEI 求解常微分方程式 (6.6.1)、式 (6.6.2) 和相应的边界条件式 (6.6.3)、式 (6.6.4) 的特征值问题。

对多个弹性模量比值 E_2/E_1 情况下，坝踵应力奇异指数计算值见表 6.8.1，文献 [19] 通过应力函数法导出的代数特征值方程，采用牛顿迭代法搜索得到前 2 阶应力特征指数 λ_1 和 λ_2。根据 2.7 节对插值矩阵法计算精度的讨论，相对于取 $n = 80$ 的计算结果，IMMEI 取 $n = 40$ 对于第 1 阶主导应力奇异指数 λ_1 计算值有 5 位有效数字。对于 $E_2/E_1 \leqslant 10$ 的范围，奇异指数 λ_1 和 λ_2 均小于 0，当 E_2/E_1 取值较大时，应力渐近展开式中 λ_2 趋近 0，即第 2 项应力奇异性逐渐消失。实际上，程序 IMMEI 可同时给出后续的高阶应力指数以及相应的位移和应力特征角函数。

表 6.8.1　重力坝坝踵的应力奇异指数 λ_k

方法	文献[19]		IMMEI					
			$n=20$		$n=40$		$n=80$	
E_2/E_1	λ_1	λ_2	λ_1	λ_2	λ_1	λ_2	λ_1	λ_2
1/3	-0.49805	-0.22194	-0.4980360	-0.2218669	-0.4980532	-0.2219326	-0.4980545	-0.2219374
0.5	-0.48756	-0.16731	-0.4875405	-0.1672198	-0.4875569	-0.1673009	-0.4875581	-0.1673069
1.0	-0.45074	-0.09252	-0.4507273	-0.0923977	-0.4507428	-0.09250772	-0.4507440	-0.0925159
2.14	-0.39034	-0.04170	-0.3903270	-0.0415509	-0.3903419	-0.04168898	-0.3903430	-0.0416992
4.0	-0.33611	-0.01944	-0.3360963	-0.0192742	-0.3361104	-0.01943000	-0.3361115	-0.0194415
10.0	-0.26966	-0.00529	-0.2696441	-0.0051051	-0.2696558	-0.00528004	-0.2696567	-0.0052930

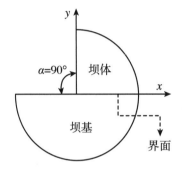

图 6.8.1　重力坝 V 形切口模型

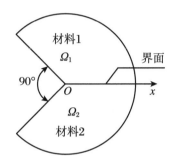

图 6.8.2　两相结合材料切口

例 6.8.2　两相材料 V 形切口。

见图 6.8.2，两相材料尖劈关于 x 轴对称，该尖劈可视为张角为 $90°$ 的 V 形切口，材料属性有 $\nu_1 = \nu_2 = 0.3$。参见图 6.6.1，两材料区域 $\theta_1 = 0°$，$\theta_2 = 135°$，$\theta_3 = 270°$。在平面应力条件，各种弹性模量比 E_1/E_2 情况下 V 形切口的应力奇异指数计算结果见表 6.8.2，插值矩阵法结果与简政[19]的牛顿迭代法结果非常吻合。相对于 IMMEI 取区间分段数 $n=80$ 的计算结果，当 $n=40$ 时，V 形切口的前两个应力奇异指数的 IMMEI 计算值有 4 位有效数字。

表 6.8.2　$\theta_1 = 0°$，$\theta_2 = 135°$，$\theta_3 = 270°$ 时两相材料 V 形切口应力奇异指数 λ_k

方法	文献[19]		IMMEI					
			$n=20$		$n=40$		$n=80$	
E_1/E_2	λ_1	λ_2	λ_1	λ_2	λ_1	λ_2	λ_1	λ_2
1	-0.45552	-0.09147	-0.4555048	-0.0914623	-0.4555157	-0.0914666	-0.4555162	-0.0914704
3	-0.43460	-0.12780	-0.4345624	-0.1277757	-0.4345961	-0.1277969	-0.4345965	-0.1278003
5	-0.41394	-0.16025	-0.4141289	-0.1599847	-0.4139380	-0.1602475	-0.4139384	-0.1602507
7	-0.39822	-0.18306	-0.3982022	-0.1831172	-0.3982189	-0.1830582	-0.3982192	-0.1830614
10	-0.38032	-0.20735	-0.3803192	-0.2072999	-0.3803199	-0.2073422	-0.3803201	-0.2073453

从表 6.8.1、表 6.8.2 和式(6.6.3)可见,黏结材料 V 形切口尖端附近的应力奇异指数受材料的弹模比和泊松比等因素影响。同样,黏结材料 V 形切口的材料组合参数不同,切口尖端附近奇异位移场和应力场也不同。这里以 $\theta_1 = 0°$, $\theta_2 = 135°$, $\theta_3 = 270°$, $\nu_1 = \nu_2 = 0.3$ 时平面应力条件下 V 形切口的奇异位移场和应力场角函数分布为例,分别绘出 $E_1/E_2 = 3$ 和 $E_1/E_2 = 10$ 两种情况下的奇异位移场和应力场特征角函数分布图,见图 6.8.3~图 6.8.6。从图 6.8.3 和图 6.8.5 可见位移特征角函数 $\tilde{u}_r$ 和 $\tilde{u}_\theta$ 在黏结界面上虽然连续,却出现转折,两材料的弹性模量相差越大,转折越明显。在图 6.8.4 和图 6.8.6 中可见径向应力特征角函数 $\tilde{\sigma}_{rr}$ 在黏结界面上出现突变,弹模比越大突变越激烈,可见应力分量 σ_{rr} 在黏结界面不连续,另外两个应力特征函数 $\tilde{\sigma}_{r\theta}$ 和 $\tilde{\sigma}_{\theta\theta}$ 在黏结界面上连续,无明显的转折。注意到,插值矩阵法求出的位移和应力特征角函数有同阶精度。

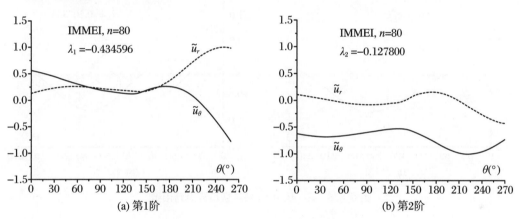

图 6.8.3　$E_1/E_2 = 3$ 黏结切口位移角函数

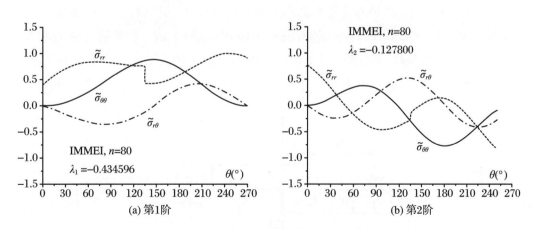

图 6.8.4　$E_1/E_2 = 3$ 黏结切口应力角函数

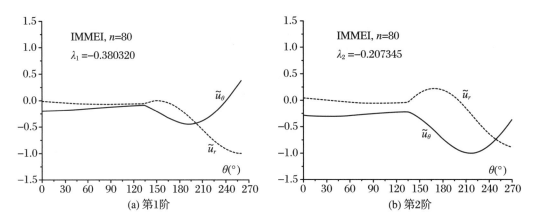

图 6.8.5　$E_1/E_2 = 10$ 黏结切口位移角函数

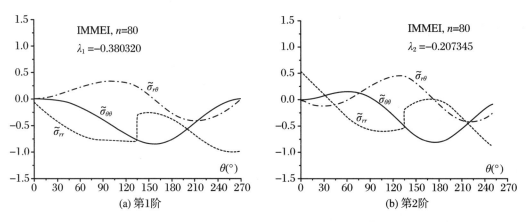

图 6.8.6　$E_1/E_2 = 10$ 黏结切口应力角函数

例 6.8.3　搭接板界面端的 V 形切口。

如图 6.8.7 所示的平面应变条件下搭接结合材料结构,其材料组合为 Si_3N_4/Cu,材料常数为 $E_1 = 108\ GPa$,$\nu_1 = 0.33$;$E_2 = 304\ GPa$,$\nu_2 = 0.27$。在界面上 A 点和 B 点处产生应力奇异性,参照图 6.6.1 切口模型,A 点附近构成了 $\theta_1 = 0°$,$\theta_2 = 180°$,$\theta_3 = 270°$ 情形的 V 形切口,而 B 点附近是 $\theta_1 = 0°$,$\theta_2 = 90°$,$\theta_3 = 270°$ 情形的 V 形切口。

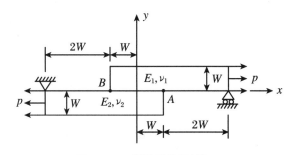

图 6.8.7　搭接黏结材料切口

使用插值矩阵法（IMMEI）解方程式（6.6.1）、式（6.6.2）和相应的边界条件式（6.6.3）、式（6.6.4），计算结果见表 6.8.3。相比较文献[1]给出的 A 点附近的应力奇异指数的分析解，IMMEI 取 $n=80$ 的解有前 6 位有效数字吻合，文献[31]边界元解仅有一位或两位有效数字吻合，可见插值矩阵法精度高。观察表 6.8.3 中 A 点和 B 点附近的应力奇异指数，A 点和 B 点附近两材料属性相同，切口张角相同，仅各材料所占的比分不同，两个切口的应力奇异指数却不相同。

表 6.8.3　搭接黏结材料的 V 形切口应力奇异指数

方法	A 点		B 点	
	λ_1	λ_2	λ_1	λ_2
分析解[1]	-0.491479	-0.218652		
BEM 解[31]	-0.490515	-0.222642		
IMMEI，$n=10$	-0.4912735	-0.2178935	-0.4058167	-0.0230792
IMMEI，$n=20$	-0.4914595	-0.2185827	-0.4059393	-0.2481527
IMMEI，$n=40$	-0.4914772	-0.2186468	-0.4059509	-0.0249728
IMMEI，$n=80$	-0.4914785	-0.2186515	-0.4059517	-0.0249845

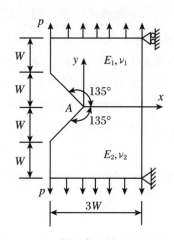

图 6.8.8　第 1 奇异阶为复数实例

例 6.8.4　主导应力奇异阶为复数的界面端。

如图 6.8.8 所示的平面应变条件下黏结材料模型界面端，材料常数为 $E_1=1000\text{ GPa}$，$\nu_1=0.3$；$E_2=1\text{ GPa}$，$\nu_2=0.2$。用插值矩阵法解得 A 点附近的第 1 阶应力奇异指数 λ_1 列于表 6.8.4，λ_1 和 λ_2 为共轭复数，其一对共轭根相当于前 2 阶应力指数。由于材料的相互不匹配性，在结合材料的界面端（包括界面裂纹尖端）以及界面角点等奇异点附近，主导的第 1 阶应力奇异指数是复数，而非实数，有些文献称之为振荡应力奇异性。实际上，即使 λ_k 为复数，也不会在界面端附近产生应力振荡，应力场和位移场总是实数值。李聪和牛忠荣等[17]通过计入多项应力奇异指数 λ_k，包括复数指数,采用扩展边界元法求出了裂纹和切口结构从尖端到远域的完整应力场和位移场,没有应力振荡现象。由表 6.8.4 可见,相对于取 $n=80$ 的计算结果,IMMEI 取 $n=40$ 对于第 1 阶应力奇异指数 λ_1 的实部和虚部计算值均有 5 位有效数字;文献[1]分析解采用了迭代搜索,其 λ_1 解实部有 4 位有效数字,虚部有 3 位有效数字。

表 6.8.4　例 6.8.4 切口应力奇异指数 λ_1

方法	$\mathrm{Re}(\lambda_1)$	$\mathrm{Im}(\lambda_1)$
分析解[1]	-0.305859	0.103203
IMMEI,$n=10$	-0.3056234	0.1032497
IMMEI,$n=20$	-0.3058188	0.1032957
IMMEI,$n=40$	-0.3058378	0.1033003
IMMEI,$n=80$	-0.3058392	0.1033006

例 6.8.5　各向同性结合材料中一条与界面相交的裂纹。

如图 6.8.9 所示,裂纹与界面 OB 的夹角为 γ,该界面的两种材料分别是铝和环氧树脂,其材料常数分别为 $E_1=72\ \mathrm{GPa}$,$\nu_1=0.3$;$E_2=3.24\ \mathrm{GPa}$,$\nu_2=0.35$。

当 $\gamma=0,\pi$ 时,图 6.8.9 表示界面裂纹模型。利用对称性,研究应力奇异指数随裂纹角 $\pi/2\leqslant\gamma\leqslant\pi$ 的变化规律。线段的端点 A 和 D 分别表示裂纹表面 OA 和 OD,内点 B 和 C 分别表示界面 OB 和 OC。围绕 O 点按照环向坐标 θ,弧线 AB 和 CD 表示材料 1 所占的区域,而弧线 BC 表示材料 2 所占的区域。平面应变状态下,材料 1 为环氧树脂,材料 2 为铝。使用插值矩阵法解方程式(6.6.1)、式(6.6.2)和相应的边界条件式(6.6.3)、式(6.6.4),取 $n=40$ 时,其应力奇异指数 λ_1 和 λ_2 计算值随裂纹角 γ 的变化如图 6.8.10 所示,在 λ 曲线分岔点右侧,应力奇异指数 λ_1 和 λ_2 是复数。作为对比,王效贵等[35]利用最小势能原理的一维特殊有限元法得到了应力奇异指数的数值解。

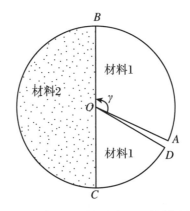

图 6.8.9　相交于黏结材料界面的裂纹结构

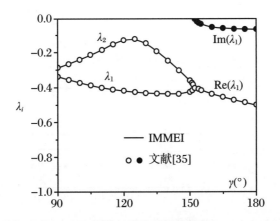

图 6.8.10 界面裂纹应力奇异指数随裂纹角 γ 的变化

例 6.8.6 两个半平面正交各向异性材料黏结的线裂纹。

正交各向异性材料 1 和材料 2 的材料属性和主轴方向见图 6.8.11,为平面应力问题。众所周知,界面端 O 附近的奇异应力不但取决于各向异性材料的结构,还取决于材料参数之间的匹配关系。材料参数取 $E_{\theta 1}/E_{r1}=0.0375$,$G_{r\theta 1}/E_{r1}=0.10$,$\nu_{r\theta 1}=0.187$;$E_{\theta 2}/E_{r2}=0.0375$,$G_{r\theta 2}/E_{r2}=0.10$,$\nu_{r\theta 2}=0.187$,其物理意义见例 6.4.2。对于 E_{r2}/E_{r1} 从 0.001 至 1000 变化时,插值矩阵法(IMMEI)取 $n=40$ 时计算的前 5 阶应力奇异指数变化曲线见图 6.8.12,图中可见插值矩阵法解与 Pageau 等[33]的解析解非常吻合。

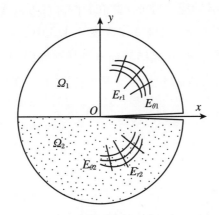

图 6.8.11 两相半平面黏结材料含线裂纹

图 6.8.12 显示,两个半平面正交各向异性材料结合裂纹存在较多的 $\lambda_k<0$,即在裂尖附近的应力渐近展开式式(6.3.6)中有较多应力奇异项。当 $E_{r2}/E_{r1}=1$ 时,该裂纹由同一种材料构成,前 5 阶应力奇异指数即为例 6.4.2 中表 6.4.4 所示。即便两种材料的材料属性关系 E_{r2}/E_{r1} 的比值差异较大,其前 5 阶应力奇异指数值变化也较小。

对于图 6.8.11 所示的两相正交各向异性黏结材料结构,当 $E_{r2}/E_{r1}=0.001$

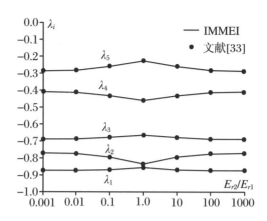

图 6.8.12 两相半平面黏结材料含裂纹的应力奇异指数

时,由于材料 1 的刚度远大于材料 2 的刚度,材料 1 区域($\theta \in [0, 180°]$)相当于两边自由的半平面,材料 2 区域($\theta \in [180°, 360°]$)相当于一边自由一边固定的半平面,对此极端情形,IMMEI($n = 40$)计算的前 5 阶应力奇异指数为 $\lambda_1 = -0.873679$,$\lambda_2 = -0.772132$,$\lambda_3 = -0.689637$,$\lambda_4 = -0.408638$,$\lambda_5 = -0.284762$。

在图 6.8.13 和图 6.8.14 中给出了 $E_{r2}/E_{r1} = 0.001$ 时 IMMEI 计算的前 4 阶位移和应力特征角函数分布情况。在图 6.8.13 中可见位移角函数 $\tilde{u}_r$ 和 $\tilde{u}_\theta$ 在黏结界面上连续,但位移角函数有明显转折,第 1、2 和 4 阶位移特征函数在材料 1 区域几乎为 0,表明第 1、2 和 4 阶奇异指数是由材料 2 区域产生的。第 3 阶位移特征函数在材料 1 区域不为 0,但第 3 阶应力特征函数在材料 2 区域几乎为 0,表明第 3 阶奇异指数是由材料 1 区域产生的,对照例 6.4.2 表 6.4.3 中 $\beta = 180°$ 情形解便知。在图 6.8.14 中,径向应力角函数 $\tilde{\sigma}_{rr}$ 在黏结界面上突变比较激烈,并且占比较大,但是其他两个应力分量角函数 $\tilde{\sigma}_{r\theta}$ 和 $\tilde{\sigma}_{\theta\theta}$ 连续也无明显转折,并且变化梯度小。

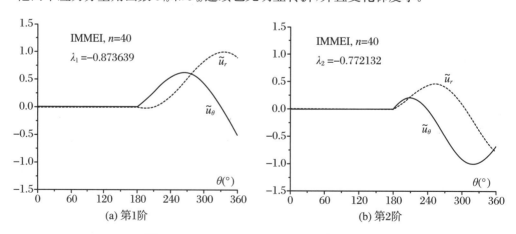

图 6.8.13 $E_{r2}/E_{r1} = 0.001$ 裂纹位移角函数

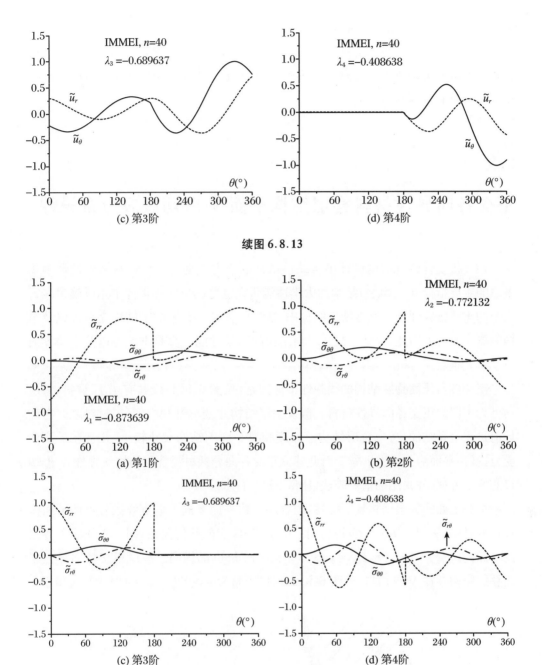

续图 6.8.13

图 6.8.14 $E_{r2}/E_{r1} = 0.001$ 裂纹应力角函数

当 $E_{r2}/E_{r1} = 1$ 时,即退化成同种材料裂纹问题,其归一化的位移和应力特征角函数分布曲线与图 6.4.8 和图 6.4.9 相同。当 E_{r2}/E_{r1} 很大的时候,由于材料 2 的刚度远大于材料 1 的刚度,材料 2 成了两边自由的半平面,由于结构特性和材料属性的对称性,其应力奇异指数值与 E_{r2}/E_{r1} 很小时计算值趋同。由于对称性,当 $E_{r2}/E_{r1} = 1000$ 时,在材料 1 区域中归一化后的位移和应力特征角函数分布与 $E_{r2}/E_{r1} =$

0.001情况下的材料2区域相同,反之亦然。

对于正交各向异性黏结材料V形切口,在切口尖端附近的应力奇异指数 λ_k、位移和应力特征角函数不仅受材料的弹模比、泊松比及材料所占比分等因素的影响,还与各材料的主轴方向有关。

6.9

正交各向异性材料叠层结构平面 V 形切口应力奇异性

在飞机复合材料结构设计中含缺口试件的应力强度是复合材料结构设计中须考虑的重要指标[8],含缺口结构的力学性能研究也是飞机结构设计中用以确保飞行安全的重要研究课题。在含缺口结构中,缺口的存在严重影响了结构完整性以及结构的剩余强度。因此,含缺口复合材料结构的力学性能一直是学术界以及工程界的一个研究重点。

正交各向异性叠层结构的线弹性平面问题,见图6.9.1,设共有 L 层材料,每层均可为不同的正交各向异性材料。假设叠层结构在变形过程中,每层材料之间在破坏前是完全黏结的,考虑叠层结构总厚度相对平面内结构尺寸较小,并且在平面内受力,视为平面应力情况。本节对此建立正交各向异性材料叠层结构线弹性 V 形切口的特征方程,并采用插值矩阵法(IMMEI)进行求解[28, 7]。

根据上面的叠层结构特征描述,该叠层结构平面上同一垂直线段各点的平面内位移分量 $u_r(r,\theta)$,$u_\theta(r,\theta)$ 均相同。由位移-应变的几何关系,同一垂线段上各点的平面内应变分量 $\varepsilon_{rr}(r,\theta)$,$\varepsilon_{\theta\theta}(r,\theta)$,$\varepsilon_{r\theta}(r,\theta)$ 也都相同。假设正交各向异性平面叠层结构存在 V 形切口,见图6.9.2,切口张角为 α,特别当 $\alpha=0$ 时为裂纹情形。

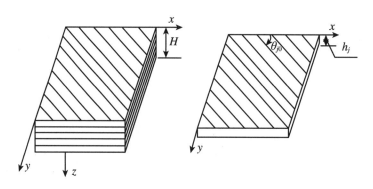

图 6.9.1　正交各向异性材料叠层结构

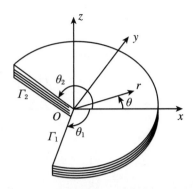

图 6.9.2 正交各向异性材料叠层结构 V 形切口

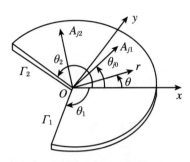

图 6.9.3 第 j 层正交各向异性材料 V 形切口

设极坐标系 $Or\theta$ 的原点置于切口尖端,那么切口尖端区域的渐近位移场为式 (6.2.1),其应变分量为式(6.2.3)。先对第 j 层材料的平面 V 形切口建立应力奇异性特征分析的控制方程,见图 6.9.3。分别建立图示总体直角坐标系 Oxy 和极坐标系 $Or\theta$。设第 j 层板的厚度为 h_j,图 6.9.3 中 A_{j1},A_{j2} 标识第 j 层材料的主轴 1 和主轴 2,θ_{j0} 为第 j 层正交各向异性材料主轴系(A_{j1},A_{j2})与总体坐标系(x,y)的夹角。E_{j1},E_{j2} 为第 j 层弹性模量,ν_{j12} 为第 j 层泊松比,G_{j12} 为第 j 层剪切模量。

对于第 j 层正交各向异性材料,线弹性平面问题的本构方程为

$$
\begin{bmatrix} \sigma_{jrr} \\ \sigma_{j\theta\theta} \\ \sigma_{jr\theta} \end{bmatrix} = \begin{bmatrix} D_{j11} & D_{j12} & D_{j16} \\ D_{j12} & D_{j22} & D_{j26} \\ D_{j16} & D_{j26} & D_{j66} \end{bmatrix} \begin{bmatrix} \varepsilon_{rr} \\ \varepsilon_{\theta\theta} \\ \varepsilon_{r\theta} \end{bmatrix} \tag{6.9.1}
$$

式中的弹性矩阵元素 $D_{j12}(\bar{\theta}_j)$ 等参见式(6.3.2),相应的表达式中

$$
\bar{\theta}_j = \theta - \theta_{j0} \tag{6.9.2}
$$

对于平面应力问题,有

$$
p_{j1} = -E_{j1}^2, \quad p_{j2} = -E_{j1}E_{j2}, \quad p_{j3} = \nu_{j12}^2 E_{j2} - E_{j1}, \quad p_{j4} = -\nu_{j12}E_{j1}E_{j2} \tag{6.9.3}
$$

将式(6.2.2)代入式(6.9.1),第 j 层平面内的应力分量为

$$
\sigma_{jrr}(r,\theta) = \sum_{k=1}^{M} A_k r^{\lambda_k} \{ D_{j16}\tilde{u}'_{rk}(\theta) + D_{j12}\tilde{u}'_{\theta k}(\theta) + (D_{j11}+D_{j12})\tilde{u}_{rk}(\theta)
$$
$$
+ \lambda_k [D_{j11}\tilde{u}_{rk}(\theta) + D_{j16}\tilde{u}_{\theta k}(\theta)] \} \tag{6.9.4a}
$$

$$
\sigma_{j\theta\theta}(r,\theta) = \sum_{k=1}^{M} A_k r^{\lambda_k} \{ D_{j26}\tilde{u}'_{rk}(\theta) + D_{j22}\tilde{u}'_{\theta k}(\theta) + (D_{j12}+D_{j22})\tilde{u}_{rk}(\theta)
$$
$$
+ \lambda_k [D_{j12}\tilde{u}_{rk}(\theta) + D_{j26}\tilde{u}_{\theta k}(\theta)] \} \tag{6.9.4b}
$$

$$
\sigma_{jr\theta}(r,\theta) = \sum_{k=1}^{M} A_k r^{\lambda_k} \{ D_{j66}\tilde{u}'_{rk}(\theta) + D_{j26}\tilde{u}'_{\theta k}(\theta) + (D_{j16}+D_{j26})\tilde{u}_{rk}(\theta)
$$
$$
+ \lambda_k [D_{j16}\tilde{u}_{rk}(\theta) + D_{j66}\tilde{u}_{\theta k}(\theta)] \} \tag{6.9.4c}
$$

式中 $(\cdots)' = \dfrac{\mathrm{d}(\cdots)}{\mathrm{d}\theta}$。令第 j 层的应力角函数 $\tilde{\sigma}_{jilk}(\theta)$ $(il = rr, \theta\theta, r\theta)$ 为

$$
\begin{cases}
\tilde{\sigma}_{jrrk}(\theta) = D_{j16}\,\tilde{u}'_{rk} + D_{j12}\,\tilde{u}'_{\theta k} + (D_{j11} + D_{j12})\,\tilde{u}_{rk} + \lambda_k\,(D_{j11}\,\tilde{u}_{rk} + D_{j16}\,\tilde{u}_{\theta k}) \\
\tilde{\sigma}_{j\theta\theta k}(\theta) = D_{j26}\,\tilde{u}'_{rk} + D_{j22}\,\tilde{u}'_{\theta k} + (D_{j12} + D_{j22})\,\tilde{u}_{rk} + \lambda_k\,(D_{j12}\,\tilde{u}_{rk} + D_{j26}\,\tilde{u}_{\theta k}) \\
\tilde{\sigma}_{jr\theta k}(\theta) = D_{j66}\,\tilde{u}'_{rk} + D_{j26}\,\tilde{u}'_{\theta k} + (D_{j16} + D_{j26})\,\tilde{u}_{rk} + \lambda_k\,(D_{j16}\,\tilde{u}_{rk} + D_{j66}\,\tilde{u}_{\theta k})
\end{cases}
$$

$$(6.9.5)$$

则式(6.9.4)可表示为

$$
\sigma_{jrr}(r, \theta) = \sum_{k=1}^{M} A_k\, r^{\lambda_k}\, \tilde{\sigma}_{jrrk}(\theta) \tag{6.9.6a}
$$

$$
\sigma_{j\theta\theta}(r, \theta) = \sum_{k=1}^{M} A_k\, r^{\lambda_k}\, \tilde{\sigma}_{j\theta\theta k}(\theta) \tag{6.9.6b}
$$

$$
\sigma_{jr\theta}(r, \theta) = \sum_{k=1}^{M} A_k\, r^{\lambda_k}\, \tilde{\sigma}_{jr\theta k}(\theta) \tag{6.9.6c}
$$

因为叠层板的第 j 层与相邻第 $j-1, j+1$ 层完全黏结,第 $j-1, j+1$ 层对第 j 层的上、下面有作用载荷,分别记为 $f^-_{r,j}(r, \theta)$, $f^-_{\theta,j}(r, \theta)$ 和 $f^+_{r,j}(r, \theta)$, $f^+_{\theta,j}(r, \theta)$,分别为沿 r 和 θ 方向的面力。第 j 层对第 $j-1, j+1$ 层有反作用面力 $f^+_{r,j-1}(r, \theta)$ 和 $f^-_{r,j+1}(r, \theta)$。显然有

$$
f^+_{r,j-1}(r, \theta) = -f^-_{r,j}(r, \theta), \qquad f^+_{\theta,j-1}(r, \theta) = -f^-_{\theta,j}(r, \theta) \tag{6.9.7a}
$$

$$
f^+_{r,j}(r, \theta) = -f^-_{r,j+1}(r, \theta), \qquad f^+_{\theta,j}(r, \theta) = -f^-_{\theta,j+1}(r, \theta) \tag{6.9.7b}
$$

因为叠层结构每层较薄,可以将面力 $f^-_{r,j}(r, \theta)$ 和 $f^+_{r,j}(r, \theta)$ 沿厚度方向均匀等效为第 j 层的体力 $\dfrac{1}{h_j}f^-_{r,j}(r, \theta)$ 和 $\dfrac{1}{h_j}f^+_{r,j}(r, \theta)$。因此,第 j 层平面问题的弹性力学平衡方程为

$$
\begin{cases}
\dfrac{\partial \sigma_{jrr}}{\partial r} + \dfrac{1}{r}\dfrac{\partial \sigma_{jr\theta}}{\partial \theta} + \dfrac{\sigma_{jrr} - \sigma_{j\theta\theta}}{r} = \dfrac{1}{h_j}(f^-_{r,j} + f^+_{r,j}) \\
\dfrac{1}{r}\dfrac{\partial \sigma_{j\theta\theta}}{\partial \theta} + \dfrac{\partial \sigma_{jr\theta}}{\partial r} + \dfrac{2\sigma_{jr\theta}}{r} = \dfrac{1}{h_j}(f^-_{\theta,j} + f^+_{\theta,j})
\end{cases}, \quad j = 1, 2, \cdots, L \tag{6.9.8}
$$

注意到叠层板的上、下表面为自由面,无外载荷,有

$$
f^-_{r,1}(r, \theta) = 0, \qquad f^-_{\theta,1}(r, \theta) = 0 \tag{6.9.9a}
$$

$$
f^+_{r,L}(r, \theta) = 0, \qquad f^+_{\theta,L}(r, \theta) = 0 \tag{6.9.9b}
$$

利用式(6.9.7)和式(6.9.9),将式(6.9.8)的 L 组方程累加,由于各层之间相互作用力为内力,有

$$
\begin{cases}
\displaystyle\sum_{j=1}^{L} h_j\left(\dfrac{\partial \sigma_{jrr}}{\partial r} + \dfrac{1}{r}\dfrac{\partial \sigma_{jr\theta}}{\partial \theta} + \dfrac{\sigma_{jrr} - \sigma_{j\theta\theta}}{r}\right) = 0 \\
\displaystyle\sum_{j=1}^{L} h_j\left(\dfrac{1}{r}\dfrac{\partial \sigma_{j\theta\theta}}{\partial \theta} + \dfrac{\partial \sigma_{jr\theta}}{\partial r} + \dfrac{2\sigma_{jr\theta}}{r}\right) = 0
\end{cases} \tag{6.9.10}
$$

实际上,叠层结构在平面内的平均应力分量 $\bar{\sigma}_{ij}(r,\theta)$ 为

$$\bar{\sigma}_{rr}(r,\theta) = \frac{1}{H}\sum_{j=1}^{L} h_j \sigma_{jrr}(r,\theta) \tag{6.9.11a}$$

$$\bar{\sigma}_{\theta\theta}(r,\theta) = \frac{1}{H}\sum_{j=1}^{L} h_j \sigma_{j\theta\theta}(r,\theta) \tag{6.9.11b}$$

$$\bar{\sigma}_{r\theta}(r,\theta) = \frac{1}{H}\sum_{j=1}^{L} h_j \sigma_{jr\theta}(r,\theta) \tag{6.9.11c}$$

式中 H 为叠层结构的总厚度:

$$H = \sum_{j=1}^{L} h_j \tag{6.9.12}$$

将式(6.9.4)代入叠层板的平衡方程式(6.9.10),经过一系列推导,可得

$$
\begin{aligned}
\sum_{j=1}^{L} \frac{h_j}{H} \Big\{ & D_{j66}\,\tilde{u}''_{rk} + D_{j26}\,\tilde{u}''_{\theta k} + 2D_{j16}\,\tilde{u}'_{rk} + (D_{j12} - D_{j22})\,\tilde{u}'_{\theta k} + (D_{j11} - D_{j22})\,\tilde{u}_{rk} \\
& + \lambda_k \big[2D_{j16}\,\tilde{u}'_{rk} + (D_{j12} + D_{j66})\,\tilde{u}'_{\theta k} + 2D_{j11}\,\tilde{u}_{rk} + (D_{j16} - D_{j26})\,\tilde{u}_{\theta k} \big] \\
& + \lambda_k^2 (D_{j11}\,\tilde{u}_{rk} + D_{j16}\,\tilde{u}_{\theta k}) + D'_{j66}\tilde{u}'_{rk} + D'_{j26}\tilde{u}'_{\theta k} + (D'_{j16} + D'_{j26})\,\tilde{u}_{rk} \\
& + \lambda_k (D'_{j16}\,\tilde{u}_{rk} + D'_{j66}\,\tilde{u}_{\theta k}) \Big\} = 0, \quad \theta \in [\theta_1, \theta_2]
\end{aligned}
\tag{6.9.13a}
$$

$$
\begin{aligned}
\sum_{j=1}^{L} \frac{h_j}{H} \Big\{ & D_{j26}\,\tilde{u}''_{rk} + D_{j22}\,\tilde{u}''_{\theta k} + (D_{j12} + D_{j22} + 2D_{j66})\,\tilde{u}'_{rk} + 2D_{j26}\,\tilde{u}'_{\theta k} \\
& + 2(D_{j16} + D_{j26})\,\tilde{u}_{rk} + \lambda_k \Big[(D_{j12} + D_{j66})\,\tilde{u}'_{rk} + 2D_{j26}\,\tilde{u}'_{\theta k} \\
& + (3D_{j16} + D_{j26})\,\tilde{u}_{rk} + 2D_{j66}\,\tilde{u}_{\theta k} \Big] + \lambda_k^2 (D_{j16}\,\tilde{u}_{rk} + D_{j66}\,\tilde{u}_{\theta k}) \\
& + D'_{j26}\tilde{u}'_{rk} + D'_{j22}\tilde{u}'_{\theta k} + (D'_{j12} + D'_{j22})\,\tilde{u}_{rk} \\
& + \lambda_k (D'_{j12}\,\tilde{u}_{rk} + D'_{j26}\,\tilde{u}_{\theta k}) \Big\} = 0, \quad \theta \in [\theta_1, \theta_2]
\end{aligned}
\tag{6.9.13b}
$$

引入新的中间变量 $g_{rk}(\theta)$ 和 $g_{\theta k}(\theta)$,化解上式中 λ_k^2 的非线性项,组成如下方程组:

$$g_{rk}(\theta) = \lambda_k \tilde{u}_{rk}, \quad \theta \in [\theta_1, \theta_2] \tag{6.9.14a}$$

$$g_{\theta k}(\theta) = \lambda_k \tilde{u}_{\theta k}, \quad \theta \in [\theta_1, \theta_2] \tag{6.9.14b}$$

$$
\begin{aligned}
\sum_{j=1}^{L} \frac{h_j}{H} \Big\{ & D_{j66}\,\tilde{u}''_{rk} + D_{j26}\,\tilde{u}''_{\theta k} + 2D_{j16}\,\tilde{u}'_{rk} + (D_{j12} - D_{j22})\,\tilde{u}'_{\theta k} + (D_{j11} - D_{j22})\,\tilde{u}_{rk} \\
& + \lambda_k \big[2D_{j16}\,\tilde{u}'_{rk} + (D_{j12} + D_{j66})\,\tilde{u}'_{\theta k} + 2D_{j11}\,\tilde{u}_{rk} + (D_{j16} - D_{j26})\,\tilde{u}_{\theta k} \big] \\
& + \lambda_k (D_{j11}\,g_{rk} + D_{j16}\,g_{\theta k}) + D'_{j66}\tilde{u}'_{rk} + D'_{j26}\tilde{u}'_{\theta k} + (D'_{j16} + D'_{j26})\,\tilde{u}_{rk} \\
& + \lambda_k (D'_{j16}\,\tilde{u}_{rk} + D'_{j66}\,\tilde{u}_{\theta k}) \Big\} = 0, \quad \theta \in [\theta_1, \theta_2]
\end{aligned}
\tag{6.9.14c}
$$

$$\sum_{j=1}^{L} \frac{h_j}{H} \Big\{ D_{j26} \, \tilde{u}''_{rk} + D_{j22} \, \tilde{u}''_{\theta k} + (D_{j12} + D_{j22} + 2D_{j66}) \, \tilde{u}'_{rk} + 2D_{j26} \, \tilde{u}'_{\theta k}$$

$$+ 2(D_{j16} + D_{j26}) \, \tilde{u}_{rk} + \lambda_k \big[(D_{j12} + D_{j66}) \, \tilde{u}'_{rk} + 2D_{j26} \, \tilde{u}'_{\theta k}$$

$$+ (3D_{j16} + D_{j26}) \, \tilde{u}_{rk} + 2D_{j66} \, \tilde{u}_{\theta k} \big] + \lambda_k (D_{j16} \, g_{rk}(\theta) + D_{j66} \, g_{\theta k}(\theta))$$

$$+ D'_{j26} \, \tilde{u}'_{rk} + D'_{j22} \, \tilde{u}'_{\theta k} + (D'_{j12} + D'_{j22}) \, \tilde{u}_{rk}$$

$$+ \lambda_k (D'_{j12} \, \tilde{u}_{rk} + D'_{j26} \, \tilde{u}_{\theta k}) \Big\} = 0, \quad \theta \in [\theta_1, \theta_2] \tag{6.9.14d}$$

考虑图 6.9.2 中叠层板切口两楔边为自由面,则其上(平均)面力为 0,相应边界条件为

$$\begin{bmatrix} \bar{\sigma}_{\theta\theta} \\ \bar{\sigma}_{r\theta} \end{bmatrix}_{\theta=\theta_1} = \begin{bmatrix} \bar{\sigma}_{\theta\theta} \\ \bar{\sigma}_{r\theta} \end{bmatrix}_{\theta=\theta_2} = \begin{bmatrix} 0 \\ 0 \end{bmatrix} \tag{6.9.15}$$

将式(6.9.4)代入式(6.9.11),然后再代入上式,有

$$\sum_{j=1}^{L} \frac{h_j}{H} \big[D_{j26} \, \tilde{u}'_{rk} + D_{j22} \, \tilde{u}'_{\theta k} + (D_{j12} + D_{j22}) \, \tilde{u}_{rk} + \lambda_k (D_{j12} \, \tilde{u}_{rk} + D_{j26} \, \tilde{u}_{\theta k}) \big] = 0,$$

$$\theta = \theta_1, \theta_2 \tag{6.9.16a}$$

$$\sum_{j=1}^{L} \frac{h_j}{H} \big[D_{j66} \, \tilde{u}'_{rk} + D_{j26} \, \tilde{u}'_{\theta k} + (D_{j16} + D_{j26}) \, \tilde{u}_{rk} + \lambda_k (D_{j16} \, \tilde{u}_{rk} + D_{j66} \, \tilde{u}_{\theta k}) \big] = 0,$$

$$\theta = \theta_1, \theta_2 \tag{6.9.16b}$$

至此,正交各向异性材料叠层结构 V 形切口(图 6.9.2)应力奇异指数 λ_k 和特征向量 $\tilde{u}_{rk}$,$\tilde{u}_{\theta k}$ 归结为求解常微分方程组式(6.9.14)和边值条件式(6.9.16)。将特征对 $<\lambda_k, \tilde{u}_{rk}(\theta), \tilde{u}_{\theta k}(\theta)>$ 代入式(6.9.5),即可得到切口尖端附近每层结构的应力特征向量 $\tilde{\sigma}_{jrrk}(\theta)$,$\tilde{\sigma}_{j\theta\theta k}(\theta)$,$\tilde{\sigma}_{jr\theta k}(\theta)(j=1,2,\cdots,L)$,这里的 $\tilde{\sigma}_{jr\theta k}(\theta)$ 表示第 j 层材料结构应力分量 $\sigma_{jr\theta}$ 对应于 λ_k 的特征函数,其余类同。

6.10

叠层结构平面 V 形切口应力奇异性算例

例 6.10.1 考虑 4 层的正交各向异性材料叠层结构平面 V 形切口问题,见图 6.9.2,切口张角为 $\alpha(\alpha=0$ 为裂纹情形)。在极坐标系中,取各层正交各向异性材料铺层方向角相同,均为 $\theta_0 = 45°$,每层厚度均为 2 mm,材料弹性模量 $E_1 = 136.25$ GPa,$E_2 = 9.67$ GPa,剪切模量 $G_{12} = 4.47$ GPa,主泊松比 $\nu_{12} = 0.4223$。

因为缺乏正交各向异性材料叠层结构应力奇异性的解,而单层正交各向异性材料平面问题的应力奇异性已有解[20, 28],本例取材料铺层方向相同,即构成为单一正交各向异性材料平面 V 形切口问题,以便于本法结果与已有结果对比。

采用插值矩阵法(IMMEI)求解方程式(6.9.14)和边值条件式(6.9.16),获得叠层结构平面 V 形切口应力奇异指数 λ_k 和相应的特征角函数 $\tilde{u}_{rk}$,$\tilde{u}_{\theta k}$。表 6.10.1 列出了不同张角 α 所对应前 2 阶应力奇异指数 λ_1 和 λ_2,对应的位移特征角函数 $\tilde{u}_r(\theta)$ 显示,λ_1 是 Ⅰ 型应力奇异阶(对称),λ_2 是 Ⅱ 型的(反对称)。表 6.10.1 中文献[20]解为基于试函数的一种修正 Müller 法通过迭代计算得到,第 1 阶 λ_1 易于得到,后续的高阶项难以捕捉。使用插值矩阵法取三种分段数得到计算结果,并与文献[20]结果对比。插值矩阵法的优点是可以同时给出所有的前若干阶应力奇异指数和相应的特征角函数。

表 6.10.1　不同张角 V 形切口的应力奇异指数

$\alpha(°)$	λ_1			λ_2	
	IMMEI $n=40$	IMMEI $n=80$	文献[20]	IMMEI $n=40$	IMMEI $n=80$
0	-0.500000	-0.499996	-0.500000	-0.499019	-0.499981
30	-0.496427	-0.499290	-0.499316	-0.437269	-0.438082
60	-0.498004	-0.491891	-0.492000	-0.344796	-0.344082
90	-0.443647	-0.443316	-0.443417	-0.117966	-0.117314
120	-0.322755	-0.322757	-0.322763	0.282310	0.282092
150	-0.181337	-0.181376	-0.181387	0.626426	0.626167
160	-0.127105	-0.127146	-0.127156	0.742189	0.741943
170	-0.067293	-0.067333	-0.067341	0.865003	0.864775
180	0.040543	0.000003	—	0.999910	0.999994

对 $\alpha=0$ 裂纹情形,λ_1 和 λ_2 均为 -0.5,与各向同性材料平面裂纹的应力奇异指数相同,随着切口张角 α 的增大,Ⅱ 型的 λ_2 比 Ⅰ 型的 λ_1 衰减快。当 $\alpha=120°$ 时,$\lambda_2>0$ 是非奇异的。当 $\alpha=180°$ 时,不存在应力奇异性。

例 6.10.2　正交各向异性叠层结构铺层材料为 T700 碳纤维预浸料,用于制作飞机结构复合材料层压板。弹性模量为 $E_1=120$ GPa,$E_2=8.5$ GPa,剪切模量 $G_{12}=4.5$ GPa,主泊松比 $\nu_{12}=0.31$,每层厚度均为 0.14 mm。叠层结构切口张角 α 取不同的值,给出如下 4 种叠层情形的切口应力奇异性分析。

(1) 4 层情形,材料的铺层方向角分别为 $[45/-45]_s$(此角度是指该层的材料主轴 1 方向与 x 轴夹角 θ_{j0}，沿厚度方向按照对称形式铺设，这是常规做法，以下同）。

(2) 10 层情形，材料的铺层方向分别为 $[45/90/-45/90/0]_s$。

(3) 20 层情形，材料铺层方向分别为 $[45/90/-45/0/45/0/-45/0/90/0]_s$。

(4) 20 层情形，材料方向分别为 $[\varphi/90/-90+\varphi/0/\varphi/0/-90+\varphi/0/90/0]_s$，$\varphi$ 取值区间为 $[0°,90°]$，当 $\varphi=45°$ 时即为情形(3)。相对情形(3)，观察每隔一层（共 8 层）的铺层材料方向角 θ_{j0} 变化引起的应力奇异指数的变化情况。

针对以上 4 种情形，采用插值矩阵法求解方程式(6.9.14)和边值条件式(6.9.16)，获得 4 种情形叠层结构的应力奇异指数 λ_k 和相应的特征角函数。

插值矩阵法可以同时给出所有的前若干阶应力奇异指数和相应的特征角函数，并且同一阶的位移角函数与应力角函数的计算精度相当。表 6.10.2 给出了情形(1)切口结构(4 层)在不同张角 α 下的前 2 阶主导的应力奇异指数计算值，其后续的应力奇异指数均大于 0(是非奇异项)，λ_1 对应于 I 型(张开型)特征函数，λ_2 对应于 II 型(剪切型)特征函数，张角 $\alpha=0$ 时，即为裂纹情形。表 6.10.3 给出了情形(2)切口结构(10 层)在不同张角 α 下的前 2 阶主导的应力奇异指数。表 6.10.4 给出了情形(3)切口结构(20 层)在不同张角 α 下的前 2 阶主导的应力奇异指数。

表 6.10.2 情形(1)V 形切口应力奇异指数($L=4$)

$\alpha(°)$	λ_1		λ_2	
	IMMEI $n=40$	IMMEI $n=80$	IMMEI $n=40$	IMMEI $n=80$
0	-0.500044	-0.500000	-0.499901	-0.499987
30	-0.499892	-0.499627	-0.446405	-0.446211
60	-0.495868	-0.496058	-0.363933	-0.364067
90	-0.480954	-0.481017	-0.220321	-0.220334
120	-0.437182	-0.437188	-0.003813	-0.003823
150	-0.323304	-0.323234	0.320173	0.320043
160	-0.250784	-0.250766	0.484768	0.484618
170	-0.147265	-0.147278	0.702993	0.702827
180	0.000012	0.000001	0.999936	0.999996

表 6.10.3 情形(2)V形切口应力奇异指数($L = 10$)

$\alpha(°)$	λ_1		λ_2	
	IMMEI	IMMEI	IMMEI	IMMEI
	$n = 40$	$n = 80$	$n = 40$	$n = 80$
0	-0.499999	-0.500000	-0.499999	-0.499997
30	-0.498689	-0.498660	-0.410548	-0.410540
60	-0.487996	-0.488000	-0.282996	-0.283045
90	-0.453162	-0.453196	-0.096322	-0.096381
120	-0.374606	-0.374627	0.166121	0.166053
150	-0.233803	-0.233820	0.514772	0.514676
160	-0.168867	-0.168884	0.655792	0.655683
170	-0.092031	-0.092048	0.814965	0.814836
180	0.000019	0.000001	0.999944	0.999996

表 6.10.4 情形(3)V形切口应力奇异指数($L = 20$)

$\alpha(°)$	λ_1		λ_2	
	IMMEI	IMMEI	IMMEI	IMMEI
	$n = 40$	$n = 80$	$n = 40$	$n = 80$
0	-0.499927	-0.499995	-0.499847	-0.499989
30	-0.497883	-0.497908	-0.379651	-0.379710
60	-0.484103	-0.484113	-0.228126	-0.228201
90	-0.448269	-0.448271	-0.047427	-0.047513
120	-0.376573	-0.376573	0.180069	0.179968
150	-0.243680	-0.243686	0.498216	0.498089
160	-0.178370	-0.178379	0.637890	0.637748
170	-0.098407	-0.0984188	0.802412	0.802248
180	0.000014	0.000001	0.999925	0.999995

  由表 6.10.2～表 6.10.4 可见,插值矩阵法取 $n = 40$ 时的 λ_1 和 λ_2 计算值具有 3 位以上有效数字。对比情形(1)、(2)和(3)的应力奇异阶计算结果,可见对 $\alpha = 0$ 裂纹情形,λ_1 和 λ_2 均约为 -0.5,与各向同性材料平面裂纹的前 2 阶应力奇异指数相同,随着切口张角 α 的变大,λ_2 比 λ_1 衰减快。在相同切口张角下,随着铺层数增多,λ_1 和 λ_2 均微小减弱。当 $\alpha = 120°$ 时,$\lambda_2 > 0$ 是非奇异的。当 $\alpha = 180°$ 时,铺层结构不存在应力奇异性。

  图 6.10.1 给出了插值矩阵法计算的情形(3)(20 层,$\alpha = 30°$)λ_1 对应的 Ⅰ 型位移

和应力特征向量,图 6.10.2 给出了 λ_2 对应的 II 型位移和应力特征向量。

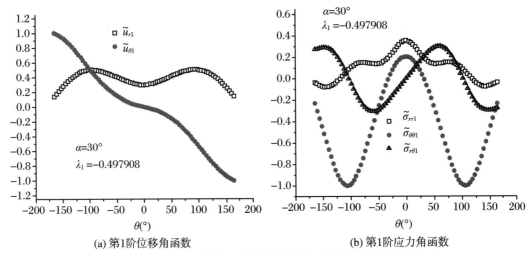

(a) 第1阶位移角函数　　　　　　　　(b) 第1阶应力角函数

图 6.10.1　叠层 20 层结构切口第 1 阶特征角函数

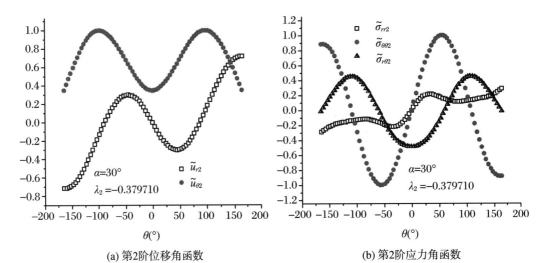

(a) 第2阶位移角函数　　　　　　　　(b) 第2阶应力角函数

图 6.10.2　叠层 20 层结构切口第 2 阶特征角函数

表 6.10.5 给出了情形(4)在切口 $\alpha = 30°$ 下,φ 取值范围 $0° \sim 90°$ 时,应力奇异指数变化规律。表中可见,φ 取值 $0° \sim 45°$ 和 $45° \sim 90°$ 两个范围,前 2 阶的 λ_k 计算值对于 $\varphi = 45°$ 轴具有对称性,因此仅讨论 φ 取值 $0° \sim 45°$ 的变化。当 $\varphi = 45°$ 时即为情形(3),此时 $\lambda_1 = -0.497895$ 和 $\lambda_2 = -0.378330$ 均最小,即应力奇异性较强,随着 φ 的减小,$|\lambda_1|$ 缓慢变小,而 $|\lambda_2|$ 也逐渐减小,应力奇异性减弱。实际上,当 $\varphi = 45°$ 时,编织材料纤维在平面内铺设方向较为均匀,说明该叠层结构综合材料强度和刚度相对要高,是工程中通常采纳的铺设形式,但是遇到 V 形切口和裂纹时,其尖端附近的应力集中较剧烈,需引起关注。

表 6.10.5　情形(4)V 形切口应力奇异指数随 φ 变化规律($\alpha = 30°$, $L = 20$)

$\varphi(°)$	λ_1		λ_2	
	IMMEI $n = 40$	IMMEI $n = 80$	IMMEI $n = 40$	IMMEI $n = 80$
0	-0.497294	-0.497375	-0.300204	-0.300542
10	-0.497425	-0.497448	-0.314871	-0.315078
20	-0.497634	-0.497620	-0.343918	-0.343930
30	-0.497750	-0.497793	-0.366962	-0.367001
40	-0.497861	-0.497895	-0.378269	-0.378330
45(情形(3))	-0.497883	-0.497908	-0.379651	-0.379710
50	-0.497861	-0.497895	-0.378269	-0.378330
60	-0.497750	-0.497793	-0.366962	-0.367001
70	-0.497634	-0.497620	-0.343918	-0.343930
80	-0.497425	-0.497448	-0.314871	-0.315078
90	-0.497294	-0.497375	-0.300204	-0.300542

本章小结

　　针对结合材料平面 V 形切口应力奇异性问题,基于切口尖端区域的渐近位移场假设和线弹性理论,将结合材料平面 V 形切口应力奇异性问题变换成一类常微分方程组(ODEs)特征值问题,采用插值矩阵法求解同时得到了黏结材料平面 V 形切口尖端的前若干阶应力奇异指数、位移场和应力场特征角函数。有如下结论:

　　(1) 插值矩阵法获得的同阶特征对中所有特征函数及其各阶导数具有同等精度,在利用位移一阶导数计算应力场时,这是一个显著的优点。

　　(2) 对于正交各向异性黏结材料和叠层复合材料平面 V 形切口,切口尖端附近的应力奇异性指数不仅与材料的弹性常数、所占比分、切口张角密切相关,还与材料的主轴铺设方向有关。

参考文献

▲

[1] 许金泉. 界面力学[M]. 北京:科学出版社,2006.

[2] 郑修麟. 切口件的断裂力学[M]. 西安:西北工业大学出版社,2005.

[3] Dowling N E. Mechanical Behavior of Materials[M]. 2nd ed. Prentice Hall:Upper Saddle

River，New Jersey，1998.

[4] Milne I. The importance of the management of structure integrity[J]. Engineering Failure Analysis，1994，1(3)：171-181.

[5] Gross B，Mendelson A. Plane elastic analysis of V-notched plates[J]. Inter. Jour. Fract. Mech.，1972，8：267-276.

[6] Williams M L. Stress singularities resulting from various boundary conditions in angular corners of plates in tension[J]. Jour. Appl. Mech.，1952，14：526-528.

[7] 杨智勇. 功能梯度叠层板与弹塑性切口应力奇异性的半解析法研究[D]. 合肥：合肥工业大学，2015.

[8] 张骞. 预埋金属复合材料结构湿热性能研究[D]. 合肥：合肥工业大学，2018.

[9] Carpenter W C. The eigenvector solution for a general corner or finite opening crack with further studies on the collocation procedure[J]. Inter. Jour. Fract.，1985，27：63-74.

[10] Ustilovskii S Y，Rudnitskii N M，Ambartsumyan V K. Effect of tempering temperature on notch sensitivity of quenched steels[J]. Problemy Prochnosti，1975，7（9）：97-99（in Russian）.

[11] Noguchi T. Rupture strength of cast iron with circumferential notch[J]. Journal of Society of Meterials Science，Japan，1980，29(319)：387-393.

[12] Majima T，Anzai M，Nakazawa H. Notch tensile strength of ductile materials[J]. Bulletin of JSME，1986，29：4000-4004.

[13] Meng L，Tian L，Zheng X L. Notch strength and stress concentration sensitivity of alloy 2090 with various cerium contents[J]. Mater. Sci.，2004，35：1481-1486.

[14] Bayram A，Uguz A，Ula M. Effects of microstructure and notches on the mechanical properties of dual-phase steel[J]. Mater. Characterization，1999，43：259-269.

[15] Kuwamura H. Fracture of steel during an earthquake-State-of-the-art in Japan[J]. Eng. Structure，1998，20(4-6)：310-322.

[16] Henshel R D，Shaw K G. Crack tip finite elements are unnecessary[J]. Inter. Jour. Numer. Methods Eng.，1976，9：495-507.

[17] Li C，Niu Z R，Hu Z J，Hu B，Cheng C Z. Effectiveness of the stress solutions in notch/crack tip regions by using extended boundary element method[J]. Engineering Analysis with Boundary Elements，2019，108(1)：1-13.

[18] 许永君，袁驷. 多材料反平面断裂问题特征值的超逆幂迭代求解[J]. 固体力学学报，1997，18(4)：290-294.

[19] 简政，黄松海，胡黎明. 双材料 V 形切口应力强度因子计算及其在重力坝中的应用[J]. 水利学报，1998，6：77-81.

[20] 傅向荣，龙驭球. 解析试函数法分析平面切口问题[J]. 工程力学，2003，20(4)：33-38.

[21] Yao X F，Yeh H Y，Xu W. Fracture investigation at V-notch tip using coherent gradient sensing (CGS)[J]. Inter. Jour. Solids and Struct.，2006，43：1189-1200.

［22］Alzori B，Meneghetti G，Susmel L. Estimation of the fatigue strength of light alloy welds by an equivalent notch stress analysis［J］. Inter. J. of Fatigue, 2002，4：591-599.

［23］Seweryn A. Modeling of singular stress fields using finite element method［J］. Inter. Jour. Solids and Struct.，2002，39：787-804.

［24］Williams M L. On the stress distribution at the base of stationary crack［J］. Journal of Applied Mechanics，1957，24：109-114.

［25］Carpinteri A，Paggi M，Pugno N. Numerical evaluation of generalized stress-intensity factors in multi-layered composites［J］. Inter. Jour. Solids and Struct.，2006，43：627-641.

［26］Chen M C，Sze K Y. A novel finite element analysis of biomaterial wedge problems［J］. Engineering Fract. Mech.，2001，68：1463-1476.

［27］平学成，陈梦成，谢基龙. 各向异性复合材料尖劈和接头的奇性应力指数研究［J］. 应用力学学报，2004，21(3)：27-32.

［28］Niu Z R，Ge D L，Cheng C Z，Ye J Q，Recho N. Evaluation of the stress singularities of plane V-notches in bonded dissimilar materials［J］. Applied Mathematical Modelling，2009，33：1776-1792.

［29］Cheng C Z，Ge S Y，Yao S L，Niu Z R，Recho N. Singularity analysis for a V-notch with angularly inhomogeneous elastic properties［J］. Inter. Jour. Solids and Structures，2016，78-79：138-148.

［30］Niu Z R，Cheng C Z，Ye J Q，Recho N. A new boundary element approach of modeling singular stress fields of plane V-notch problems［J］. Inter. Jour. Solids and Structures，2009，46：2999-3008.

［31］许金泉，刘一华，王效贵. 多重应力奇异性及其强度系数的数值分析方法［J］. 计算力学学报，2000，17(2)：141-146.

［32］平学成，陈梦成，谢基龙. 基于非协调元特征值法的奇异性问题分析［J］. 力学与实践，2004，26(5)：36-39.

［33］Pageau S S，Joseph P F，Biggers S B. Finite element analysis of anisotropic materials with singular inplane stress fields［J］. Inter. Jour. Solids and Structures，1995，32：571-591.

［34］Delale F，Erdogan F，Bodurogul H. Stress singularities at the vertex of a cylindrically at isotropic wedge［J］. Inter. Jour. Fract.，1982，19：247-256.

［35］王效贵，郭乙木，许金泉. 与界面相交的裂纹尖端的应力奇异性分析［J］. 固体力学学报，2002，23(4)：412-418.

第 —— 7 —— 章

复合材料Reissner板和
三维切口应力奇异性分析

7.1

引言

复合材料由于其优异的力学性能被广泛应用于航天、国防等高技术工业领域，但在其加工和使用过程中，不可避免会出现接头、界面端甚至裂纹等。对于三维柱状复合材料切口结构，切口尖端线沿柱向（设为 z 方向）。这类切口尖端奇异应力场特征分析可以分成 Oxy 平面应变状态和垂直该平面的剪切变形。Delale[1] 利用解析法分析了三维柱状正交各向异性叠层材料切口的自由边问题，Chen[2] 利用复变函数法求解了三维各向异性复合材料切口的应力奇异指数。但对于多种不同复合材料黏结切口情形，解析法难以成功，数值方法更适合工程应用。平学成等[3] 采用有限元特征分析法求解了复合材料尖劈和接头应力奇异性问题。成昌敏等[4] 利用位移场和应力场的变量分离型特征，求解了结合材料界面端三维应力奇异性问题。Pageau等[5] 采用有限元法分析了各向异性多材料切口问题。Yosibash[6] 利用修正的 Steklov 变换和有限元法计算了三维切口尖端的奇异特征对。Hwu 等[7] 建立了一种能够反映材料性质等信息的矩阵，计算各向异性复合材料切口应力奇异性。Ungamornrat[8] 利用弱奇异对称伽辽金边界元法计算了三维各向异性裂纹尖端奇异性。基于 Lekhnitskii 变换，Chue 等[9] 导出了一种计算三维正交各向异性切口应力奇异指数的方法，但这种方法在处理裂纹问题或各向同性切口问题时失效。

当作用在结构上的荷载沿切口线方向时，切口结构显现反平面奇异性问题。Shahani[10] 通过复势函数法配合 Mellin 变换求解问题的控制微分方程，导出了各向异性反平面切口奇异应力的表达式。Lin 等[11] 联合 Mellin 变换和镜像法分析了二维异质材料切口在反平面荷载和螺旋位错作用下尖端的全场解。Chen 等[12] 通过 Mellin 变换和 Laplace 变换研究了复合材料反平面切口的奇异性。Pageau 等[13] 采用有限元特征法研究了平面各向异性复合材料尖劈在反平面载荷作用下的奇异应力状况。戴耀等[14] 将均匀材料的特征函数结构推广到非均匀材料，并以反平面问题为例，给出了该问题任意阶特征函数的定解方程。前述方法能给出某些切口奇异指数的表达式，但是对于一组超越方程，需要数值迭代求解。

对于含裂纹平板弯曲问题，早期研究大多限于采用 Kirchhoff 经典理论[24, 25]，薄板理论忽略了剪切应变的影响，不能有效反映裂纹尖端应力奇异性。用考虑剪切变形的 Reissner 板理论研究中厚板弯曲断裂问题，可较真实地反映裂纹尖端应力和应变特性[26]。目前分析含切口板弯曲奇异性问题的主要理论是基于裂纹尖端附近的 Williams 渐近展开式方法[27~29]。Ang 和 William[30]最先研究复合材料板裂纹尖端奇异性特征值问题。Yuan 等[31]基于 Reissner 板理论研究了无限板中含一个有限裂纹的问题。Li[16]运用变分原理建立柱坐标系下复合材料板基本方程，得到多材料板切口问题的控制方程，用 Müller 迭代方法求解出切口奇异指数。

　　本章基于切口尖端的位移场的渐近展开，将其代入复合材料 Reissner 板和三维切口结构的弹性力学基本方程，使得切口奇异性分析转换为求一组常微分方程组特征值问题，然后采用插值矩阵法[15]，计算出复合材料 Reissner 板、三维 V 形切口的各阶应力奇异指数和相应位移与应力特征函数。

7.2

三维切口结构应力奇异性分析控制方程

7.2.1　三维单相各向同性材料 V 形切口

　　考虑如图 7.2.1 所示的各向同性均质线弹性三维 V 形切口，定义柱坐标系 $Or\theta z$，切口张角为 α，切口尖端线与 z 轴重合，切口两表面 Γ_1 和 Γ_2 分别位于 $\theta = \theta_1$，θ_2 面上。

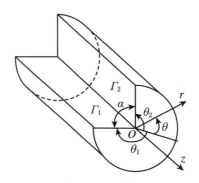

图 7.2.1　单相材料三维柱状 V 形切口

　　根据三维弹性力学理论，应力分量（σ_{rr}，$\sigma_{\theta\theta}$，σ_{zz}，$\sigma_{r\theta}$，$\sigma_{\theta z}$，σ_{rz}）与位移分量（u_r，u_θ，u_z）的关系为

$$\sigma_{rr} = \frac{E}{1+\nu}\left(\frac{\nu}{1-2\nu}e + \frac{\partial u_r}{\partial r}\right), \quad \sigma_{\theta\theta} = \frac{E}{1+\nu}\left(\frac{\nu}{1-2\nu}e + \frac{1}{r}\frac{\partial u_\theta}{\partial \theta} + \frac{u_r}{r}\right)$$

$$(7.2.1a)$$

$$\sigma_{zz} = \frac{E}{1+\nu}\left(\frac{\nu}{1-2\nu}e + \frac{\partial u_z}{\partial z}\right), \quad \sigma_{r\theta} = \frac{E}{2(1+\nu)}\left(\frac{\partial u_\theta}{\partial r} + \frac{1}{r}\frac{\partial u_r}{\partial \theta} - \frac{u_\theta}{r}\right)$$

$$(7.2.1\mathrm{b})$$

$$\sigma_{\theta z} = \frac{E}{2(1+\nu)}\left(\frac{1}{r}\frac{\partial u_z}{\partial \theta} + \frac{\partial u_\theta}{\partial z}\right), \quad \sigma_{rz} = \frac{E}{2(1+\nu)}\left(\frac{\partial u_r}{\partial z} + \frac{\partial u_z}{\partial r}\right)$$

$$(7.2.1\mathrm{c})$$

其中，E 和 ν 分别为材料的弹性模量和泊松比，$e = \dfrac{\partial u_r}{\partial r} + \dfrac{1}{r}\dfrac{\partial u_\theta}{\partial \theta} + \dfrac{u_r}{r} + \dfrac{\partial u_z}{\partial z}$。

不计体力项的三维弹性力学平衡方程为

$$\begin{cases} \dfrac{\partial \sigma_{rr}}{\partial r} + \dfrac{1}{r}\dfrac{\partial \sigma_{r\theta}}{\partial \theta} + \dfrac{\partial \sigma_{rz}}{\partial z} + \dfrac{1}{r}(\sigma_{rr} - \sigma_{\theta\theta}) = 0 \\[2mm] \dfrac{\partial \sigma_{r\theta}}{\partial r} + \dfrac{1}{r}\dfrac{\partial \sigma_{\theta\theta}}{\partial \theta} + \dfrac{\partial \sigma_{\theta z}}{\partial z} + \dfrac{2}{r}\sigma_{r\theta} = 0 \\[2mm] \dfrac{\partial \sigma_{rz}}{\partial r} + \dfrac{1}{r}\dfrac{\partial \sigma_{\theta z}}{\partial \theta} + \dfrac{\partial \sigma_{zz}}{\partial z} + \dfrac{1}{r}\sigma_{rz} = 0 \end{cases}$$

$$(7.2.2)$$

将式 (7.2.1) 代入式 (7.2.2)，可得到用位移表示的平衡方程：

$$\begin{cases} (X+G)\dfrac{\partial e}{\partial r} + G\nabla^2 u_r - G\dfrac{u_r}{r^2} - \dfrac{2G}{r^2}\dfrac{\partial u_\theta}{\partial \theta} = 0 \\[2mm] (X+G)\dfrac{1}{r}\dfrac{\partial e}{\partial \theta} + G\nabla^2 u_\theta + \dfrac{2G}{r^2}\dfrac{\partial u_r}{\partial \theta} - \dfrac{G}{r^2}u_\theta = 0 \\[2mm] (X+G)\dfrac{\partial e}{\partial z} + G\nabla^2 u_z = 0 \end{cases}$$

$$(7.2.3)$$

其中

$$X = \frac{E\nu}{(1+\nu)(1-2\nu)}, \quad G = \frac{E}{2(1+\nu)}, \quad \nabla^2 = \frac{\partial^2}{\partial r^2} + \frac{1}{r}\frac{\partial}{\partial r} + \frac{1}{r^2}\frac{\partial^2}{\partial \theta^2} + \frac{\partial^2}{\partial z^2}$$

$$(7.2.4)$$

在切口尖端应力奇异场中，指数型奇异性相对于对数型奇异性占主导地位，因此这里不考虑对数型奇异性。假设三维 V 形切口端线附近的位移场可表示成极坐标变量 r 的级数展开[6]：

$$u_i(r,\theta,z) = \sum_{k=1}^{N} A_k(z) r^{\lambda_k+1} \tilde{u}_{ik}(\theta), \quad i = r,\theta,z, \quad \theta \in [\theta_1, \theta_2]$$

$$(7.2.5)$$

式中，r 为距奇异端线的径向距离，$A_k(z)$ 为位移幅值系数，λ_k 为切口尖端的应力奇异性指数，N 表示截取的级数项数，$\tilde{u}_{ik}(\theta)$ 为位移角函数。观察图 7.2.1，结构尖端区域沿 z 方向是相同的，此时并不涉及外载荷，因此对切口尖端区域做奇异性特征分析时，式 (7.2.5) 中 $\tilde{u}_{ik}$ 与 z 无关。幅值系数 $A_k(z)$ 与坐标 z 有关。式 (7.2.5) 表明三维柱状 V 形切口端线附近位移场可以按照坐标 r，θ，z 分离函数表达。注意

指数 λ_k 通常为复数,即为 $\lambda_k = \xi_k + \mathrm{i}\eta_k$,其中 $\mathrm{i} = \sqrt{-1}$。在 $-1 < \mathrm{Re}(\lambda_k) < 0$ 范围内的特征值对应奇异应力项,该项在应力渐近展开式中占主导地位,是重要的奇异应力场参数。$\mathrm{Re}(\lambda_k)$ 表征了切口尖端的应力奇异性程度,该值越小则应力奇异性越高。$\mathrm{Re}(\lambda_k) > 0$ 对应的 λ_k 为非奇异应力项,它们较小的前若干项对尖端附近的位移和应力场的贡献也应考虑,但在极限分析法中,高阶项和非奇异项遗憾地被丢弃了。对固体材料的 V 形切口尖端附近应力场,$\mathrm{Re}(\lambda_k)$ 总是大于等于 -1,其中有 $\lambda_k = -1,0$ 的根(包括 -1 的重根)对应于刚体位移项,其余的根可以是实数或复数。

将式(7.2.5)代入应力分量表达式式(7.2.1),有

$$\sigma_{rr} = 2G \sum_{k=1}^{N} \left\{ \frac{\nu}{1-2\nu} \left[A_k(\lambda_k+1) r^{\lambda_k} \widetilde{u}_{rk} + A_k r^{\lambda_k} \widetilde{u}'_{\theta k} + A_k r^{\lambda_k} \widetilde{u}_{rk} + \dot{A}_k r^{\lambda_k+1} \widetilde{u}_{zk} \right] \right.$$
$$\left. + A_k(\lambda_k+1) r^{\lambda_k} \widetilde{u}_{rk} \right\} \tag{7.2.6a}$$

$$\sigma_{\theta\theta} = 2G \sum_{k=1}^{N} \left\{ \frac{\nu}{1-2\nu} \left[A_k(\lambda_k+1) r^{\lambda_k} \widetilde{u}_{rk} + A_k r^{\lambda_k} \widetilde{u}'_{\theta k} + A_k r^{\lambda_k} \widetilde{u}_{rk} + \dot{A}_k r^{\lambda_k+1} \widetilde{u}_{zk} \right] \right.$$
$$\left. + A_k r^{\lambda_k} \widetilde{u}'_{\theta k} + A_k r^{\lambda_k} \widetilde{u}_{rk} \right\} \tag{7.2.6b}$$

$$\sigma_{zz} = 2G \sum_{k=1}^{N} \left\{ \frac{\nu}{1-2\nu} \left[A_k(\lambda_k+1) r^{\lambda_k} \widetilde{u}_{rk} + A_k r^{\lambda_k} \widetilde{u}'_{\theta k} + A_k r^{\lambda_k} \widetilde{u}_{rk} + \dot{A}_k r^{\lambda_k+1} \widetilde{u}_{zk} \right] \right.$$
$$\left. + \dot{A}_k r^{\lambda_k+1} \widetilde{u}_{zk} \right\} \tag{7.2.6c}$$

$$\sigma_{\theta z} = G \sum_{k=1}^{N} \left(A_k r^{\lambda_k} \widetilde{u}'_{zk} + \dot{A}_k r^{\lambda_k+1} \widetilde{u}_{\theta k} \right) \tag{7.2.6d}$$

$$\sigma_{rz} = G \sum_{k=1}^{N} \left[\dot{A}_k r^{\lambda_k+1} \widetilde{u}_{rk} + A_k(\lambda_k+1) r^{\lambda_k} \widetilde{u}_{zk} \right] \tag{7.2.6e}$$

$$\sigma_{r\theta} = G \sum_{k=1}^{N} A_k r^{\lambda_k} \left[(\lambda_k+1) \widetilde{u}_{\theta k} + \widetilde{u}'_{rk} - \widetilde{u}_{\theta k} \right] \tag{7.2.6f}$$

上式中及以下,$(\cdots)'$ 表示对坐标 θ 的一阶导数,$(\cdots)''$ 表示对坐标 θ 的二阶导数,$\dot{A}_k$ 表示 A_k 对坐标 z 的一阶导数,$\ddot{A}_k$ 表示对 z 的二阶导数。幅值系数 $A_k(z)$ 是 z 的规则函数,考虑到每项 $A_k(z)$ 对应力场的贡献,注意到 $\dot{A}_k r^{\lambda_k+1}/(A_k r^{\lambda_k}) = (\dot{A}_k/A_k) r$ 是小量,因为切口附近 r 很小,故式(7.2.6)中可略去 $\dot{A}_k r^{\lambda_k+1}$ 项,则切口端线附近应力分量可表示为

$$\sigma_{ij}(r,\theta,z) = \sum_{k=1}^{N} A_k(z) r^{\lambda_k} \widetilde{\sigma}_{ijk}(\theta), \quad i,j = r,\theta,z \tag{7.2.7}$$

式中,$\widetilde{\sigma}_{ijk}(\theta)$ 为应力特征角函数,表达式为

$$\widetilde{\sigma}_{rrk}(\theta) = 2G \left[\frac{\nu}{1-2\nu} (\widetilde{u}'_{\theta k} + \widetilde{u}_{rk}) + \frac{1-\nu}{1-2\nu} (\lambda_k+1) \widetilde{u}_{rk} \right] \tag{7.2.8a}$$

$$\widetilde{\sigma}_{\theta\theta k}(\theta) = 2G\Big[\frac{\nu}{1-2\nu}(\lambda_k + 1)\,\widetilde{u}_{rk} + \frac{1-\nu}{1-2\nu}(\widetilde{u}_{\theta k}' + \widetilde{u}_{rk})\Big] \tag{7.2.8b}$$

$$\widetilde{\sigma}_{zzk}(\theta) = 2G\frac{\nu}{1-2\nu}\big[(\lambda_k + 1)\,\widetilde{u}_{rk} + \widetilde{u}_{\theta k}' + \widetilde{u}_{rk}\big] \tag{7.2.8c}$$

$$\widetilde{\sigma}_{\theta zk}(\theta) = G\widetilde{u}_{zk}' \tag{7.2.8d}$$

$$\widetilde{\sigma}_{zrk}(\theta) = G(\lambda_k + 1)\,\widetilde{u}_{zk} \tag{7.2.8e}$$

$$\widetilde{\sigma}_{r\theta k}(\theta) = G\big[(\lambda_k + 1)\,\widetilde{u}_{\theta k} + \widetilde{u}_{rk}' - \widetilde{u}_{\theta k}\big] \tag{7.2.8f}$$

将式(7.2.6)中第 k 阶典型项代入平衡方程式(7.2.2),有

$$(X + G)\big[A_k(\lambda_k + 1)\lambda_k r^{\lambda_k - 1}\widetilde{u}_{rk} + A_k\lambda_k r^{\lambda_k - 1}\widetilde{u}_{\theta k}' + A_k\lambda_k r^{\lambda_k - 1}\widetilde{u}_{rk}$$
$$+ \dot{A}_k(\lambda_k + 1)r^{\lambda_k}\widetilde{u}_{zk}\big] + G\big[A_k(\lambda_k + 1)\lambda_k r^{\lambda_k - 1}\widetilde{u}_{rk} + A_k(\lambda_k + 1)r^{\lambda_k - 1}\widetilde{u}_{rk}$$
$$+ A_k r^{\lambda_k - 1}\widetilde{u}_{rk}'' + \ddot{A}_k r^{\lambda_k + 1}\widetilde{u}_{rk}\big] - GA_k r^{\lambda_k - 1}\widetilde{u}_{rk} - 2GA_k r^{\lambda_k - 1}\widetilde{u}_{\theta k}' = 0 \tag{7.2.9a}$$

$$(X + G)\big[A_k(\lambda_k + 1)r^{\lambda_k - 1}\widetilde{u}_{rk}' + A_k r^{\lambda_k - 1}\widetilde{u}_{\theta k}'' + A_k r^{\lambda_k - 1}\widetilde{u}_{rk}' + \dot{A}_k r^{\lambda_k}\widetilde{u}_{zk}'\big]$$
$$+ G\big[A_k(\lambda_k + 1)\lambda_k r^{\lambda_k - 1}\widetilde{u}_{\theta k} + A_k(\lambda_k + 1)r^{\lambda_k - 1}\widetilde{u}_{\theta k} + A_k r^{\lambda_k - 1}\widetilde{u}_{\theta k}'' + \ddot{A}_k r^{\lambda_k + 1}\widetilde{u}_{\theta k}\big]$$
$$- GA_k r^{\lambda_k - 1}\widetilde{u}_{\theta k} + 2GA_k r^{\lambda_k - 1}\widetilde{u}_{rk}' = 0 \tag{7.2.9b}$$

$$(X + G)\big[\dot{A}_k(\lambda_k + 1)r^{\lambda_k}\widetilde{u}_{rk} + \dot{A}_k r^{\lambda_k}\widetilde{u}_{\theta k}' + \dot{A}_k r^{\lambda_k}\widetilde{u}_{rk} + \ddot{A}_k r^{\lambda_k + 1}\widetilde{u}_{zk}\big]$$
$$+ G\big[A_k(\lambda_k + 1)\lambda_k r^{\lambda_k - 1}\widetilde{u}_{zk} + A_k(\lambda_k + 1)r^{\lambda_k - 1}\widetilde{u}_{zk} + A_k r^{\lambda_k - 1}\widetilde{u}_{zk}''$$
$$+ \ddot{A}_k r^{\lambda_k + 1}\widetilde{u}_{zk}\big] = 0 \tag{7.2.9c}$$

计及每个幅值系数 $A_k(z)$ 对尖端区域应力场贡献时,注意到 r 趋于 0,上式中含 $\dot{A}_k r^{\lambda_k}$ 和 $\ddot{A}_k r^{\lambda_k + 1}$ 的项相对于 $A_k r^{\lambda_k - 1}$ 项是小量,故可略去含 $\dot{A}_k r^{\lambda_k}$ 和 $\ddot{A}_k r^{\lambda_k + 1}$ 的项,并由此消除公共因子 $A_k r^{\lambda_k - 1}$,获得以位移角函数表示的常微分方程组特征值问题(为方便书写,以下 $\widetilde{u}_{ik}(\theta)$ 简写为 $\widetilde{u}_i$,用 λ 取代 λ_k):

$$\begin{cases} G\widetilde{u}_r'' - (X + 3G)\widetilde{u}_\theta' - (X + 2G)\widetilde{u}_r + (\lambda + 1)(X + G)\widetilde{u}_\theta' \\ \quad + (\lambda + 1)^2(X + 2G)\widetilde{u}_r = 0 \\ (X + 2G)\widetilde{u}_\theta'' + (X + 3G)\widetilde{u}_r' - G\widetilde{u}_\theta + (\lambda + 1)(X + G)\widetilde{u}_r' + (\lambda + 1)^2 G\widetilde{u}_\theta = 0 \\ G\widetilde{u}_z'' + G(\lambda + 1)^2\widetilde{u}_z = 0 \end{cases} \tag{7.2.10}$$

考虑到上式中 $(\lambda + 1)^2$ 项为非线性特征值方程组,引入以下三个新函数变量:

$$\widetilde{g}_i(\theta) = (\lambda + 1)\widetilde{u}_i(\theta), \quad i = r, \theta, z, \quad \theta \in [\theta_1, \theta_2] \tag{7.2.11a}$$

将上式代入式(7.2.10)并化简,则三维切口应力奇异性分析变成常微分方程组线性特征值问题:

$$\begin{cases} \widetilde{u}_r'' + \left(\dfrac{\lambda}{1-2\nu} - 2\right)\widetilde{u}_\theta' - \dfrac{2(1-\nu)}{1-2\nu}\widetilde{u}_r + \dfrac{2(1-\nu)}{1-2\nu}(\lambda+1)\widetilde{g}_r = 0 \\[2mm] \widetilde{u}_\theta'' + \left(\dfrac{\lambda}{2-2\nu} + 2\right)\widetilde{u}_r' - \dfrac{1-2\nu}{2-2\nu}\widetilde{u}_\theta + \dfrac{1-2\nu}{2-2\nu}(\lambda+1)\widetilde{g}_\theta = 0 \qquad , \quad \theta \in [\theta_1, \theta_2] \\[2mm] \widetilde{u}_z'' + (\lambda+1)\widetilde{g}_z = 0 \end{cases}$$

$$(7.2.11\text{b})$$

7.2.2　三维 V 形切口边界条件和定解问题

对图 7.2.1 所示的三维柱状 V 形切口结构,给出如下两楔形边典型的边界条件。

(1) 假设切口两楔形边界上面力自由,这样的边界条件可表示为

$$\sigma_{\theta\theta} = 0, \quad \sigma_{r\theta} = 0, \quad \sigma_{\theta z} = 0, \quad \theta = \theta_1, \theta_2 \qquad (7.2.12)$$

将式(7.2.7)代入上式,有

$$2G\left[\dfrac{\nu}{1-2\nu}(\lambda_k + 1)\widetilde{u}_{rk} + \dfrac{1-\nu}{1-2\nu}(\widetilde{u}_{\theta k}' + \widetilde{u}_{rk})\right] = 0 \qquad (7.2.13\text{a})$$

$$G\left[(\lambda_k + 1)\widetilde{u}_{\theta k} + \widetilde{u}_{rk}' - \widetilde{u}_{\theta k}\right] = 0 \qquad (7.2.13\text{b})$$

$$G\widetilde{u}_{zk}' = 0 \qquad (7.2.13\text{c})$$

化简,则以上边界条件可改写成

$$\widetilde{u}_{\theta k}' + \widetilde{u}_{rk} + \dfrac{(\lambda+1)\nu}{1-\nu}\widetilde{u}_{rk} = 0, \quad \theta = \theta_1, \theta_2 \qquad (7.2.14\text{a})$$

$$\widetilde{u}_{rk}' + \lambda\widetilde{u}_{\theta k} = 0, \quad \theta = \theta_1, \theta_2 \qquad (7.2.14\text{b})$$

$$\widetilde{u}_{zk}' = 0, \quad \theta = \theta_1, \theta_2 \qquad (7.2.14\text{c})$$

(2) 假设切口边界 Γ_1 为固定面,即 $\theta = \theta_1$ 上位移为零:

$$u_\theta = u_r = u_z(r, \theta, z) = 0, \quad \theta = \theta_1 \qquad (7.2.15)$$

则有

$$\widetilde{u}_{\theta k} = \widetilde{u}_{rk} = \widetilde{u}_{zk} = 0, \quad \theta = \theta_1 \qquad (7.2.16)$$

(3) 假设切口关于 $\widetilde{u}_r(\theta)$ 以 $\theta = \dfrac{\theta_1 + \theta_2}{2}$ 为对称性面,边界条件可以表示为

$$u_\theta = 0, \quad \sigma_{r\theta} = 0, \quad \theta = \dfrac{\theta_1 + \theta_2}{2} \qquad (7.2.17)$$

将式(7.2.5)和式(7.2.7)代入上式,有

$$\widetilde{u}_{\theta k} = 0, \quad \widetilde{u}_{rk}' = 0, \quad \theta = \dfrac{\theta_1 + \theta_2}{2} \qquad (7.2.18)$$

(4) 假设切口关于 $\widetilde{u}_r(\theta)$ 以 $\theta = \dfrac{\theta_1 + \theta_2}{2}$ 为反对称性面,边界条件可以表示为

$$u_r = 0, \quad \sigma_{\theta\theta} = 0, \quad \theta = \frac{\theta_1 + \theta_2}{2} \tag{7.2.19}$$

将式(7.2.5)和式(7.2.7)代入上式,有

$$\tilde{u}_{rk} = 0, \quad \tilde{u}'_{\theta k} = 0, \quad \theta = \frac{\theta_1 + \theta_2}{2} \tag{7.2.20}$$

观察式(7.2.11a)和式(7.2.11b),z 方向的特征向量 $\tilde{u}_{zk}(\theta)$ 与 $Or\theta$ 平面无关,按照全域求解方程式(7.2.11a)和式(7.2.11b)中第 3 小式以及边界条件式(7.2.14c)即可求解。

综上,计算单相材料三维柱状 V 形切口应力奇异性指数问题成为求解在边界条件式(7.2.14)或式(7.2.16)下常微分方程组式(7.2.11)的特征值问题。注意到式(7.2.11)和式(7.2.14)~式(7.2.20),对于各向同性材料三维 V 形切口,$Or\theta$ 平面内特征函数 $\tilde{u}_{rk}(\theta)$,$\tilde{u}_{\theta k}(\theta)$ 和其平面垂直方向特征函数 $\tilde{u}_{zk}(\theta)$ 的控制方程是不耦合的,可以分别求解。

7.2.3 三维双相材料 V 形切口奇异性控制方程

图 7.2.2 所示为两种不同材料区域 Ω_1 和 Ω_2 按理想条件黏结的三维 V 形切口,Γ_2 为材料界面,子域 Ω_M 内材料的弹性模量和泊松比分别为 E_M,$\nu_M (M = 1, 2)$,为均质各向同性材料。

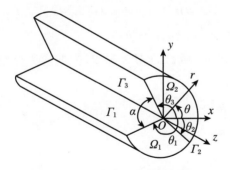

图 7.2.2　三维双相结合材料切口

假设在切口奇异端线附近子域 Ω_1 和 Ω_2 的位移场具有以下渐近展开形式:

$$u_{Mi}(r, \theta, z) = \sum_{k=1}^{N} A_k(z) r^{\lambda_k + 1} \tilde{u}_{Mi}(\theta), \quad i = r, \theta, z, \quad M = 1, 2 \tag{7.2.21}$$

式中 $M = 1, 2$ 分别表示属于子域 Ω_1 和 Ω_2,$G_M = \dfrac{E_M}{2(1 + \nu_M)}$,其他符号含义同式(7.2.5)。

仿照 7.2.1 小节,分析三维结合材料 V 形切口的应力奇异性,图 7.2.2 两个子域 Ω_1 和 Ω_2 内各自的控制方程可写为

$$\widetilde{g}_{1i} = (\lambda + 1)\widetilde{u}_{1i}, \quad i = r, \theta, z, \quad \theta \in [\theta_1, \theta_2] \tag{7.2.22a}$$

$$\widetilde{u}''_{1r} + \left(\frac{\lambda}{1 - 2\nu_1} - 2\right)\widetilde{u}'_{1\theta} - \frac{2(1 - \nu_1)}{1 - 2\nu_1}\widetilde{u}_{1r} + \frac{2(1 - \nu_1)}{1 - 2\nu_1}(\lambda + 1)\widetilde{g}_{1r} = 0,$$
$$\theta \in [\theta_1, \theta_2] \tag{7.2.22b}$$

$$\widetilde{u}''_{1\theta} + \left(\frac{\lambda}{2 - 2\nu_1} + 2\right)\widetilde{u}'_{1r} - \frac{1 - 2\nu_1}{2 - 2\nu_1}\widetilde{u}_{1\theta} + \frac{1 - 2\nu_1}{2 - 2\nu_1}(\lambda + 1)\widetilde{g}_{1\theta} = 0, \quad \theta \in [\theta_1, \theta_2]$$
$$\tag{7.2.22c}$$

$$\widetilde{u}''_{1z} + (\lambda + 1)\widetilde{g}_{1z} = 0, \quad \theta \in [\theta_1, \theta_2] \tag{7.2.22d}$$

和

$$\widetilde{g}_{2i} = (\lambda + 1)\widetilde{u}_{2i}, \quad i = r, \theta, z, \quad \theta \in [\theta_2, \theta_3] \tag{7.2.23a}$$

$$\widetilde{u}''_{2r} + \left(\frac{\lambda}{1 - 2\nu_2} - 2\right)\widetilde{u}'_{2\theta} - \frac{2(1 - \nu_2)}{1 - 2\nu_2}\widetilde{u}_{2r} + \frac{2(1 - \nu_2)}{1 - 2\nu_2}(\lambda + 1)\widetilde{g}_{2r} = 0,$$
$$\theta \in [\theta_2, \theta_3] \tag{7.2.23b}$$

$$\widetilde{u}''_{2\theta} + \left(\frac{\lambda}{2 - 2\nu_2} + 2\right)\widetilde{u}'_{2r} - \frac{1 - 2\nu_2}{2 - 2\nu_2}\widetilde{u}_{2\theta} + \frac{1 - 2\nu_2}{2 - 2\nu_2}(\lambda + 1)\widetilde{g}_{2\theta} = 0,$$
$$\theta \in [\theta_2, \theta_3] \tag{7.2.23c}$$

$$\widetilde{u}''_{2z} + (\lambda + 1)\widetilde{g}_{2z} = 0, \quad \theta \in [\theta_2, \theta_3] \tag{7.2.23d}$$

7.2.2 小节(1)和(2)给出的边界条件仍适用。对于理想黏结材料,切口材料区域在交界面 $\theta = \theta_2$ 上满足位移和应力连续条件,即

$$u_{1r} = u_{2r}, \quad u_{1\theta} = u_{2\theta}, \quad u_{1z} = u_{2z}, \quad \sigma_{1\theta\theta} = \sigma_{2\theta\theta},$$
$$\sigma_{1r\theta} = \sigma_{2r\theta}, \quad \sigma_{1z\theta} = \sigma_{2z\theta} \tag{7.2.24}$$

式中 $\sigma_{M\theta\theta}$, $\sigma_{Mr\theta}$, $\sigma_{M\theta z}$ 分别为域 $\Omega_M (M = 1, 2)$ 内的应力分量。将式(7.2.5)和式(7.2.7)代入上式,得到

$$\begin{cases} \widetilde{u}_{1r}(\theta_2) = \widetilde{u}_{2r}(\theta_2) \\ \widetilde{u}_{1\theta}(\theta_2) = \widetilde{u}_{2\theta}(\theta_2) \\ \widetilde{u}_{1z}(\theta_2) = \widetilde{u}_{2z}(\theta_2) \\ 2G_1\left\{\dfrac{1 - \nu_1}{1 - 2\nu_1}[\widetilde{u}'_{1\theta}(\theta_2) + \widetilde{u}_{1r}(\theta_2)] + (\lambda + 1)\dfrac{\nu_1}{1 - 2\nu_1}\widetilde{u}_{1r}(\theta_2)\right\} \\ \quad = 2G_2\left\{\dfrac{1 - \nu_2}{1 - 2\nu_2}[\widetilde{u}'_{2\theta}(\theta_2) + \widetilde{u}_{2r}(\theta_2)] + (\lambda + 1)\dfrac{\nu_2}{1 - 2\nu_2}\widetilde{u}_{2r}(\theta_2)\right\} \\ G_1[\widetilde{u}'_{1r}(\theta_2) - \widetilde{u}_{1\theta}(\theta_2) + (\lambda + 1)\widetilde{u}_{1\theta}(\theta_2)] = G_2[\widetilde{u}'_{2r}(\theta_2) - \widetilde{u}_{2\theta}(\theta_2) \\ \quad + (\lambda + 1)\widetilde{u}_{2\theta}(\theta_2)] \\ G_1\widetilde{u}'_{1z}(\theta_2) = G_2\widetilde{u}'_{2z}(\theta_2) \end{cases}$$
$$\tag{7.2.25}$$

因此,计算双相材料三维切口应力奇异性指数归结于求解在边界条件式

(7.2.13)或式(7.2.16)以及界面条件式(7.2.25)下常微分方程组式(7.2.22)和式(7.2.23)的特征值问题。

7.3
三维复合材料 V 形切口应力奇异性控制方程

考虑如图 7.3.1 所示三维柱状正交各向异性材料 V 形切口问题,切口两表面 Γ_1 和 Γ_2 分别位于 $\theta = \theta_1$, θ_2 面上。在正交各向异性材料主轴系 $(1,2,3)$ 下,应变-应力关系见附录式($\mathrm{III}.7$),有

$$
\begin{Bmatrix} \varepsilon_{11} \\ \varepsilon_{22} \\ \varepsilon_{33} \\ \varepsilon_{12} \\ \varepsilon_{23} \\ \varepsilon_{13} \end{Bmatrix} = \begin{bmatrix} \dfrac{1}{E_1} & \dfrac{-\nu_{21}}{E_2} & \dfrac{-\nu_{31}}{E_3} & 0 & 0 & 0 \\ \dfrac{-\nu_{12}}{E_1} & \dfrac{1}{E_2} & \dfrac{-\nu_{32}}{E_3} & 0 & 0 & 0 \\ \dfrac{-\nu_{13}}{E_1} & \dfrac{-\nu_{23}}{E_2} & \dfrac{1}{E_3} & 0 & 0 & 0 \\ 0 & 0 & 0 & \dfrac{1}{G_{12}} & 0 & 0 \\ 0 & 0 & 0 & 0 & \dfrac{1}{G_{23}} & 0 \\ 0 & 0 & 0 & 0 & 0 & \dfrac{1}{G_{13}} \end{bmatrix} \begin{Bmatrix} \sigma_{11} \\ \sigma_{22} \\ \sigma_{33} \\ \sigma_{12} \\ \sigma_{23} \\ \sigma_{13} \end{Bmatrix}
\tag{7.3.1}
$$

其中,E_i,ν_{ij},$G_{ij}(i,j=1,2,3)$分别为材料主轴系$(1,2,3)$下的杨氏模量、泊松比和剪切模量。对式(7.3.1)进行坐标变换可以得到柱坐标系(r,θ,z)下的物理方程:

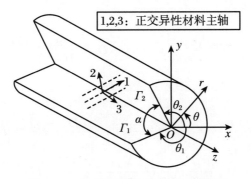

图 7.3.1 三维柱状复合材料 V 形切口

$$\begin{Bmatrix} \sigma_{rr} \\ \sigma_{\theta\theta} \\ \sigma_{zz} \\ \sigma_{r\theta} \\ \sigma_{\theta z} \\ \sigma_{rz} \end{Bmatrix} = \begin{Bmatrix} D_{11} & D_{12} & D_{13} & D_{14} & D_{15} & D_{16} \\ D_{21} & D_{22} & D_{23} & D_{24} & D_{25} & D_{26} \\ D_{31} & D_{32} & D_{33} & D_{34} & D_{35} & D_{36} \\ D_{41} & D_{42} & D_{43} & D_{44} & D_{45} & D_{46} \\ D_{51} & D_{52} & D_{53} & D_{54} & D_{55} & D_{56} \\ D_{61} & D_{62} & D_{63} & D_{64} & D_{65} & D_{66} \end{Bmatrix} \begin{Bmatrix} \varepsilon_{rr} \\ \varepsilon_{\theta\theta} \\ \varepsilon_{zz} \\ \varepsilon_{r\theta} \\ \varepsilon_{\theta z} \\ \varepsilon_{rz} \end{Bmatrix} \tag{7.3.2}$$

值得注意的是矩阵元素 $D_{ij}(i,j=1,6)$ 均为坐标 θ 的函数。从式(7.3.2)可以看出,尽管材料是正交各向异性,如材料主轴与坐标轴不重合,则在柱坐标系下也会呈现出完全各向异性。如果材料主轴 3 与 z 轴重合,则式(7.3.2)弹性矩阵取自附录式(Ⅲ.20),其元素 D_{ij} 取自附录式(Ⅲ.21)。

三维弹性体在柱坐标系下位移-应变关系为

$$\varepsilon_{rr} = \frac{\partial u_r}{\partial r}, \quad \varepsilon_{\theta\theta} = \frac{u_r}{r} + \frac{1}{r}\frac{\partial u_\theta}{\partial \theta}, \quad \varepsilon_{zz} = \frac{\partial u_z}{\partial z},$$

$$\varepsilon_{r\theta} = \frac{1}{r}\frac{\partial u_r}{\partial \theta} + \frac{\partial u_\theta}{\partial r} - \frac{u_\theta}{r}, \quad \varepsilon_{\theta z} = \frac{1}{r}\frac{\partial u_z}{\partial \theta} + \frac{\partial u_\theta}{\partial z}, \quad \varepsilon_{rz} = \frac{\partial u_r}{\partial z} + \frac{\partial u_z}{\partial r}$$

$$\tag{7.3.3}$$

将上式代入到式(7.3.2),得到应力与位移之间的关系。再将此关系式代入到弹性力学平衡方程式(7.2.2),可得如下的微分方程组:

$$D_{11}\frac{\partial^2 u_r}{\partial r^2} + \frac{D_{44}}{r^2}\frac{\partial^2 u_r}{\partial \theta^2} + D_{66}\frac{\partial^2 u_r}{\partial z^2} + \frac{(D_{14}+D_{41})}{r}\frac{\partial^2 u_r}{\partial r\partial \theta} + (D_{16}+D_{61})\frac{\partial^2 u_r}{\partial r\partial z}$$

$$+ \frac{(D_{46}+D_{64})}{r}\frac{\partial^2 u_r}{\partial \theta\partial z} + \frac{(D_{12}+D_{11}-D_{21}+D'_{41})}{r}\frac{\partial u_r}{\partial r} + \frac{(D_{42}-D_{24}+D'_{44})}{r^2}\frac{\partial u_r}{\partial \theta}$$

$$+ \frac{(D_{62}+D_{16}-D_{26}+D'_{46})}{r}\frac{\partial u_r}{\partial z} + D_{14}\frac{\partial^2 u_\theta}{\partial r^2} + \frac{D_{42}}{r^2}\frac{\partial^2 u_\theta}{\partial \theta^2} + D_{65}\frac{\partial^2 u_\theta}{\partial z^2}$$

$$+ \frac{(D_{12}+D_{44})}{r}\frac{\partial^2 u_\theta}{\partial r\partial \theta} + (D_{15}+D_{64})\frac{\partial^2 u_\theta}{\partial r\partial z} + \frac{(D_{45}+D_{62})}{r}\frac{\partial^2 u_\theta}{\partial \theta\partial z} + \frac{(D'_{44}-D_{24})}{r}\frac{\partial u_\theta}{\partial r}$$

$$+ \frac{(D'_{42}-D_{44}-D_{22})}{r^2}\frac{\partial u_\theta}{\partial \theta} + \frac{(D_{15}-D_{25}-D_{64}+D'_{45})}{r}\frac{\partial u_\theta}{\partial z} + D_{16}\frac{\partial^2 u_z}{\partial r^2} + \frac{D_{45}}{r^2}\frac{\partial^2 u_z}{\partial \theta^2}$$

$$+ D_{63}\frac{\partial^2 u_z}{\partial z^2} + \frac{(D_{15}+D_{46})}{r}\frac{\partial^2 u_z}{\partial r\partial \theta} + (D_{13}+D_{66})\frac{\partial^2 u_z}{\partial r\partial z} + \frac{(D_{43}+D_{65})}{r}\frac{\partial^2 u_z}{\partial \theta\partial z}$$

$$+ \frac{(D_{16}-D_{26}+D'_{46})}{r}\frac{\partial u_z}{\partial r} + \frac{(D'_{45}-D_{25})}{r^2}\frac{\partial u_z}{\partial \theta}$$

$$+ \frac{(D_{13}-D_{23}+D'_{43})}{r}\frac{\partial u_z}{\partial z} + \frac{(D'_{42}-D_{22})}{r^2}u_r + \frac{(D_{24}-D'_{44})}{r^2}u_\theta = 0 \tag{7.3.4a}$$

$$D_{41}\frac{\partial^2 u_r}{\partial r^2} + \frac{D_{24}}{r^2}\frac{\partial^2 u_r}{\partial \theta^2} + D_{56}\frac{\partial^2 u_r}{\partial z^2} + \frac{(D_{44}+D_{21})}{r}\frac{\partial^2 u_r}{\partial r\partial \theta} + (D_{46}+D_{51})\frac{\partial^2 u_r}{\partial r\partial z}$$

$$+ \frac{(D_{26}+D_{54})}{r}\frac{\partial^2 u_r}{\partial \theta\partial z} + \frac{(D_{42}+2D_{41}+D'_{21})}{r}\frac{\partial u_r}{\partial r} + \frac{(D_{22}+D_{44}+D'_{24})}{r^2}\frac{\partial u_r}{\partial \theta}$$

$$+ \frac{(D_{52} + 2D_{46} + D'_{26})}{r} \frac{\partial u_r}{\partial z} + D_{44} \frac{\partial^2 u_\theta}{\partial r^2} + \frac{D_{22}}{r^2} \frac{\partial^2 u_\theta}{\partial \theta^2} + D_{55} \frac{\partial^2 u_\theta}{\partial z^2}$$

$$+ \frac{(D_{42} + D_{24})}{r} \frac{\partial^2 u_\theta}{\partial r \partial \theta} + (D_{45} + D_{54}) \frac{\partial^2 u_\theta}{\partial r \partial z} + \frac{(D_{25} + D_{52})}{r} \frac{\partial^2 u_\theta}{\partial \theta \partial z}$$

$$+ \frac{(D_{44} + D'_{24})}{r} \frac{\partial u_\theta}{\partial r} + \frac{(D_{42} - D_{24} + D'_{22})}{r^2} \frac{\partial u_\theta}{\partial \theta} + \frac{(2D_{45} - D_{54} + D'_{25})}{r} \frac{\partial u_\theta}{\partial z}$$

$$+ D_{46} \frac{\partial^2 u_z}{\partial r^2} + \frac{D_{25}}{r^2} \frac{\partial^2 u_z}{\partial \theta^2} + D_{53} \frac{\partial^2 u_z}{\partial z^2} + \frac{(D_{45} + D_{26})}{r} \frac{\partial^2 u_z}{\partial r \partial \theta} + (D_{43} + D_{56}) \frac{\partial^2 u_z}{\partial r \partial z}$$

$$+ \frac{(D_{23} + D_{55})}{r} \frac{\partial^2 u_z}{\partial \theta \partial z} + \frac{(2D_{46} + D'_{26})}{r} \frac{\partial u_z}{\partial r} + \frac{(D_{45} + D'_{25})}{r^2} \frac{\partial u_z}{\partial \theta}$$

$$+ \frac{(2D_{43} + D'_{23})}{r} \frac{\partial u_z}{\partial z} + \frac{(D_{42} + D'_{22})}{r^2} u_r - \frac{(D_{44} + D'_{24})}{r^2} u_\theta = 0 \qquad (7.3.4\text{b})$$

$$D_{61} \frac{\partial^2 u_r}{\partial r^2} + \frac{D_{54}}{r^2} \frac{\partial^2 u_r}{\partial \theta^2} + D_{36} \frac{\partial^2 u_r}{\partial z^2} + \frac{(D_{64} + D_{51})}{r} \frac{\partial^2 u_r}{\partial r \partial \theta} + (D_{66} + D_{31}) \frac{\partial^2 u_r}{\partial r \partial z}$$

$$+ \frac{(D_{56} + D_{34})}{r} \frac{\partial^2 u_r}{\partial \theta \partial z} + \frac{(D_{62} + D_{61} + D'_{51})}{r} \frac{\partial u_r}{\partial r} + \frac{(D_{52} + D'_{54})}{r^2} \frac{\partial u_r}{\partial \theta}$$

$$+ \frac{(D_{32} + D_{66} + D'_{56})}{r} \frac{\partial u_r}{\partial z} + D_{64} \frac{\partial^2 u_\theta}{\partial r^2} + \frac{D_{52}}{r^2} \frac{\partial^2 u_\theta}{\partial \theta^2} + D_{35} \frac{\partial^2 u_\theta}{\partial z^2}$$

$$+ \frac{(D_{62} + D_{54})}{r} \frac{\partial^2 u_\theta}{\partial r \partial \theta} + (D_{65} + D_{34}) \frac{\partial^2 u_\theta}{\partial r \partial z} + \frac{(D_{55} + D_{32})}{r} \frac{\partial^2 u_\theta}{\partial \theta \partial z} + \frac{D'_{54}}{r} \frac{\partial u_\theta}{\partial r}$$

$$+ \frac{(D'_{52} - D_{54})}{r^2} \frac{\partial u_\theta}{\partial \theta} + \frac{(D_{65} - D_{34} + D'_{55})}{r} \frac{\partial u_\theta}{\partial z} + D_{66} \frac{\partial^2 u_z}{\partial r^2} + \frac{D_{55}}{r^2} \frac{\partial^2 u_z}{\partial \theta^2}$$

$$+ D_{33} \frac{\partial^2 u_z}{\partial z^2} + \frac{(D_{65} + D_{56})}{r} \frac{\partial^2 u_z}{\partial r \partial \theta} + (D_{63} + D_{36}) \frac{\partial^2 u_z}{\partial r \partial z} + \frac{(D_{53} + D_{35})}{r} \frac{\partial^2 u_z}{\partial \theta \partial z}$$

$$+ \frac{(D_{66} + D'_{56})}{r} \frac{\partial u_z}{\partial r} + \frac{D'_{55}}{r^2} \frac{\partial u_z}{\partial \theta} + \frac{(D_{63} + D'_{53})}{r} \frac{\partial u_z}{\partial z} + \frac{D'_{52}}{r^2} u_r - \frac{D'_{54}}{r^2} u_\theta = 0$$

$$(7.3.4\text{c})$$

其中 $(\cdots)'$ 表示对坐标 θ 的一阶导数。

对于三维柱状复合材料 V 形切口，仍假设切口尖端位移场是关于径向变量 r 的渐近展开级数式(7.2.5)。取式(7.2.5)中的典型项代入式(7.3.4)，根据7.2.1 小节的讨论，可以略去含 $\dot{A}_k r^{\lambda_k}$ 和 $\ddot{A}_k r^{\lambda_k + 1}$ 的项，并消除公共因子 $A_k r^{\lambda_k - 1}$，化简得如下常微分方程组，这里将 $\tilde{u}_{ik}(\theta)(i = r, \theta, z)$ 和 λ_k 分别简写为 $\tilde{u}_i$ 和 λ。

$$D_{44} \tilde{u}''_r + D_{42} \tilde{u}''_\theta + D_{45} \tilde{u}''_z + (D_{42} - D_{24} + D'_{44}) \tilde{u}'_r + (D'_{42} - D_{44} - D_{22}) \tilde{u}'_\theta$$

$$+ (D'_{45} - D_{25}) \tilde{u}'_z + (D'_{42} - D_{22}) \tilde{u}_r + (D_{24} - D'_{44}) \tilde{u}_\theta + (\lambda + 1)(D_{14} + D_{41}) \tilde{u}'_r$$

$$+ (\lambda + 1)(D_{12} + D_{44}) \tilde{u}'_\theta + (\lambda + 1)(D_{15} + D_{46}) \tilde{u}'_z + (\lambda + 1) D_{11} \tilde{g}_r$$

$$+ (\lambda + 1) D_{14} \tilde{g}_\theta + (\lambda + 1) D_{16} \tilde{g}_z + (\lambda + 1)(D_{12} - D_{21} + D'_{41}) \tilde{u}_r$$

$$+ (\lambda + 1)(D'_{44} - D_{24} - D_{14}) \tilde{u}_\theta + (\lambda + 1)(D'_{46} - D_{26}) \tilde{u}_z = 0 \qquad (7.3.5\text{a})$$

$$D_{24}\widetilde{u}''_r + D_{22}\widetilde{u}''_\theta + D_{25}\widetilde{u}''_z + (D_{22} + D_{44} + D'_{24})\widetilde{u}'_r + (D_{42} - D_{24} + D'_{22})\widetilde{u}'_\theta$$

$$+ (D_{45} + D'_{25})\widetilde{u}'_z + (D_{42} + D'_{22})\widetilde{u}_r - (D_{44} + D'_{24})\widetilde{u}_\theta + (\lambda + 1)(D_{44} + D_{21})\widetilde{u}'_r$$

$$+ (\lambda + 1)(D_{42} + D_{24})\widetilde{u}'_\theta + (\lambda + 1)(D_{45} + D_{26})\widetilde{u}'_z + (\lambda + 1)D_{41}\widetilde{g}_r$$

$$+ (\lambda + 1)D_{44}\widetilde{g}_\theta + (\lambda + 1)D_{46}\widetilde{g}_z + (\lambda + 1)(D_{42} + D_{41} + D'_{21})\widetilde{u}_r$$

$$+ (\lambda + 1)D'_{24}\widetilde{u}_\theta + (\lambda + 1)(D_{46} + D'_{26})\widetilde{u}_z = 0 \tag{7.3.5b}$$

$$D_{54}\widetilde{u}''_r + D_{52}\widetilde{u}''_\theta + D_{55}\widetilde{u}''_z + (D_{52} + D'_{54})\widetilde{u}'_r + (D'_{52} - D_{54})\widetilde{u}'_\theta$$

$$+ D'_{55}\widetilde{u}'_z + D'_{52}\widetilde{u}_r - D'_{54}\widetilde{u}_\theta + (\lambda + 1)(D_{64} + D_{51})\widetilde{u}'_r + (\lambda + 1)(D_{62} + D_{54})\widetilde{u}'_\theta$$

$$+ (\lambda + 1)(D_{65} + D_{56})\widetilde{u}'_z + (\lambda + 1)D_{61}\widetilde{g}_r + (\lambda + 1)D_{64}\widetilde{g}_\theta + (\lambda + 1)D_{66}\widetilde{g}_z$$

$$+ (\lambda + 1)(D_{62} + D'_{51})\widetilde{u}_r + (\lambda + 1)(D'_{54} - D_{64})\widetilde{u}_\theta$$

$$+ (\lambda + 1)D'_{56}\widetilde{u}_z = 0 \tag{7.3.5c}$$

$$\widetilde{g}_r = (\lambda + 1)\widetilde{u}_r, \quad \widetilde{g}_\theta = (\lambda + 1)\widetilde{u}_\theta, \quad \widetilde{g}_z = (\lambda + 1)\widetilde{u}_z \tag{7.3.5d}$$

其中 $(\cdots)''$ 表示对坐标 θ 的二阶导数，$\theta \in [\theta_1, \theta_2]$，$\widetilde{g}_i(\theta)(i = r, \theta, z)$ 是引入的中间变量。式(7.3.5)即为三维复合材料 V 形切口应力奇异性分析的控制方程。

假设切口边界上面力(应力)自由，则边界条件可以表达为

$$\sigma_{\theta\theta}(r, \theta) = 0, \quad \sigma_{r\theta}(r, \theta) = 0, \quad \sigma_{\theta z}(r, \theta) = 0, \quad \theta = \theta_1, \theta_2 \tag{7.3.6}$$

将式(7.3.2)代入式(7.3.6)，得到用位移及其导数表示的边界条件：

$$\begin{cases} D_{21}\dfrac{\partial u_r}{\partial r} + D_{22}\left(\dfrac{u_r}{r} + \dfrac{1}{r}\dfrac{\partial u_\theta}{\partial \theta}\right) + D_{23}\dfrac{\partial u_z}{\partial z} + D_{24}\left(\dfrac{1}{r}\dfrac{\partial u_r}{\partial \theta} + \dfrac{\partial u_\theta}{\partial r} - \dfrac{u_\theta}{r}\right) \\[3mm] \quad + D_{25}\left(\dfrac{1}{r}\dfrac{\partial u_z}{\partial \theta} + \dfrac{\partial u_\theta}{\partial z}\right) + D_{26}\left(\dfrac{\partial u_r}{\partial z} + \dfrac{\partial u_z}{\partial r}\right) = 0 \\[3mm] D_{41}\dfrac{\partial u_r}{\partial r} + D_{42}\left(\dfrac{u_r}{r} + \dfrac{1}{r}\dfrac{\partial u_\theta}{\partial \theta}\right) + D_{43}\dfrac{\partial u_z}{\partial z} + D_{44}\left(\dfrac{1}{r}\dfrac{\partial u_r}{\partial \theta} + \dfrac{\partial u_\theta}{\partial r} - \dfrac{u_\theta}{r}\right) \\[3mm] \quad + D_{45}\left(\dfrac{1}{r}\dfrac{\partial u_z}{\partial \theta} + \dfrac{\partial u_\theta}{\partial z}\right) + D_{46}\left(\dfrac{\partial u_r}{\partial z} + \dfrac{\partial u_z}{\partial r}\right) = 0 \\[3mm] D_{51}\dfrac{\partial u_r}{\partial r} + D_{52}\left(\dfrac{u_r}{r} + \dfrac{1}{r}\dfrac{\partial u_\theta}{\partial \theta}\right) + D_{53}\dfrac{\partial u_z}{\partial z} + D_{54}\left(\dfrac{1}{r}\dfrac{\partial u_r}{\partial \theta} + \dfrac{\partial u_\theta}{\partial r} - \dfrac{u_\theta}{r}\right) \\[3mm] \quad + D_{55}\left(\dfrac{1}{r}\dfrac{\partial u_z}{\partial \theta} + \dfrac{\partial u_\theta}{\partial z}\right) + D_{56}\left(\dfrac{\partial u_r}{\partial z} + \dfrac{\partial u_z}{\partial r}\right) = 0 \end{cases}$$

$$\tag{7.3.7}$$

引入位移渐近展开式(7.2.5)的典型项后，式(7.3.7)可写为

$$
\begin{cases}
D_{24}\tilde{u}'_r + D_{22}\tilde{u}'_\theta + D_{25}\tilde{u}'_z + D_{22}\tilde{u}_r - D_{24}\tilde{u}_\theta + (\lambda+1)D_{21}\tilde{u}_r \\
\quad + (\lambda+1)D_{24}\tilde{u}_\theta + (\lambda+1)D_{26}\tilde{u}_z = 0 \\
D_{44}\tilde{u}'_r + D_{42}\tilde{u}'_\theta + D_{45}\tilde{u}'_z + D_{42}\tilde{u}_r - D_{44}\tilde{u}_\theta + (\lambda+1)D_{41}\tilde{u}_r \\
\quad + (\lambda+1)D_{44}\tilde{u}_\theta + (\lambda+1)D_{46}\tilde{u}_z = 0 \\
D_{54}\tilde{u}'_r + D_{52}\tilde{u}'_\theta + D_{55}\tilde{u}'_z + D_{52}\tilde{u}_r - D_{54}\tilde{u}_\theta + (\lambda+1)D_{51}\tilde{u}_r \\
\quad + (\lambda+1)D_{54}\tilde{u}_\theta + (\lambda+1)D_{56}\tilde{u}_z = 0
\end{cases}, \quad \theta=\theta_1,\theta_2
$$

$$(7.3.8)$$

于是,复合材料三维切口应力奇异指数的分析,转化为在边界条件式(7.3.8)下常微分方程组式(7.3.5)的特征值问题求解。不同于各向同性材料,对于正交各向异性复合材料三维 V 形切口,$Or\theta$ 平面内特征函数 $\tilde{u}_{rk}(\theta)$,$\tilde{u}_{\theta k}(\theta)$ 和其平面垂直方向特征函数 $\tilde{u}_{zk}(\theta)$ 的控制方程式(7.3.5)通常是耦合的。

对于多材料构成的三维切口,其应力奇异性求解的控制方程可仿照 7.2.3 小节由式(7.3.5)写出,相应边界条件由式(7.3.8)和式(7.2.25)类似写出,因其表达式冗长,这里略写。

7.4

反平面切口应力奇异性控制方程

7.4.1 单相复合材料反平面切口

图 7.4.1 所示为单相正交各向异性复合材料反平面切口问题,其中 α 为张角,θ_0 为材料主轴系(1,2)与整体坐标系(x,y)的夹角。在尖端处定义直角坐标系 $Oxyz$ 和柱坐标系 $Or\theta z$,z 轴垂直于平面。在整体坐标系 Oxy 下反平面应力分量 σ_{xz},σ_{yz} 和反平面应变分量 ε_{xz},ε_{yz} 之间的本构关系可表示为

$$
\begin{Bmatrix}\sigma_{xz}\\\sigma_{yz}\end{Bmatrix} = \begin{bmatrix}G_{13}&0\\0&G_{23}\end{bmatrix}\begin{Bmatrix}\varepsilon_{xz}\\\varepsilon_{yz}\end{Bmatrix}
$$

$$(7.4.1)$$

其中 G_{13} 和 G_{23} 为复合材料的剪切模量。经过坐标变换后,可以获得极坐标系 $Or\theta$ 下的本构关系:

$$
\begin{Bmatrix}\sigma_{rz}\\\sigma_{\theta z}\end{Bmatrix} = \begin{bmatrix}Q_{11}&Q_{12}\\Q_{21}&Q_{22}\end{bmatrix}\begin{Bmatrix}\varepsilon_{rz}\\\varepsilon_{\theta z}\end{Bmatrix}
$$

$$(7.4.2)$$

其中

$$Q_{11} = \cos^2(\theta - \theta_0)G_{13} + \sin^2(\theta - \theta_0)G_{23} \qquad (7.4.3a)$$

$$Q_{12} = Q_{21} = \sin(\theta - \theta_0)\cos(\theta - \theta_0)(G_{23} - G_{13}) \qquad (7.4.3b)$$

$$Q_{22} = \cos^2(\theta - \theta_0)G_{23} + \sin^2(\theta - \theta_0)G_{13} \qquad (7.4.3c)$$

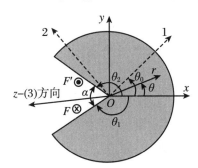

图 7.4.1　复合材料反平面切口

在反平面切口问题中,应变分量与反平面位移 w 之间几何关系为

$$\left\{ \begin{array}{c} \varepsilon_{rz} \\ \varepsilon_{\theta z} \end{array} \right\} = \left\{ \begin{array}{c} \dfrac{\partial w}{\partial r} \\ \dfrac{\partial w}{r \partial \theta} \end{array} \right\} \qquad (7.4.4)$$

将式(7.4.4)代入式(7.4.2),得

$$\left\{ \begin{array}{c} \sigma_{rz} \\ \sigma_{\theta z} \end{array} \right\} = \left\{ \begin{array}{c} Q_{11}\dfrac{\partial w}{\partial r} + Q_{12}\dfrac{\partial w}{r \partial \theta} \\ Q_{21}\dfrac{\partial w}{\partial r} + Q_{22}\dfrac{\partial w}{r \partial \theta} \end{array} \right\} \qquad (7.4.5)$$

再将式(7.4.5)代入不考虑体力的线弹性反平面问题平衡方程:

$$\frac{\partial \sigma_{rz}}{\partial r} + \frac{1}{r}\frac{\partial \sigma_{\theta z}}{\partial \theta} + \frac{\sigma_{rz}}{r} = 0 \qquad (7.4.6)$$

反平面复合材料切口的控制方程转化为

$$Q_{11}\frac{\partial^2 w}{\partial r^2} + \frac{Q_{22}}{r^2}\frac{\partial^2 w}{\partial \theta^2} + \frac{Q_{12} + Q_{21}}{r}\frac{\partial^2 w}{\partial r \partial \theta} + \frac{Q_{11} + Q'_{21}}{r}\frac{\partial w}{\partial r} + \frac{Q'_{22}}{r^2}\frac{\partial w}{\partial \theta} = 0$$

$$(7.4.7)$$

将切口尖端附近位移场表达为如下渐近展开形式[24]:

$$w(r,\theta) = \sum_{k=1}^{N} A_k r^{\lambda_k + 1} \tilde{w}_k(\theta) \qquad (7.4.8)$$

式中,A_k 为组合幅值系数,λ_k 为切口奇异指数,N 表示截取的级数项数,$\tilde{w}_k(\theta)$ 为位移特征角函数。取式(7.4.8)中的典型项 $A_k r^{\lambda_k + 1}\tilde{w}_k(\theta)$ 代入式(7.4.7),化简得(以下将 $\tilde{w}_k(\theta)$ 和 λ_k 分别简写为 $\tilde{w}$ 和 λ)

$$Q_{22}\tilde{w}'' + Q'_{22}\tilde{w}' + (\lambda + 1)(Q_{12} + Q_{21})\tilde{w}' + (\lambda + 1)^2 Q_{11}\tilde{w}$$

$$+ (\lambda + 1)Q_{21}' \widetilde{w} = 0, \quad \theta \in [\theta_1, \theta_2] \tag{7.4.9}$$

其中，$(\cdots)''$ 表示对坐标 θ 的二阶导数。引入如下中间变量 $\widetilde{g}_w(\theta)$：

$$\widetilde{g}_w(\theta) - (\lambda + 1)\widetilde{w}(\theta) = 0, \quad \theta \in [\theta_1, \theta_2] \tag{7.4.10a}$$

将方程式(7.4.9)转化为线性常微分方程特征值问题：

$$Q_{22}\widetilde{w}'' + Q_{22}'\widetilde{w}' + (\lambda + 1)(Q_{12} + Q_{21})\widetilde{w}' + (\lambda + 1)Q_{11}\widetilde{g}_w$$
$$+ (\lambda + 1)Q_{21}'\widetilde{w} = 0, \quad \theta \in [\theta_1, \theta_2] \tag{7.4.10b}$$

假设切口边界 $\theta = \theta_1$ 和 $\theta = \theta_2$ 上面力自由，即

$$\sigma_{\theta z} = 0 \tag{7.4.11}$$

将式(7.4.8)右端级数展开式的典型项代入式(7.4.5)中 $\sigma_{\theta z}$ 的表达式并令其为 0，则面力自由边界条件式(7.4.11)可表示为

$$Q_{22}\widetilde{w}' + (\lambda + 1)Q_{21}\widetilde{w} = 0, \quad \theta = \theta_1, \theta_2 \tag{7.4.12}$$

至此，单相复合材料切口奇异性分析归结于求解在边界条件式(7.4.12)下常微分方程组式(7.4.10)的特征值问题。

7.4.2　单相各向同性材料反平面切口

对于单相各向同性材料反平面切口问题，弹性模量和剪切模量分别为 E 和 G，其切口尖端应力奇异性控制方程从式(7.4.10)化简得

$$\widetilde{g}_w(\theta) - (\lambda + 1)\widetilde{w}(\theta) = 0, \quad \theta \in [\theta_1, \theta_2] \tag{7.4.13a}$$

$$\widetilde{w}''(\theta) + (\lambda + 1)\widetilde{g}_w(\theta) = 0, \quad \theta \in [\theta_1, \theta_2] \tag{7.4.13b}$$

如切口边界 $\theta = \theta_1$ 和 $\theta = \theta_2$ 上面力自由，则应力自由边界条件式(7.4.12)可表示为

$$\widetilde{w}' = 0, \quad \theta = \theta_1, \theta_2 \tag{7.4.14}$$

因此，单相各向同性材料切口奇异性分析可归结于求解在边界条件式(7.4.14)下常微分方程组式(7.4.13)的特征值问题。可见单一材料反平面切口的应力奇异性特征解与材料常数无关。

7.4.3　两相复合材料反平面切口

图 7.4.2 所示的两相正交各向异性结合材料反平面切口，假设黏结界面与 x 轴的夹角为 θ_2。可在材料 1 和材料 2 两种材料域内依据式(7.4.10)分别建立微分方程(以下公式中的(1)、(2)分别表示属于材料 1 和材料 2)：

$$\begin{cases} \widetilde{g}_{w1} - (\lambda + 1)\widetilde{w}_1 = 0 \\ Q_{22}^{(1)}\widetilde{w}_1'' + (Q_{22}^{(1)})'\widetilde{w}_1' + (\lambda + 1)(Q_{12}^{(1)} + Q_{21}^{(1)})\widetilde{w}_1' \\ \quad + (\lambda + 1)Q_{11}^{(1)}\widetilde{g}_{w1} + (\lambda + 1)(Q_{21}^{(1)})'\widetilde{w}_1 = 0, \quad \theta \in [\theta_1, \theta_2] \end{cases}$$

$$\tag{7.4.15a}$$

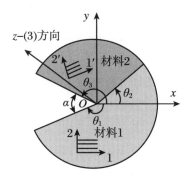

图 7.4.2　两相正交各向异性材料结合切口

$$\begin{cases} \widetilde{g}_{w2} - (\lambda + 1)\widetilde{w}_2 = 0 \\ Q_{22}^{(2)}\widetilde{w}_2'' + (Q_{22}^{(2)})'\widetilde{w}_2' + (\lambda + 1)(Q_{12}^{(2)} + Q_{21}^{(2)})\widetilde{w}_2' \\ \quad + (\lambda + 1)Q_{11}^{(2)}\widetilde{g}_{w2} + (\lambda + 1)(Q_{21}^{(2)})'\widetilde{w}_2 = 0, \quad \theta \in [\theta_2, \theta_3] \end{cases}$$

(7.4.15b)

在边界 $\theta = \theta_1$ 和 $\theta = \theta_3$ 上，面力自由的边界条件可写为

$$Q_{22}^{(1)}\widetilde{w}_1' + \lambda Q_{21}^{(1)}\widetilde{w}_1 = 0, \quad \theta = \theta_1 \tag{7.4.16a}$$

$$Q_{22}^{(2)}\widetilde{w}_2' + \lambda Q_{21}^{(2)}\widetilde{w}_2 = 0, \quad \theta = \theta_3 \tag{7.4.16b}$$

如果两相材料满足理想黏结条件，即

$$\sigma_{\theta z}^{(1)} = \sigma_{\theta z}^{(2)}, \quad w_1 = w_2, \quad \theta = \theta_2 \tag{7.4.17}$$

将式(7.4.5)和式(7.4.8)代入上式，可得

$$Q_{22}^{(1)}\widetilde{w}_1' - Q_{22}^{(2)}\widetilde{w}_2' + \lambda Q_{21}^{(1)}\widetilde{w}_1 - \lambda Q_{21}^{(2)}\widetilde{w}_2 = 0, \quad \theta = \theta_2 \tag{7.4.18a}$$

$$\widetilde{w}_1 - \widetilde{w}_2 = 0, \quad \theta = \theta_2 \tag{7.4.18b}$$

至此，两相正交各向异性复合材料反平面切口问题奇异性分析，归结于求解满足边界条件式(7.4.16)和界面协调条件式(7.4.18)下常微分方程组式(7.4.15)的特征值问题。可见双相材料反平面切口的应力奇异性特征解一般与材料常数有关[21]。

7.5

反平面和三维复合材料 V 形切口算例

对图 7.3.1 所示的三维 V 形切口计算模型，当复合材料的增强纤维位于 Oxy 面内，弹性对称面垂直于 z 轴，此时切口处的 Oxy 平面和反平面应力特征角函数是解耦的。当纤维位于 Oxz 面或 Oyz 面内，则在整体坐标系下材料呈现完全各向异性，

Oxy 平面和反平面应力特征角函数耦合[9]。本章解法从三维应力平衡控制方程出发,故包含平面和反平面应力特征函数耦合和解耦两种情形。本节给出反平面和三维复合材料 V 形切口应力奇异性问题若干典型算例,这里采用插值矩阵法[15]解相应的常微分方程特征值问题,均采用分段二次函数插值。

例 7.5.1 各向同性单材料反平面 V 形切口应力奇异指数。

对图 7.4.1 所示的各向同性单材料反平面 V 形切口,设材料常数 $E = 200$ GPa,$\nu = 0.33$。取切口张角 $\alpha = 120°, 90°, 60°, 10°$,根据控制方程式(7.4.13)与边界条件式(7.4.14)进行分析,插值矩阵法在区间 $[\theta_1, \theta_2]$ 上取分段数 $n = 20, 40, 80$,计算的奇异指数 λ_k 与文献[17]分析解同列于表 7.5.1 中。因为奇异指数通常是复数,将其表达为 $\lambda_k = \xi_k \pm i\eta_k$,其中 $i = \sqrt{-1}$。在 $-1 < \text{Re}(\lambda_k) < 0$ 范围内的 λ_k 对应奇异应力项,该项在应力渐近展开式中占主导地位。

表 7.5.1 结果显示,随着区间分段数 n 的增加,插值矩阵法计算的第 1 阶应力奇异指数值收敛于分析解。插值矩阵法可同时计算出前若干阶奇异性指数,表 7.5.1 给出的前 4 阶奇异指数均为实数,其中 ξ_2, ξ_3 和 ξ_4 值均大于 0,对应式(7.4.8)的应力分量 σ_{rz} 和 $\sigma_{\theta z}$ 的高阶项不再呈现应力奇异性,但这些高阶项对反平面 V 形切口尖端区域完整应力场是有贡献的。

表 7.5.1 单材料反平面 V 形切口应力奇异指数

α	方法	ξ_1	η_1	ξ_2	η_2	ξ_3	η_3	ξ_4	η_4
120°	$n=20$	−0.250003	0	0.499728	0	1.261209	0	2.011344	0
	$n=40$	−0.250000	0	0.499999	0	1.250034	0	2.000438	0
	$n=80$	−0.250000	0	0.499999	0	1.249999	0	1.999999	0
	文献[17]	−0.25000	0	—		—		—	
90°	$n=20$	−0.333336	0	0.333092	0	1.009963	0	1.676750	0
	$n=40$	−0.333333	0	0.333333	0	1.000030	0	1.667056	0
	$n=80$	−0.333333	0	0.333333	0	0.999999	0	1.666666	0
	文献[17]	−0.33333	0	—		—		—	
60°	$n=20$	−0.400002	0	0.199782	0	0.808967	0	1.409075	0
	$n=40$	−0.400000	0	0.199999	0	0.800027	0	1.400351	0
	$n=80$	−0.400000	0	0.199999	0	0.799999	0	1.399999	0
	文献[17]	−0.40000	0	—		—		—	
10°	$n=20$	−0.485716	0	0.028385	0	0.550543	0	1.064921	0
	$n=40$	−0.485714	0	0.028571	0	0.542880	0	1.057443	0
	$n=80$	−0.485714	0	0.028571	0	0.542857	0	1.057142	0
	文献[17]	−0.48571	0	—		—		—	

例 7.5.2 各向同性单材料三维 V 形切口应力奇异指数。

对图 7.2.1 所示的三维切口,设材料常数 $E = 200$ GPa,$\nu = 0.33$,切口边自由。取 5 种切口张开角度 $\alpha = 120°, 90°, 60°, 10°, 0°$ 进行分析,$\alpha = 0°$ 即为裂纹问题。根据控制方程式(7.2.11)与边界条件式(7.2.13)对单材料三维切口的应力奇异指数进行分析,采用插值矩阵法(IMMEI)求解时,将切口环向区间 $[\theta_1, \theta_2]$ 等分为 $n = 20$,40,80 分别进行计算。表 7.5.2 和表 7.5.3 分别列出了插值矩阵法计算的 Ⅰ、Ⅱ、Ⅲ型情形位移特征函数所对应的前若干阶应力奇异指数 $\lambda_k = \xi_k \pm \mathrm{i}\eta_k$,并和钱俊等[19] 采用 Müller 法计算的结果进行比较。这里 Ⅰ 型为平面内特征函数 $\tilde{u}_r(\theta)$ 关于 θ 对称,Ⅱ 型为平面内特征函数 $\tilde{u}_r(\theta)$ 关于 θ 反对称,Ⅲ 型是指平面外特征函数 $\tilde{u}_z(\theta)$ 非零,$\tilde{u}_z(\theta)$ 也分为对称和反对称类型。注意刚体位移对应的 4 个根 $\lambda_k = -1, -1, -1, 0$ 未列入表中。从表 7.5.2 和表 7.5.3 可以看出,随着等分段数 n 的增加,插值矩阵法计算结果越准确。当 $n = 40$ 时,对称和反对称情形的前两阶应力奇异指数有 3~4 位有效数字收敛,当 $n = 80$ 时,前两阶应力奇异指数有 5 位有效数字收敛。当 $\alpha \leqslant 90°$ 时,在 $-1 < \mathrm{Re}(\lambda_k) < 0$ 范围内出现了 3 个应力奇异指数,均为实数。

图 7.5.1 给出了切口张角 $\alpha = 60°$ 情形的前 6 阶位移特征函数,根据 ξ_k 从小到大排列。可按照相应的位移和应力特征函数识别 Ⅰ、Ⅱ 和 Ⅲ 型特征解对,如表 7.5.2 中 λ_1^{I} 和 λ_2^{I} 对应 $Or\theta$ 平面内对称特征函数 $\tilde{u}_r(\theta)$,λ_2^{III} 和 λ_4^{III} 对应平面外(沿 z 轴方向)对称特征函数 $\tilde{u}_z(\theta)$;表 7.5.3 中 λ_1^{II} 和 λ_2^{II} 对应 $Or\theta$ 平面内反对称特征函数 $\tilde{u}_r(\theta)$,λ_1^{III} 和 λ_3^{III} 对应平面外反对称特征函数 $\tilde{u}_z(\theta)$。在切口张角 $120° > \alpha > 60°$ 范围,对称和反对称情形的 λ_2^{I} 和 λ_2^{II} 为复数,表中仅列出 $\lambda_3 = \xi_3 + \mathrm{i}\eta_3$;而在 $0° \leqslant \alpha \leqslant 10°$ 范围,λ_2^{I} 和 λ_2^{II} 为实数。

表 7.5.2　单材料三维 V 形切口对称情形(Ⅰ型和Ⅲ型)奇异指数

α	方法	ξ_1^{I}	η_1^{I}	ξ_2^{III}	η_2^{III}	ξ_2^{I}	η_2^{I}	ξ_4^{III}	η_4^{III}
	$n=20$	-0.384087	0.0	0.500230	0.0	0.836929	0.252053	2.007253	0.0
	$n=40$	-0.384258	0.0	0.500014	0.0	0.833734	0.252241	2.000452	0.0
$120°$	$n=80$	-0.384268	0.0	0.500000	0.0	0.833562	0.252251	2.000000	0.0
	文献[19]	-0.384269	0.0	0.500000	0.0	0.833550	0.252260	2.000000	0.0
	$n=20$	-0.445347	0.0	0.333537	0.0	0.631172	0.232983	1.673114	0.0
	$n=40$	-0.455506	0.0	0.333346	0.0	0.629323	0.231332	1.667068	0.0
$90°$	$n=80$	-0.455516	0.0	0.333334	0.0	0.629267	0.231257	1.666692	0.0
	文献[19]	-0.455516	0.0	0.333333	0.0	0.629257	0.231251	1.666666	0.0
	$n=20$	-0.487604	0.0	0.200184	0.0	0.473067	0.146297	1.405803	0.0
	$n=40$	-0.487768	0.0	0.200011	0.0	0.471073	0.141991	1.400362	0.0
$60°$	$n=80$	-0.487778	0.0	0.200000	0.0	0.471036	0.141869	1.400022	0.0
	文献[19]	-0.487778	0.0	0.200000	0.0	0.471028	0.141853	1.400000	0.0

续表

α	方法	ξ_1^{I}	η_1^{I}	ξ_2^{III}	η_2^{III}	ξ_2^{I}	η_2^{I}	ξ_4^{III}	η_4^{III}
	$n=20$	-0.499697	0.0	0.028729	0.0	0.060933	0.0	1.062117	0.0
$10°$	$n=40$	-0.499931	0.0	0.028581	0.0	0.059126	0.0	1.057453	0.0
	$n=80$	-0.499946	0.0	0.028572	0.0	0.058863	0.0	1.057162	0.0
	文献[19]	-0.499947	0.0	0.028571	0.0	0.058843	0.0	1.057143	0.0
	$n=20$	-0.499794	0.0	0.000070	0.0	0.003578	0.0	1.002456	0.0
$0°$	$n=40$	-0.499985	0.0	0.000000	0.0	0.000257	0.0	1.000218	0.0
	$n=80$	-0.499999	0.0	0.000000	0.0	0.000017	0.0	1.000016	0.0
	精确解	-0.500000	0.0	0.0	0.0	0.0	0.0	1.0	0.0

表 7.5.3　单材料三维 V 形切口反对称情形(Ⅱ型和Ⅲ型)奇异指数

α	方法	ξ_1^{III}	η_1^{III}	ξ_1^{II}	η_1^{II}	ξ_3^{III}	η_3^{III}	ξ_2^{II}	η_2^{II}
	$n=20$	-0.249993	0.0	0.15043	0.0	1.251734	0.0	1.597449	0.348362
$120°$	$n=40$	-0.250000	0.0	0.149007	0.0	1.250107	0.0	1.590100	0.348390
	$n=80$	-0.250000	0.0	0.148919	0.0	1.250000	0.0	1.589521	0.348376
	文献[19]	-0.250000	0.0	0.148913	0.0	1.250000	0.0	1.589479	0.348375
	$n=20$	-0.333327	0.0	-0.09023	0.0	1.001541	0.0	1.309551	0.320944
$90°$	$n=40$	-0.333333	0.0	-0.091394	0.0	1.000096	0.0	1.301562	0.315956
	$n=80$	-0.333333	0.0	-0.091466	0.0	1.000006	0.0	1.301359	0.315858
	文献[19]	-0.333334	0.0	-0.091471	0.0	1.000000	0.0	1.301328	0.315837
	$n=20$	-0.399994	0.0	-0.268031	0.0	0.801387	0.0	1.077382	0.234221
$60°$	$n=40$	-0.400000	0.0	-0.269033	0.0	0.800086	0.0	1.075014	0.229741
	$n=80$	-0.400000	0.0	-0.269095	0.0	0.800005	0.0	1.074848	0.229466
	文献[19]	-0.400000	0.0	-0.269099	0.0	0.800000	0.0	1.074826	0.229426
	$n=20$	-0.485709	0.0	-0.469754	0.0	0.544046	0.0	0.597760	0.0
$10°$	$n=40$	-0.485714	0.0	-0.47059	0.0	0.542931	0.0	0.589736	0.0
	$n=80$	-0.485714	0.0	-0.470642	0.0	0.542862	0.0	0.588685	0.0
	文献[19]	-0.485714	0.0	-0.470645	0.0	0.542857	0.0	0.588609	0.0
	$n=20$	-0.500005	0.0	-0.499373	0.0	0.500560	0.0	0.513993	0.0
$0°$	$n=40$	-0.499999	0.0	-0.499954	0.0	0.500051	0.0	0.500983	0.0
	$n=80$	-0.499999	0.0	-0.499997	0.0	0.500004	0.0	0.500066	0.0
	精确解	-0.500000	0.0	-0.500000	0.0	0.500000	0.0	0.500000	0.0

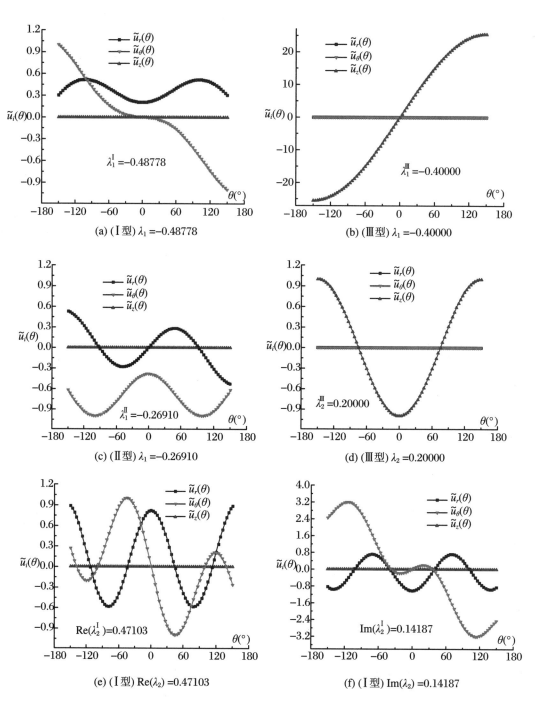

图 7.5.1　三维 V 形切口($\alpha = 60°$)前 6 阶特征指数对应的位移特征角函数

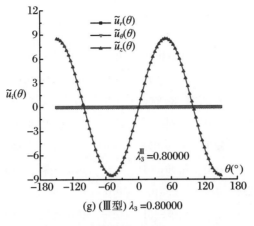

$$\lambda_3^{\mathrm{III}} = 0.80000$$

(g) (Ⅲ型) $\lambda_3 = 0.80000$

续图 7.5.1

例 7.5.3 各向同性双材料三维 V 形切口应力奇异指数。

对图 7.2.2 所示的各向同性双材料三维切口,域 Ω_1 的材料常数 $E_1 = 70\ \mathrm{GPa}$, $\nu_1 = 0.33$;域 Ω_2 的材料常数 $E_2 = 2.98\ \mathrm{GPa}$, $\nu_2 = 0.38$。取两个材料域角度 $-\theta_1 = \theta_3$, $\theta_2 = 0$,选切口张角 $\alpha = 120°, 90°, 60°, 10°$ 四种情形进行计算。由方程式(7.2.22)和式(7.2.23)与边界条件式(7.2.13)和式(7.2.25)对双材料黏结切口的应力奇异指数进行分析,插值矩阵法将切口区间 $[\theta_1, \theta_2]$ 和 $[\theta_2, \theta_3]$ 分为 $n = 20, 40, 80$ 段,对称和反对称特征函数情形的应力奇异指数计算值分别列于表 7.5.4 和表 7.5.5 中,并与平面应变和反平面切口问题的应力奇异指数做了比较。

表 7.5.4 双材料三维切口对称情形(Ⅰ型和Ⅲ型)应力奇异指数(IMMEI)

α	方法	ξ_1	η_1	ξ_2	η_2	ξ_3	η_3	ξ_4	η_4
	$n=20$	-0.419127	0.0	0.449862	0.0	0.500237	0.0	1.88123	0.658317
	$n=40$	-0.419213	0.0	0.454147	0.0	0.500014	0.0	1.88046	0.640901
$120°$	$n=80$	-0.419219	0.0	0.454405	0.0	0.500001	0.0	1.880437	0.639799
	平面应变	-0.419219	0.0	0.454421	0.0	缺失	缺失	1.880436	0.639731
	反平面	缺失	缺失	缺失	缺失	0.499999	0	缺失	缺失
	$n=20$	-0.446395	0.0	0.333544	0.0	0.570448	0.0	1.673305	0.0
	$n=40$	-0.446502	0.0	0.333346	0.0	0.572360	0.0	1.667075	0.0
$90°$	$n=80$	-0.446509	0.0	0.333334	0.0	0.572480	0.0	1.666692	0.0
	平面应变	-0.446509	0.0	缺失	缺失	0.572487	0.0	缺失	缺失
	反平面	缺失	缺失	0.333333	0	缺失	缺失	1.666666	0

续表

α	方法	ξ_1	η_1	ξ_2	η_2	ξ_3	η_3	ξ_4	η_4
	$n=20$	-0.454915	0.0	0.200190	0.0	0.529463	0.076700	1.205757	0.0
	$n=40$	-0.455013	0.0	0.200012	0.0	0.524156	0.072621	1.122309	0.0
60°	$n=80$	-0.455019	0.0	0.200000	0.0	0.523839	0.072350	1.117109	0.0
	平面应变	-0.455020	0.0	缺失	缺失	0.523819	0.072333	1.116783	0.0
	反平面	缺失	缺失	0.199999	0	缺失	缺失	缺失	缺失
	$n=20$	-0.485709	0.0	0.064301	0.0	0.544083	0.0	1.062264	0.0
	$n=40$	-0.485714	0.0	0.059166	0.0	0.542932	0.0	1.057458	0.0
10°	$n=80$	-0.485714	0.0	0.058851	0.0	0.542862	0.0	1.057162	0.0
	平面应变	-0.485413	0.056404	0.058832	0.0	缺失	缺失	缺失	缺失
	反平面	缺失	缺失	缺失	缺失	0.542857	0	1.057142	0

表 7.5.5　双材料三维切口反对称情形（Ⅱ型和Ⅲ型）应力奇异指数（IMMEI）

α	方法	ξ_1	η_1	ξ_2	η_2	ξ_3	η_3	ξ_4	η_4
	$n=20$	-0.249993	0.0	0.123641	0.0	1.098590	0.580929	1.251788	0.0
	$n=40$	-0.250000	0.0	0.232252	0.0	1.099472	0.574908	1.250109	0.0
120°	$n=80$	-0.250000	0.0	0.232003	0.0	1.099530	0.574534	1.250007	0.0
	平面应变	缺失	缺失	0.231988	0.0	1.099535	0.574511	缺失	缺失
	反平面	-0.250000	0	缺失	缺失	缺失	缺失	1.249999	0
	$n=20$	-0.333327	0.0	-0.117803	0.0	0.885976	0.332809	1.001589	0.0
	$n=40$	-0.333333	0.0	-0.119057	0.0	0.887214	0.322525	1.000097	0.0
90°	$n=80$	-0.333333	0.0	-0.119133	0.0	0.887297	0.321874	1.000001	0.0
	平面应变	缺失	缺失	-0.119138	0.0	0.887302	0.321834	缺失	缺失
	反平面	-0.333333	0	缺失	缺失	缺失	缺失	0.999999	0
	$n=20$	-0.399994	0.0	-0.310866	0.0	0.80143	0.0	0.983282	0.0
	$n=40$	-0.40000	0.0	-0.311872	0.0	0.800087	0.0	1.014961	0.0
60°	$n=80$	-0.40000	0.0	-0.311933	0.0	0.800005	0.0	1.017732	0.0
	平面应变	缺失	缺失	-0.311937	0.0	缺失	缺失	1.017911	0.0
	反平面	-0.400000	0	缺失	缺失	0.799999	0	缺失	缺失
	$n=20$	-0.484842	0.056454	0.028734	0.0	0.552456	0.033762	0.984298	0.0
	$n=40$	-0.485714	0.056407	0.028581	0.0	0.544301	0.043481	0.998654	0.0
10°	$n=80$	-0.485411	0.056404	0.028572	0.0	0.543807	0.043934	0.999612	0.0
	平面应变	缺失	缺失	缺失	缺失	0.543776	0.043962	0.999672	0.0
	反平面	-0.485714	0	0.028571	0	缺失	缺失	缺失	缺失

　　从表7.5.4和表7.5.5可以看出，随着插值矩阵法等分段数的增加，计算获得的

结果收敛于平面应变条件下的 V 形切口或反平面 V 形切口应力奇异指数准确解。对于各向同性材料的三维柱状 V 形切口结构的应力奇异性指数,它们是由 $Or\theta$ 面内平面应变条件和反平面(沿 z 轴方向)切口问题组合而成。因而,采用平面应变理论计算三维切口应力奇异指数时,反平面情形切口应力奇异指数缺失,遗漏反平面特征解对分析三维切口尖端应力场会产生错误。

例 7.5.4 三维界面端线问题应力奇异性分析。

各向同性双材料三维柱状界面端问题,参见图 7.2.2,这里 $-\theta_1 = \theta_3 = 90°$,$\theta_2 = 0°$,其中端面为自由,两材料界面为理想结合。域 Ω_1 的材料常数 $E_1 = 206$ GPa,$\nu_1 = 0.3$,域 Ω_2 的材料常数 E_2,ν_2 与 E_1,ν_1 满足如下的 Dundurs 参数关系:

$$\alpha = \frac{Km_2 - m_1}{Km_2 + m_1}, \quad \beta = \frac{K(m_2 - 2) - (m_1 - 2)}{Km_2 + m_1} \quad (7.5.1)$$

其中

$$m_1 = 4(1 - \nu_1), \quad m_2 = 4(1 - \nu_2), \quad K = \frac{E_1(1 + \nu_2)}{E_2(1 + \nu_1)} \quad (7.5.2)$$

由方程式(7.2.22)和式(7.2.23)与边界条件式(7.2.13)和式(7.2.25)对界面端线的应力奇异指数进行分析[22],切口区间 $[\theta_1, \theta_3]$ 分成 $n = 80$ 段,插值矩阵法计算结果见图 7.5.2。在不同的 Dundurs 参数组合下,界面端线呈现不同的应力奇异性,图 7.5.2 将第 1 阶应力奇异指数 λ_1 分别等于 0.00、-0.05、-0.10、-0.15、-0.20、-0.25、-0.30 和 -0.35 的八簇点各自连成线。从图 7.5.2 中可以看出,插值矩阵法(IMMEI)计算结果与文献[20]边界元法结果很吻合。实际上,插值矩阵法也同时给出了若干高阶项应力奇异指数和相应的位移与应力特征函数。

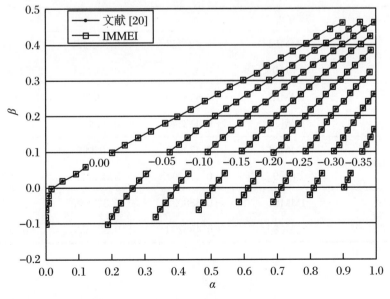

图 7.5.2　三维界面端线应力奇异指数 λ_1

例 7.5.5 单复合材料三维切口。

三维正交各向异性材料切口几何模型见图 7.3.1,两切口边自由,材料铺设方向见图 7.5.3。沿材料主轴 1 方向铺设的纤维与 Oxy 面的夹角为 ξ,它在 Oxy 面内的投影与 x 轴的夹角为 η,主轴 2 与主轴 1 垂直且落在 Oxy 面内,主轴 3 与主轴 1、2 垂直且符合右手系规定。所选择的复合材料工程常数 $E_1 = 137.90$ GPa,$E_2 = E_3 = 0.105E_1$,$\nu_{12} = \nu_{13} = \nu_{23} = 0.21$,$G_{12} = G_{13} = G_{23} = 0.0425E_1$。

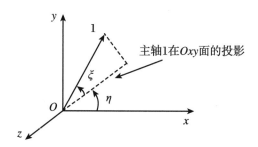

图 7.5.3 复合材料主轴铺设方向

由方程式(7.3.5)与边界条件式(7.3.8)对该例进行应力奇异性分析,采用插值矩阵法(IMMEI)计算其控制方程[23],切口区间 $[\theta_1, \theta_2]$ 分成 $n = 40$ 段。表 7.5.6给出了 $\xi = 0°$ 且切口开角 $\alpha = 90°$ 时,在不同材料铺设方向 η 下切口的应力奇异指数插值矩阵法计算结果。表 7.5.7给出了 $\xi = 0°$ 时,不同切口开角对应的最小应力奇异指数及相应的铺设方向 η^*,并和文献[9]基于 Lekhnitskii 变换导出的正交各向异性切口应力奇异指数解析计算结果相比较。

表 7.5.6 不同材料铺设方向下切口应力奇异指数($\alpha = 90°$, $\xi = 0°$)

$\eta(°)$	方法	λ_1	λ_2	λ_3
0	IMMEI	-0.421353	-0.333333	0.000000
	文献[9]	-0.421337	-0.333333	0.000000
30	IMMEI	-0.418270	-0.333333	0.000000
	文献[9]	-0.418246	-0.333333	0.000000
60	IMMEI	-0.479660	-0.333333	-0.204759
	文献[9]	-0.476964	-0.333333	-0.204755
90	IMMEI	-0.488035	-0.333333	-0.205566
	文献[9]	-0.488200	-0.333333	-0.205710

表 7.5.7　不同开角时最小的应力奇异指数及对应的材料铺设方向 ($\xi = 0°$)

$\alpha(°)$	方法	$\eta^*(°)$	λ_1	λ_2	λ_3
160	IMMEI	44.7	−0.128261	−0.100000	0.000000
	文献[9]	44.7	−0.128305	−0.100000	—
110	IMMEI	35.2	−0.359330	−0.280000	0.000000
	文献[9]	35.2	−0.359250	−0.280000	—
90	IMMEI	25.6	−0.417521	−0.333333	0.000000
	文献[9]	25.6	−0.417502	−0.300000	—
60	IMMEI	0.0	−0.466026	−0.400000	−0.077519
	文献[9]	0.0	−0.465995	−0.400000	—
10	IMMEI	0.0	−0.499906	−0.485714	−0.418715
	文献[9]	0.0	−0.499597	−0.485700	—
0	IMMEI	0.0	−0.500000	−0.500000	−0.500000
	文献[9]	0.0	−0.499999	−0.499999	−0.499999

注:表中"—"表示文献[9]未提供该值。

$\xi = 0°$ 时材料铺设在 Oxy 面内,此时平面和反平面应力特征函数是解耦的,所以表 7.5.6 中反映反平面的奇异指数 λ_2 的计算结果不随铺设角度变化。从表 7.5.6 和表 7.5.7 可以看出,插值矩阵法能一次性地计算出多阶应力奇异指数,在不同的材料铺设方向和不同的切口张角下,插值矩阵法结果均能和文献[9]结果很好地吻合。文献[9]方法在计算裂纹($\alpha = 0°$)时失效,它是通过假设切口张角 $\alpha = 0.0002°$ 来近似替代裂纹情形($\alpha = 0°$)。文献[9]方法在计算退化各向同性材料时失效,因其方程变得不适定。

例 7.5.6　三维复合材料黏结切口。

图 7.5.4 是由两个扇形柱区域 Ω_{I} 和 Ω_{II} 构成的正交各向异性双材料切口,Ω_{I} 的尖劈角为 β,Ω_{II} 的尖劈角为 α,黏结面在 Oxz 面内,两端面自由。两相材料由同种

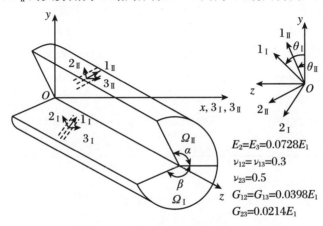

$$E_2 = E_3 = 0.0728E_1$$
$$\nu_{12} = \nu_{13} = 0.3$$
$$\nu_{23} = 0.5$$
$$G_{12} = G_{13} = 0.0398E_1$$
$$G_{23} = 0.0214E_1$$

图 7.5.4　复合材料黏结三维切口

纤维/树脂组成,其材料常数在图 7.5.4 中标出。两材料的主轴 3_I 和 3_{II} 均与 x 轴重合,主轴 1_I-2_I 和 1_{II}-2_{II} 在 Oyz 面内,1_I 和 1_{II} 与 y 轴的夹角分别为 θ_I 和 θ_{II},此时材料不沿 Oyz 面铺设,该三维切口的 Oyz 平面和其反平面应力奇异性控制方程相互耦合。

当 $\alpha = \beta = 90°$ 时,切口退化为界面自由端问题,几何构形不引起奇异性,仅因材料不匹配造成应力奇异,结构的奇异性不强。对区域 Ω_I 和 Ω_{II} 分别按式(7.3.5)列控制方程,两端面自由边界条件参照式(7.3.8),界面为理想黏结,根据式(7.2.24)和式(7.3.8)可以导得相应条件,然后采用插值矩阵法计算($n = 40$)。本法可同时获得多项应力奇异性指数和相应的位移及应力特征函数,计算发现前三阶应力奇异指数中仅第 1 阶小于 0,表 7.5.8 仅显示最小的第 1 阶应力奇异指数 λ_1,并与文献[1]解析解、文献[3]非协调元特征分析结果以及文献[5]有限元特征法计算结果比较,IMMEI 计算精度高,注意到文献[1]解析法对某些特定角度是失效的。

表 7.5.9 给出的是在 $\theta_I = 30°$,$\theta_{II} = 60°$ 的铺设方向下,不同切口开角时前三阶应力奇异指数的 IMMEI 计算结果。文献[3]仅给出了第 1 阶应力奇异指数,从奇异指数 λ_1 对比来看,本法具有很高的计算精度。

表 7.5.8 不同材料铺设方向黏结切口的第 1 阶应力奇异指数($\alpha = \beta = 90°$,$\theta_I = 30°$)

θ_{II} (°)	λ_1			
	IMMEI	文献[1]	文献[3]	文献[5]
−90	−0.076802	失效	−0.076804	−0.0764
−75	−0.073101	−0.0731	−0.073102	−0.0730
−60	−0.058196	−0.0582	−0.058196	−0.0581
−45	−0.038760	−0.0388	−0.038760	−0.0388
−30	−0.025485	−0.0256	−0.025486	−0.0256
−15	−0.023436	−0.0235	−0.023435	−0.0232
0	−0.023028	失效	−0.023028	−0.0225
15	−0.011273	−0.0113	−0.011278	−0.0107
30	−0.000411	0.0000	0.000000	0.0008
45	−0.016684	−0.0167	−0.016684	−0.0163
60	−0.050733	−0.0507	−0.050736	−0.0506
75	−0.073328	−0.0733	−0.073320	−0.0732
90	−0.076803	失效	−0.076804	−0.0766

表 7.5.9　黏结切口前 3 阶应力奇异指数（$\theta_I = 30°$，$\theta_{II} = 60°$，$\beta = 180°$）

$\alpha(°)$	IMMEI			文献[3]
	λ_1	λ_2	λ_3	λ_1
10	-0.078511	-0.044786	0.000000	-0.078521
20	-0.146392	-0.086396	0.000000	-0.146399
30	-0.204983	-0.126215	0.000000	-0.204987
60	-0.335502	-0.246449	0.000000	-0.335501
90	-0.422875	-0.380847	-0.047310	-0.422870
120	-0.474328	-0.453051	-0.268416	-0.474326
150	-0.488803	-0.481778	-0.405776	-0.488800
180	-0.500000	-0.500000	-0.500000	-0.500000

例 7.5.7　两相各向同性材料反平面切口。

作为正交各向异性材料的简单特例,这里首先研究由半平面和楔形尖劈组合形成的两相各向同性材料反平面切口,切口边自由。为此,取图 7.4.2 中的 $\theta_1 = -180°$,$\theta_2 = 0°$,两种材料的剪切模量 $G_{13} = G_{23}$,$G_{1'3'} = G_{2'3'}$,且 $G_{13}/G_{1'3'} = 10.0$。让材料 2 区域尖劈的尖角 θ_3 从 $10°$ 变化到 $180°$。由方程式(7.4.15)与边界条件式(7.4.16)和式(7.4.18)进行应力奇异性分析。切口区间$[\theta_1，\theta_2]$和$[\theta_2，\theta_3]$分成 $n = 40$ 段,插值矩阵法(IMMEI)计算结果列于表 7.5.10。Pageau 等[13]采用有限元特征法研究了各向异性复合材料反平面切口的奇异应力状况,Ma 等[17]采用 Mellin 变换方法研究了各向异性材料反平面问题奇异性。

从表 7.5.10 可以看出,在所取的有效数字范围内,插值矩阵法与 Pageau 等[13]和 Ma 等[17]的结果非常吻合。插值矩阵法不仅计算出第 1 阶奇异指数 λ_1,还同时获得多项高阶奇异指数 λ_k,表 7.5.10 列出了插值矩阵法计算的前 3 阶奇异指数,尽管对本例来说,λ_2 和 λ_3 均大于 0,高阶项不再呈现奇异性,但这些非奇异参数是描述切口尖端完整应力场不可或缺的量[18]。随着 θ_3 角的变大,即切口张角变小,则应力奇异指数随之减小,表明应力奇异性增强。

表 7.5.10　两相各向同性材料反平面切口奇异指数随尖劈角 θ_3 的变化

$\theta_3(°)$	λ_1			λ_2	λ_3
	IMMEI	文献[13]	文献[17]	IMMEI	IMMEI
10	-0.00558	-0.00558	-0.00558	0.98851	1.98189
30	-0.01796	-0.01796	-0.01796	0.94861	1.77604
60	-0.04877	-0.04877	-0.04877	0.50000	1.04879
90	-0.13677	-0.13677	-0.13677	0.13677	1.00002

续表

$\theta_3(°)$	λ_1			λ_2	λ_3
	IMMEI	文献[13]	文献[17]	IMMEI	IMMEI
120	−0.28755	−0.28755	−0.28755	0.04458	0.95543
150	−0.41097	−0.41096	−0.41097	0.01657	0.75959
180	−0.50000	−0.50000	−0.50000	0.00000	0.50000

例 7.5.8 两相各向异性材料反平面切口。

图 7.5.5 所示为一个直角楔和一个半平面完全黏结的两相材料切口,切口边自由。材料 1 的主轴系$(1,2)$与整体坐标系 Oxy 重合,材料常数 $G_{13}/G_{23}=10.0$,材料 2 的主轴系$(1',2')$与 x 轴的夹角为 θ_0,其材料常数 $G_{1'3'}/G_{2'3'}=5.0$,两种材料的 $G_{23}/G_{2'3'}=1.0$。采用方程式(7.4.15)与边界条件式(7.4.16)和式(7.4.18)进行应力奇异性分析。将两种材料切口区间$[\theta_1,\theta_2]$和$[\theta_2,\theta_3]$各分成 $n=40$ 段,材料 2 的主轴方向 θ_0 在 $0°$ 到 $90°$ 之间变化时,插值矩阵法(IMMEI)计算的切口奇异指数结果列于表 7.5.11。从表中可见,该切口只有第 1 阶奇异指数 λ_1 位于$(-1,0)$内,插值矩阵法和 Ma 等[17]的结果很吻合,切口的奇异指数沿 $\theta_0=45°$ 对称变化。表 7.5.11 列出了插值矩阵法计算的前 3 阶奇异指数,文献[17]未给出高阶项奇异指数。

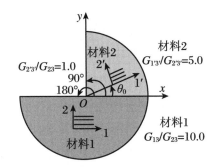

图 7.5.5 两相各向异性材料反平面切口

表 7.5.11 两相各向异性材料反平面切口奇异指数随主轴方向 θ_0 的变化

$\theta_0(°)$	λ_1		λ_2	λ_3
	IMMEI	文献[17]	IMMEI	IMMEI
0	−0.30078	−0.30079	0.30078	1.00002
22.5	−0.38570	−0.38570	0.16077	0.81781
45.0	−0.40764	−0.40764	0.12883	0.76338
67.5	−0.38570	−0.38570	0.16077	0.81781
90.0	−0.30078	−0.30079	0.30078	1.00002

例 7.5.9 终止于两相材料界面的反平面切口。

如图 7.5.6 所示为终止于两相材料界面的反平面切口,切口边自由。材料 1 的材料常数 $G_{13}/G_{23}=10.0$,其中存在一斜切口,终止于两相材料的界面,切口开角为 $\alpha=\theta_2-\theta_1$,材料 1 的主轴系 (1,2) 与该切口的角平分线重合,它与 x 轴的夹角用 $\beta=(\theta_1+\theta_2)/2$ 表示。材料 2 的材料常数 $G_{1'3'}/G_{2'3'}=5.0$,由于 $\theta_3=180°$ 且 $\theta_4=360°$,材料 2 区域是一个半平面,它的主轴系 $(1',2')$ 和整体坐标系 Oxy 重合。两种材料的 $G_{23}/G_{2'3'}=1.0$。

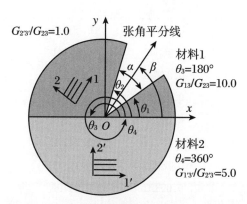

图 7.5.6 终止于两相材料界面的反平面切口

当 $\theta_1=\theta_2$ 时,上述问题退化为止于两相材料界面的斜裂纹问题。采用式 (7.4.15) 与边界条件式 (7.4.16) 和式 (7.4.18) 进行应力奇异性分析。通过插值矩阵法计算该斜裂纹的奇异指数,发现只有第 1 阶奇异指数 λ_1 落在 $(-1,0)$ 区间内。将插值矩阵法结果与 Ma 等[17] 的结果以及单相材料斜裂纹的应力奇异指数同列于表 7.5.12,可见插值矩阵法结果和 Ma 等[17] 的结果很吻合,止于两相材料界面斜裂纹的应力奇异指数和单材料斜裂纹的奇异指数($\lambda_1=-0.5$)显著不同,随着裂纹面与 x 轴夹角 β 值的增大,两者差距越加明显。

表 7.5.12 终止于两相材料界面裂纹的主导奇异指数 λ_1

$\beta(°)$	λ_1		
	IMMEI	文献[17]	单材料解析解
10	-0.52958	-0.52958	-0.50000
30	-0.54933	-0.54933	-0.50000
60	-0.55417	-0.55417	-0.50000
90	-0.55488	-0.55489	-0.50000

设斜切口的对角线与 y 轴正向重合,研究切口张角 α 取不同值时应力奇异指数的变化规律。现将第 1 阶应力奇异指数 λ_1^B 的插值矩阵法计算结果列于表 7.5.13,并将两种材料相同(均取材料 1 的材料常数)时切口的奇异指数 λ_1^S 列在一起,记两者的

相对差为 $\Delta = (\lambda_1^B - \lambda_1^S)/\lambda_1^B$。分析表明,切口的奇异指数随着切口开角 α 的增大而减弱。当 $\alpha = 0°$ 时两者的相对差 $\Delta(\%)$ 为 9.89%,而当 $\alpha = 160°$ 时,两者的相对差高达 28.21%,因而在本例所选的材料组合中,终止于两相材料界面切口比单相材料切口的奇异性要强,并且奇异性强烈程度随切口张角 α 的减小而变强。另外,插值矩阵法可同时获得前若干阶应力奇异指数和相应的位移及应力特征向量。

表 7.5.13　终止于两相材料界面切口的奇异指数

$\alpha(°)$	λ_1^B	λ_1^S	$\Delta(\%)$
0	-0.55489	-0.50000	9.89
20	-0.46647	-0.40341	13.52
40	-0.37780	-0.31290	17.18
60	-0.30285	-0.24185	20.14
80	-0.24060	-0.18662	22.44
100	-0.18711	-0.14172	24.26
120	-0.13889	-0.10311	25.76
140	-0.09322	-0.06799	27.07
160	-0.04771	-0.03425	28.21

7.6

Reissner 板切口和裂纹应力奇异性分析

本节基于 Reissner 板理论,将复合材料板切口/裂纹尖端区域的位移场自尖端渐近展开成关于径向坐标幂指数和位移角函数的组合形式,代入 Reissner 板理论控制方程,将 Reissner 板切口尖端区域奇异性分析转化为常微分特征方程组的求解。

7.6.1　Reissner 板理论基本方程

图 7.6.1 是一个正交各向异性复合材料板的几何示意图,设置直角坐标系 $Oxyz$ 和柱坐标系 $Or\theta z$,坐标原点 O 点重合,$Or\theta$ 和 Oxy 平面位于板的中面,z 轴垂直于该平面。假设正交各向异性材料主轴 3 沿 z 轴,材料主轴系 $(1,2)$ 和坐标系 Oxy 的夹角为 θ_0,见图 7.6.2 所示的含切口正交各向异性板。

板的厚度为 h,板的上表面作用压力 q。在柱坐标系 (r,θ,z) 下描述一块板位移和内力素的物理量有位移 $\{u_r \quad u_\theta \quad w\}$、弯矩和扭矩 $\{M_r \quad M_\theta \quad M_{r\theta}\}$、剪力 $\{Q_{rz} \quad Q_{\theta z}\}$。

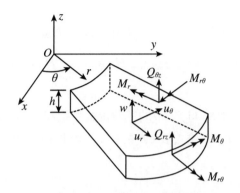

图 7.6.1 板的内力和位移分量

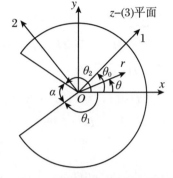

图 7.6.2 含切口的正交各向异性板

在柱坐标系 (r,θ,z) 中,具有一个弹性对称平面的正交各向异性材料的本构关系为

$$(\sigma_{rr} \quad \sigma_{\theta\theta} \quad \sigma_{zz} \quad \sigma_{\theta z} \, \sigma_{zr} \quad \sigma_{r\theta})^{\mathrm{T}} = \boldsymbol{D}(\theta)(\varepsilon_{rr} \quad \varepsilon_{\theta\theta} \quad \varepsilon_{zz} \quad \varepsilon_{\theta z} \quad \varepsilon_{zr} \quad \varepsilon_{r\theta})^{\mathrm{T}}$$

(7.6.1)

$\boldsymbol{D}$ 为柱坐标系下的弹性系数矩阵:

$$\boldsymbol{D}(\theta) = \begin{bmatrix} D_{11} & D_{12} & D_{13} & 0 & 0 & D_{16} \\ D_{12} & D_{22} & D_{23} & 0 & 0 & D_{26} \\ D_{13} & D_{23} & D_{33} & 0 & 0 & D_{36} \\ 0 & 0 & 0 & D_{44} & D_{45} & 0 \\ 0 & 0 & 0 & D_{45} & D_{55} & 0 \\ D_{16} & D_{26} & D_{36} & 0 & 0 & D_{66} \end{bmatrix}$$

(7.6.2)

式中元素 $D_{ij}(i,j=1,2,\cdots,6)$ 是弹性常数 C_{ij} 与关于 $\bar\theta(=\theta-\theta_0)$ 的三角函数的乘积,见附录式(Ⅲ.21)。

板的上、下面边界条件为

$$z = h/2: \quad \sigma_{zz} = -q, \quad \sigma_{rz} = \sigma_{\theta z} = 0 \tag{7.6.3a}$$

$$z = -h/2: \quad \sigma_{zz} = 0, \quad \sigma_{rz} = \sigma_{\theta z} = 0 \tag{7.6.3b}$$

式中,$\sigma_{ij}(i,j=r,\theta,z)$ 为板的应力分量。根据 Reissner 板理论,板中应力分量和内力之间存在如下关系:

$$\sigma_{rr} = \frac{12z}{h^3} M_r, \quad \sigma_{\theta\theta} = \frac{12z}{h^3} M_\theta, \quad \sigma_{r\theta} = \frac{12z}{h^3} M_{r\theta} \tag{7.6.4a}$$

$$\sigma_{rz} = \frac{3}{2h}\left(1 - \frac{4z^2}{h^2}\right)Q_{rz}, \quad \sigma_{\theta z} = \frac{3}{2h}\left(1 - \frac{4z^2}{h^2}\right)Q_{\theta z}, \quad \sigma_{zz} = -\frac{1}{2}q\left(\frac{3z}{h} - \frac{4z^3}{h^3} + 1\right)$$

(7.6.4b)

将柱坐标系下的应变-应力关系(附录式($\mathrm{III}.22$))代入板的弹性应变能公式,有

$$U = \frac{1}{2}\int_{\Omega} \boldsymbol{\sigma}^{\mathrm{T}} \boldsymbol{\varepsilon} \mathrm{d}\Omega$$

$$= \frac{1}{2}\int_{\Omega} \left[H_{11}\sigma_{rr}^2 + H_{22}\sigma_{\theta\theta}^2 + H_{66}\sigma_{r\theta}^2 + 2(H_{12}\sigma_{rr}\sigma_{\theta\theta} + H_{16}\sigma_{rr}\sigma_{r\theta} + H_{26}\sigma_{\theta\theta}\sigma_{r\theta}) \right.$$

$$\left. + 2(H_{13}\sigma_{rr} + H_{23}\sigma_{\theta\theta} + H_{36}\sigma_{r\theta})\sigma_{zz} + (H_{44}\sigma_{\theta z}^2 + 2H_{45}\sigma_{rz}\sigma_{\theta z} + H_{55}\sigma_{rz}^2) \right.$$

$$\left. + H_{33}\sigma_{zz}^2 \right]\mathrm{d}\Omega \tag{7.6.5}$$

式中,元素 $H_{ij}(i,j=1,2,\cdots,6)$ 是柔度系数 S_{ij} 与关于 $\bar{\theta}$ 的三角函数的乘积,见附录式($\mathrm{III}.24$);$H(\theta) = D^{-1}(\theta)$。再将式(7.6.4)代入式(7.6.5),并沿板厚度方向积分,有

$$U = \frac{1}{2}\int_{\Omega} \boldsymbol{\sigma}^{\mathrm{T}} \boldsymbol{\varepsilon} \mathrm{d}\Omega$$

$$= \int_{S_m} \left\{ \frac{6}{h^3} \left[H_{11}M_r^2 + H_{22}M_\theta^2 + H_{66}M_{r\theta}^2 + 2(H_{12}M_rM_\theta + H_{16}M_rM_\theta \right. \right.$$

$$\left. + H_{26}M_\theta M_{r\theta}) - \frac{qh^2}{5}(H_{13}M_r + H_{23}M_\theta + H_{36}M_{r\theta}) \right] + \frac{1}{2kh}(H_{44}Q_{\theta z}^2$$

$$\left. + 2H_{45}Q_{rz}Q_{\theta z} + H_{55}Q_{rz}^2) + \frac{13h}{70}H_{33}q^2 \right\} r\mathrm{d}r\mathrm{d}\theta \tag{7.6.6}$$

式中,S_m 是板的中面,$k = 5/6$。

根据 Reissner 板理论,板平面内位移 u_r,u_θ 随厚度线性变化,板挠度 w 与厚度无关,即有

$$u_r = z\tilde{u}_r, \quad u_\theta = z\tilde{u}_\theta, \quad w = \tilde{w} \tag{7.6.7}$$

式中,$\tilde{u}_r$ 和 $\tilde{u}_\theta$ 是变形前垂直于板中面的直线段在变形后的转角,其中 $\tilde{u}_r$ 是 Orz 面内的转角,以从 r 轴转向 z 轴的方向为正,$\tilde{u}_\theta$ 为 $O\theta z$ 平面内的转角,以从 θ 方向转向 z 轴的方向为正,$\tilde{w}$ 为板的挠度。

由 Reissner 板理论的变分原理,并考虑到板中面 S_m 边界条件,经过一系列推导,可以得到 Reissner 板静力问题控制方程如下:

$$\frac{\partial M_r}{\partial r} + \frac{1}{r}\frac{\partial M_{r\theta}}{\partial \theta} + \frac{M_r - M_\theta}{r} - Q_{rz} = 0 \tag{7.6.8a}$$

$$\frac{\partial M_{r\theta}}{\partial r} + \frac{1}{r}\frac{\partial M_\theta}{\partial \theta} + \frac{2M_{r\theta}}{r} - Q_{\theta z} = 0 \tag{7.6.8b}$$

$$\frac{\partial Q_{rz}}{\partial r} + \frac{1}{r}\frac{\partial Q_{\theta z}}{\partial \theta} + \frac{Q_{rz}}{r} - q = 0 \tag{7.6.8c}$$

$$\frac{12}{h^3}(H_{11}M_r + H_{12}M_\theta + H_{16}M_{r\theta}) - \frac{\partial \tilde{u}_r}{\partial r} - \frac{h^2}{5}qH_{13} = 0 \tag{7.6.8d}$$

$$\frac{12}{h^3}(H_{22}M_\theta + H_{12}M_r + H_{26}M_{r\theta}) - \frac{1}{r}\frac{\partial \tilde{u}_\theta}{\partial \theta} - \frac{\tilde{u}_r}{r} - \frac{h^2}{5}qH_{23} = 0 \tag{7.6.8e}$$

$$\frac{12}{h^3}(H_{66}M_{r\theta} + H_{16}M_r + H_{26}M_{\theta}) - \frac{1}{r}\frac{\partial \tilde{u}_r}{\partial \theta} - \frac{\partial \tilde{u}_{\theta}}{\partial r} + \frac{\tilde{u}_{\theta}}{r} - \frac{h^2}{5}qH_{36} = 0$$

$$(7.6.8f)$$

$$\frac{1}{kh}(H_{45}Q_{\theta z} + H_{55}Q_{rz}) - \tilde{u}_r - \frac{\partial \tilde{w}}{\partial r} = 0 \tag{7.6.8g}$$

$$\frac{1}{kh}(H_{44}Q_{\theta z} + H_{45}Q_{rz}) - \tilde{u}_{\theta} - \frac{1}{r}\frac{\partial \tilde{w}}{\partial \theta} = 0 \tag{7.6.8h}$$

由式(7.6.8)的(d)、(e)、(f)三式解出M_r,M_{θ},$M_{r\theta}$,将其写成矩阵形式,则它们的表达式为

$$\begin{bmatrix} H_{11} & H_{12} & H_{16} \\ H_{12} & H_{22} & H_{26} \\ H_{16} & H_{26} & H_{66} \end{bmatrix}\begin{bmatrix} M_r \\ M_{\theta} \\ M_{r\theta} \end{bmatrix} = \frac{h^3}{12}\begin{bmatrix} \dfrac{\partial \tilde{u}_r}{\partial r} + \dfrac{h^2}{5}qH_{13} \\[2mm] \dfrac{\tilde{u}_r}{r} + \dfrac{1}{r}\dfrac{\partial \tilde{u}_{\theta}}{\partial \theta} + \dfrac{h^2}{5}qH_{23} \\[2mm] \dfrac{\partial \tilde{u}_{\theta}}{\partial r} - \dfrac{\tilde{u}_{\theta}}{r} + \dfrac{1}{r}\dfrac{\partial \tilde{u}_r}{\partial \theta} + \dfrac{h^2}{5}qH_{36} \end{bmatrix} \tag{7.6.9}$$

同理,再将式(7.6.8)的(g)、(h)两式写成矩阵形式,解出Q_{rz}和$Q_{\theta z}$:

$$\begin{bmatrix} H_{55} & H_{45} \\ H_{45} & H_{44} \end{bmatrix}\begin{bmatrix} Q_{rz} \\ Q_{\theta z} \end{bmatrix} = kh\begin{bmatrix} \tilde{u}_r + \dfrac{\partial \tilde{w}}{\partial r} \\[2mm] \tilde{u}_{\theta} + \dfrac{1}{r}\dfrac{\partial \tilde{w}}{\partial \theta} \end{bmatrix} \tag{7.6.10}$$

参见附录式(Ⅲ.23),由式(7.6.9)和式(7.6.10)可得

$$\begin{bmatrix} M_r \\ M_{\theta} \\ M_{r\theta} \end{bmatrix} = \frac{h^3}{12}\begin{bmatrix} D_{11} & D_{12} & D_{16} \\ D_{12} & D_{22} & D_{26} \\ D_{16} & D_{26} & D_{66} \end{bmatrix}\begin{bmatrix} \dfrac{\partial \tilde{u}_r}{\partial r} + \dfrac{h^2}{5}qH_{13} \\[2mm] \dfrac{\tilde{u}_r}{r} + \dfrac{1}{r}\dfrac{\partial \tilde{u}_{\theta}}{\partial \theta} + \dfrac{h^2}{5}qH_{23} \\[2mm] \dfrac{\partial \tilde{u}_{\theta}}{\partial r} - \dfrac{\tilde{u}_{\theta}}{r} + \dfrac{1}{r}\dfrac{\partial \tilde{u}_r}{\partial \theta} + \dfrac{h^2}{5}qH_{36} \end{bmatrix} \tag{7.6.11}$$

$$\begin{bmatrix} Q_{rz} \\ Q_{\theta z} \end{bmatrix} = kh\begin{bmatrix} D_{55} & D_{45} \\ D_{45} & D_{44} \end{bmatrix}\begin{bmatrix} \tilde{u}_r + \dfrac{\partial \tilde{w}}{\partial r} \\[2mm] \tilde{u}_{\theta} + \dfrac{1}{r}\dfrac{\partial \tilde{w}}{\partial \theta} \end{bmatrix} \tag{7.6.12}$$

7.6.2 正交各向异性材料 Reissner 板切口奇异性

考虑一含 V 形切口正交各向异性 Reissner 板,见图 7.6.2,以切口尖端为原点定义柱坐标系(r,θ,z)和笛卡儿坐标系(x,y,z),板的中面分别为 $Or\theta$ 和 Oxy 坐标面,假设板平面内正交各向异性材料主轴系$(1,2)$和笛卡儿坐标系 Oxy 的夹角为

θ_0，材料主轴 3 垂直于板平面，即沿 z 轴方向。在 Reissner 型板切口尖端区域，根据 Williams 渐近展开思想[24]，广义位移 $\tilde{u}_r, \tilde{u}_\theta, \tilde{w}$ 可展开成径向坐标 r 的渐近级数形式：

$$\tilde{u}_r = \sum_{k=1}^N A_k r^{\lambda_k} \bar{u}_{rk}(\theta), \quad \tilde{u}_\theta = \sum_{k=1}^N A_k r^{\lambda_k} \bar{u}_{\theta k}(\theta),$$

$$\tilde{w} = \sum_{k=1}^N A_k r^{\lambda_k} \bar{w}_k(\theta) \tag{7.6.13}$$

式中，A_k 为组合幅值系数，λ_k 为切口奇异指数，N 表示截取的级数项数，$\bar{u}_{rk}(\theta)$，$\bar{u}_{\theta k}(\theta)$，$\bar{w}_k(\theta)$ 为广义位移特征角函数。注意：与式(6.2.1)和式(7.2.4)中采用 λ_k +1 写法不同，本节在式(7.6.13)中写成 λ_k，是为了便于将本章算例与已有文献结果比较，式(7.6.13)中在 $1 > \lambda_k > 0$ 范围的 λ_k 将导致尖端区域应力奇异。

以下将 $\bar{u}_{rk}(\theta)$，$\bar{u}_{\theta k}(\theta)$，$\bar{w}_k(\theta)$，$\lambda_k$ 分别简写为 $\bar{u}_r, \bar{u}_\theta, \bar{w}, \lambda$。将渐近展开式(7.6.13)中典型项代入平衡方程式(7.6.8)的(a)、(b)、(c)三式，因为这里是分析应力奇异指数，故令板面上外力 $q=0$。经过一系列推导，整理后可得到以位移角函数表示的常微分方程组：

$$D_{66}\,\bar{u}_r'' + D_{26}\,\bar{u}_\theta'' + D_{66}'\bar{u}_r' + (D_{26}' - D_{22} - D_{66})\,\bar{u}_\theta' + (D_{26}' - D_{22})\,\bar{u}_r$$

$$+ (D_{26} - D_{66}')\,\bar{u}_\theta + 2\lambda D_{16}\,\bar{u}_r' + \lambda(D_{12} + D_{66})\bar{u}_\theta' + \lambda^2 D_{11}\,\bar{u}_r + \lambda^2 D_{16}\bar{u}_\theta$$

$$+ \lambda D_{16}'\bar{u}_r - \lambda(D_{16} + D_{26} - D_{66}')\,\bar{u}_\theta = 0, \quad \theta \in [\theta_1, \theta_2] \tag{7.6.14a}$$

$$D_{26}\,\bar{u}_r'' + D_{22}\,\bar{u}_\theta'' + (D_{22} + D_{66} + D_{26}')\,\bar{u}_r' + D_{22}'\bar{u}_\theta' + (D_{26} + D_{22}')\,\bar{u}_r$$

$$- (D_{66} + D_{26}')\,\bar{u}_\theta + \lambda(D_{12} + D_{66})\,\bar{u}_r' + 2\lambda D_{26}\,\bar{u}_\theta' + \lambda^2 D_{16}\,\bar{u}_r$$

$$+ \lambda(D_{16} + D_{26} + D_{12}')\,\bar{u}_r + \lambda^2 D_{66}\,\bar{u}_\theta + \lambda D_{26}'\bar{u}_\theta = 0, \quad \theta \in [\theta_1, \theta_2] \tag{7.6.14b}$$

$$D_{44}\,\bar{w}'' + (D_{44}' + 2\lambda D_{45})\,\bar{w}' + (\lambda^2 D_{55} + \lambda D_{45}')\,\bar{w} = 0, \quad \theta \in [\theta_1, \theta_2] \tag{7.6.14c}$$

式中 $(\cdots)'$、$(\cdots)''$ 分别表示对坐标 θ 的一阶和二阶导数。由于式(7.6.14)中含 λ^2 项，为非线性特征值问题，特引入如下新变量，其变换关系为

$$g_r(\theta) = \lambda\,\bar{u}_r(\theta), \quad \theta \in [\theta_1, \theta_2] \tag{7.6.15a}$$

$$g_\theta(\theta) = \lambda\,\bar{u}_\theta(\theta), \quad \theta \in [\theta_1, \theta_2] \tag{7.6.15b}$$

$$g_w(\theta) = \lambda\,\bar{w}(\theta), \quad \theta \in [\theta_1, \theta_2] \tag{7.6.15c}$$

将式(7.6.15)代入式(7.6.14)，可得到以下线性特征值问题：

$$D_{66}\,\bar{u}_r'' + D_{26}\,\bar{u}_\theta'' + D_{66}'\bar{u}_r' + (D_{26}' - D_{22} - D_{66})\,\bar{u}_\theta' + (D_{26}' - D_{22})\,\bar{u}_r$$

$$+ (D_{26} - D_{66}')\,\bar{u}_\theta + 2\lambda D_{16}\,\bar{u}_r' + \lambda(D_{12} + D_{66})\bar{u}_\theta' + \lambda D_{11}\,g_r + \lambda D_{16}\,g_\theta$$

$$+ \lambda D_{16}'\bar{u}_r - \lambda(D_{16} + D_{26} - D_{66}')\,\bar{u}_\theta = 0, \quad \theta \in [\theta_1, \theta_2] \tag{7.6.16a}$$

$$D_{26}\,\bar{u}_r'' + D_{22}\,\bar{u}_\theta'' + (D_{22} + D_{66} + D_{26}')\,\bar{u}_r' + D_{22}'\bar{u}_\theta' + (D_{26} + D_{22}')\,\bar{u}_r$$

$$- (D_{66} + D_{26}')\,\bar{u}_\theta + \lambda(D_{12} + D_{66})\,\bar{u}_r' + 2\lambda D_{26}\,\bar{u}_\theta' + \lambda D_{16}\,g_r$$

$$+ \lambda (D_{16} + D_{26} + D'_{12}) \, \bar{u}_r + \lambda D_{66} \, g_\theta + \lambda \, D'_{26} \bar{u}_\theta = 0, \quad \theta \in [\theta_1, \theta_2]$$

(7.6.16b)

$$D_{44} \, \bar{w}'' + (D'_{44} + 2\lambda D_{45}) \, \bar{w}' + \lambda D_{55} \, g_w + \lambda \, D'_{45} \bar{w} = 0, \quad \theta \in [\theta_1, \theta_2]$$

(7.6.16c)

假设切口边界为自由面,即 $\theta = \theta_1, \theta = \theta_2$ 上面力为 0,见图 7.6.2,有 $M_{r\theta} = M_\theta = Q_{\theta z} = 0$。根据式(7.6.11)和式(7.6.12),可得

$$D_{66} \, \bar{u}_r' + D_{26} \, \bar{u}_\theta' + D_{26} \, \bar{u}_r - D_{66} \, \bar{u}_\theta + \lambda D_{16} \, \bar{u}_r + \lambda D_{66} \, \bar{u}_\theta = 0, \quad \theta = \theta_1, \theta_2$$

(7.6.17a)

$$D_{26} \, \bar{u}_r' + D_{22} \, \bar{u}_\theta' + D_{22} \, \bar{u}_r - D_{26} \, \bar{u}_\theta + \lambda D_{12} \, \bar{u}_r + \lambda D_{26} \, \bar{u}_\theta = 0, \quad \theta = \theta_1, \theta_2$$

(7.6.17b)

$$D_{44} \, \bar{w}' + \lambda D_{45} \, \bar{w} = 0, \quad \theta = \theta_1, \theta_2 \qquad (7.6.17c)$$

至此,单相正交各向异性材料 Reissner 板切口奇异性分析已转换成线性常微分方程组式(7.6.15)和式(7.6.16)在边界条件式(7.6.17)下的特征值问题。

注意到式(7.6.15)和式(7.6.16)以及边界条件式(7.6.17),对于正交各向异性材料 Reissner 板切口,当材料主轴 3 沿垂直平面时,$Or\theta$ 平面内特征函数 $\bar{u}_r(\theta)$,$\bar{u}_\theta(\theta)$ 和其平面垂直方向特征函数 $\bar{w}(\theta)$ 的控制方程是不耦合的,可以分别求解。实际上,式(7.6.15c)、式(7.6.16c)和边值条件式(7.6.17c)即为反平面切口奇异性控制方程式(7.4.10)和边值条件式(7.4.12)。

7.6.3　多相正交各向异性材料黏结板切口奇异性

图 7.6.3 所示为双相正交各向异性复合材料 Reissner 板切口,假设两个材料域黏结界面与 x 轴的夹角为 θ_2。假设各向异性材料 1 和材料 2 的弹性系数矩阵元素分别为 $D_{ij}^{(1)}$ 和 $D_{ij}^{(2)}$,其相应的主轴系 $(1,2)$ 和 $(1',2')$ 与整体直角坐标系 (x, y) 的夹角分别为 θ_{01} 和 θ_{02}。引入记号 $\bar{u}_{ir}$,$\bar{u}_{i\theta}$,$\bar{w}_i$ 为第 i 种材料域内位移转角和挠度特征角函数,g_{ir},$g_{i\theta}$,g_{iw} 为第 i 种材料域内中间变量函数,$i = 1, 2$。

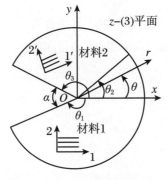

图 7.6.3　双相材料黏结板切口

在材料 1 和材料 2 两种材料域内依据式(7.6.15)和式(7.6.16)分别建立常微分方程,采用上标(1)和(2)分别表示属于第 1 和第 2 两种材料域,有

$$g_{1r}(\theta) = \lambda\,\bar{u}_{1r}(\theta), \quad g_{1\theta}(\theta) = \lambda\,\bar{u}_{1\theta}(\theta), \quad g_{1w}(\theta) = \lambda\,\bar{w}_1(\theta), \quad \theta \in [\theta_1, \theta_2]$$
(7.6.18a)

$$\begin{aligned}
& D_{66}^{(1)}\,\bar{u}_{1r}'' + D_{26}^{(1)}\,\bar{u}_{1\theta}'' + D_{66}'^{(1)}\,\bar{u}_{1r}' + (D_{26}'^{(1)} - D_{22}^{(1)} - D_{66}^{(1)})\,\bar{u}_{1\theta}' + (D_{26}'^{(1)} - D_{22}^{(1)})\,\bar{u}_{1r} \\
& + (D_{26}^{(1)} - D_{26}'^{(1)})\,\bar{u}_{1\theta} + 2\lambda D_{16}^{(1)}\,\bar{u}_{1r}' + \lambda(D_{12}^{(1)} + D_{66}^{(1)})\,\bar{u}_{1\theta}' + \lambda D_{11}^{(1)}\,g_{1r} + \lambda D_{16}^{(1)}\,g_{1\theta} \\
& + \lambda D_{16}'^{(1)}\,\bar{u}_{1r} - \lambda(D_{16}^{(1)} + D_{26}^{(1)} - D_{66}'^{(1)})\,\bar{u}_{1\theta} = 0, \quad \theta \in [\theta_1, \theta_2]
\end{aligned}$$
(7.6.18b)

$$\begin{aligned}
& D_{26}^{(1)}\,\bar{u}_{1r}'' + D_{22}^{(1)}\,\bar{u}_{1\theta}'' + (D_{22}^{(1)} + D_{66}^{(1)} + D_{26}'^{(1)})\,\bar{u}_{1r}' + D_{22}'^{(1)}\,\bar{u}_{1\theta}' + (D_{26}^{(1)} + D_{22}'^{(1)})\,\bar{u}_{1r} \\
& - (D_{66}^{(1)} + D_{26}'^{(1)})\,\bar{u}_{1\theta} + \lambda(D_{12}^{(1)} + D_{66}^{(1)})\,\bar{u}_{1r}' + 2\lambda D_{26}^{(1)}\,\bar{u}_{1\theta}' + \lambda D_{16}^{(1)}\,g_{1r} \\
& + \lambda(D_{16}^{(1)} + D_{26}^{(1)} + D_{12}'^{(1)})\,\bar{u}_{1r} + \lambda D_{66}^{(1)}\,g_{1\theta} + \lambda D_{26}'^{(1)}\,\bar{u}_{1\theta} = 0, \quad \theta \in [\theta_1, \theta_2]
\end{aligned}$$
(7.6.18c)

$$D_{44}^{(1)}\,\bar{w}_1'' + D_{44}'^{(1)}\,\bar{w}_1' + 2\lambda D_{45}^{(1)}\,\bar{w}_1' + \lambda D_{55}^{(1)}\,g_{1w} + \lambda D_{45}'^{(1)}\,\bar{w}_1 = 0, \quad \theta \in [\theta_1, \theta_2]$$
(7.6.18d)

和

$$g_{2r}(\theta) = \lambda\,\bar{u}_{2r}(\theta), \quad g_{2\theta}(\theta) = \lambda\,\bar{u}_{2\theta}(\theta), \quad g_{2w}(\theta) = \lambda\,\bar{w}_2(\theta), \quad \theta \in [\theta_2, \theta_3]$$
(7.6.19a)

$$\begin{aligned}
& D_{66}^{(2)}\,\bar{u}_{2r}'' + D_{26}^{(2)}\,\bar{u}_{2\theta}'' + D_{66}'^{(2)}\,\bar{u}_{2r}' + (D_{26}'^{(2)} - D_{22}^{(2)} - D_{66}^{(2)})\,\bar{u}_{2\theta}' \\
& + (D_{26}'^{(2)} - D_{22}^{(2)})\,\bar{u}_{2r} + (D_{26}^{(2)} - D_{26}'^{(2)})\,\bar{u}_{2\theta} + 2\lambda D_{16}^{(2)}\,\bar{u}_{2r}' \\
& + \lambda(D_{12}^{(2)} + D_{66}^{(2)})\,\bar{u}_{2\theta}' + \lambda D_{11}^{(2)}\,g_{2r} + \lambda D_{16}^{(2)}\,g_{2\theta} + \lambda D_{16}'^{(2)}\,\bar{u}_{2r} \\
& - \lambda(D_{16}^{(2)} + D_{26}^{(2)} - D_{66}'^{(2)})\,\bar{u}_{2\theta} = 0, \quad \theta \in [\theta_2, \theta_3]
\end{aligned}$$
(7.6.19b)

$$\begin{aligned}
& D_{26}^{(2)}\,\bar{u}_{2r}'' + D_{22}^{(2)}\,\bar{u}_{2\theta}'' + (D_{22}^{(2)} + D_{66}^{(2)} + D_{26}'^{(2)})\,\bar{u}_{2r}' + D_{22}'^{(2)}\,\bar{u}_{2\theta}' + (D_{26}^{(2)} + D_{22}'^{(2)})\,\bar{u}_{2r} \\
& - (D_{66}^{(2)} + D_{26}'^{(2)})\,\bar{u}_{2\theta} + \lambda(D_{12}^{(2)} + D_{66}^{(2)})\,\bar{u}_{2r}' + 2\lambda D_{26}^{(2)}\,\bar{u}_{2\theta}' + \lambda D_{16}^{(2)}\,g_{2r} \\
& + \lambda(D_{16}^{(2)} + D_{26}^{(2)} + D_{12}'^{(2)})\,\bar{u}_{2r} + \lambda D_{66}^{(2)}\,g_{2\theta} + \lambda D_{26}'^{(2)}\,\bar{u}_{2\theta} = 0, \quad \theta \in [\theta_2, \theta_3]
\end{aligned}$$
(7.6.19c)

$$D_{44}^{(2)}\,\bar{w}_2'' + D_{44}'^{(2)}\,\bar{w}_2' + 2\lambda D_{45}^{(2)}\,\bar{w}_2' + \lambda D_{55}^{(2)}\,g_{2w} + \lambda D_{45}'^{(2)}\,\bar{w}_2 = 0, \quad \theta \in [\theta_2, \theta_3]$$
(7.6.19d)

在边界 $\theta = \theta_1$ 和 $\theta = \theta_3$ 面上,面力自由的边界条件可写为

$$D_{66}^{(1)}\,\bar{u}_{1r}' + D_{26}^{(1)}\,\bar{u}_{1\theta}' + D_{26}^{(1)}\,\bar{u}_{1r} - D_{66}^{(1)}\,\bar{u}_{1\theta} + \lambda D_{16}^{(1)}\,\bar{u}_{1r} + \lambda D_{66}^{(1)}\,\bar{u}_{1\theta} = 0, \quad \theta = \theta_1$$
(7.6.20a)

$$D_{26}^{(1)}\,\bar{u}_{1r}' + D_{22}^{(1)}\,\bar{u}_{1\theta}' + D_{22}^{(1)}\,\bar{u}_{1r} - D_{26}^{(1)}\,\bar{u}_{1\theta} + \lambda D_{12}^{(1)}\,\bar{u}_{1r} + \lambda D_{26}^{(1)}\,\bar{u}_{1\theta} = 0, \quad \theta = \theta_1$$
(7.6.20b)

$$D_{44}^{(1)}\,\bar{w}'\,\bar{w}_1' + \lambda D_{45}^{(1)}\,\bar{w}_1 = 0, \quad \theta = \theta_1$$
(7.6.20c)

$$D_{66}^{(2)} \ \bar{u}_{2r}' + D_{26}^{(2)} \ \bar{u}_{2\theta}' + D_{26}^{(2)} \ \bar{u}_{2r} - D_{66}^{(2)} \ \bar{u}_{2\theta} + \lambda D_{26}^{(2)} \ \bar{u}_{2r} + \lambda D_{66}^{(2)} \ \bar{u}_{2\theta} = 0,$$
$$\theta = \theta_3 \tag{7.6.20d}$$

$$D_{26}^{(2)} \ \bar{u}_{2r}' + D_{22}^{(2)} \ \bar{u}_{2\theta}' + D_{22}^{(2)} \ \bar{u}_{2r} - D_{26}^{(2)} \ \bar{u}_{2\theta} + \lambda D_{12}^{(2)} \ \bar{u}_{2r} + \lambda D_{26}^{(2)} \ \bar{u}_{2\theta} = 0,$$
$$\theta = \theta_3 \tag{7.6.20e}$$

$$D_{44}^{(2)} \ \bar{w}_2' + \lambda D_{45}^{(2)} \ \bar{w}_2 = 0, \quad \theta = \theta_3 \tag{7.6.20f}$$

假设在两相材料的黏结部位$(\theta = \theta_2)$满足理想黏结条件,即

$$u_{1r}(\theta_2) = u_{2r}(\theta_2), \quad u_{1\theta}(\theta_2) = u_{2\theta}(\theta_2), \quad w_1(\theta_2) = w_2(\theta_2) \tag{7.6.21a}$$

$$M_{r\theta}^{(1)}(\theta_2) = M_{r\theta}^{(2)}(\theta_2), \quad M_{\theta}^{(1)}(\theta_2) = M_{\theta}^{(2)}(\theta_2), \quad Q_{\theta z}^{(1)}(\theta_2) = Q_{\theta z}^{(2)}(\theta_2)$$
$$\tag{7.6.21b}$$

将式(7.6.13)、式(7.6.11)和式(7.6.12)代入上式,可得

$$\bar{u}_{1r} - \bar{u}_{2r} = 0, \quad \bar{u}_{1\theta} - \bar{u}_{2\theta} = 0, \quad \bar{w}_1 - \bar{w}_2 = 0, \quad \theta = \theta_2 \tag{7.6.22a}$$

$$D_{66}^{(1)} \ \bar{u}_{1r}' + D_{26}^{(1)} \ \bar{u}_{1\theta}' - D_{26}^{(2)} \ \bar{u}_{2\theta}' - D_{66}^{(2)} \ \bar{u}_{2r}' + D_{26}^{(1)} \ \bar{u}_{1r} - D_{66}^{(1)} \ \bar{u}_{1\theta} - D_{26}^{(2)} \ \bar{u}_{2r}$$
$$+ D_{66}^{(2)} \ \bar{u}_{2\theta} + \lambda D_{16}^{(1)} \ \bar{u}_{1r} + \lambda D_{66}^{(1)} \ \bar{u}_{1\theta} - \lambda D_{26}^{(2)} \ \bar{u}_{2r} - \lambda D_{66}^{(2)} \ \bar{u}_{2\theta} = 0, \quad \theta = \theta_2$$
$$\tag{7.6.22b}$$

$$D_{26}^{(1)} \ \bar{u}_{1r}' + D_{22}^{(1)} \ \bar{u}_{1\theta}' - D_{26}^{(2)} \ \bar{u}_{2r}' - D_{22}^{(2)} \ \bar{u}_{2\theta}' + D_{22}^{(1)} \ \bar{u}_{1r} - D_{26}^{(1)} \ \bar{u}_{1\theta} - D_{22}^{(2)} \ \bar{u}_{2r}$$
$$+ D_{26}^{(2)} \ \bar{u}_{2\theta} + \lambda D_{12}^{(1)} \ \bar{u}_{1r} + \lambda D_{26}^{(1)} \ \bar{u}_{1\theta} - \lambda D_{12}^{(2)} \ \bar{u}_{2r} - \lambda D_{26}^{(2)} \ \bar{u}_{2\theta} = 0, \quad \theta = \theta_2$$
$$\tag{7.6.22c}$$

$$D_{44}^{(1)} \ \bar{w}_1' - D_{44}^{(2)} \ \bar{w}_2' + \lambda D_{45}^{(1)} \ \bar{w}_1 - \lambda D_{45}^{(2)} \ \bar{w}_2 = 0, \quad \theta = \theta_2 \tag{7.6.22d}$$

因此,双相正交各向异性复合材料黏结 Reissner 板切口奇异性分析变成了常微分方程组式(7.6.18)、式(7.6.19)在边界条件式(7.6.20)和界面协调条件式(7.6.22)下的特征值问题。

对于多相正交各向异性复合材料黏结 Reissner 板切口奇异性问题,如三相材料界面相交黏结切口力学模型,见图 7.6.4,板切口张角为 α,切口角平分线与界面的夹角为 β,在直角坐标系 (x, y) 下,板的中面为 $Or\theta$ 和 Oxy 坐标面,假设各向异性材

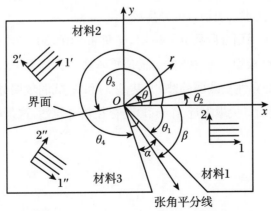

图 7.6.4 与界面相交的多材料板切口模型

料 1、2、3 的弹性系数矩阵元素分别为 $D_{ij}^{(1)}$，$D_{ij}^{(2)}$ 和 $D_{ij}^{(3)}$，其相应的材料主轴系(1,2)、$(1',2')$ 和 $(1'',2'')$ 与整体直角坐标系 (x,y) 的夹角分别为 θ_{01}，θ_{02} 和 θ_{03}，主轴 3 沿 z 轴方向。

根据双相复合材料 Reissner 板切口应力奇异性分析的控制方程式(7.6.18)、式(7.6.19)和边值条件式(7.6.20)、式(7.6.22)，易于写出多相复合材料结合 Reissner 板切口奇异性分析的常微分控制方程，为避免冗长，这里略写。

7.7
Reissner 板切口和裂纹奇异性分析算例

这里给出结合材料 Reissner 板切口和裂纹结构的算例，根据控制方程式(7.6.18)、式(7.6.19)与相应边界条件式(7.6.20)或式(7.6.22)，分析板切口的应力奇异指数和特征角函数[32,33]。算例采用插值矩阵法(IMMEI)求解，均采用分段二次函数插值。

7.7.1 双相各向同性材料黏结板裂纹和切口

首先研究双相各向同性材料黏结形成的界面板裂纹和切口。对于界面板裂纹，这里取 $\theta_1 = -180°$，$\theta_2 = 0°$，$\theta_3 = 180°$(见图 7.6.3)，假设结合板有相同的厚度和泊松比，泊松比取 0.3，E_1/E_2 比值是变化的。插值矩阵法计算板裂纹尖端附近区域的奇异指数与文献[16]计算结果同列于表 7.7.1，表中 n 是指区间 (θ_1,θ_2) 和 (θ_2,θ_3) 的分段数，通常应力奇异特征指数 λ_i 是复数，表中 $i = \sqrt{-1}$。由表 7.7.1 可见，IMMEI 取 $n = 20$ 的计算结果精度有 4 位有效数字，与文献[16]结果吻合很好，文献[16]为采用 Müller 迭代方法求解出切口奇异指数。

表 7.7.2 给出了采用分段数 $n = 40$ 时，张角 $\alpha = 10°,30°,60°,90°,180°,190°$ 的双相各向同性材料黏结板切口奇异指数的插值矩阵法计算结果。结果显示，随着切口张角 α 增大，应力奇异性呈减弱趋势，尤其是 λ_2 和 λ_3 减弱较明显；当切口张角 $\alpha = 180°$ 时，双相黏结板切口尖端附近 $\lambda_1(<1)$ 仍存在弱奇异性，这是单材料平面切口问题不具有的性质。

表 7.7.1　双相各向同性材料板裂纹尖端处应力奇异指数

λ_i	方法	E_1/E_2			
		2	3	5	10
λ_1	文献[16]	$0.5000 + 0.037306i$	$0.5000 + 0.056284i$	$0.5000 + 0.075666i$	$0.5000 + 0.093774i$
	IMMEI, $n=20$	$0.5000255 + 0.0373093i$	$0.5000253 + 0.0562885i$	$0.5000251 + 0.0756726i$	$0.5000247 + 0.0937824i$
	IMMEI, $n=40$	$0.5000019 + 0.0373063i$	$0.5000019 + 0.0562839i$	$0.5000018 + 0.0756665i$	$0.5000018 + 0.0937749i$
	IMMEI, $n=60$	$0.5000004 + 0.0373061i$	$0.5000004 + 0.0562836i$	$0.5000004 + 0.0756661i$	$0.5000004 + 0.0937744i$
λ_2	文献[16]	$0.5000 - 0.037306i$	$0.5000 - 0.056284i$	$0.5000 - 0.075666i$	$0.5000 - 0.093774i$
	IMMEI, $n=20$	$0.5000255 - 0.0373093i$	$0.5000253 - 0.0562885i$	$0.50002505 - 0.0756726i$	$0.50002471 - 0.0937824i$
	IMMEI, $n=40$	$0.5000019 - 0.0373063i$	$0.5000019 - 0.0562839i$	$0.5000018 - 0.0756665i$	$0.5000018 - 0.0937749i$
	IMMEI, $n=60$	$0.5000004 - 0.0373061i$	$0.5000004 - 0.0562836i$	$0.5000004 - 0.0756661i$	$0.5000004 - 0.0937744i$
λ_3	文献[16]	0.5000	0.5000	0.5000	0.5000
	IMMEI, $n=20$	0.5000000	0.5000002	0.5000002	0.5000002
	IMMEI, $n=40$	0.5000000	0.5000000	0.5000000	0.5000000
	IMMEI, $n=60$	0.5000000	0.5000000	0.5000000	0.5000000

表 7.7.2　双相各向同性材料板切口尖端处应力奇异指数($n=40$)

$\alpha(°)$	λ_i	E_1/E_2			
		2	3	5	10
10	λ_1	$0.5146 + 0.0356605i$	$0.5146 + 0.0562868i$	$0.5146 + 0.0768009i$	$0.5145 + 0.0957739i$
	λ_2	$0.5146 - 0.0356605i$	$0.5146 - 0.0562868i$	$0.5146 - 0.0768009i$	$0.5145 - 0.0957739i$
	λ_3	0.5142857	0.5142857	0.5142857	0.5142857
30	λ_1	0.5264634	$0.5492 + 0.0420294i$	$0.5487 + 0.0712033i$	$0.5482 + 0.094972i$
	λ_2	0.54545458	$0.5492 - 0.0420294i$	$0.5487 - 0.0712033i$	$0.5482 - 0.094972i$
	λ_3	0.57267254	0.54545458	0.54545458	0.54545458
60	λ_1	0.52425458	0.54275226	0.58726418	$0.6138 + 0.0704021i$
	λ_2	0.60000023	0.60000023	0.60000023	$0.6138 - 0.0704021i$
	λ_3	0.71633296	0.69465249	0.64568274	0.60000023
90	λ_1	0.55318797	0.56540494	0.58606291	0.61968050
	λ_2	0.66666693	0.66666693	0.66666693	0.66666693
	λ_3	0.89295099	0.87221041	0.83975931	0.79266447
180	λ_1	0.97325631	0.94033211	0.89449347	0.84081443
	λ_2	1.0	1.0	1.0	1.0
	λ_3	1.0	1.0	1.0	1.0
190	λ_1	1.0	1.0	0.96843359	0.89513078
	λ_2	1.05882360	1.03357587	1.0	1.0
	λ_3	1.08277486	1.05882360	1.05882360	1.05882360

7.7.2 双相正交各向异性材料黏结板切口

见图 7.7.1，双相正交各向异性复合材料板黏结形成的对称型板切口，材料 1 的主轴系 $(1,2)$ 和材料 2 的主轴系 $(1',2')$ 都与整体坐标系 Oxy 重合。材料 1 的柔度阵 $\boldsymbol{R}_1 = \boldsymbol{R}$，见附录式($\mathrm{III}.9$)，材料 2 的柔度阵 $\boldsymbol{R}_2 = 2\boldsymbol{R}$，$\boldsymbol{R}$ 为

$$
\boldsymbol{R} = \begin{bmatrix}
1/39 & -0.0451/6.4 & -0.3507/30.6 & 0 & 0 & 0 \\
 & 1/6.4 & -0.275/30.6 & 0 & 0 & 0 \\
 & & 1/30.6 & 0 & 0 & 0 \\
 & & & 1/4.5 & 0 & 0 \\
 \text{对称} & & & & 1/19.7 & 0 \\
 & & & & & 1/4.5
\end{bmatrix}
$$

$$(7.7.1)$$

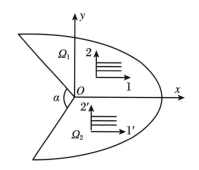

图 7.7.1　双相正交各向异性材料板切口

分别取 $n = 20，40，60$ 三种分段数，使用插值矩阵法计算双相板切口奇异指数随切口张角变化结果见表 7.7.3。表中可见，本法结果与文献[16]计算值吻合很好。由计算结果可见，随着切口张角增大，板切口奇异性减弱，当正交各向异性双相材料板切口张角为 180° 时，第 1 阶 $\lambda_1 < 1.0$，其应力奇异性仍然存在但很微弱。插值矩阵法除了计算出前 3 阶奇异指数，还同时给出了渐近级数式(7.6.13)中的高阶项特征解，表 7.7.3 共列出本法计算的前 5 阶奇异指数，其中 λ_4 和 λ_5 值大于 1.0，对应的项不再呈现应力奇异性，但这些非奇异项对描述双相或多相复合材料板切口尖端附近完整应力场也有贡献[32]，尤其离裂尖较远时，后续的非奇异项对切口尖端应力场影响逐渐变大。

表 7.7.3　双相正交各向异性材料板切口应力奇异指数

$\alpha(°)$	方法	λ_1	λ_2	λ_3	λ_4	λ_5
0	文献[16]	$0.5000 + 0.041229i$	$0.5000 - 0.041229i$	0.500000	—	—
	$n=20$	$0.4999017 + 0.041183i$	$0.4999017 - 0.041183i$	0.5000420	1.0	1.0000031
	$n=40$	$0.500021 + 0.041228i$	$0.500021 - 0.041228i$	0.5000140	1.0	1.0000002
	$n=60$	$0.500005 + 0.041229i$	$0.500005 + 0.041229i$	0.5000025	1.0	0.9999999
60	文献[16]	0.5450832	0.6943453	0.8646145	—	—
	$n=20$	0.5450656	0.6943111	0.8646573	1.0	1.3886965
	$n=40$	0.5450754	0.6943430	0.8646188	1.0	1.3886914
	$n=60$	0.5450828	0.6943448	0.8646149	1.0	1.3886908
120	文献[16]	0.6812632	0.8536774	1.0	—	—
	$n=20$	0.6812473	0.8536735	1.0	1.2759623	1.7073800
	$n=40$	0.6812616	0.8536773	1.0	1.2758287	1.7073568
	$n=60$	0.6812634	0.8536774	1.0	1.2758192	1.7073552
180	文献[16]	0.9886141	1.0	1.0	—	—
	$n=20$	0.9886333	1.0	1.0	$1.875075 + 0.17822i$	$1.875075 - 0.17822i$
	$n=40$	0.9886218	1.0	1.0	$1.875038 + 0.17820i$	$1.875038 - 0.17820i$
	$n=60$	0.9886210	1.0	1.0	$1.875035 + 0.17819i$	$1.875035 - 0.17819i$
240	文献[16]	1.0	1.2068588	1.792550	—	—
	$n=20$	1.0	1.2068590	1.792671	$2.264083 + 0.31174i$	$2.264083 - 0.31174i$
	$n=40$	1.0	1.2068587	1.792635	$2.264071 + 0.31179i$	$2.264071 - 0.31179i$
	$n=60$	1.0	1.2068587	1.792633	$2.264070 + 0.31180i$	$2.264070 - 0.31180i$

注:表中"—"表示文献[16]中没有给出计算结果。

　　确定计算出的奇异指数 λ_i 对应的是平面应力奇异指数还是反平面奇异指数,可以根据对应的特征函数做出判别。不失一般性,以图 7.7.1 切口张角 $\alpha = 60°$为例,插值矩阵法计算出的奇异指数 λ_1 对应的位移特征角函数,见图 7.7.2(a),只有 $\bar{u}_r$ 和 $\bar{u}_\theta$ 非零,而 $\bar{w}=0$,根据式(7.6.7),可确定 λ_1 对应的是平面应力奇异指数;λ_2 对应的垂直于板平面的特征角函数 $\bar{w}$,见图 7.7.2(b),$\bar{u}_r=0$ 且 $\bar{u}_\theta=0$,确定 λ_2 对应的是反平面奇异指数。

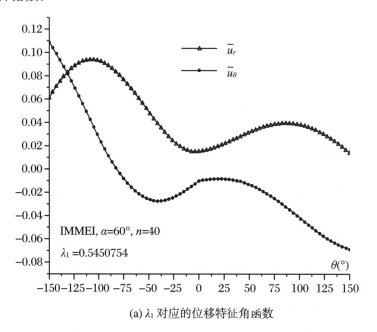

(a) λ_1 对应的位移特征角函数

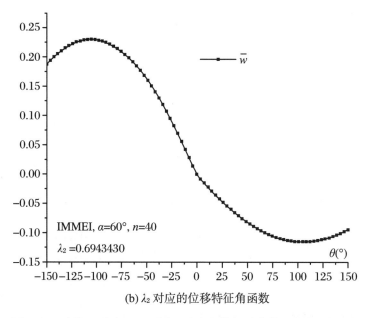

(b) λ_2 对应的位移特征角函数

图 7.7.2　板切口张角 $\alpha=60°$ 前 2 阶奇异指数对应的位移特征角函数

7.7.3 与两相不匹配正交各向异性材料板界面相交的裂纹

图 7.7.3 为一裂纹与两相不匹配正交各向异性材料界面相交,张角 $\alpha = 0°$,设材料 1 的柔度阵 $\boldsymbol{R}_1 = \boldsymbol{R}$,材料 2 的柔度阵 $\boldsymbol{R}_2 = 2\boldsymbol{R}$,$\boldsymbol{R}$ 由式(7.7.1)给出,参见附录式 (Ⅲ.9)。材料 1 域主轴系(1,2)与坐标系 Oxy 的夹角为 $-45°$,材料 2 域主轴系$(1',2')$ 与坐标系 Oxy 的夹角为 $45°$。裂纹与材料界面的夹角 β 取不同值时,由插值矩阵法计算获得平面应力奇异指数 λ_1,λ_2 和反平面奇异指数 λ_3,见图 7.7.4。图中可见,插值矩阵法($n = 40$)计算结果与文献[16]给出的结果完全吻合。分析计算结果,可见反平面奇异指数 λ_3 不受裂纹与材料界面的夹角 β 变化影响,而平面应力奇异指数 λ_1,λ_2 皆不等于 0.5,其中 λ_1 奇异性强而 λ_2 奇异性弱。

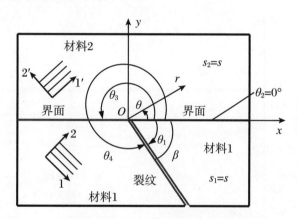

图 7.7.3　与两相不匹配正交各向异性材料界面相交的裂纹

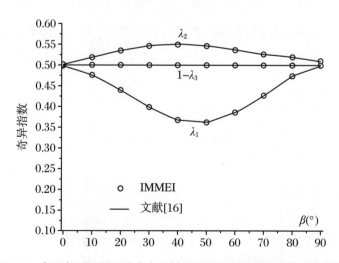

图 7.7.4　与两相不匹配正交各向异性材料界面相交裂纹的应力奇异指数

7.7.4　与两相匹配正交各向异性材料板界面相交的裂纹

图 7.7.3 所示为两相匹配正交各向异性板黏结在一起,其中材料 1 刚度与材料 2 刚度不同,裂纹位于材料 1 中并与界面相交。设材料 1 的柔度矩阵为 $R_1 = R$,R 由式(7.7.1)给出,材料 2 的柔度矩阵为 $R_2 = 2R$,材料 1 域主轴系(1,2)和材料 2 域主轴系($1'$,$2'$)与坐标系 Oxy 的夹角均为 $0°$,取不同的 β 值,用插值矩阵法计算获得裂纹的应力奇异指数如图 7.7.5 所示。当材料 1 的柔度矩阵为 $R_1 = 2R$,材料 2 的柔度矩阵为 $R_2 = R$ 时,取不同的 β 值,用插值矩阵法计算获得裂纹的应力奇异指数如图 7.7.6 所示。

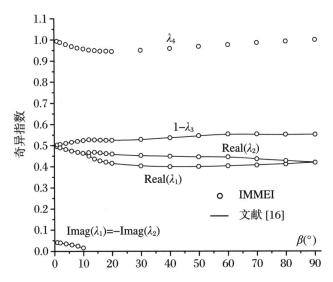

图 7.7.5　与界面相交裂纹的前 4 阶应力奇异指数 λ_k(裂纹在刚度较大的板内)

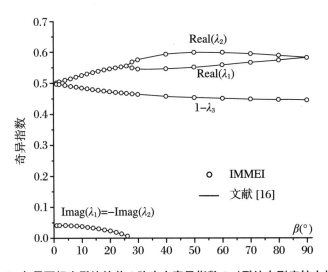

图 7.7.6　与界面相交裂纹的前 4 阶应力奇异指数 λ_k(裂纹在刚度较小的板内)

图 7.7.5 显示,当裂纹位于刚度较大的板内并与界面相交时,其应力奇异性较强,且存在第 4 个应力奇异性指数 $0<\lambda_4<1.0$(为反平面应力奇异指数),尽管其奇异很弱,而文献[16]没有给出。由图 7.7.6 可见,裂纹位于刚度较小的板内时,应力奇异性较弱。同时,由图 7.7.5 和图 7.7.6 可见,插值矩阵法计算结果与文献[16]计算结果很吻合。此外本方法还可计算出更高阶的奇异指数及相应的位移和应力特征函数。

本章小结

对于正交各向异性复合材料 Reissner 板和三维柱状切口结构的应力奇异性问题,本章基于切口尖端位移场的幂级数渐近展开假设,从弹性力学基本方程出发,将复合材料 Reissner 板和三维柱状切口/裂纹的应力奇异性分析,转化为在相应边界条件下求解常微分方程组的特征值问题,然后采用插值矩阵法,可一次性地求出 Reissner 板和三维复合材料切口尖端的多阶应力奇异指数及相应特征函数。

本章方法适合平面和反平面应力耦合和解耦情形,特别是给出了前若干阶应力指数及相应位移和应力特征向量。基于对三维切口尖端奇异性的分析结果,在切口邻近以外区域运用有限元或边界元等数值方法,可以计算出三维复合材料切口结构广义应力强度因子及完整的位移和应力场。

参考文献

[1] Delale F. Stress singularities in bonded anisotropic materials[J]. International Journal of Solids and Structures,1984,20(1):31-40.

[2] Chen H P. Stress singularities in anisotropic multi-material wedges and junctions[J]. International Journal of Solids and Structures,1998,35(11):1057-1073.

[3] 平学成,陈梦成,谢基龙. 各向异性复合材料尖劈和接头的奇性应力指数研究[J].应用力学学报,2004,21(3):27-32.

[4] 成昌敏,许金泉,王效贵. 结合材料界面端的三维应力奇异性[J]. 力学季刊,2002,23(4):480-486.

[5] Pageau S S,Biggers S B. A finite element approach to three-dimensional singular stress states in anisotropic multi-material wedges and junctions[J]. International Journal of Solids and Structures,1996,33(1):33-47.

[6] Yosibash Z. Computing edge singularities in elastic anisotropic three-dimensional domains [J]. International Journal of Fracture,1997,86(3):221-245.

[7] Hwu C,Omiya M,Kishimoto K. A key matrix N for the stress singularity of the anisotropic

elastic composite wedges[J]. JSME International Journal series A，2003，46（1）：40-50.

[8] Ungamornrat J. Analysis of 3D cracks in anisotropic multi-material domain with weakly singular SGBEM[J]. Engineering Analysis with Boundary Elements，2006，30(10)：834-846.

[9] Chue C H，Liu C I. A general solution on stress singularities in an anisotropic wedge[J]. International Journal of Solids and Structures，2001，38(38)：6889-6906.

[10] Shahani A R. Analysis of an anisotropic finite wedge under antiplane deformation[J]. Journal of Elasticity，1999，56：17-32.

[11] Lin R L，Ma C C. Theoretical full-field analysis of dissimilar isotropic composite annular wedges under anti-plane deformations[J]. International Journal of Solids and Structures，2004，41：6041-6080.

[12] Chen C H，Wang C L，Ke C C. Analysis of composite finite wedges under anti-plane shear [J]. International Journal of Mechanical Sciences，2009，51：583-597.

[13] Pageau S S，Joseph P，Biggers S B. A finite element analysis of the singular stress fields in anisotropic materials loaded in antiplane shear[J]. International Journal for Numerical Methods in Engineering，1995，38：81-97.

[14] 戴耀，张磊，张鹏，等. 非均匀材料反平面裂纹问题的特征函数[J]. 中国科学：物理学 力学 天文学，2012，42：852-860.

[15] Niu Z R，Ge D L，Cheng C Z，Ye J Q，Recho N. Evaluation of the stress singularities of plane V-notches in bonded dissimilar materials[J]. Applied Mathematical Modelling，2009，33：1776-1792.

[16] Li Jia. Singularity analysis of near-tip fields for notches formed from several anisotropic plates under bending [J]. International Journal of Solids and Structures，2002，39：5767-5785.

[17] Ma C C，Hour B L. Analysis of dissimilar anisotropic wedges subjected to antiplane shear deformation[J]. International Journal of Solids and Structures，1989，11：1295-1309.

[18] Cheng C Z，Niu Z R，Recho N. Effect of non-singular stress on the brittle fracture of V-notched structure[J]. International Journal of Fracture，2012，174：127-138.

[19] 钱俊，龙驭球. 三维切口尖端应力应变场[J]. 应用数学和力学，1994，15(3)：199-208.

[20] Prukvilailert M，Koguchi H. Stress singularity analysis around the singular point on the stress singularity line in three-dimensional joints[J]. International Journal of Solids and Structures，2005，42：3059-3074.

[21] Cheng C Z，Ge S Y，Yao S L，Niu Z R，Recho N. Singularity analysis for a V-notch with angularly inhomogeneous elastic properties [J]. International Journal of Solids and Structures，2016，78-79：138-148.

[22] 葛仁余，熊海超，牛忠荣，程长征. 各向同性与各向异性三相材料接头应力奇异性研究[J]. 应用力学学报，2019，36(4)：825-831.

[23] Cheng C Z，Zhou W，Niu Z R，Recho N. Stress singularity analysis for orthotropic V-

notches in the generalized plane strain state[J]. Fatigue & Fracture of Engineering Materials & Structures, 2015, 38(8): 881-896.

[24] Williams M L. Surface stress singularities resulting from various boundary conditions in angular corners of plates under bending[J]. Appl. Mech., 1961, 28:325-328.

[25] Sih G C, Paris P C, Erdogan F. Crack tip stress intensity factors for plane extension and plate bending problems[J]. Appl. Mech., 1962, 29: 306-312.

[26] Knowles J K, Wang N M. On the bending of an elastic plate containing a crack[J]. Math. and Phy., 1960, 39: 223-236.

[27] Boduroglu H, Erdogan F. Internal and edge cracks in a plate of finite width under bending [J]. Journal of Applied Mechanics, 1983, 50: 621-629.

[28] Hui C Y, Zehnder A T. A theory for fracture of thin plates subjected to bending and twisting moments[J]. International Journal of Fracture, 1993, 61: 211-229.

[29] Su R K L, Leung A Y T. Mixed mode crack in Reissner plates[J]. International Journal of Fracture, 2001, 107: 235-257.

[30] Ang D D, Williams M L. Combined stresses in an orthotropic plate having a finite crack [J]. ASME Journal of Applied Mechanics, 1961, 28: 372-378.

[31] Yuan F G, Yang S. Asymptotic crack-tip fields in an anisotropic plate subjected to bending, twisting moments and transverse shear loads[J]. Composites Science and Technology, 2000, 60: 2489-2502.

[32] Cheng C Z, Han Z L, Wang D P, Niu Z R, Recho N. Singularity analysis near the vertex of the V-notch in Reissner's plate by coupling the asymptotic expansion technique with the interpolating matrix method[J]. Fatigue & Fracture of Engineering Materials & Structures, 2015, 38(3): 30-314.

[33] Cheng C Z, Yao S L, Sun J L, Niu Z R. Singularity characteristic analysis for a V-notch in angularly heterogeneous moderately thick plate[J]. International Journal of Mechanical Sciences, 2016, 115-116: 215-225.

第 —— 8 —— 章

磁-电-弹材料切口
耦合场奇异性分析

8.1

引言

压电材料是一种具有电场与弹性场耦合性质的新型复合材料,磁-电-弹(MEE)材料则具有磁场、电场与弹性场耦合的性质。压电材料和磁-电-弹材料可用于制作传感器、驱动器或智能元件等。在制作和使用这些元器件的过程中会形成各种切口、裂纹或异质材料界面端,见图 8.1.1,切口尖端处产生力-电、力-电-磁耦合奇异场从而导致机械失效或电介击穿致使器件失效[1]。因而,复合材料切口尖端的力-电-磁耦合奇异场直接影响工程结构的安全性[2]。

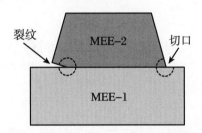

图 8.1.1 双相磁-电-弹材料切口/裂纹

Chen 等[3]运用有限元法计算了压电材料切口奇异特征解。Xu 等[4]采用扩展 Lekhnitskii 复势函数法研究了压电材料切口的奇异性,但分析裂纹问题时出现不适定现象。文献[5]、[6]分析了压电材料三维裂纹尖端力-电耦合奇异场问题。然而,分析压电材料三维 V 形切口端部力-电耦合奇异性的文献鲜见。Sze 等[7]基于平面应变假设,利用特征函数展开方法,将控制方程弱形式转化为一维有限元特征分析问题,计算了压电材料三维柱状 V 形切口端部力-电耦合奇异指数。Scherzer 等[8]利用渐近展开式和常规有限元结合的数值方法,计算了与两相压电材料界面相交的 V 形切口端部力-电耦合奇异指数。文献[9]~[11]基于切口根部物理场幂级数展开式,利用特征函数展开方法研究了压电材料三维 V 形切口端部力-电耦合奇异指数。

磁-电-弹材料裂纹作为切口的特例,其物理场奇异性分析已有一些研究。Zhao 等[12]研究了三维双磁-电-弹材料中任意形状界面裂纹尖端的奇异指数和奇异性行为。孙建亮等[13]分析了功能梯度压电/压磁材料中裂纹在反平面剪切载荷下的断裂问题。Sánchez 等[14]采用边界元法研究了磁-电-弹复合材料的断裂问题。Guo 等[15]采用映射函数和复变函数法,分析了磁-电-弹体中环形洞口萌生的多裂纹反平面问题。Li[16]采用傅里叶变换和拉普拉斯变换,给出了反平面机械荷载和平面内电、磁冲击下磁-电-弹材料裂纹的动态响应分析。Sih 等[17]研究了在钛酸钡-铁酸钴复合材料中电磁极化对裂纹扩展的影响。相对裂纹而言,磁-电-弹材料切口耦合场奇异性研究较少。Sue 等[18]通过复势函数法和特征展开法分析了反平面磁-电-弹黏结切口的应力奇异指数,发现与弹性各向异性黏结切口奇异指数有显著的不同。Liu 等[19]采用 Mellin 变换导出了奇异指数的特征方程,这是一组超越方程。

　　本章基于切口根部物理场的渐近展开假设,将弹性场、电场和磁场理论控制方程通过半解析思想转换成常微分方程组特征值问题,采用插值矩阵法求解,获得压电材料三维 V 形切口、磁-电-弹材料切口耦合场的各阶奇异指数,并同时求出相应物理量的特征角函数[10,11,20~22]。

8.2

压电材料三维 V 形切口力-电耦合场奇异性特征分析

8.2.1　压电材料三维 V 形切口力-电耦合奇异场特征方程

　　考虑图 8.2.1 所示内角为 γ 的压电材料三维柱状 V 形切口,在切口尖端处定义两个直角坐标系 $Oxyz$ 和 $O\,\hat{x}\hat{y}\hat{z}$,极化轴为 $\hat{z}$,z 轴沿切口端线方向。压电材料在坐标系 $O\,\hat{x}\hat{y}\hat{z}$ 下的本构方程可表示为

$$\{\hat{\boldsymbol{\sigma}}\} = [\hat{\boldsymbol{c}}]\{\hat{\boldsymbol{\varepsilon}}\} - [\hat{\boldsymbol{e}}]^{\mathrm{T}}\{\hat{\boldsymbol{E}}\} \tag{8.2.1a}$$

$$\{\hat{\boldsymbol{D}}\} = [\hat{\boldsymbol{e}}]\{\hat{\boldsymbol{\varepsilon}}\} + [\hat{\boldsymbol{\eta}}]^{\mathrm{T}}\{\hat{\boldsymbol{E}}\} \tag{8.2.1b}$$

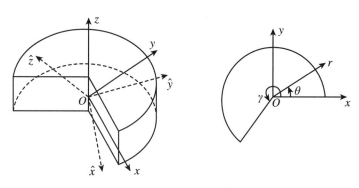

图 8.2.1　三维柱状 V 形切口尖端区域坐标系

式中，$\{\hat{\boldsymbol{\sigma}}\} = \{\hat{\sigma}_{\hat{x}\hat{x}}, \hat{\sigma}_{\hat{y}\hat{y}}, \hat{\sigma}_{\hat{z}\hat{z}}, \hat{\sigma}_{\hat{y}\hat{z}}, \hat{\sigma}_{\hat{z}\hat{x}}, \hat{\sigma}_{\hat{x}\hat{y}}\}^{\mathrm{T}}$ 为应力向量；$\{\hat{\boldsymbol{\varepsilon}}\} = \{\hat{\varepsilon}_{\hat{x}\hat{x}}, \hat{\varepsilon}_{\hat{y}\hat{y}}, \hat{\varepsilon}_{\hat{z}\hat{z}}, 2\hat{\varepsilon}_{\hat{y}\hat{z}}, 2\hat{\varepsilon}_{\hat{z}\hat{x}},$ $2\hat{\varepsilon}_{\hat{x}\hat{y}}\}^{\mathrm{T}}$ 为应变向量；$\{\hat{\boldsymbol{D}}\} = \{D_{\hat{x}}, D_{\hat{y}}, D_{\hat{z}}\}^{\mathrm{T}}$ 为电位移向量；$\{\hat{\boldsymbol{E}}\} = \{E_{\hat{x}}, E_{\hat{y}}, E_{\hat{z}}\}^{\mathrm{T}}$ 为电场强度向量。$[\hat{\boldsymbol{c}}]$，$[\hat{\boldsymbol{e}}]$ 和 $[\hat{\boldsymbol{\eta}}]$ 分别为压电材料在 $O\hat{x}\hat{y}\hat{z}$ 坐标系下弹性常数矩阵、压电常数矩阵和介电常数矩阵，其形式为

$$[\hat{\boldsymbol{c}}] = \begin{bmatrix} \hat{c}_{11} & \hat{c}_{12} & \hat{c}_{13} & 0 & 0 & 0 \\ \hat{c}_{12} & \hat{c}_{11} & \hat{c}_{13} & 0 & 0 & 0 \\ \hat{c}_{13} & \hat{c}_{13} & \hat{c}_{33} & 0 & 0 & 0 \\ 0 & 0 & 0 & \hat{c}_{44} & 0 & 0 \\ 0 & 0 & 0 & 0 & \hat{c}_{44} & 0 \\ 0 & 0 & 0 & 0 & 0 & \dfrac{\hat{c}_{11} - \hat{c}_{12}}{2} \end{bmatrix} \qquad (8.2.2a)$$

$$[\hat{\boldsymbol{e}}] = \begin{bmatrix} 0 & 0 & 0 & 0 & \hat{e}_{15} & 0 \\ 0 & 0 & 0 & \hat{e}_{15} & 0 & 0 \\ \hat{e}_{31} & \hat{e}_{31} & \hat{e}_{33} & 0 & 0 & 0 \end{bmatrix} \qquad (8.2.2b)$$

$$[\hat{\boldsymbol{\eta}}] = \begin{bmatrix} \hat{\eta}_{11} & 0 & 0 \\ 0 & \hat{\eta}_{11} & 0 \\ 0 & 0 & \hat{\eta}_{33} \end{bmatrix} \qquad (8.2.2c)$$

压电材料在柱坐标系 $Or\theta z$ 中（见图 8.2.1）的本构方程可表示为

$$\{\boldsymbol{\sigma}\} = [\boldsymbol{c}]\{\boldsymbol{\varepsilon}\} - [\boldsymbol{e}]^{\mathrm{T}}\{\boldsymbol{E}\} \qquad (8.2.3a)$$

$$\{\boldsymbol{D}\} = [\boldsymbol{e}]\{\boldsymbol{\varepsilon}\} + [\boldsymbol{\eta}]^{\mathrm{T}}\{\boldsymbol{E}\} \qquad (8.2.3b)$$

其中，$\{\boldsymbol{\sigma}\} = \{\sigma_{rr}, \sigma_{\theta\theta}, \sigma_{zz}, \sigma_{\theta z}, \sigma_{zr}, \sigma_{r\theta}\}^{\mathrm{T}}$；$\{\boldsymbol{\varepsilon}\} = \{\varepsilon_{rr}, \varepsilon_{\theta\theta}, \varepsilon_{zz}, 2\varepsilon_{\theta z}, 2\varepsilon_{zr}, 2\varepsilon_{r\theta}\}^{\mathrm{T}}$；$\{\boldsymbol{D}\} = \{D_r, D_\theta, D_z\}^{\mathrm{T}}$；$\{\boldsymbol{E}\} = \{E_r, E_\theta, E_z\}^{\mathrm{T}}$。$[\boldsymbol{c}]$，$[\boldsymbol{e}]$ 和 $[\boldsymbol{\eta}]$ 分别为压电材料在柱坐标系 $Or\theta z$ 下的弹性常数矩阵、压电常数矩阵和介电常数矩阵：

$$[\boldsymbol{c}] = \begin{bmatrix} c_{11} & c_{12} & c_{13} & c_{14} & c_{15} & c_{16} \\ c_{21} & c_{22} & c_{23} & c_{24} & c_{25} & c_{26} \\ c_{31} & c_{32} & c_{33} & c_{34} & c_{35} & c_{36} \\ c_{41} & c_{42} & c_{43} & c_{44} & c_{45} & c_{46} \\ c_{51} & c_{52} & c_{53} & c_{54} & c_{55} & c_{56} \\ c_{61} & c_{62} & c_{63} & c_{64} & c_{65} & c_{66} \end{bmatrix} \qquad (8.2.4a)$$

$$[\boldsymbol{e}] = \begin{bmatrix} e_{11} & e_{12} & e_{13} & e_{14} & e_{15} & e_{16} \\ e_{21} & e_{22} & e_{23} & e_{24} & e_{25} & e_{26} \\ e_{31} & e_{32} & e_{33} & e_{34} & e_{35} & e_{36} \end{bmatrix} \qquad (8.2.4b)$$

$$[\boldsymbol{\eta}] = \begin{bmatrix} \eta_{11} & \eta_{12} & \eta_{13} \\ \eta_{21} & \eta_{22} & \eta_{23} \\ \eta_{31} & \eta_{32} & \eta_{33} \end{bmatrix} \qquad (8.2.4c)$$

其中,矩阵$[c]$,$[e]$和$[\boldsymbol{\eta}]$中的元素分别是$[\hat{c}]$,$[\hat{e}]$和$[\hat{\boldsymbol{\eta}}]$中的元素与关于$\theta$的三角函数的乘积,而且与两个直角坐标系$O\hat{x}\hat{y}\hat{z}$和$Oxyz$的夹角余弦相关联,参见文献[9]。

为方便起见,将压电材料本构方程式(8.2.3)在柱坐标系$Or\theta z$下展开,即为

$$\begin{Bmatrix} \sigma_{rr} \\ \sigma_{\theta\theta} \\ \sigma_{zz} \\ \sigma_{\theta z} \\ \sigma_{zr} \\ \sigma_{r\theta} \\ D_r \\ D_\theta \\ D_z \end{Bmatrix} = \begin{bmatrix} c_{11} & c_{12} & c_{13} & c_{14} & c_{15} & c_{16} & -e_{11} & -e_{21} & -e_{31} \\ c_{21} & c_{22} & c_{23} & c_{24} & c_{25} & c_{26} & -e_{12} & -e_{22} & -e_{32} \\ c_{31} & c_{32} & c_{33} & c_{34} & c_{35} & c_{36} & -e_{13} & -e_{23} & -e_{33} \\ c_{41} & c_{42} & c_{43} & c_{44} & c_{45} & c_{46} & -e_{14} & -e_{24} & -e_{34} \\ c_{51} & c_{52} & c_{53} & c_{54} & c_{55} & c_{56} & -e_{15} & -e_{25} & -e_{35} \\ c_{61} & c_{62} & c_{63} & c_{64} & c_{65} & c_{66} & -e_{16} & -e_{26} & -e_{36} \\ e_{11} & e_{12} & e_{13} & e_{14} & e_{15} & e_{16} & \eta_{11} & \eta_{12} & \eta_{13} \\ e_{21} & e_{22} & e_{23} & e_{24} & e_{25} & e_{26} & \eta_{21} & \eta_{22} & \eta_{23} \\ e_{31} & e_{32} & e_{33} & e_{34} & e_{35} & e_{36} & \eta_{31} & \eta_{32} & \eta_{33} \end{bmatrix} \begin{Bmatrix} \varepsilon_{rr} \\ \varepsilon_{\theta\theta} \\ \varepsilon_{zz} \\ \varepsilon_{\theta z} \\ \varepsilon_{zr} \\ \varepsilon_{r\theta} \\ E_r \\ E_\theta \\ E_z \end{Bmatrix} \qquad (8.2.5)$$

三维弹性场位移-应变关系见附录式(I.3)的柱坐标形式,电势-电场强度关系为

$$E_r = -\partial\varphi/\partial r, \quad E_\theta = -\partial\varphi/(r\partial\theta), \quad E_z = -\partial\varphi/\partial z \qquad (8.2.6)$$

将三维柱状V形切口尖端区域位移场和电势场按照径向坐标r表达为渐近展开形式:

$$\begin{cases} u_r = \displaystyle\sum_{k=1}^{N} A_k(z) r^{\lambda_k+1} \widetilde{u}_{rk}(\theta) \\[2mm] u_\theta = \displaystyle\sum_{k=1}^{N} A_k(z) r^{\lambda_k+1} \widetilde{u}_{\theta k}(\theta) \\[2mm] u_z = \displaystyle\sum_{k=1}^{N} A_k(z) r^{\lambda_k+1} \widetilde{u}_{zk}(\theta) \\[2mm] \varphi = \displaystyle\sum_{k=1}^{N} A_k(z) r^{\lambda_k+1} \widetilde{\varphi}_k(\theta) \end{cases} \qquad (8.2.7)$$

式中,$u_i(i=r,\theta,z)$和φ分别表示压电材料三维V形切口尖端的位移和电势;r为距切口尖端的径向距离;$A_k(z)$为组合幅值系数;λ_k为切口尖端的奇异指数;N表示截取的级数项数;$\widetilde{u}_{ik}(\theta)(i=r,\theta,z)$和$\widetilde{\varphi}_k(\theta)$分别为位移特征角函数和电势特征角函数。当切口内角$\gamma>180°$时,一般有若干阶较小的$\lambda_k$在$-1$和$0$之间。由式(8.2.6)和附录式($\mathrm{I}$.3)可见,应力和电位移分别是对位移和电势函数求导,$\sigma_{ij} \propto r^{\lambda_k}$,

$D_i \propto r^{\lambda_k}$ ($ij = rr$，$\theta\theta$，zz，θz，zr，$r\theta$；$i = r$，θ，z)，随着 $r \to 0$，这必然导致应力 σ_{ij} 和电位移 D_i 在尖端处为无限大，谓之力-电耦合场奇异性。

不考虑体积力和自由电荷密度时三维压电材料结构的平衡方程和 Maxwell 方程为

$$\frac{\partial \sigma_r}{\partial r} + \frac{1}{r}\frac{\partial \sigma_{r\theta}}{\partial \theta} + \frac{\partial \sigma_{rz}}{\partial z} + \frac{\sigma_r - \sigma_\theta}{r} = 0 \tag{8.2.8a}$$

$$\frac{\partial \sigma_{r\theta}}{\partial r} + \frac{1}{r}\frac{\partial \sigma_\theta}{\partial \theta} + \frac{\partial \sigma_{\theta z}}{\partial z} + 2\frac{\sigma_{r\theta}}{r} = 0 \tag{8.2.8b}$$

$$\frac{\partial \sigma_{rz}}{\partial r} + \frac{1}{r}\frac{\partial \sigma_{\theta z}}{\partial \theta} + \frac{\partial \sigma_z}{\partial z} + \frac{\sigma_{rz}}{r} = 0 \tag{8.2.8c}$$

$$\frac{1}{r}\frac{\partial (rD_r)}{\partial r} + \frac{1}{r}\frac{\partial D_\theta}{\partial \theta} + \frac{\partial D_z}{\partial z} = 0 \tag{8.2.8d}$$

将式(8.2.7)代入式(8.2.5)和式(8.2.6)，可得应力分量和电位移表达式。在图 8.2.1 中注意到奇异指数 λ_k、特征函数 $\tilde{u}_{ik}(\theta)$ 和 $\tilde{\varphi}_k(\theta)$ 与坐标 z 无关。与 7.2.1 小节同样的分析，将应力分量和电位移分量表达式的典型项代入式(8.2.8)，切口附近 r 很小，其中含 $A_k(z)$ 对 z 的导数项可以略去，这样我们就可消去关于 r 级数的共同因子，化简得(以下将 $\tilde{u}_{ik}(\theta)$($i = r, \theta, z$)，$\tilde{\varphi}_k(\theta)$ 和 λ_k 分别简写为 $\tilde{u}_i$，$\tilde{\varphi}$ 和 λ)

$$\lambda(2c_{11} + c_{12} + c'_{61} - c_{21})\tilde{u}_r + \lambda(c_{16} + c'_{66} - c_{26})\tilde{u}_\theta + \lambda(2c_{15} + c'_{65} - c_{25})\tilde{u}_z$$
$$+ \lambda(2e_{11} + e'_{16} - e_{12})\tilde{\varphi} + \lambda^2 c_{11}\tilde{u}_r + \lambda^2 c_{16}\tilde{u}_\theta + \lambda^2 c_{15}\tilde{u}_z + \lambda^2 e_{11}\tilde{\varphi}$$
$$+ \lambda(c_{16} + c_{61})\tilde{u}'_r + \lambda(c_{12} + c_{66})\tilde{u}'_\theta + \lambda(c_{14} + c_{65})\tilde{u}'_z + \lambda(e_{21} + e_{16})\tilde{\varphi}'$$
$$+ c_{66}\tilde{u}''_r + c_{62}\tilde{u}''_\theta + c_{64}\tilde{u}''_z + e_{26}\tilde{\varphi}'' + (c_{62} + c'_{66} + c_{16} - c_{26} + c_{61})\tilde{u}'_r$$
$$+ (c'_{61} + c'_{62} + c_{11} + c_{12} - c_{21} - c_{22})\tilde{u}_r + (c'_{62} + c_{12} - c_{22})\tilde{u}'_\theta$$
$$+ (c'_{64} + c_{14} + c_{65} - c_{24})\tilde{u}'_z + (c_{15} + c'_{65} - c_{25})\tilde{u}_z$$
$$+ (e_{21} + e'_{26} + e_{16} - e_{22})\tilde{\varphi}' + (e_{11} + e'_{16} - e_{12})\tilde{\varphi} = 0 \tag{8.2.9a}$$

$$\lambda(3c_{61} + c_{62} + c'_{21})\tilde{u}_r + \lambda(2c_{66} + c'_{26})\tilde{u}_\theta + \lambda(3c_{65} + c'_{25})\tilde{u}_z + \lambda(3e_{16} + e'_{12})\tilde{\varphi}$$
$$+ \lambda^2 c_{61}\tilde{u}_r + \lambda^2 c_{66}\tilde{u}_\theta + \lambda^2 c_{65}\tilde{u}_z + \lambda^2 e_{16}\tilde{\varphi}_r + \lambda(c_{21} + c_{66})\tilde{u}'_r + \lambda(c_{62} + c_{26})\tilde{u}'_\theta$$
$$+ \lambda(c_{64} + c_{25})\tilde{u}'_z + \lambda(e_{26} + e_{12})\tilde{\varphi}' + c_{26}\tilde{u}''_r + (c'_{26} + c_{21} + c_{22} + 2c_{66})\tilde{u}'_r$$
$$+ (c'_{21} + c'_{22} + 2c_{61} + 2c_{62})\tilde{u}_r + c_{22}\tilde{u}''_\theta + (c'_{22} + 2c_{62})\tilde{u}'_\theta + c_{24}\tilde{u}''_z$$
$$+ (c'_{24} + c_{25} + 2c_{64})\tilde{u}'_z + (c'_{25} + c_{65})\tilde{u}_z + e_{22}\tilde{\varphi}''$$
$$+ (e_{12} + e'_{22} + 2e_{26})\tilde{\varphi}' + (e'_{12} + 2e_{16})\tilde{\varphi} = 0 \tag{8.2.9b}$$

$$\lambda(2c_{51} + c_{52} + c'_{41})\tilde{u}_r + \lambda(c_{56} + c'_{46})\tilde{u}_\theta + \lambda(c'_{45} + c_{55} + c_{55})\tilde{u}_z$$
$$+ \lambda(e_{15} + e_{15} + e'_{14})\tilde{\varphi} + \lambda^2 c_{51}\tilde{u}_r + \lambda^2 c_{56}\tilde{u}_\theta + \lambda_2 c_{55}\tilde{u}_z + \lambda^2 e_{15}\tilde{\varphi} + \lambda(c_{56} + c_{41})\tilde{u}'_r$$

$$+ \lambda(c_{52} + c_{46})\tilde{u}'_\theta + \lambda(c_{54} + c_{45})\tilde{u}'_z + \lambda(e_{14} + e_{25})\tilde{\varphi}'$$

$$+ c_{46}\tilde{u}''_r + (c_{41} + c_{42} + c'_{46} + c_{56})\tilde{u}'_r + (c'_{41} + c'_{42} + c_{51} + c_{52})\tilde{u}_r$$

$$+ c_{42}\tilde{u}''_\theta + (c'_{42} + c_{52})\tilde{u}'_\theta + c_{44}\tilde{u}''_z + (c'_{44} + c_{45} + c_{54})\tilde{u}'_z + (c'_{45} + c_{55})\tilde{u}_z$$

$$+ e_{24}\tilde{\varphi}'' + (e_{14} + e'_{24} + e_{25})\tilde{\varphi}' + (e_{15} + e'_{14})\tilde{\varphi} = 0 \tag{8.2.9c}$$

$$\lambda(2e_{11} + e_{12} + e'_{21})\tilde{u}_r + \lambda(e'_{26} + e_{16})\tilde{u}_\theta + \lambda(e'_{25} + 2e_{15})\tilde{u}_z - \lambda(2\eta_{11} + \eta'_{21})\tilde{\varphi}$$

$$+ \lambda^2 e_{11}\tilde{u}_r + \lambda^2 e_{16}\tilde{u}_\theta + \lambda^2 e_{15}\tilde{u}_z - \lambda^2 \eta_{11}\tilde{\varphi} + \lambda(e_{21} + e_{16})\tilde{u}'_r$$

$$+ \lambda(e_{26} + e_{12})\tilde{u}'_\theta + \lambda(e_{25} + e_{14})\tilde{u}'_z - \lambda(\eta_{21} + \eta_{12})\tilde{\varphi}'$$

$$+ e_{26}\tilde{u}''_r + (e'_{26} + e_{21} + e_{16} + e_{22})\tilde{u}'_r + (e_{12} + e_{11} + e'_{22} + e'_{21})\tilde{u}_r$$

$$+ e_{22}\tilde{u}''_\theta + (e'_{22} + e_{12})\tilde{u}'_\theta + e_{24}\tilde{u}''_z + (e'_{24} + e_{25} + e_{14})\tilde{u}'_z + (e_{15} + e'_{25})\tilde{u}_z$$

$$- \eta_{22}\tilde{\varphi}'' - (\eta_{12} + \eta_{21} + \eta'_{22})\tilde{\varphi}' - (\eta_{11} + \eta'_{21})\tilde{\varphi} = 0 \tag{8.2.9d}$$

式中，$\theta \in [0, \gamma]$，$(\cdots)'$ 表示对坐标 θ 的一阶导数，其余类同。

8.2.2　压电材料三维 V 形切口的边界条件

图 8.2.1 所示切口两边存在力学边界条件和电学边界条件，表 8.2.1 列出了切口两边边界条件的 4 种组合类型。将式(8.2.7)的典型项代入表 8.2.1 所列出的 4 种类型，可将边界条件转化为奇异指数及其相应特征角函数的组合表达形式。

对于表 8.2.1 中类型 1 所给出的边界条件 $\sigma_{\theta\theta} = \sigma_{r\theta} = \sigma_{\theta z} = 0$ 和 $D_\theta = 0$，可将式(8.2.7)的典型项代入式(8.2.5)中 $\sigma_{\theta\theta}$，$\sigma_{r\theta}$，$\sigma_{\theta z}$ 和 D_θ 的表达式并令其为 0，化简得

$$c_{26}\tilde{u}'_r + (c_{22} + c_{21})\tilde{u}_r + c_{22}\tilde{u}'_\theta + c_{24}\tilde{u}'_z + c_{25}\tilde{u}_z + e_{22}\tilde{\varphi}' + e_{12}\tilde{\varphi}$$

$$+ \lambda c_{21}\tilde{u}_r + \lambda c_{26}\tilde{u}_\theta + \lambda c_{25}\tilde{u}_z + \lambda e_{12}\tilde{\varphi} = 0 \tag{8.2.10a}$$

$$c_{66}\tilde{u}'_r + (c_{61} + c_{62})\tilde{u}_r + c_{62}\tilde{u}'_\theta + c_{64}\tilde{u}'_z + c_{65}\tilde{u}_z + e_{26}\tilde{\varphi}' + e_{16}\tilde{\varphi}$$

$$+ \lambda c_{61}\tilde{u}_r + \lambda c_{66}\tilde{u}_\theta + \lambda c_{65}\tilde{u}_z + \lambda e_{16}\tilde{\varphi} = 0 \tag{8.2.10b}$$

$$c_{46}\tilde{u}'_r + (c_{41} + c_{42})\tilde{u}_r + c_{42}\tilde{u}'_\theta + c_{44}\tilde{u}'_z + c_{45}\tilde{u}_z + e_{24}\tilde{\varphi}' + e_{14}\tilde{\varphi}$$

$$+ \lambda c_{41}\tilde{u}_r + \lambda c_{46}\tilde{u}_\theta + \lambda c_{45}\tilde{u}_z + \lambda e_{14}\tilde{\varphi} = 0 \tag{8.2.10c}$$

$$e_{26}\tilde{u}'_r + (e_{21} + e_{22})\tilde{u}_r + e_{22}\tilde{u}'_\theta + e_{24}\tilde{u}'_z + e_{25}\tilde{u}_z - \eta_{22}\tilde{\varphi}' - \eta_{21}\tilde{\varphi}$$

$$+ \lambda e_{21}\tilde{u}_r + \lambda e_{26}\tilde{u}_\theta + \lambda e_{25}\tilde{u}_z - \lambda \eta_{21}\tilde{\varphi} = 0 \tag{8.2.10d}$$

表 8.2.1　压电材料切口两边边界条件类型

边界条件	$\theta = 0$		$\theta = \gamma$	
（类型）	力场	电场	力场	电场
1（FOFO）	面力自由（F）	电位移自由（O）	面力自由（F）	电位移自由（O）
	$\sigma_{\theta\theta} = \sigma_{r\theta} = \sigma_{\theta z} = 0$	$D_\theta = 0$	$\sigma_{\theta\theta} = \sigma_{r\theta} = \sigma_{\theta z} = 0$	$D_\theta = 0$
2（FCFC）	面力自由（F）	电势约束（C）	面力自由（F）	电势约束（C）
	$\sigma_{\theta\theta} = \sigma_{r\theta} = \sigma_{\theta z} = 0$	$\varphi = 0$	$\sigma_{\theta\theta} = \sigma_{r\theta} = \sigma_{\theta z} = 0$	$\varphi = 0$
3（COCO）	固支面（C）	电位移自由（O）	固支面（C）	电位移自由（O）
	$u_r = u_\theta = u_z = 0$	$D_\theta = 0$	$u_r = u_\theta = u_z = 0$	$D_\theta = 0$
4（CCCC）	固支面（C）	电势约束（C）	固支面（C）	电势约束（C）
	$u_r = u_\theta = u_z = 0$	$\varphi = 0$	$u_r = u_\theta = u_z = 0$	$\varphi = 0$

仿照以上推导方法，可以获得其他 3 种类型的组合边界条件表达式。类型 2 对应的边界条件转化为

$$c_{26}\tilde{u}'_r + (c_{22} + c_{21})\tilde{u}_r + c_{22}\tilde{u}'_\theta + c_{24}\tilde{u}'_z + c_{25}\tilde{u}_z + e_{22}\tilde{\varphi}' + e_{12}\tilde{\varphi}$$
$$+ \lambda c_{21}\tilde{u}_r + \lambda c_{26}\tilde{u}_\theta + \lambda c_{25}\tilde{u}_z + \lambda e_{12}\tilde{\varphi} = 0 \tag{8.2.11a}$$

$$c_{66}\tilde{u}'_r + (c_{61} + c_{62})\tilde{u}_r + c_{62}\tilde{u}'_\theta + c_{64}\tilde{u}'_z + c_{65}\tilde{u}_z + e_{26}\tilde{\varphi}' + e_{16}\tilde{\varphi}$$
$$+ \lambda c_{61}\tilde{u}_r + \lambda c_{66}\tilde{u}_\theta + \lambda c_{65}\tilde{u}_z + \lambda e_{16}\tilde{\varphi} = 0 \tag{8.2.11b}$$

$$c_{46}\tilde{u}'_r + (c_{41} + c_{42})\tilde{u}_r + c_{42}\tilde{u}'_\theta + c_{44}\tilde{u}'_z + c_{45}\tilde{u}_z + e_{24}\tilde{\varphi}' + e_{14}\tilde{\varphi}$$
$$+ \lambda c_{41}\tilde{u}_r + \lambda c_{46}\tilde{u}_\theta + \lambda c_{45}\tilde{u}_z + \lambda e_{14}\tilde{\varphi} = 0 \tag{8.2.11c}$$

$$\tilde{\varphi} = 0 \tag{8.2.11d}$$

类型 3 对应的边界条件转化为

$$\tilde{u}_r = 0, \quad \tilde{u}_\theta = 0, \quad \tilde{u}_z = 0 \tag{8.2.12a}$$

$$e_{26}\tilde{u}'_r + (e_{21} + e_{22})\tilde{u}_r + e_{22}\tilde{u}'_\theta + e_{24}\tilde{u}'_z + e_{25}\tilde{u}_z - \eta_{22}\tilde{\varphi}' - \eta_{21}\tilde{\varphi}$$
$$+ \lambda e_{21}\tilde{u}_r + \lambda e_{26}\tilde{u}_\theta + \lambda e_{25}\tilde{u}_z - \lambda\eta_{21}\tilde{\varphi} = 0 \tag{8.2.12b}$$

类型 4 对应的边界条件转化为

$$\tilde{u}_r = 0, \quad \tilde{u}_\theta = 0, \quad \tilde{u}_z = 0, \quad \tilde{\varphi} = 0 \tag{8.2.13}$$

从而，图 8.2.1 所示的压电材料三维柱状 V 形切口奇异指数分析转化为求解常微分方程组式(8.2.9)和相应边界条件式(8.2.10)~式(8.2.13)的特征值问题。

8.3

磁-电-弹材料反平面切口奇异性特征分析

8.3.1　磁-电-弹材料反平面切口奇异性特征方程

考虑磁场、电场与弹性场耦合的磁-电-弹（MEE）材料反平面切口物理场奇异性问题，见图 8.3.1，极化方向沿 z 轴。先考虑单个 MEE 材料，在极坐标系 $Or\theta$ 下，磁-电-弹材料反平面问题中切应力 σ_{iz}、电位移 D_i 和磁通量 B_i 与应变分量 γ_{iz}、电场强度分量 E_i 和磁场强度分量 $H_i (i = \theta, r)$ 之间的本构关系为

$$
\begin{bmatrix} \sigma_{rz} \\ \sigma_{\theta z} \\ D_r \\ D_\theta \\ B_r \\ B_\theta \end{bmatrix} = \begin{bmatrix} Q(\theta) \end{bmatrix} \begin{bmatrix} \gamma_{rz} \\ \gamma_{\theta z} \\ E_r \\ E_\theta \\ H_r \\ H_\theta \end{bmatrix} = \begin{bmatrix} Q_{11} & Q_{12} & Q_{13} & Q_{14} & Q_{15} & Q_{16} \\ Q_{21} & Q_{22} & Q_{23} & Q_{24} & Q_{25} & Q_{26} \\ Q_{31} & Q_{32} & Q_{33} & Q_{34} & Q_{35} & Q_{36} \\ Q_{41} & Q_{42} & Q_{43} & Q_{44} & Q_{45} & Q_{46} \\ Q_{51} & Q_{52} & Q_{53} & Q_{54} & Q_{55} & Q_{56} \\ Q_{61} & Q_{62} & Q_{63} & Q_{64} & Q_{65} & Q_{66} \end{bmatrix} \begin{bmatrix} \gamma_{rz} \\ \gamma_{\theta z} \\ E_r \\ E_\theta \\ H_r \\ H_\theta \end{bmatrix}
\tag{8.3.1}
$$

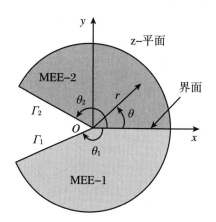

图 8.3.1　磁-电-弹材料反平面切口问题

将材料主轴系下的物理关系转换到极坐标系下，式（8.3.1）中矩阵 $[Q(\theta)]$ 的每一个元素是材料弹性常数 C_{44}、压电常数 e_{15}、压磁常数 q_{15}、介电常数 ε_{11} 和磁导率 Γ_{11} 的组合，且均为 θ 的函数。有如下的位移-应变、电势-电场强度和磁势-磁场强度关系：

$$\gamma_{rz} = \frac{\partial w}{\partial r}, \quad \gamma_{\theta z} = \frac{1}{r}\frac{\partial w}{\partial \theta}, \quad E_r = -\frac{\partial \varphi}{\partial r},$$

$$E_{\theta} = -\frac{1}{r}\frac{\partial \varphi}{\partial \theta}, \quad H_r = -\frac{\partial \psi}{\partial r}, \quad H_{\theta} = -\frac{1}{r}\frac{\partial \psi}{\partial \theta} \tag{8.3.2}$$

其中 w 为位移,φ 为电势,ψ 为磁势。将式(8.3.2)代入式(8.3.1)可以得到用位移、电势和磁势表达的应力、电位移和磁通量:

$$\left\{ \begin{aligned} \sigma_{rz} &= Q_{11}\frac{\partial w}{\partial r} + Q_{12}\frac{1}{r}\frac{\partial w}{\partial \theta} - Q_{13}\frac{\partial \varphi}{\partial r} - Q_{14}\frac{1}{r}\frac{\partial \varphi}{\partial \theta} - Q_{15}\frac{\partial \psi}{\partial r} - Q_{16}\frac{1}{r}\frac{\partial \psi}{\partial \theta} \\ \sigma_{\theta z} &= Q_{21}\frac{\partial w}{\partial r} + Q_{22}\frac{1}{r}\frac{\partial w}{\partial \theta} - Q_{23}\frac{\partial \varphi}{\partial r} - Q_{24}\frac{1}{r}\frac{\partial \varphi}{\partial \theta} - Q_{25}\frac{\partial \psi}{\partial r} - Q_{26}\frac{1}{r}\frac{\partial \psi}{\partial \theta} \\ D_r &= Q_{31}\frac{\partial w}{\partial r} + Q_{32}\frac{1}{r}\frac{\partial w}{\partial \theta} - Q_{33}\frac{\partial \varphi}{\partial r} - Q_{34}\frac{1}{r}\frac{\partial \varphi}{\partial \theta} - Q_{35}\frac{\partial \psi}{\partial r} - Q_{36}\frac{1}{r}\frac{\partial \psi}{\partial \theta} \\ D_{\theta} &= Q_{41}\frac{\partial w}{\partial r} + Q_{42}\frac{1}{r}\frac{\partial w}{\partial \theta} - Q_{43}\frac{\partial \varphi}{\partial r} - Q_{44}\frac{1}{r}\frac{\partial \varphi}{\partial \theta} - Q_{45}\frac{\partial \psi}{\partial r} - Q_{46}\frac{1}{r}\frac{\partial \psi}{\partial \theta} \\ B_r &= Q_{51}\frac{\partial w}{\partial r} + Q_{52}\frac{1}{r}\frac{\partial w}{\partial \theta} - Q_{53}\frac{\partial \varphi}{\partial r} - Q_{54}\frac{1}{r}\frac{\partial \varphi}{\partial \theta} - Q_{55}\frac{\partial \psi}{\partial r} - Q_{56}\frac{1}{r}\frac{\partial \psi}{\partial \theta} \\ B_{\theta} &= Q_{61}\frac{\partial w}{\partial r} + Q_{62}\frac{1}{r}\frac{\partial w}{\partial \theta} - Q_{63}\frac{\partial \varphi}{\partial r} - Q_{64}\frac{1}{r}\frac{\partial \varphi}{\partial \theta} - Q_{65}\frac{\partial \psi}{\partial r} - Q_{66}\frac{1}{r}\frac{\partial \psi}{\partial \theta} \end{aligned} \right.$$

$$\tag{8.3.3}$$

这里考虑切口物理场奇异性特征分析,不考虑体力、自由电荷和磁荷密度,磁–电–弹材料反平面问题的平衡方程和 Maxwell 方程为

$$\frac{\partial \sigma_{rz}}{\partial r} + \frac{1}{r}\frac{\partial \sigma_{\theta z}}{\partial \theta} + \frac{\sigma_{rz}}{r} = 0 \tag{8.3.4a}$$

$$\frac{\partial D_r}{\partial r} + \frac{1}{r}\frac{\partial D_{\theta}}{\partial \theta} + \frac{D_r}{r} = 0 \tag{8.3.4b}$$

$$\frac{\partial B_r}{\partial r} + \frac{1}{r}\frac{\partial B_{\theta}}{\partial \theta} + \frac{B_r}{r} = 0 \tag{8.3.4c}$$

将式(8.3.3)代入式(8.3.4),可得到用位移、电势和磁势表达的反平面问题微分方程组:

$$Q_{11}\frac{\partial^2 w}{\partial r^2} + \frac{Q_{22}}{r^2}\frac{\partial^2 w}{\partial \theta^2} + \frac{Q_{12} + Q_{21}}{r}\frac{\partial^2 w}{\partial r\partial \theta} + \frac{Q_{11} + Q'_{21}}{r}\frac{\partial w}{\partial r} + \frac{Q'_{22}}{r^2}\frac{\partial w}{\partial \theta}$$
$$- Q_{13}\frac{\partial^2 \varphi}{\partial r^2} - \frac{Q_{24}}{r^2}\frac{\partial^2 \varphi}{\partial \theta^2} - \frac{Q_{14} + Q_{23}}{r}\frac{\partial^2 \varphi}{\partial r\partial \theta} - \frac{Q_{13} + Q'_{23}}{r}\frac{\partial \varphi}{\partial r} - \frac{Q'_{24}}{r^2}\frac{\partial \varphi}{\partial \theta}$$
$$- Q_{15}\frac{\partial^2 \psi}{\partial r^2} - \frac{Q_{26}}{r^2}\frac{\partial^2 \psi}{\partial \theta^2} - \frac{Q_{16} + Q_{25}}{r}\frac{\partial^2 \psi}{\partial r\partial \theta} - \frac{Q_{15} + Q'_{25}}{r}\frac{\partial \psi}{\partial r} - \frac{Q'_{26}}{r^2}\frac{\partial \psi}{\partial \theta} = 0$$

$$\tag{8.3.5a}$$

$$Q_{31}\frac{\partial^2 w}{\partial r^2} + \frac{Q_{42}}{r^2}\frac{\partial^2 w}{\partial \theta^2} + \frac{Q_{32} + Q_{41}}{r}\frac{\partial^2 w}{\partial r\partial \theta} + \frac{Q_{31} + Q'_{41}}{r}\frac{\partial w}{\partial r} + \frac{Q'_{42}}{r^2}\frac{\partial w}{\partial \theta}$$
$$- Q_{33}\frac{\partial^2 \varphi}{\partial r^2} - \frac{Q_{44}}{r^2}\frac{\partial^2 \varphi}{\partial \theta^2} - \frac{Q_{34} + Q_{43}}{r}\frac{\partial^2 \varphi}{\partial r\partial \theta} - \frac{Q_{33} + Q'_{43}}{r}\frac{\partial \varphi}{\partial r} - \frac{Q'_{44}}{r^2}\frac{\partial \varphi}{\partial \theta}$$

$$- Q_{35} \frac{\partial^2 \psi}{\partial r^2} - \frac{Q_{46}}{r^2} \frac{\partial^2 \psi}{\partial \theta^2} - \frac{Q_{36} + Q_{45}}{r} \frac{\partial^2 \psi}{\partial r \partial \theta} - \frac{Q_{35} + Q'_{45}}{r} \frac{\partial \psi}{\partial r} - \frac{Q'_{46}}{r^2} \frac{\partial \psi}{\partial \theta} = 0$$

$$(8.3.5b)$$

$$Q_{51} \frac{\partial^2 w}{\partial r^2} + \frac{Q_{62}}{r^2} \frac{\partial^2 w}{\partial \theta^2} + \frac{Q_{52} + Q_{61}}{r} \frac{\partial^2 w}{\partial r \partial \theta} + \frac{Q_{51} + Q'_{61}}{r} \frac{\partial w}{\partial r} + \frac{Q'_{62}}{r^2} \frac{\partial w}{\partial \theta}$$

$$- Q_{53} \frac{\partial^2 \varphi}{\partial r^2} - \frac{Q_{64}}{r^2} \frac{\partial^2 \varphi}{\partial \theta^2} - \frac{Q_{54} + Q_{63}}{r} \frac{\partial^2 \varphi}{\partial r \partial \theta} - \frac{Q_{53} + Q'_{63}}{r} \frac{\partial \varphi}{\partial r} - \frac{Q'_{64}}{r^2} \frac{\partial \varphi}{\partial \theta}$$

$$- Q_{55} \frac{\partial^2 \psi}{\partial r^2} - \frac{Q_{66}}{r^2} \frac{\partial^2 \psi}{\partial \theta^2} - \frac{Q_{56} + Q_{65}}{r} \frac{\partial^2 \psi}{\partial r \partial \theta} - \frac{Q_{55} + Q'_{65}}{r} \frac{\partial \psi}{\partial r} - \frac{Q'_{66}}{r^2} \frac{\partial \psi}{\partial \theta} = 0$$

$$(8.3.5c)$$

式中 $(\cdots)'$ 表示对坐标 θ 的一阶导数。

将切口尖端区域的位移场、电势场和磁势场表达成如下的级数渐近展开形式[18]:

$$w = \sum_{k=1}^{N} A_k r^{\lambda_k + 1} \widetilde{w}_k(\theta), \quad \varphi = \sum_{k=1}^{N} A_k r^{\lambda_k + 1} \widetilde{\varphi}_k(\theta),$$

$$\psi = \sum_{k=1}^{N} A_k r^{\lambda_k + 1} \widetilde{\psi}_k(\theta)$$

$$(8.3.6)$$

式中,r 为距切口尖端的径向距离,A_k 为组合幅值系数,λ_k 为切口尖端的奇异指数,N 表示截取的级数项数,$\widetilde{w}_k(\theta)$,$\widetilde{\varphi}_k(\theta)$ 和 $\widetilde{\psi}_k(\theta)$ 分别为位移、电势和磁势的特征角函数。取式(8.3.6)中的典型项 $A_k r^{\lambda_k + 1} \widetilde{w}_k$,$A_k r^{\lambda_k + 1} \widetilde{\varphi}_k$ 和 $A_k r^{\lambda_k + 1} \widetilde{\psi}_k$ 代入式(8.3.5),化简得(以下将 $\widetilde{w}_k(\theta)$,$\widetilde{\varphi}_k(\theta)$,$\widetilde{\psi}_k(\theta)$ 和 λ_k 分别简写为 $\widetilde{w}$,$\widetilde{\varphi}$,$\widetilde{\psi}$ 和 λ)

$$Q_{22} \widetilde{w}'' - Q_{24} \widetilde{\varphi}'' - Q_{26} \widetilde{\psi}'' + Q'_{22} \widetilde{w}' - Q'_{24} \widetilde{\varphi}' - Q'_{26} \widetilde{\psi}' + (\lambda + 1)(Q_{12} + Q_{21}) \widetilde{w}'$$

$$- (\lambda + 1)(Q_{14} + Q_{23}) \widetilde{\varphi}' - (\lambda + 1)(Q_{16} + Q_{25}) \widetilde{\psi}' + (\lambda + 1)^2 Q_{11} \widetilde{w} - (\lambda + 1)^2 Q_{13} \widetilde{\varphi}$$

$$- (\lambda + 1)^2 Q_{15} \widetilde{\psi} + (\lambda + 1) Q'_{21} \widetilde{w} - (\lambda + 1) Q'_{23} \widetilde{\varphi} - (\lambda + 1) Q'_{25} \widetilde{\psi} = 0 \quad (8.3.7a)$$

$$Q_{42} \widetilde{w}'' - Q_{44} \widetilde{\varphi}'' - Q_{46} \widetilde{\psi}'' + Q'_{42} \widetilde{w}' - Q'_{44} \widetilde{\varphi}' - Q'_{46} \widetilde{\psi}' + (\lambda + 1)(Q_{32} + Q_{41}) \widetilde{w}'$$

$$- (\lambda + 1)(Q_{34} + Q_{43}) \widetilde{\varphi}' - (\lambda + 1)(Q_{36} + Q_{45}) \widetilde{\psi}' + (\lambda + 1)^2 Q_{31} \widetilde{w} - (\lambda + 1)^2 Q_{33} \widetilde{\varphi}$$

$$- (\lambda + 1)^2 Q_{35} \widetilde{\psi} + (\lambda + 1) Q'_{41} \widetilde{w} - (\lambda + 1) Q'_{43} \widetilde{\varphi} - (\lambda + 1) Q'_{45} \widetilde{\psi} = 0 \quad (8.3.7b)$$

$$Q_{62} \widetilde{w}'' - Q_{64} \widetilde{\varphi}'' - Q_{66} \widetilde{\psi}'' + Q'_{62} \widetilde{w}' - Q'_{64} \widetilde{\varphi}' - Q'_{66} \widetilde{\psi}' + (\lambda + 1)(Q_{52} + Q_{61}) \widetilde{w}'$$

$$- (\lambda + 1)(Q_{54} + Q_{63}) \widetilde{\varphi}' - (\lambda + 1)(Q_{56} + Q_{65}) \widetilde{\psi}' + (\lambda + 1)^2 Q_{51} \widetilde{w}$$

$$- (\lambda + 1)^2 Q_{53} \widetilde{\varphi} - (\lambda + 1)^2 Q_{55} \widetilde{\psi} + (\lambda + 1) Q'_{61} \widetilde{w} - (\lambda + 1) Q'_{63} \widetilde{\varphi}$$

$$- (\lambda + 1) Q'_{65} \widetilde{\psi} = 0$$

$$(8.3.7c)$$

式中,$(\cdots)''$ 表示对坐标 θ 的二阶导数。由于磁-电-弹材料切口奇异指数特征方程组式(8.3.7)中出现 $(\lambda + 1)^2$ 项,特引入以下三个变量:

$$\widetilde{g}_w(\theta) = (\lambda + 1)\widetilde{w}(\theta), \quad \widetilde{g}_\varphi(\theta) = (\lambda + 1)\widetilde{\varphi}(\theta), \quad \widetilde{g}_\psi(\theta) = (\lambda + 1)\widetilde{\psi}(\theta)$$

$$(8.3.8)$$

将式(8.3.7)的非线性特征常微分方程组转化为如下线性问题：

$$Q_{22}\widetilde{w}'' - Q_{24}\widetilde{\varphi}'' - Q_{26}\widetilde{\psi}'' + Q_{22}'\widetilde{w}' - Q_{24}'\widetilde{\varphi}' - Q_{26}'\widetilde{\psi}' + (\lambda + 1)(Q_{12} + Q_{21})\widetilde{w}'$$
$$- (\lambda + 1)(Q_{14} + Q_{23})\widetilde{\varphi}' - (\lambda + 1)(Q_{16} + Q_{25})\widetilde{\psi}' + (\lambda + 1)Q_{11}\widetilde{g}_w$$
$$- (\lambda + 1)Q_{13}\widetilde{g}_\varphi - (\lambda + 1)Q_{15}\widetilde{g}_\psi + (\lambda + 1)Q_{21}'\widetilde{w} - (\lambda + 1)Q_{23}'\widetilde{\varphi}$$
$$- (\lambda + 1)Q_{25}'\widetilde{\psi} = 0 \qquad\qquad (8.3.9\text{a})$$

$$Q_{42}\widetilde{w}'' - Q_{44}\widetilde{\varphi}'' - Q_{46}\widetilde{\psi}'' + Q_{42}'\widetilde{w}' - Q_{44}'\widetilde{\varphi}' - Q_{46}'\widetilde{\psi}' + (\lambda + 1)(Q_{32} + Q_{41})\widetilde{w}'$$
$$- (\lambda + 1)(Q_{34} + Q_{43})\widetilde{\varphi}' - (\lambda + 1)(Q_{36} + Q_{45})\widetilde{\psi}' + (\lambda + 1)Q_{31}\widetilde{g}_w$$
$$- (\lambda + 1)Q_{33}\widetilde{g}_\varphi - (\lambda + 1)Q_{35}\widetilde{g}_\psi + (\lambda + 1)Q_{41}'\widetilde{w} - (\lambda + 1)Q_{43}'\widetilde{\varphi}$$
$$- (\lambda + 1)Q_{45}'\widetilde{\psi} = 0 \qquad\qquad (8.3.9\text{b})$$

$$Q_{62}\widetilde{w}'' - Q_{64}\widetilde{\varphi}'' - Q_{66}\widetilde{\psi}'' + Q_{62}'\widetilde{w}' - Q_{64}'\widetilde{\varphi}' - Q_{66}'\widetilde{\psi}' + (\lambda + 1)(Q_{52} + Q_{61})\widetilde{w}'$$
$$- (\lambda + 1)(Q_{54} + Q_{63})\widetilde{\varphi}' - (\lambda + 1)(Q_{56} + Q_{65})\widetilde{\psi}' + (\lambda + 1)Q_{51}\widetilde{g}_w$$
$$- (\lambda + 1)Q_{53}\widetilde{g}_\varphi - (\lambda + 1)Q_{55}\widetilde{g}_\psi + (\lambda + 1)Q_{61}'\widetilde{w} - (\lambda + 1)Q_{63}'\widetilde{\varphi}$$
$$- (\lambda + 1)Q_{65}'\widetilde{\psi} = 0 \qquad\qquad (8.3.9\text{c})$$

因此,磁-电-弹材料反平面切口耦合场奇异性分析的控制方程转换为常微分方程组式(8.3.8)和式(8.3.9)的特征值问题。对于图8.3.1所示的双相材料反平面 V 形切口的奇异性分析,则分别依据式(8.3.8)和式(8.3.9)写出两种材料域各自的控制方程,两个域分别为 $\theta \in [\theta_1, 0]$ 和 $\theta \in [0, \theta_2]$。

类似的,压电材料三维切口奇异指数特征方程组式(8.2.9)的非线性特征常微分方程组也可按上述类似途径转化为线性问题[22],读者仿照式(8.3.8)和式(8.3.9)易于写出压电材料三维切口的线性常微分方程组。

8.3.2 磁-电-弹材料反平面切口边界条件和界面条件

见图8.3.1,磁-电-弹材料反平面切口问题常见的边界条件有如下类型：

1. A 类边界条件

假设边界上应力、电位移和磁通量均自由,如图8.3.1中的 Γ_1,即

$$\sigma_{\theta z} = 0, \quad D_\theta = 0, \quad B_\theta = 0, \quad \theta = \theta_1 \qquad (8.3.10)$$

注意到式(8.3.3),并取式(8.3.6)中 w, φ, ψ 的渐近展开式代入上式,化简得

$$Q_{22}\widetilde{w}' - Q_{24}\widetilde{\varphi}' - Q_{26}\widetilde{\psi}' + (\lambda+1)Q_{21}\widetilde{w} - (\lambda+1)Q_{23}\widetilde{\varphi} - (\lambda+1)Q_{25}\widetilde{\psi} = 0,$$
$$\theta = \theta_1 \tag{8.3.11a}$$

$$Q_{42}\widetilde{w}' - Q_{44}\widetilde{\varphi}' - Q_{46}\widetilde{\psi}' + (\lambda+1)Q_{41}\widetilde{w} - (\lambda+1)Q_{43}\widetilde{\varphi} - (\lambda+1)Q_{45}\widetilde{\psi} = 0,$$
$$\theta = \theta_1 \tag{8.3.11b}$$

$$Q_{62}\widetilde{w}' - Q_{64}\widetilde{\varphi}' - Q_{66}\widetilde{\psi}' + (\lambda+1)Q_{61}\widetilde{w} - (\lambda+1)Q_{63}\widetilde{\varphi} - (\lambda+1)Q_{65}\widetilde{\psi} = 0,$$
$$\theta = \theta_1 \tag{8.3.11c}$$

2. B 类边界条件

假设边界位移约束、电位移和磁通量自由,如图 8.3.1 中的 Γ_2,即

$$w = 0, \quad D_\theta = 0, \quad B_\theta = 0, \quad \theta = \theta_2 \tag{8.3.12}$$

注意到式(8.3.3),并取式(8.3.6)中 w,φ,ψ 的渐近展开式代入上式,化简得

$$\widetilde{w} = 0, \quad \theta = \theta_2 \tag{8.3.13a}$$

$$Q_{42}\widetilde{w}' - Q_{44}\widetilde{\varphi}' - Q_{46}\widetilde{\psi}' + (\lambda+1)Q_{41}\widetilde{w} - (\lambda+1)Q_{43}\widetilde{\varphi} - (\lambda+1)Q_{45}\widetilde{\psi} = 0,$$
$$\theta = \theta_2 \tag{8.3.13b}$$

$$Q_{62}\widetilde{w}' - Q_{64}\widetilde{\varphi}' - Q_{66}\widetilde{\psi}' + (\lambda+1)Q_{61}\widetilde{w} - (\lambda+1)Q_{63}\widetilde{\varphi} - (\lambda+1)Q_{65}\widetilde{\psi} = 0,$$
$$\theta = \theta_2 \tag{8.3.13c}$$

3. 界面完全黏结条件

如图 8.3.1 所示的双相磁-电-弹材料黏结切口,假设界面($\theta=0$)为理想黏结,界面上连续条件可以表示为(以下公式中出现的(1)、(2)均表示分别属于第 1 种、第 2 种材料)

$$w_{(1)} = w_{(2)}, \quad \varphi_{(1)} = \varphi_{(2)}, \quad \psi_{(1)} = \psi_{(2)},$$
$$\sigma_{\theta z(1)} = \sigma_{\theta z(2)}, \quad D_{\theta(1)} = D_{\theta(2)}, \quad B_{\theta(1)} = B_{\theta(2)} \tag{8.3.14}$$

注意到式(8.3.3),并将切口尖端物理场渐近展开式式(8.3.6)中的典型项代入式(8.3.14),可得

$$\widetilde{w}_{(1)} = \widetilde{w}_{(2)}, \quad \widetilde{\varphi}_{(1)} = \widetilde{\varphi}_{(2)}, \quad \widetilde{\psi}_{(1)} = \widetilde{\psi}_{(2)} \tag{8.3.15a}$$

$$Q_{22}^{(1)}\widetilde{w}_{(1)}' - Q_{24}^{(1)}\widetilde{\varphi}_{(1)}' - Q_{26}^{(1)}\widetilde{\psi}_{(1)}' - Q_{22}^{(2)}\widetilde{w}_{(2)}' + Q_{24}^{(2)}\widetilde{\varphi}_{(2)}' + Q_{26}^{(2)}\widetilde{\psi}_{(2)}'$$
$$+ (\lambda+1)Q_{21}^{(1)}\widetilde{w}_{(1)} - (\lambda+1)Q_{23}^{(1)}\widetilde{\varphi}_{(1)} - (\lambda+1)Q_{25}^{(1)}\widetilde{\psi}_{(1)} - (\lambda+1)Q_{21}^{(2)}\widetilde{w}_{(2)}$$
$$+ (\lambda+1)Q_{23}^{(2)}\widetilde{\varphi}_{(2)} + (\lambda+1)Q_{25}^{(2)}\widetilde{\psi}_{(2)} = 0 \tag{8.3.15b}$$

$$Q_{42}^{(1)}\widetilde{w}_{(1)}' - Q_{44}^{(1)}\widetilde{\varphi}_{(1)}' - Q_{46}^{(1)}\widetilde{\psi}_{(1)}' - Q_{42}^{(2)}\widetilde{w}_{(2)}' + Q_{44}^{(2)}\widetilde{\varphi}_{(2)}' + Q_{46}^{(2)}\widetilde{\psi}_{(2)}'$$
$$+ (\lambda+1)Q_{41}^{(1)}\widetilde{w}_{(1)} - (\lambda+1)Q_{43}^{(1)}\widetilde{\varphi}_{(1)} - (\lambda+1)Q_{45}^{(1)}\widetilde{\psi}_{(1)} - (\lambda+1)Q_{41}^{(2)}\widetilde{w}_{(2)}$$
$$+ (\lambda+1)Q_{43}^{(2)}\varphi_{(2)} + (\lambda+1)Q_{45}^{(2)}\widetilde{\psi}_{(2)} = 0 \tag{8.3.15c}$$

$$Q_{62}^{(1)}\widetilde{w}_{(1)}' - Q_{64}^{(1)}\widetilde{\varphi}_{(1)}' - Q_{66}^{(1)}\widetilde{\psi}_{(1)}' - Q_{62}^{(2)}\widetilde{w}_{(2)}' + Q_{64}^{(2)}\widetilde{\varphi}_{(2)}' + Q_{66}^{(2)}\widetilde{\psi}_{(2)}'$$

$$+ (\lambda + 1) Q_{61}^{(1)} \widetilde{w}_{(1)} - (\lambda + 1) Q_{63}^{(1)} \widetilde{\varphi}_{(1)} - (\lambda + 1) Q_{65}^{(1)} \widetilde{\psi}_{(1)} - (\lambda + 1) Q_{61}^{(2)} \widetilde{w}_{(2)}$$

$$+ (\lambda + 1) Q_{63}^{(2)} \varphi_{(2)} + (\lambda + 1) Q_{65}^{(2)} \widetilde{\psi}_{(2)} = 0 \tag{8.3.15d}$$

至此,磁-电-弹材料反平面切口耦合场奇异性分析转化为求解常微分方程组式(8.3.8)和式(8.3.9)在边值条件式(8.3.11)、式(8.3.13)、式(8.3.15)下的特征值问题。

8.4

磁-电-弹材料切口奇异性分析算例和讨论

本节采用插值矩阵法[21]求解在相应边界条件、界面连续条件下,压电材料和磁-电-弹材料切口耦合场奇异性的常微分方程组特征值问题,求解区间剖分为 $n = 40$ 个子区间,用分段二次函数插值逼近待求函数。

8.4.1 压电材料三维切口奇异性算例

例 8.4.1 极化轴 $\hat{z}$ 沿 z 轴和 y 轴的三维切口力-电耦合场奇异性分析。

考虑图 8.2.1 所示的 V 形切口,切口边界为 FOFO 型,见表 8.2.1,材料是 PZT-4。表 8.4.1 为 PZT-4 和 PZT-5H 材料常数,材料极化轴为下面 2 种情形。

情形 1:设极化轴 $\hat{z}$ 沿 z 轴,其他两轴 $\hat{x}, \hat{y}$ 分别和轴 x, y 重合。

情形 2:设极化轴 $\hat{z}$ 沿 y 轴,其他两轴 $\hat{x}, \hat{y}$ 分别和轴 z, x 重合。

表 8.4.1 压电材料常数

材料	弹性常数(GPa)					压电常数(C/m²)			介电常数(×10⁻¹⁰ F/m)	
	$\hat{c}_{11}$	$\hat{c}_{12}$	$\hat{c}_{13}$	$\hat{c}_{33}$	$\hat{c}_{44}$	$\hat{e}_{15}$	$\hat{e}_{31}$	$\hat{e}_{33}$	$\hat{\eta}_{11}$	$\hat{\eta}_{33}$
PZT-4	139.0	77.8	74.3	115.0	25.6	12.7	−5.2	15.1	64.6	56.2
PZT-5H	126.0	55.0	53.0	117.0	35.3	17.0	−6.5	23.3	151.0	130.0

采用插值矩阵法求解方程式(8.2.9)和边值条件式(8.2.10),分别计算了内角 $\gamma = 360°, 357°, 330°$ 时裂纹/切口尖端力-电耦合场的各阶奇异指数,前 4 阶的奇异指数 λ_k 计算值见表 8.4.2,它们介于 −0.5 和 0 之间,第 5 阶及更高阶的 $\lambda_k \geqslant 0$。本法计算值与文献[7]有限元法计算结果吻合。本法还同时获得了各阶奇异指数 λ_k 对应的位移和电势特征角函数 $\widetilde{u}_{ik}(\theta)(i = r, \theta, z)$ 和 $\widetilde{\varphi}_k(\theta)$。PZT-4 材料切口在 FOFO

边界条件下,内角 $\gamma=357°$、极化轴 $\hat{z}$ 方向与轴 z 方向一致情形时,由插值矩阵法获得的切口端部力-电耦合场的前 3 阶主奇异特征值为 $\lambda_1=-0.499984$,$\lambda_2=-0.491480$,$\lambda_3=-0.495798$,对应的特征角函数见图 8.4.1。由特征值对应的位移和电势特征角函数可确定,λ_1,λ_2 对应的是平面内(垂直于 z 轴)应力奇异指数;λ_3 对应的是反平面应力和电感应耦合的奇异指数。文献[7]基于平面应变条件分析三维切口力-电耦合奇异场,从而导致了反平面奇异指数 λ_3 的缺失,这对三维 V 形切口端部力-电耦合的奇异场分析是不准确的,本方法基于三维理论求解,获得了奇异指数 λ_3。

表 8.4.3 为极化轴 $\hat{z}$ 沿 z 轴,其他两轴 $\hat{x}$,$\hat{y}$ 分别和轴 x,y 重合情形下,由插值矩阵法计算 4 种边界条件下 PZT-4 材料三维 V 形切口力-电耦合场的奇异特征值 λ_1 随切口内角 γ 变化的规律,结果表明随着 γ 的减小,奇异指数 λ_1 逐渐增大,表明力-电耦合场奇异性减弱。

表 8.4.2　PZT-4 材料三维 V 形切口奇异指数 λ_k

γ	边界条件	极化轴 $\hat{z}$ 方向	λ_k	文献[7]	IMMEI
360°	FOFO	z	λ_1	-0.5000	-0.4999997
			λ_2	-0.5000	-0.4999543
			λ_3	缺失	-0.4999997
			λ_4	-0.5000	-0.4999849
357°	FOFO	y	λ_1	-0.5000	-0.4999961
			λ_2	-0.4906	-0.4910920
			λ_3	缺失	-0.4955398
			λ_4	-0.4954	-0.4954025
	FOFO	z	λ_1	-0.5000	-0.4999841
			λ_2	-0.4915	-0.4914808
			λ_3	缺失	-0.4957980
			λ_4	-0.4958	-0.4957980
330°	FOFO	y	λ_1	-0.4979	-0.4980719
			λ_2	-0.3891	-0.3905715
			λ_3	缺失	-0.4506469
			λ_4	-0.4501	-0.4501196
	FOFO	z	λ_1	-0.4985	-0.4985361
			λ_2	-0.4018	-0.4017579
			λ_3	缺失	-0.4545451
			λ_4	-0.4545	-0.4545451

表 8.4.3　4 种边界条件下压电材料 PZT-4 三维切口奇异指数 λ_1 随内角 γ 的变化

γ	λ_1			
	FOFO	FCFC	COCO	CCCC
360°	-0.499999	-0.499999	-0.499999	-0.499999
340°	-0.499561	-0.499561	-0.487160	-0.489419
320°	-0.496499	-0.496499	-0.471760	-0.476311
300°	-0.487769	-0.487769	-0.451448	-0.458161
280°	-0.469595	-0.469595	-0.423394	-0.431951
240°	-0.384259	-0.384259	-0.329152	-0.339359
200°	-0.181291	-0.181291	-0.147032	-0.153318
190°	-0.099942	-0.099942	-0.079661	-0.083351

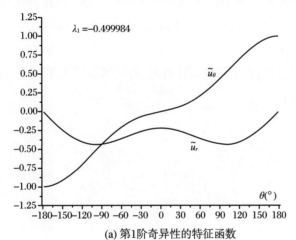

(a) 第 1 阶奇异性的特征函数

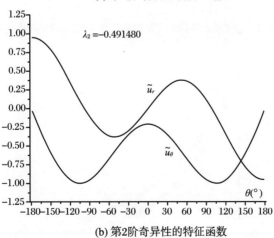

(b) 第 2 阶奇异性的特征函数

图 8.4.1　压电材料 PZT-4 三维 V 形切口端部前 3 阶奇异性对应的特征函数($\gamma = 357°$)

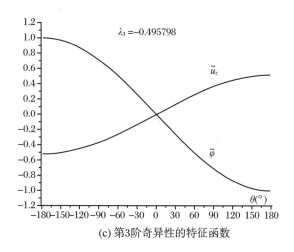

(c) 第3阶奇异性的特征函数

续图 8.4.1

例 8.4.2 极化轴 $\hat{z}$ 在 Oxy 平面内的三维切口力–电耦合场奇异性。

图 8.4.2 所示三维 V 形切口，采用 PZT-5H 材料，材料常数见表 8.4.1。设极化轴 $\hat{z}$ 与 z 轴的夹角为 $\beta = 90°$，α 是极化轴 $\hat{z}$ 在 Oxy 平面上的投影与 x 轴的夹角，分别取 $\alpha = 0°$，$60°$，$120°$，让内角 γ 变化取值，切口两边分别为 FOFO 和 COCO 力–电边界条件，见表 8.2.1。

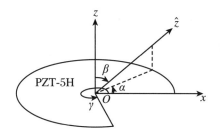

图 8.4.2 极化轴 $\hat{z}$ 在 Oxy 平面内的三维 V 形切口尖端区坐标系

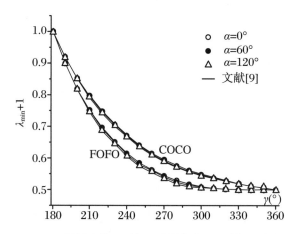

图 8.4.3 PZT-5H 材料三维 V 形切口奇异指数 λ_{min} 随切口内角 γ 的变化

采用插值矩阵法求解方程式(8.2.9)和相应的边值条件式(8.2.10)、式(8.2.12),获得了三维 V 形切口端部前几阶较小的奇异指数 λ_k 及相应的位移和电势特征角函数。图 8.4.3 给出了在 FOFO 和 COCO 力-电边界条件下,力-电耦合场的最小奇异特征值 λ_{min} 随切口内角 γ 的变化规律。从图 8.4.3 可见,在 $\gamma>180°$ 的情形下,$-0.5<\lambda_{min}<0$。且本章方法的计算结果与文献[9]计算值吻合。正如预料的一样,三维切口端部奇异性随内角 γ 的增大而渐强,并且 FOFO 力-电边界条件下的奇异性较 COCO 力-电边界条件下的奇异性强。当 $\gamma=360°$ 时(裂纹情形),在 FOFO 和 COCO 力-电边界条件下的最小奇异特征值 $\lambda_{min}=-0.5$。同时,由图 8.4.3 可知,极化轴 $\hat{z}$ 在 Oxy 平面中方向角 α 取 $0°$,$60°$ 和 $120°$ 时计算结果差别不大,表明 α 角变化对三维 V 形切口端部力-电耦合场的 λ_{min} 变化影响不大。

8.4.2 磁-电-弹材料反平面切口奇异性算例

见图 8.3.1,选择以压磁材料四氧二铁酸钴 $CoFe_2O_4$ 为基体、压电材料钛酸钡 $BaTiO_3$ 为夹杂构成的磁-电-弹复合材料。$BaTiO_3$ 和 $CoFe_2O_4$ 的材料常数如表 8.4.4 所示,磁-电-弹复合材料的材料常数根据 $CoFe_2O_4$ 和 $BaTiO_3$ 的体积百分比按下式合成:

$$K_{ij}^{C} = K_{ij}^{I}V_f + K_{ij}^{M}(1 - V_f) \tag{8.4.1}$$

其中,V_f 为夹杂 $BaTiO_3$ 的体积分数,K_{ij}^{C},K_{ij}^{I} 和 K_{ij}^{M} 分别代表由 C_{ij},e_{ij},q_{ij},ε_{ij},λ_{ij} 和 Γ_{ij} 构成的磁-电-弹复合材料、夹杂和基体材料矩阵。

表 8.4.4 $BaTiO_3$ 和 $CoFe_2O_4$ 的材料常数[19]

材料常数	$BaTiO_3$	$CoFe_2O_4$
$C_{44}(N/m^2)$	4.30e10	4.53e10
$e_{15}(C/m^2)$	11.6	0
$q_{15}(N/Am)$	0	550
$\varepsilon_{11}(C/Vm)$	1.12e$-$8	0.80e$-$10
$\Gamma_{11}(Ns^2/C^2)$	5.00e$-$6	1.00e$-$4

例 8.4.3 单相磁-电-弹材料反平面切口。

本例将图 8.3.1 中的 MEE-1 和 MEE-2 视为同种材料,取体积分数 $V_f=10\%$,根据式(8.4.1)计算磁-电-弹材料的各常数。

采用插值矩阵法(IMMEI)计算方程式(8.3.8)、式(8.3.9)和边界条件式(8.3.11)或式(8.3.13),结果发现在 A-A 类和 B-B 类边界条件下(见 8.3.2 节)相同张角切口的奇异指数相同。图 8.4.4(a)给出了切口边在 A-A 类和 B-B 类边界条件下单磁-电-弹材料切口前 6 阶奇异指数的计算值,由于每一个奇异指数都有两个对应的重根,所以图 8.4.4(a)仅给出了第 1、4、7 阶奇异指数。可发现切口内角($\theta_1 + \theta_2$)大于 180°时才开始出现奇异性。图 8.4.4(b)给出了在 A-B 类边界条件下单磁-电-弹材料切口前 4 阶奇异指数,其中第 2、3 阶奇异指数相同。在 A-B 类边界条件下,切口内角大于 90°时出现奇异性,这与弹性材料以及压电材料切口显著不同,切口内角大于 180°后将出现两个奇异指数(即 λ_1,$\lambda_2 < 0$),大于 260°后将出现三个奇异指数。文献[19]导出了 $\theta_1 = \theta_2$ 时切口奇异指数的理论解,那是一个高阶超越方程,其求解困难且未能提供特征角函数。文献[19]仅给出了第 1 阶奇异指数,见图 8.4.4,本法结果与文献[19]的 λ_1 结果很吻合。本法还得出了高阶奇异指数以及相应的特征角函数,它们在计算切口结构完整的磁-电-弹物理场时是有用的。

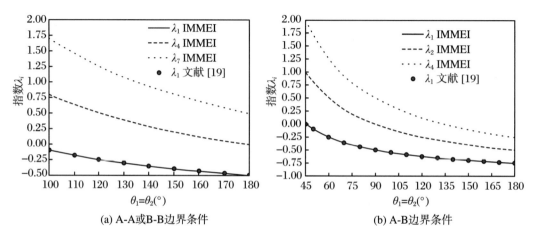

(a) A-A 或 B-B 边界条件　　　　　(b) A-B 边界条件

图 8.4.4　单相磁-电-弹材料切口奇异指数随内角的变化

例 8.4.4　双相磁-电-弹材料反平面切口。

图 8.3.1 所示双相磁-电-弹材料反平面切口,材料 MEE-1 中 $\theta \in [\theta_1, 0]$,材料 MEE-2 中 $\theta \in [0, \theta_2]$。在每种材料区域内可依据式(8.3.8)和式(8.3.9)各列一组常微分特征方程,利用界面连续条件式(8.3.15)将这两组方程组联立。两切口边取 A 类或 B 类边界条件分别为式(8.3.11)和式(8.3.13)。采用插值矩阵法(IMMEI)计算双相磁-电-弹材料切口的奇异指数。

本例通过改变夹杂 $BaTiO_3$ 的体积分数以获取不同的磁-电-弹复合材料,第 1、2 两种材料中夹杂 $BaTiO_3$ 的体积分数分别记为 $V_f^{(1)}$ 和 $V_f^{(2)}$,将两种不同的复合材料黏结以形成双相磁-电-弹材料切口。图 8.4.5 给出了在 A-A 类边界条件下,($V_f^{(1)}$, $V_f^{(2)}$)分别等于(20%,50%),(90%,10%)时这两种不同材料切口奇异指数随切口内角的变化,其中令 $\theta_1 = -180°$ 不变,仅改变 θ_2 值的大小。文献[19]给出了关于双相磁-电-弹材料切口奇异指数的隐式方程,这里采用牛顿迭代法来计算该式获取结果与本法对照。当($V_f^{(1)}$,$V_f^{(2)}$)为(20%,50%)的组合时,在(-1,0)之间存在 3 个奇异指数,其中前 2 个为重根,对于(90%,10%)组合,在(-1,0)之间也存在 3 个奇异指数,其中后 2 个为重根。从图 8.4.5 可以看出插值矩阵法计算精度高。

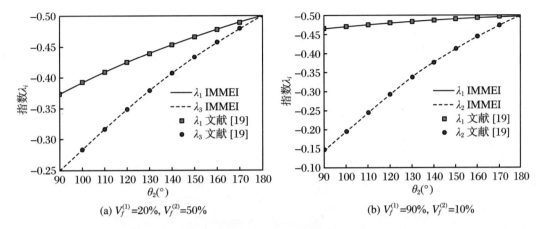

(a) $V_f^{(1)}=20\%$, $V_f^{(2)}=50\%$ (b) $V_f^{(1)}=90\%$, $V_f^{(2)}=10\%$

图 8.4.5 双相材料切口内角对奇异指数的影响($\theta_1 = 180°$)

插值矩阵法分别计算了 $\theta_1 = -90°$,$\theta_2 = 180°$ 和 $\theta_1 = -90°$,$\theta_2 = 270°$ 两种不同角度下双材料切口的各阶奇异指数和特征向量,图 8.4.6 给出了体积分数对切口第 1 阶奇异指数 λ_1 的影响。由结果可见,两种材料体积分数差别越大,切口的奇异性越强。注意到 $\theta_1 = -90°$,$\theta_2 = 270°$ 时切口退化为裂纹问题,当 $V_f^{(1)} = V_f^{(2)}$ 时进一步退化为单材料裂纹问题,此时的最强阶奇异指数为 -0.5,这与单相弹性材料和单压电材料裂纹的奇异指数相同;当 $V_f^{(1)} \neq V_f^{(2)}$ 时,变成了异质材料裂纹问题,计算发现异质程度越高奇异性越强,当 $V_f^{(1)} = 0.9$ 和 $V_f^{(2)} = 0.1$ 时裂纹的第 1 阶奇异指数 $\lambda_1 = -0.6290$。另外,插值矩阵法同时给出了切口结构磁-电-弹耦合场后续高阶奇异指数和相应的特征向量。

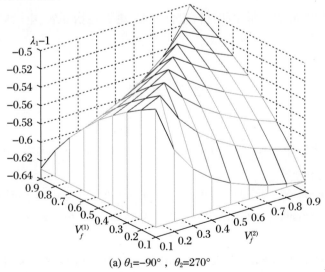

(a) $\theta_1=-90°$,$\theta_2=270°$

图 8.4.6 双相材料体积分数对切口第 1 阶奇异指数 λ_1 的影响

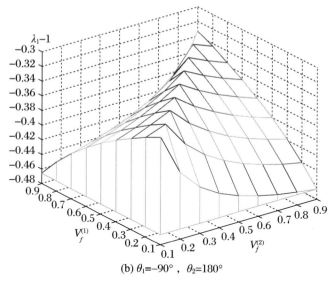

(b) $\theta_1=-90°$，$\theta_2=180°$

续图 8.4.6

本章小结

本章基于三维切口尖端附近区域位移场和电场的渐近展开，给出了插值矩阵法分析压电材料三维柱状 V 形切口尖端力-电耦合场奇异性问题的一个新途径，获得了三维压电材料 V 形切口尖端区域力-电耦合场奇异性变化规律。

通过分析磁-电-弹材料反平面切口耦合场奇异性发现，在一定的边界条件下，切口内角大于直角时将出现奇异性，这与弹性材料以及压电材料切口显著不同。对于双相磁-电-弹材料切口，两种材料体积分数差别越大，切口的奇异性越强。本章方法能提供减弱奇异性的切口角度和材料组合方案，更好地指导磁-电-弹智能元器件结构设计。

参考文献

[1] 戴瑛，嵇醒. 界面端应力奇异性及界面应力分布规律研究[J]. 中国科学：物理学 力学 天文学，2007，37：535-543.

[2] Xu J Q, Mutoh Y. Singularity at the interface edge of bonded transversely isotropic piezoelectric dissimilar materials[J]. JSME International Journal Series A，2001，44：556-566.

[3] Chen M C, Zhu J J, Sze K Y. Electroelastic singularities in piezoelectric-elastic wedges and junctions[J]. Engineering Fracture Mechanics，2006，73：855-868.

［4］Xu X L，Rajapakse R K N D. On singularities in composite piezoelectric wedges and junctions［J］. International Journal of Solids and Structures，2000，37：3253-3275.

［5］Sosa H A，Pak Y E. Three-dimensional eigenfunction analysis of a crack in a piezoelectric material［J］. International Journal of Solids and Structures，1990，26：1-15.

［6］Zhou Z G，Chen Z T. A 3-D rectangular permeable crack or two 3-D rectangular permeable cracks in a piezoelectric material［J］. Archive of Applied Mechanics，2011，81：641-668.

［7］Sze K Y，Wang H T，Fan H. A finite element approach for computing edge singularities in piezoelectric materials［J］. International Journal of Solids and Structures，2001，38：9233-9252.

［8］Scherzer M，Kuna M. Combined analytical and numerical solution of 2D interface corner configurations between dissimilar piezoelectric materials［J］. International Journal of Fracture，2004，127：61-99.

［9］Huang C S，Hu C N. Three-dimensional analyses of stress singularities at the vertex of a piezoelectric wedge［J］. Applied Mathematical Modelling，2013，37：4517-4537.

［10］程长征，丁昊，王大鹏，牛忠荣. 磁电弹材料反平面切口奇性数值分析［J］. 中国科学：物理学 力学 天文学，2014，44(1)：91-99.

［11］Cheng C Z，Yao S L，Han Z L，Recho N，Niu Z R. Evaluation of the singularity exponents and characteristic angular functions for piezoelectric V-notches under in plane and out of plane conditions［J］. Theoretical and Applied Fracture Mechanics，2015，76：50-59.

［12］Zhao M H，Li N，Fan C Y，Xu G T. Analysis method of planar interface cracks of arbitrary shape in three-dimensional transversely isotropic magnetoelectroelastic bimaterials ［J］. International Journal of Solids and Structures，2008，45：1804-1824.

［13］孙建亮，周振功，王彪. 功能梯度压电压磁材料中断裂问题分析［J］. 力学学报，2005，37：9-14.

［14］Sánchez F G，Díaz R R，Sáez A，Zhang C. Fracture of magnetoelectroelastic composite materials using boundary element method［J］. Theoretical and Applied Fracture Mechanics，2007，47：192-204.

［15］Guo J H，Lu Z X. Anti-plane analysis of multiple cracks originating from a circular hole in a magnetoelectroelastic solid［J］. International Journal of Solids and Structures，2010，47：1847-1856.

［16］Li X F. Dynamic analysis of a cracked magnetoelectroelastic medium under antiplane mechanical and inplane electric and magnetic impacts［J］. International Journal of Solids and Structures，2005，42：3185-3205.

［17］Sih G C，Song Z F. Magnetic and electric poling effects associated with crack growth in BaTiO3-CoFe2O4 composite［J］. Theoretical and Applied Fracture Mechanics，2003，39：209-227.

［18］Sue W C，Liu J Y，Sung J C. Investigation of the stress singularity of a magnetoelectroelastic bonded antiplane wedge[J]. Applied Mathematical Modelling, 2007, 31: 2313-2331.

[19] Liu T J C, Chue C H. On the singularities in a bimaterial magneto-electro-elastic composite wedge under antiplane deformation[J]. Composite Structures, 2006, 72: 254-265.

[20] Cheng C Z, Cheng X, Niu Z R, Recho N. Singularity characteristic analyses for magneto-electro-elastic V-notches[J]. European Journal of Mechanics A/Solids, 2016, 57: 59-70.

[21] Niu Z R, Ge D L, Cheng C Z, Ye J Q, Recho N. Evaluation of the stress singularities of plane V-notches in bonded dissimilar materials[J]. Applied Mathematical Modelling, 2009, 33: 1776-1792.

[22] 杨智勇, 牛忠荣, 葛仁余, 程长征. 压电材料三维 V 形切口端部力电耦合奇异场分析[J]. 应用力学学报, 2016, 33(3): 490-495.

第 —— **9** —— 章

V形切口弹塑性应力场
奇异性分析

9.1

弹塑性材料 V 形切口研究概况

V 形切口/裂纹尖端的线弹性应力奇异性问题一直备受关注[1~5]。然而 V 形切口/裂纹尖端区域的强应力集中会使其首先屈服,并发生塑性变形,此时线弹性理论不再适用。因而基于弹塑性理论研究非线性材料 V 形切口应力奇异性问题尤为重要。

Hutchinson[6],Rice 和 Rosengren[7]最早研究幂硬化材料模型平面裂纹尖端的应力奇异性问题,并给出了奇异主导项的塑性应力特征指数的解析式,即著名的"HRR"解。Hutchinson 使用 Airy 应力函数渐近展开式的第 1 项,通过满足应变协调方程,将裂纹尖端的塑性应力奇异性转换为常微分方程的非线性特征值问题,并采用试射法与 Runga-Kutta 法进行求解[6]。进而,Kuang 等[8]和 Xia 等[9]采用应力函数法分析了 V 形切口尖端区域的奇异应力场。在他们的研究中,Airy 应力函数渐近展开式的高阶项被忽略。除应力函数法外,Sharma 和 Aravas[10]以平面问题应力和位移为基本变量,给出平面应变裂纹尖端的两项塑性渐近解。选择应力和位移分量作为基本变量有效避免了应力函数法中出现的复杂代数问题,但常微分方程的计算仍需借助试射法。Papanastasiou 和 Durban[13~15]以应力和位移为基本变量,研究了幂硬化材料模型以及 Tresca 和 Mohr-Coulomb 材料模型平面应变裂纹和切口尖端区域的塑性奇异应力场。有限元法是分析 V 形切口/裂纹尖端奇异应力场的另一种有效方法。Symington 等[16]以应力为基本变量,提出一种计算塑性应力奇异性控制方程的有限元方法。Zhang 和 Joseph[17,18]建立有限元特征分析方法研究了平面应力和平面应变情形下不同材料界面切口的奇异性问题。Chen 和 Ushijima[19]通过将切口尖端周围的区域划分成若干个楔形单元,分析了 V 形切口尖端塑性应力奇异性。

对于反平面问题,Rice[20]通过 Hodograph 变换研究了单相均质材料 V 形切口/裂纹结构在反平面剪切荷载下的应力奇异性。Yuan 和 Yang 等[21~23]结合 Hodograph 变换和渐近分析方法,获得了反平面裂纹在剪切荷载作用下的高阶渐近弹塑性裂纹尖端应力场。Wang 和 Kuang[24]采用 Hodograph 变换方法获得了损伤非线性材料在反平面剪切载荷作用下的应力场和应变场的前两阶解。Zappalorto 和 Lazzarin[25~27]研究了抛物线切口尖端的弹塑性应力场。Loghin 等[28]通过有限元特征分析,获得了反平面剪切作用下应力场奇异阶的前三项。

对于塑性材料 V 形切口,已有研究文献给出了第 1 阶应力奇异性。实际上,高阶奇异项对于尖端区域应力场也是重要的,但由于塑性理论的非线性本构关系和奇异性的双重困难,一般方法难以求解 V 形切口高阶弹塑性应力解。对于幂硬化材料模型,Hu 和 Niu 等提出一个通用的方法[29,30]分析了平面 V 形切口尖端弹塑性应力渐近解,继而推广到反平面 V 形切口弹塑性问题[31]。本章基于尖端区域应力和位移场的渐近展开式,通过满足弹塑性理论基本方程,建立切口尖端应力奇异性的非线性控制方程,然后采用插值矩阵法求解,获得 V 形切口尖端弹塑性应力奇异性完整的渐近解。

9.2
幂硬化材料平面 V 形切口应力奇异性基本方程

9.2.1　平面 V 形切口应力奇异性控制方程

考虑张角为 α 的平面 V 形切口结构,见图 9.2.1。定义极坐标系 $Or\theta$,原点在切口尖端,切口尖端区域的应力场可假设成渐近级数:

$$\sigma_{ij}(r,\theta) = \sum_{k=1}^{N} A_k r^{s_k} \widetilde{\sigma}_{ijk}(\theta), \quad ij = rr, \theta\theta, r\theta \tag{9.2.1}$$

式中,σ_{ij} 是应力张量,s_k 为应力特征指数,且有 $s_k < s_{k+1}$,$\widetilde{\sigma}_{ijk}(\theta)$ 是与 s_k 相对应的应力特征函数,A_k 是幅值系数,N 是渐近展开式的截断项数。若 $s_k < 0$,应力场在 $r \to 0$ 时产生奇异性,s_k 也称为应力奇异指数(阶)。

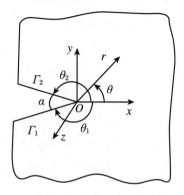

图 9.2.1　平面 V 形切口

注意到应力特征指数 s_k 及其对应的特征函数 $\widetilde{\sigma}_{ijk}(\theta)$ 取决于结构的材料特性、切

口张角 α 大小以及楔形边的约束条件,而与外荷载无关,故平面问题的平衡方程为

$$\begin{cases} \dfrac{\partial \sigma_{rr}}{\partial r} + \dfrac{1}{r} \dfrac{\partial \sigma_{r\theta}}{\partial \theta} + \dfrac{\sigma_{rr} - \sigma_{\theta\theta}}{r} = 0 \\ \dfrac{1}{r} \dfrac{\partial \sigma_{\theta\theta}}{\partial \theta} + \dfrac{\partial \sigma_{r\theta}}{\partial r} + \dfrac{2\sigma_{r\theta}}{r} = 0 \end{cases} \tag{9.2.2}$$

将应力渐近展开式式(9.2.1)代入平衡方程式(9.2.2),消去公因子 $A_k r^{s_k-1}$,得到两个关于 s_k 和 $\tilde{\sigma}_{ijk}(\theta)$ 的常微分方程:

$$\begin{cases} (s_k + 1)\, \tilde{\sigma}_{rrk}(\theta) + \tilde{\sigma}'_{r\theta k}(\theta) - \tilde{\sigma}_{\theta\theta k}(\theta) = 0 \\ \tilde{\sigma}'_{\theta\theta k}(\theta) + (s_k + 2)\, \tilde{\sigma}_{r\theta k}(\theta) = 0 \end{cases} \tag{9.2.3}$$

其中,$(\cdots)' = \partial(\cdots)/\partial\theta$。然而,平面问题应力有 3 个分量 $\tilde{\sigma}_{rrk}(\theta)$,$\tilde{\sigma}_{\theta\theta k}(\theta)$ 和 $\tilde{\sigma}_{r\theta k}(\theta)$,因此仍需寻找新的方程。

考虑幂硬化材料模型在单轴拉伸试验下应力-应变关系满足 Ramberg-Osgood 定律:

$$\frac{\varepsilon}{\varepsilon_y} = \frac{\sigma}{\sigma_y} + \gamma \left(\frac{\sigma}{\sigma_y} \right)^m \tag{9.2.4}$$

式中,σ_y,ε_y 分别是材料屈服应力和屈服应变,γ 是材料系数,m 是材料应变硬化指数。这里 $m = \infty$ 表示理想的弹塑性模型,$m = 1$ 表示线弹性模型。根据弹塑性形变理论,广义的应力-应变关系为

$$\varepsilon_{ij} = \frac{1+\nu}{E} s_{ij} + \frac{1-2\nu}{3E} \sigma_{kk} \delta_{ij} + \frac{3}{2} \beta \sigma_e^{m-1} s_{ij} \tag{9.2.5}$$

式中,$\beta = \gamma \varepsilon_y / \sigma_y^m$,$E$ 是材料的弹性模量,ν 是泊松比,σ_e 是等效应力,δ_{ij} 为符号张量,s_{ij} 是应力偏张量。如采用 von-Mises 等效应力:

$$\sigma_e = \left(\frac{3}{2} s_{ij} s_{ij} \right)^{\frac{1}{2}} \tag{9.2.6}$$

$$s_{ij} = \sigma_{ij} - \frac{1}{3} \sigma_{kk} \delta_{ij} \tag{9.2.7}$$

式中重复指标 $(i, j, k = 1, 2)$ 采用张量求和记法。对于平面应力问题,$\sigma_{kk} = \sigma_{rr} + \sigma_{\theta\theta}$;对于平面应变问题,$\sigma_{kk} = (1+\nu)(\sigma_{rr} + \sigma_{\theta\theta})$。

在广义的应力-应变关系式(9.2.5)中,前 2 项是弹性应变 ε_{ij}^e,有

$$\varepsilon_{ij}^e = \frac{1+\nu}{E} s_{ij} + \frac{1-2\nu}{3E} \sigma_{kk} \delta_{ij} = \frac{1}{E} \left[(1+\nu)\sigma_{ij} - \nu\sigma_{kk}\delta_{ij} \right] \tag{9.2.8}$$

第 3 项是塑性应变 ε_{ij}^p,有

$$\varepsilon_{ij}^p = \frac{3}{2} \beta \sigma_e^{m-1} s_{ij} \tag{9.2.9}$$

将式(9.2.1)引入应力偏张量 $s_{ij}(r, \theta)$ 中可得

$$s_{ij}(r, \theta) = \sum_{k=1}^{N} A_k r^{s_k} \tilde{s}_{ijk}(\theta) \tag{9.2.10}$$

式中

$$\widetilde{s}_{ijk}(\theta) = \widetilde{\sigma}_{ijk}(\theta) - \frac{1}{3}\psi\delta_{ij}\big[\widetilde{\sigma}_{rrk}(\theta) + \widetilde{\sigma}_{\theta\theta k}(\theta)\big] \qquad (9.2.11)$$

对于平面应力问题,$\psi = 1$。对于平面应变问题,$\psi = 1 + \nu$。假设材料不可压缩,在塑性应变中易于得到 $\nu = 1/2$。然后将式(9.2.10)代入式(9.2.6)可得 von-Mises 等效应力:

$$\sigma_e = \Big[\sum_{h=1}^{N}\sum_{l=1}^{N} A_h A_l r^{s_h + s_l} \widehat{\sigma}_{hl}(\theta)\Big]^{\frac{1}{2}} \qquad (9.2.12)$$

式中

$$\widehat{\sigma}_{hl}(\theta) = \widetilde{\sigma}_{rrh}(\theta)\widetilde{\sigma}_{rrl}(\theta) + \widetilde{\sigma}_{\theta\theta h}(\theta)\widetilde{\sigma}_{\theta\theta l}(\theta)$$
$$- \widetilde{\sigma}_{rrh}(\theta)\widetilde{\sigma}_{\theta\theta l}(\theta) + 3\widetilde{\sigma}_{r\theta h}(\theta)\widetilde{\sigma}_{r\theta l}(\theta) \quad (\text{平面应力}) \qquad (9.2.13a)$$

$$\widehat{\sigma}_{hl}(\theta) = \frac{3}{4}\big[\widetilde{\sigma}_{rrh}(\theta)\widetilde{\sigma}_{rrl}(\theta) + \widetilde{\sigma}_{\theta\theta h}(\theta)\widetilde{\sigma}_{\theta\theta l}(\theta)$$
$$- 2\widetilde{\sigma}_{rrh}(\theta)\widetilde{\sigma}_{\theta\theta l}(\theta) + 4\widetilde{\sigma}_{r\theta h}(\theta)\widetilde{\sigma}_{r\theta l}(\theta)\big] \quad (\text{平面应变})$$
$$(9.2.13b)$$

进而,σ_e 可被写成

$$\sigma_e = A_1 r^{s_1}\big[\widehat{\sigma}_{11}(\theta)\big]^{\frac{1}{2}}\Big[1 + \sum_{h=2}^{N}\sum_{l=2}^{N}\frac{A_h A_l}{A_1^2} r^{s_h + s_l - 2s_1}\frac{\widehat{\sigma}_{hl}(\theta)}{\widehat{\sigma}_{11}(\theta)}$$
$$+ \sum_{h=2}^{N}\frac{A_h}{A_1} r^{s_h - s_1}\frac{\widehat{\sigma}_{1h}(\theta) + \widehat{\sigma}_{h1}(\theta)}{\widehat{\sigma}_{11}(\theta)}\Big]^{\frac{1}{2}} \qquad (9.2.14)$$

注意到当 $r \to 0$ 时,上式根式中第 2、3 项相对 1 是小量,使用二项式展开 σ_e^{m-1},有

$$\sigma_e^{m-1} = A_1^{m-1} r^{(m-1)s_1}\big[\widehat{\sigma}_{11}(\theta)\big]^{\frac{m-1}{2}}$$
$$\times \Big\{1 + \frac{m-1}{2}\Big[\sum_{h=2}^{N}\sum_{l=2}^{N}\frac{A_h A_l}{A_1^2} r^{s_h + s_l - 2s_1}\frac{\widehat{\sigma}_{hl}(\theta)}{\widehat{\sigma}_{11}(\theta)}$$
$$+ \sum_{h=2}^{N}\frac{A_h}{A_1} r^{s_h - s_1}\frac{\widehat{\sigma}_{1h}(\theta) + \widehat{\sigma}_{h1}(\theta)}{\widehat{\sigma}_{11}(\theta)}\Big]$$
$$+ \frac{(m-1)(m-3)}{8}\Big[\sum_{h=2}^{N}\sum_{l=2}^{N}\frac{A_h A_l}{A_1^2} r^{s_h + s_l - 2s_1}\frac{\widehat{\sigma}_{hl}(\theta)}{\widehat{\sigma}_{11}(\theta)}$$
$$+ \sum_{h=2}^{N}\frac{A_h}{A_1} r^{s_h - s_1}\frac{\widehat{\sigma}_{h1}(\theta) + \widehat{\sigma}_{1h}(\theta)}{\widehat{\sigma}_{11}(\theta)}\Big]^2 + \cdots\Big\} \qquad (9.2.15)$$

由 $s_k < s_{k+1}$ 可知,当 $r \to 0$ 时,$r^{s_h + s_l - 2s_1}$ 和 $r^{s_h - s_1}$ 是无穷小量。舍去其高阶无穷小,我们获得 σ_e^{m-1} 的近似表达:

$$\sigma_e^{m-1} \approx A_1^{m-1} r^{t_{11}} \sigma_{11}^*(\theta) + \frac{m-1}{2}\Big\{\sum_{h=2}^{N} A_h A_1^{m-2} r^{t_{h1}}\big[\sigma_{h1}^*(\theta) + \sigma_{1h}^*(\theta)\big]$$
$$+ \sum_{h=2}^{N}\sum_{l=2}^{N} A_h A_l A_1^{m-3} r^{t_{hl}}\big[\sigma_{hl}^*(\theta) + \sigma_{hl}^+(\theta)\big]\Big\} \qquad (9.2.16)$$

式中

$$t_{hl} = (m-3)s_1 + s_h + s_l \tag{9.2.17}$$

$$\sigma_{hl}^*(\theta) = \left[\hat{\sigma}_{11}(\theta)\right]^{\frac{m-3}{2}} \hat{\sigma}_{hl}(\theta) \tag{9.2.18}$$

$$\sigma_{hl}^+(\theta) = \frac{m-3}{4}\left[\hat{\sigma}_{11}(\theta)\right]^{\frac{m-5}{2}}\left[\hat{\sigma}_{h1}(\theta) + \hat{\sigma}_{1h}(\theta)\right]\left[\hat{\sigma}_{l1}(\theta) + \hat{\sigma}_{1l}(\theta)\right] \tag{9.2.19}$$

注意当 $h \neq l$ 时，$t_{hl} = t_{lh}$，但 $\sigma_{hl}^*(\theta) \neq \sigma_{lh}^*(\theta)$。

对于塑性应变部分，将式(9.2.10)和式(9.2.16)代入式(9.2.9)中，$\varepsilon_{ij}^{\text{p}}$ 可表示成三部分之和：

$$\varepsilon_{ij}^{\text{p}} = \frac{3}{2}\beta\sigma_e^{m-1}s_{ij} = \varepsilon_{ij}^{\text{p}1} + \varepsilon_{ij}^{\text{p}2} + \varepsilon_{ij}^{\text{p}3} \tag{9.2.20}$$

式中

$$\begin{aligned}
\varepsilon_{ij}^{\text{p}1} = &\ H_{111}\, r^{t_{111}}\, \sigma_{11}^*(\theta)\tilde{s}_{ij1}(\theta) \\
&+ \sum_{k=2}^{N} H_{11k}\, r^{t_{11k}}\left\{\sigma_{11}^*(\theta)\,\tilde{s}_{ijk}(\theta) + \frac{m-1}{2}\left[\sigma_{k1}^*(\theta) + \sigma_{1k}^*(\theta)\right]\tilde{s}_{ij1}(\theta)\right\}
\end{aligned} \tag{9.2.21}$$

$$\varepsilon_{ij}^{\text{p}2} = \sum_{h=2}^{N}\sum_{l=2}^{N} H_{1hl}\, r^{t_{1hl}}\, \frac{m-1}{2}\left[\sigma_{h1}^*(\theta) + \sigma_{1h}^*(\theta)\right]\tilde{s}_{ijl}(\theta) \tag{9.2.22}$$

$$\varepsilon_{ij}^{\text{p}3} = \sum_{h=2}^{N}\sum_{l=2}^{N}\sum_{k=1}^{N} H_{hlk}\, r^{t_{hlk}}\, \frac{m-1}{2}\left[\sigma_{hl}^*(\theta) + \sigma_{hl}^+(\theta)\right]\tilde{s}_{ijk}(\theta) \tag{9.2.23}$$

$$H_{hlk} = \frac{3}{2}\beta A_1^{m-3} A_h A_l A_k \tag{9.2.24}$$

$$t_{hlk} = t_{hl} + s_k = (m-3)s_1 + s_h + s_l + s_k \tag{9.2.25}$$

接下来，使用平面问题位移-应变关系：

$$\begin{cases}
\varepsilon_{rr} = \dfrac{\partial u_r}{\partial r} \\[2mm]
\varepsilon_{\theta\theta} = \dfrac{u_r}{r} + \dfrac{1}{r}\dfrac{\partial u_\theta}{\partial \theta} \\[2mm]
\varepsilon_{r\theta} = \dfrac{1}{2}\left(\dfrac{1}{r}\dfrac{\partial u_r}{\partial \theta} + \dfrac{\partial u_\theta}{\partial r} - \dfrac{u_\theta}{r}\right)
\end{cases} \tag{9.2.26}$$

显然，塑性应变的三个部分 $\varepsilon_{ij}^{\text{p}1}$，$\varepsilon_{ij}^{\text{p}2}$ 和 $\varepsilon_{ij}^{\text{p}3}$ 均应满足几何方程式(9.2.26)，从而获得 3 个新的方程。由式(9.2.25)可见，应力特征指数 s_k 与应变 $\varepsilon_{ij}^{\text{p}1}$ 中 r 的幂次 t_{11k} 一一对应，可将切口尖端区域位移场假设成

$$u_i(r,\theta) = \sum_{k=1}^{N} H_{11k}\, r^{\lambda_k+1}\, \tilde{u}_{ik}(\theta) + T_i(r,\theta), \quad i = r,\theta \tag{9.2.27}$$

式中

$$\begin{cases} \lambda_k = t_{11k} = (m-1)s_1 + s_k \\ s_k = \lambda_k + \lambda_1\left(\dfrac{1}{m} - 1\right) \end{cases} \quad (9.2.28)$$

其中，λ_k 是位移特征指数，$\tilde{u}_{ik}(\theta)$ 是位移特征函数，$T_i(r,\theta)$ 是位移 $u_i(r,\theta)$ 关于 r 展开式截断的余项，在后续推演中被舍去。

将式(9.2.21)和式(9.2.27)代入式(9.2.26)，可得应力特征函数 $\tilde{\sigma}_{ijk}(\theta)$ 与位移特征函数 $\tilde{u}_{ik}(\theta)$ 的关系。当 $k=1$ 时，有

$$\begin{cases} \sigma_{11}^*(\theta)\,\tilde{s}_{rr1}(\theta) = (\lambda_1 + 1)\,\tilde{u}_{r1}(\theta) \\ \sigma_{11}^*(\theta)\,\tilde{s}_{\theta\theta1}(\theta) = \tilde{u}_{r1}(\theta) + \tilde{u}'_{\theta1}(\theta) \\ 2\,\sigma_{11}^*(\theta)\,\tilde{s}_{r\theta1}(\theta) = \tilde{u}'_{r1}(\theta) + \lambda_1\,\tilde{u}_{\theta1}(\theta) \end{cases} \quad (9.2.29)$$

当 $k \geqslant 2$ 时，有

$$\begin{cases} \sigma_{11}^*(\theta)\,\tilde{s}_{rrk}(\theta) + \dfrac{m-1}{2}\big[\sigma_{k1}^*(\theta) + \sigma_{1k}^*(\theta)\big]\,\tilde{s}_{rr1}(\theta) = (\lambda_k + 1)\,\tilde{u}_{rk}(\theta) \\[2mm] \sigma_{11}^*(\theta)\,\tilde{s}_{\theta\theta k}(\theta) + \dfrac{m-1}{2}\big[\sigma_{k1}^*(\theta) + \sigma_{1k}^*(\theta)\big]\,\tilde{s}_{\theta\theta1}(\theta) = \tilde{u}_{rk}(\theta) + \tilde{u}'_{\theta k}(\theta) \\[2mm] \sigma_{11}^*(\theta)\,\tilde{s}_{r\theta k}(\theta) + \dfrac{m-1}{2}\big[\sigma_{k1}^*(\theta) + \sigma_{1k}^*(\theta)\big]\,\tilde{s}_{r\theta1}(\theta) = \dfrac{1}{2}\big[\tilde{u}'_{rk}(\theta) + \lambda_k\,\tilde{u}_{\theta k}(\theta)\big] \end{cases}$$

$$(9.2.30)$$

依次将式(9.2.11)中 $\tilde{s}_{ijk}(\theta)$ 代入式(9.2.29)和式(9.2.30)，经过一系列推导，可获得如下方程组：

$$\begin{cases} \eta_1(\theta)\,\tilde{\sigma}_{rr1}(\theta) - \eta_2(\theta)\,\tilde{\sigma}_{\theta\theta1}(\theta) = (\lambda_1 + 1)\,\tilde{u}_{r1}(\theta) \\ \eta_1(\theta)\,\tilde{\sigma}_{\theta\theta1}(\theta) - \eta_2(\theta)\,\tilde{\sigma}_{rr1}(\theta) = \tilde{u}_{r1}(\theta) + \tilde{u}'_{\theta1}(\theta), \quad k = 1 \\ 2\,\sigma_{11}^*(\theta)\,\tilde{\sigma}_{r\theta1}(\theta) = \tilde{u}'_{r1}(\theta) + \lambda_1\,\tilde{u}_{\theta1}(\theta) \end{cases} \quad (9.2.31)$$

$$\begin{cases} f_1\,\tilde{\sigma}_{rrk}(\theta) + f_2\,\tilde{\sigma}_{\theta\theta k}(\theta) + f_3\,\tilde{\sigma}_{r\theta k}(\theta) = (\lambda_k + 1)\,\tilde{u}_{rk}(\theta) \\ g_1\,\tilde{\sigma}_{rrk}(\theta) + g_2\,\tilde{\sigma}_{\theta\theta k}(\theta) + g_3\,\tilde{\sigma}_{r\theta k}(\theta) = \tilde{u}_{rk}(\theta) + \tilde{u}'_{\theta k}(\theta) \qquad , \quad k \geqslant 2 \\ h_1\,\tilde{\sigma}_{rrk}(\theta) + h_2\,\tilde{\sigma}_{\theta\theta k}(\theta) + h_3\,\tilde{\sigma}_{r\theta k}(\theta) = \tilde{u}'_{rk}(\theta) + \lambda_k\,\tilde{u}_{\theta k}(\theta) \end{cases}$$

$$(9.2.32)$$

其中，对于平面应力问题，有

$$\eta_1(\theta) = \frac{2}{3}\,\sigma_{11}^*(\theta), \quad \eta_2(\theta) = \frac{1}{3}\,\sigma_{11}^*(\theta) \quad (9.2.33)$$

$$\begin{cases} f_1 = \dfrac{2}{3}\,\sigma_{11}^*(\theta) + \dfrac{m-1}{6}\big[\hat{\sigma}_{11}(\theta)\big]^{\frac{m-3}{2}}\big[2\,\tilde{\sigma}_{rr1}(\theta) - \tilde{\sigma}_{\theta\theta1}(\theta)\big]\big[2\,\tilde{\sigma}_{rr1}(\theta) - \tilde{\sigma}_{\theta\theta1}(\theta)\big] \\[2mm]
f_2 = -\dfrac{1}{3}\,\sigma_{11}^*(\theta) + \dfrac{m-1}{6}\big[\hat{\sigma}_{11}(\theta)\big]^{\frac{m-3}{2}}\big[2\,\tilde{\sigma}_{\theta\theta1}(\theta) - \tilde{\sigma}_{rr1}(\theta)\big]\big[2\,\tilde{\sigma}_{rr1}(\theta) - \tilde{\sigma}_{\theta\theta1}(\theta)\big] \\[2mm]
f_3 = (m-1)\big[\hat{\sigma}_{11}(\theta)\big]^{\frac{m-3}{2}}\,\tilde{\sigma}_{r\theta1}(\theta)\big[2\,\tilde{\sigma}_{rr1}(\theta) - \tilde{\sigma}_{\theta\theta1}(\theta)\big] \\[2mm]
g_1 = -\dfrac{1}{3}\,\sigma_{11}^*(\theta) + \dfrac{m-1}{6}\big[\hat{\sigma}_{11}(\theta)\big]^{\frac{m-3}{2}}\big[2\,\tilde{\sigma}_{rr1}(\theta) - \tilde{\sigma}_{\theta\theta1}(\theta)\big]\big[2\,\tilde{\sigma}_{\theta\theta1}(\theta) - \tilde{\sigma}_{rr1}(\theta)\big] \\[2mm]
g_2 = \dfrac{2}{3}\,\sigma_{11}^*(\theta) + \dfrac{m-1}{6}\big[\hat{\sigma}_{11}(\theta)\big]^{\frac{m-3}{2}}\big[2\,\tilde{\sigma}_{\theta\theta1}(\theta) - \tilde{\sigma}_{rr1}(\theta)\big]\big[2\,\tilde{\sigma}_{\theta\theta1}(\theta) - \tilde{\sigma}_{rr1}(\theta)\big] \\[2mm]
g_3 = (m-1)\big[\hat{\sigma}_{11}(\theta)\big]^{\frac{m-3}{2}}\,\tilde{\sigma}_{r\theta1}(\theta)\big[2\,\tilde{\sigma}_{\theta\theta1}(\theta) - \tilde{\sigma}_{rr1}(\theta)\big] \\[2mm]
h_1 = (m-1)\big[\hat{\sigma}_{11}(\theta)\big]^{\frac{m-3}{2}}\big[2\,\tilde{\sigma}_{rr1}(\theta) - \tilde{\sigma}_{\theta\theta1}(\theta)\big]\tilde{\sigma}_{r\theta1}(\theta) \\[2mm]
h_2 = (m-1)\big[\hat{\sigma}_{11}(\theta)\big]^{\frac{m-3}{2}}\big[2\,\tilde{\sigma}_{\theta\theta1}(\theta) - \tilde{\sigma}_{rr1}(\theta)\big]\tilde{\sigma}_{r\theta1}(\theta) \\[2mm]
h_3 = 2\,\sigma_{11}^*(\theta) + 6(m-1)\big[\hat{\sigma}_{11}(\theta)\big]^{\frac{m-3}{2}}\,\tilde{\sigma}_{r\theta1}(\theta)\tilde{\sigma}_{r\theta1}(\theta) \end{cases} \tag{9.2.34}$$

对于平面应变问题,有

$$\eta_1(\theta) = \frac{1}{2}\,\sigma_{11}^*(\theta), \qquad \eta_2(\theta) = \frac{1}{2}\,\sigma_{11}^*(\theta) \tag{9.2.35}$$

$$\begin{cases} f_1 = \dfrac{1}{2}\,\sigma_{11}^*(\theta) + \dfrac{3m-3}{8}\big[\hat{\sigma}_{11}(\theta)\big]^{\frac{m-3}{2}}\big[\tilde{\sigma}_{rr1}(\theta) - \tilde{\sigma}_{\theta\theta1}(\theta)\big]\big[\tilde{\sigma}_{rr1}(\theta) - \tilde{\sigma}_{\theta\theta1}(\theta)\big] \\[2mm]
f_2 = -\dfrac{1}{2}\,\sigma_{11}^*(\theta) + \dfrac{3m-3}{8}\big[\hat{\sigma}_{11}(\theta)\big]^{\frac{m-3}{2}}\big[\tilde{\sigma}_{\theta\theta1}(\theta) - \tilde{\sigma}_{rr1}(\theta)\big]\big[\tilde{\sigma}_{rr1}(\theta) - \tilde{\sigma}_{\theta\theta1}(\theta)\big] \\[2mm]
f_3 = \dfrac{3m-3}{2}\big[\hat{\sigma}_{11}(\theta)\big]^{\frac{m-3}{2}}\,\tilde{\sigma}_{r\theta1}(\theta)\big[\tilde{\sigma}_{rr1}(\theta) - \tilde{\sigma}_{\theta\theta1}(\theta)\big] \\[2mm]
g_1 = -\dfrac{1}{2}\,\sigma_{11}^*(\theta) + \dfrac{3m-3}{8}\big[\hat{\sigma}_{11}(\theta)\big]^{\frac{m-3}{2}}\big[\tilde{\sigma}_{rr1}(\theta) - \tilde{\sigma}_{\theta\theta1}(\theta)\big]\big[\tilde{\sigma}_{\theta\theta1}(\theta) - \tilde{\sigma}_{rr1}(\theta)\big] \\[2mm]
g_2 = \dfrac{1}{2}\,\sigma_{11}^*(\theta) + \dfrac{3m-3}{8}\big[\hat{\sigma}_{11}(\theta)\big]^{\frac{m-3}{2}}\big[\tilde{\sigma}_{\theta\theta1}(\theta) - \tilde{\sigma}_{rr1}(\theta)\big]\big[\tilde{\sigma}_{\theta\theta1}(\theta) - \tilde{\sigma}_{rr1}(\theta)\big] \\[2mm]
g_3 = \dfrac{3m-3}{2}\big[\hat{\sigma}_{11}(\theta)\big]^{\frac{m-3}{2}}\,\tilde{\sigma}_{r\theta1}(\theta)\big[\tilde{\sigma}_{\theta\theta1}(\theta) - \tilde{\sigma}_{rr1}(\theta)\big] \\[2mm]
h_1 = \dfrac{3m-3}{2}\big[\hat{\sigma}_{11}(\theta)\big]^{\frac{m-3}{2}}\big[\tilde{\sigma}_{rr1}(\theta) - \tilde{\sigma}_{\theta\theta1}(\theta)\big]\tilde{\sigma}_{r\theta1}(\theta) \\[2mm]
h_2 = \dfrac{3m-3}{2}\big[\hat{\sigma}_{11}(\theta)\big]^{\frac{m-3}{2}}\big[\tilde{\sigma}_{\theta\theta1}(\theta) - \tilde{\sigma}_{rr1}(\theta)\big]\tilde{\sigma}_{r\theta1}(\theta) \\[2mm]
h_3 = 2\,\sigma_{11}^*(\theta) + 6(m-1)\big[\hat{\sigma}_{11}(\theta)\big]^{\frac{m-3}{2}}\,\tilde{\sigma}_{r\theta1}(\theta)\,\tilde{\sigma}_{r\theta1}(\theta) \end{cases} \tag{9.2.36}$$

联立平衡方程式(9.2.3)、式(9.2.31)和式(9.2.32),获得关于位移和应力分量特征函数的常微分方程组:

$$
\begin{cases}
\left(\dfrac{\lambda_1}{m}+1\right)\tilde{\sigma}_{rr1}(\theta)+\tilde{\sigma}'_{r\theta1}(\theta)-\tilde{\sigma}_{\theta\theta1}(\theta)=0 \\[2mm]
\tilde{\sigma}'_{\theta\theta1}(\theta)+\left(\dfrac{\lambda_1}{m}+2\right)\tilde{\sigma}_{r\theta1}(\theta)=0 \\[2mm]
\eta_1(\theta)\,\tilde{\sigma}_{rr1}(\theta)-\eta_2(\theta)\,\tilde{\sigma}_{\theta\theta1}(\theta)-(\lambda_1+1)\,\tilde{u}_{r1}(\theta)=0 \\[2mm]
\eta_1(\theta)\,\tilde{\sigma}_{\theta\theta1}(\theta)-\eta_2(\theta)\,\tilde{\sigma}_{rr1}(\theta)-\tilde{u}_{r1}(\theta)-\tilde{u}'_{\theta1}(\theta)=0 \\[2mm]
2\,\sigma^{*}_{11}(\theta)\,\tilde{\sigma}_{r\theta1}(\theta)-\tilde{u}'_{r1}(\theta)-\lambda_1\,\tilde{u}_{\theta1}(\theta)=0
\end{cases}
\quad , \quad k=1
$$

$$\tag{9.2.37}$$

$$
\begin{cases}
\left[\lambda_k+\lambda_1\left(\dfrac{1}{m}-1\right)+1\right]\tilde{\sigma}_{rrk}(\theta)+\tilde{\sigma}'_{r\theta k}(\theta)-\tilde{\sigma}_{\theta\theta k}(\theta)=0 \\[2mm]
\tilde{\sigma}'_{\theta\theta k}(\theta)+\left[\lambda_k+\lambda_1\left(\dfrac{1}{m}-1\right)+2\right]\tilde{\sigma}_{r\theta k}(\theta)=0 \\[2mm]
f_1\,\tilde{\sigma}_{rrk}(\theta)+f_2\,\tilde{\sigma}_{\theta\theta k}(\theta)+f_3\,\tilde{\sigma}_{r\theta k}(\theta)-(\lambda_k+1)\tilde{u}_{rk}(\theta)=0 \\[2mm]
g_1\,\tilde{\sigma}_{rrk}(\theta)+g_2\,\tilde{\sigma}_{\theta\theta k}(\theta)+g_3\,\tilde{\sigma}_{r\theta k}(\theta)-\tilde{u}_{rk}(\theta)-\tilde{u}'_{\theta k}(\theta)=0 \\[2mm]
h_1\,\tilde{\sigma}_{rrk}(\theta)+h_2\,\tilde{\sigma}_{\theta\theta k}(\theta)+h_3\,\tilde{\sigma}_{r\theta k}(\theta)-\tilde{u}'_{rk}(\theta)-\lambda_k\,\tilde{u}_{\theta k}(\theta)=0
\end{cases}
\quad , \quad k\geqslant 2
$$

$$\tag{9.2.38}$$

式(9.2.37)是关于第 1 阶奇异性的非线性常微分方程组特征值问题,而式 (9.2.38)是关于高阶项的常微分方程组特征值问题,分别由 5 个方程组成。通过求 解式(9.2.37)和式(9.2.38),可获得 V 形切口尖端区域第 1 阶、后续高阶项位移特 征指数 λ_k 以及相应应力场(3 个分量)和位移场(2 个分量)的特征函数解;再将 λ_k 代 入式(9.2.28)即可求得应力特征指数 s_k,这里分别记为 s°_k,$\tilde{\sigma}^{\circ}_{ijk}(\theta)$,$\tilde{u}^{\circ}_{ik}(\theta)$($k=$ $1,2,\cdots,N$)。

然而,由应力特征指数 s°_k 组成的序列 $s^{\circ}_1<s^{\circ}_2<s^{\circ}_3<s^{\circ}_4<\cdots$ 可能不完整,这是 因为在 ε^{e}_{ij},ε^{p1}_{ij},ε^{p2}_{ij} 以及 ε^{p3}_{ij} 中 r 的某些幂次可能与 t_{11k} 相等。为了便于讨论,将所有弹 性和塑性应变中可能出现的 r 的幂次罗列如下:

ε^{e}_{ij}: s_l, $\quad l=1,2,3,\cdots$

ε^{p1}_{ij}: $t_{11k}=(m-1)s_1+s_k$, $\quad k=1,2,3,\cdots$

ε^{p2}_{ij}: $t_{1hl}=(m-2)s_1+s_h+s_l$, $\quad h=2,3,\cdots, \quad l=2,3,\cdots$

ε^{p3}_{ij}: $t_{hlk}=(m-3)s_1+s_h+s_l+s_k$, $\quad h=2,3,\cdots, \quad l=2,3,\cdots, \quad k=1,2,3,\cdots$

如果弹性应变 ε^{e}_{ij} 中的 s_l 与 t_{11k} 相等,由式(9.2.28)可得

$$
\begin{cases}
s^{\sharp}_k=(1-m)s_1+s_l \\[2mm]
\lambda^{\sharp}_k=s_l
\end{cases}
\quad , \quad 1\leqslant l<k
$$

$$\tag{9.2.39}$$

其中,$s^{\sharp}_k$ 和 $\lambda^{\sharp}_k$ 分别是由弹性变形控制的应力和位移特征指数,而与之对应的应力和 位移特征函数可由如下方程求得:

$$\begin{cases} \left[\lambda_k^\# + \lambda_1\left(\dfrac{1}{m}-1\right)+1\right]\tilde{\sigma}_{rrk}(\theta) + \tilde{\sigma}'_{r\theta k}(\theta) - \tilde{\sigma}_{\theta\theta k}(\theta) = 0 \\[2mm] \tilde{\sigma}'_{\theta\theta k}(\theta) + \left[\lambda_k^\# + \lambda_1\left(\dfrac{1}{m}-1\right)+2\right]\tilde{\sigma}_{r\theta k}(\theta) = 0 \\[2mm] f_1\,\tilde{\sigma}_{rrk}(\theta) + f_2\,\tilde{\sigma}_{\theta\theta k}(\theta) + f_3\,\tilde{\sigma}_{r\theta k}(\theta) - (\lambda_k^\#+1)\,\tilde{u}_{rk}(\theta) = -\Delta_{rrl}^\#(\theta) \\[2mm] g_1\,\tilde{\sigma}_{rrk}(\theta) + g_2\,\tilde{\sigma}_{\theta\theta k}(\theta) + g_3\,\tilde{\sigma}_{r\theta k}(\theta) - \tilde{u}_{rk}(\theta) - \tilde{u}'_{\theta k}(\theta) = -\Delta_{\theta\theta l}^\#(\theta) \\[2mm] h_1\,\tilde{\sigma}_{rrk}(\theta) + h_2\,\tilde{\sigma}_{\theta\theta k}(\theta) + h_3\,\tilde{\sigma}_{r\theta k}(\theta) - \tilde{u}'_{rk}(\theta) - \lambda_k^\#\,\tilde{u}_{\theta k}(\theta) = -\Delta_{r\theta l}^\#(\theta) \end{cases}, \quad k \geqslant 2$$

$$(9.2.40)$$

式中

$$\begin{cases} \Delta_{rrl}^\#(\theta) = \tilde{\sigma}_{rrl}(\theta) - \nu\,\tilde{\sigma}_{\theta\theta l}(\theta) \\[2mm] \Delta_{\theta\theta l}^\#(\theta) = \tilde{\sigma}_{\theta\theta l}(\theta) - \nu\,\tilde{\sigma}_{rrl}(\theta) \quad \text{(平面应力)} \\[2mm] \Delta_{r\theta l}^\#(\theta) = (1+\nu)\,\tilde{\sigma}_{r\theta l}(\theta) \end{cases} \qquad (9.2.41\text{a})$$

$$\begin{cases} \Delta_{rrl}^\#(\theta) = (1-\nu^2)\,\tilde{\sigma}_{rrl}(\theta) - \nu(1+\nu)\,\tilde{\sigma}_{\theta\theta l}(\theta) \\[2mm] \Delta_{\theta\theta l}^\#(\theta) = (1-\nu^2)\,\tilde{\sigma}_{\theta\theta l}(\theta) - \nu(1+\nu)\,\tilde{\sigma}_{rrl}(\theta) \quad \text{(平面应变)} \; (9.2.41\text{b}) \\[2mm] \Delta_{r\theta l}^\#(\theta) = (1+\nu)\,\tilde{\sigma}_{r\theta l}(\theta) \end{cases}$$

类似的情形也可能发生在塑性应变 $\varepsilon_{ij}^{\mathrm{p2}}$ 和 $\varepsilon_{ij}^{\mathrm{p3}}$ 中。例如，若 $\varepsilon_{ij}^{\mathrm{p2}}$ 中最小的幂次 t_{122} 和 t_{221} 与某一个 t_{11k} 相等，又或者 $\varepsilon_{ij}^{\mathrm{p3}}$ 中最小的幂次 t_{222} 与某一个 t_{11k} 相等，我们便可获得两个可能遗漏的特征解：

$$\begin{cases} s_k^\times = 2s_2 - s_1 \\ \lambda_k^\times = 2\lambda_2 - \lambda_1 \end{cases} \quad \text{或} \quad \begin{cases} s_k^\times = 3s_2 - 2s_1 \\ \lambda_k^\times = 3\lambda_2 - 2\lambda_1 \end{cases} \qquad (9.2.42)$$

可以看出，$s_k^\times$ 取决于前 2 阶应力指数 s_1 和 s_2。与 $s_k^\times$ 相对应的应力和位移分量特征函数由如下方程计算：

$$\begin{cases} \left[\lambda_k^\times + \lambda_1\left(\dfrac{1}{m}-1\right)+1\right]\tilde{\sigma}_{rrk}(\theta) + \tilde{\sigma}'_{r\theta k}(\theta) - \tilde{\sigma}_{\theta\theta k}(\theta) = 0 \\[2mm] \tilde{\sigma}'_{\theta\theta k}(\theta) + \left[\lambda_k^\times + \lambda_1\left(\dfrac{1}{m}-1\right)+2\right]\tilde{\sigma}_{r\theta k}(\theta) = 0 \\[2mm] f_1\,\tilde{\sigma}_{rrk}(\theta) + f_2\,\tilde{\sigma}_{\theta\theta k}(\theta) + f_3\,\tilde{\sigma}_{r\theta k}(\theta) - (\lambda_k^\times+1)\,\tilde{u}_{rk}(\theta) = -\Delta_{rr}^\times(\theta) \\[2mm] g_1\,\tilde{\sigma}_{rrk}(\theta) + g_2\,\tilde{\sigma}_{\theta\theta k}(\theta) + g_3\,\tilde{\sigma}_{r\theta k}(\theta) - \tilde{u}_{rk}(\theta) - \tilde{u}'_{\theta k}(\theta) = -\Delta_{\theta\theta}^\times(\theta) \\[2mm] h_1\,\tilde{\sigma}_{rrk}(\theta) + h_2\,\tilde{\sigma}_{\theta\theta k}(\theta) + h_3\,\tilde{\sigma}_{r\theta k}(\theta) - \tilde{u}'_{rk}(\theta) - \lambda_k^\times\,\tilde{u}_{\theta k}(\theta) = -\Delta_{r\theta}^\times(\theta) \end{cases}$$

$$(9.2.43)$$

式中 $k \geqslant 3$。对于 $s_k^\times = 2s_2 - s_1$，则有

$$\begin{cases} \Delta_{rr}^\times(\theta) = \dfrac{m-1}{2}\left\{\left[\sigma_{22}^*(\theta) + \sigma_{22}^+(\theta)\right]\tilde{s}_{rr1}(\theta) + \left[\sigma_{21}^*(\theta) + \sigma_{12}^+(\theta)\right]\tilde{s}_{rr2}(\theta)\right\} \\[3mm] \Delta_{\theta\theta}^\times(\theta) = \dfrac{m-1}{2}\left\{\left[\sigma_{22}^*(\theta) + \sigma_{22}^+(\theta)\right]\tilde{s}_{\theta\theta 1}(\theta) + \left[\sigma_{21}^*(\theta) + \sigma_{12}^+(\theta)\right]\tilde{s}_{\theta\theta 2}(\theta)\right\} \\[3mm] \Delta_{r\theta}^\times(\theta) = \dfrac{m-1}{2}\left\{\left[\sigma_{22}^*(\theta) + \sigma_{22}^+(\theta)\right]\tilde{s}_{r\theta 1}(\theta) + \left[\sigma_{21}^*(\theta) + \sigma_{12}^+(\theta)\right]\tilde{s}_{r\theta 2}(\theta)\right\} \end{cases}$$

$$(9.2.44)$$

对于 $s_k^{\times} = 3s_2 - 2s_1$,则有

$$
\begin{cases}
\Delta_{rr}^{\times}(\theta) = \dfrac{m-1}{2}\left[\sigma_{22}^*(\theta) + \sigma_{22}^+(\theta)\right]\widetilde{s}_{rr2}(\theta) \\[3mm]
\Delta_{\theta\theta}^{\times}(\theta) = \dfrac{m-1}{2}\left[\sigma_{22}^*(\theta) + \sigma_{22}^+(\theta)\right]\widetilde{s}_{\theta\theta2}(\theta) \\[3mm]
\Delta_{r\theta}^{\times}(\theta) = \dfrac{m-1}{2}\left[\sigma_{22}^*(\theta) + \sigma_{22}^+(\theta)\right]\widetilde{s}_{r\theta2}(\theta)
\end{cases}
\tag{9.2.45}
$$

最后,按照其实部从小到大的顺序排列 s_k°,$s_k^{\sharp}$ 和 $s_k^{\times}$,便可获得尖端区域完整的弹塑性应力渐近场特征解序列:

$$s_k^{\circ}: s_1^{\circ}, s_2^{\circ}, s_3^{\circ}, s_4^{\circ}, \cdots, \quad k \geqslant 1$$

$$s_k^{\sharp}: (1-m)s_1 + s_1, (1-m)s_1 + s_2, (1-m)s_1 + s_3, \cdots, \quad k \geqslant 2$$

$$s_k^{\times}: 2s_2 - s_1, 3s_2 - 2s_1, \cdots, \quad k \geqslant 3$$

下面以应力特征函数项为代表,详细阐述 V 形切口弹塑性应力渐近解前 4 阶的确定过程。

(1) 第 1 阶:

基于前文的分析,易见 $s_k^{\sharp}$ 和 $s_k^{\times}$ 不会出现在第 1 阶特征项中,因此

$$s_1 = s_1^{\circ} \tag{9.2.46}$$

(2) 第 2 阶:

特征解序列第 2 阶 s_2 的解有 2 种可能,即

$$s_2 = \min\{s_2^{\circ}, (2-m)s_1\} \tag{9.2.47}$$

(3) 第 3 阶:

从第 3 阶开始,其特征解的确定取决于第 1,2 阶的结果。

$$s_3 = \min\{s_3^{\circ}, (2-m)s_1, 2s_2 - s_1\}, \quad \text{如 } s_2 = s_2^{\circ} \tag{9.2.48}$$

$$s_3 = \min\{(1-m)s_1 + s_2, s_2^{\circ}\}, \quad \text{如 } s_2 = (2-m)s_1 \tag{9.2.49}$$

(4) 第 4 阶:

与第 3 阶类似,我们依次确定第 4 阶和更高阶特征解。

$$s_4 = \min\{s_4^{\circ}, (2-m)s_1, 2s_2 - s_1\}, \quad \text{如 } s_2 = s_2^{\circ}, s_3 = s_3^{\circ} \tag{9.2.50}$$

$$s_4 = \min\{s_3^{\circ}, 2s_2 - s_1\}, \quad \text{如 } s_2 = s_2^{\circ}, s_3 = (2-m)s_1 \tag{9.2.51}$$

$$s_4 = \min\{s_3^{\circ}, (2-m)s_1, 3s_2 - 2s_1\}, \quad \text{如 } s_2 = s_2^{\circ}, s_3 = 2s_2^{\circ} - s_1^{\circ} \tag{9.2.52}$$

$$s_4 = \min\{(1-m)s_1 + s_2, s_3^{\circ}, 2s_3 - s_1\},$$
$$\text{如 } s_2 = (2-m)s_1, s_3 = s_2^{\circ} \tag{9.2.53}$$

$$s_4 = \min\{s_2^{\circ}, (1-m)s_1 + s_3\},$$
$$\text{如 } s_2 = (2-m)s_1, s_3 = (1-m)s_1 + s_2 \tag{9.2.54}$$

各阶应力特征指数对应的位移和应力特征函数也可一并由各自的控制方程解得。

9.2.2 插值矩阵法求解非线性控制微分方程

考虑两楔形边自由的平面 V 形切口,见图 9.2.1,在张开型（Ⅰ型）和滑移型（Ⅱ型）加载条件下,结构可被简化成与之对应的对称和反对称模型。

(1) 对Ⅰ型 V 形切口边界条件(对称情形),由式(9.2.1)和式(9.2.27)可得

$$\widetilde{u}_{\theta k}\left(\frac{\theta_1 + \theta_2}{2}\right) = \widetilde{\sigma}_{r\theta k}\left(\frac{\theta_1 + \theta_2}{2}\right) = 0 \tag{9.2.55}$$

(2) 对Ⅱ型 V 形切口边界条件(反对称情形),由式(9.2.1)和式(9.2.27)可得

$$\widetilde{u}_{rk}\left(\frac{\theta_1 + \theta_2}{2}\right) = \widetilde{\sigma}_{\theta\theta k}\left(\frac{\theta_1 + \theta_2}{2}\right) = 0 \tag{9.2.56}$$

(3) 对切口两侧边应力自由的边界条件,由式(9.2.1)可得

$$\widetilde{\sigma}_{\theta\theta k}(\theta_1) = \widetilde{\sigma}_{r\theta k}(\theta_1) = \widetilde{\sigma}_{\theta\theta k}(\theta_2) = \widetilde{\sigma}_{r\theta k}(\theta_2) = 0 \tag{9.2.57}$$

(4) 对切口边 Γ_1 为固定边界,则有

$$\widetilde{u}_{rk}(\theta_1) = \widetilde{u}_{\theta k}(\theta_1) = 0 \tag{9.2.58}$$

式(9.2.37)是关于位移和应力渐近展开式式(9.2.27)和式(9.2.1)中第 1 阶奇异项求解的非线性常微分方程组特征值问题。而式(9.2.38)是关于高阶项的常微分方程组特征值问题,须依赖于第 1 阶奇异项的特征解 $\lambda_1, f_i(\theta), g_i(\theta), h_i(\theta)(i = 1, 2, 3)$。

这里,我们采用插值矩阵法求解控制方程式(9.2.37)、式(9.2.38)、式(9.2.40)、式(9.2.43)和相应边界条件式(9.2.55)～式(9.2.58)。首先,将区间 $[\theta_1, \theta_2]$ 划分为 n 个子段。在每个子段内,应力和位移特征函数 $\widetilde{\sigma}_{ijk}(\theta), \widetilde{u}_{ik}(\theta)$ 及其导函数由分段插值函数表示。值得指出,采用插值矩阵法解得的奇异特征指数 λ_k, s_k 和对应的 $\widetilde{\sigma}_{ijk}(\theta), \widetilde{u}_{ik}(\theta)$ 及其导函数具有相同计算精度的优点。

为提高非线性常微分方程式(9.2.37)的迭代求解效率,我们引入中间变量[29,30]:

$$\check{\sigma}_{ij1}(\theta) = \sigma_{11}^*(\theta)\widetilde{\sigma}_{ij1}(\theta) \tag{9.2.59a}$$

有

$$\widetilde{\sigma}_{ij1}'(\theta) = -\left[\sigma_{11}^*(\theta)\right]^{-2}\left[\sigma_{11}^*(\theta)\right]'\check{\sigma}_{ij1}(\theta) + \left[\sigma_{11}^*(\theta)\right]^{-1}\check{\sigma}_{ij1}'(\theta) \tag{9.2.59b}$$

将式(9.2.59a)代入式(9.2.13)可得

$$\widehat{\sigma}_{11}(\theta) = \frac{\check{\sigma}_{11}(\theta)}{\left[\sigma_{11}^*(\theta)\right]^2} \tag{9.2.60}$$

式中

$$\breve{\sigma}_{11}(\theta) = \breve{\sigma}_{rr1}^2(\theta) + \breve{\sigma}_{\theta\theta1}^2(\theta) - \breve{\sigma}_{rr1}(\theta)\breve{\sigma}_{\theta\theta1}(\theta) + 3\breve{\sigma}_{r\theta1}^2(\theta) \quad (\text{平面应力})$$

$$(9.2.61\text{a})$$

$$\breve{\sigma}_{11}(\theta) = \frac{3}{4}\left[\breve{\sigma}_{rr1}^2(\theta) + \breve{\sigma}_{\theta\theta1}^2(\theta) - 2\breve{\sigma}_{rr1}(\theta)\breve{\sigma}_{\theta\theta1}(\theta) + 4\breve{\sigma}_{r\theta1}^2(\theta)\right] \quad (\text{平面应变})$$

$$(9.2.61\text{b})$$

再将式(9.2.60)代入式(9.2.18),有

$$\sigma_{11}^*(\theta) = \left[\breve{\sigma}_{11}(\theta)\right]^{\frac{m-1}{2m}} \tag{9.2.62}$$

将式(9.2.62)代入式(9.2.59),得第1阶应力特征指数对应的应力特征函数:

$$\tilde{\sigma}_{ij1}(\theta) = \left[\breve{\sigma}_{11}(\theta)\right]^{\frac{1-m}{2m}} \breve{\sigma}_{ij1}(\theta) \tag{9.2.63a}$$

$$\tilde{\sigma}'_{ij1}(\theta) = \frac{1-m}{2m}\left[\breve{\sigma}_{11}(\theta)\right]^{\frac{1-3m}{2m}}\left[\breve{\sigma}_{11}(\theta)\right]' \breve{\sigma}_{ij1}(\theta) + \left[\breve{\sigma}_{11}(\theta)\right]^{\frac{1-m}{2m}} \breve{\sigma}'_{ij1}(\theta)$$

$$(9.2.63\text{b})$$

最后,将式(9.2.59)和式(9.2.63)代入式(9.2.37),转换为

$$\begin{cases} \left(\dfrac{\lambda_1}{m} + 1\right)\breve{\sigma}_{rr1}(\theta) - \breve{\sigma}_{\theta\theta1}(\theta) + \rho(\theta)\breve{\sigma}_{r\theta1}(\theta) + \breve{\sigma}'_{r\theta1}(\theta) = 0 \\[2mm] \rho(\theta)\breve{\sigma}_{\theta\theta1}(\theta) + \breve{\sigma}'_{\theta\theta1}(\theta) + \left(\dfrac{\lambda_1}{m} + 2\right)\breve{\sigma}_{r\theta1}(\theta) = 0 \\[2mm] \zeta_1\breve{\sigma}_{rr1}(\theta) - \zeta_2\breve{\sigma}_{\theta\theta1}(\theta) - (\lambda_1 + 1)\tilde{u}_{r1}(\theta) = 0 \\[2mm] \zeta_1\breve{\sigma}_{\theta\theta1}(\theta) - \zeta_2\breve{\sigma}_{rr1}(\theta) - \tilde{u}_{r1}(\theta) - \tilde{u}'_{\theta1}(\theta) = 0 \\[2mm] 2\breve{\sigma}_{r\theta1}(\theta) - \tilde{u}'_{r1}(\theta) - \lambda_1\tilde{u}_{\theta1}(\theta) = 0 \end{cases} \tag{9.2.64}$$

式中

$$\rho(\theta) = \frac{1-m}{2m} \cdot \frac{\left[\breve{\sigma}_{11}(\theta)\right]'}{\breve{\sigma}_{11}(\theta)} \tag{9.2.65}$$

$$\zeta_1 = \frac{2}{3}, \quad \zeta_2 = \frac{1}{3} \quad (\text{平面应力}) \tag{9.2.66a}$$

$$\zeta_1 = 0.5, \quad \zeta_2 = 0.5 \quad (\text{平面应变}) \tag{9.2.66b}$$

在非线性常微分方程式(9.2.64)中,非线性项 $\rho(\theta)$ 未知。因此在迭代求解起始,令 $\rho(\theta) = 0$,于是式(9.2.64)变成线性特征值问题,采用插值矩阵法求解获得初始的 $\lambda_1^{(0)}$、$\breve{\sigma}_{ij1}^{(0)}(\theta)$ 和 $\tilde{u}_{ij1}^{(0)}(\theta)$。将初值 $\breve{\sigma}_{ij1}^{(0)}(\theta)$ 代入式(9.2.65)算得 $\rho^{(0)}(\theta)$ 作为迭代的初值。然后,使用插值矩阵迭代计算非线性常微分方程式(9.2.64)直至收敛。这里,我们选择相邻两次迭代计算的第1阶位移特征指数解的相对误差小于给定小量 ε 作为判定迭代收敛的准则:

$$\left| \frac{\lambda_1^{(z)} - \lambda_1^{(z-1)}}{\lambda_1^{(z)}} \right| < \varepsilon = 10^{-5}, \quad z = 1, 2, 3, 4, \cdots \tag{9.2.67}$$

一旦从式(9.2.64)和相应边界条件迭代求出 V 形切口第 1 阶奇异指数 λ_1 和特征函数 $\tilde{u}_{r1}(\theta)$,$\tilde{u}_{\theta1}(\theta)$,$\tilde{\sigma}_{rr1}(\theta)$,$\tilde{\sigma}_{\theta\theta1}(\theta)$,$\tilde{\sigma}_{r\theta1}(\theta)$,代入式(9.2.38)、式(9.2.40)、式

(9.2.43)和相应边界条件就可分别求出后续高阶项奇异指数、位移和应力特征函数。

9.3

幂硬化材料反平面 V 形切口应力奇异性基本方程

对于反平面问题,z 轴垂直于 $Or\theta$ 平面,如图 9.2.1 所示,有应力分量

$$\sigma_{rr} = \sigma_{\theta\theta} = \sigma_{r\theta} = \sigma_{zz} = 0 \tag{9.3.1}$$

故不计体力的反平面问题的平衡方程为

$$\frac{\partial \sigma_{rz}}{\partial r} + \frac{1}{r} \frac{\partial \sigma_{\theta z}}{\partial \theta} + \frac{\sigma_{rz}}{r} = 0 \tag{9.3.2}$$

在极坐标系下,反平面切口尖端区域的应力场可假设成渐近展开级数形式:

$$\sigma_{ij}(r,\theta) = \sum_{k=1}^{N} A_k r^{s_k} \tilde{\sigma}_{ijk}(\theta), \quad ij = rz, \theta z \tag{9.3.3}$$

式中,s_k 为应力特征指数,且有 $s_k < s_{k+1}$;$\tilde{\sigma}_{ijk}(\theta)$ 是与 s_k 相对应的应力特征函数;A_k 称为幅值系数;N 是渐近展开式的截断项数。若 $s_k < 0$,该应力项在 $r \to 0$ 时产生奇异性,s_k 也称为应力奇异指数(阶)。

将级数式(9.3.3)代入式(9.3.2),消去公因子 $A_k r^{s_k-1}$,得到关于 s_k 和 $\tilde{\sigma}_{ijk}(\theta)$ 的常微分方程如下:

$$(s_k + 1)\tilde{\sigma}_{rzk}(\theta) + \tilde{\sigma}'_{\theta zk}(\theta) = 0 \tag{9.3.4}$$

式中,$(\cdots)' = \partial(\cdots)/\partial\theta$。注意反平面问题有 2 个应力分量特征函数 $\tilde{\sigma}_{rzk}(\theta)$ 和 $\tilde{\sigma}_{\theta zk}(\theta)$,因此需增加新方程。

将式(9.3.4)代入式(9.2.6)可得反平面荷载作用下的 von-Mises 等效应力:

$$\sigma_e = \Big[\sum_{h=1}^{N} \sum_{l=1}^{N} A_h A_l r^{s_h+s_l} \hat{\sigma}_{hl}(\theta) \Big]^{\frac{1}{2}} \tag{9.3.5}$$

式中

$$\hat{\sigma}_{hl}(\theta) = 3\tilde{\sigma}_{rzh}(\theta)\tilde{\sigma}_{rzl}(\theta) + 3\tilde{\sigma}_{\theta zh}(\theta)\tilde{\sigma}_{\theta zl}(\theta) \tag{9.3.6}$$

由此,σ_e 被写成

$$\sigma_e = A_1 r^{s_1} \big[\hat{\sigma}_{11}(\theta)\big]^{\frac{1}{2}} \Big[1 + \sum_{h=2}^{N} \sum_{l=2}^{N} \frac{A_h A_l}{A_1^2} r^{s_h+s_l-2s_1} \frac{\hat{\sigma}_{hl}(\theta)}{\hat{\sigma}_{11}(\theta)}$$

$$+ \sum_{h=2}^{N} \frac{A_h}{A_1} r^{s_h-s_1} \frac{\hat{\sigma}_{1h}(\theta) + \hat{\sigma}_{h1}(\theta)}{\hat{\sigma}_{11}(\theta)} \Big]^{\frac{1}{2}} \tag{9.3.7}$$

对 σ_e^{m-1} 使用二项式展开,有

$$\sigma_e^{m-1} = A_1^{m-1} r^{(m-1)s_1} \big[\hat{\sigma}_{11}(\theta)\big]^{\frac{m-1}{2}}$$

$$\times \left\{ 1 + \frac{m-1}{2} \left[\sum_{h=2}^{N} \sum_{l=2}^{N} \frac{A_h A_l}{A_1^2} r^{s_h + s_l - 2s_1} \frac{\hat{\sigma}_{hl}(\theta)}{\hat{\sigma}_{11}(\theta)} \right. \right.$$

$$\left. + \sum_{h=2}^{N} \frac{A_h}{A_1} r^{s_h - s_1} \frac{\hat{\sigma}_{1h}(\theta) + \hat{\sigma}_{h1}(\theta)}{\hat{\sigma}_{11}(\theta)} \right]$$

$$+ \frac{(m-1)(m-3)}{8} \left[\sum_{h=2}^{N} \sum_{l=2}^{N} \frac{A_h A_l}{A_1^2} r^{s_h + s_l - 2s_1} \frac{\hat{\sigma}_{hl}(\theta)}{\hat{\sigma}_{11}(\theta)} \right.$$

$$\left. \left. + \sum_{h=2}^{N} \frac{A_h}{A_1} r^{s_h - s_1} \frac{\hat{\sigma}_{h1}(\theta) + \hat{\sigma}_{1h}(\theta)}{\hat{\sigma}_{11}(\theta)} \right]^2 + \cdots \right\} \tag{9.3.8}$$

由 $s_k < s_{k+1}$ 可知,当 $r \to 0$ 时,$r^{s_h + s_l - 2s_1}$ 和 $r^{s_h - s_1}$ 相对前项是无穷小量。舍去其高阶无穷小量,可获得 σ_e^{m-1} 的近似表达式:

$$\sigma_e^{m-1} \approx A_1^{m-1} r^{t_{11}} \sigma_{11}^*(\theta) + \frac{m-1}{2} \left\{ \sum_{h=2}^{N} 2 A_h A_1^{m-2} r^{t_{h1}} \sigma_{1h}^*(\theta) \right.$$

$$\left. + \sum_{h=2}^{N} \sum_{l=2}^{N} A_h A_l A_1^{m-3} r^{t_{hl}} \left[\sigma_{hl}^*(\theta) + \sigma_{hl}^+(\theta) \right] \right\} \tag{9.3.9}$$

式中

$$t_{hl} = t_{lh} = (m-3)s_1 + s_h + s_l \tag{9.3.10}$$

$$\sigma_{hl}^*(\theta) = \left[\hat{\sigma}_{11}(\theta) \right]^{\frac{m-3}{2}} \hat{\sigma}_{hl}(\theta) \tag{9.3.11}$$

$$\sigma_{hl}^+(\theta) = (m-3) \left[\hat{\sigma}_{11}(\theta) \right]^{\frac{m-5}{2}} \hat{\sigma}_{1h}(\theta) \hat{\sigma}_{1l}(\theta) \tag{9.3.12}$$

在广义的应力-应变关系式 (9.2.5) 中,前 2 项是弹性应变 ε_{ij}^e:

$$\varepsilon_{ij}^e = \frac{1+\nu}{E} s_{ij} + \frac{1-2\nu}{3E} \sigma_{kk} \delta_{ij} = \frac{1}{E}(1+\nu)\sigma_{ij} \tag{9.3.13}$$

第 3 项是塑性应变 ε_{ij}^p,即

$$\varepsilon_{ij}^p = \frac{3}{2} \beta \sigma_e^{m-1} s_{ij} = \varepsilon_{ij}^{\circ} + \varepsilon_{ij}^{\times} \tag{9.3.14}$$

式中

$$\varepsilon_{ij}^{\circ} = H_{111} r^{t_{111}} \sigma_{11}^*(\theta) \tilde{s}_{ij1}(\theta) + \sum_{k=2}^{N} H_{11k} r^{t_{11k}} \left[\sigma_{11}^*(\theta) \tilde{\sigma}_{ijk}(\theta) \right.$$

$$\left. + (m-1) \sigma_{1k}^*(\theta) \tilde{\sigma}_{ij1}(\theta) \right] \tag{9.3.15}$$

$$\varepsilon_{ij}^{\times} = \sum_{h=2}^{N} \sum_{k=2}^{N} (m-1) H_{1hk} r^{t_{1hk}} \sigma_{1h}^*(\theta) \tilde{\sigma}_{ijk}(\theta)$$

$$+ \sum_{h=2}^{N} \sum_{l=2}^{N} \sum_{k=1}^{N} \frac{m-1}{2} H_{hlk} r^{t_{hlk}} \left[\sigma_{hl}^*(\theta) + \sigma_{hl}^+(\theta) \right] \tilde{\sigma}_{ijk}(\theta) \tag{9.3.16}$$

$$H_{hlk} = \frac{3}{2} \beta A_1^{m-3} A_h A_l A_k \tag{9.3.17}$$

$$t_{hlk} = t_{hl} + s_k = (m-3)s_1 + s_h + s_l + s_k \tag{9.3.18}$$

接下来使用反平面问题的几何方程:

$$\begin{cases} \varepsilon_{rz} = \dfrac{\partial u_z}{\partial r} \\[2mm] \varepsilon_{\theta z} = \dfrac{1}{r}\dfrac{\partial u_z}{\partial \theta} \end{cases} \tag{9.3.19}$$

显然,塑性应变的两部分 ε_{ij}°,$\varepsilon_{ij}^{\times}$ 均应满足几何方程式(9.3.19),于是获得 2 个新的方程。由式(9.3.18)可以看出,应力特征指数 s_k 与应变 ε_{ij}° 中 r 的幂次 t_{11k} 是一一对应的,可将切口尖端区域平面外位移场假设成

$$u_z(r,\theta) = \sum_{k=1}^{N} H_{11k}\, r^{\lambda_k+1}\, \widetilde{u}_{zk}(\theta) + R_z(r,\theta) \tag{9.3.20}$$

式中

$$\begin{cases} \lambda_k = t_{11k} = (m-1)s_1 + s_k \\[2mm] s_k = \lambda_k + \lambda_1\left(\dfrac{1}{m}-1\right) \end{cases} \tag{9.3.21}$$

其中,λ_k 是位移特征指数;$\widetilde{u}_{zk}(\theta)$ 是反平面位移特征函数;$R_z(r,\theta)$ 是位移 $u_z(r,\theta)$ 关于 r 展开式截断的余项,在后续推演中被舍去。

将式(9.3.15)和式(9.3.20)代入式(9.3.19),可得应力特征函数 $\widetilde{\sigma}_{ijk}(\theta)$ 与位移特征函数 $\widetilde{u}_{zk}(\theta)$ 的关系如下:

$$\begin{cases} \sigma_{11}^*(\theta)\,\widetilde{\sigma}_{rz1}(\theta) - (\lambda_1+1)\,\widetilde{u}_{z1}(\theta) = 0 \\[2mm] \sigma_{11}^*(\theta)\,\widetilde{\sigma}_{\theta z1}(\theta) - \widetilde{u}_{z1}'(\theta) = 0 \end{cases}, \quad k = 1 \tag{9.3.22}$$

$$\begin{cases} f_1\,\widetilde{\sigma}_{rzk}(\theta) + f_2\,\widetilde{\sigma}_{\theta zk}(\theta) - (\lambda_k+1)\,\widetilde{u}_{zk}(\theta) = 0 \\[2mm] g_1\,\widetilde{\sigma}_{rzk}(\theta) + g_2\,\widetilde{\sigma}_{\theta zk}(\theta) - \widetilde{u}_{zk}'(\theta) = 0 \end{cases}, \quad k \geqslant 2 \tag{9.3.23}$$

式中

$$\begin{cases} f_1 = \sigma_{11}^*(\theta) + 3(m-1)\big[\widehat{\sigma}_{11}(\theta)\big]^{\frac{m-3}{2}}\widetilde{\sigma}_{rz1}(\theta)\,\widetilde{\sigma}_{rz1}(\theta) \\[2mm] f_2 = 3(m-1)\big[\widehat{\sigma}_{11}(\theta)\big]^{\frac{m-3}{2}}\widetilde{\sigma}_{rz1}(\theta)\,\widetilde{\sigma}_{\theta z1}(\theta) \\[2mm] g_1 = 3(m-1)\big[\widehat{\sigma}_{11}(\theta)\big]^{\frac{m-3}{2}}\widetilde{\sigma}_{rz1}(\theta)\,\widetilde{\sigma}_{\theta z1}(\theta) \\[2mm] g_2 = \sigma_{11}^*(\theta) + 3(m-1)\big[\widehat{\sigma}_{11}(\theta)\big]^{\frac{m-3}{2}}\widetilde{\sigma}_{\theta z1}(\theta)\,\widetilde{\sigma}_{\theta z1}(\theta) \end{cases} \tag{9.3.24}$$

联立平衡方程式(9.3.4)、式(9.3.22)和式(9.3.23),可获得关于位移和应力分量特征函数的常微分方程组如下:

$$\begin{cases} \left(\dfrac{\lambda_1}{m}+1\right)\widetilde{\sigma}_{rz1}(\theta) + \widetilde{\sigma}_{\theta z1}'(\theta) = 0 \\[2mm] \sigma_{11}^*(\theta)\,\widetilde{\sigma}_{rz1}(\theta) - (\lambda_1+1)\,\widetilde{u}_{z1}(\theta) = 0 \\[2mm] \sigma_{11}^*(\theta)\,\widetilde{\sigma}_{\theta z1}(\theta) - \widetilde{u}_{z1}'(\theta) = 0 \end{cases}, \quad k = 1 \tag{9.3.25}$$

$$\begin{cases} \left[\lambda_k + \lambda_1\left(\dfrac{1}{m} - 1\right) + 1\right]\tilde{\sigma}_{rzk}(\theta) + \tilde{\sigma}'_{\theta zk}(\theta) = 0 \\ f_1\,\tilde{\sigma}_{rzk}(\theta) + f_2\,\tilde{\sigma}_{\theta zk}(\theta) - (\lambda_k + 1)\,\tilde{u}_{zk}(\theta) = 0, \quad k \geqslant 2 \\ g_1\,\tilde{\sigma}_{rzk}(\theta) + g_2\,\tilde{\sigma}_{\theta zk}(\theta) - \tilde{u}'_{zk}(\theta) = 0 \end{cases} \quad (9.3.26)$$

式(9.3.25)是关于位移和应力渐近展开式式(9.3.3)和式(9.2.20)中第 1 阶奇异项求解的非线性常微分方程组特征值问题。而式(9.3.26)是关于高阶项的常微分方程组特征值问题，须依赖于第 1 阶奇异项式(9.3.25)的解算得 $\lambda_1, f_1, f_2, g_1, g_2$。

考虑反平面 V 形切口两楔形边界类型，见图 9.2.1。如果边界 Γ_1 和 Γ_2 上的面力 $\sigma_{\theta z}(r, \theta) = 0$，由式(9.3.3)得

$$\tilde{\sigma}_{\theta zk}(\theta_1) = 0, \quad \tilde{\sigma}_{\theta zk}(\theta_2) = 0 \qquad (9.3.27)$$

如果边界 Γ_1 为固支边界，Γ_2 为自由边界，则分别有 $u_z(r, \theta) = 0$ 和 $\sigma_{\theta z}(r, \theta) = 0$，由式(9.3.20)和式(9.3.3)可得

$$\tilde{u}_{zk}(\theta_1) = 0, \quad \tilde{\sigma}_{\theta zk}(\theta_2) = 0 \qquad (9.3.28)$$

通过求解方程式(9.3.25)、式(9.3.26)和边界条件式(9.3.27)、式(9.3.28)，可获得反平面 V 形切口尖端区域塑性变形的第 1 阶和后续高阶项位移特征指数 λ_k、相应应力场（2 个分量）和位移场（1 个分量）的特征函数解；再将 λ_k 代入式(9.3.21)即可求得应力特征指数 s_k，这里分别记为 $s_k^\circ, \tilde{\sigma}_{ijk}^\circ(\theta), \tilde{u}_{zk}^\circ(\theta)(k = 1, 2, \cdots, N)$。

然而，仅由应力特征指数 s_k° 组成的序列 $s_1^\circ < s_2^\circ < s_3^\circ < s_4^\circ < \cdots$ 可能并不完整，因为在 $\varepsilon_{ij}^\times$ 中 r 的某些幂次可能与 t_{11k} 相等。为便于讨论，将所有塑性应变中可能出现的 r 的幂次罗列如下：

$\varepsilon_{ij}^e : s_l, \quad l = 1, 2, 3, \cdots$

$\varepsilon_{ij}^\circ : t_{11k} = (m - 1)s_1 + s_k, \quad k = 1, 2, 3, \cdots$

$\varepsilon_{ij}^\times : t_{hlk} = (m - 3)s_1 + s_h + s_l + s_k, \quad h = 1, 2, 3, \cdots, \quad l = 2, 3, \cdots, \quad k = 1, 2, 3, \cdots$

如果弹性应变 ε_{ij}^e 中的 s_l 与 t_{11k} 相等，由式(9.3.21)可得

$$\begin{cases} s_k^\# = (1 - m)s_1 + s_l \\ \lambda_k^\# = s_l \end{cases}, \quad 1 \leqslant l < k \qquad (9.3.29)$$

其中，$s_k^\#$ 和 $\lambda_k^\#$ 分别是由弹性变形控制的应力和位移特征指数，而与之对应的应力和位移特征函数可由如下方程求得：

$$\begin{cases} \left[\lambda_k^\# + \lambda_1\left(\dfrac{1}{m} - 1\right) + 1\right]\tilde{\sigma}_{rzk}(\theta) + \tilde{\sigma}'_{\theta zk}(\theta) = 0 \\ f_1\,\tilde{\sigma}_{rzk}(\theta) + f_2\,\tilde{\sigma}_{\theta zk}(\theta) - (\lambda_k^\# + 1)\,\tilde{u}_{zk}(\theta) = -\Delta_{rzl}^\#(\theta), \quad k \geqslant 2 \\ g_1\,\tilde{\sigma}_{rzk}(\theta) + g_2\,\tilde{\sigma}_{\theta zk}(\theta) - \tilde{u}'_{zk}(\theta) = -\Delta_{\theta zl}^\#(\theta) \end{cases}$$

$$(9.3.30)$$

式中

$$\begin{cases} \Delta_{rzl}^{\#}(\theta) = (1 + \nu)\,\tilde{\sigma}_{rzl}(\theta) \\ \Delta_{\theta zl}^{\#}(\theta) = (1 + \nu)\,\tilde{\sigma}_{\theta zl}(\theta) \end{cases} \tag{9.3.31}$$

类似的情形也可能发生在塑性应变 ε_{ij}° 和 $\varepsilon_{ij}^{\times}$ 中。例如,若 $\varepsilon_{ij}^{\times}$ 中最小的幂次 t_{122} 和 t_{221} 与某一个 t_{11k} 相等,我们便可获得可能遗漏的特征解:

$$\begin{cases} s_k^{\times} = 2s_2 - s_1 \\ \lambda_k^{\times} = 2\lambda_2 - \lambda_1 \end{cases} \quad \text{或} \quad \begin{cases} s_k^{\times} = 3s_2 - 2s_1 \\ \lambda_k^{\times} = 3\lambda_2 - 2\lambda_1 \end{cases} \tag{9.3.32}$$

可以看出,$s_k^{\times}$ 取决于前 2 阶应力指数 s_1 和 s_2。与 $s_k^{\times}$ 相对应的应力和位移分量特征函数由如下方程计算:

$$\begin{cases} \left[\lambda_k^{\times} + \lambda_1\left(\dfrac{1}{m} - 1\right) + 1\right]\tilde{\sigma}_{rzk}(\theta) + \tilde{\sigma}_{\theta zk}'(\theta) = 0 \\ f_1\,\tilde{\sigma}_{rzk}(\theta) + f_2\,\tilde{\sigma}_{\theta zk}(\theta) - (\lambda_k^{\times} + 1)\,\tilde{u}_{zk}(\theta) = -\Delta_{rz}^{\times}(\theta), \quad k \geqslant 3 \\ g_1\,\tilde{\sigma}_{rzk}(\theta) + g_2\,\tilde{\sigma}_{\theta zk}(\theta) - \tilde{u}_{zk}'(\theta) = -\Delta_{\theta z}^{\times}(\theta) \end{cases} \tag{9.3.33}$$

对于 $s_k^{\times} = 2s_2 - s_1$,则有

$$\begin{cases} \Delta_{rz}^{\times}(\theta) = \dfrac{m-1}{2}\{[\sigma_{22}^{*}(\theta) + \sigma_{22}^{+}(\theta)]\,\tilde{s}_{rz1}(\theta) + [\sigma_{21}^{*}(\theta) + \sigma_{12}^{*}(\theta)]\,\tilde{\sigma}_{rz2}(\theta)\} \\ \Delta_{\theta z}^{\times}(\theta) = \dfrac{m-1}{2}\{[\sigma_{22}^{*}(\theta) + \sigma_{22}^{+}(\theta)]\,\tilde{s}_{\theta z1}(\theta) + [\sigma_{21}^{*}(\theta) + \sigma_{12}^{*}(\theta)]\,\tilde{\sigma}_{\theta z2}(\theta)\} \end{cases} \tag{9.3.34}$$

对于 $s_k^{\times} = 3s_2 - 2s_1$,则有

$$\begin{cases} \Delta_{rz}^{\times}(\theta) = \dfrac{m-1}{2}[\sigma_{22}^{*}(\theta) + \sigma_{22}^{+}(\theta)]\,\tilde{\sigma}_{rz2}(\theta) \\ \Delta_{\theta z}^{\times}(\theta) = \dfrac{m-1}{2}[\sigma_{22}^{*}(\theta) + \sigma_{22}^{+}(\theta)]\,\tilde{\sigma}_{\theta z2}(\theta) \end{cases} \tag{9.3.35}$$

最后,按照实部从小到大的顺序排列 s_k°,$s_k^{\#}$ 和 $s_k^{\times}$,便可获得尖端区域完整的弹塑性应力渐近场特征解序列:

$$s_k^{\circ}: s_1^{\circ}, s_2^{\circ}, s_3^{\circ}, s_4^{\circ}, \cdots, \quad k \geqslant 1$$
$$s_k^{\#}: (1-m)s_1 + s_1, (1-m) + s_2, (1-m) + s_3, \cdots, \quad k \geqslant 2$$
$$s_k^{\times}: 2s_2 - s_1, 3s_2 - 2s_1, \cdots, \quad k \geqslant 3$$

反平面 V 形切口弹塑性奇异性的非线性特征方程式(9.3.25)加速求解方法和各阶应力特征指数排序均与平面切口问题的处理方式相同,参见 9.2.1、9.2.2 小节和文献[31],这里不再赘述。

9.4
平面应变 V 形切口弹塑性奇异性算例

先考虑两楔形边自由的幂硬化材料平面应变裂纹结构($\alpha = 0°$),见图9.2.1。采用插值矩阵法(IMMEI)依次求解控制方程式(9.2.64)、式(9.2.38)、式(9.2.40)、式(9.2.43)和相应的边界条件式(9.2.55)、式(9.2.56)、式(9.2.57)。将 $\theta \in [-\pi, \pi]$ 区间分别划分为30和60段($n = 30, 60$),使用分段二次函数插值矩阵,插值矩阵法获得的I型和II型裂纹尖端前4阶弹塑性应力特征指数见表9.4.1和表9.4.2,其中上标"♯"代表弹性变形控制项,上标"×"代表非独立相关项,表中"HRR解"是分析解。

表 9.4.1　平面应变 I 型裂纹($\alpha = 0°$)弹塑性应力特征指数 s_k^I

	方法	$m = 3$	$m = 5$	$m = 7$	$m = 10$	$m = 13$
s_1^I	IMMEI($n = 30$)	-0.250010	-0.166692	-0.125030	-0.090941	-0.071497
	IMMEI($n = 60$)	-0.250001	-0.166671	-0.125005	-0.090937	-0.071434
	HRR 解[6,7]	-0.250000	-0.166667	-0.125000	-0.090909	-0.071428
s_2^I	IMMEI($n = 30$)	-0.012634	0.054541	0.069441	0.069960	0.064976
	IMMEI($n = 60$)	-0.012874	0.054542	0.069374	0.069838	0.064714
	文献[32]	-0.012840	0.054570	0.069375	0.069766	—
	文献[33]	-0.01284	0.05453	0.06937	0.06977	0.06468
	文献[10]	-0.013	0.055	0.069	0.070	0.065
s_3^I	IMMEI($n = 30$)	$0.224742^×$	$0.275774^×$	$0.263912^×$	$0.230861^×$	$0.201449^×$
	IMMEI($n = 60$)	$0.224253^×$	$0.275755^×$	$0.263753^×$	$0.230613^×$	$0.200862^×$
	文献[32]	0.224320	0.275786	0.263750	0.230441	—
	文献[33]	0.2243	0.2758	0.2638	0.2304	0.2008
s_4^I	IMMEI($n = 30$)	$0.250010^♯$	0.340760	0.308516	0.269773	0.239274
	IMMEI($n = 60$)	$0.250001^♯$	0.340694	0.308434	0.269499	0.238984
	文献[32]	0.250000	0.340721	0.308450	0.269595	—
	文献[33]	0.25	0.3407	0.3085	0.2695	0.2390

一般而言,V形切口和裂纹的第1阶弹塑性应力特征指数 s_1^I 和 s_1^{II} 小于0,当

$r \rightarrow 0$ 时,应力产生奇异性,因而第 1 阶应力特征指数及其角函数是表征尖端区域应力分布的主导项。表 9.4.1 和表 9.4.2 显示,插值矩阵法计算的 s_1^{I} 和 s_1^{II} 与"HRR解"吻合得很好,具有较高的精度。随着幂硬化指数 m 的增大,$s_1^{\mathrm{I}}(<0)$ 和 $s_1^{\mathrm{II}}(<0)$ 逐渐增大,意味着尖端区域应力奇异性逐渐减弱。

事实上,高阶项对尖端区域应力场的贡献不应被忽视,尤其是当 $m=3$ 时,s_2^{I} 是小于 0 的。对于平面应变 I 型裂纹,第 3 阶应力特征指数 $s_3^{\mathrm{I}}(m=3\sim13)$ 是相关项,且有 $s_3^{\mathrm{I}}=2s_2^{\mathrm{I}}-s_1^{\mathrm{I}}$。当 $m=3$ 时,第 4 阶应力特征指数 s_4^{I} 属于弹性变形。对于平面应变 II 型裂纹,$m=3$ 时第 2 阶和第 4 阶应力特征指数,以及 $m=5\sim13$ 时第 3 阶应力特征指数均属于弹性变形。对比平面应变 I 型和 II 型裂纹,发现对于相同的幂硬化指数 m,II 型裂纹 $2\sim4$ 阶的应力特征指数大于 I 型裂纹的应力特征指数。从表 9.4.1 和表 9.4.2 可看出,插值矩阵法计算的高阶项与文献[32]、[33]、[35]结果相吻合。然而文献[32]、[33]、[35]中高阶项的计算需借助于"HRR解",注意到,V形切口塑性问题($\alpha>0$)没有"HRR解"。而插值矩阵法可同时求得式(9.2.1)和式(9.2.27)中第 1 阶特征对和前若干阶高阶特征对。

表 9.4.2　平面应变 II 型裂纹($\alpha=0°$)弹塑性应力特征指数 s_k^{II}

	方法	$m=3$	$m=5$	$m=7$	$m=10$	$m=13$
s_1^{II}	IMMEI($n=30$)	-0.249996	-0.166662	-0.124964	-0.090904	-0.071425
	IMMEI($n=60$)	-0.249998	-0.166663	-0.124995	-0.090905	-0.071426
	HRR 解[6,7]	-0.250000	-0.166667	-0.125000	-0.090909	-0.071428
s_2^{II}	IMMEI($n=30$)	$0.249996^{\#}$	0.495230	0.455353	0.407735	0.368939
	IMMEI($n=60$)	$0.249998^{\#}$	0.494947	0.455327	0.407244	0.368344
	文献[35]	0.250000	0.49492	0.45530	0.40719	—
s_3^{II}	IMMEI($n=30$)	0.542106	$0.499986^{\#}$	$0.624820^{\#}$	$0.727232^{\#}$	$0.726661^{\#}$
	IMMEI($n=60$)	0.541913	$0.499989^{\#}$	$0.624975^{\#}$	$0.727240^{\#}$	$0.723470^{\#}$
	文献[35]	0.5419	0.5	0.625	0.7273	—
s_4^{II}	IMMEI($n=30$)	$0.749988^{\#}$	1.121439	0.969600	0.818155	0.785675
	IMMEI($n=60$)	$0.749994^{\#}$	1.119926	0.969120	0.819907	0.785686
	文献[35]	0.75	1.1198	0.9689	0.8194	—

图 9.4.1 和图 9.4.2 分别给出了 $m=3$ 和 $m=10$ 时平面应变 I 型裂纹的前 3 阶应力和位移特征函数曲线,其中前 2 阶的应力和位移特征曲线与文献[10]的解非常吻合。注意:(1)这里未列出刚体位移项的特征函数;(2)排列同 k 次的位移和应力特征函数并非都是一一对应的。

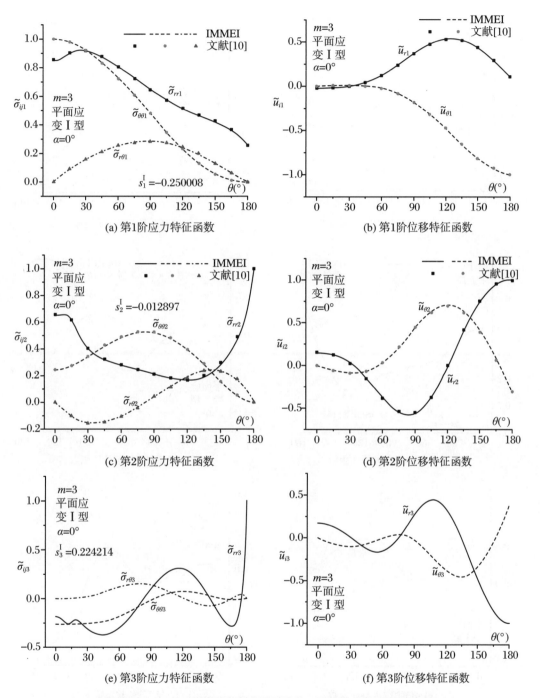

图 9.4.1　$m=3$ 时平面应变 I 型裂纹前 3 阶应力和位移特征函数

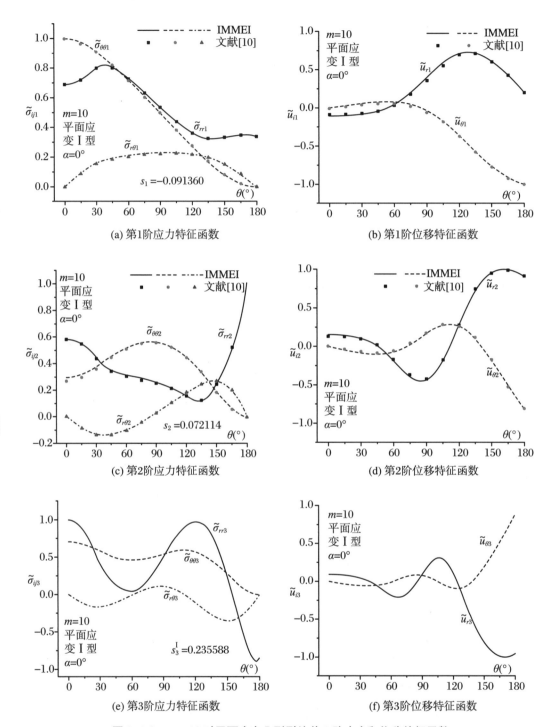

图 9.4.2　$m = 10$ 时平面应变 I 型裂纹前 3 阶应力和位移特征函数

　　此外,这里还分析了张角 α 为 $30°,60°,90°$ 的平面应变 V 形切口结构。表9.4.3 和表9.4.4的结果显示,对于相同的张角 α , I 型和 II 型切口的第 1 阶应力特征指数 随 m 增大逐渐增大。与文献[9]、[18]的 s_1^I 和 s_1^{II} 结果对照,本法 IMMEI 计算结果 更为准确,如 IMMEI($n=60$)解的精度超过 4 位有效数字。对于相同的幂硬化指数 m , I 型和 II 型切口第 1 阶应力特征指数亦随 α 增大逐渐增大。当切口张角 α 和幂 硬化指数 m 固定,$|s_1^{II}|$ 大于 $|s_1^I|$,这意味着 II 型切口的应力奇异性要弱于 I 型切 口。随着幂硬化指数 m 或者张角 α 的增大,$s_1^I(<0)$ 和 $s_1^{II}(<0)$ 逐渐增大,意味着 尖端区域应力的奇异性逐渐减弱。

表 9.4.3　平面应变 I 型 V 形切口弹塑性应力特征指数 s_k^I

方法		$\alpha=30°$			$\alpha=60°$			$\alpha=90°$		
		$m=3$	$m=7$	$m=13$	$m=3$	$m=7$	$m=13$	$m=3$	$m=7$	$m=13$
s_1^I	IMMEI ($n=30$)	-0.247979	-0.124080	-0.071067	-0.241084	-0.121316	-0.069839	-0.225016	-0.114850	-0.066956
	IMMEI ($n=60$)	-0.247980	-0.124080	-0.071065	-0.241085	-0.121316	-0.069835	-0.225016	-0.114850	-0.067010
	文献[18]	—	—	—	-0.241	-0.121	-0.070	-0.225	-0.114	-0.067
	文献[9]	-0.24802	—	—	-0.24115	—	—	-0.22509	—	—
s_2^I	IMMEI ($n=30$)	0.171842	0.164015	0.126559	$0.241084^{\#}$	0.288490	0.218146	$0.225016^{\#}$	0.456839	0.348220
	IMMEI ($n=60$)	0.171808	0.163978	0.126420	$0.241085^{\#}$	0.288483	0.217984	$0.225016^{\#}$	0.456839	0.348895
s_3^I	IMMEI ($n=30$)	$0.247979^{\#}$	0.443862	$0.324185^{\times}$	0.377696	$0.606580^{\#}$	0.493870	0.615889	$0.574250^{\#}$	0.724318
	IMMEI ($n=60$)	$0.247980^{\#}$	0.443537	$0.323905^{\times}$	0.377695	$0.606580^{\#}$	0.492716	0.615889	$0.574250^{\#}$	0.723872
s_4^I	IMMEI ($n=30$)	0.565346	$0.452110^{\times}$	0.341052	$0.723252^{\#}$	0.640724	$0.506131^{\times}$	$0.675048^{\#}$	0.949896	$0.736516^{\#}$
	IMMEI ($n=60$)	0.565033	$0.452036^{\times}$	0.340628	$0.723255^{\#}$	0.640253	$0.505803^{\times}$	$0.675048^{\#}$	0.949027	$0.737110^{\#}$

　　尚未发现其他方法对平面应变塑性切口问题给出高阶项的 s_k^I 和 s_k^{II} ,因为缺乏 s_1^I 和 s_1^{II} 以及相应特征函数的解析解。然而对任意张角的塑性平面 V 形切口,作者 采用插值矩阵法同时获得了其渐近展开式式(9.2.1)式(9.2.27)的高阶项特征 解[30],见表9.4.3和表9.4.4。实际上,式(9.2.1)和式(9.2.27)的高阶项对于分析 V 形切口尖端附近的塑性应力奇异场和位移场是有贡献的。当 m 较小时,对于大

张角的Ⅱ型切口,弹性变形产生更多的高阶项。例如,当 $m=3$,张角 $\alpha=90°$ 时,Ⅱ型切口的第 2~4 阶应力特征解均来自弹性变形。

表 9.4.4　平面应变Ⅱ型 V 形切口弹塑性应力特征指数 s_k^{II}

方法		$\alpha=30°$			$\alpha=60°$			$\alpha=90°$		
		$m=3$	$m=7$	$m=13$	$m=3$	$m=7$	$m=13$	$m=3$	$m=7$	$m=13$
s_1^{II}	IMMEI ($n=30$)	-0.213845	-0.113911	-0.067426	-0.160273	-0.095423	-0.060220	-0.080117	-0.063400	-0.046471
	IMMEI ($n=60$)	-0.213848	-0.113912	-0.067427	-0.160277	-0.095421	-0.060216	-0.080120	-0.063373	-0.046260
	文献[18]	-0.214	-0.114	-0.067	-0.161	-0.095	-0.060	-0.081	-0.063	-0.046
	文献[9]	-0.21385	—	-0.06747	-0.16028	—	-0.06026	-0.08013	—	-0.46280
s_2^{II}	IMMEI ($n=30$)	$0.213845^{\#}$	$0.569555^{\#}$	0.551938	$0.160273^{\#}$	$0.477115^{\#}$	$0.662420^{\#}$	$0.080117^{\#}$	$0.317000^{\#}$	$0.511181^{\#}$
	IMMEI ($n=60$)	$0.213848^{\#}$	$0.569560^{\#}$	0.550734	$0.160277^{\#}$	$0.477105^{\#}$	$0.662376^{\#}$	$0.080120^{\#}$	$0.316865^{\#}$	$0.508860^{\#}$
s_3^{II}	IMMEI ($n=30$)	$0.641535^{\#}$	0.667110	$0.741686^{\#}$	$0.480819^{\#}$	$1.049653^{\#}$	0.880600	$0.240351^{\#}$	$0.699740^{\#}$	$1.022362^{\#}$
	IMMEI ($n=60$)	$0.641544^{\#}$	0.666458	$0.741697^{\#}$	$0.480831^{\#}$	$1.049631^{\#}$	0.877776	$0.240360^{\#}$	$0.697103^{\#}$	$1.017720^{\#}$
s_4^{II}	IMMEI ($n=30$)	0.754863	$1.253021^{\#}$	1.076992	$0.801365^{\#}$	1.055467	$1.324840^{\#}$	$0.400594^{\#}$	$1.08014^{\#}$	$1.585593 \pm i0.88705$
	IMMEI ($n=60$)	0.754583	$1.253032^{\#}$	1.070975	$0.801385^{\#}$	1.053558	$1.324752^{\#}$	$0.400600^{\#}$	$1.077341^{\#}$	$1.595807 \pm i0.89710$

9.5

平面应力 V 形切口弹塑性奇异性算例

考虑幂硬化材料平面应力 V 形切口问题,切口边自由。使用与 9.4 节同样的方法解方程式(9.2.64)、式(9.2.38)、式(9.2.40)、式(9.2.43)和边界条件式(9.2.55)、式(9.2.56)、式(9.2.57)。表 9.5.1 和表 9.5.2 给出了平面应力裂纹情形 s_k^{I} 和 s_k^{II} 的插值矩阵法计算结果,其中 n 是区间的分段数,上标"♯"代表弹性变形控制项,上标"×"代表非独立相关项,表中"HRR 解"[6,7]是分析解,文献[34]、[35]是借助"HRR 解"计算出平面应力裂纹的高阶项。对于平面应力Ⅰ型裂纹,当幂硬化指数 $m \geqslant 5$ 时,第 2 阶应力特征指数 s_2^{I} 是复数形式,表中 $\mathrm{i} = \sqrt{-1}$。第 4 阶应力特征指数 s_4^{I} 也是复数,因其是非独立相关项,且有 $s_4^{\mathrm{I}} = 2s_2^{\mathrm{I}} - s_1^{\mathrm{I}}$。与平面应变情形相比,平面应力Ⅰ型裂纹的第 2 至第 4 阶应力特征指数更大,而平面应力Ⅱ型裂纹的第 2 至第 4 阶应力特征指数更小,见表 9.5.2。

表 9.5.1　平面应力Ⅰ型裂纹弹塑性应力特征指数 s_k^{I}

	方法	$m = 3$	$m = 5$	$m = 7$	$m = 10$	$m = 13$
s_1^{I}	IMMEI($n = 30$)	− 0.250433	− 0.166690	− 0.125044	− 0.090917	− 0.071422
	IMMEI($n = 60$)	− 0.249979	− 0.166659	− 0.124992	− 0.090910	− 0.071430
	HRR 解	− 0.250000	− 0.166667	− 0.125000	− 0.090909	− 0.071428
s_2^{I}	IMMEI($n = 30$)	0.250433#	0.441168 ± i0.29397	0.393354 ± i0.32904	0.353586 ± i0.31979	0.323418 ± i0.28837
	IMMEI($n = 60$)	0.249979#	0.435180 ± i0.29125	0.388157 ± i0.32685	0.344894 ± i0.31578	0.315524 ± i0.28984
	文献[34]	0.250000	0.4347 ± i0.2910	0.3886 ± i0.3277	0.3438 ± i0.3154	0.3144 ± i0.2883
s_3^{I}	IMMEI($n = 30$)	0.352431	0.500070#	0.625220#	0.727336#	0.718258 ± i0.28837×
	IMMEI($n = 60$)	0.349695	0.499977#	0.624960#	0.727280#	0.702478 ± i0.28984×
	文献[34]	0.3496	0.500000	0.625000	0.727272	0.7002 ± i0.2883×
s_4^{I}	IMMEI($n = 30$)	0.598270	1.049026 ± i0.29397×	0.911752 ± i0.32904×	0.798089 ± i0.31979×	0. 785642#
	IMMEI($n = 60$)	0.610390	1.037019 ± i0.29125×	0.901306 ± i0.32685×	0.780698 ± i0.31578×	0.785730#
	文献[34]	0.6097	1.0360 ± i0.2910	0.9022 ± i0.3277	0.7785 ± i0.3154	0.785708

表 9.5.2　平面应力 II 型裂纹弹塑性应力特征指数 s_k^{II}

	方法	$m=3$	$m=5$	$m=7$	$m=10$	$m=13$
s_1^{II}	IMMEI($n=30$)	-0.249994	-0.166662	-0.124996	-0.090906	-0.071426
	IMMEI($n=60$)	-0.249997	-0.166663	-0.124996	-0.090906	-0.071426
	HRR 解	-0.250000	-0.166667	-0.125000	-0.090909	-0.071428
s_2^{II}	IMMEI($n=30$)	$0.249994^\#$	0.435925	0.387214	0.335702	0.299034
	IMMEI($n=60$)	$0.249997^\#$	0.435785	0.387606	0.335546	0.298872
	文献[35]	$0.250000^\#$	0.4358	0.3876	0.3355	—
s_3^{II}	IMMEI($n=30$)	0.502512	$0.499986^\#$	$0.624980^\#$	$0.727248^\#$	$0.669494^\times$
	IMMEI($n=60$)	0.502378	$0.499989^\#$	$0.624980^\#$	$0.727248^\#$	$0.669170^\times$
	文献[35]	0.5024	0.5	0.625	0.7273	—
s_4^{II}	IMMEI($n=30$)	$0.749982^\#$	$1.038512^\times$	$0.899424^\times$	$0.762310^\times$	0.695715
	IMMEI($n=60$)	$0.749991^\#$	$1.038233^\times$	$0.900208^\times$	$0.761998^\times$	0.694185
	文献[35]	0.75	1.0382	0.8991	0.7620	—

　　采用本章方法分析张角为 $30°,60°,90°$ 的平面应力 I 型和 II 型 V 形切口，表 9.5.3 和表 9.5.4 给出了前 4 阶应力特征指数 s_k^{I} 和 s_k^{II} 的计算值。与平面应变情形相似，对于相同的张角 α，平面应力 I 型和 II 型 V 形切口第 1 阶应力特征指数随 m 的增大逐渐增大。对于相同的 m，平面应力 I 型和 II 型 V 形切口第 1 阶应力特征指数亦随 α 的增大而逐渐增大。

表 9.5.3　平面应力 I 型 V 形切口应力特征指数 s_k^{I}

	方法	$\alpha=30°$			$\alpha=60°$			$\alpha=90°$		
		$m=3$	$m=7$	$m=13$	$m=3$	$m=7$	$m=13$	$m=3$	$m=7$	$m=13$
s_1^{I}	IMMEI ($n=30$)	-0.249330	-0.124722	-0.070970	-0.248958	-0.124687	-0.070842	-0.235456	-0.124637	-0.070961
	IMMEI ($n=60$)	-0.249202	-0.124705	-0.070925	-0.248962	-0.124672	-0.070793	-0.235457	-0.124584	-0.070715
	文献[9]	-0.24920	—	—	-0.24897	—	—	-0.23546	—	—
	文献[17]	—	—	—	-0.249	—	—	-0.235	-0.124	—
s_2^{I}	IMMEI ($n=30$)	$0.249330^\#$	0.510594 $\pm i0.39468$	0.391162 $\pm i0.36738$	$0.248958^\#$	$0.623435^\#$	0.481677 $+i0.44476$	$0.235456^\#$	$0.623185^\#$	0.615531 $\pm i0.51227$
	IMMEI ($n=60$)	$0.249202^\#$	0.498216 $\pm i0.38772$	0.403939 $\pm i0.37611$	$0.248962^\#$	$0.623360^\#$	0.504132 $+i0.45709$	$0.235457^\#$	$0.622920^\#$	0.605186 $\pm i0.54483$

方法	$\alpha=30°$			$\alpha=60°$			$\alpha=90°$		
	$m=3$	$m=7$	$m=13$	$m=3$	$m=7$	$m=13$	$m=3$	$m=7$	$m=13$
s_3^{I} IMMEI ($n=30$)	0.391005	0.623610#	0.780670#	0.746874#	0.628138 ±i0.41648	0.779262#	0.706368#	0.943577 ±i0.395959	0.780571#
IMMEI ($n=60$)	0.399701	0.623525#	0.780175#	0.746748#	0.628138 ±i0.41647	0.778723#	0.706371#	0.951084 ±i0.393369	0.777865#
s_4^{I} IMMEI ($n=30$)	0.716589	1.371942#	1.321646 ±i0.57827	0.815221 ±i0.08212	1.371557#	1.629366#	1.009748 ±i0.21645	1.371007#	1.302023 ±i0.51227ˣ
IMMEI ($n=60$)	0.742223	1.371755#	1.311037 ±i0.59418	0.815693 ±i0.08245	1.371392#	1.628239#	1.009702 ±i0.21646	1.370424#	1.281087 ±i0.54483ˣ

表 9.5.4 平面应力 II 型 V 形切口应力特征指数 s_k^{II}

方法	$\alpha=30°$			$\alpha=60°$			$\alpha=90°$		
	$m=3$	$m=7$	$m=13$	$m=3$	$m=7$	$m=13$	$m=3$	$m=7$	$m=13$
s_1^{II} IMMEI ($n=30$)	−0.214495	−0.114310	−0.067644	−0.159207	−0.095196	−0.060337	−0.073088	−0.059782	−0.045098
IMMEI ($n=60$)	−0.214499	−0.114311	−0.067644	−0.159211	−0.095196	−0.060335	−0.073614	−0.059763	−0.044950
文献[9]	−0.21450	—	−0.06769	−0.15922	—	−0.06038	−0.07362	—	−0.04498
文献[17]	−0.214	−0.114	−0.067	−0.158	−0.095	−0.060	−0.073	−0.060	−0.045
s_2^{II} IMMEI ($n=30$)	0.214495#	0.571550#	0.481013	0.159207#	0.475980#	0.663707#	0.073088#	0.298910#	0.496078#
IMMEI ($n=60$)	0.214499#	0.571555#	0.480556	0.159211#	0.475980#	0.663685#	0.073614#	0.298815#	0.494450#
s_3^{II} IMMEI ($n=30$)	0.643485#	0.592847	0.744084#	0.477621#	0.939546	0.803988	0.219264#	0.657602#	1.037254#
IMMEI ($n=60$)	0.643497#	0.592558	0.744084#	0.477633#	0.938817	0.802621	0.220842#	0.657393#	1.033850#
s_4^{II} IMMEI ($n=30$)	0.718686	1.257410#	1.002411	0.796035#	1.047156#	1.387751#	0.365440#	1.016294#	1.578430#
IMMEI ($n=60$)	0.718499	1.257421#	0.999431	0.796055#	1.047156#	1.387705#	0.368070#	1.015971#	1.573250#

在平面应力Ⅰ型切口特征解的计算过程中,幂硬化指数 m 越大,小张角的平面 V 形切口特征解的迭代收敛越困难。事实上,迭代收敛困难的原因是 $\tilde{\sigma}_{rr1}(\theta)$ 在某个区域有剧烈的变化,如图 9.5.1 和图 9.5.2 所示,文献[9]、[17]也曾提及这一情况。进而,我们发现这种突变行为会传递给更高阶的特征函数 $\tilde{\sigma}_{rrk}(\theta)(k>1)$,这是由于求解高阶应力特征解的控制方程式(9.2.38)、式(9.2.40)和式(9.2.43)中的系数 f_k,g_k 和 h_k 的计算需要借助 $\tilde{\sigma}_{rr1}(\theta)$。

图 9.5.1 和图 9.5.2 分别给出了当 $m=3$ 和 $m=13$ 时,平面应力Ⅰ型裂纹的前 2 阶应力特征函数曲线。当 $m=3$ 时,第 2 阶应力特征解由弹性变形控制。而当 $m=13$ 时,第 2 阶应力特征解是复数形式,属于由塑性变形控制,其中图 9.5.2(b)、(c) 为第 2 阶应力特征解的实部和虚部对应的特征函数曲线。注意到 $m=3$ 时,径向应力 $\tilde{\sigma}_{rr1}(\theta)$ 和 $\tilde{\sigma}_{rr2}(\theta)$ 在 $\theta=160°$ 附近区域发生突变。当 $m=13$ 时,径向应力 $\tilde{\sigma}_{rr1}(\theta)$ 和 $\tilde{\sigma}_{rr2}(\theta)$ 的突变区域在 $\theta=153°$ 附近。相比较而言,当 $m=13$ 时,$\tilde{\sigma}_{rr1}(\theta)$ 和 $\tilde{\sigma}_{rr2}(\theta)$ 的

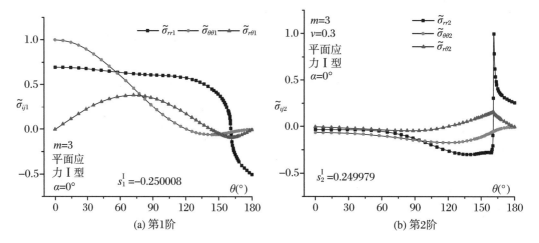

(a) 第1阶   (b) 第2阶

图 9.5.1 $m=3$ 时平面应力Ⅰ型裂纹前 2 阶应力特征函数

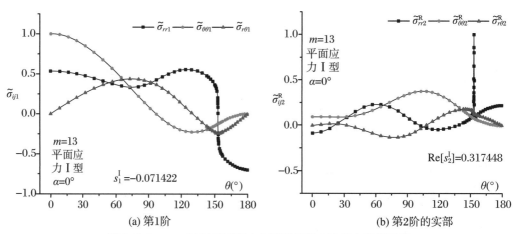

(a) 第1阶   (b) 第2阶的实部

图 9.5.2 $m=13$ 时平面应力Ⅰ型裂纹前 2 阶应力特征函数

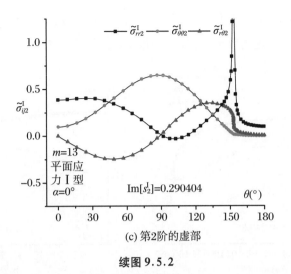

(c) 第2阶的虚部

续图 9.5.2

突变更加剧烈。类似的突变行为只会出现在平面应力 I 型加载情形下,对于平面应力 II 型裂纹,对于任何 m 取值,未见 $\tilde{\sigma}_{rrk}(\theta)$ 发生突变,见图 9.5.3。

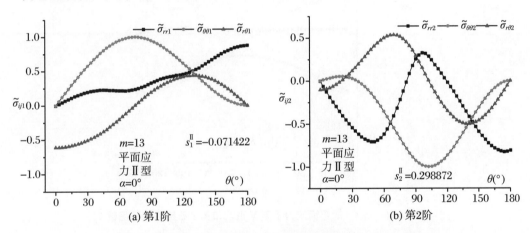

图 9.5.3　$m = 13$ 时平面应力 II 型裂纹前 2 阶应力特征函数

事实上,径向应力特征函数 $\tilde{\sigma}_{rrk}(\theta)$ 的剧烈突变导致一般方法难以准确获得小张角平面应力 I 型 V 形切口问题的收敛解,故而关于平面应力 V 形切口弹塑性高阶渐近解的研究鲜见。插值矩阵法可通过合理的非均匀网格布置解决这一难题。尽管我们事先并不知道突变的准确位置,但从初始的迭代解中很容易发现突变所在的子段 $[\theta_1^y, \theta_2^y]$。然后,我们将这一段的网格加密,其他区间布置常规的网格。最终获得准确的收敛解。

为进一步观察平面应力 I 型 V 形切口径向应力特征函数的突变行为,图 9.5.4～图 9.5.6 分别给出了 $m = 3, 7, 13$ 和张角为 $\alpha = 30°, 60°, 90°$ 时平面 I 型 V 形切口的第 1 阶应力特征函数解。当 $m = 3$ 时,突变行为在 $\alpha = 60°$ 时消失,见图 9.5.4(b);当 $m = 7$ 时,突变行为在 $\alpha = 90°$ 时消失,见图 9.5.5(c);当 $m = 13$ 时,突

变行为在 $\alpha = 120°$ 时消失,见图 9.5.6(d)。可见,平面应力 I 型 V 形切口的 $\tilde{\sigma}_{rr1}(\theta)$ 突变行为会随着幂硬化指数 m 的减小和张角 α 的增大而消失。

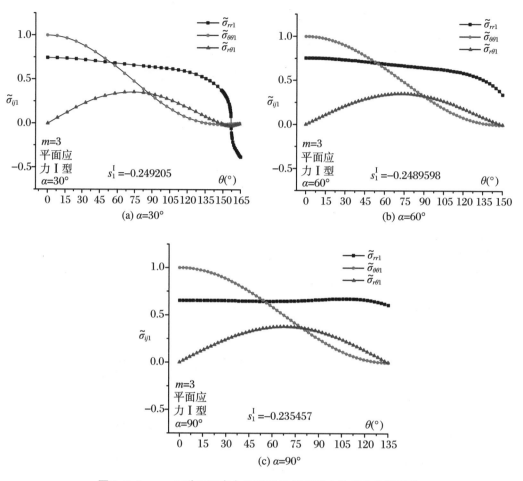

图 9.5.4　$m = 3$ 时平面应力 I 型 V 形切口第 1 阶应力特征函数

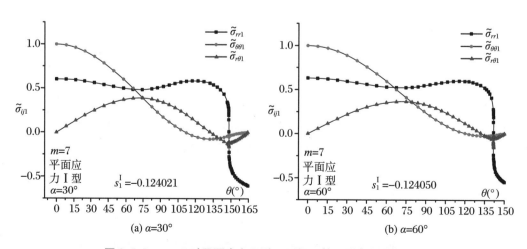

图 9.5.5　$m = 7$ 时平面应力 I 型 V 形切口第 1 阶应力特征函数

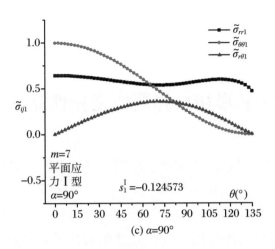

续图 9.5.5

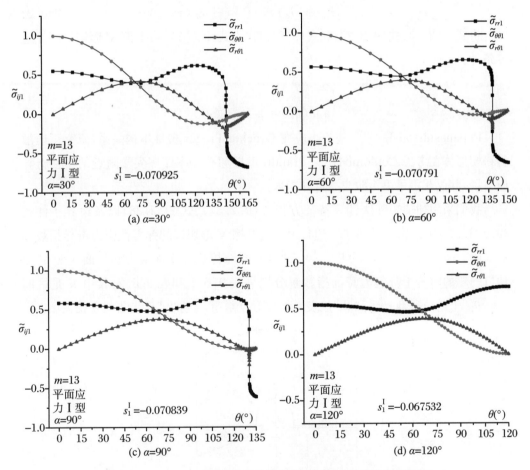

图 9.5.6　$m = 13$ 时平面应力 I 型 V 形切口第 1 阶应力特征函数

9.6

摩擦边界平面 V 形切口弹塑性奇异性算例

考虑平面 V 形切口的其中一楔形边为摩擦接触,满足 Coulomb 摩擦定律,见图 9.6.1。有

$$u_\theta(r,\theta) = 0, \quad \bar{t}_r = \pm f\bar{t}_\theta, \quad \theta = \theta_2 \tag{9.6.1}$$

式中,$\bar{t}_r$ 和 $\bar{t}_\theta$ 分别是约束体作用在切口边 Γ_2 上的面力,f 是 Coulomb 摩擦系数。注意到在 Γ_2 上有

$$t_r = -\sigma_{r\theta}(r,\theta_2), \quad \bar{t}_\theta = -\sigma_{\theta\theta}(r,\theta_2) \tag{9.6.2}$$

将式(9.2.1)、式(9.2.27)和式(9.6.2)代入式(9.6.1),得平面 V 形切口摩擦边界条件:

$$\begin{cases} \tilde{u}_{\theta k}(\theta_2) = 0 \\ \tilde{\sigma}_{r\theta k}(\theta_2) = \pm f\tilde{\sigma}_{\theta\theta k}(\theta_2) \end{cases} \tag{9.6.3}$$

Papanastastou 等[13~15]基于小应变 Drucker-Prager 塑性本构关系,研究了压敏材料楔形体在考虑 Coulomb 摩擦、Prandtl 摩擦和孔隙率摩擦尖端附近的塑性奇异应力场,其仅获得了第 1 阶应力奇异指数。

我们采用插值矩阵法计算特征方程式(9.2.37)、式(9.2.38)以及边界条件式(9.6.3)、式(9.2.57),获得了一边自由一边摩擦 V 形切口的弹塑性应力奇异指数和特征函数解。取 $m = 5, \theta_1 = 0°, \theta_2 = 180°$ 时,含摩擦边界平面应力和平面应变 V 形切口问题的前若干阶应力特征指数解分别见表 9.6.1 和表 9.6.2,其中 n 是区间 $[\theta_1,\theta_2]$ 上的分段数,上标"♯"代表弹性变形控制项,上标"×"代表非独立相关项。

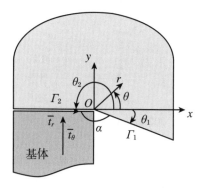

图 9.6.1　摩擦-自由边界平面 V 形切口

表 9.6.1 和表 9.6.2 中，$+f$ 表示作用在结构边界 Γ_2 上的摩擦力 $\bar{t}_r$，朝右，$-f$ 表示摩擦力 $\bar{t}_r$ 朝左，$f=0$ 表示无摩擦力作用，即边界 Γ_2 光滑。表 9.6.1 和表 9.6.2 结果显示，摩擦边界平面 V 形切口第 1 阶应力特征指数 $s_1<0$，即应力解的主导项是奇异的。当摩擦力 $\bar{t}_r$ 方向朝右时，摩擦系数越大，$|s_1|$ 越小，奇异性越弱；当摩擦力 $\bar{t}_r$ 方向朝左时，摩擦系数越大，$|s_1|$ 越大，奇异性越强。

除应力特征指数 s_k 外，同精度的位移和应力特征角函数一并获得。图 9.6.2 和图 9.6.3 分别给出了平面应力和平面应变情形下摩擦边界 V 形切口第 1 阶应力特征函数。

对于平面应力情形，摩擦系数 $+f=0.1$，$+f=0.05$，$+f=0.0$，$-f=-0.05$，$-f=-0.1$ 时第 1 阶应力特征角函数 $\tilde{\sigma}_{r1}(\theta)$ 分别在 $\theta=16.20°$，$\theta=20.52°$，$\theta=23.76°$，$\theta=27.00°$，$\theta=30.24°$ 处存在突变。为此我们在突变区域进行局部网格加密，确保插值矩阵法获得准确的应力奇异性特征解。

对于平面应变情形，摩擦系数 $+f=0.05$，$+f=0.0$，$-f=-0.05$ 的第 1 阶应力特征角函数平缓，没有突变，见图 9.6.3。随摩擦系数不同，$\tilde{\sigma}_{r1}$ 的形状变化较大。当摩擦系数 $+f=0.1$ 时，$\tilde{\sigma}_{r1}(\theta)$ 在 $\theta=176.04°$ 处也存在突变（图 9.6.3(a)）。

表 9.6.1　平面应力情形下摩擦边界 V 形切口的应力特征指数 s_k（$\alpha=180°$，$m=5$）

s_k	n	$+f=0.2$	$+f=0.1$	$+f=0.05$	$f=0.0$	$-f=-0.05$	$-f=-0.1$	$-f=-0.2$
s_1	30	-0.161357	-0.164466	-0.166055	-0.166690	-0.167389	-0.167727	-0.168147
	60	-0.161596	-0.164938	-0.165931	-0.166659	-0.167276	-0.167663	-0.168149
s_2	30	0.156904	0.327663	$0.498165^\#$	0.441168 $\pm i0.29397$	0.383831 $\pm i0.340281$	0.35231 $\pm i0.369757$	0.309931 $\pm i0.392174$
	60	0.131316	0.312177	$0.497793^\#$	0.435180 $\pm i0.29125$	0.383696 $\pm i0.341521$	0.350833 $\pm i0.36967$	0.312025 $\pm i0.400315$
s_3	30	$0.475165^\times$	$0.493398^\#$	0.570369 $\pm i0.135495$	$0.500070^\#$	$0.502167^\#$	$0.503181^\#$	$0.504441^\#$
	60	$0.424228^\times$	$0.494814^\#$	0.558367 $\pm i0.105250$	$0.499977^\#$	$0.501828^\#$	$0.502989^\#$	$0.504447^\#$
s_4	30	$0.484071^\#$	0.733685 $\pm i0.309231$	0.861276	1.049026 $\pm i0.29397^\times$	0.935051 $\pm i0.680562^\times$	0.872347 $\pm i0.739514^\times$	0.788009 $\pm i0.784348^\times$
	60	$0.484788^\#$	0.775810 $\pm i0.396959$	0.865191	1.037019 $\pm i0.29125^\times$	0.93467 $\pm i0.683042^\times$	0.869329 $\pm i0.73934^\times$	0.792199 $\pm i0.80063^\times$

表 9.6.2　平面应变情形下摩擦边界 V 形切口的应力特征指数 s_k（$\alpha = 180°$，$m = 5$）

s_k	n	$+f=0.2$	$+f=0.1$	$+f=0.05$	$f=0.0$	$-f=-0.05$	$-f=-0.1$	$-f=-0.2$
s_1	30	-0.165343	-0.166043	-0.166614	-0.166692	-0.166908	-0.167404	-0.169457
	60	-0.165339	-0.166078	-0.166614	-0.166671	-0.166908	-0.167405	-0.169461
s_2	30	0.108636 $\pm i0.994355$	0.060895	0.005244	0.054541	0.098727	0.140735	0.223388
	60	0.080432 $\pm i0.107802$	0.061258	0.004984	0.054542	0.098753	0.140805	0.223524
s_3	30	$0.382615^{\times}$ $\pm i1.98871$	$0.287833^{\times}$	$0.177102^{\times}$	$0.275774^{\times}$	$0.364362^{\times}$	$0.448874^{\times}$	$0.508371^{\#}$
	60	$0.326203^{\times}$ $\pm i0.215604$	$0.288594^{\times}$	$0.176582^{\times}$	$0.275755^{\times}$	$0.364414^{\times}$	$0.449015^{\times}$	$0.508383^{\#}$
s_4	30	$0.496029^{\#}$	$0.498129^{\#}$	0.267767	0.340760	$0.500724^{\#}$	$0.502212^{\#}$	$0.616233^{\times}$
	60	$0.496017^{\#}$	$0.498234^{\#}$	0.267461	0.340694	0.417418	$0.502215^{\#}$	$0.616509^{\times}$

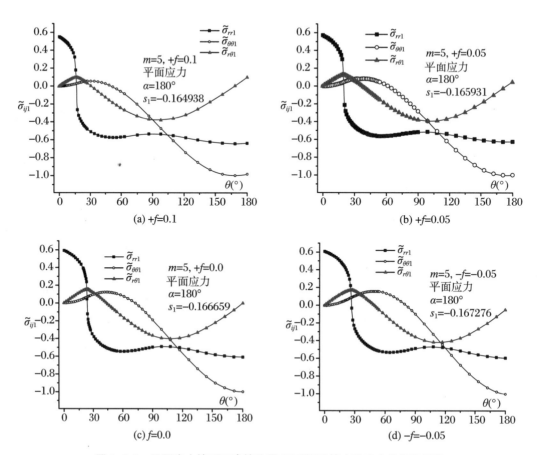

图 9.6.2　平面应力情形下摩擦边界 V 形切口第 1 阶应力特征角函数

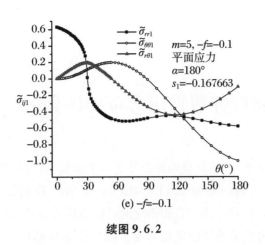

(e) −f=−0.1

续图 9.6.2

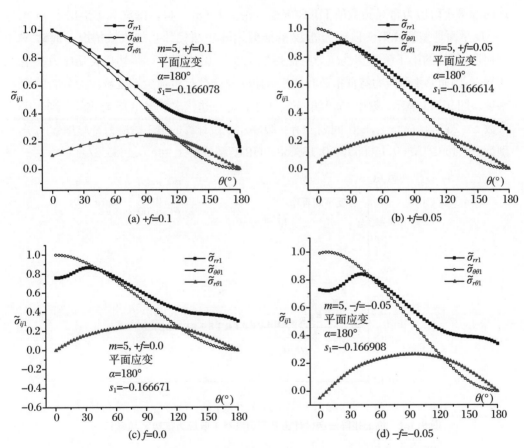

图 9.6.3　平面应变情形下摩擦边界 V 形切口第 1 阶应力特征角函数

9.7

反平面 V 形切口弹塑性应力奇异性算例

本节给出 2 个算例,讨论典型边界条件下反平面Ⅲ型切口/裂纹结构的弹塑性应力奇异性求解。采用插值矩阵法(IMMEI)依次求解控制方程式(9.3.25)、式(9.3.26)、式(9.3.30)、式(9.3.33)和相应的边界条件式(9.3.27)或式(9.3.28)。

首先考虑两楔边自由的幂硬化材料反平面Ⅲ型裂纹结构($\alpha = 0°$),见图 9.2.1。该问题第 1 阶应力奇异指数的 HRR 解是 $s_1 = -1/(m+1)$。图 9.7.1 给出了 $m = 5$ 的反平面Ⅲ型裂纹第 1 阶应力指数 s_1 插值矩阵法迭代计算的收敛情况。通常 V 形切口/裂纹的第 1 阶弹塑性应力特征指数 s_1 小于 0,当 $r \to 0$ 时,切口尖端应力产生奇异性,因而第 1 阶应力特征指数和其相对应的角函数是表征尖端区域应力分布的主导项。图 9.7.1 显示,该例中插值矩阵法计算的 s_1 在迭代次数 $z > 15$ 时收敛。当迭代次数 $z = 25$ 时,$\theta \in [-\pi, \pi]$ 区间划分 $n = 20, 40, 80$ 段计算的第 1 阶应力奇异指数 s_1 分别为 -0.166160,-0.166658,-0.166658;"HRR"精确解 $s_1 = -0.1666667$。

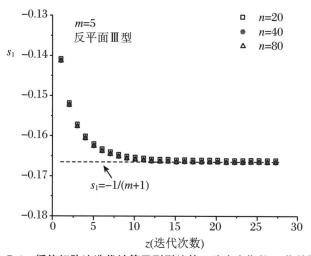

图 9.7.1　插值矩阵法迭代计算Ⅲ型裂纹第 1 阶应力指数 s_1 收敛情况

9.7.1　自由-自由边界反平面 V 形切口弹塑性奇异性

Yuan 和 Yang[22] 通过 Hodograph 变换和渐近分析的方法获得了自由-自由边界反平面裂纹在剪切作用下尖端塑性应力奇异性的解析解,其第 1 阶应力主导项的公式为

$$\tilde{\sigma}_{rz1}(\theta) = \left[\frac{\delta_1^2 + 1 - (\delta_1^2 - 1)\cos 2\chi_1}{2}\right]^{\frac{1}{2m(1-\delta_1)}} \sin(\theta - \chi_1) \qquad (9.7.1a)$$

$$\tilde{\sigma}_{\theta z1}(\theta) = \left[\frac{\delta_1^2 + 1 - (\delta_1^2 - 1)\cos 2\chi_1}{2}\right]^{\frac{1}{2m(1-\delta_1)}} \cos(\theta - \chi_1) \qquad (9.7.1b)$$

$$\tilde{u}_{z1}(\theta) = (m+1)\left[\frac{\delta_1^2 + 1 - (\delta_1^2 - 1)\cos 2\chi_1}{2}\right]^{\frac{1}{2m(1-\delta_1)}} \sin(\theta - \chi_1) \qquad (9.7.1c)$$

式中，$\delta_1 = \dfrac{1}{2m}(m - 1 - \sqrt{(m-1)^2 + 4m})$，$\chi_1 = \dfrac{1}{2}\left[\theta + \sin^{-1}\left(\dfrac{m-1}{m+1}\sin\theta\right)\right]$。

当区间 $\theta \in [-\pi, \pi]$ 的分段数 $n = 20, 40, 80$ 时，采用本章方法和文献[22]方法计算不同幂硬化指数 m 反平面Ⅲ型裂纹尖端区域前 4 阶弹塑性应力特征指数结果见表 9.7.1，其中上标"♯"代表弹性变形控制项，上标"×"代表非独立相关项。

表 9.7.1 显示，当硬化指数 m 固定时，反平面Ⅲ型裂纹的前 4 阶应力特征指数在不同的分段数 $n = 20, 40, 80$ 下的插值矩阵法解非常接近。当 $n \geqslant 40$ 时，应力特征指数计算值保持稳定，说明采用插值矩阵取 $n = 40$ 计算反平面Ⅲ型裂纹前 4 阶的应力特征指数足够准确。表 9.7.1 还显示，对于不同的硬化指数 m，$s_1 < 0$，$s_k > 0 (k = 2, 3, 4)$，这意味着第 1 阶应力主导项是奇异的，后续高阶项是非奇异的。随着 m

表 9.7.1　反平面Ⅲ型裂纹前 4 阶应力特征指数随硬化指数 m 的变化

s_k	方法	$m = 3$	$m = 5$	$m = 7$	$m = 10$	$m = 13$
s_1	IMMEI($n = 20$)	-0.249999	-0.166666	-0.124999	-0.090907	-0.071426
	IMMEI($n = 40$)	-0.249999	-0.166667	-0.125000	-0.090909	-0.071429
	IMMEI($n = 80$)	-0.249999	-0.166667	-0.125000	-0.090909	-0.071429
	文献[22]	-0.250000	-0.166667	-0.125000	-0.090909	-0.071429
s_2	IMMEI($n = 20$)	$0.249999^{\#}$	$0.499998^{\#}$	0.437490	0.365759	0.314434
	IMMEI($n = 40$)	$0.249999^{\#}$	$0.500001^{\#}$	0.435761	0.363758	0.312255
	IMMEI($n = 80$)	$0.249999^{\#}$	$0.500001^{\#}$	0.435666	0.363646	0.312133
	文献[22]	$0.250000^{\#}$	$0.500000^{\#}$	0.435660	0.363636	0.312094
s_3	IMMEI($n = 20$)	0.574150	0.501559	$0.624995^{\#}$	$0.727256^{\#}$	$0.700294^{\times}$
	IMMEI($n = 40$)	0.572948	0.500086	$0.625000^{\#}$	$0.727272^{\#}$	$0.695939^{\times}$
	IMMEI($n = 80$)	0.572879	0.500004	$0.625000^{\#}$	$0.727272^{\#}$	$0.695695^{\times}$
	文献[22]	0.572876	0.500000	$0.625000^{\#}$	$0.727273^{\#}$	$0.695617^{\times}$
s_4	IMMEI($n = 20$)	$0.749997^{\#}$	$1.166662^{\#}$	$0.999979^{\times}$	$0.822425^{\times}$	$0.785686^{\#}$
	IMMEI($n = 40$)	$0.749997^{\#}$	$1.166669^{\#}$	$0.996522^{\times}$	$0.818425^{\times}$	$0.785719^{\#}$
	IMMEI($n = 80$)	$0.749997^{\#}$	$1.166669^{\#}$	$0.996332^{\times}$	$0.818201^{\times}$	$0.785719^{\#}$
	文献[22]	$0.750000^{\#}$	$1.166667^{\#}$	$0.996320^{\times}$	$0.818182^{\times}$	$0.785714^{\#}$

的增大,s_1逐渐变大并趋于 0,但高阶应力特征指数 $s_k(k=2,3,4)$ 逐渐减小,因此,反平面Ⅲ型裂纹尖端的塑性奇异性随 m 的增大而减弱。与文献[22]解析解比较,本章方法($n \geqslant 40$)获得前 4 阶应力特征指数的计算精度很高,第 1 阶的 s_1 计算值有 6 位有效数字。

与此同时,本章方法可获得与 s_k 同等精度的位移和应力特征角函数。当 $m=3$,7 时,反平面裂纹的第 1 阶位移和应力特征角函数见图 9.7.2,可见本章方法计算获得的第 1 阶位移和应力特征角函数和文献[22]结果吻合很好。本章方法还获得了高阶项位移和应力特征函数,见图 9.7.3。

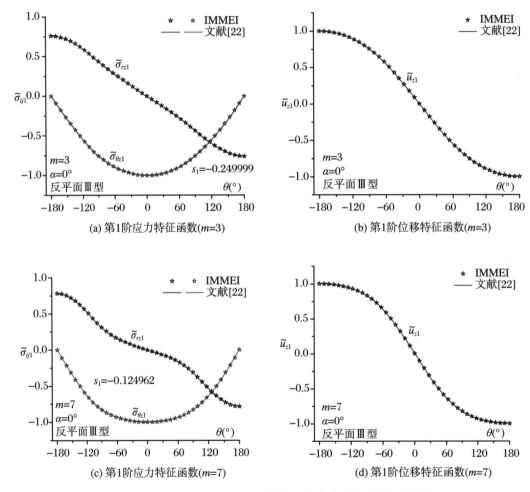

(a) 第1阶应力特征函数($m=3$)

(b) 第1阶位移特征函数($m=3$)

(c) 第1阶应力特征函数($m=7$)

(d) 第1阶位移特征函数($m=7$)

图 9.7.2 幂硬化反平面Ⅲ型裂纹第 1 阶应力和位移特征角函数

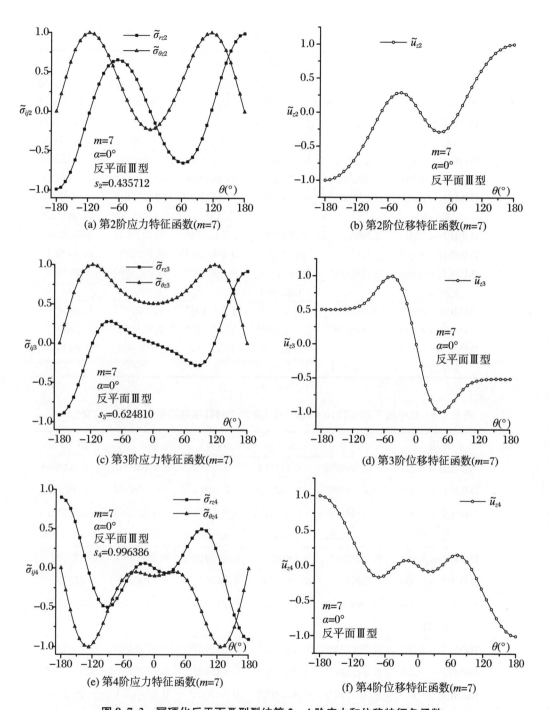

图 9.7.3 幂硬化反平面Ⅲ型裂纹第 2～4 阶应力和位移特征角函数

　　采用插值矩阵法求解了两楔边自由的幂硬化材料反平面 V 形切口结构,其中前 4 阶塑性应力奇异指数计算值见表 9.7.2～表 9.7.5。Wang 和 Kuang[24] 采用 Hodograph 变换的方法获得了具有连续损伤的幂硬化材料 V 形切口应力特征指数的前 2 阶解。

表 9.7.2 反平面 V 形切口 $(\alpha = 30°)$ 前 4 阶应力特征指数随硬化指数 m 的变化

s_k	方法	$m = 3$	$m = 5$	$m = 7$	$m = 10$	$m = 13$
s_1	IMMEI$(n = 20)$	− 0.232204	− 0.157527	− 0.119464	− 0.087783	− 0.069413
	IMMEI$(n = 40)$	− 0.232206	− 0.157527	− 0.119465	− 0.087784	− 0.069415
	IMMEI$(n = 80)$	− 0.232206	− 0.157527	− 0.119465	− 0.087784	− 0.069415
	文献[24]	− 0.232206	− 0.157564	− 0.119502	− 0.087824	− 0.069457
s_2	IMMEI$(n = 20)$	0.232204[#]	0.472581[#]	0.554001	0.472991	0.413208
	IMMEI$(n = 40)$	0.232206[#]	0.472581[#]	0.551878	0.470411	0.410316
	IMMEI$(n = 80)$	0.232206[#]	0.472581[#]	0.551876	0.470409	0.410314
	文献[24]	—	—	0.551851	0.470288	0.409963
s_3	IMMEI$(n = 20)$	0.696612[×]	0.623794	0.597320[#]	0.702264[#]	0.763543[#]
	IMMEI$(n = 40)$	0.696618[×]	0.621968	0.597325[#]	0.702272[#]	0.763565[#]
	IMMEI$(n = 80)$	0.696618[×]	0.621972	0.597325[#]	0.702272[#]	0.763565[#]
	文献[24]	—	0.622051	—	—	—
s_4	IMMEI$(n = 20)$	0.700023	1.102689[#]	1.227466[×]	1.033765[×]	0.895829[×]
	IMMEI$(n = 40)$	0.698686	1.102689[#]	1.223221[×]	1.028606[×]	0.890047[×]
	IMMEI$(n = 80)$	0.698682	1.102689[#]	1.223217[×]	1.028602[×]	0.890043[×]
	文献[24]	0.698604	—	—	—	—

表 9.7.3 反平面 V 形切口 $(\alpha = 150°)$ 前 4 阶应力特征指数随硬化指数 m 的变化

s_k	方法	$m = 3$	$m = 5$	$m = 7$	$m = 10$	$m = 13$
s_1	IMMEI$(n = 20)$	− 0.080378	− 0.060350	− 0.049587	− 0.039967	− 0.033919
	IMMEI$(n = 40)$	− 0.080383	− 0.060356	− 0.049564	− 0.039974	− 0.033925
	IMMEI$(n = 80)$	− 0.080383	− 0.060356	− 0.049593	− 0.039974	− 0.033925
	文献[24]	− 0.080384	− 0.060369	− 0.049614	− 0.040000	− 0.033956
s_2	IMMEI$(n = 20)$	0.080378[#]	0.181051[#]	0.247935[#]	0.319736[#]	0.373109[#`]
	IMMEI$(n = 40)$	0.080383[#]	0.181068[#]	0.247970[#]	0.319792[#]	0.373175[#`]
	IMMEI$(n = 80)$	0.080383[#]	0.181068[#]	0.247965[#]	0.319792[#]	0.373175[#`]
	文献[24]	—	—	—	—	—
s_3	IMMEI$(n = 20)$	0.241134[#]	0.422452[#]	0.545457[#]	0.679439[#]	0.780137[#]
	IMMEI$(n = 40)$	0.241149[#]	0.422492[#]	0.545534[#]	0.679558[#]	0.780275[#]
	IMMEI$(n = 80)$	0.241149[#]	0.422492[#]	0.545523[#]	0.679558[#]	0.780275[#]
	文献[24]	—	—	—	—	—
s_4	IMMEI$(n = 20)$	1.589836	1.556131	1.520007	1.470114	1.426214
	IMMEI$(n = 40)$	1.587821	1.553694	1.516597	1.464221	1.417315
	IMMEI$(n = 80)$	1.587820	1.553693	1.516597	1.464220	1.417314
	文献[24]	1.587794	1.553562	1.516332	1.463944	1.416870

　　表 9.7.2 和表 9.7.3 显示,当硬化指数 m 固定时,反平面 V 形切口($\alpha = 30°$, $150°$)的前 4 阶应力特征指数在不同的分段数 $n = 20, 40, 80$ 下 IMMEI 计算值有细微变化。当 $n \geqslant 40$ 时,应力特征指数 IMMEI 计算值保持稳定,不再随 n 的增加而发生改变,说明采用插值矩阵法计算的应力特征指数取 $n = 40$ 已足够。因此后续均取 $n = 40$ 讨论不同张角 $\alpha = 60°, 90°$ 下反平面切口的前 4 阶应力特征指数随硬化指数 m 的变化,所得如表 9.7.4、表 9.7.5 所示。当 $n = 40; m = 7; \alpha = 30°, 60°, 90°$, $150°$ 时,反平面 V 形切口结构的前 2 阶应力特征角函数分别如图 9.7.4、图9.7.5 所示。

表 9.7.4　反平面 V 形切口($\alpha = 60°$)前 4 阶应力特征指数随硬化指数 m 的变化($n = 40$)

s_k	方法	$m = 3$	$m = 5$	$m = 7$	$m = 10$	$m = 13$
s_1	IMMEI	-0.209034	-0.144787	-0.111379	-0.083025	-0.066275
	文献[24]	-0.209035	-0.144820	-0.111421	-0.083068	-0.066323
s_2	IMMEI	$0.209034^{\#}$	$0.434361^{\#}$	$0.556895^{\#}$	0.613636	0.545403
	文献[24]	—	—	—	0.613578	0.545247
s_3	IMMEI	$0.627102^{\#}$	0.775407	0.702317	$0.664200^{\#}$	$0.729025^{\#}$
	文献[24]	—	0.775369	0.702299	—	—
s_4	IMMEI	0.851750	$1.013509^{\#}$	$1.225169^{\#}$	$1.310297^{\times}$	$1.157081^{\times}$
	文献[24]	0.851659				

表 9.7.5　反平面 V 形切口($\alpha = 90°$)前 4 阶应力特征指数随硬化指数 m 的变化($n = 40$)

s_k	方法	$m = 3$	$m = 5$	$m = 7$	$m = 10$	$m = 13$
s_1	IMMEI	-0.178394	-0.126571	-0.099142	-0.075360	-0.060999
	文献[24]	-0.178395	-0.126599	-0.099179	-0.075403	-0.061047
s_2	IMMEI	$0.178394^{\#}$	$0.379713^{\#}$	$0.495710^{\#}$	$0.602880^{\#}$	$0.670989^{\#}$
	文献[24]	—	—	—	—	—
s_3	IMMEI	$0.535182^{\#}$	$0.885997^{\#}$	0.899889	0.809746	0.736893
	文献[24]	—	—	0.899826	0.809670	0.736783
s_4	IMMEI	1.040992	0.970537	$1.090562^{\#}$	$1.281120^{\#}$	$1.402977^{\#}$
	文献[24]	1.040889	0.970465	—	—	—

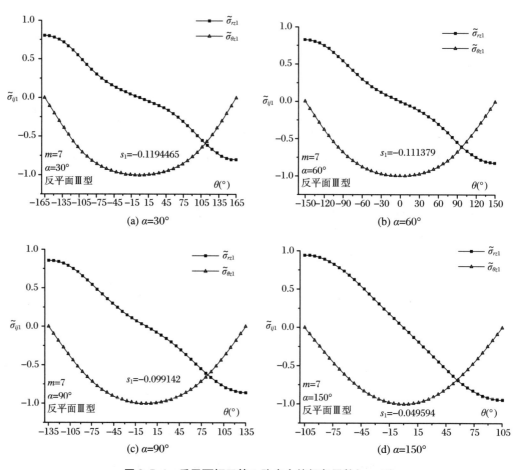

图 9.7.4　反平面切口第 1 阶应力特征角函数 ($m = 7$)

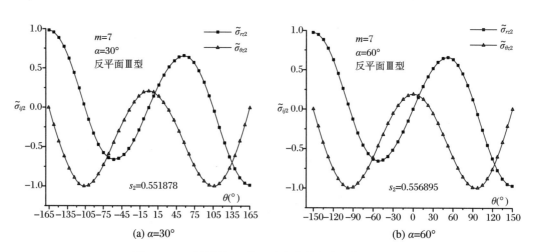

图 9.7.5　反平面切口第 2 阶应力特征角函数 ($m = 7$)

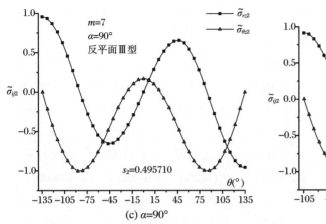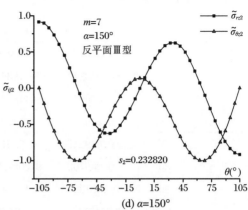

续图 9.7.5

表 9.7.2～表 9.7.5 和图 9.7.4、图 9.7.5 显示,当切口张角 α 固定时,反平面 V 形切口应力特征指数 $s_k(k=1,2,3,4)$ 的变化规律和反平面 III 型裂纹的变化规律相同,即 s_1 随 m 的增大而增大,并逐渐趋近于 0,且所有高阶应力特征指数 $s_k(k=2,3,4)$ 均大于 0,这意味着高阶项不会产生尖端的应力奇异性。当 m 固定时,V 形切口尖端的前 4 阶应力特征指数 $s_k(k=2,3,4)$ 随切口张角 α 的增大而增大,因此 V 形切口尖端的塑性应力奇异性随张角 α 的增大逐渐减弱。文献[24]给出了反平面 V 形切口张角 $\alpha=30°,60°,90°,150°$ 的前 2 阶应力特征指数,但未考虑弹性项和遗漏塑性项的贡献,其应力特征指数有漏项,因此其应力特征指数的第 2 阶未必是真实的第 2 阶。而本章方法考虑了弹性项和遗漏塑性项的贡献,给出了前 4 阶应力特征指数,其计算结果较文献[24]的结果更加完整和准确,因此本章方法可准确计算一般 V 形切口在反平面剪切作用下的塑性应力奇异指数、位移和应力特征向量。

9.7.2 自由-固结边界反平面 V 形切口弹塑性奇异性

对于一边自由一边固结的幂硬化材料反平面 V 形切口结构,采用插值矩阵法获得反平面 V 形切口($\alpha=0°,30°,90°,150°$)尖端的前 4 阶弹塑性应力特征指数随硬化指数 m 的变化,$\theta \in [-\pi,\pi]$ 区间划分为 $n=40$ 段,结果见表 9.7.6。当 $\alpha=0°$;$m=3,7$ 时,反平面 III 型裂纹结构的第 1 阶位移和应力特征角函数见图 9.7.6。当 $m=5$;$\alpha=30°,90°$ 时,反平面 V 形切口结构的第 1 阶应力特征角函数见图 9.7.7。

表 9.7.6 反平面 V 形切口(自由－固结)前 4 阶应力特征指数随硬化指数 m 和张角 α 的变化

s_k	α	$m=3$	$m=5$	$m=7$	$m=10$	$m=13$
s_1	$0°$	-0.316987	-0.194766	-0.140313	-0.098797	-0.076224
	$30°$	-0.313242	-0.193473	-0.139669	-0.098487	-0.076043
	$90°$	-0.300944	-0.188989	-0.137387	-0.097374	-0.075386
	$150°$	-0.274774	-0.178251	-0.131633	-0.094459	-0.073631
s_2	$0°$	-0.049037	-0.026170	-0.017810	-0.012034	-0.009085
	$30°$	-0.000702	0.008722	0.009252	0.008153	0.006996
	$90°$	0.138739	0.116011	0.095654	0.074849	0.061274
	$150°$	$0.274774^{\#}$	0.321572	0.272393	0.220346	0.184745
s_3	$0°$	$0.218913^{\times}$	$0.142426^{\times}$	$0.104693^{\times}$	$0.074729^{\times}$	$0.058054^{\times}$
	$30°$	$0.311838^{\times}$	$0.210917^{\times}$	$0.158173^{\times}$	$0.114793^{\times}$	$0.090035^{\times}$
	$90°$	$0.300944^{\times}$	$0.421011^{\times}$	$0.328695^{\times}$	$0.247072^{\times}$	$0.197934^{\times}$
	$150°$	0.380293	$0.534753^{\#}$	$0.658165^{\#}$	$0.535151^{\times}$	$0.443121^{\times}$
s_4	$0°$	0.285422	0.213317	0.169289	0.129282	0.104644
	$30°$	$0.313242^{\#}$	0.285697	0.228736	0.176303	0.143628
	$90°$	0.638404	0.50008	0.410023	0.323996	0.268649
	$150°$	$0.824322^{\times}$	$0.821395^{\times}$	$0.676419^{\times}$	0.623227	0.531023

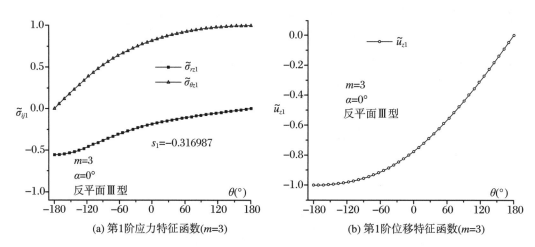

(a) 第1阶应力特征函数($m=3$)　　　　　　(b) 第1阶位移特征函数($m=3$)

图 9.7.6 反平面裂纹(自由-固结)第 1 阶位移和应力特征角函数

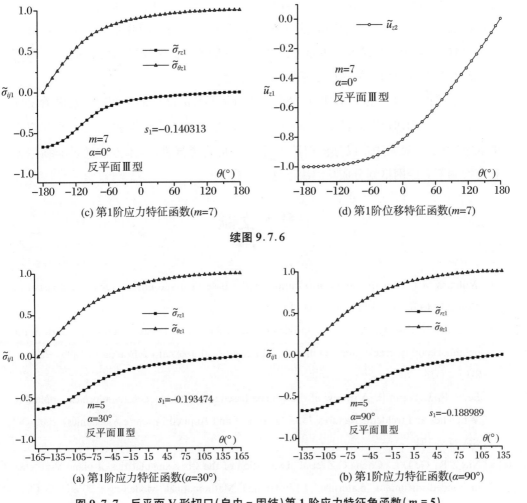

(c) 第1阶应力特征函数($m=7$)　　　　(d) 第1阶位移特征函数($m=7$)

续图 9.7.6

(a) 第1阶应力特征函数($\alpha=30°$)　　　　(b) 第1阶应力特征函数($\alpha=90°$)

图 9.7.7　反平面 V 形切口(自由－固结)第 1 阶应力特征角函数($m=5$)

表 9.7.6 显示,当切口张角 α 固定时,反平面 V 形切口在自由-固结边界下的应力特征指数 s_1 随 m 的增大而增大,并逐渐趋近于 0,与自由-自由边界不同的是并非所有高阶应力特征指数 s_k($k=2,3,4$)均大于 0,对于自由－固结边界下反平面裂纹($\alpha=0$),其第 2 阶 $s_2<0$,尽管 s_2 接近 0,这意味着除第一阶主导项外,第二阶应力特征指数也会产生尖端的应力奇异性,其对于应力场的贡献应予考虑。当 m 固定时,V 形切口尖端的前 4 阶应力特征指数 s_k($k=1,2,3,4$)随切口张角 α 的增大而增大,即塑性应力奇异性随张角 α 的增大逐渐减弱。

本章小结

本章建立了一个分析平面和反平面 V 形切口和裂纹弹塑性应力奇异性的通用算法。基于切口尖端区域应力场和位移场的渐近展开,通过满足平面和反平面问题弹塑性基本理论,将幂硬化材料 V 形切口应力奇异性问题变换成非线性常微分方程组的特征值问题。采用插值矩阵法求解获得了 V 形切口多项弹塑性应力和位移特征解,包括前若干阶高阶项。本章方法适用于一般的平面和反平面任意张角 V 形切口和裂纹弹塑性应力奇异性问题求解,计算精度高。

对于平面应力 I 型 V 形切口,径向应力特征函数 $\tilde{\sigma}_{rk}(\theta)$ 的突变行为会随着幂硬化指数的增大和切口张角的减小而变得愈加剧烈。由于非线性和 $\tilde{\sigma}_{rk}(\theta)$ 剧烈突变的双重困难,一般方法难以分析塑性 V 形切口应力奇异性,本章方法通过非线性方程变换和不等距网格划分成功解决了这一难题。

参考文献

▲

[1] Williams M L. On the stress distribution at the base of a stationary crack[J]. Journal of Applied Mechanics,1957,24:109-114.

[2] Lazzarin P,Tovo R. A unified approach to the evaluation of linear elastic stress fields in the neighborhood of cracks and notches[J]. International Journal of Fracture,1996,78(1):3-19.

[3] Berto F,Lazzarin P. A review of the volume-based strain energy density approach applied to V-notches and welded structures[J]. Theoretical and Applied Fracture Mechanics,2009,52(3):183-194.

[4] Niu Z R,Ge D L,Cheng C Z,et al. Evaluation of the stress singularities of plane V-notches in bonded dissimilar materials [J]. Applied Mathematical Modelling,2009,33(3):1776-1792.

[5] Yao S L,Cheng C Z,Niu Z R,et al. Evaluation of notch stress intensity factors by the asymptotic expansion technique coupled with the finite element method [J]. Applied Mathematical Modelling,2018,61:682-692.

[6] Hutchinson J W. Singular behavior at the end of a tensile crack in a hardening material[J]. Journal of the Mechanics and Physics of Solids,1968,16(1):13-31.

[7] Rice J R,Rosengren G F. Plane strain deformation near a crack tip in a power-law hardening material[J]. Journal of the Mechanics and Physics of Solids,1968,16(1):1-12.

[8] Kuang Z,Xu X. Stress and strain fields at the tip of a sharp V-notch in a power-hardening material[J]. International Journal of Fracture,1987,35:39-53.

[9] Xia L,Wang T C. Singular behaviour near the tip of a sharp V-notch in a power law hardening material[J]. International Journal of Fracture,1993,59(1):83-93.

[10] Sharma S M,Aravas N. On the development of variable-separable asymptotic elastoplastic solutions for interfacial cracks[J]. International Journal of Solids & Structures,1993,30

（5）：695-723.

［11］ Lazzarin P，Zambardi R，Livieri P. Plastic notch stress intensity factors for large V-shaped notches under mixed load conditions［J］. International Journal of Fracture，2001，107（4）：361-377.

［12］ Marsavina L，Nurse A D，Braescu L，et al. Stress singularity of symmetric free-edge joints with elasto-plastic behavior［J］. Computational Materials Science，2012，52（1）：270-286.

［13］ Papanastasiou P，Durban D. Singular plastic fields in non-associative pressure sensitive solids ［J］. International Journal of Solids & Structures，2001，38：1539-1550.

［14］ Papanastasiou P，Durban D，Lenoach B. Singular plastic fields in wedge indentation of pressure sensitive solids［J］. International Journal of Solids & Structures，2003，40（10）：2521-2534.

［15］ Papanastasiou P，Durban D. Singular crack-tip plastic fields inTresca and Mohr-Coulomb solids［J］. International Journal of Solids & Structures，2018，136-137：250-258.

［16］ Symington M，Ortiz M，Shih C F. A finite element method for determining the angular variation of asymptotic crack tip fields［J］. International Journal of Fracture，1990，45（1）：51-64.

［17］ Zhang N，Joseph P F. A nonlinear finite element eigenanalysis of singular plane stress fields in bimaterial wedges including complex eigenvalues［J］. International Journal of Fracture，1998，90（3）：175-207.

［18］ Zhang N，Joseph P F. A nonlinear finite element eigenanalysis of singular stress fields in bimaterial wedges for plane strain［J］. International Journal of Fracture，1998，94（3）：299-319.

［19］ Chen D H，Ushijima K. Plastic stress *sin*gularity near the tip of a V-notch［J］. International Journal of Fracture，2000，106（2）：117-134.

［20］ Rice J R. Stressesdue to a sharp notch in a work-hardening elastic-plastic material loaded by longitudinal shear［J］. Journal of Applied Mechanics，1967，34（2）：287.

［21］ Yuan F G，Yang S. Analytical solutions of fully plastic crack-tip higher order fields under antiplane shear［J］. International Journal of Fracture，1994，69（1）：1-26.

［22］ Yang S，Yuan F G，Cai X. Higher order asymptotic elastic-plastic crack-tip fields under antiplane shear［J］. Engineering Fracture Mechanics，1996，54（3）：405-422.

［23］ Yang S，Yuan F G，Chiang M Y M. Analytical forms of higher-order asymptotic elastic-plastic crack-tip fields in a linear hardening material under antiplane shear［J］. International Journal of Fracture，1996，80（1）：59-71.

［24］ Wang T J，Kuang Z B. Higher order asymptotic solutions of V-notch tip fields for damaged nonlinear materials under antiplane shear loading［J］. International Journal of Fracture，1999，96（4）：303-329.

［25］ Zappalorto M，Lazzarin P. Analytical study of the elastic-plastic stress fields ahead of parabolic notches under antiplane shear loading[J]. International Journal of Fracture, 2007, 148(2): 139.

[26] Lazzarin P, Zappalorto M. Plastic notch stress intensity factors for pointed V-notches under antiplane shear loading[J]. International Journal of Fracture, 2008, 152(1): 1-25.

[27] Zappalorto M, Lazzarin P. A unified approach to the analysis of nonlinear stress and strain fields ahead of mode Ⅲ-loaded notches and cracks[J]. International Journal of Solids and Structures, 2010, 47(6): 851-864.

[28] Loghin A, Zhang N, Joseph P F. A nonlinear finite element eigenanalysis of antiplane shear including higher order terms[J]. Engineering Fracture Mechanics, 2000, 66(5): 441-454.

[29] Niu Z R, Li C, Ge R Y, et al. Analysis of plastic stress *sin*gularities of cracks and wedges under the plane stress conditions[J]. Engineering Fracture Mechanics, 2019, 208: 72-89.

[30] Hu B, Niu Z R, Hu Z J, et al. Elastic-plastic stress asymptotic solutions at the V-notch tip in power hardening materials[J]. Applied Mathematical Modelling, 2020, 87: 91-110.

[31] 李聪, 胡斌, 牛忠荣. 反平面塑性 V 形切口尖端应力和位移渐近解[J]. 应用数学和力学, 2021, 42(12): 1258-1275.

[32] Xia L, Wang T C, Shi C F. Higher-order analysis of crack tip fields in elastic power-law hardening materials[J]. Journal of the Mechanics and Physics of Solids, 1993, 41(4): 665-687.

[33] Yang S, Chao Y J, Sutton M A. Higher order asymptotic crack tip fields in a power-law hardening material[J]. Engineering Fracture Mechanics, 1993, 45(1): 1-20.

[34] Yuan F G, Yang S. Crack-tip fields in elastic-plastic material under plane stress mode Ⅰ loading[J]. International Journal of Fracture, 1997, 85(2): 131-155.

[35] Chao Y J, Yang S. Higher order crack tip fields and its implication for fracture of solids under mode Ⅱ conditions[J]. Engineering Fracture Mechanics, 1996, 55(5): 777-794.

第 —— 10 —— 章

平面V形切口和裂纹结构
应力场边界元分析

10.1

引言

狭窄切口结构尖端或不同材料界面端均存在应力奇异性,常规的有限元法(FEM)和边界元法(BEM)即使在尖端部位划分非常密的网格,也无法获得尖端区域准确的应力场和位移场。在第6~8章中,我们基于切口尖端区域应力场渐近级数展开式,采用插值矩阵法获得了切口尖端应力奇异指数及相应位移和应力特征函数,式(6.2.1)级数展开式中幅值系数 A_k 待求解。实际上,幅值系数 A_k 与结构外载荷有关,式(6.2.1)中第1、2阶主导奇异项的幅值系数相关于平面 V 形切口尖端的广义应力强度因子 K_{I} 和 K_{II}。

V 形切口的应力强度因子是线弹性断裂力学的一个重要参数,但只在少数情况下可以获得解析解。Chen[1]采用体积力法求解 V 形切口应力强度因子,但需要构造与体积力相应的基本密度函数。有限元法和边界元法是通用的数值方法,自然想到在切口尖端附近布置细密单元来模拟 V 形切口的奇异应力场,通过外推法获取应力强度因子。然而这类途径显著增加的计算量与获得尖端处应力场的精度相比,其收效甚微,因为细分单元不能真实反映切口尖端的应力奇异性。在含裂纹结构中,人们对裂纹尖端处提出了"1/4"奇异单元,使得有限元法[2]和边界元法[3]用较少的单元就可以较好地模拟尖端处应力场。但"1/4"奇异元对 V 形切口不适用,况且切口和裂纹处存在多重应力奇异性。

基于尖端处已知的应力特征解析函数,Seweryn[4]、Chen 和 Sze[5]结合非协调有限元法和渐近展开提出了一种新的特征分析法,该法用于计算双材料 V 形切口的应力奇异指数和应力强度因子。采用同样途径,平学成等[6]分析了压电两相材料裂纹尖端的应力奇异场。Belytschko 和 Moès 等为模拟裂纹扩展,于1999年提出了一种新方法——扩展有限元法(XFEM)[7, 8]。XFEM(Yu 等[9],Pathak 等[10],Moradi 等[11])利用了线弹性断裂力学给出的裂纹尖端区域第1阶奇异应力特征函数,通过结合 FEM 和扩充位移项来描述裂纹面不连续位移场。与传统 FEM 相比,XFEM可避免网格重划分的难题。目前许多方法均可计算裂纹结构的应力强度因子,实际上,V 形切口和裂纹结构从尖端到整体区域的完整应力场是主要的分析目标,特别是尖端区域应力场的准确分析是难题。

本章提出在平面 V 形切口结构尖端区内挖去一扇形体,以 V 形切口尖端关于径向距离 r 的渐近应力场性质为基础,使用插值矩阵法[14]求解获得切口尖端区域各阶应力指数和特征向量；然后对去除切口尖端扇形体后的外围结构施用边界元法[13,15]，沿其边界做单元离散，再与尖端扇形域特征分析解联合，从而解出渐近应力场中各阶幅值系数及切口结构的完整应力场和位移场。

10.2

边界元法分析 V 形切口结构完整应力场

考虑平面 V 形切口结构，见图 10.2.1。将 V 形结构自切口尖端以半径 ρ 挖去一个小扇形域 Ω_ρ，剩余的外围结构为 Ω'，见图 10.2.2、图 10.2.3，即有 $\Omega = \Omega_\rho \bigcup \Omega'$。切口边界分成 $\Gamma_1'' = \Gamma_1 + \Gamma_1'$，$\Gamma_2'' = \Gamma_2 + \Gamma_2'$。自尖端 O 定义直角坐标系 Ox_1x_2 和极坐标系 $Or\theta$，以下先对尖端扇形域和外围区域分别处理，然后合成为整体系统。

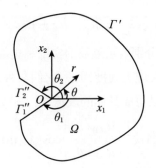

图 10.2.1 含 V 形切口平面问题

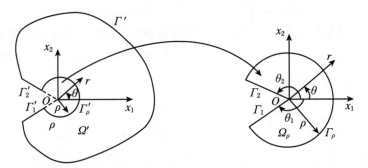

图 10.2.2 切口结构围绕尖端的外围区域　　图 10.2.3 切口尖端附近扇形域

10.2.1 V 形切口尖端区域位移和应力渐近场表达式

对于如图 10.2.3 所示的切口尖端扇形区域，由第 6 章知识可知，尖端 O 点附近区域位移渐近场可通过如下的级数表征：

$$\begin{cases} u_r(r,\theta) = \displaystyle\sum_{k=1}^{N} A_k r^{\lambda_k+1} \widetilde{u}_{rk}(\theta) \\[3mm] u_\theta(r,\theta) = \displaystyle\sum_{k=1}^{N} A_k r^{\lambda_k+1} \widetilde{u}_{\theta k}(\theta) \end{cases} \tag{10.2.1}$$

式中各物理量意义见 6.2.1 节。$A_k(k=1,2,\cdots,N)$ 是每项贡献的幅值组合系数，项数 N 越多，则式 (10.2.1) 表达的围绕尖端位移场的有效主控范围越大。我们采用插值矩阵法计算常微分方程组式 (6.2.9)、式 (6.2.10) 和相应边值条件式 (6.2.12) 或式 (6.2.13)，获得平面 V 形切口各阶位移特征指数 λ_k 及位移特征函数 $\widetilde{u}_{rk}(\theta)$，$\widetilde{u}_{\theta k}(\theta)$，然后代入式 (6.2.4)，即可获得应力特征函数 $\widetilde{\sigma}_{ijk}(\theta)$（$ij=rr$，$\theta\theta$，$r\theta$）。一般情形下，位移特征指数 λ_k 以及 A_k，$\widetilde{u}_{rk}(\theta)$，$\widetilde{u}_{\theta k}(\theta)(k=1,2,\cdots,N)$ 是复数，即

$$\begin{cases} \lambda_k = \lambda_{kR} \pm \mathrm{i}\lambda_{kI} \\ A_k = A_{kR} \pm \mathrm{i}A_{kI} \\ \widetilde{u}_{rk}(\theta) = \widetilde{u}_{rkR}(\theta) \pm \mathrm{i}\widetilde{u}_{rkI}(\theta) \\ \widetilde{u}_{\theta k}(\theta) = \widetilde{u}_{\theta kR}(\theta) \pm \mathrm{i}\widetilde{u}_{\theta kI}(\theta) \end{cases} \tag{10.2.2}$$

式中 $\mathrm{i}=\sqrt{-1}$，下标"R"和"I"分别表示复数的实部和虚部。对应于 $\mathrm{Re}(\lambda_k)\in(-1,0)$ 的 A_k 相当于 V 形切口的广义应力强度因子，它们与外载荷有关。将式 (10.2.2) 代入式 (10.2.1) 中，u_r 和 u_θ 可以写成具体的表达式：

$$\begin{aligned} \begin{Bmatrix} u_r(r,\theta) \\ u_\theta(r,\theta) \end{Bmatrix} = \sum_{k=1}^{N} r^{\lambda_{kR}+1} \zeta_k \Bigg\{ & A_{kR} \Bigg[\begin{Bmatrix} \widetilde{u}_{rkR}(\theta) \\ \widetilde{u}_{\theta kR}(\theta) \end{Bmatrix} \cos(\lambda_{kI}\ln r) - \begin{Bmatrix} \widetilde{u}_{rkI}(\theta) \\ \widetilde{u}_{\theta kI}(\theta) \end{Bmatrix} \sin(\lambda_{kI}\ln r) \Bigg] \\ & - A_{kI} \Bigg[\begin{Bmatrix} \widetilde{u}_{rkR}(\theta) \\ \widetilde{u}_{\theta kR}(\theta) \end{Bmatrix} \sin(\lambda_{kI}\ln r) + \begin{Bmatrix} \widetilde{u}_{\theta kI}(\theta) \\ \widetilde{u}_{\theta kI}(\theta) \end{Bmatrix} \cos(\lambda_{kI}\ln r) \Bigg] \Bigg\} \end{aligned} \tag{10.2.3}$$

式中，如果 λ_k 是实根，则 $\zeta_k=1$；如果 λ_k 是复数，则 $\zeta_k=2$，因为计入共轭复根。注意到应力表达式式 (6.2.3) 和式 (6.2.4)，类似式 (10.2.3)，尖端 O 点附近渐近应力场也可写成如下级数表达式：

$$\begin{aligned} \begin{Bmatrix} \sigma_{rr}(r,\theta) \\ \sigma_{\theta\theta}(r,\theta) \\ \sigma_{r\theta}(r,\theta) \end{Bmatrix} = \sum_{k=1}^{N} r^{\lambda_{kR}} \zeta_k \Bigg\{ & A_{kR} \Bigg[\begin{Bmatrix} \widetilde{\sigma}_{rrkR}(\theta) \\ \widetilde{\sigma}_{\theta\theta kR}(\theta) \\ \widetilde{\sigma}_{r\theta kR}(\theta) \end{Bmatrix} \cos(\lambda_{kI}\ln r) - \begin{Bmatrix} \widetilde{\sigma}_{rrkI}(\theta) \\ \widetilde{\sigma}_{\theta\theta kI}(\theta) \\ \widetilde{\sigma}_{r\theta kI}(\theta) \end{Bmatrix} \sin(\lambda_{kI}\ln r) \Bigg] \\ & - A_{kI} \Bigg[\begin{Bmatrix} \widetilde{\sigma}_{rrkR}(\theta) \\ \widetilde{\sigma}_{\theta\theta kR}(\theta) \\ \widetilde{\sigma}_{r\theta kR}(\theta) \end{Bmatrix} \sin(\lambda_{kI}\ln r) + \begin{Bmatrix} \widetilde{\sigma}_{rrkI}(\theta) \\ \widetilde{\sigma}_{\theta\theta kI}(\theta) \\ \widetilde{\sigma}_{r\theta kI}(\theta) \end{Bmatrix} \cos(\lambda_{kI}\ln r) \Bigg] \Bigg\} \end{aligned} \tag{10.2.4}$$

其中

$$\begin{cases} \tilde{\sigma}_{rrk}(\theta) = \tilde{\sigma}_{rrR}(\theta) + i\tilde{\sigma}_{rrI}(\theta) = \dfrac{E}{1-v^2}\{[(1+v)\tilde{u}_{rkR} + \lambda_{kR}\tilde{u}_{rkR} - \lambda_{kI}\tilde{u}_{rkI} + v\tilde{u}'_{\theta kR}] \\ \qquad\qquad + i[(1+v)\tilde{u}_{rkI} + \lambda_{kI}\tilde{u}_{rkR} + \lambda_{kR}\tilde{u}_{rkI} + v\tilde{u}'_{\theta kI}]\} \\[3mm] \tilde{\sigma}_{\theta\theta k}(\theta) = \tilde{\sigma}_{\theta\theta kR}(\theta) + i\tilde{\sigma}_{\theta\theta kI}(\theta) = \dfrac{E}{1-v^2}\{[(1+v)\tilde{u}_{rkR} + v\lambda_{kR}\tilde{u}_{rkR} - v\lambda_{kI}\tilde{u}_{rkI} + \tilde{u}'_{\theta kR}] \\ \qquad\qquad + i[(1+v)\tilde{u}_{rkI} + v\lambda_{kR}\tilde{u}_{rkI} + v\lambda_{kI}\tilde{u}_{rkR} + \tilde{u}'_{\theta kI}]\} \\[3mm] \tilde{\sigma}_{r\theta k}(\theta) = \tilde{\sigma}_{r\theta kR}(\theta) + i\tilde{\sigma}_{r\theta kI}(\theta) = \dfrac{E}{2(1+v)}[(\lambda_{kR}\tilde{u}_{\theta kR} - \lambda_{kI}\tilde{u}_{\theta kI} + \tilde{u}'_{rkR}) \\ \qquad\qquad + i(\lambda_{kI}\tilde{u}_{\theta kR} + \lambda_{kI}\tilde{u}_{\theta kR} + \tilde{u}'_{rkI})] \end{cases}$$

$$(10.2.5)$$

为便于系统方程装配,将极坐标系下的位移、应力变换到直角坐标系下。在图 10.2.3 尖端区域边界 Γ_ρ 上,直角坐标系下的位移和面力分别记为 $\bar{u}_i$,$\bar{t}_i (i=1,2)$;极坐标系下的径向和切向应力分别为 σ_{rr} 和 $\sigma_{r\theta}$。在圆弧边界 Γ_ρ 上,$t_r = \sigma_{rr}$,$t_\theta = \sigma_{r\theta}$,直角坐标系下的位移、面力与极坐标系下位移、面力的关系分别为

$$\begin{Bmatrix} \bar{u}_1 \\ \bar{u}_2 \end{Bmatrix} = \begin{bmatrix} \cos\theta & -\sin\theta \\ \sin\theta & \cos\theta \end{bmatrix} \begin{Bmatrix} u_r \\ u_\theta \end{Bmatrix} \tag{10.2.6}$$

$$\begin{Bmatrix} \bar{t}_1 \\ \bar{t}_2 \end{Bmatrix} = \begin{bmatrix} \cos\theta & -\sin\theta \\ \sin\theta & \cos\theta \end{bmatrix} \begin{Bmatrix} t_r \\ t_\theta \end{Bmatrix} = \begin{bmatrix} \cos\theta & -\sin\theta \\ \sin\theta & \cos\theta \end{bmatrix} \begin{Bmatrix} \sigma_{rr} \\ \sigma_{r\theta} \end{Bmatrix} \tag{10.2.7}$$

比较图 10.2.2 外围区域和图 10.2.3 尖端区域可见,在边界 Γ_ρ 和 Γ'_ρ 上,位移连续和面力相等。若以 u_i,$t_i (i=1,2)$ 表示 Γ'_ρ 上的位移和面力分量,则有

$$u_i = \bar{u}_i, \quad t_i = -\bar{t}_i \tag{10.2.8}$$

将式(10.2.3)和式(10.2.4)分别代入式(10.2.6)和式(10.2.7),再代入式(10.2.8),得到外围区域边界 Γ'_ρ 上位移和面力在直角坐标系下的表达式:

$$\begin{Bmatrix} u_1 \\ u_2 \end{Bmatrix} = \sum_{k=1}^{N} r^{\lambda_{kR}+1} \zeta_k \Bigg\{ A_{kR} \Bigg[\begin{Bmatrix} \tilde{u}_{rkR}(\theta)\cos\theta - \tilde{u}_{\theta kR}(\theta)\sin\theta \\ \tilde{u}_{rkR}(\theta)\sin\theta + \tilde{u}_{\theta kR}(\theta)\cos\theta \end{Bmatrix} \cos(\lambda_{kI}\ln r)$$

$$- \begin{Bmatrix} \tilde{u}_{rkI}(\theta)\cos\theta - \tilde{u}_{\theta kI}(\theta)\sin\theta \\ \tilde{u}_{rkI}(\theta)\sin\theta + \tilde{u}_{\theta kI}(\theta)\cos\theta \end{Bmatrix} \sin(\lambda_{kI}\ln r) \Bigg]$$

$$- A_{kI} \Bigg[\begin{Bmatrix} \tilde{u}_{rkR}(\theta)\cos\theta - \tilde{u}_{\theta kR}(\theta)\sin\theta \\ \tilde{u}_{rkR}(\theta)\sin\theta + \tilde{u}_{\theta kR}(\theta)\cos\theta \end{Bmatrix} \sin(\lambda_{kI}\ln r)$$

$$+ \begin{Bmatrix} \tilde{u}_{rkI}(\theta)\cos\theta - \tilde{u}_{\theta kI}(\theta)\sin\theta \\ \tilde{u}_{rkI}(\theta)\sin\theta + \tilde{u}_{\theta kI}(\theta)\cos\theta \end{Bmatrix} \cos(\lambda_{kI}\ln r) \Bigg] \Bigg\} \tag{10.2.9}$$

$$\begin{Bmatrix} t_1 \\ t_2 \end{Bmatrix} = \sum_{k=1}^{N} r^{\lambda_{kR}} \zeta_k \Bigg\{ -A_{kR} \Bigg[\begin{Bmatrix} \tilde{\sigma}_{rrR}(\theta)\cos\theta - \tilde{\sigma}_{r\theta kR}(\theta)\sin\theta \\ \tilde{\sigma}_{rrR}(\theta)\sin\theta + \tilde{\sigma}_{r\theta kR}(\theta)\cos\theta \end{Bmatrix} \cos(\lambda_{kI}\ln r)$$

$$+ \begin{Bmatrix} \tilde{\sigma}_{rr kI}(\theta)\cos\theta - \tilde{\sigma}_{r\theta kI}(\theta)\sin\theta \\ \tilde{\sigma}_{rr kI}(\theta)\sin\theta + \tilde{\sigma}_{r\theta kI}(\theta)\cos\theta \end{Bmatrix} \sin(\lambda_{kI}\ln r) \Bigg]$$

$$+ A_{kI} \Bigg[\begin{Bmatrix} \tilde{\sigma}_{rr kR}(\theta)\cos\theta - \tilde{\sigma}_{r\theta kR}(\theta)\sin\theta \\ \tilde{\sigma}_{rr kR}(\theta)\sin\theta + \tilde{\sigma}_{r\theta kR}(\theta)\cos\theta \end{Bmatrix} \sin(\lambda_{kI}\ln r)$$

$$- \begin{Bmatrix} \tilde{\sigma}_{rr kI}(\theta)\cos\theta - \tilde{\sigma}_{r\theta kI}(\theta)\sin\theta \\ \tilde{\sigma}_{rr kI}(\theta)\sin\theta + \tilde{\sigma}_{r\theta kI}(\theta)\cos\theta \end{Bmatrix} \cos(\lambda_{kI}\ln r) \Bigg] \Bigg\}$$

$$(10.2.10)$$

由此,获得了图 10.2.2 中外围结构人工边界 Γ'_ρ 上各点的位移和面力的表达式,式中幅值系数 A_k 待求。

10.2.2 边界元法与插值矩阵法结合分析 V 形切口/裂纹结构

本章提出一个分析含 V 形切口和裂纹结构位移场和应力场的新途径。

首先对围绕切口尖端的小扇形区域 Ω_ρ,见图 10.2.3,进行其应力奇异场的特征分析,即由第 6 章方法获得位移特征指数 λ_k 及相应的位移和应力特征函数,见式 (10.2.3) 和式 (10.2.4)。在寻求位移和应力渐近场展式中幅值系数 A_k 时,若截取前 N 个实部最小的特征值 $\lambda_k (k=1, 2, \cdots, N)$ 和相应的特征函数,则在式 (10.2.9) 和式 (10.2.10) 中有 N 个未知量 $A_k (k=1, 2, \cdots, N)$。

然后处理剔除扇形域 Ω_ρ 的外部结构域 Ω',见图 10.2.2,其上应力没有奇异性,这里提出采用边界元分析,沿其边界 $\Gamma = \Gamma' + \Gamma'_1 + \Gamma'_2 + \Gamma'_\rho$ 划分单元离散,建立边界积分方程[12]如下:

$$C_{ij}(y)u_j(y) = \int_\Gamma U^*_{ij}(x,y)t_j(x)\mathrm{d}\Gamma - \oint_\Gamma T^*_{ij}(x,y)u_j(x)\mathrm{d}\Gamma$$
$$+ \int_{\Omega'} U^*_{ij}(x,y)b_j(x)\mathrm{d}\Omega, \quad y \in \Gamma \qquad (10.2.11)$$

式中,$\oint(\cdots)\mathrm{d}\Gamma$ 为 Cauchy 主值积分,y 为源点,x 为场点,x_j 和 y_j 分别为场点和源点的坐标,$b_j(x)$ 为体力,$u_j(x)$,$t_j(x)$ 为 Γ 上的位移和面力分量,$i, j = 1, 2$。这里及以下引入张量求和约定,$C_{ij}(y)$ 为位移奇性系数,参见图 10.2.4,对平面应力问题,有

$$[C_{ij}]_{2\times 2} = \frac{1}{2\pi} \begin{bmatrix} \varphi - \dfrac{1+\nu}{4}(\sin 2\alpha_2 - \sin 2\alpha_1) & \dfrac{1+\nu}{4}(\cos 2\alpha_2 - \cos 2\alpha_1) \\ \dfrac{1+\nu}{4}(\cos 2\alpha_2 - \cos 2\alpha_1) & \varphi + \dfrac{1+\nu}{4}(\sin 2\alpha_2 - \sin 2\alpha_1) \end{bmatrix}$$

$$(10.2.12)$$

特别当 y 为光滑边界点,则 $C_{ij} = \delta_{ij}/2$。

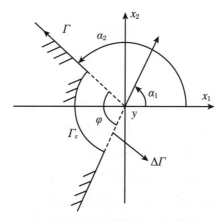

图 10.2.4 源点 y 处边界构形描述

积分核中 $U_{ij}^*(x, y)$ 和 $T_{ij}^*(x, y)$ 为弹性力学 Navier 方程的 Kelvin 解,亦称基本解。对于平面应力问题:

$$U_{ij}^* = \frac{1+\nu}{4\pi E}\left[-(3-\nu)\ln r\delta_{ij} + (1+\nu)r_{,i}r_{,j}\right] \tag{10.2.13}$$

$$T_{ij}^* = \frac{1}{4\pi r}\left\{(1-\nu)(r_{,i}n_j - r_{,j}n_i) - r_{,n}\left[(1-\nu)\delta_{ij} + 2(1+\nu)r_{,i}r_{,j}\right]\right\} \tag{10.2.14}$$

式中,$i, j = 1, 2$;$(\cdots)_{,i} = \partial(\cdots)/\partial x_i$;$\delta_{ij}$ 是 kronecker 符号张量;E 为弹性模量;ν 为泊松比;n_i 为边界外法线的方向余弦。有

$$r_{,i} = \frac{\partial r}{\partial x_i} = \frac{r_i}{r}, \quad r_{,n} = \frac{\partial r}{\partial n} = r_{,i}n_i, \quad r_i = x_i - y_i, \quad r = \sqrt{r_ir_i} \tag{10.2.15}$$

注意到图 10.2.2 中 $\Gamma' + \Gamma_1' + \Gamma_2'$ 是通常的外边界,其上布置 M 个节点。Γ_ρ' 是去除 Ω_ρ 后的内边界,其上节点位移和面力由式(10.2.9)和式(10.2.10)表达。让源点 y 历遍 $\Gamma' + \Gamma_1' + \Gamma_2'$ 上 M 个节点,对式(10.2.11)在离散单元上进行积分,装配成 $2M$ 个代数方程组:

$$\begin{bmatrix} H_{11} & H_{1a} \end{bmatrix}\begin{Bmatrix} U \\ A \end{Bmatrix} = \begin{bmatrix} G_{11} & G_{1a} \end{bmatrix}\begin{Bmatrix} T \\ A \end{Bmatrix} + b_1 \tag{10.2.16}$$

式中,U 是 $\Gamma' + \Gamma_1' + \Gamma_2'$ 上 M 个节点的位移列向量,T 是相应的面力列向量,$A = (A_1, A_2, \cdots, A_k)^T$,$H_{11}$ 和 G_{11} 分别是式(10.2.11)中 $\Gamma' + \Gamma_1' + \Gamma_2'$ 上单元积分对应于 U 和 T 的系数矩阵,H_{1a} 和 G_{1a} 是 Γ_ρ' 上节点位移和面力引用式(10.2.9)和式(10.2.10)时对应于 A 的系数矩阵,b_1 是已知体力的域积分项。

对于二维弹性力学正问题,每个节点的位移和面力分量通常是 2 个已知量和 2

个未知量,故 U 和 T 含有 $2M$ 个未知量,式(10.2.16)还含有未知的 N 个幅值系数 A_k。故在 Γ'_ρ 上选择 $N/2$ 个节点作为源点按式(10.2.11)分别列边界积分方程,从而补充 N 个代数方程,与式(10.2.16)联立成为

$$\begin{bmatrix} \boldsymbol{H}_{11} & \boldsymbol{H}_{1a} \\ \boldsymbol{H}_{22} & \boldsymbol{H}_{2a} \end{bmatrix} \begin{Bmatrix} \boldsymbol{U} \\ \boldsymbol{A} \end{Bmatrix} = \begin{bmatrix} \boldsymbol{G}_{11} & \boldsymbol{G}_{1a} \\ \boldsymbol{G}_{22} & \boldsymbol{G}_{2a} \end{bmatrix} \begin{Bmatrix} \boldsymbol{T} \\ \boldsymbol{A} \end{Bmatrix} + \begin{Bmatrix} \boldsymbol{b}_1 \\ \boldsymbol{b}_2 \end{Bmatrix} \qquad (10.2.17)$$

式中各系数矩阵和 $\boldsymbol{b}_2$ 的意义与上文类同。在式(10.2.17)中引入 $\Gamma' + \Gamma'_1 + \Gamma'_2$ 上已知位移和面力边界条件,通过 $2M + N$ 个联立方程解得 $\Gamma' + \Gamma'_1 + \Gamma'_2$ 上各节点未知位移和面力以及幅值系数 $A_k(k=1, 2, \cdots, N)$。

将 A_{kR} 和 A_{kI} 代入到式(10.2.3)和式(10.2.4)获得 V 形切口根部附近区域的位移场和奇异应力场,包括边界 Γ'_ρ 上各点的位移和面力。

依据应力场表达式式(10.2.4),可利用幅值系数 A_{kR} 和 $A_{kI}(k=1, 2, \cdots, N)$ 以及应力特征向量计算 V 形切口的广义应力强度因子 K_{I} 和 K_{II}。A_1, A_2, A_3 一般为结构 3 个刚体位移对应的幅值系数,K_{I} 和 K_{II} 的定义如下。

λ_4 和 λ_5 为实根时,有

$$K_{\mathrm{I}} = \lim_{r \to 0} \sqrt{2\pi}\, r^{-\lambda_4} \sigma_{\theta\theta}(r, \theta)\,|_{\theta=0} = \sqrt{2\pi}\, A_4 \tilde{\sigma}_{\theta\theta 4}(0) \qquad (10.2.18a)$$

$$K_{\mathrm{II}} = \lim_{r \to 0} \sqrt{2\pi}\, r^{-\lambda_5} \sigma_{r\theta}(r, \theta)\,|_{\theta=0} = \sqrt{2\pi}\, A_5 \tilde{\sigma}_{r\theta 5}(0) \qquad (10.2.18b)$$

λ_4 为复数根时,有

$$\begin{aligned} K_{\mathrm{I}} + \mathrm{i}K_{\mathrm{II}} &= \lim_{r \to 0} \sqrt{2\pi}\, r^{-\lambda_{4\mathrm{R}} - \mathrm{i}\lambda_{4\mathrm{I}}} \left[\sigma_{\theta\theta}(r, \theta) + \mathrm{i}\sigma_{r\theta}(r, \theta) \right]|_{\theta=0} \\ &= \sqrt{2\pi}(A_{4\mathrm{R}} + \mathrm{i}A_{4\mathrm{I}}) \left[\tilde{\sigma}_{\theta\theta 4\mathrm{R}}(0) - \tilde{\sigma}_{r\theta 4\mathrm{I}}(0) + \mathrm{i}(\tilde{\sigma}_{\theta\theta 4\mathrm{I}}(0) + \tilde{\sigma}_{r\theta 4\mathrm{R}}(0)) \right] \\ &= \sqrt{2\pi} \left[A_{4\mathrm{R}}(\tilde{\sigma}_{\theta\theta 4\mathrm{R}}(0) - \tilde{\sigma}_{r\theta 4\mathrm{I}}(0)) - A_{4\mathrm{I}}(\tilde{\sigma}_{\theta\theta 4\mathrm{I}}(0) + \tilde{\sigma}_{r\theta 4\mathrm{R}}(0)) \right] \\ &\quad + \mathrm{i}\sqrt{2\pi} \left[A_{4\mathrm{R}}(\tilde{\sigma}_{\theta\theta 4\mathrm{I}}(0) + \tilde{\sigma}_{r\theta 4\mathrm{R}}(0)) + A_{4\mathrm{I}}(\tilde{\sigma}_{\theta\theta 4\mathrm{R}}(0) - \tilde{\sigma}_{r\theta 4\mathrm{I}}(0)) \right] \end{aligned}$$

$$(10.2.19)$$

由上式可见,A_4, A_5 分别为渐近级数展开式式(10.2.1)中第 1 阶对称和反对称应力奇异指数对应的幅值系数。故应力强度因子 K_{I} 和 K_{II} 正比于渐近级数展开式第 4,5 项幅值系数 A_4, A_5。

10.2.3 边界元法确定 V 形切口外围区域位移和应力

对于图 10.2.2 所示切口结构尖端外围区域 Ω' 内各点的位移和应力,可分别由位移和应力边界积分方程表达[13]:

$$u_i(y) = \int_\Gamma \left[U_{ij}^*(x, y) t_j(x) - T_{ij}^*(x, y) u_j(x) \right] \mathrm{d}\Gamma + \int_\Omega U_{ij}^*(x, y) b_j(x) \mathrm{d}\Omega,$$
$$y \in \Omega' \qquad (10.2.20)$$

$$\sigma_{ik}(y) = \int_{\Gamma} W_{ikj}^*(x,y)t_j(x)\mathrm{d}\Gamma - \int_{\Gamma} S_{ikj}^*(x,y)u_j(x)\mathrm{d}\Gamma + \int_{\Omega} W_{ikj}^*(x,y)b_j(x)\mathrm{d}\Omega,$$

$$y \in \Omega' \tag{10.2.21}$$

式中,对于平面应力问题,有

$$W_{ikj}^*(x,y) = \frac{1+\nu}{4\pi r}\left[\frac{1-\nu}{1+\nu}(r_{,k}\delta_{ij} + r_{,i}\delta_{kj} - r_{,j}\delta_{ki}) + 2r_{,i}r_{,j}r_{,k}\right] \tag{10.2.22}$$

$$S_{ikj}^*(x,y) = \frac{E}{4\pi r^2}\left\{2r_{,n}\left[\frac{1-\nu}{1+\nu}r_{,j}\delta_{ki} + \frac{\nu}{1+\nu}(r_{,i}\delta_{jk} + r_{,k}\delta_{ij}) - 4r_{,i}r_{,j}r_{,k}\right]\right.$$

$$+ \frac{1-\nu}{1+\nu}(2r_{,i}r_{,k}n_j + \delta_{jk}n_i + \delta_{ij}n_k) + \frac{2\nu}{1+\nu}(r_{,i}r_{,j}n_k + r_{,j}r_{,k}n_i)$$

$$\left. - \frac{1-3\nu}{1+\nu}\delta_{ki}n_j\right\} \tag{10.2.23}$$

对于平面应变问题,只需将上式中的 E 和 ν 分别替换为 $\dfrac{E}{1-\nu^2}$ 和 $\dfrac{\nu}{1-\nu}$。

由式(10.2.17)获得外围区域 Ω' 边界位移、面力和幅值系数 A_k 后,就可对式(10.2.20)、式(10.2.21)进行单元积分求得区域 Ω' 各内点的位移和应力。此中,当源点靠近 Ω' 的边界时,式(10.2.20)、式(10.2.21)各积分核出现不同程度的奇异性,反映在式(10.2.11)、式(10.2.21)中分别为几乎强奇异和超奇异积分。在源点邻近的边界单元上,常规的 Gauss 数值积分法失效,人们付出了许多努力来求解几乎奇异积分。为此,这里采用牛忠荣等[18,19]建立的半解析算法,此法可准确地计算出几乎强奇异和超奇异积分。

至此,切口尖端区域的插值矩阵法特征解式(10.2.9)、式(10.2.10)与外围区域 Ω' 的边界元法方程联合,可以准确获得图 10.2.1~图 10.2.3 结构从切口尖端到整体区域的位移和应力场,我们将之称为扩展边界元法(XBEM)[15,16]。本章扩展边界元法的离散节点未知量较有限元法全域离散的节点未知量大为减少,主要优势在于 XBEM 的计算精度较有限元法的精度大为提高,并能获得结构完整的应力场和位移场,实际上常规有限元法和常规边界元法对于切口尖端区域应力场难以获得可信的解。

10.3

V 形切口和裂纹结构完整应力场分析算例

本节采用本章建立的插值矩阵法和边界元法联合的扩展边界元法(XBEM),给出平面 V 形切口和裂纹结构完整位移场和应力场分析的典型算例。

例 10.3.1 含对称 V 形切口试件受单向拉伸,见图 10.3.1。试件长 $h = 200 \text{ mm}$,宽

$w = 40$ mm,切口张角为 γ,切口深度为 l,拉伸力 $\sigma = 1$ MPa。试件 $E = 3.9 \times 10^9$ Pa,$\nu = 0.25$,平面应力问题。

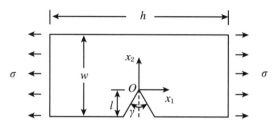

图 10.3.1　含对称切口试件单向拉伸

当切口张角 $\gamma = 60°$ 时,采用插值矩阵法(IMMEI)计算方程式(6.2.9)、式(6.2.10)与边值条件式(6.2.12),参见图 10.2.3,切口尖端扇形域圆弧边的区间 $[\theta_1, \theta_2]$ 划分成等间隔的子区间,n 是分段数。获得切口尖端的位移特征指数和特征向量,特征指数 λ_k 通常是复数,且可表达成 $\lambda_k = \xi_k \pm i\eta_k$,其中 $i = \sqrt{-1}$。前 13 个特征指数(其中共轭复根未列入)计算值见表 10.3.1 和表 10.3.2,分别对应对称和反对称位移特征函数 $\tilde{u}_r(\theta)$,部分位移和应力特征函数见例 6.4.1。另有 2 个重特征值 $\lambda_k = -1$,表达其扇形域的部分刚体位移。傅向荣和龙驭球[20]用分区加速 Müller 法逐个计算出 V 形切口各阶次的特征值。Seweryn[4]用有限元法分析得到特征指数,其利用已知的 3 个解析应力特征函数做插值,根据对称条件,取切口的半结构离散成 152 个 6 节点三角形单元。

表 10.3.1　对应于对称特征函数 $\tilde{u}_r(\theta)$ 的特征指数 λ_k

方法	ξ_1	η_1	ξ_2	η_2	ξ_3	η_3	ξ_4	η_4
文献[20]	-0.487779	0	0.471028	0.141853	1.677615	0.284901	2.881487	0.360496
文献[4]	-0.4878	0	0.4710	0.1418	1.6776	0.2849		
IMMEI,$n=20$	-0.487717	0	0.471813	0.143640	1.684805	0.296623	2.924016	0.408020
IMMEI,$n=40$	-0.487775	0	0.471073	0.141991	1.678017	0.285650	2.883292	0.363632
IMMEI,$n=80$	-0.487778	0	0.471035	0.141869	1.677673	0.284994	2.881766	0.360853

表 10.3.2　对应于反对称特征函数 $\tilde{u}_r(\theta)$ 的特征指数 λ_k

方法	ξ_1	η_1	ξ_2	η_2	ξ_3	η_3	ξ_4	η_4
文献[20]	-0.269099	0	0	0	1.074826	0.229426	2.279767	0.326690
文献[4]	-0.2691	0	0	0	1.0749	0.2294		
IMMEI,$n=20$	-0.268710	0	0	0	1.077382	0.234207	2.297998	0.351998
IMMEI,$n=40$	-0.269070	0	0	0	1.075014	0.229741	2.280884	0.328306
IMMEI,$n=80$	-0.269095	0	0	0	1.074848	0.229466	2.279900	0.326881

由表 10.3.1 和表 10.3.2 可见,插值矩阵法得到的特征指数 λ_k 随分段数 n 的增加与文献[20]结果越来越逼近,当 $\gamma = 60°$ 时,V 形切口存在 2 个负的实特征值,当 $n = 80$ 时,在 $-1 < \lambda_k < 0$ 范围内的前两个特征值有 5 位有效数字收敛,相应的位移和应力特征函数具有相同的计算精度。

然后对挖去小扇形域后的切口结构域(图 10.3.2)做边界元离散,在 $\Gamma' + \Gamma'_1 + \Gamma'_2$ 边上布置 140 个节点,70 个 3 节点二次等参单元。插值矩阵法在圆弧边 Γ'_ρ 上取节点数 $n = 96$,其上的位移和面力由式(10.2.9)、式(10.2.10)表达。这里对图 10.3.1 结构的张角 γ,切口深度 l,小扇形半径 ρ/l 和特征项数 N 的多种参数变化分别计算了特征指数、幅值系数 $A_k = A_{kR} + iA_{kI}$、边界面力和位移。其中当 $\gamma = 60°$,$l/w = 0.2$,$\rho/l = 0.1\%$,$N = 8$ 时,对应各阶特征指数的系数 A_k 的 XBEM 计算值见表 10.3.3。将 λ_k,A_k 和特征向量 $\tilde{u}_{rk}(\theta)$,$\tilde{u}_{\theta k}(\theta)$,$\tilde{\sigma}_{rrk}(\theta)$,$\tilde{\sigma}_{\theta\theta k}(\theta)$,$\tilde{\sigma}_{r\theta k}(\theta)$ 代入式(10.2.3)、式(10.2.4),可得切口尖端附近位移场和奇异应力场。XBEM 同时获得了整体结构的位移和应力场。

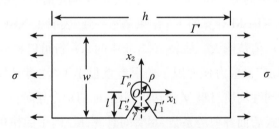

图 10.3.2 切口试件挖去尖端区域的外围结构

表 10.3.3 $\gamma = 60°$,$l/w = 0.2$,$\rho/l = 0.1\%$ 时渐近展开式幅值系数 A_k 的 XBEM 计算值

k	1	2	3	4	5	6	7	8
$A_{kR}(\mathrm{mm}^{-\lambda_k})$	2.51e−09	5.17e−12	1.31e−09	4.80e−10	−7.94e−07	−2.56e−06	1.13e−04	−3.51e−04
$A_{kI}(\mathrm{mm}^{-\lambda_k})$	0.00e+00	0.00e+00	−4.03e−10	−8.41e−09	1.37e−06	−2.35e−06	4.55e−04	9.72e−04

将 A_k 代入式(10.2.18)计算出广义应力强度因子 K_{I} 和 K_{II}。表 10.3.4 给出了 $\gamma = 60°$,$l/w = 0.2$ 时,XBEM 取不同的小扇形域半径 ρ 和不同级数项数 N 计算广义应力强度因子 K_{I} 的结果,这里 $K_{\mathrm{II}} = 0$。Chen[1] 用体积力法获得应力强度因子 $K_{\mathrm{I}} = 7.0627 \, \mathrm{N \cdot mm^{-2-\lambda_1}}$。因为结构和载荷对称性,仅有 I 型应力强度因子。

表 10.3.4　取不同半径 ρ 和项数 N 时 K_{I}（$\mathrm{N\cdot mm^{-2-\lambda_1}}$）的 XBEM 计算值比较（$\gamma=60°, l/w=0.2$）

ρ/l	N							
	2	4	6	8	10	12	14	16
0.1%	7.0615	7.0154	7.0337	7.0664	7.0347	7.0194	7.0335	7.0580
0.3%	7.0739	7.0269	7.0404	7.0581	7.0411	7.0303	7.0397	7.0299
0.5%	6.9988	7.0469	7.0678	7.0698	7.0684	7.1124	7.1120	7.1059
0.7%	7.0975	7.0451	7.0563	7.0688	7.0574	7.0509	7.0560	7.0553
0.9%	7.1016	7.0447	7.0562	7.0655	7.0572	7.0520	7.0565	7.0562
1.1%	7.1054	7.0510	7.0565	7.0666	7.0577	7.0527	7.0569	7.0575
1.3%	7.1089	7.0537	7.0572	7.0653	7.0580	7.0536	7.0572	7.0584
1.5%	6.9805	7.0328	7.0442	7.0522	7.0408	7.0266	7.0323	7.0235
1.9%	7.0345	7.0340	7.0416	7.0511	7.0445	7.0354	7.0406	7.0366

　　观察表 10.3.4 中的每一列，可见当级数项数 N 确定时，对多个不同扇形半径与切口深度比值 ρ/l，XBEM 计算的 K_{I} 结果基本一致，表明了 XBEM 算法的稳定性，分割的扇形半径可取值范围大。从表 10.3.4 中的每一行可以看出，当取级数前两项 $N=2$ 时得到切口处广义应力强度因了的误差就很小了（注意已包括了 3 个刚体位移项），表明对各向同性均质材料 V 形切口问题，前两阶奇异阶占尖端处应力场主导地位。而渐近展开式后面各项的系数，尽管对计算 K_{I} 因子的作用和地位没有前两项重要，但对研究切口附近应力场的精度和有效范围有着不可忽视的作用，随着离尖端距离 r 的渐远，后续各项对 V 形切口位移/应力场的贡献逐渐增大。在表 10.3.4 中，当 $N\geqslant4$ 时，XBEM 计算的 K_{I} 与文献[1]解 $K_{\mathrm{I}}=7.0627\ \mathrm{N\cdot mm^{-2-\lambda_1}}$ 的最大相对差 $\Delta=0.7\%$，其中

$$\Delta(\%)=\frac{\text{BEM 解}-\text{文献[1]解}}{\text{文献[1]解}}\times100\%$$

　　为了与常规边界元解法比较，列举 V 形切口张角 $\gamma=60°, l/w=0.2$ 时，在切口尖端附近采用细分单元，运用常规边界元法（CBEM）直接计算裂尖附近内点的应力值。在结构边界划分 140 个二次元和 220 个二次元两种网格方案下，选取离裂尖不同半径 r 处的应力值，按照式（10.2.18a）计算应力强度因子，结果见图 10.3.3。可以看出，常规边界元法计算的应力强度因子 K_{I} 随半径 r 的变化而发生很大的变化，结果不稳定，仅在 $0.3\ \mathrm{mm}\leqslant r\leqslant0.8\ \mathrm{mm}$ 段趋于一致，即使取最佳值 $K_{\mathrm{I}}=7.1390\ \mathrm{N\cdot mm^{-2-\lambda_1}}$，与文献[1]参考解 $7.0627\ \mathrm{N\cdot mm^{-2-\lambda_1}}$ 亦有相对差 $\Delta=1.08\%$。这是因为离裂尖越近，常规边界元法越不能描述切口尖端附近急剧变化的应力梯度；而离裂尖越远，应力强度因子计算公式式（10.2.18）又不能适用，如无参考解，一般无法判

断何处应力为最佳值。由图 10.3.3 还可以看出,在 V 形切口边界细化单元,CBEM 计算结果改善甚微。

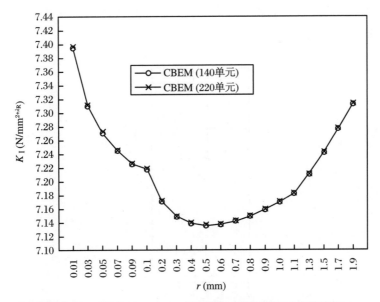

图 10.3.3　$\gamma = 60°, l\,/\,w = 0.2$ 时 CBEM 计算的应力强度因子

因为 XBEM 将切口尖端的应力场展开成级数的表达形式,能确切地反映切口尖端附近的奇异应力场,所以从图 10.3.3 中 CBEM 结果与表 10.3.4 中 XBEM 计算结果比较可见,XBEM 所用单元较常规边界元法少,计算精度高,且结果随半径 ρ 的变化小,稳定性强。另一方面,XBEM 可以求出若干阶应力项前的幅值系数 A_k(广义应力强度因子),CBEM 难以计算多重应力强度因子。

表 10.3.5 给出了不同切口深度、切口张角时的广义应力强度因子计算结果,其中 ρ 取 0.018 mm,N 取 12,计算切口张角分别为 30° 和 60° 的广义应力强度因子。由表 10.3.5 可以看出在不同切口深度和不同开口角度下,XBEM 解与文献[1]解的相对差 Δ 均小于 1.3%。

表 10.3.5　切口尖端广义应力强度因子 K_{I} ($\mathrm{N \cdot mm^{-2-\lambda_1}}$)计算结果

$l\,/\,w$	$\gamma = 30°$			$\gamma = 60°$		
	XBEM	文献[1]	$\Delta(\%)$	XBEM	文献[1]	$\Delta(\%)$
0.05	2.8907	2.8820	0.3019	3.0084	2.9951	0.4441
0.10	4.2668	4.2486	0.4284	4.4294	4.3847	1.0195
0.20	6.8740	6.9017	-0.4014	7.0501	7.0627	-0.1784
0.30	10.1131	10.2462	-1.299	10.3576	10.4300	-0.6942
0.40	14.8843	15.0316	-0.9799	15.1769	15.2365	-0.3912
0.60	34.7102	35.0603	-0.9986	35.1814	35.4083	-0.6408

例 10.3.2　含斜切口试件受单向拉伸,如图 10.3.4 所示,由于结构非对称,属于复合型切口问题。试件长 $h = 200$ mm,宽 $w = 40$ mm,切口张角为 γ,张角平分线与水平线的夹角为 β,切口深度为 l,$\sigma = 1$ MPa。试件的 $E = 3.9 \times 10^9$ Pa,$\nu = 0.373$,平面应力问题。

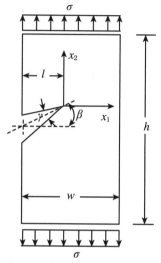

图 10.3.4　含斜切口试件受单向拉伸

参见图 10.2.3 和式(10.2.1),取 $\rho = 0.018$ mm,$N = 12$,选切口张角 $\gamma = 30°$ 和 $\gamma = 60°$ 两组情况进行计算。XBEM 程序中启用插值矩阵法[14]计算尖端的奇异指数和部分特征函数见例 6.4.1,对外围结构边界使用单元数同例 10.3.1,为 70 个二次等参元,插值矩阵法对尖端区域分析取 $n = 96$,表 10.3.6 列出了切口深度与试件宽度之比 $l/w = 0.2$ 时的广义应力强度因子计算结果。文献[1]为使用体积力法求得的数值解,只考虑了前 2 阶应力奇异项。由表 10.3.6 可见,本章 XBEM 解和文献[1]参考解的相对差较小:K_{I} 的 $\Delta(\%) < 1.1\%$,K_{II} 的 $\Delta(\%) < 1.6\%$,两者结果吻合。XBEM 还同时获得了 V 形切口结构完整的位移场和应力场。

表 10.3.6　斜 V 形切口尖端应力强度因子计算结果($l/w = 0.2$)

$\gamma/\beta(°)$	K_{I} (N·mm$^{-2-\lambda_1}$)			K_{II} (N·mm$^{-2-\lambda_2}$)		
	XBEM	文献[1]	$\Delta(\%)$	XBEM	文献[1]	$\Delta(\%)$
30/0	6.8282	6.9017	-1.0650	0.0197	0.0000	——
30/15	6.6625	6.6768	-0.2142	1.2065	1.2017	0.3994
30/30	6.0129	6.0471	-0.5656	2.2026	2.1908	0.5386
30/45	5.0519	5.0975	-0.8946	2.8522	2.8080	1.5741
60/0	7.0501	7.0627	-0.1784	0.0028	0.0000	——
60/15	6.8671	6.8037	0.9318	1.2628	1.2468	1.2833
60/30	6.1173	6.0705	0.7709	2.2386	2.2239	0.6610
60/45	5.0146	4.9854	0.5857	2.6967	2.7388	-1.5372

例 10.3.3 含对称裂纹试件受拉伸和剪切作用,如图 10.3.5(a)所示。试件长 $H = 190$ mm,宽 $W = 190$ mm,裂纹深度 $L = 10$ mm,拉伸面力 $P = 100$ MPa,剪切面力 $\tau = 100$ MPa,$E = 300$ GPa,泊松比 $\nu = 0.25$,平面应力问题。

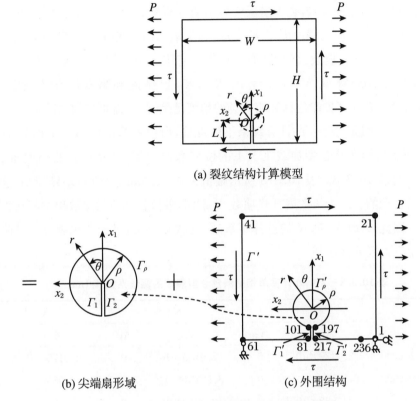

(a) 裂纹结构计算模型

(b) 尖端扇形域　　　　(c) 外围结构

图 10.3.5　复合型裂纹试件受拉伸和剪切作用

将裂纹结构分为两个区域,尖端区和外围区,见图 10.3.5。使用 XBEM 计算式 (6.2.9)、式(6.2.10)和式(6.2.12),获得裂纹尖端区域的前若干阶特征指数 λ_k 及位移和应力特征角函数 $\tilde{\sigma}_{ijk}(\theta)$,$\tilde{\sigma}_{ijk}(\theta)$($i,j = r,\theta$)。对裂纹尖端渐近级数展开式式 (10.2.1),选择项数 $N = 4,6,8,10$,裂尖小扇形的半径均取 $\rho = 0.018$ mm,见图 10.3.5。外围结构边界划分了 168 个二次单元,部分边界节点编号见图 10.3.5(c),采用 XBEM[15,16] 计算裂纹结构位移和应力场,其中应力强度因子 K_I 和 K_{II} 计算值见表 10.3.7。

表 10.3.7　取不同 N 情形 XBEM 计算单相材料复合型裂纹的应力强度因子

	K_I (N·mm$^{-3/2}$)				K_{II} (N·mm$^{-3/2}$)			
	$N=4$	$N=6$	$N=8$	$N=10$	$N=4$	$N=6$	$N=8$	$N=10$
XBEM	600.449	584.804	584.148	584.148	614.817	633.104	632.499	632.499
文献[21]	584.600	584.600	—	—	630.561	630.561	—	—

当 $N=4$ 时，只考虑了 3 个刚体位移项和张开型（Ⅰ型）的应力特征指数，未计及滑开型（Ⅱ型），因而表 10.3.7 中所示 $N=4$ 的应力强度因子 K_{I}，K_{II} 的 XBEM 值与分析解[21]差别很大，计算结果不准确，需增大 N 至少为 5。平学成等[21]采用 Westergaard 函数法推导出裂尖附近应力场的分析解。表 10.3.7 还显示出 XBEM 计算 $N=6,8,10$ 的应力强度因子 K_{I}，K_{II} 与文献[21]存在微小差值，这是由于文献[21]针对的是无限大板裂纹问题，而本算例为有限方板。相对于 $N=10$ 的 XBEM 计算值，可见 XBEM 取 $N=8$ 计算的 K_{I}，K_{II} 已精确到第 6 位有效数字，说明 XBEM 取 $N=8$ 计算尖端位移和应力场的精度已足够，无需更多的高阶项。

由于 XBEM 取 $N=4$ 的计算结果不够准确，所以本算例以 $N=6,8,10$ 计算图 10.3.5 所示结构在复合型加载工况下的位移和应力场，计算得到的幅值系数 A_k（$\mathrm{mm}^{-\lambda_k}$）见表 10.3.8。表 10.3.8 所示幅值系数 A_k（$\mathrm{mm}^{-\lambda_k}$）的差异较小，这种微小差异是合理的。因为级数展开式项数 N 不同，各位移和应力级数项贡献比例也是不同的。因此，XBEM 对 N 的选择不敏感，且收敛很快，对于求解裂纹尖端附近区域的完全应力场非常便利。

表 10.3.8　XBEM 计算单相材料复合型裂纹的幅值系数 A_k（$\mathrm{mm}^{-\lambda_k}$）

k	λ_k	$N=6$		$N=8$		$N=10$	
		$A_{k\mathrm{R}}$	$A_{k\mathrm{I}}$	$A_{k\mathrm{R}}$	$A_{k\mathrm{I}}$	$A_{k\mathrm{R}}$	$A_{k\mathrm{I}}$
1	-1.0000	-2.0179×10^{-2}	0	-2.0185×10^{-2}	0	-2.0175×10^{-2}	0
2	-0.9999	8.5211×10^{-2}	0	8.5215×10^{-2}	0	8.5208×10^{-2}	0
3	0	-3.4822×10^{-4}	0	-3.2010×10^{-4}	0	-3.4286×10^{-4}	0
4	-0.4999	-3.1107×10^{-3}	0	-3.1072×10^{-3}	0	-3.1099×10^{-3}	0
5	-0.4999	3.9991×10^{-3}	0	3.9952×10^{-3}	0	3.9966×10^{-3}	0
6	7.89×10^{-6}	-3.3069×10^{-4}	0	-3.4784×10^{-4}	0	-4.0916×10^{-4}	0
7	0.4999	—	—	1.7017×10^{-4}	0	7.2467×10^{-5}	0
8	0.5000	—	—	3.0375×10^{-4}	0	3.6561×10^{-4}	0
9	0.9999	—	—	—	—	-3.3569×10^{-4}	0
10	1.0000	—	—	—	—	1.3007×10^{-3}	0

根据已获得的 A_k，由 XBEM 采用边界积分方程式(10.2.21)计算外围区域(见图 10.3.5(c))的应力结果见表 10.3.9 和表 10.3.10 中 XBEM-BEM 值。另一方面,切口尖端 O 附近的位移和应力也可采用渐近级数展开式式(10.2.1)和式(10.2.4)计算,见表 10.3.9 和表 10.3.10 中 XBEM-ASY 值。

表 10.3.9　距尖端 O 沿 $x_2 = 0$ mm 附近内点的应力分量 σ_{x_2} (MPa) ($\rho = 0.018$ mm)

(x_1, x_2) (mm)	$N=4$		$N=6$		$N=8$		$N=10$		文献[21]
	XBEM-ASY	XBEM-BEM	XBEM-ASY	XBEM-BEM	XBEM-ASY	XBEM-BEM	XBEM-ASY	XBEM-BEM	
$(0.002, 0.0)$	5537.6	—	5218.1	—	5217.7	—	5216.4	—	5215.0
$(0.024, 0.0)$	1598.7	1553.5	1506.1	1517.6	1525.2	1525.0	1511.2	1511.1	1505.4
$(0.050, 0.0)$	1110.9	1061.0	1046.6	1048.2	1049.5	1049.0	1048.3	1047.9	1046.1
$(0.091, 0.0)$	823.3	778.7	775.6	776.2	777.9	776.4	779.4	776.1	775.3
$(0.176, 0.0)$	590.4	557.7	556.1	557.5	560.8	557.5	561.6	557.5	555.9
$(0.356, 0.0)$	415.1	394.6	391.0	395.0	400.3	395.0	399.0	395.0	390.9
$(0.734, 0.0)$	—	279.4	272.3	279.8	287.0	279.8	283.8	279.8	272.2
$(1.53, 0.0)$	—	200.7	188.6	201.1	210.6	201.1	205.2	201.1	188.5
$(3.19, 0.0)$	—	149.5	130.6	149.7	164.9	149.7	154.6	149.7	130.6
$(6.69, 0.0)$	—	119.1	90.2	119.2	139.5	119.2	125.0	119.2	89.7
$(9.06, 0.0)$	—	111.6	77.5	111.7	134.0	111.7	118.0	111.7	—
$(19.0, 0.0)$	—	101.5	—	101.6	137.0	101.6	112.2	101.6	—
$(29.5, 0.0)$	—	100.2	—	100.2	—	100.2	116.1	100.2	—
$(61.9, 0.0)$	—	99.8	—	99.8	—	99.8	135.6	99.8	—

表 10.3.10　距尖端 O 沿 $x_2 = 0$ mm 附近内点的应力分量 $\tau_{x_1 x_2}$ (MPa) ($\rho = 0.018$ mm)

(x_1, x_2) (mm)	$N=4$		$N=6$		$N=8$		$N=10$		文献[21]
	XBEM-ASY	XBEM-BEM	XBEM-ASY	XBEM-BEM	XBEM-ASY	XBEM-BEM	XBEM-ASY	XBEM-BEM	
$(0.002, 0.0)$	5640.3	—	5630.1	—	5627.1	—	5625.4	—	5625.0
$(0.024, 0.0)$	1627.9	1930.6	1633.2	1631.6	1642.8	1641.6	1628.4	1627.6	1623.8
$(0.050, 0.0)$	1131.3	1139.5	1134.9	1132.4	1051.0	1049.0	1134.6	1133.0	1128.4
$(0.091, 0.0)$	838.3	842.7	842.7	839.2	842.3	839.2	842.1	839.3	836.2
$(0.176, 0.0)$	601.1	604.4	607.2	602.8	606.9	602.8	606.2	602.8	599.6
$(0.356, 0.0)$	422.7	427.6	433.5	426.8	432.6	426.8	431.4	426.8	421.6
$(0.734, 0.0)$	—	302.3	311.2	301.9	309.0	301.9	307.8	301.9	293.6
$(1.53, 0.0)$	—	216.6	228.9	216.4	225.9	216.4	223.0	216.4	203.4
$(3.19, 0.0)$	—	160.5	179.4	160.4	175.7	160.4	169.8	160.4	140.8
$(6.69, 0.0)$	—	126.7	155.5	126.6	150.2	126.6	139.2	126.6	96.2
$(14.0, 0.0)$	—	109.5	—	109.5	142.3	109.5	127.6	109.5	—
$(19.0, 0.0)$	—	105.9	—	105.9	144.5	105.9	128.0	105.9	—
$(29.5, 0.0)$	—	102.8	—	102.7	—	102.7	133.8	102.7	—
$(39.9, 0.0)$	—	102.1	—	102.1	—	102.1	141.6	102.1	—

由表 10.3.9 可见，$x_2=0$，$x_1<2$ mm，$N=6$ 时，XBEM-BEM 和 XBEM-ASY 与文献[21]计算相同点的应力值 σ_{x_2} 吻合度很高，$N=8,10$ 时，XBEM-BEM、XBEM-ASY 与文献[21]计算相同点的应力值 σ_{x_2} 有细微差异；而当 $x_2=0$，$x_1>2$ mm 时，文献[21]与 XBEM-BEM 计算相同点的应力值 σ_{x_2} 的差异较大。由表 10.3.10 可得到同样的结论。这是由于文献[21]的解只用了第 1 阶应力奇异项，其应力场只适用于尖端附近区域，远场的应力场不可信，所以在 $x_2=0$，$x_1<2$ mm 时与 XBEM 取 $N=4$ 的结果接近，当 $x_2=0$，$x_1>2$ mm 时，文献[21]结果失效。

表 10.3.9 还显示当 $N=6$ 时，XBEM-ASY 和 XBEM-BEM 计算点(9.06 mm，0)的应力值 σ_{x_2} 相差 34.2 MPa(30.6%)；而当 $N=8$ 时，XBEM-ASY 和 XBEM-BEM 计算点(19.0 mm，0)的应力值 σ_{x_2} 相差 35.4 MPa(34.8%)；当 $N=10$ 时，XBEM-ASY 和 XBEM-BEM 计算点(61.9 mm，0)的应力值 σ_{x_2} 相差 35.8 MPa(35.7%)。说明随截取级数项数 N 的增大，XBEM-ASY 计算尖端区域应力的有效范围增加，但是当离尖端 O 远到一定的范围，XBEM-ASY 终将失效。表 10.3.10 显示出同样的规律。因此 XBEM-ASY 计算值在尖端附近一定范围内准确有效，远端区域应力场应由 XBEM-BEM 解表达。

除裂纹结构完整的应力解外，位移场的计算也是裂纹结构分析的主要任务，尤其是裂纹尖端张开位移(CTOD)是研究裂纹萌生和扩展的重要参数。图 10.3.6 所示裂纹结构尖端张开位移分量为

$$\delta_{x_1}=|u_1(x_i)-u_1(x_j)|, \quad \delta_{x_2}=|u_2(x_i)-u_2(x_j)| \quad (10.3.1)$$

其中 δ_{x_1}，δ_{x_2} 分别为 CTOD 在 x_1，x_2 方向的分量，x_i 和 x_j 为理想裂纹两边对应的点，如图 10.3.6 所示。

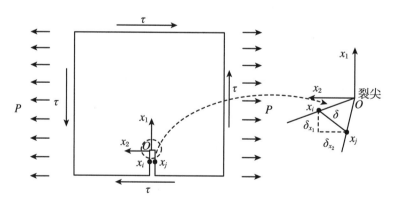

图 10.3.6　复合型裂纹试件的尖端张开位移

XBEM 采用式(10.2.20)可计算切口外围区域各点位移，将裂纹线上对应点的位移代入式(10.3.1)，可得裂纹尖端的张开位移，见表 10.3.11 和表 10.3.12 中 XBEM-BEM 值。在切口尖端区域，将求得的幅值系数 A_k 代入式(10.2.1)可得扇形

域一定范围的位移场,再由式(10.3.1)可得裂纹尖端的张开位移,见表 10.3.11 和表 10.3.12 中 XBEM-ASY 值。

表 10.3.11　裂纹尖端的张开位移 δ_{x_2} (mm)

(x_1, x_2) (mm)	$N=6$		$N=8$		$N=10$	
	XBEM-ASY	XBEM-BEM	XBEM-ASY	XBEM-BEM	XBEM-ASY	XBEM-BEM
$(-0.0005, 0)$	3.06×10^{-6}	—	3.06×10^{-6}	—	3.06×10^{-6}	—
$(-0.005, 0)$	6.05×10^{-5}	—	6.05×10^{-5}	—	6.05×10^{-5}	—
$(-0.018, 0)$	9.04×10^{-4}	9.04×10^{-4}	9.04×10^{-4}	9.03×10^{-4}	9.04×10^{-4}	9.03×10^{-4}
$(-0.021, 0)$	9.79×10^{-4}	9.78×10^{-4}	9.79×10^{-4}	9.77×10^{-4}	9.79×10^{-4}	9.78×10^{-4}
$(-0.035, 0)$	1.24×10^{-3}	1.26×10^{-3}	1.24×10^{-3}	1.26×10^{-3}	1.24×10^{-3}	1.26×10^{-3}
$(-0.074, 0)$	1.83×10^{-3}	1.82×10^{-3}	1.83×10^{-3}	1.82×10^{-3}	1.83×10^{-3}	1.83×10^{-3}
$(-0.114, 0)$	2.25×10^{-3}	2.27×10^{-3}	2.25×10^{-3}	2.27×10^{-3}	2.25×10^{-3}	2.27×10^{-3}
$(-0.181, 0)$	3.01×10^{-3}	2.86×10^{-3}	2.98×10^{-3}	2.86×10^{-3}	2.98×10^{-3}	2.86×10^{-3}
$(-0.293, 0)$	4.22×10^{-3}	3.63×10^{-3}	3.75×10^{-3}	3.63×10^{-3}	3.75×10^{-3}	3.63×10^{-3}
$(-0.480, 0)$	—	4.63×10^{-3}	5.18×10^{-3}	4.63×10^{-3}	4.88×10^{-3}	4.63×10^{-3}
$(-0.790, 0)$	—	5.92×10^{-3}	—	5.92×10^{-3}	6.58×10^{-3}	5.92×10^{-3}
$(-1.308, 0)$	—	7.56×10^{-3}	—	7.56×10^{-3}	—	7.56×10^{-3}
$(-2.170, 0)$	—	9.63×10^{-3}	—	9.63×10^{-3}	—	9.63×10^{-3}
$(-3.609, 0)$	—	1.22×10^{-2}	—	1.22×10^{-2}	—	1.22×10^{-2}
$(-6.005, 0)$	—	1.54×10^{-2}	—	1.54×10^{-2}	—	1.54×10^{-2}
$(-10.000, 0)$	—	1.82×10^{-2}	—	1.82×10^{-2}	—	1.82×10^{-2}

表 10.3.12　裂纹尖端的张开位移 δ_{x_1} (mm)

(x_1, x_2) (mm)	$N=6$		$N=8$		$N=10$	
	XBEM-ASY	XBEM-BEM	XBEM-ASY	XBEM-BEM	XBEM-ASY	XBEM-BEM
$(-0.0005, 0)$	5.06×10^{-6}	—	5.06×10^{-6}	—	5.06×10^{-6}	—
$(-0.005, 0)$	8.05×10^{-5}	—	8.05×10^{-5}	—	8.05×10^{-5}	—
$(-0.018, 0)$	8.34×10^{-4}	8.35×10^{-4}	8.34×10^{-4}	8.33×10^{-4}	8.34×10^{-4}	8.34×10^{-4}
$(-0.021, 0)$	9.09×10^{-4}	9.04×10^{-4}	9.09×10^{-4}	9.04×10^{-4}	9.09×10^{-4}	9.04×10^{-4}
$(-0.035, 0)$	1.14×10^{-3}	1.16×10^{-3}	1.14×10^{-3}	1.16×10^{-3}	1.14×10^{-3}	1.16×10^{-3}
$(-0.074, 0)$	1.72×10^{-3}	1.69×10^{-3}	1.72×10^{-3}	1.69×10^{-3}	1.72×10^{-3}	1.69×10^{-3}
$(-0.114, 0)$	2.25×10^{-3}	2.10×10^{-3}	2.15×10^{-3}	2.09×10^{-3}	2.15×10^{-3}	2.10×10^{-3}
$(-0.181, 0)$	3.61×10^{-3}	2.64×10^{-3}	2.35×10^{-3}	2.64×10^{-3}	2.55×10^{-3}	2.64×10^{-3}

(x_1, x_2) (mm)	$N=6$		$N=8$		$N=10$	
	XBEM-ASY	XBEM-BEM	XBEM-ASY	XBEM-BEM	XBEM-ASY	XBEM-BEM
$(-0.293, 0)$	3.82×10^{-3}	3.35×10^{-3}	5.25×10^{-3}	3.35×10^{-3}	4.45×10^{-3}	3.35×10^{-3}
$(-0.480, 0)$	—	4.27×10^{-3}	5.85×10^{-3}	4.27×10^{-3}	5.65×10^{-3}	4.28×10^{-3}
$(-0.790, 0)$	—	5.46×10^{-3}	6.09×10^{-3}	5.46×10^{-3}	7.89×10^{-3}	5.46×10^{-3}
$(-1.308, 0)$	—	6.98×10^{-3}	—	6.97×10^{-3}	8.09×10^{-2}	6.98×10^{-3}
$(-2.170, 0)$	—	8.88×10^{-3}	—	8.87×10^{-3}	—	8.88×10^{-3}
$(-3.609, 0)$	—	1.12×10^{-2}	—	1.12×10^{-2}	—	1.12×10^{-2}
$(-6.005, 0)$	—	1.41×10^{-2}	—	1.41×10^{-2}	—	1.41×10^{-2}
$(-10.000, 0)$	—	1.80×10^{-2}	—	1.80×10^{-2}	—	1.80×10^{-2}

表 10.3.11 结果显示,当 $N=6$ 时,XBEM-ASY 计算点(-0.293 mm, 0)的裂纹张开位移值($\delta_{x_2}=4.22\times10^{-3}$ mm)和 XBEM-BEM 计算相同点张开位移值($\delta_{x_2}=3.63\times10^{-3}$ mm)的相对误差为 16.3%;当 $N=8$ 时,XBEM-ASY 计算点(-0.48 mm, 0)的位移值($\delta_{x_2}=5.18\times10^{-3}$ mm)和 XBEM-BEM 计算相同点位移值($\delta_{x_2}=4.63\times10^{-3}$ mm)的相对误差为 11.9%;当 $N=10$ 时,XBEM-ASY 计算点(-0.79 mm, 0)的位移值($\delta_{x_2}=6.58\times10^{-3}$ mm)和 XBEM-BEM 计算相同点位移值($\delta_{x_2}=5.92\times10^{-3}$ mm)的相对误差为 11.1%。说明随着截取级数项数 N 的增大,XBEM-ASY 计算尖端区域位移的有效范围增加,但是当离尖端 O 远到一定的范围,XBEM-ASY 终将失效,当 $r>\rho$ 时,应换用 XBEM-BEM 解表达。

表 10.3.11 显示了 XBEM 计算的裂纹尖端张开位移,沿着裂纹边离裂尖距离的增大,δ_{x_2} 逐渐增大,符合变形规律,裂纹张开位移也是判断裂纹扩展的重要参数。表 10.3.12 显示出同样的规律。

为了探究裂纹尖端区域的应力分布情况,给出图 10.3.5 所示裂纹结构在 I 型荷载 $P=100$ MPa,$\tau=0$ 下的塑性区。这里根据线弹性理论,计算的 von-Mises 应力达到屈服应力值 $\sigma_y=125$ MPa 即认为材料进入塑性,XBEM 取 $N=4$ 时计算的塑性区见图 10.3.7。Irwin[17] 基于线弹性理论,采用应力渐近解对尖端塑性区形状做了估计,如图 10.3.8 所示。采用 XBEM,取 $N=6,8,10$,计算获得的塑性区见图 10.3.9。

按照线弹性理论,图 10.3.7 是 XBEM 取 $N=4$ 计算的塑性区,仅考虑了 3 个刚体位移项和 1 个应力奇异项,这与 Irwin[17] 的应力渐近解的塑性区形状相近,见图 10.3.8。图 10.3.9 中 XBEM 取 $N=6,8,10$ 的塑性区考虑了多阶应力渐近解的贡献,获得的塑性区在中部有明显的凹陷,并不是图 10.3.7 和图 10.3.8 中那样的"腰状",这表明高阶项不应被忽略,XBEM 取 $N=6,8,10$ 计算的塑性区结果应更准确。

图10.3.9显示,随着 N 的增大,塑性区也会相应地增大,且 $N=8$ 和 $N=10$ 的塑性区几乎相同。这是由于随着截取项数 N 的增大,计及高阶非奇异项的贡献越大,塑性区也会增大。但当 N 增大到一定时,后续高阶项的贡献逐渐减小,最终可忽略不计,此时塑性区的大小几乎不再发生改变。因此 $N=8$ 已足够,无需再增大 N。图10.3.10所示为 XBEM 取 $N=8$ 计算的裂纹尖端附近区域应力云图。

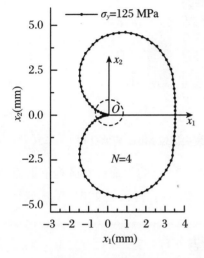

图 10.3.7 XBEM($N=4$)计算的裂纹尖端塑性区   **图 10.3.8 Irwin 解[17]的塑性区示意**

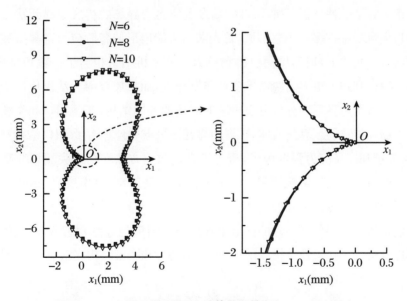

图 10.3.9 XBEM 取不同 N 计算的塑性区($\sigma_y = 125$ MPa)

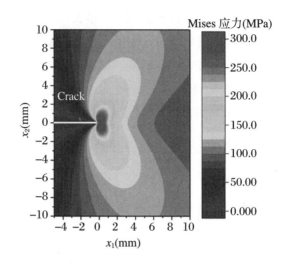

图 10.3.10　XBEM($N=8$)计算的裂尖区域 Mises 应力分布

值得注意的是,本例中 Irwin 解[17] 和 XBEM 给出的尖端塑性区是依据线弹性理论计算的,裂纹尖端塑性区应该基于弹塑性理论进行分析,见文献[22]的研究。

本章小结

本章建立了一种分析 V 形切口尖端多重应力奇异场的扩展边界元法。提出在 V 形切口尖端根部挖去一小扇形域,首先求出尖端扇形域各阶应力奇异指数和相应的特征向量。实质上,扇形域的位移和应力特征分析结果相当于一般切口的"尖端奇异元",我们利用了更多高阶奇异项和非奇异性,而扩展有限元法仅使用了第 1 阶奇异项。然后用边界元法分析移去小扇形域后的外围结构,获得切口和裂纹结构的奇异应力场和位移场。算例表明,扩展边界元法可准确计算 V 形切口结构完整的位移场、应力场和广义应力强度因子,避免了常规数值方法在切口尖端划分高密度细网格。扩展边界元法较常规边界元法和有限元法精度高、自由度少,提高了裂纹结构力学场分析的计算效率和准确性。

我们将切口尖端处奇异性的插值矩阵法分析结果与边界元法结合,已用于尖端区域弹性分析[16]、弹塑性分析[22]及三维 V 形切口和裂纹结构完整应力场分析[23]。

参考文献

▲

[1] Chen D H. Stress intensity factors for V-notched strip under tension or in-plane bending[J]. Inter. Jour. Fracture, 1995, 70: 81-97.

[2] Henshel R D, Shaw K G. Crack tip finite elements are unnecessary[J]. International Journal

for Numerical Methods in Engineering, 1976, 9: 495-507.

［3］Blandford G E, Ingraffea A R, Liggett J A. Two-dimensional stress intensity factor computations using the boundary element methods［J］. International Journal for Numerical Methods in Engineering, 1981, 17: 387-404.

［4］Seweryn A. Modeling of singular stress fields using finite element method［J］. International Journal of Solids and Structures, 2002, 39: 4787-4804.

［5］Chen M C, Sze K Y. A novel hybrid finite element analysis of bimaterial wedge problems ［J］. Eng. Frac. Mech., 2001, 68: 1463-1476.

［6］平学成, 陈梦成, 谢基龙, 等. 基于新型裂尖杂交元的压电材料断裂力学研究［J］. 力学学报, 2006, 38(3): 407-413.

［7］Belytschko T, Black T. Elastic Crack Growth in Finite Elements with Minimal Remeshing ［J］. International Journal for Numerical Methods in Engineering, 1999, 45: 601-620.

［8］Moès N, Dolbow J, Belytschko T. A finite element method for crack growth without remeshing［J］. International Journal for Numerical Methods in Engineering, 1999, 46: 131-150.

［9］Yu T T, Shi L Y. Determination of sharp V-notch stress intensity factors using the extended finite element method［J］. Journal of Strain Analysis for Engineering Design, 2012, 47(2): 95-103.

［10］Pathak H, Singh A, Singh I V. Numerical simulation of bi-material interfacial cracks using EFGM and XFEM［J］. International Journal of Mechanics and Materials in Design, 2012, 8 (1): 9-36.

［11］Moradi A, Nazari S A. Computational modeling of strong and weak discontinuities using extended finite element method［J］. Mechanics of Advanced Materials and Structures, 2015, 23(5): 578-585.

［12］王有成. 工程中的边界元方法［M］. 北京: 中国水利水电出版社, 1995.

［13］牛忠荣, 程长征, 胡宗军, 等. V形切口应力强度因子的一种边界元分析方法［J］. 力学学报, 2008, 40(6): 849-857.

［14］Niu Z R, Ge D L, Cheng C Z, Ye J Q, Recho N. Evaluation of the stress singularities of plane V-notches in bonded dissimilar materials［J］. Applied Mathematical Modelling, 2009, 33: 1776-1792.

［15］Niu Z R, Cheng C Z, Ye J Q, Recho N. A new boundary element approach of modeling singular stress fields of plane V-notch problems［J］. International Journal of Solids and Structures, 2009, 46: 2999-3008.

［16］Li C, Niu Z R, Hu Z J, Hu B, Cheng C Z. Effectiveness of the stress solutions in notch/ crack tip regions by using extended boundary element method［J］. Engineering Analysis with Boundary Elements, 2019, 108(1): 1-13.

［17］范天佑. 断裂理论基础［M］. 北京: 科学出版社, 2003.

[18] 牛忠荣，胡宗军，葛仁余，程长征. 二维弹性力学边界元法高阶单元几乎奇异积分半解析算法[J]. 力学学报，2013，45(6)：897-907.

[19] Niu Z R，Wendland W L，Wang X X，Zhou H L. A new semi-analytical algorithm for the evaluation of the nearly singular integrals in three-dimensional boundary element methods [J]. Computer Methods in Applied Mechanics and Engineering，2005，194：1057-1074.

[20] 傅向荣，龙驭球. 解析试函数法分析平面切口问题[J]. 工程力学，2003，20(4)：33-38.

[21] 平学成，野田尚昭，陈梦成. 用切口尖端应力方法分析 V 形切口的应力强度因子[J]. 机械强度，2012，34(1)：113-117.

[22] 李聪. 弹塑性 V 形切口应力场和裂纹破坏路径的子域扩展边界元法分析[D]. 合肥：合肥工业大学，2019.

[23] 李聪，牛忠荣，胡宗军，胡斌. 三维切口/裂纹结构的扩展边界元法分析[J]. 力学学报，2020，52(4)：1394-1408.

—— 附录 ——

弹性力学基本方程

本部分对本书涉及的弹性力学基础知识和基本方程做简要介绍[1]。

弹性力学的任务：研究弹性体在外力和温差等作用下而发生的位移、形变和应力分布规律。

I

应变分析

考虑一弹性体，研究其由分片光滑的边界 $\Gamma = \Gamma_u + \Gamma_\sigma$ 所包围的闭区域 Ω，$\Gamma = \partial\Omega$，其中 Γ_u 为位移已知边界，Γ_σ 为面力已知边界，见图 I.1。对于弹性体 Ω，采用笛卡儿坐标系 $Oxyz$，其边界 Γ 上任一点处的法线方向可用单位矢量 $\boldsymbol{v} = l\boldsymbol{i} + m\boldsymbol{j} + n\boldsymbol{k}$ 表示，其中

$$l = \cos(\boldsymbol{v}, x), \quad m = \cos(\boldsymbol{v}, y), \quad n = \cos(\boldsymbol{v}, z) \tag{I.1}$$

1. 位移

弹性体在外部作用下发生变形，其内任一点 $P(x, y, z)$ 移动到 $P'(x+u, y+v, z+w)$ 位置，见图 I.1，即 P 点位移矢量 $\boldsymbol{u} = (u \quad v \quad w)^{\mathrm{T}}$，$u$，$v$，$w$ 分别为 P 点沿三个坐标方向位移分量，单位 m 或 mm。

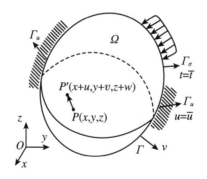

图 I.1　弹性体与位移

2. 应变

对于三维各向同性材料弹性体，P 点处独立应变分量为 6 个：

$$\boldsymbol{\varepsilon} = \{\varepsilon_x \quad \varepsilon_y \quad \varepsilon_z \quad \gamma_{yz} \quad \gamma_{zx} \quad \gamma_{xy}\}^{\mathrm{T}} \tag{I.2}$$

其中 ε_x，ε_y，ε_z 为 3 个正应变，γ_{yz}，γ_{zx}，γ_{xy} 为 3 个切应变。

3. 位移和应变关系

线弹性变形在微小位移和应变情形下，位移和应变关系也称为几何方程：

$$\varepsilon_x = \frac{\partial u}{\partial x}, \quad \varepsilon_y = \frac{\partial v}{\partial y}, \quad \varepsilon_z = \frac{\partial w}{\partial z} \qquad (\text{I}.3a)$$

$$\gamma_{yz} = \frac{\partial w}{\partial y} + \frac{\partial v}{\partial z}, \quad \gamma_{xz} = \frac{\partial u}{\partial z} + \frac{\partial w}{\partial x}, \quad \gamma_{xy} = \frac{\partial u}{\partial y} + \frac{\partial v}{\partial x} \qquad (\text{I}.3b)$$

引入算子矩阵

$$\boldsymbol{E}(\nabla) = \begin{bmatrix} \dfrac{\partial}{\partial x} & 0 & 0 & 0 & \dfrac{\partial}{\partial z} & \dfrac{\partial}{\partial y} \\[2mm] 0 & \dfrac{\partial}{\partial y} & 0 & \dfrac{\partial}{\partial z} & 0 & \dfrac{\partial}{\partial x} \\[2mm] 0 & 0 & \dfrac{\partial}{\partial z} & \dfrac{\partial}{\partial y} & \dfrac{\partial}{\partial x} & 0 \end{bmatrix} \qquad (\text{I}.4)$$

其中 $\nabla = \boldsymbol{i}\dfrac{\partial}{\partial x} + \boldsymbol{j}\dfrac{\partial}{\partial y} + \boldsymbol{k}\dfrac{\partial}{\partial z} = \left(\dfrac{\partial}{\partial x} \quad \dfrac{\partial}{\partial y} \quad \dfrac{\partial}{\partial z}\right)^{\text{T}}$ 为梯度矢,则几何方程式(I.3)可简写为

$$\boldsymbol{\varepsilon} = \boldsymbol{E}^{\text{T}}(\nabla)\boldsymbol{u} \qquad (\text{I}.5)$$

II

应力分析

1. 应力和体力

对各向同性弹性体,取 P 点处一微平行六面体与坐标系 $Oxyz$ 平行,决定 P 点应力状态的 6 个分量为

$$\boldsymbol{\sigma} = \{\sigma_x \quad \sigma_y \quad \sigma_z \quad \tau_{yz} \quad \tau_{zx} \quad \tau_{xy}\}^{\text{T}} \qquad (\text{II}.1)$$

式中,$\sigma_x,\sigma_y,\sigma_z$ 为 3 个正应力,$\tau_{yz},\tau_{zx},\tau_{xy}$ 为 3 个切应力,单位均为 N/m^2。它们的正、负号规定见图 II.1,如果某一截面的外法向与坐标轴正方向一致,则作用于该面的应力分量与坐标轴正方向一致为正,相反为负;如果某一截面的外法向与坐标轴负方向一致,则作用于该面的应力分量与坐标轴负方向一致为正,相反为负。

弹性体受体分布力 $\boldsymbol{f} = (f_x \quad f_y \quad f_z)^{\text{T}}$ 作用,其中 f_x,f_y,f_z 为体力沿三个坐标轴方向的分量,单位均为 N/m^3。

2. 弹性体平衡方程

见图 II.1,弹性体任一点 P 处微六面体在表面力和体力作用下保持静力平衡,得到静力平衡方程:

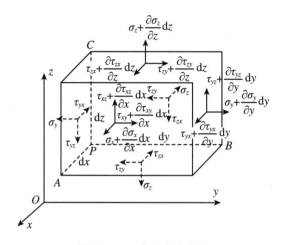

图Ⅱ.1　*P* 点处应力状态

$$
\begin{cases}
\dfrac{\partial \sigma_x}{\partial x} + \dfrac{\partial \tau_{xy}}{\partial y} + \dfrac{\partial \tau_{xz}}{\partial z} + f_x = 0 \\[3mm]
\dfrac{\partial \sigma_y}{\partial y} + \dfrac{\partial \tau_{xy}}{\partial x} + \dfrac{\partial \tau_{yz}}{\partial z} + f_y = 0 \\[3mm]
\dfrac{\partial \sigma_z}{\partial z} + \dfrac{\partial \tau_{xz}}{\partial x} + \dfrac{\partial \tau_{yz}}{\partial y} + f_z = 0
\end{cases}
\tag{Ⅱ.2}
$$

引入算子矩阵式（Ⅰ.4），则可表示为

$$
\boldsymbol{E}(\nabla)\boldsymbol{\sigma} + \boldsymbol{f} = 0 \tag{Ⅱ.3}
$$

3. 应力边界条件

弹性体一个面上的应力可分解为一个正应力和两个切应力分量，见图Ⅱ.2。物体表面上受外部作用的面分布力 $\bar{\boldsymbol{t}} = (\bar{t}_x \quad \bar{t}_y \quad \bar{t}_z)^{\mathrm{T}}$，其中 $\bar{t}_x, \bar{t}_y, \bar{t}_z$ 为沿 3 个坐标轴的分力，单位 $\mathrm{N/m^2}$。物体应力分量的边界值与面力分量在表面上满足平衡，此表面 P 点处外法线方向 $\boldsymbol{v} = (l, m, n)$，则有

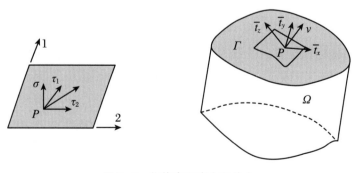

图Ⅱ.2　物体表面应力和外力

$$\begin{cases} \bar{t}_x = \sigma_x l + \tau_{xy} m + \tau_{xz} n \\ \bar{t}_y = \tau_{yx} l + \sigma_y m + \tau_{yz} n \\ \bar{t}_z = \tau_{zx} l + \tau_{zy} m + \sigma_z n \end{cases} \tag{II.4}$$

上式称为应力边界条件。引入矩阵

$$E(\mathbf{v}) = \begin{bmatrix} l & 0 & 0 & 0 & n & m \\ 0 & m & 0 & n & 0 & l \\ 0 & 0 & n & m & l & 0 \end{bmatrix} \tag{II.5}$$

则式（II.4）可以写成

$$E(\mathbf{v})\boldsymbol{\sigma} = \bar{t} \tag{II.6}$$

III

物理方程（应力和应变关系）

1. 均质各向同性弹性体应力与应变关系

对均质各向同性弹性体有广义 Hooke 定律，即假设弹性体各点应力和应变是线性关系：

$$\boldsymbol{\sigma} = D\boldsymbol{\varepsilon} \quad \text{或} \quad \boldsymbol{\varepsilon} = D^{-1}\boldsymbol{\sigma} \tag{III.1}$$

上式给出了弹性体材料的物理性质，其中 D 称为弹性矩阵，有

$$D = \frac{E}{2(1+\nu)} \begin{bmatrix} \dfrac{2(1-\nu)}{1-2\nu} & \dfrac{2\nu}{1-2\nu} & \dfrac{2\nu}{1-2\nu} & 0 & 0 & 0 \\ \dfrac{2\nu}{1-2\nu} & \dfrac{2(1-\nu)}{1-2\nu} & \dfrac{2\nu}{1-2\nu} & 0 & 0 & 0 \\ \dfrac{2\nu}{1-2\nu} & \dfrac{2\nu}{1-2\nu} & \dfrac{2(1-\nu)}{1-2\nu} & 0 & 0 & 0 \\ 0 & 0 & 0 & 1 & 0 & 0 \\ 0 & 0 & 0 & 0 & 1 & 0 \\ 0 & 0 & 0 & 0 & 0 & 1 \end{bmatrix} \tag{III.2}$$

$$D^{-1} = \frac{1}{E} \begin{bmatrix} 1 & -\nu & -\nu & 0 & 0 & 0 \\ -\nu & 1 & -\nu & 0 & 0 & 0 \\ -\nu & -\nu & 1 & 0 & 0 & 0 \\ 0 & 0 & 0 & 2(1+\nu) & 0 & 0 \\ 0 & 0 & 0 & 0 & 2(1+\nu) & 0 \\ 0 & 0 & 0 & 0 & 0 & 2(1+\nu) \end{bmatrix} \qquad (\text{III}.3)$$

式中,λ 为 Lame 常数,G 为剪切模量,E 为弹性模量,ν 为泊松比。它们是材料的物理量,其中

$$G = \frac{E}{2(1+\nu)}, \quad \lambda = \frac{E\nu}{(1+\nu)(1-2\nu)} \qquad (\text{III}.4)$$

弹性体如果有温度变化,将产生热应力,物理方程具有下面的形式:

$$\boldsymbol{\sigma} = \boldsymbol{D}(\boldsymbol{\varepsilon} - \boldsymbol{\varepsilon}_0) \qquad (\text{III}.5)$$

$$\boldsymbol{\varepsilon}_0 = \alpha T \begin{bmatrix} 1 & 1 & 1 & 0 & 0 & 0 \end{bmatrix}^{\mathrm{T}} \qquad (\text{III}.6)$$

式中,$\boldsymbol{\varepsilon}_0$ 为温度变化引起的应变;α 为材料的线膨胀系数,单位为 $1/^\circ\text{C}$;$T(x,y,z)$ 为温度变化。

2. 正交各向异性弹性体应力与应变关系

图 III.1 为三维正交各向异性材料弹性体,设置柱坐标系 $Or\theta z$ 和笛卡儿坐标系 $Oxyz$,其中两坐标系原点 O 重合,r-θ 和 x-y 在同一坐标平面,z 轴垂直于该平面。假设正交各向异性材料主轴 3 沿 z 轴,材料主轴系(1,2)和几何坐标系(x,y)的夹角为 θ_0。图 III.1 中 $\theta_0 = 0^\circ$ 时,即主轴系(1,2,3)和坐标系(x,y,z)重合。

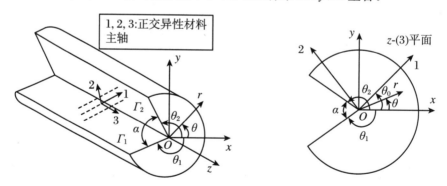

图 III.1 三维正交各向异性材料主轴和坐标系

在材料主轴坐标系(1,2,3)下,应变与应力关系为

$$\begin{pmatrix} \varepsilon_{11} & \varepsilon_{22} & \varepsilon_{33} & \varepsilon_{23} & \varepsilon_{13} & \varepsilon_{12} \end{pmatrix}^{\mathrm{T}} = \boldsymbol{S} \cdot \begin{pmatrix} \sigma_{11} & \sigma_{22} & \sigma_{33} & \sigma_{23} & \sigma_{13} & \sigma_{12} \end{pmatrix}^{\mathrm{T}}$$
$$(\text{III}.7)$$

或

$$(\sigma_{11} \quad \sigma_{22} \quad \sigma_{33} \quad \sigma_{23} \quad \sigma_{13} \quad \sigma_{12})^{\mathrm{T}} = \boldsymbol{C} \cdot (\varepsilon_{11} \quad \varepsilon_{22} \quad \varepsilon_{33} \quad \varepsilon_{23} \quad \varepsilon_{13} \quad \varepsilon_{12})^{\mathrm{T}}$$

$$(\mathrm{III}.8)$$

$\boldsymbol{S}$ 是材料在主轴坐标系下的柔度矩阵：

$$
\boldsymbol{S} = \begin{bmatrix}
s_{11} & s_{12} & s_{13} & 0 & 0 & 0 \\
s_{12} & s_{22} & s_{23} & 0 & 0 & 0 \\
s_{13} & s_{23} & s_{33} & 0 & 0 & 0 \\
0 & 0 & 0 & s_{44} & 0 & 0 \\
0 & 0 & 0 & 0 & s_{55} & 0 \\
0 & 0 & 0 & 0 & 0 & s_{66}
\end{bmatrix} = \begin{bmatrix}
\dfrac{1}{E_1} & -\dfrac{\nu_{12}}{E_2} & -\dfrac{\nu_{31}}{E_3} & 0 & 0 & 0 \\
-\dfrac{\nu_{12}}{E_1} & \dfrac{1}{E_2} & -\dfrac{\nu_{23}}{E_3} & 0 & 0 & 0 \\
-\dfrac{\nu_{31}}{E_1} & -\dfrac{\nu_{23}}{E_2} & \dfrac{1}{E_3} & 0 & 0 & 0 \\
0 & 0 & 0 & \dfrac{1}{G_{23}} & 0 & 0 \\
0 & 0 & 0 & 0 & \dfrac{1}{G_{31}} & 0 \\
0 & 0 & 0 & 0 & 0 & \dfrac{1}{G_{12}}
\end{bmatrix}
$$

$$(\mathrm{III}.9)$$

式中，$s_{ij}(i,j=1,2,\cdots,6)$ 为柔度系数；E_1，E_2 和 E_3 分别为沿三个弹性主轴方向相应的弹性模量；ν_{12} 为材料主轴 1 方向拉伸（压缩）引起 2 方向缩短（伸长）的泊松比，其余类推；G_{12}，G_{23} 和 G_{31} 为剪切模量。$\boldsymbol{C}$ 为正交各向异性材料三维体的弹性系数矩阵：

$$
\boldsymbol{C} = \boldsymbol{S}^{-1} = \begin{bmatrix}
C_{11} & C_{12} & C_{13} & 0 & 0 & 0 \\
C_{12} & C_{22} & C_{23} & 0 & 0 & 0 \\
C_{13} & C_{23} & C_{33} & 0 & 0 & 0 \\
0 & 0 & 0 & C_{44} & 0 & 0 \\
0 & 0 & 0 & 0 & C_{55} & 0 \\
0 & 0 & 0 & 0 & 0 & C_{66}
\end{bmatrix}
$$

$$(\mathrm{III}.10)$$

式中 $C_{ij}(i,j=1,2,\cdots,6)$ 为材料主轴坐标系下的弹性系数，其值为

$$C_{11} = \frac{E_1(1-\nu_{23}\nu_{23})}{Q}, \quad C_{12} = \frac{E_1(\nu_{12}+\nu_{31}\nu_{23})}{Q} \qquad (\mathrm{III}.11\mathrm{a})$$

$$C_{22} = \frac{E_2(1-\nu_{31}\nu_{zx})}{Q}, \quad C_{13} = \frac{E_1(\nu_{31}+\nu_{12}\nu_{23})}{Q} \qquad (\mathrm{III}.11\mathrm{b})$$

$$C_{33} = \frac{E_3(1-\nu_{12}\nu_{12})}{Q}, \quad C_{23} = \frac{E_2(\nu_{23}+\nu_{12}\nu_{31})}{Q} \qquad (\mathrm{III}.11\mathrm{c})$$

$$C_{44} = G_{23}, \quad C_{55} = G_{31}, \quad C_{66} = G_{12} \qquad (\mathrm{III}.11\mathrm{d})$$

其中

$$Q = 1 - \nu_{12}\nu_{12} - \nu_{23}\nu_{23} - \nu_{31}\nu_{31} - 2\nu_{12}\nu_{23}\nu_{31} \qquad (\mathrm{III}.12)$$

材料主轴系和笛卡儿坐标系下的应变分量关系为

$$(\varepsilon_{11} \quad \varepsilon_{22} \quad \varepsilon_{33} \quad \varepsilon_{23} \quad \varepsilon_{13} \quad \varepsilon_{12})^{\mathrm{T}} = \boldsymbol{T}_1 \cdot (\varepsilon_{xx} \quad \varepsilon_{yy} \quad \varepsilon_{zz} \quad \varepsilon_{yz} \quad \varepsilon_{zx} \quad \varepsilon_{xy})^{\mathrm{T}}$$

$$(\text{Ⅲ}.13)$$

式中 $\boldsymbol{T}_1$ 为坐标转换矩阵：

$$\boldsymbol{T}_1 = \begin{bmatrix} \dfrac{1+\cos 2\theta_0}{2} & \dfrac{1-\cos 2\theta_0}{2} & 0 & 0 & 0 & \dfrac{1}{2}\sin 2\theta_0 \\[2mm] \dfrac{1-\cos 2\theta_0}{2} & \dfrac{1+\cos 2\theta_0}{2} & 0 & 0 & 0 & -\dfrac{1}{2}\sin 2\theta_0 \\[2mm] 0 & 0 & 1 & 0 & 0 & 0 \\[1mm] 0 & 0 & 0 & \cos\theta_0 & -\sin\theta_0 & 0 \\[1mm] 0 & 0 & 0 & \sin\theta_0 & \cos\theta_0 & 0 \\[1mm] -\sin 2\theta_0 & \sin 2\theta_0 & 0 & 0 & 0 & \cos 2\theta_0 \end{bmatrix}$$

$$(\text{Ⅲ}.14)$$

柱坐标系和笛卡儿坐标系下的应变分量关系为

$$(\varepsilon_{xx} \quad \varepsilon_{yy} \quad \varepsilon_{zz} \quad \varepsilon_{yz} \quad \varepsilon_{zx} \quad \varepsilon_{xy})^{\mathrm{T}} = \boldsymbol{T}_2 \cdot (\varepsilon_{rr} \quad \varepsilon_{\theta\theta} \quad \varepsilon_{zz} \quad \varepsilon_{\theta z} \quad \varepsilon_{zr} \quad \varepsilon_{r\theta})^{\mathrm{T}}$$

$$(\text{Ⅲ}.15)$$

式中

$$\boldsymbol{T}_2 = \begin{bmatrix} \dfrac{1+\cos 2\theta}{2} & \dfrac{1-\cos 2\theta}{2} & 0 & 0 & 0 & -\dfrac{1}{2}\sin 2\theta \\[2mm] \dfrac{1-\cos 2\theta}{2} & \dfrac{1+\cos 2\theta}{2} & 0 & 0 & 0 & \dfrac{1}{2}\sin 2\theta \\[2mm] 0 & 0 & 1 & 0 & 0 & 0 \\[1mm] 0 & 0 & 0 & \cos\theta & \sin\theta & 0 \\[1mm] 0 & 0 & 0 & -\sin\theta & \cos\theta & 0 \\[1mm] \sin 2\theta & -\sin 2\theta & 0 & 0 & 0 & \cos 2\theta \end{bmatrix}$$

$$(\text{Ⅲ}.16)$$

$\boldsymbol{T}_1^{\mathrm{T}}, \boldsymbol{T}_2^{\mathrm{T}}$ 为坐标变换矩阵 $\boldsymbol{T}_1, \boldsymbol{T}_2$ 的转置矩阵，也为逆矩阵。材料主轴坐标系、柱坐标系和笛卡儿坐标系下的应力分量之间的关系为

$$\begin{bmatrix} \sigma_{rr} \\ \sigma_{\theta\theta} \\ \sigma_{zz} \\ \sigma_{\theta z} \\ \sigma_{rz} \\ \sigma_{r\theta} \end{bmatrix} = \boldsymbol{T}_2^{\mathrm{T}} \cdot \begin{bmatrix} \sigma_{xx} \\ \sigma_{yy} \\ \sigma_{zz} \\ \sigma_{yz} \\ \sigma_{xz} \\ \sigma_{xy} \end{bmatrix} = \boldsymbol{T}^{\mathrm{T}} \cdot \begin{bmatrix} \sigma_{11} \\ \sigma_{22} \\ \sigma_{33} \\ \sigma_{23} \\ \sigma_{13} \\ \sigma_{12} \end{bmatrix} \qquad (\text{Ⅲ}.17)$$

$$
T = T_1 \cdot T_2 =
\begin{bmatrix}
c^2 & s^2 & 0 & 0 & 0 & -sc \\
s^2 & c^2 & 0 & 0 & 0 & sc \\
0 & 0 & 1 & 0 & 0 & 0 \\
0 & 0 & 0 & c & s & 0 \\
0 & 0 & 0 & -s & c & 0 \\
2sc & -2sc & 0 & 0 & 0 & c^2 - s^2
\end{bmatrix}
\tag{Ⅲ.18}
$$

式中 $c = \cos \bar{\theta}$，$s = \sin \bar{\theta}$，这里 $\bar{\theta} = \theta - \theta_0$，见图Ⅲ.1。

由式（Ⅲ.17）和主轴系材料本构关系式（Ⅲ.8），导出柱坐标系下应力-应变关系如下：

$$
\begin{pmatrix} \sigma_{rr} & \sigma_{\theta\theta} & \sigma_{zz} & \sigma_{\theta z} & \sigma_{zr} & \sigma_{r\theta} \end{pmatrix}^{\mathrm{T}} = D(\theta) \cdot \begin{pmatrix} \varepsilon_{rr} & \varepsilon_{\theta\theta} & \varepsilon_{zz} & \varepsilon_{\theta z} & \varepsilon_{zr} & \varepsilon_{r\theta} \end{pmatrix}^{\mathrm{T}}
\tag{Ⅲ.19}
$$

式中

$$
D(\theta) = T^{\mathrm{T}} \cdot C \cdot T =
\begin{bmatrix}
D_{11} & D_{12} & D_{13} & 0 & 0 & D_{16} \\
D_{12} & D_{22} & D_{23} & 0 & 0 & D_{26} \\
D_{13} & D_{23} & D_{33} & 0 & 0 & D_{36} \\
0 & 0 & 0 & D_{44} & D_{45} & 0 \\
0 & 0 & 0 & D_{45} & D_{55} & 0 \\
D_{16} & D_{26} & D_{36} & 0 & 0 & D_{66}
\end{bmatrix}
\tag{Ⅲ.20}
$$

D 为柱坐标系中弹性系数矩阵，其元素 $D_{ij}(i,j = 1,2,\cdots,6)$ 是 C_{ij} 与关于 $\bar{\theta}$ 的三角函数的乘积：

$$
\begin{cases}
D_{11} = c^4 C_{11} + 2c^2 s^2 C_{12} + s^4 C_{22} + 4c^2 s^2 C_{66} \\
D_{12} = c^2 s^2 C_{11} + (c^4 + s^4) C_{12} + c^2 s^2 C_{22} - 4c^2 s^2 C_{66} \\
D_{13} = c^2 C_{13} + s^2 C_{23} \\
D_{16} = -c^3 s C_{11} + (c^3 s - cs^3) C_{12} + cs^3 C_{22} + 2(c^2 - s^2) cs C_{66} \\
D_{22} = s^4 C_{11} + 2c^2 s^2 C_{12} + c^4 C_{22} + 4c^2 s^2 C_{66} \\
D_{23} = s^2 C_{13} + c^2 C_{23} \\
D_{26} = -cs^3 C_{11} + (cs^3 - c^3 s) C_{12} + c^3 s C_{22} - 2(c^2 - s^2) cs C_{66} \\
D_{33} = C_{33} \\
D_{36} = -cs (C_{13} - C_{23}) \\
D_{44} = c^2 C_{44} + s^2 C_{55} \\
D_{45} = cs (C_{44} - C_{55}) \\
D_{55} = s^2 C_{44} + c^2 C_{55} \\
D_{66} = c^2 s^2 (C_{11} - 2C_{12} + C_{22}) + (c^2 - s^2)^2 C_{66}
\end{cases}
\tag{Ⅲ.21}
$$

式(Ⅲ.19)也可写为

$$
\begin{bmatrix} \varepsilon_{rr} \\ \varepsilon_{\theta\theta} \\ \varepsilon_{zz} \\ \varepsilon_{\theta z} \\ \varepsilon_{rz} \\ \varepsilon_{r\theta} \end{bmatrix} = \boldsymbol{H}(\theta) \cdot \begin{bmatrix} \sigma_{rr} \\ \sigma_{\theta\theta} \\ \sigma_{zz} \\ \sigma_{\theta z} \\ \sigma_{rz} \\ \sigma_{r\theta} \end{bmatrix} = \begin{bmatrix} H_{11} & H_{12} & H_{13} & 0 & 0 & H_{16} \\ H_{12} & H_{22} & H_{23} & 0 & 0 & H_{26} \\ H_{13} & H_{23} & H_{33} & 0 & 0 & H_{36} \\ 0 & 0 & 0 & H_{44} & H_{45} & 0 \\ 0 & 0 & 0 & H_{45} & H_{55} & 0 \\ H_{16} & H_{26} & H_{36} & 0 & 0 & H_{66} \end{bmatrix} \cdot \begin{bmatrix} \sigma_{rr} \\ \sigma_{\theta\theta} \\ \sigma_{zz} \\ \sigma_{\theta z} \\ \sigma_{rz} \\ \sigma_{r\theta} \end{bmatrix} \quad (\text{Ⅲ}.22)
$$

式中 $\boldsymbol{H}$ 为柱坐标系中柔度系数矩阵:

$$
\boldsymbol{H}(\theta) = \boldsymbol{D}^{-1}(\theta) = \boldsymbol{T}^{\mathrm{T}} \cdot \boldsymbol{C}^{-1} \cdot \boldsymbol{T} \quad (\text{Ⅲ}.23)
$$

各元素为

$$
\begin{cases}
H_{11} = c^4 s_{11} + 2c^2 s^2 (s_{12} + 2s_{66}) + s^4 s_{22} \\
H_{12} = c^2 s^2 (s_{11} + s_{22} - 4s_{66}) + (c^4 + s^4) s_{12} \\
H_{13} = c^2 s_{13} + s^2 s_{23} \\
H_{16} = -c^3 s s_{11} + (c^3 s - c s^3) s_{12} + c s^3 s_{22} + 2(c^2 - s^2) c s s_{66} \\
H_{22} = s^4 s_{11} + 2c^2 s^2 (s_{12} + 2s_{66}) + c^4 s_{22} \\
H_{23} = s^2 s_{13} + c^2 s_{23} \\
H_{26} = -c s^3 s_{11} + (c s^3 - c^3 s)(s_{12} + 2s_{66}) + c^3 s s_{22} \\
H_{33} = s_{33} \\
H_{36} = -s c (s_{13} - s_{23}) \\
H_{44} = c^2 s_{44} + s^2 s_{55} \\
H_{45} = c s (s_{44} - s_{55}) \\
H_{55} = s^2 s_{44} + c^2 s_{55} \\
H_{66} = c^2 s^2 (s_{11} - 2s_{12} + s_{22}) + (c^2 - s^2)^2 s_{66}
\end{cases} \quad (\text{Ⅲ}.24)
$$

Ⅳ

弹性力学平衡问题的微分方程边值问题提法

将弹性体区域记为 Ω,其表面 $\Gamma = \Gamma_u \bigcup \Gamma_\sigma$ 分为 2 类边界类型。

(1) 位移型边界条件:

$$
\boldsymbol{u} = \bar{\boldsymbol{u}}, \quad (x, y, z) \in \Gamma_u \quad (\text{Ⅳ}.1)
$$

式中 $\bar{\boldsymbol{u}}$ 为 Γ_u 上已知位移。

（2）应力型边界条件：
$$E(v)\boldsymbol{\sigma} = \bar{t}, \quad (x,y,z) \in \Gamma_\sigma \qquad (\text{IV}.2)$$
式中 $\bar{t}$ 为 Γ_σ 上已知面力。

弹性力学静力平衡的定解问题：各向同性均质弹性体静力平衡问题可以成为求解偏微分方程组式（I.5）、式（II.3）、式（III.1）在边值条件式（IV.1）和式（IV.2）下的定解问题，即 15 个方程求解 15 个未知函数 $\boldsymbol{u}, \boldsymbol{\varepsilon}, \boldsymbol{\sigma}$。

在弹性力学求解中，通常有 3 种途径：（1）位移法；（2）应力法；（3）混合法。

弹性力学位移法求解的基本思路：取基本未知函数 $\boldsymbol{u}$，将式（I.5）代入式（III.1），再代入式（II.3），可得
$$E(\nabla)DE^{\mathrm{T}}(\nabla)\boldsymbol{u} + \boldsymbol{f} = 0, \quad (x,y,z) \in \Omega \qquad (\text{IV}.3)$$
将面力边界条件用位移表达，将式（I.5）代入式（III.1），再代入式（IV.2），有
$$E(v)DE^{\mathrm{T}}(\nabla)\boldsymbol{u} = \bar{t}, \quad (x,y,z) \in \Gamma_\sigma \qquad (\text{IV}.4)$$
由式（IV.3）及边值条件式（IV.4）和式（IV.1）可解出 $\boldsymbol{u}$，再由式（I.5）和式（II.3）可获得 $\boldsymbol{\varepsilon}$ 和 $\boldsymbol{\sigma}$。对于各向同性均质弹性体，式（IV.3）的显式为
$$\begin{cases} \nabla^2 u + \dfrac{1}{1-2\nu}\dfrac{\partial \theta}{\partial x} + \dfrac{1}{G}f_x = 0 \\[2mm] \nabla^2 v + \dfrac{1}{1-2\nu}\dfrac{\partial \theta}{\partial y} + \dfrac{1}{G}f_y = 0 \\[2mm] \nabla^2 w + \dfrac{1}{1-2\nu}\dfrac{\partial \theta}{\partial z} + \dfrac{1}{G}f_z = 0 \end{cases} \qquad (\text{IV}.5)$$
式中，$\theta = \dfrac{\partial u}{\partial x} + \dfrac{\partial v}{\partial y} + \dfrac{\partial w}{\partial z}, \quad \nabla^2 = \nabla \cdot \nabla = \dfrac{\partial^2}{\partial x^2} + \dfrac{\partial^2}{\partial y^2} + \dfrac{\partial^2}{\partial z^2}, \theta = \nabla \cdot \boldsymbol{u}$。

通常弹性力学问题解析求解是困难的。

V

弹性力学平面问题基本方程

对于弹性力学平面问题，取该平面为 Oxy 平面，外力作用在该平面内。平面问题的独立应力和应变分量分别为 3 个：
$$\boldsymbol{\sigma} = \{\sigma_x \quad \sigma_y \quad \tau_{xy}\}^{\mathrm{T}} \qquad (\text{V}.1)$$
$$\boldsymbol{\varepsilon} = \{\varepsilon_x \quad \varepsilon_y \quad \gamma_{xy}\}^{\mathrm{T}} \qquad (\text{V}.2)$$
平面问题应力-应变关系为 3 个方程：
$$\varepsilon_x = \frac{\partial u}{\partial x}, \quad \varepsilon_y = \frac{\partial v}{\partial y}, \quad \gamma_{xy} = \frac{\partial u}{\partial y} + \frac{\partial v}{\partial x} \qquad (\text{V}.3)$$

平衡方程为 2 个：

$$\frac{\partial \sigma_x}{\partial x} + \frac{\partial \tau_{xy}}{\partial y} + f_x = 0, \qquad \frac{\partial \sigma_y}{\partial y} + \frac{\partial \tau_{xy}}{\partial x} + f_y = 0 \qquad (\text{V}.4)$$

弹性力学平面问题分为平面应力问题和平面应变问题，均质各向同性材料平面应力问题的弹性矩阵为

$$\boldsymbol{D} = \frac{E}{(1 - \nu^2)} \begin{bmatrix} 1 & \nu & 0 \\ \nu & 1 & 0 \\ 0 & 0 & \dfrac{1 - \nu}{2} \end{bmatrix} \qquad (\text{V}.5)$$

对于平面应变问题，其弹性矩阵为将上式中 ν 换成 $\nu/(1 - \nu)$，E 换成 $E/(1 - \nu^2)$。

平面问题的物理方程为

$$\boldsymbol{\sigma} = \boldsymbol{D}\boldsymbol{\varepsilon} \qquad (\text{V}.6)$$

平面问题的面力边界条件为

$$\bar{t}_x = \sigma_x l + \tau_{xy} m, \qquad \bar{t}_y = \tau_{yx} l + \sigma_y m \qquad (\text{V}.7)$$

各向同性均质材料弹性力学平面问题成为求解偏微分方程组式（V.3）、式（V.4）、式（V.6）在边值条件式（Ⅳ.1）和式（V.7）下的定解问题，即 8 个方程求解 8 个未知函数 $\boldsymbol{u}, \boldsymbol{\varepsilon}, \boldsymbol{\sigma}$。

参考文献

▲

[1] 徐芝纶. 弹性力学. 上册[M]. 5 版. 北京：人民教育出版社，2016.